改訂版

THE CONCENTRATED 1st revised edition

CHROMATOGRAPHY

理學博士 吳道錫 著

2012
학술편수관

머 리 말

分析 化學의 目的은 化學 造成의 糾明, 含量의 決定, 構造의 確認이다. 이 분석 목적을 수행하기 위한 分析 機器의 基本 操作은 檢出, 確認, 定量 및 分離로 구별된다. 검출과 확인 조작을 보통 定性 分析, 정량 조작을 定量 分析이라 하며, 성분을 분리하는 조작을 分離 分析이라 한다. 분리 분석은 정성 및 정량 분석에 모두 필요하다. 분석 목적에 따라 이 네 가지 기본 조작 중 일부 조작은 생략될 수도 있다. 현대 분석 기기의 조작은 簡便性(simplicity), 選擇性(selectivity), 特異性(specificity), 正確性(accuracy)과 迅速性(speed)을 겸비할 수 있도록 電算化와 더불어 自動化되어 가고 있다. 최근의 분석 기기는 化學, 物理學, 電氣 工學, 電子 工學, 컴퓨터 工學, 機械 工學의 복합적 산물로 專門性은 물론 創意的인 사고와 應用性이 대단히 요구된다. 한편, 분석 화학은 분석되는 내용에 따라 크게 化學的 方法(古典的 方法 ; 濕式法 ; 1920년대 이전을 일컬음)과 物理的 방법(現代的 方法 ; 機器 分析 方法)으로 分類된다. 화학적 방법에는 무게 분석, 부피 분석 및 몇 가지 열 분석법이 있으며, 물리적 방법에는 물질의 전기적인 성질과 관련된 電氣化學 分析法, 물질과 전자기 복사와의 상호작용에 관련된 分光 分析法, 물질의 질량과 관련된 몇 가지 분석 방법 및 크로마토그래피(chromatography)를 이용하는 분리 분석법이 있다.

이 중 크로마토그래피는 1906년 러시아의 M.S.Tswett가 식물 중의 엽록소를 분리하면서 最初로 命名되었으며, 분리 메카니즘과 원리에 따른 실험법과 장치의 발전으로 1930년대 크게 발전되었으며, 그 후 50년대 GC(기체 크로마토그래피), 60~70년대 HPLC(고성능 액체 크로마토그래피), 80년대 SFC(초임계 유체 크로마토그래피), 90년대 CE(모세관 전기이동) 및 CEC(모세관 전기 크로마토그래피)에 이르기까지 다양하게 분리 기술이 개발되었으며 현재도 지속적으로 원리 및 응용 분야에서 발전이 지속되고 있다. 특히, 다양한 검출기의 발전으로 색깔과는 무관한 여러 가지 시료에 모두 적용이 가능하게 되었다. 크로마토그래피 분석법은 주로 GC, LC 및 SFC의 세 가지로 크게 분류된다. 이 세 가지의 크로마토그래픽 방법은 純粹 化學 分野(無機 化學, 有機 化學, 物理 化學 및 生化學 등), 工學 分野(化學 工學, 材料 工學, 食品 工學, 纖維 工學, 冶金學 등), 生命 科學 分野(醫學, 藥學, 臨床 化學 등), 環境 科學 分野 및 地球 化學 分野 등 거의 모든 분야에 사용되고 있다. 크로마토그래피는 현재 분석 화학의 큰 부분을 차지하고 있으며, 앞으로 더욱 폭 넓은 활용성이 기대되고 있다. 따라서 현재보다 더 깊고 넓은 學問的 考察과

다방면에서의 實戰的 應用性을 增大시킬 必要性이 한층 더 要求된다.

이에 本 著者는 현재 사용되고 있는 모든 크로마토그래피의 主要 理論, 機器 構造, 應用 分野 등에 대해 20여 년의 크로마토그래피 전문가로서의 지식과 경험을 바탕으로 基本的이고 核心的인 내용을 集約的인 방법으로 著述하려고 노력하였다. 제 1장은 크로마토그래피의 전체적인 중요 사항에 대해 서술하였고, 제 2, 3장은 기체 크로마토그래피, 제 4, 5장은 액체 크로마토그래피, 제 6장은 최근 더욱 활용성이 다양해진 타 분석 기기와의 조합 방법, 제 7장은 기타 사용되는 크로마토그래피 관련 방법, 제 8장은 크로마토그래피를 위한 각종 시료 전처리 및 채취방법을 서술하였다. 부록에는 크로마토그래피를 사용 시 실험실 고려 사항(A.1), HPLC 고장처리(trouble shooting) 방법(A.2) 및 최근 관심의 초점이 되고 있는 분석 시스템의 타당성 인증(validation)(A.3)에 대해 첨부하였다. 또한 추가로 문제집(THE CONCENTRATED CHROMATOGRAPHY Questions and Problems)을 만들어 중요 이론 및 수식의 이해를 더욱 높이도록 하였다. 중요 이론 사항을 문제화하여 각 내용별로 간단 명료하게 재정리하였으며, 계산 문제에 대해서도 각 문제를 해결하기 위한 필요한 식과 참고 내용을 첨부하였다.

본 책자가 과학 분야를 전공하는 學部, 大學院 및 크로마토그래피를 다루는 實務者에게 도움이 될 것으로 기대한다. 不足하고 잘못된 것을 꼬집고 꾸짖는 독자의 질타(叱咤)와 바로잡음을 바라며, 끝으로 본 책자의 출판에 많은 도움을 주신 인성크로마텍(주) 윤근성 사장님과 圖書出版 芝山의 김세진 사장님께 진심으로 감사를 드립니다.

바다 내음이 흠씬 풍기는 마산에서

2002. 2 저자 오 도 석

1차 개정판 머리말

2002년에 저술한 THE CONCENTRATED CHROMATOGRAPHY도 심혈을 기울여 저술하였지만 학생들을 가르치면서 더더욱 부족함을 통감하였다. 이에 본문에 오류를 수정하고 부분적 보완 설명을 추가하여 본문을 더욱 내실 있도록 하였다. 예를 들면, 현재 열린관 컬럼(OTC column)으로 가장 널리 사용되는 용융 실리카 열린관 컬럼(FSOT)의 구조, 액체 크로마토그래피에서 가장 중요한 이동상의 섞임성(miscibility) 도표, 현대 생활 패턴의 변화로 인해 국내외적으로 사회적 관심이 높은 실내공기질(Indoor air quality, IAQ)의 측정항목 중 포름알데히드(HCHO)와 휘발성유기화학물질(volatile organic chemicals, VOCs)에 대한 분석방법이 크로마토그래프를 이용하기 때문에 이에 대한 분석방법을 8.3.5 실내공기질관리(Management for Indoor Air Quality)란 제목으로 추가하였다. 또한 최근 눈부신 발전을 거듭하고 있는 GC/MS 및 LC/MS의 새로운 지식들을 부록의 A.4 GC/MS 및 LC/MS에 추가하였다. 문제집에도 오류를 수정하고 IAQ내용, mass spectrometer(GC/MS와 LC/MS), 입체이성체의 분리방법 및 검출한도 계산법 및 약 100여개의 문제를 추가하였다.

약 10년 만에 개정판을 내게 되어 늦은 감이 있으나 매우 뿌듯하며, 앞으로도 GC, HPLC, Validation 및 환경적 측면에서 활용되는 크로마토그래피 관련 지식들을 지속적으로 보완할 것을 약속하며, 이 작은 지식들이 크로마토그래퍼에게 많은 도움이 되길 바란다. 끝으로 어려운 여건임에도 선뜻 본 개정판의 출판을 맡아준 학술편수관 측에 심심한 사의를 표한다.

신묘(辛卯)년 끝자락에 水原에서
2011. 12 저자 오 도 석

목 차

제 1장 크로마토그래피(Chromatography) 개론

제 4장 액체 크로마토그래피(Liquid chromatography)

제 5장 HPLC의 구조

제 6장 크로마토그래피의 조합 방법

제 7장 기타 크로마토그래피 방법

제 8장 크로마토그래피 분석을 위한 시료의 조제 방법

Appendix

제 1장 크로마토그래피(Chromatography) 개론

1.1 크로마토그래피의 발달사

크로마토그래피의 기본적 원리는 지금부터 약 100년 전에 러시아의 생물학자인 M. S. Tswett에 의해 발견된 이래 지금까지 많은 과학자들에 의해 다시 태어나고 수많은 논쟁 속에서 이론과 실행에서 실질적인 공헌이 있었다. 크로마토그래피는 분석 화학의 실행에서 대단한 충격이었으며, 오늘날 강력한 분리 기술로 이론과 실제적인 정보를 제공하고 있다.

Michael Tswett(1872-1919) ;

러시아 생물학자인 Michael Tswett는 컬럼 크로마토그래피의 기본적인 원리를 발견하였다. Tswett는 $CaCO_3$를 충전한 컬럼에서 색소 혼합물을 용리하는 것에 의해서 식물의 색소를 분리하였다. 여러 가지 색소들이 색상 띠로 분리되었으며, 이를 크로마토그래피라고 명명하였다.(Russian botanist, discovered the basic principles of column chromatography. He separated plant pigments by eluting a mixture of the pigments on a column of calcium carbonate. The various pigments separated into colored bands ; hence the name chromatography.)

Dr. A.J.P. Martin, C.B.E.,F.R.S. ;

기체 크로마토그래피의 창시자, Dr. Martin(영국)은 1941년에 이미 분석법으로서의 기체 크로마토그래피가 여러 가지의 훌륭한 점을 가졌다는 것을 예언하였지만, 1952년에 처음 그것을 실험적으로 증명하였고, 그 경이적 분리능을 밝혔다. 그는 1952년에 노벨 의학상(paper-chromatography의 생물학에서의 공헌)을 수상하였다.

Michael Tswett(1872-1919)

Dr. A.J.P. Martin, C.B.E.,F.R.S.

그림 1.1.1 M.S. Tswett와 Dr. A.J.P. Martin, C.B.E.,F.R.S.의 초상

1.1.1 크로마토그래피의 발달 연표

1834	Runge F.F	염료 혼합물과 식물 추출물을 점적 시험하기 위해 유약을 칠하지 않은 종이/천을 사용
1848	Way & Thompson	고체에서 이온 교환 현상을 인지
1850	Runge F.F.	종이를 사용하여 염 용액(salt solution)을 분리
1861	Schonbein	모세관 현상 연구
1868	Goppelsroeder F.	염료 등의 분석에 종이 조각을 사용하는 것을 소개
1878	Schonbein C.	종이 조각(paper strip)을 이용한 액체 용액의 전개
1892	Reed	최초 컬럼 분리($CuSO_4$로부터 $FeCl_3$)
1897~1903	Day D.T	미세하게 부순 백토를 충전한 컬럼을 통해 원유의 상승 흐름을 전개함
1906~7	Michael Tswett	*크로마토그래피의 명명법 소개, 클로로필, 크산토필 같은 식물성 염료 분리($CaCO_3$와 석유 에테르 사용)
1931	Kahn	식물 색소 류 분리, LSC 소개
1935	Holmes & Adams	유기 이온 교환 수지 합성
1938	Reichtein	액체 및 흐름(liquid and flowing) 크로마토그래피를 소개하고, 무색(colorless) 물질에 확대
1938	Izmailov & Schriber	TLC 사용
1939	Brown	원형(circular) 종이 크로마토그래피 최초 사용
1940	Tiselius A.	흡착 분석과 전기이동 전개
1941	Martin & Synge	* 컬럼 분배 크로마토그래피 소개
1944	Martin & Synge	* 종이 크로마토그래피 소개
1948	Tiselius A.	자유 용액법을 사용한 단백질 분리로 노벨상 수상
1949	Martin	머무름과 열역학적 평형상수 관계에 공헌
1947~50	Boyd & Tomkins	IEC 응용(희토류 원소의 분리에 이용)
1951	Kirchner	현재의 TLC 소개
1951	Cremer E.	기체-고체 크로마토그래피(GSC) 소개
1952	James & Martin	* GC 개발
1952	Martin & Synge	노벨상 수상 (크로마토그래피에 공헌)
1952	Alm	그레디언트 용출법 발표
1953	Wheaton & Bauman	배제 효과 발표(zeolite의 분자 체 현상 발표)
1955	Glueckauf E.	HETP와 입자 크기, 입자 확산 및 필름 확산 이온 교환 사이의 관계식을 유도
1956	Sober & Peterson	빠른 이온 교환 셀룰로오스 준비
1956	Lathe & Ruthvan	자연 및 변형된(natural and modified)녹말 분자량 평가에 이용
1956	van Deemter J.J et al.	Gaussian 분포 함수에 대한 Lapidus와 Ammundson의 단순화 작업에 의한 속도 이론 전개

1958	Golay	OTC 처음 사용(특허권 획득)
1958	Estall	얇은 막 크로마토그래피(전개 판 기계 개발)
1958	Kovat	머무름 지수, I (용질 확인 인자)를 정의
1959	Porth & Flodin	* Molecular seiving을 위해 교차 결합 dextran 소개
1960	-	LC에서 사용되는 10 ㎛ 입자 개발
1960초~	-	자동화 IEC 사용 (10~70 시간)
1962	Klesper, Crown, Tuner	* SFC 소개
1962	Porth 등	* GFC 명명(연질 dextran을 사용하여 수용성 고분자를 분리)
1964	Moore	* GPC 완성(경질 polystyrene gel을 사용하여 고분자의 분리 및 분자량 분포 측정법 발표), GPC의 실제적 방법 개발
1965	Gidding J.C.	이전의 크로마토그래피 이론 재검토
1966	Rohrschneider	극성 및 선택성 결정을 위한 기준 물질을 소개(5종, GC)
1966	J. Calvin Giddings	* 장흐름 분획법(field-Flow Fractionation, FFF) 최초 이론화
1967	Huber & Helsmann	* HPLC 이론 발표
1967	Hoverth 등	표면 교환체 개발
1969	Kirkland 등	표면 다공성 충전제 개발
1970	McReynold	기준 물질 소개(10종, GC)
1971	Kirkland 등	화학 결합형 충전제 개발
1970~	-	* 현대적 HPLC 급진적 발달, BPC 개발
1975	Korpi, Wittmer, Haney	* IPC 사용
1975	Small etc.	* IC 소개, 억압관 사용
1975~현재	다이오넥스사	IC의 신기술 개발에 전력
1977	-	1957년 특허권 소멸 (OTC 급진적 발달 계기)
1980	Dow Chem.	* 결합형 정지상(bonded-phase) 특허
1980~	-	초임계 유체크로마토그래피(SFC) 발달 시작
1981	Novotny, Lee	열린관 모세관 컬럼을 초임계 유체와 같이 사용
1985	-	SEC를 이용하여 fullerenes 분리
1990초반	-	FFF 한국에 본격적으로 소개 시작
1990	Waters	모세관 이온 분석(capillary ion analysis) 소개
1990	Regnier	* 관류 크로마토그래피(perfusion chromatography) 개발(생체 분자의 분리, 정제, 분석에 활용)
1996	Waters	타당성 인증(validation) 목적에 적합한 결연(結緣, Alliance) HPLC 최초 소개(U.S.A.)

표 1.1.1 크로마토그래피의 주요한 발달 년표

Year	Chromatography	Name or Company	Year	Chromatography	Name or Company
1906	Beginning of chromatography	M.S. Tswett	67	High performance liquid chromatography	Huber & Helsmann
38	Thin layer chromatography	Izmailov & Schreiber	75	Ion chromatography	Hamish Samall
			80	Supercritical fluid chromatography	Milton & Lee
44	Paper chromatography	Martin & Synge			
50	Gas chromatography	Martin & James	81	Capillary electrophoresis	James Jorgenson
59	Size exclusion chromatography	Porth & Flodin	83	Bio liquid chromatography	Dionex
60	Countercurrent chromatography	Ito	90	Perfusion chromatography	Frederic Regnier
66	Field flow fractionation	J Calvin Gidding			

표 1.1.2 열린관 컬럼 GC의 발달사

Year	Achievement
1958	Theory of capillary column performance, GC Symposium in Amsterdam
1959	Sample inlet splitter
1959	Patent on capillary Columns by Perkin-Elmer
1960	Glass drawing machine developed by Desty
1965	Efficient glass capillary column
1975	First capillary column symposium
1978	Splitless injection
1979	Cold-on column injection
1979	Fused silica introduced by Hewlett-Packard
1981~1984	Deactivation procedures and cross-linked stationary phases
1983	Megabore column introduced as a alternative to the packed column
1981~1988	Interfacing capillary columns With spectroscopic detectors(MS, FTIR, AED)
1981~1992	Programmed temperature vaporizer and electronic pressure controlled sample inlet system ; more affordable bench-top GC-MS systems

1.2 용어 및 약어

1.2.1 용어

Adjusted retention time(조정 머무름 시간, t_R') : 용질의 전체 용출 시간에서 머무르지 않는 봉우리의 머무름 시간을 뺀 시간 , $t_R' = t_R - t_m$

Adjusted retention volume(조정 머무름 부피, V_R') : 용질의 전체 용출 부피에서 머무르지 않는 봉우리의 머무름 부피를 뺀 부피 , $V_R' = V_R - V_m$

Adsorbent(흡착제) : 흡착력에 의해 시료 성분을 머무르게 하는 GSC에서 컬럼을 충전하거나 벽을 덮는 물질로 사용되는 활성인 과립의 고체

Adsorption chromatography(흡착 크로마토그래피) : 이 용어는 기체-고체 크로마토그래피와 동의어이다.

Affinity(친화성) : 화학 변화가 일어나기 용이함(방향, 평형 위치 또는 반응 속도)을 결정하는 요소에 대해 주어진 고전적 용어로 반응 물질의 양이나 농도를 나타낸다.

Air peak(공기 봉우리) : 공기 봉우리는 컬럼에 의해 머무르지 않는 시료 성분으로부터의 결과이다. 이 봉우리는 운반 기체가 주입점으로부터 검출기까지 여행하는데 필요한 시간을 측정하기 위하여 사용될 수 있다.

Analysis time(분석 시간) : 분리를 위해 요구되는 최소 시간

Analyte(분석물질) : 분리 또는 분석되는 물질

Area normalization(면적 정규화) : 각 봉우리의 면적이 합해지고, 각 봉우리 면적은 전체 면적의 %로 표시된다. $\%A_1 = A_1/\Sigma A$

Attenuator(감쇠기) : 특별한 비에 의해 기록기로의 입력 전압을 감소하기 위해 사용되는 일련의 저항으로 만들어진 전기적 구성 요소

Band(띠) : 대(zone ; 지대, 띠, 구역)의 동의어

Bed volume(충전 부피) : 충전 컬럼(packed column)의 부피와 동의어

Bonded phase(결합형 정지상) : 지지체 입자나 컬럼의 내벽에 공유 결합된 정지상

Capacity factor(용량인자, k) : 시료가 이동상과 정지상에서 보내는 시간의 비로, 시료 성분을 머물게 하는 컬럼 능력의 척도이다. $k = (t_R - t_m)/t_m$

Capillary column(모세관 컬럼) : 열린관 컬럼(open tublar column, OTC)의 동의어로 이 컬럼은 내부 벽이 정지상(액체/고체)을 지지하기 위하여 사용되는 작은 구경의 관(0.25~1.0 mm i.d.)을 가진다.

Carrier gas(운반 기체) : 이동상과 동의어로, 컬럼을 통해 시료를 운반하는 상이다.

Chromatogram : 이동상의 함수로 시료의 농도나 질량의 변화를 나타내는 곡선

Chromatography : chroma(color) + graphein(to write)
분리되는 성분들이 정지상과 이동상 사이에서 기본적으로 물리적 방법에 의해 다르게 분배되는 방법을 말한다.

Coating efficiency(코팅 효율, CE) : 이론상의 효율의 이용(utilization of theoretical efficiency, UTH)이라고도 한다. H의 이론 값(H_{Theor})과 H의 실험 값(H_{Exp})의 비

Column bleed(컬럼 출혈) : 컬럼 내벽이나 지지체를 덮는 액상의 손실

Column efficiency(컬럼 효율, n) : 이론단 수와 같은 의미로 사용된다.

Column dead/void/hold-up time(volume) {불감/틈새 시간(부피), $t_m(V_m)$} : 컬럼 속에서 머무르지 않는 용질이 시료 주입 후 검출기에 다다르는 시간(부피)으로, 기본 인자(k,α, n, R)의 계산을 위한 기준 값으로 사용한다.

Column flow resistance(컬럼 흐름 저항, Θ) : 이동상 흐름에 대한 저항의 크기

Column volume(컬럼 부피, V_c) : 정지상을 포함하는 컬럼의 전체 부피를 말한다.

Compensation temperature(상쇄 온도, β) : 어떤 계에서 본질적으로 유사한 물리/화학적 현상에 대해 전체ΔG^o대 ΔH^o를 도시 시 직선적 관계가 있을 때 엔탈피-엔트로피 상쇄(enthalpy-entropy compensation)를 보인다. 이 때의 온도를 말한다.

Corrected retention time(보정 머무름 시간, t_R^o) : 컬럼을 가로지르는 압력 그레디언트에 대해 보정된 전체 머무름 시간. $t_R^o = jt_R$, j(기체 압축 인자)

Cross-sectional area of the column(컬럼의 단면적, A_c) : 빈 관의 단면적

Distribution/Partition coefficient(분포/분배계수, K_D) : 용질의 이동상과 정지상에 대한 친화성의 상대적 비

Eddy diffusion(소용돌이 확산, H_E) : 충전된 정지상 입자 물질의 불균일에 의한 이동상의 다중 통로(multiple path)에 따른 확산

Eluate(용출액) : 컬럼을 통해 나온 것

Eluent(용리액) : 이동상

Flash vaporizer(속성 휘발기) : 액체 시료가 컬럼에 들어가기 전 운반 기체와 함께 동시에 증발 및 혼합과 더불어 운반 기체의 흐름으로 들어가기 위해 GC에 사용되는 장치

Flow rate(흐름 속도, F_c) : 이동상의 부피 흐름 속도(ml/min)로 컬럼 온도와 출구 압력에서 측정된다. $Fc = \pi r^2 L/t_m$

Frontal chromatography(프론트 크로마토그래피) : 시료가 컬럼에 계속적으로 공급되는 크로마토그래픽 분리의 한 형태

Height equivalent to a theoretical plate, H : 컬럼의 길이를 이론단 수로 나눈 수로 한 개의 이론단의 높이를 말한다. $H = L/n$

Hold-up time(정체 시간, t_m) : dead time(불감 시간)과 같은 의미로 사용된다.

Infinite dilution partition coefficient between the A and S liquid mixture(무한 희석 분배계수, K_R) : 완전히 합창된 용액 이론(diachoric solution theory)에 의해 순수한 액상(A와 S)의 각각과 각 용질로부터 계산된 분배계수의 합

Injector volume(주입기 부피) : 크로마토그래프에서 주입구를 채우기 위해 요구되는 운반 기체(이동상)의 부피

Katharometer : 열 전도도 셀과 동의어로 사용된다.

Linear flowrate(선형 흐름 속도, F_c) : 컬럼 출구에서 측정되고 컬럼 온도로 보정된 운반 기체(이동상)의 부피 흐름 속도, $F_c = F_a(T_c/T_a)(P_a-P_w)/P_a$. F_a ; 컬럼 출구와 대기 온도에서 측정된 부피 흐름 속도, T_c ; 컬럼 온도(K), T_a ; 대기 온도(K), P_a ; 대기압(mmHg), P_w ; 물의 증기압(mmHg)

Linear velocity(선형 속도, u) : 이동상이 이용되는 컬럼의 단면적으로 선형 흐름 속도

를 나눈 값으로 모세관 컬럼에서는 $u = F_c/A_c = F_c/r_c^2\pi = L/t_m$, 충전 컬럼에서는 $u = F_c/\varepsilon_I r_c^2\pi$로 표시된다. ε_I는 충전 컬럼의 단위 당 틈새(interstitial) 부피이다.

Liquid phase(액상) : 정지상(stationary phase) 또는 액체 기질(liquid substrate)과 동의어

Longitudinal diffusion(세로 확산, H_L) : 시료 분자가 컬럼에서 용리되는 도중 모든 방향으로 확산되는 현상

Mass transfer(질량 이동, H_M) : 시료 분자가 용리 시 순간적 평형이 완전하지 못함에 기인하는 현상

McReynold 상수, ΔI : GC에서 액상의 일반적 극성과 선택성(polarity and selectivity)의 결정에 사용하는 상수로, 주어진 액상과 비극성 표준 물질인 squalane과 시험 물질간의 머무름 지수의 차로 표시한다.

Minimum plate height(최소 이론단 높이, H_{min}) : OTC에서 사용되는 이론단 높이

Minimum reduced plate height(최소 환산 단 높이, h_{min}) : LC의 microtubular 컬럼에서의 최소 H

Mobile phase(이동상, m.p) : 분리물질을 이동시키기 위해 컬럼 속을 통과시키는 기체 또는 액체 물질

Number of theoretical plate(이론단 수, n) : 컬럼이 수많은 정지상의 단으로 충전되었다는 정량적 개념으로 그 단의 수를 표시

Optimun flow velocity(최적 흐름 속도, U_{opt}) : H값이 최소일 때 이동상 속도

Optimun reduced linear velocity of the solute(용질의 최적 환산 직선 속도, v_{opt}) : LC의 microtubular 컬럼에서의 용질의 최적 환산 직선 속도

Peak capacity(봉우리 용량, PC) : 주어진 분리 시간에 어떤 특수한 분리 수준에서 분리될 수 있는 봉우리들의 수

Phase ratio(상비, Φ) : 분배 컬럼에서 이동상과 정지상의 부피의 비

Reduced plate height(환산 단 높이, h) : 이론단 수에 대한 입자의 수

Reduced velocity(환산 속도, v) : 한 입자 구경에 대한 용질의 확산계수 대 이동상 흐름의 비

Resolution(분리능, R_s) : 두 인접 크로마토그램의 분리 정도를 정량적으로 표시한 값

Retention index(머무름 지수, I) : 실험실간 물질 확인에 사용되는 지수

Retention time(머무름 시간, t_R) : 시료의 주입 순간부터 검출기가 머무르는 봉우리의 최대점을 감지할 때까지의 시간

Separation : 각 성분의 분배계수의 차에 의해서 일어나는 현상

Separation factor(분리인자, α) : 이웃한 두 크로마토그램 사이의 상대적 머무름 비, $\alpha = k_2/k_1$

Separation efficiency(분리 효율, n/L) : 컬럼의 양호성(goodness)의 척도로, 열린관 컬럼에서 미터 당 단 수를 말한다.

Separation number(분리 수, SN) : TZ(Trennzahl)라고도 하며, z와 z+1의 C 원자들을 가진 두 개의 연속 동족체 물질(consecutive homologous standard)의 봉우리 사이에 놓이고, R_s=1.177로 분리될 수 있는 성분 봉우리들의 수를 표시한다.

Solvent efficiency(용매 효율, α) : 분리 인자(separation factor)와 동의어
Solvent strength(용매 강도, S_T) : LC에서 비전해질 용매에 대해 모든 분자간 상호작용(분산, 쌍극자, 수소결합, 유전)에 대한 한 용매 용량의 척도를 나타낸다.
Specific permeability coefficient(고유 투과성 계수, K_o) : LC에서 이동상의 압축성과 압력에 의한 점도를 고려하지 않았을 때의 이동상의 속도를 구할 때 사용된다.
Specific resolution factor, R_{sp} : SEC에서 분리능과 용질 분자량과의 관계를 나타내는 분리능 인자
Stationary phase(정지상, s.p) : 컬럼 속에 충전되는 액상 또는 고체 물질
Stationary phase volume(정지상 부피, V_L) : 지지체위의 정지상의 전체 부피, $V_L = W_L/D_L$
The number of effective theoretical plate(유효 이론단 수, N) : OTC에서 불감 부피가 큰 것을 고려하여 사용하는 이론단 수, $n = 16(t_R/w_b)^2$
Total variance for band broadening(띠 넓어짐에 대한 전체 변동, σ_T^2) : 컬럼과 컬럼 외(주입기, 검출기, 연결 관 및 관련 전자 회로)의 영향에 의한 봉우리의 전체 분산. $\sigma_T^2 = \sigma_{col}^2 + \sigma_{ex}^2$
True adsorbent volume(참 흡착제 부피, V_A) : 충전 흡착제의 무게를 흡착제의 밀도로 나눈 값, $V_A = W_A/D_A$
Velocity of mobile phase(이동상의 속도, u) : 선형 속도(linear velocity)와 동의어

1.2.2. 약어

AFC : affinity chromatography, 친화 크로마토그래피
BPC : bonded phase chromatography, 결합형 정지상 크로마토그래피
CC : circular chromatography, 원형 크로마토그래피
CE : capillary electrophoresis, 모세관 전기이동
COF : chromatographic optimization function, 크로마토그래픽 최적화 함수
EC : electrochemical, 전기화학적
ECD : electron capture detector, 전자 포획 검출기
ELCD : electrolytic conductivity detector, 전해질 전도도 검출기
FFF : field flow fractionation, 장흐름 분획법
FID : flame ionization detector, 불꽃 이온화 검출기
FP : fluorescence photometric, 형광 광도
FPD : flame photometric detector, 불꽃 광도 검출기
GC : gas chromatography, 기체 크로마토그래피
GC-FTIR : gas chromatography-Fourier transformation infrared spectrophotometer
GC-FTIR-MS : gas chromatography-Fourier transformation infrared spectrophotometer-mass spectrometer
GC-MS : gas chromatography-mass spectrometer

GC-OES : gas chromatography-optical emission spectrophotometer
GFC : gel filtration chromatography, 겔 거르기 크로마토그래피
GLC : gas liquid chromatography, 기체-액체 크로마토그래피
GPC : gel permeation chromatography, 겔 투과 크로마토그래피
GSC : gas solid chromatography, 기체-고체 크로마토그래피
HIC : hydrophobic interaction chromatography, 소수성 상호작용 크로마토그래피
HP(S,R)LC : high pressure(performance, speed, sensitivity, resolution) liquid chromatography, 고압(성능, 속, 감도, 분리능) 액체 크로마토그라피
HPTLC : high performance thin layer chromatography, 고성능 얇은 층 크로마토그래피
IC : ion chromatography, 이온 크로마토그래피
IEC : ion exchange chromatography, 이온 교환 크로마토그래피
IPC : ion pair chromatography, 이온 쌍 크로마토그래피
LC : liquid chromatography, 액체 크로마토그래피
LC-FTIR : liquid chromatography -Fourier transformation infrared spectrophotometer
LC-MS : liquid chromatography-mass spectrometer
LC-NMR : liquid chromatography-nuclear magnetic resonance spectrophotometer
LLC : liquid liquid chromatography, 액체-액체 크로마토그래피
LSC : liquid solid chromatography, 액체-고체 크로마토그래피
MSD : mass spectral(selective) detector, 질량 스펙트럼(선택성) 검출기
NPC : normal phase chromatography, 정상 크로마토그래피
ORM : overlapping resolution map, 겹침 분리능 지도
OTC : open tubular(capillary)column, 열린관(모세관) 컬럼
PC : paper chromatography, 종이 크로마토그래피
Perfusion chromatography, 관류(灌流) 크로마토그래피
PLC : precipitation liquid chromatography, 침전 액체 크로마토그래피
RI : refractive index, 굴절률
RPC : reversed phase chromatography, 역상 크로마토그래피
SEC : size exclusion chromatography, 크기별 배제 크로마토그래피
SFC : supercritical fluid chromatography, 초임계 유체 크로마토그래피
SFC-MS : supercritical fluid chromatography-mass spectrophotometer
SIM-MD : single ion monitoring mass detector
SPME ; solid phase microextraction, 고체상 미세추출
TCD : thermal conductivity detector, 열 전도도 검출기
TLC : thin layer chromatography, 얇은 층 크로마토그래피
VWD : varying wavelength detector, 변환 파장 검출기
WWCOT : whisker-wall-coated open tubular column

1.3 크로마토그래피의 종류, 분류 및 과정

1.3.1 크로마토그래피의 종류

크로마토그래피는 이동상을 사용하는 방법과 시료를 주입하는 실험 조작 방법에 따라 전개법이 구별되며, 여기에는 표 1.3.1 및 그림 1.3.1과 같이 용리법, 치환법 및 전단 분석법의 3 종류가 있다. 그러나 현재는 치환법과 전단 분석법은 거의 쓰이지 않고, 주로 용리법이 사용된다.

표 1.3.1 크로마토그래피의 종류

명 칭	분 리 방 법	장 단 점
용리법	1. 이동상이 연속 흐르는 상태에서 2. 일정량의 시료를 이동상에 순간적으로 놓아 정지상에 들어가게 하고, 이동상과 정지상 및 시료간의 물리적인 상호작용의 차에 의해 각 시료가 분리된다.	1. 흡착력이 큰 시료는 늦게 용리된다. 이런 경우에 분별 용리법이나 그레디언트 용리법을 사용한다. 2. 가장 널리 사용된다.
치환법	1. 시료를 우선 정지상 입구에 넣은 후 2. 시료 성분보다 강한 흡착력을 갖는 용리제를 보내어 치환한다.	1. 분리 분석에는 문제가 있으나 혼합물로부터 한 성분을 농축하는 데 유효하다. 2. 재분석을 위해 컬럼 재생이 필요하다.
전 단 분석법	1. 시료 자체를 이동상의 일부로 하여 계속해서 흐르게 하면, 늦게 용출되는 성분이 컬럼 하단에 올 때까지 먼저 용출되는 성분이 순수하게 되어 용출된다.	1. 최초 나온 성분 외는 순수하게 얻어지지 않으며, 최초 분리된 시료 외는 밴드의 중첩과 많은 량의 시료가 필요하다. 2. 흡착력이 강한 미량 성분을 대량 성분에서 분리하는 경우에 유효하다.

용리법 ; elution method, 치환법 ; displacement method, 전단 분석법 ; frontal analysis

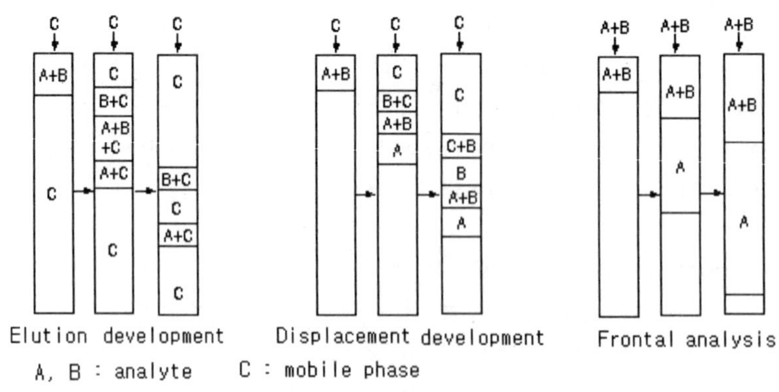

그림 1.3.1 크로마토그래피의 전개법

♣ 크로마토그래피 전개법

1. 전단 분석(Frontal analysis)

전단 분석은 최초 Day와 그의 동료에 의해 수행되었다. 1897년 Day는 펜실바니아 석유 생산 작업에서 흡착 크로마토그래피를 처음 인지하였다. 그는 기름 시료가 검은색에서 붉은 색을 거쳐 거의 흰색으로 분류되는 것을 관찰하였다. Day에게 이것은 기름은 땅에서 분별 여과 과정을 거친다는 것을 제시하였다. 후에 Day와 그의 동료들은 천연 석유(crude petroleum)는 가벼운 지방성 탄화수소, 차례로 방향성 및 불포화 탄화수소, 마지막으로 질소 및 복잡성을 증가하는 황 화합물을 주기 위하여 석회암과 백토(limestone and fuller's earth)로 채워진 큰 컬럼을 통하여 위로 걸러질 수 있다는 것을 발견하였다. 여기에서처럼 컬럼을 통해 지나가는 유일한 용액은 관심의 혼합물이며, 각각 계속해서 일어나는 분율은 모든 진행되는 것에 부가된 하나의 새로운 성분을 포함한다. 이런 전개 방법이 전단 분석법으로 언급되었다. 이 기술이 혼합물로부터 순수한 성분들의 분리에 제한된 가치일지라도, 그것은 혼합물에서 많은 성분들을 결정하기 위하여 Claesson과 Nobel상을 탄 Tiselius에 의해 널리 사용되었다.

2. 치환 전개(Displacement development)

이 방법은 Tiselius에 의해 소개되었다. 여기에서 전개제는 액체나 기체인 이동상에 포함된다. 하나의 필요한 요구는 이 이동상이 어떤 시료 성분보다 더 흡착되어야한다는 것이다. 이것은 더 강하게 흡착되는 화합물과 함께 흡착제 위에 용질을 치환하는 것에 의해서 컬럼에서의 용출을 위해 사용될 수 있다. 치환제(displacement agent)는 최소로 약하게 흡착된 용질을 밖으로 밀어내고, 다음은 더 강하게 흡착된 용질을 밀어낸다. 이 과정은 부가되는 치환제가 컬럼을 떠날 때가지 계속한다. 이 기술은 개선되어 아미노산과 펩티드의 분리에 사용되었다.

3. 용리 전개(Elution development)

이 방법은 1900년대 초에 green leaf pigments의 분리를 위하여 러시아 생물학자인 Tswett에 의해서 최초로 사용되었다. 컬럼을 통해서 용액을 스며들게 하는 대신에 그는 $CaCO_3$ 컬럼의 꼭대기에 상대적으로 적은 량의 석유 에테르 추출물을 응용하였다. 색소(pigments)가 컬럼에 흡착된 후 순수한 용매가 응용되었고 분리된 혼합물의 다른 성분들이 스펙트럼에서의 빛 복사선과 같았다. 처음 Tswett는 이 기술을 "chromatographic process" 또는 color writing이라 하였다. 앞서는 성분이 컬럼 끝에 도달했을 때 용매 흐름을 멈추고 흡착제를 밀어내어 분리하였다. 더 편리하게 전개 과정이 계속되고 용출물은 분류(分溜)로 수집되고 각 성분들의 정성 및 정량적 평가를 하였다. Tswett의 달성은 그가 이 과정을 정확하게 해석하였으며 순수한 용매를 사용한 용리 전개를 소개하였다는 점에서 Day보다 우월하였다. Tswett의 방법은 $CaCO_3$ 컬럼에서 carotenoid 이성체를 분리하는 것에 의해 크로마토그래피에 대한 관심이 되살아날 때까지 거의 언급되지 않았다.

4. 전개법의 요약

전단 분석법은 띠의 중복과 많은 량의 시료 요구 때문에 그 자체가 많은 응용을 주지 못한다. 그러나, 상 평형(등온) 연구와 제조용 분리에 사용될 수 있으며, 산업용 크로마토그래픽 기술의 많은 것이 전단분석을 사용한다. 치환 전개 방법은 분석 액체 크로마토그래피에 대한 응용을 갖는다. 예를 들면, 흔적 량 분석을 위한 GC에서의 최초 단계처럼 사용될 수 있으며, 제조용에도 사용될 수 있다. 그러나, 이두 가지 방법의 뚜렷한 단점은 컬럼이 분리의 끝에도 시료나 치환제를 포함하고 있어 컬럼을 다시 사용하기 위하 여는 재생되어야 한다는 것이다. 이런 측면에서 용리 크로마토그래피는 분리의 끝에 오직 용리액만 남는 가장 큰 장점을 제공한다.

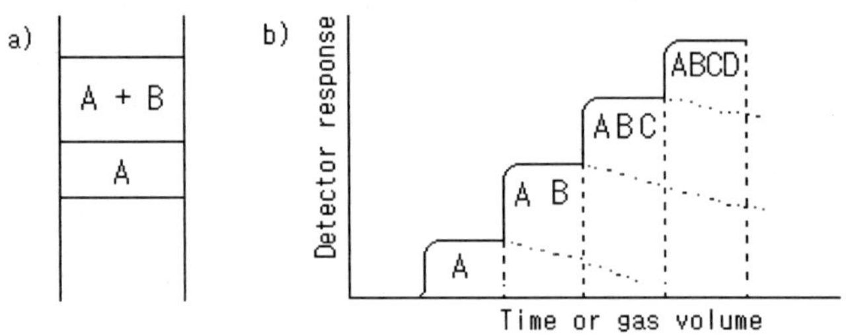

그림 1.3.2 전단 분석. a) 성분 B가 성분 A보다 더 흡착 b) 적분 형태의 크로마토그램, 네 성분 중 A가 가장 덜 흡착

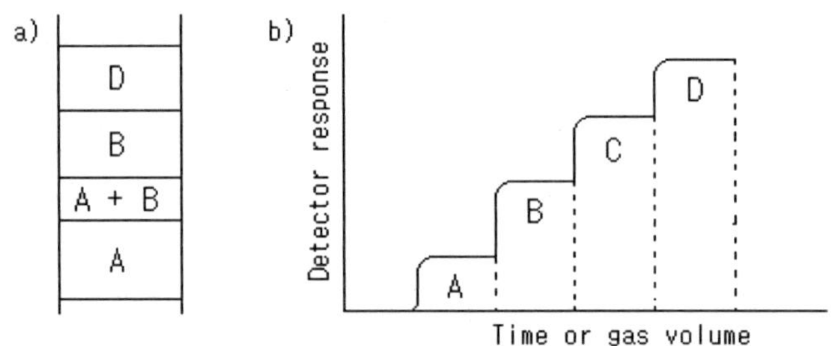

그림 1.3.3 치환 전개(D ; 치환제). a) 흡착 순서 D>B>A b) 적분 형태 크로마토그램, 흡착 순서 D>C>B>A

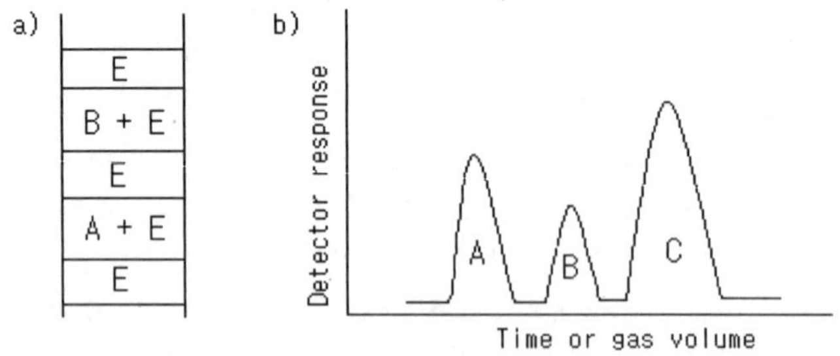

그림 1.3.4 용리 전개(E ; 용리액). a) 흡착 순서 B>A b) 용리 전개에 의한 크로마토그램, 머무름 순서 C>B>A

1.3.2 크로마토그래피의 분류

1.3.2.1 크로마토그래피의 방식(Chromatographic modes)

1. 흡착 방식(Adsorption mode)

충전된 흡착제의 표면에 존재하는 활성 자리(active site ; 실란올)에 선택적으로 흡착된다. 흡착은 시료 분자와 실란올 사이의 수소결합 같은 상호작용으로 가능하게 된다. 시료 분자의 극성과 분자의 입체적 구조는 흡착성에 중요한 역할을 하며, GSC와 LSC가 이에 속한다.

2. 분배 방식(Partition mode)

시료 분자들의 두상(이동상과 정지상)에 대한 용해도의 차이에 따라 분배 정도가 달라져 시료 분자들이 상호 분리된다. 여기에서의 용해도는 시료 분자와 정지상의 상호작용을 의미하며, GLC와 LLC가 이에 속한다. 현대의 분리 기술 중 가장 다양하게 응용되는 분야이다.

3. 이온 교환 방식(Ion exchange mode)

폴리스티렌-디비닐벤젠(PS-DVB)의 공중합체를 매트릭스로 하고, 여기에 고정 이온인 $-SO_3^-$, $-CH_2N^+(CH_3)_3$이 붙어 있고, 상대 이온(예 ; Na^+, Cl^-)이 각각 친화력으로 붙어 있는 이온 교환 수지이다. 양이온이나 음이온인 시료 이온이 상대 이온과의 경쟁으로 교환이 일어나 정지상에 분포된다. 이동상은 주로 완충성을 가지는 수용액이 사용되며, IEC와 IC가 이에 속한다. 또한 IPC는 원리적으로는 이온 교환이며 분리는 분배에 의한다. 시료는 금속 이온, 음이온, 해리가 되는 유기산, 유기 염기, 아미노산 및 핵산 등이 대표적인 시료이다.

4. 크기 배제 방식(Size exclusion mode)

정지상 겔의 다공성의 크기에 대한 시료 분자의 크기에 따라 투과성에 차이가 생겨 용리되는 원리에 의한다. 시료는 분자 크기가 작을수록 겔의 구멍 깊이 들어가 오래 머물고, 크기가 클수록 오래 머무르지 못하고 빨리 용출되기 때문에 크기별 배제 크로마토그래피(SEC)라 한다.

5. 친화 크로마토그래피(Affinity chromatography)

거대분자(macromolecules)의 분리와 정제를 위해 많은 다른 매우 특이한 흡착제들이 고안되었다. 이 흡착 크로마토그래피의 매우 특이한 형태를 친화 크로마토그래피라 한다. 이것은 상징적으로 높은 생물학적 특이성(biological specificity)이 부여되어 있는 가역적인 흡수 과정을 묘사한다. 이것이 종종 효소의 정제에 응용되지만, 이 기술은 단백질, 펩티드, 항원 및 항체, 핵산, ribosomes과 같은 복잡한 생물학적 구조물질의 분리에 더욱 적합한 기술이다.

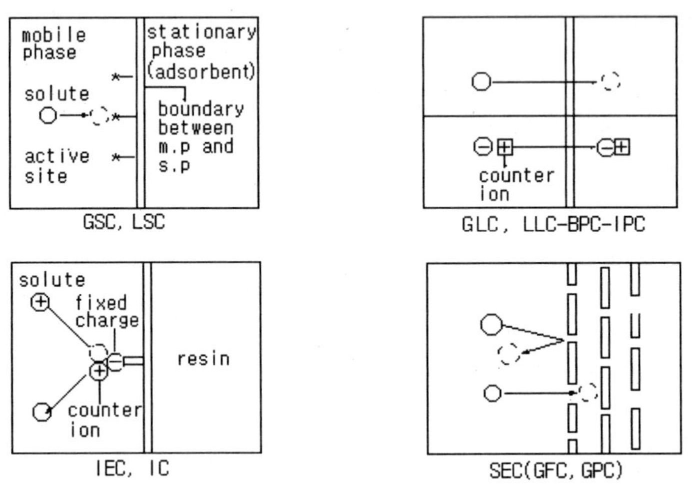

그림 1.3.5 크로마토그래피 분리 방식(흡착, 분배, 이온 교환, 및 크기 배제)

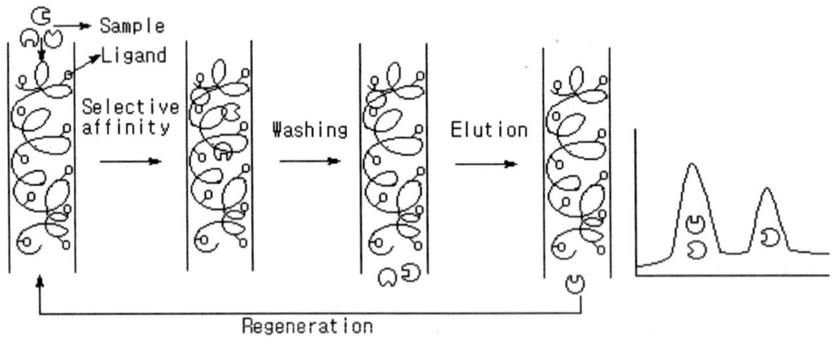

그림 1.3.6 친화 크로마토그래피

1.3.2.2 크로마토그래피의 방법에 의한 분류

1. 이동상과 정지상이 접촉하는 물리적 수단에 기초한 분류

1) 컬럼 크로마토그래피

정지상은 좁은 관에 충전되어 유지되고 이동상이 압력에 의해 이 관을 통과한다. 현재 사용되고 있는 것은 대부분 컬럼 크로마토그래피이다.

예 ; GC, LC, SFC

2) 평면(planar) 크로마토그래피

정지상은 평평한 판이나 종이의 틈새(interstice, 間隙) 위에 지지되고, 이동상은 모세관 현상이나 중력에 의해 정지상을 통과한다. 전개 후에 얻어진 띠나 지역(bands or zones)은 적합한 방법에 의해 관측되거나 검출된다. 이 방법의 편리성, 단순성, 분리의 예리함, 높은 감도, 분리 속도, 시료 성분의 회수 용이성 때문에 많은 응용을 보인다.

예 ; PC, TLC, 전기이동(electrophoresis)

2. 이동상, 정지상 및 분리 메카니즘에 기초한 분류

이동상과 정지상이 접촉하는 물리적 방법에 의한 분류보다 더 기본적인 크로마토그래피의 분류 방법은 이동상과 정지상의 형태와 두 상 사이에서 용질의 이동에 관련된 평형의 종류에 기초해서 분류하는 것이다. 여기에는 일반적으로 기체 크로마토그래피, 액체 크로마토그래피 및 초임계 유체 크로마토그래피의 3가지로 구분된다. 이들의 분리 메카니즘과 발달 연대는 그림 1.3.7과 같다.

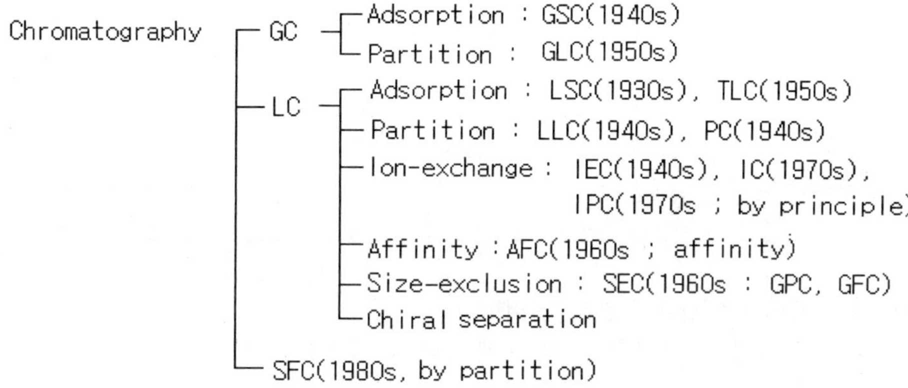

그림 1.3.7 이동상, 정지상 및 메카니즘에 의한 크로마토그래피의 분류

1.3.2.3 용도별 분류

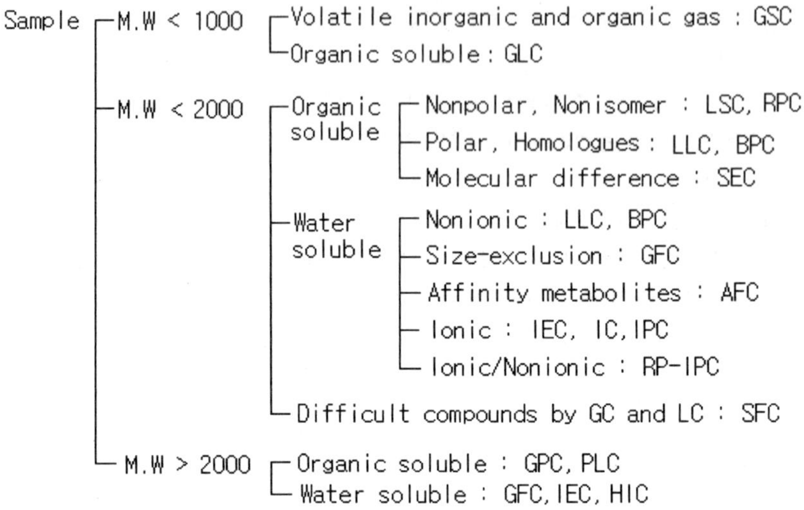

그림 1.3.8 용질의 성질에 따른 크로마토그래피의 분류

♣ 참고 사항

1. 분리 과정(Processes of separation)

분리 과정은 화학적, 물리적 및 기계적 과정에 의해 아래와 같이 분류될 수 있다.

표 1.3.2 분리 과정(Processes of separation)

화학적 과정	기계적 과정	물리적 과정
침전 전해 석출 가리움 이온 교환	여과 원심 분리 배제 크로마토그래피 투석	GLC, GSC, LLC, LSC 액체-액체 추출 증류 승화 띠 전기이동 띠 정제

2. 분리의 분류(Classification of separation)

물질의 상태에 따라 물질의 분리를 분류하면 표 1.3.3과 같다.

표 1.3.3 분리의 분류(Classification of separation)

기체			액체			고체		
기체	액체	고체	기체	액체	고체	기체	액체	고체
열확산	GLC, 응축, 흡착	GSC, 흡착	휘발	LLC, 증류, 추출	LSC, 침전, 전기흡착, 결정, ring oven	승화	용액, zone refining	Sieving, magnetic techniques

3. 분리 방법의 종류(Categories of separation method)

Giddings는 분리의 통합 이론(unifying theory of separations)으로 분리 방법들에 대해 기본적 접근으로 분리 시스템(classificatory system)을 제안하였다. 그의 제안은 모든 분리 방법들이 추진력과 흐름(driving force and flow)을 고려하여 보여질 수 있는 시스템을 나타내기 위한 하나의 시도이다. Giddings 시스템은 다른 분리 방법들의 구조와 관계를 설명하는 것을 제안한다. 그의 기본적 관측은 분리 방법이 혼합물 성분의 공간적 이탈에 의존한다는 것이다. 치환 과정은 벌크(flow) 치환과 상대적 치환으로 분류된다. 벌크 치환은 선택적이 아니고, 상대적 치환은 선택적이다. 일어나는 분리에 대해 흐름(a flow, F)은 분리를 완료하기 위하여 사용될 수 도 있고 안 될 수도(S, static nonflow system) 있다. 흐름은 벡터 량이기 때문에 힘(force)에 평행하거나 수직으로 작용할 수 있다. Giddings는 두개의 symbols를 정의하였다. 흐름의 종류에 와류 흐름(parasitic flow ; electroosmotic flow), 수동성 흐름(passive flow ; curtain electrophoresis), 젓기 흐름(stirring flow)은 포함되지 않았다.

F(=) ; 흐름과 힘이 평행(flow and force parallel)
F(+) ; 흐름과 힘이 수직(flow and force perpendicular)

대부분의 분리 방법은 기본적인 6개의 종류(표 1.3.4)에 속한다 이것은 Giddings에 의해 사용된 추진력(driving forces)이란 항이 Strain 등에 의해 사용된 항(Anal. Chem., 26, 90, 1954)과 다르다는 것으로 생각될 수 있다.

표 1.3.4 분리 방법의 종류(Categories of separation methods)

Categories	Separation methods
Sc	Electrophoresis, isoelectric focusing(등전 집중), dielectrophoresis(유전성 이동), electrostatic precipitation, sedimentation(침강), and isopycnic centrifugation(等密度 원심분리)
Sd	Single-stage extraction, adsorption, crystallization, sublimation, and dialysis
F(=)c	Countercurrent electrophoresis and elutriation(씻어 갈라냄 ; 洗鑛)
F(=)d	Filtration, ultrafiltration(한외 거르기), reverse osmosis, pressure dialysis, and zone melting
F(+)c	Field flow fractionation, thermogravimetric methods, and electro-phoresis-convection
F(+)d	Chromatography, distillation, countercurrent distribution, adsorption, crystallization, foam fractionation, and mineral floatation

S ; Static nonflow system
c, d ; This force may be continuous(c), with external fields or gradients, or discontinuous(d), that is, force at membrane surfaces.
F(=) ; Flow and force parallel, F(+) ; Flow and force perpendicular

4. LC에서 분석 방법을 전개하는데 포함되는 단계

LC에서 방법의 전개 과정은 종종 어렵고 시간을 소비하게 된다. 이것은 이용하는 머무름 메카니즘의 다양성, 각 방법의 실행에 연관된 많은 내부 의존 인자, 몇몇 크로마토그래피는 분리를 위한 최적의 분리 조건을 요구하는 것에 기인한다. 따라서 전문 크로마토그래퍼는 방법 전개 단계의 많은 질문에 대한 해결 방법을 종합하여 사용한다. 그러나 이를 초보자를 위해 명료하게 체계화하기가 쉽지 않으며, 일반적으로 전개를 위한 약간의 논리적 지침은 그림 1.3.9와 같다.

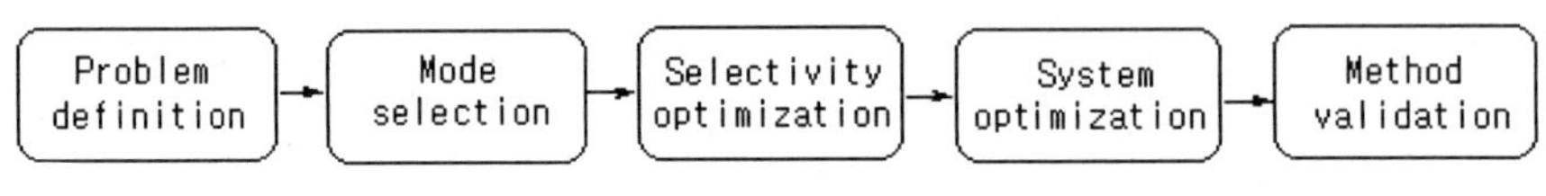

그림 1.3.9 LC의 분석 방법 전개 단계

1) 방법 전개

우선 방법의 전개는 분석 필요성에 대한 명료한 정의로부터 시작한다. 즉, 분리될 성분 수, 봉우리간의 관련성 및 분리 여부, 기질로부터의 분리 여부, 시료의 농도 범위, 시료 성분의 검출 특성, 시료의 성질(다른 용매에 대한 용해성, 분자량 및 화학 구조 등)이다.

2) 방법 선정

두 번째는 방법의 선정으로 과거 비슷한 시료로부터의 개인적 직관과 경험, 문헌 검색에 의한 정보, 어떤 컬럼과 장비의 즉각적인 이용, 경험 등에 의한다(그림 1.3.8 참조).

3) 선택성 최적화

셋째는 선택성 최적화로 수동 및 컴퓨터의 도움에 의해 달성될 수 있으며, 이를 위한 실험 계획으로 동시나 격자 조사 방법(simultaneous or grid search method), 순차 방법(sequential method), 반복 및 설명적 방법(iterative and interpretive method)이 보통 사용된다.

4) 시스템 최적화

넷째는 시스템 최적화로 이는 선택성 최적화 후 분리능 증진과 분리 시간을 최소화하기 위하여 사용한다. 여기에 속하는 실험 인자는 컬럼 길이, 입자 크기, 흐름 속도, 기기 구성, 시료 주입 량 등이다.

5) 방법의 타당성 인증

마지막 단계는 방법에 대한 타탕성 인증(validation)이다. 이 단계에는 분석 과정(analytical procedure), 특이성(specificity), 정확성(accuracy), 정밀도(반복성 및 재현성 ; repeatability and reproducibility), 감도(sensitivity), 선택성(selectivity), 견뢰성(robustness), 검출 한계(limit of detection), 정량 한계(limit of quantification), 직선성(linearity), 범위(range), 방법의 견고성(ruggedness of method) 등이 포함된다.

1.3.3 크로마토그래피에서 과정의 종류(Process types in chromatography)

크로마토그래피 분리의 과정은 두 조건으로 정의될 수 있다.

1) 분포 등온선(distribution isotherms ; 분배/분포계수 K의 표현)은 선형 또는 비선형(linear or nonlinear)일 수 있다.
2) 크로마토그래피의 계는 이상적이거나 비이상적이다. 이상적 크로마토그래피는 두 상사이의 교환이 열역학적으로 가역적이라는 것을 의미한다. 부가하여 고체 과립의 입자나 액체가 코팅된 입자와 기체상사이의 평형이 즉각적이다. 즉, 질량 이동이 매우 크고, 세로나 다른 확산 과정이 무시될 정도로 매우 작다는 것이다. 비이상적 크로마토그래피에서는 이런 가정이 만들어지지 않는다.

이 두 조건의 조합을 사용하여 다음 네 개의 크로마토그래피 계를 설명할 수 있다.

1) 선형-이상적 크로마토그래피(linear-ideal chromatography)
2) 선형-비이상적 크로마토그래피(linear-nonideal chromatography) ; GLC, LLC
3) 비선형-이상적 크로마토그래피(nonlinear-ideal chromatography) ; LSC
4) 비선형-비이상적 크로마토그래피(nonlinear-nonideal chromatography) ; GSC

1.3.3.1 선형-이상적 크로마토그래피

이것은 가장 직접적이고 간단한 크로마토그래피이다. 컬럼에서 용질의 운송은 분포계수(분배계수, K)와 컬럼에서서의 두 상의 량의 비에 의존할 것이다. 띠(band/zone) 모양은 컬럼을 통해 이것의 이동 동안 변하지 않는다. 크로마토그래피의 이런 형태가 최상일 것이다. 즉, 확산 효과가 없고 두 상사이의 질량 이동이 즉각적이다. 이 계에서 얻어지는 등온선은 선형이 될 것이다.

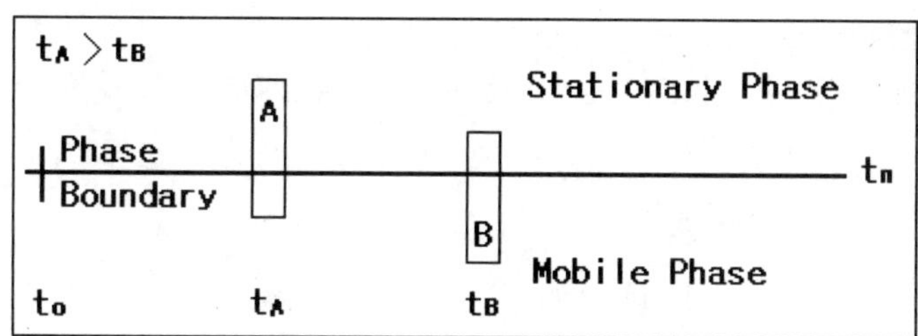

그림 1.3.10 선형-이상적 크로마토그래피

1.3.3.2 선형-비이상적 크로마토그래피

이 계에서 띠(band/zone)는 확산 효과와 비평형(nonequilibrium) 때문에 넓어진다.

폭 넓힘(broadening) 메카니즘은 거의 대칭적이고, 결과적으로 얻어지는 용리 띠는 Gaussian 곡선에 접근한다. 이 계는 액체나 기체 분배 크로마토그래피(GLC, LLC)를 가장 잘 설명한다. 이 계는 두 방법으로 생각될 수 있다. 이 두 관점은 보통 기체 크로마토그래피를 거론하기 위하여 사용된다.

1) 단 이론(Plate theory)
   이 크로마토그래피 계를 증류나 추출 계와 같이 불연속적인 과정의 기능으로 상상하라. 즉, 수많은 평형 판들(equilibrium plates)로 구성되었다고 생각한다.
2) 속도 이론(Rate theory)
   이 크로마토그래피 계는 질량 이동과 확산 현상을 설명하는 연속적인 물질을 고려한다.

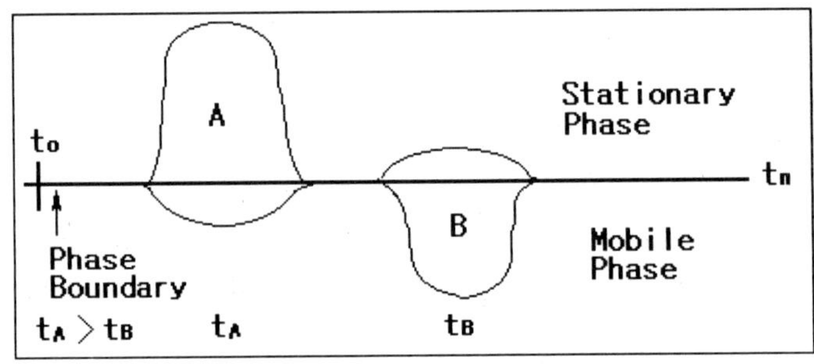

그림 1.3.11 선형-비이상적 크로마토그래피

1.3.3.3 비선형-이상적 크로마토그래피

비선형 효과(nonlinearity effects)를 보통 알아볼 수 있기 때문에 액체-고체 크로마토그래피(LSC)가 이 계의 형태에서 대표적이다. 질량 이동이 빠르고, 세로 확산 효과는 이 계를 설명하는 데 무시될 수 있다. 알짜 결과(net results)는 밴드들이 자체적으로 앞은 날카롭게(self-sharpening fronts) 전개하고 뒤의 경계에서는 확산하는 것이다. 이런 꼬리 끌기 때문에 이 기술은 용리 분석에 부적합하다.

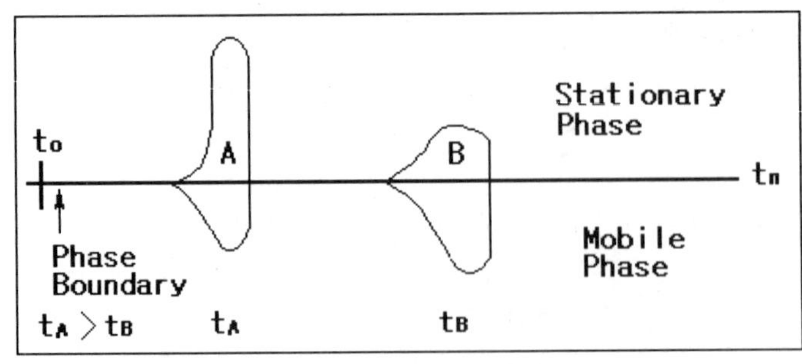

그림 1.3.12 비선형-이상적 크로마토그래피

1.3.3.4 비선형-비이상적 크로마토그래피

기체-고체 크로마토그래피(GSC)가 이 이론으로 가장 잘 설명된다. 여기에서 앞은 확산되고 뒤 경계의 한정된 꼬리 끌기를 보이는 뒤의 경계를 발견한다. 이런 형태의 계에서의 수학적 묘사는 매우 복잡하게 될 수 있다. 그러나, 적절한 가정과 함께 수학적 처리는 실험적인 데이터를 잘 나타낸다.

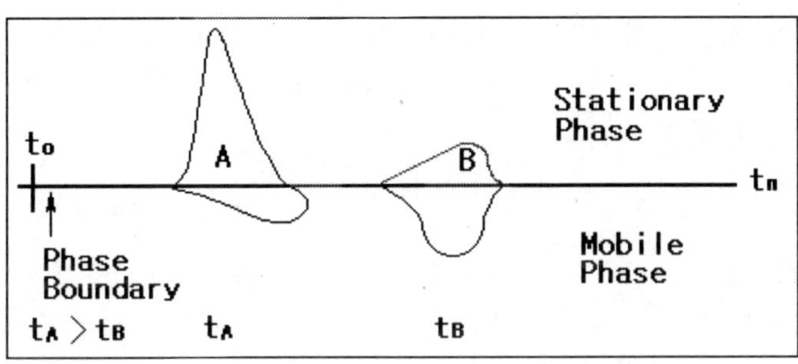

그림 1.3.13 비선형-비이상적 크로마토그래피

1.4 크로마토그래피의 주요 사항

1.4.1 기본적 관계식 ; K_D, t_R, k, α, n 및 R_S

1. 분배계수, K_D

용질의 이동상과 정지상에 대한 친화성의 상대적 비를 나타낸다.

$K_D = C_S/C_M = kV_m/V_s$

C_S : 용질의 정지상에서의 몰 농도 C_M : 용질의 이동상에서의 몰 농도

k : 용량인자 V_m : 머물지 않는 용질의 머무름 부피(불감 부피)

V_s : 정지상의 부피

♧ 주요 사항

1) 친화성(affinity)의 상대적 크기(반응 물질의 양, 농도)를 표시하고, 분배, 흡착 및 이온 교환과는 관계가 없다.
2) 물질간 K_D가 커야 잘 분리된다.
3) GC에서 K_D는 정지상 형태와 컬럼 온도에 의존하며, 컬럼 형태나 기기 인자(instrumental parameters)에는 의존하지 않는다.

$K_D = \beta k$

$\beta = V_G/V_L$

β : 상비(phase ratio) V_G : 컬럼에서 기체의 부피

V_L : 컬럼에서 액체상의 부피 k : 용량인자

4) LC에서

$k = \Phi K_{eq}$

k : 용량인자 K_{eq} : 평형상수 · Φ : 상비(Jandara가 제의)

$\Phi = (V_g - V_m)/V_m$

V_g : 컬럼의 부피 V_m : 불감 부피

· 관계식 ; 자유 에너지와 용량인자간의 반정량적인 열역학적 관계를 나타내며 크로마토그래피의 메카니즘 설명에 사용된다.

$\Delta G^o = -RT \ln K = -RT \ln k/\Phi = \Delta H^o - T\Delta S^o$

$\ln k = -\Delta H^o/RT + \Delta S^o/R + \ln\Phi$

2. 머무름 시간, t_R

시료 성분이 컬럼에 주입된 순간부터 검출기가 머무름 봉우리의 최대 점을 감지하는 사이의 시간을 나타내며, 일상적으로는 시료 성분이 컬럼을 통과하는데 소요되는 시간을 말한다.

$t_R = t_R' + t_m = t_m(1+k) = ut_m/u_x = L(1+k)/u = L\{1+(K_DV_s/V_m)\}/u$

t_R' : 조정(adjusted) 머무름 시간 t_m : 불감 시간 L : 컬럼 길이($= ut_m = u_xt_R$)

u : 이동상의 평균 속도, L/t_m u_x : 시료의 평균 이동 속도, $L/t_R = u/(1+k)$

♧ 주요 사항

1) t_m은 t_R을 계산 시 기준 값을 제시하며, t_R은 k, α, n 및 R_S를 계산하는데 반드시 필요하므로 t_m을 정확하게 측정하는 것이 중요하다.
2) 일정한 분석 조건에서 일정한 범위내의 값을 보인다.
3) 관계식 ; 때때로 t_R보다 V_R을 사용하는 것이 우월한데, 그 이유는 t_R은 흐름 속도(F)와 함께 변하나 V_R은 F에 독립적이다.

$V_R = t_R F = V_m\ t_R/t_m = V_m(1+k) = V_m + K_D V_s$

V_R : 머무름 부피　V_m : 불감 부피, $t_m F$

$F = F_m \times T_c/T \times (P-P_w)/P$

F : 컬럼 내부 흐름 속도　F_m : 측정한 흐름 속도　Tc : 컬럼 온도(K)

T : 실온　P : 대기 압력　P_w : 증기압

4) 분리 시간의 최소화

특별한 분리를 위해 요구되는 시간에 대한 제한은 한 간단한 모델을 사용하여 유도될 수 있으며, 다음 세 가지의 가정 하에서 t_R이 아래와 같이 표현된다.

(1) 분리하기 가장 어려운 두 성분을 분리하기 위해 요구되는 이론단 수를 갖는 적합한 컬럼 길이
(2) 컬럼에서 마지막 봉우리가 분리되는데 요구되는 전체 분리 시간
(3) 일정한 분리 온도

$t_R = (nH/u)(1+k) = L(1+k)/u$

$n_{req} = 16 R_S^2 \{(\alpha/(\alpha-1)\}^2 \{(1+k)/k)\}^2$를 n에 대입하면,

$= 16 R_S^2 \{(\alpha/(\alpha-1)\}^2 \{(1+k)^3/k^2)\}(H/u)$

가. 위 식은 $R_s≒1$, α는 가장 분리하기 어려운 쌍에 대해 최대화된 값, k는 가장 분리하기 어려운 쌍에 대해 1~5 범위 값, H_{min}, u_{opt}에서의 분리를 수행하기 위한 식이다.

나. H/u는 작동 조건(컬럼 압력 저하, 필름 두께, 질량 이동 효과와 컬럼의 크기)의 복잡한 함수이다.

다. 한정된 이론단 수를 갖는(P≒1, 컬럼 출구에 대한 입구 압력의 비) 얇은 필름의 WCOT에 대해 분리 시간은 컬럼의 변수들로 표현된다. 낮은 단 수나 넓은 구경 컬럼의 분리 시간은 컬럼 구경의 제곱근에 비례하고, 컬럼의 지름이 분리 속도에 큰 결정적 영향을 갖는다.

$t_R = [f_g(k)][(1+k)nd_c^2/2D_{m,o}]$

$f_g(k) = [(1+16k+11k^2)/96(1+k)^2]$

$D_{m,o}$; 컬럼 출구 압력에서 이동상의 확산계수

u_o ; 컬럼 출구 에서의 이동상 속도　d_c ; 컬럼 구경

또한, 큰 단 수나 진공 출구(예 ; GC-MS의 경우 P>>1)와 작동하는데 따른 분리 시간은 다음과 같다. η는 이동상의 점도로 점도가 작은 수소가 사용되며, 컬럼 구경이 작을수록 더 빨리 분리된다.

$t_R = [4.5 f_g(k)]\{(1+k)(2\eta/P_o D_{m,o})^{1/2} n^{3/2} d_c]$

3. 용량인자, k

시료 성분이 이동상과 정지상에서 보내는 시간의 비를 나타낸다.

$k = (t_R-t_m)/t_m = t_R'/t_m = q_S/q_m = C_SV_s/C_MV_m = K_DV_s/V_m = t_S/t_M$

q_S : s.p에서의 시료의 양 q_m : m.p에서의 시료의 양

V_s : 정지상의 부피 V_m : 불감 부피

t_S : 시료가 s.p에 머무르는 시간 t_M : 시료가 m.p에 머무르는 시간

♧ 주요 사항

1) 일명 분배비(partition ratio), 용량비(capacity ratio), 질량 분배비(mass distribution ratio)라하며 용질의 이동 속도와 관계가 있다.

2) k의 조정

(1) GC : 온도 변화

(2) LC : 용매의 조성 변화

3) $k=1$, $t_R'=t_m$ 분리 안됨

$k>10$ 분석 시간 낭비

$2<k<10$ 적당한 범위

$k<1$ 바람직하지 못함

4) 관계식

(1) 머무름 비(retention ratio ; 이동상에서의 시료의 분율), R

$$R = t_M/(t_M+t_S) = 1/\{1+(t_S/t_M)\} = 1/(1+k)$$

(2) 시료의 이동 속도, u_x

$$u_x = uR = u/(1+k) = L/t_R = nH/t_R$$

(3) $t_R = L/u_x = L(1+k)/u = nH(1+k)/u$

4. 분리인자, α

이웃한 두 크로마토그램간의 상대적 머무름 비를 나타낸다.

$\alpha = (t_{R2}-t_m)/(t_{R1}-t_m) = t_{R2}'/t_{R1}' = (t_{R2}'/t_m)/(t_{R1}'/t_m) = k_2/k_1$

♧ 주요 사항

1) 분석 조건이 달라져도 두 성분비는 일정하다.

2) n이 작고 α가 크면 잘 분리된다.

3) $\alpha=1$, $t_{R1}'=t_{R2}'$, $k_1=k_2$ 분리 안됨

$1.05<\alpha<2.0$ 적당한 범위

$\alpha>2$ 분석 시간 낭비

4) α의 변화

(1) 1차 k를 최적화(1~8)시키고, n을 증가시킨다.

(2) 2차 유용성과 편리성을 감안하여 α값의 증가 방법을 모색한다.

가. 이동상 조성 바꾸기 : 유기 물질 분리

나. 이동상 pH 바꾸기 : 이온성 산이나 염기 분리

다. 관의 온도 바꾸기 : LLC, LSC는 온도 변화 시 k값이 변화하며, α는 영향이 없으며, IEC에서는 영향이 크다.

라. 정지상의 조성 바꾸기 : 불편하나 k값을 최적 영역에 두고 α를 개선하는 효율적 방법

마. 특별한 화학적 효과 사용 : 착물 형성

5. 이론단 수, n(또는 이론단 높이, H)

컬럼이 수많은 정지상의 단으로 충전되었다는 정량적 개념으로 그 단의 수를 n, 1개의 단의 높이를 H라 한다.

$n = 16(t_R/W_b)^2$ 대칭 봉우리에 적용(4σ method)

$n = 25(t_R/W_{4.4})^2$ 비대칭 봉우리에 적용(5σ method)

$n = 5.54(t_R/W_h)^2$

$n = 4(t_R/W_i)^2$

$n = 36[\alpha/(\alpha-1)]^2$ 용매를 혼합하여 사용 시 적용

$n = L/H$

W_b : 바탕선에서의 봉우리 폭

$W_{4.4}$: 봉우리 높이(h)의 4.4 %에서의 봉우리 폭

W_h : 봉우리 높이(h)의 1/2에서의 봉우리 폭

W_i : 봉우리 굴곡점(inflection point)에서의 봉우리 폭

♧ 주요 사항

1) 일정 분석 조건(이동상과 정지상의 흐름 속도, 온도, 시료 주입 방법)에서 거의 일정하다.

2) HPLC에서 L=25 cm일 때 n=6～8000이면 양호
GC에서 L=1 m일 때 n=1000이면 양호

3) n에 영향을 주는 인자 : 컬럼 길이(L), 압력(P), 시간(t) 및 속도(u)

$u \propto P/L$

$t \propto 1/P$

$t \propto L^2$

4) 관계식

이론단 수는 크로마토그램의 머무름 시간(t_R)과 폭 변동(σ_t)으로 표시될 수 있으며, Gaussian 봉우리에서 봉우리의 높이와 면적의 비로도 표시될 수 있다.

$n = (t_R/\sigma_t)^2 = 2\pi(t_R h/A)^2$

t_R : 머무름 시간 σ_t : 폭 변동(band variance in time unit)

h : 봉우리 높이 A : 봉우리 면적

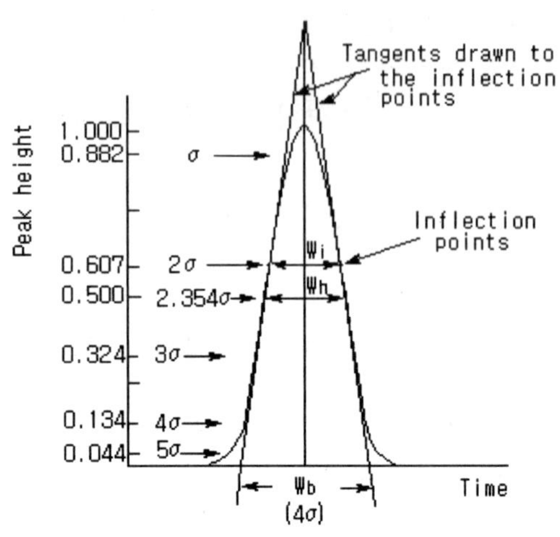

그림 1.4.1 Gaussian 봉우리의 특성

6. 분리능, R_s

두 개의 인접한 크로마토그램간의 분리된 정도를 정량적으로 표시한 값이다.

$R_s = 2(t_{R2}-t_{R1})/(W_{b1}+W_{b2}) = 2\Delta t/(W_{b1}+W_{b2})$

W_{b1} : 첫 번째 봉우리의 기준선에서의 봉우리 폭

W_{b2} : 두 번째 봉우리의 기준선에서의 봉우리 폭

♧ 주요 사항(두 띠 크기의 비가 1:1일 때)

1) R_s=0, $t_{R1}=t_{R2}$ 분리 안됨(완전 겹침)

R_s=1.0 94 % 분리(각 3 %씩 중첩, 적합한 분리를 위한 일반적 목표)

R_s=1.5 99.6 %(각 0.2 %씩 중첩)

그러나 이런 기준은 거의 같은 용질 농도에서 유지되며, 분리능은 여러 가지 조정 변수(n, k, α)에 관계된다.

2) R_s는 분리와 봉우리 띠 넓어짐에 관계된다.

3) R_s 증가를 위해 V_m이 작은 좋은 컬럼을 사용하여 봉우리 폭을 줄여야 한다.

4) 관계식

(1) 분리능과 컬럼 성질 사이의 관계

두 크로마토그램의 분리는 선택성, 효율 및 시간의 조정되는 크로마토그래픽 변수에 관련된다.

$R_s = 1/4\, n^{1/2} \{(\alpha-1)/(\alpha+1)\} \{k_{AV}/(1+k_{AV})\}$

k_{AV} : $(k_1 + k_2)/2$

k_1 : 한 봉우리 쌍의 첫째로 용출되는 봉우리의 용량인자

k_2 : 한 봉우리 쌍의 두 번 째로 용출되는 봉우리의 용량인자

인접한 두 봉우리가 동등한 폭을 가졌다면, 아래와 같이 표시될 수 있다.

$R_s = 1/4\, n^{1/2} \{(\alpha-1)/\alpha\} \{k_2/(1+k_2)\}$

이 식은 $R_s = 2(t_{R2}-t_{R1})/(W_{b1}+W_{b2}) = 2\Delta t/(W_{b1}+W_{b2})$로부터 유도된다.

$W_{b1} = W_{b2} ≒ W$라고 하면,

$R_s = 2(t_{R2}-t_{R1})/2(W+W) = (t_{R2}-t_{R1})/W$

위 식에 $n = 16(t_{R2}/W)^2$, $W = 4t_{R2}/\sqrt{n}$를 대입하여 정리하면

$R_s = (t_{R2}-t_{R1})/W = \{(t_{R2}-t_{R1})/t_{R2}\} \times (\sqrt{n}/4)$

$k = (t_R-t_m)/t_m$, $t_R = (k+1)/t_m$을 대입

$R_s = (k_2-k_1)/(1+k_2) \times (\sqrt{n}/4)$

$\alpha = k_2/k_1$를 대입하여, k_1을 소거하여 정리하면

$R_s = 1/4\, n^{1/2} \{(\alpha-1)/\alpha\} \{k_2/(1+k_2)\}$

또한 이때의 이론단 수는 위의 식으로부터 직접 계산될 수 있다.

$R_s = 1/4\, n^{1/2} \{(\alpha-1)/\alpha\} \{k_2/(1+k_2)\}$의 양변을 제곱하고 n에 대해 정리하면

$R_s^2 = 1/16n\{(\alpha-1)/\alpha\}^2 \{k_2/(1+k_2)\}^2$

$n = 16\, R_s^2 \{(\alpha/(\alpha-1)\}^2 \{(1+k_2)/k_2)\}^2$

$R_s = 1/4\, n^{1/2} \{(\alpha-1)/\alpha\} \{k_2/(1+k_2)\}$와 $n = 16\, R_s^2 \{(\alpha/(\alpha-1)\}^2 \{(1+k_2)/k_2)\}^2$은 분리가 어려워 유사한 분배계수를 갖는 한 쌍의 용질에 대해 단순화 할 수 있다. $k_1 = k_2 ≒ k$이면, $\alpha \to 1$이므로

$R_s = 1/4\, n^{1/2} (\alpha-1) \{k_2/(1+k_2)\}$

$n = 16\, R_s^2 \{(1/(\alpha-1)\}^2 \{(1+k_2)/k_2)\}^2$

(2) 분리능과 용리 시간 사이의 관계

t_R과 용질이 이동하는 속도(u_x)는 $u_x=L/t_R$ 이다. 이를 $u_x=u\{1/\{1+k)\}$ 및 $n=L/H$와 합쳐 t_R에 대해 정리하면 아래와 같다.

$t_{R2} = nH(1+k_2)/u \;\to\; n = ut_{R2}/H(1+k_2)$

위 식을 R_s와 연관하기 위하여 $n = 16\, R_s^2 \{(\alpha/(\alpha-1)\}^2 \{(1+k_2)/k_2)\}^2$과 합쳐 정리하면 분리능과 용리 시간과의 관계식을 얻을 수 있다.

$t_{R2} = 16R_s^2H/u\ \{\alpha/(\alpha-1)\}^2\{(1+k_2)^3/k_2^2\}$

♣ 참고 사항

1. 크로마토그래피의 기본 인자(chromatographic fundamental factors) ;

K_D(분배계수), k(용량인자), α(분리인자), n 또는 H(이론단 수 또는 이론단 높이) 및 R_S(분리능)

$K_D = C_S/C_M = kV_m/V_s$

$k = t_R'/t_m = (t_R-t_m)/t_m = q_S/q_m = C_SV_s/C_MV_m = K_DV_s/V_m = t_S/t_M$

$\alpha = t_{R2}'/t_{R1}' = (t_{R2}-t_m)/(t_{R1}-t_m) = k_2/k_1$

$n = L/H$

$= 16(t_R/W_b)^2$ 대칭 봉우리에 적용(4σ method)

$= 25(t_R/W_{4.4})^2$ 비대칭 봉우리에 적용(5σmethod)

$= 36[\alpha/(\alpha-1)]^2$ 용매 혼합 사용 시 적용

$R_s = 2(t_{R2}-t_{R1})/(W_{b1}+W_{b2}) = 2\triangle t/(W_{b1}+W_{b2}) = 1/4\, n^{1/2} \{(\alpha-1)/\alpha\} \{k_2/(1+k_2)\}$

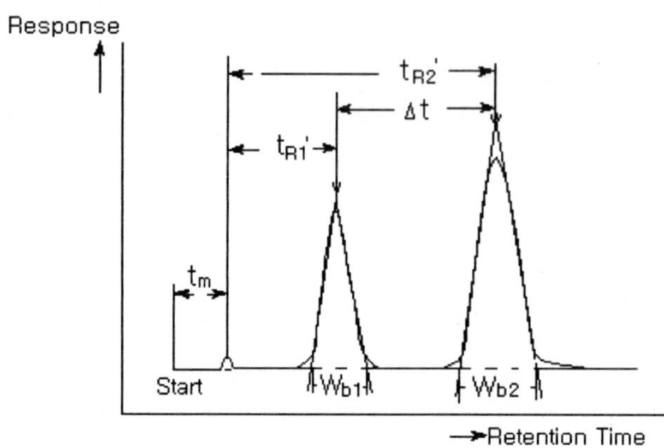

t_R : 용질의 머무름 시간
t_R' : 용질의 조정 머무름 시간
t_m : 컬럼 불감 시간
k_1, k_2 : 용질1, 2의 용량인자
t_{R1}', t_{R2}' : 용질1, 2의 조정 머무름 시간
W_{b1}, W_{b2} : 봉우리1, 2의 기준선에서의 봉우리 폭

그림 1.4.2 인접한 두 개의 크로마토그램에 관련된 기호

2. 크로마토그래피의 성공적인 분리를 위해서는 분리능, 시료 용량 및 분석 시간(속도) 사이의 관계가 잘 절충되어야한다.

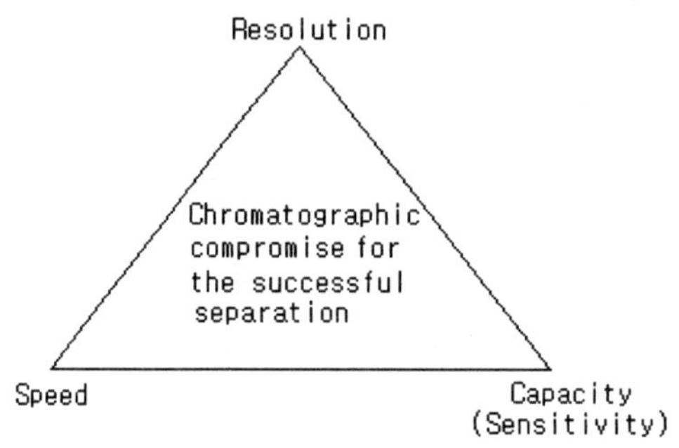

그림 1.4.3 분리능, 속도 및 용량과의 관계

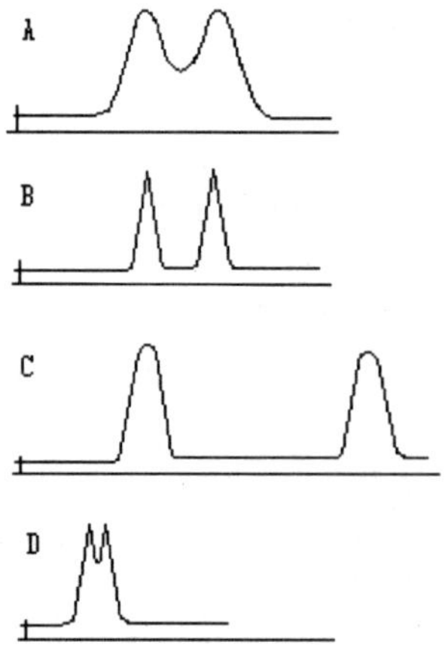

A: 불충분한 분리능(poor resolution)
- k는 양호, n과 α가 부적절
  - n조정 : 컬럼 재충전-B를 얻음
  - α를 조정 : 이동상 조정-C를 얻음

B: 컬럼 효율로 인한 양호한 분리능

C: 컬럼 선택성으로 인한 양호한 분리능
- α, k는 적절, n이 부적절(봉우리 폭이 넓음)
  - 컬럼 재충전(작은 입자)
  - 컬럼 길이, 유속 조정

D: 낮은 용량 인자로 인한 불량한 분리능
- 컬럼 효율과 선택성은 적합, k가 부적절 (t_m, t_{R1}, t_{R2}가 근접)
  - 이동상 강도 조절

그림 1.4.4 k, α, n의 영향

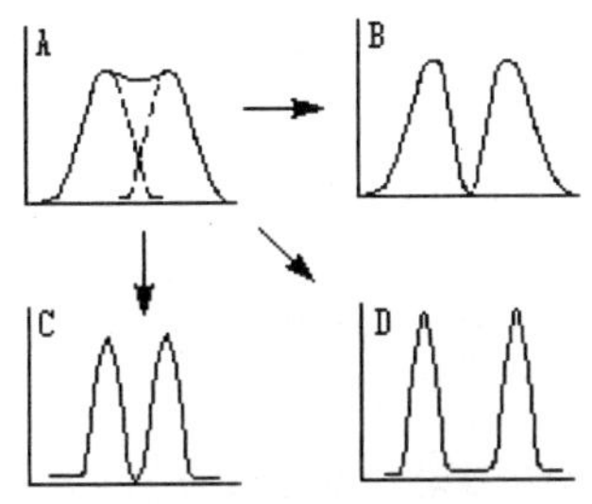

A: 초기 크로마토그램
　낮은 분리인자(작은 n)
B: 좋은 분리인자(작은 n)
　· A→B : 온도와 상의 종류 변화
C: 낮은 분리인자(큰 n)
　· A→C : n증가
D: 좋은 분리인자(큰 n)
　· A→D : 온도, 상의 종류 변화, n의 증가

그림 1.4.5 두 성분 분리 크로마토그램에서 n과 α의 영향

3. 머무름은 부피의 항으로 다음과 같이 표시된다.

표 1.4.1 부피로 표현된 머무름

항 목	표 시	정 의	계산 방법
컬럼 틈새 부피	V_m	holdup 시간에 일치하는 머무름 부피	$V_m = t_mF$
머무름 부피	V_R	머무름 시간에 일치하는 머무름 부피	$V_R = t_RF$
조정(adjusted) 머무름 부피	V_R'	t_R'에 일치하는 머무름 부피	$V_R' = t_R'F$
보정(corrected) 틈새 부피	V_m^o	이동상 압축율에 대해 보정한 V_m	$V_m^o = jV_m$
보정 머무름 부피	V_R^o	이동상 압축율에 대해 보정한 V_R	$V_R^o = jV_R$
알짜(net) 머무름 부피	V_N	이동상 압축율에 대해 보정한 V_R'	$V_N = jV_R' = V_R^o - V_m^o$
비(specific) 머무름 부피	V_g	정지상의 단위 무게에 대해 0 ℃에서의 V_N	$V_g = V_N\ 273/W_LT_c$

1. W_L ; 컬럼에서의 정지상의 무게(g), Tc : 컬럼의 온도(K), F : 이동상의 평균 흐름 속도(ml/min),
2. j : 기체 압축 인자, $j = 3/2\{(P^2-1)/(P^3-1)\}$, $P = P_i/P_o$, P_i는 컬럼 입구 압력, P_o는 컬럼 출구 압력
3. 1 기압 = 760 mmHg = 760 torr = 14.7 psi = 101.325 kilopascals

1.4.2 컬럼 불감 시간(t_m)/틈새 부피(V_m)의 측정[1]

불감 시간(dead time) 또는 틈새 부피(void/hold-up volume)는 컬럼에 머무르지 않는 용질이 주입기로부터 검출기에 도달하는데 요구되는 시간이다. 이는 용질이 용출될 때까지 이동상에 머무른 시간을 의미한다. V_m의 참값은 어떤 조건하에서도 측정하기 어려우며, 측정을 위한 원칙이 없고 크게 실험에 의존한다. 그러므로 V_m 결정을 위한 물질의 선택은 사용되는 특별한 실험 조건에 의존한다. 또한, V_m 없이 이에 관련된 k, α, R_s는 계산될 수 없다. 따라서 참값에 근접할 수 있는 V_m 결정 방법이 필요하다. GC의 경우 불감 부피/시간은 분석되는 시료와 동일한 조건으로 크로마토그래피 계를 통과하는 비흡착 기체의 미세한 량의 시간으로 고려된다. 그러나 LC에서는 상황이 간단하지 않다. 그 이유로는 이 이론 응용에 기본적 3가지 차이 때문이다.

주1. R.J.Smith, C.S.Nieass and M.S. Wainwright, A Review of Method for The Determination of Hold-up Volume in Modern Chromatography, J. Liquid Chromatography, 9(7), 1387~1430, 1986

* 액체의 내부 확산계수가 기체의 $1/10^4$ 이하이다.
* 용출액의 점도가 기체보다 약 수100배 이상이다.
* 정지상의 분자와 용출액과의 상호작용이 GC에서는 무시되나 LC에서는 중요하다.

LC에서의 V_m 결정은 크게 실험에 의존하며, 크게 7가지로 분류된다.

1) 정적 방법(Static method)

밀도가 다른 두 개의 용매를 컬럼에 연속적으로 각각 충전하고 각기 무게를 달아 전체 컬럼 구멍을 계산한다.

$V_m = (W_1 - W_2)/(d_1 - d_2)$

W_1, W_2 : 용매 1, 2를 함유한 컬럼의 무게

d_1, d_2 : 용매 1, 2의 밀도

2) 틈새 부피(Interstitial volume)

충전의 다공성과 기질의 밀도를 가정한 기지의 공극(空隙, pore) 부피로부터 계산한다.

(1) Mori와 Suzuki : SEC 컬럼에서 M.W. 8.5 x 10^6을 사용한다.

(2) Scott와 Kucera : 실리카 겔 컬럼에서 M.W. 665,000 polystyrene(PS)을 사용한다.

(3) Mocked와 Freyholdt : C_{18} 컬럼에서 THF를 용매로 M.W. 1.8 x 10^6 PS, 수용성 알코올과 함께 가용성 녹말(soluble starch)을 사용한다.

3) 무기염의 사용

sodium nitrate($NaNO_3$), potassium iodide, potassium dichromate, potassium nitrate, sodium chloride, sodium nitrite($NaNO_2$)의 적당한 농도의 용액을 크로마토그래프로 분석하여 나타난 크로마토그램의 시간/부피를 측정한다.

4) 유기 화합물의 사용

Sodium benzene sulphonate, benzoic acid, acetone, n-hexane, uracil, fluorene, $CHCl_3$, cytosine, DMF 등을 사용하여 크로마토그래프로 분석하여 나타난 크로마토그램의 시간/부피를 측정한다.

5) 동위원소 표지 화합물(isotopically labelled compounds)

(1) 방사성 표지 화합물(radioactively labelled compounds)

(2) 중수소 화합물(deuterated compounds)

6) 변형된 이동상의 주입(injection of modified mobile phase)

(1) 이동상 성분(mobile phase components)

(2) 약간 바꾼 유기 변형제 농도의 이동상(mobile phase with slightly altered organic modifier concentration)

(3) 순수한 유기 변형제나 순수(pure organic modifier or pure water)

7) 기타

(1) Halasz가 사용한 방법

(2) Neidhart et al.이 사용한 방법 등이 있다.

표 1.4.2 컬럼 틈새 부피(V_m)의 측정을 위한 시험 물질

컬 럼		이 동 상	시 험 물 질	비 고
GC	(충전 및 OTC)	–	CH_4, H_2, air, inert gas	FID에는 CH_4를 보통 사용한다.
LC	NPC	Methanol	Benzene	
	RPC	Un-buffered liquid	- Sodium nitrate 또는 nitrite, 3×10^{-6}mole 이상 - 0.01% potassium bromide	Well, Clark, Jinno 검출 파장 200 nm

♧ 주요 사항

1) LC의 시험 물질

(1) 대부분 유기 화합물 : V_m이 너무 커서 용질과 정지상간의 약간의 분배를 보여 부적합하다.

(2) 많은 무기 화합물 : V_m이 너무 작아 비 완충용액에 있는 용질이 이온 반발 메카니즘에 의해 입자내 부피로부터 부적절하다.

2) 실질적으로 LC의 경우 주로 쓰이는 4가지 방법

(1) 무기염의 주입 : 간단하나 여러 가지 어려운 점이 많다. 그러나 가장 공개적으로 많이 사용된다.

(2) 변형된 이동상의 주입 : 편리성이 있음.

(3) 적당히 머무르지 않는 유기 화합물을 주입한다.

(4) 유기 화합물의 동족 계열에 대한 t_R의 직선화를 이용한 수학적 계산 방법이 매우 고무적이며, GC도 이런 방법으로 불감 부피를 구한다.

3) 대표적 검출기에서 V_m을 구하는데 사용되는 물질

(1) UV 검출기 : uracil, 방향족 화합물의 동족 계열

(2) RI 검출기 : 방향족 알코올 계열

4) SEC에서는 모든 용질이 t_m전에 용출된다.

(1) SEC에서 분리는 안쪽의 이동상과 컬럼 충전물의 공극(pore)의 바깥 쪽 사이의 분포로부터 이루어진다. 즉, 정지상과의 직접적인 상호작용이 없다는 면에서 시료의 머무름이 없다는 의미이다. 실제로 분리는 컬럼의 불감 부피와 일치하는 이동상의 부피가 컬럼을 통과 시에 완료된다. 다른 액체 크로마토그래피와 달리 SEC에서의 불감 부피는 오직 틈새(interstitial) 부피를 의미한다.

(2) SEC에서 분배계수(K_D)는 정지상 지지체의 공극과 지지체의 바깥쪽의 용질의 평균 농도의 비를 나타낸다. 그러므로 정지상은 컬럼 충전의 공극에 포함되는 정체된 이동상의 푸울(stagnant mobile phase pool)을 나타낸다. 따라서 SEC에서 이상적으로 시료와 정지상의 지지체와의 상호작용이 없으므로 K_D 값은 모든 용질에 대해 공극 부피의 완전한 배제와 투과성의 극단을 나타내는 $0<K_D<1$ 범위의 값을 보인다. 비 배제형의 작은 분자 물질에 대해 $K_D>1$인 것은 활성인 지지체를 나타내는 것이다.

5) 이동상 부피의 의미

이동상 부피는 입자들 사이의 틈새 부피와 공극 내의 부피가 포함된다. 즉, 고정

된 정지상에 의해 점유되지 않는 모든 부피이다. 틈새형 부피는 두 가지로 나누어진다. 또한, 공극내의 이동상은 정체되어있다. 공극에 빠진 혼합된 이동상의 성분

(1) 이동상을 포함하는 부피 부분

(2) 흐르는 흐름으로부터 떨어져 근본적으로 정지 상태인 입자 사이의 접촉점에 밀접한 부피

은 하나의 일정한 성분이 아니다. 이 이동상의 한 성분은 선택적으로 흡착될 수 있거나 정지상의 가까운 곳에서 변경된 성분의 영역에서의 정지상과 연관된다. 컬럼내의 여러 가지 부피에 대한 자세한 내용은 그림 1.4.6과 같다.

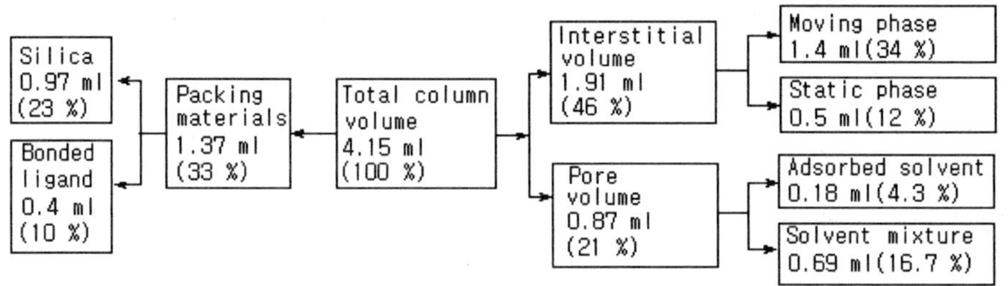

그림 1.4.6 여러 가지 부피 요소의 요약. 25 cm x 4.6 mm I.D Zorbax C_8, 입자 크기 5 ㎛, 비표면적 300 m^2/g, 이동상 methanol/water (20/80). Total volume = $(0.23\ cm)^2$x 3.14 x 25 cm = 4.15 cm^3

1.4.3 다공성 물질이 충전된 컬럼에서 이동상의 흐름

다공성 물질에서의 흐름은 띠 넓어짐을 이해하는데 매우 중요하다. 따라서 이동상의 선형 속도(linearity velocity)가 컬럼 부피의 흐름 속도(flow rate)보다 중요하다.

1. OTC에서의 컬럼 부피 흐름 속도와 이동상(m.p) 속도와의 관계

$u_o = F_c/A_c$

u_o : 컬럼 출구에서의 m.p 속도 　　F_c : 컬럼 부피 흐름 속도, cm^3/min

A_c : m.p에 이용되는 컬럼 단면적, cm^2

2. 충전 컬럼

$u_o = F_c/\pi r^2 \varepsilon_e$

r : 컬럼 구경 　ε_e: 입자간 다공성, 0.4(입자내는 0.5)

3. Darcy's law에 의해 표현된 m.p 속도, $u_{(x)}$

흐름의 윤곽이 유선형(laminar)이라고 전제했을 때의 m.p의 속도를 말한다.

$u_{(x)} = (-K/\eta)(dP/dx)$

$u_{(x)}$: 어떤 점 x에서의 이동상 속도 　K : 컬럼 투과성 　η: m.p의 점도

1) GC에서 기체의 압축성을 고려한 m.p의 속도, u_o :

보통 조건하의 OTC 및 낮은 흐름(10~20 ㎝/s)의 충전 컬럼에 적용된다.

$u_o = KP_o(P^2-1)^2/2\eta L$

· 컬럼에서의 압력의 감소를 고려하여야 한다(j 인자).

$j = 3(P^2-1)/2(P^3-1)$

$P = P_i/P_o$ P_i ; input pressure P_o ; output pressure(760 mmHg)

2) LC에서 이동상의 압축성과 압력에 의한 점도의 변화를 고려하지 않았을 때의 이동상의 속도, u

$u = \Delta PK_o d_p^2/\eta L$

K_o : 고유 투과성 계수(specific permeability coefficient, ca. 1000)

d_p : 입자 구경(particle diameter)

ΔP : 컬럼 압력 강하(위 식은 ΔP가 약 600 atm까지 적용 가능)

· K_o는 Kozeny-Carman 방정식으로부터 정확한 값을 얻을 수 있다.

$K_o = \varepsilon_e^3 / 180(1-\varepsilon_e)^2$

· $K_o d_p^2$은 컬럼 투과성이다.

1.4.4 띠 넓어짐에 대한 속도 이론

단 이론(plate theory)[2]은 정량적으로 이동 속도에 영향을 주는 변수만을 다룸으로서 띠 넓어짐에 대한 변수를 설명하지 못하였기 때문에 이를 보완할 수 있는 속도 이론(kinetic theory ; rate theory)이 나오게 되었다.

1. 소용돌이 확산(Eddy diffusion), H_E

충전된 정지상 입자의 불균일에 의한 이동상의 다중 통로에 따른 확산을 의미한다.

$H_E = 2\lambda d_p$

H_E : Eddy diffusion에 따른 H

λ(dimensionless constant) : 충전 인자(packing factor), 1~2 (또는 0.5~1.5)

d_p : 평균 입자 구경

♧ 주요 사항

1) 작고 균일한 입자를 균질하게 충전하거나, 내경이 1~6 mm인 컬럼 구경을 사용 시 효과가 최소화된다.
2) OTC에서 $H_E = 0$
3) λ의 크기는 입자 크기가 균일하거나 균질하게 충전 시 감소하며, 채널링(channeling)은 충전 인자를 증가시킨다.

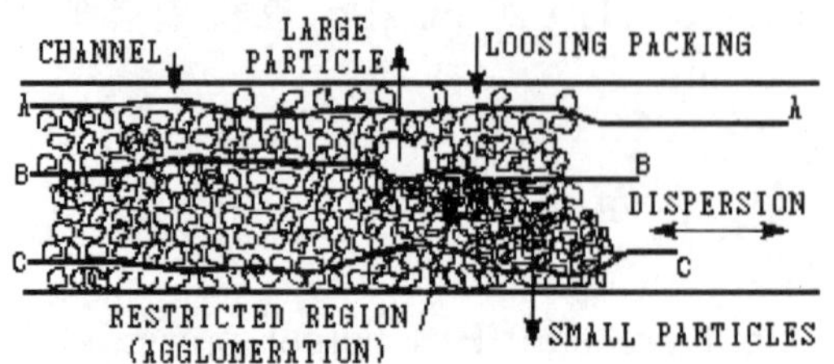

그림 1.4.7 띠 흐름 속도의 변화

2. 세로 확산(Longitudinal diffusion), H_L

시료 분자가 컬럼에서 용리되는 동안 m.p의 모든 방향으로 확산되는 현상을 말한다.

$H_L = 2\gamma D_m / u$

γ : 뒤틀림 인자(obstruction or tortuosity factor)

D_m : m.p에서 용질의 확산계수 u : 평균 m.p 속도

♧ 주요 사항

1) H_L은 이동상과 정지상에서 일어나나 정지상에서는 무시될 수 있다.
2) LC에서는 H_L은 무시되나(액체에서의 확산은 기체의 약 1/10만), GC에서는 중요하여 van Deemter 식이 달라진다.
3) 작은 다공성 입자를 충전하고, 낮은 확산의 이동상을 사용하고, 이동상의 속도를 크게 해야 이 효과가 최소화된다.
4) 작은 다공성 입자를 충전 시 γ값이 증가한다. 확산은 컬럼 충전에 의해 제한되며, 충전 컬럼은 0.6~0.8, OTC는 1.0의 값을 갖는다.

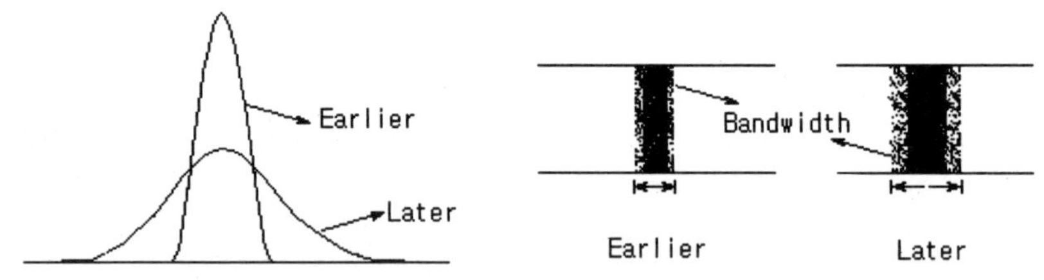

그림 1.4.8 세로 확산에 의한 띠 넓어짐

3. 질량 이동(Mass transfer) 효과, H_S 및 H_M

시료 분자가 컬럼 속에서 용리하는 동안 순간적 평형이 완전하지 못함에 기인하는 현상으로, 시료가 정지상으로부터 탈착되어 이동상의 한 부분이 될 때(sorption-desorption mechanism)의 시료의 흐름 속도는 항상 지역 속도(zone velocity)보다 크므로 중앙 지역보다 더 빨리 이동되어 평형이 깨어지게(dynamic unequilibrium) 된다.

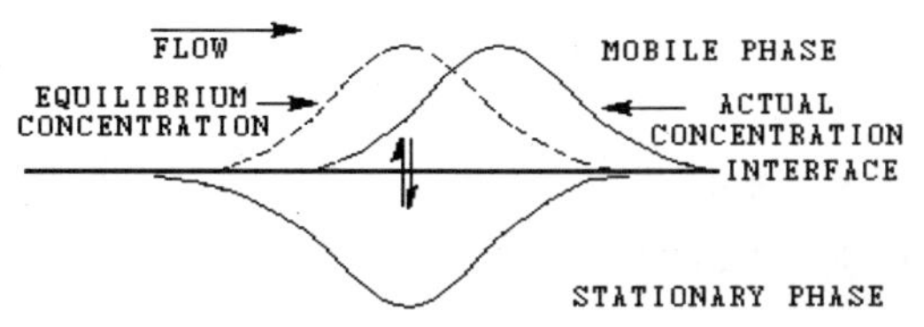

그림 1.4.9 질량 이동 효과

1) 정지상에 의한 질량 이동 효과, H_S

(1) GC(충전 및 OTC)

$H_S = (2kd_f^2u) / \{3D_s(1+k)^2\}$

d_f : s.p에서의 필름 두께　　　D_s : s.p에서의 확산계수

♧ 주요 사항

1) d_f를 얇게, D_s를 크게 해야 H_S가 감소한다.
2) 질량 이동에 영향을 주는 요인은 분배 계수(K_D)와 두 상에서의 확산 속도가 영향을 준다.
3) 정지상에서의 용질의 농도는 평형점 뒤에, 이동상에서는 평형점 전에 약간씩 변화된다.
4) 위 식은 정체된 이동상에서 확산 저항에 대한 공헌을 허용하지 않기 때문에 LC에 적용하기 어렵다.
5) OTC(Golay equation), 충전 GC, LC, LSC에서 조금씩 다르다.

(2) LC

$H_S = \{\Theta(K_o + k + kK_o)^2 d_P\ u_e\} / \{30\ D_m\ K_o(1 + K_o)^2(1 + k)^2\} = qrd^2_f u/D_S$

Θ : 입자의 공극(pore) 구조에 대한 뒤틀림 인자
K_o : 틈새 불감(interstitial void) 공간에 대한 입자간 불감 부피의 비
u_e : 틈새 이동상 속도(interstitial mobile phase velocity)
q : 구조 인자
r : 용질의 상대적 이동 속도와 이동상에 의존한 상수
d : 정지상의 두께
D_S : 정지상에서의 용질의 확산계수

♧ 주요 사항

1) 컬럼에서의 세 가지 유체 공간(three fluid space)
   (1) 자유 흐름 유체 공간(free, streaming fluid space)
   (2) 정체된 틈새 유체 공간(stagnant interstitial fluid space)
   (3) 입자내 유체 공간(intraparticulate fluid space)
2) 낮은 흐름 속도에서 비평형은 감소한다.
3) 구조 인자는 정지상의 웅덩이(pool)의 모양(uniform film, rod, sphere 등)에 의존한다.

2) 이동상에 의한 질량 이동 효과, H_M

(1) GC

가. 충전 컬럼 : 확산과 대류가 고려된다.

가) 확산 공헌(Diffusion contribution)

$H_{MD} = uwd_P^2 / D_m$

w : 방사방향(radial) 확산에 대해 수정할 충전 인자 함수

· w는 충전 구조, 컬럼 구조, 컬럼 모양에 의해 결정되는 컬럼 계수로 0.02~5정도이다.

나) 대류 공헌(Convection contribution)

$H_{MC} = 1 / (1/H_E + 1/H_{MD}) = 1 / (1/2\lambda d_P + Dm/wud_P^2)$

· H_{MC}는 입자 구경과 흐름 속도의 증가와 함께 증가한다.

나. GC(OTC) : 정확하게 알려져 있다.

$H_M = (1 + 6k + 11k^2) / 96(1 + k)^2 d_c^2 u/D_m$

H_M : m.p에서 저항이 질량 이동에 미치는 데 따른 H

d_c : 컬럼 구경 　　　　D_m : m.p에서의 확산계수

(2) LC

$H_M = wd_p^2 u/D_m$

♧ 주요 사항

1) LC에서 질량 이동 효과 항(C_u)이 우월하여 van Deemter 식의 기울기가 GC보다 크다.

2) 이동상에서의 질량 이동 저항은 이동상의 정확한 흐름의 윤곽(flow profile)을 알아야 하기 때문에 계산이 더 어렵다.

3) H_M에 영향을 주는 요인은 분배계수(K_D) 및 두 상에서의 확산 속도이다.

4) H_M을 줄이기 위해 정지상 필름 두께를 얇게 하고, 온도를 상승시켜야 한다.

주2. 단 이론(Plate theory)

단 이론은 컬럼이 단(plate)이라고 부르는 수많은 부피 요소(volume elements) 또는 가상적 부분(imaginary sections)으로 나누어 진 것으로 보여질 수 있다고 가정을 함으로서,

- 각 단에서 이동상과 정지상 사이에서 용질의 분배가 빠르고, 평형은 용질이 다음 단으로 이동하기 전에 도달되며
- 용질의 분배계수는 모든 단에서 같고, 용질의 농도에 의존하지 않으며
- 이동상의 흐름은 단들 사이에서 불연속적인 방법으로 일어난다고 가정을 하고, 축 방향(axial direction)에서의 용질의 확산을 무시하였다(또는 용질에 의해 점유된 단의 부피 요소에 한정된다).

단 모델(plate model)은 증류 컬럼과 액체 추출기(distillation column and liquid extractors)의 효율을 특징 지우는데 유용하지만, 크로마토그래피에서의 물리적 중요성은 의심스럽다. 왜냐하면,

- 축 확산(axial diffusion)은 띠 넓어짐에 중요하게 공헌하며
- 분배계수는 좁은 농도 범위에서만 독립적이다.
- 흐름이 불연속적이라는 가정은 잘못된 것이다.
- 특히, 단 모델의 가장 큰 결점은 띠 넓어짐 과정에 분명하게 알려진 실험적 인자들(experimental

parameters ; 입자 크기, 정지상 두께, 이동상 속도 등)을 관련시키는데 실패한 것이다. 그렇지만, 현재도 측정된 n과 H는 크로마토그래피의 효율을 특징 짓는데 유용한 인자로 사용되며, 단 모델의 어떤 결점에 의해서도 제한되지 않는다.

1.4.5 van Deemter equation

띠 넓어짐에 관계되는 소용돌이 확산(H_E), 세로 확산(H_L), 질량 이동 효과(H_S 및 H_M)를 고려한 이동상 흐름 속도(u)에 대한 H의 관계식을 van Deemter 식이라 한다. u에 대한 H_E, H_L, H_S 및 H_M의 조합된 커브의 가장 낮은 점이 해당 크로마토그래피에서의 최소의 이론단 높이(H_m)와 최적의 이동상 흐름 속도(u_{opt})가 된다.

1. GC

1) 충전 컬럼

$$H = 2\lambda d_p + 2\gamma D_m/u + 2kd_f^2u/3D_s(1+k)^2 + wd_p^2u/D_m$$

2) OTC

$$H = [2D_{m,o}/u_o + \{(11k^2+6k+1)/96(1+k)^2 \cdot d_c^2u_o/D_{m,o}\}]f_1 + \{2kd_f^2u_o/3D_s(1+k)^2\}f_2$$

$D_{m,o}$: 컬럼 출구 압력에서 m.p의 확산계수

u_o : 컬럼 출구에서 m.p의 속도　　d_f : s.p의 필름 두께

$f_1 = 9(P^4-1)(P^2-1) / 8(P^3-1)^2$　　$f_2 = 3(P^2-1) / 2(P^3-1)$

· Golay 식에 Gidding의 압력 저하 식을 확장하여 적용한다.

2. LC

$$H = H_E + H_L + H_S + H_M$$
$$= 2\lambda d_p + 2rD_m/u + qrd_f^2u/D_s + wd_p^2u/D_m$$
$$= A + B/u + (C_S + C_M)u = A + B/u + Cu$$

A : 소용돌이 확산　B : 세로 확산　C : 질량 이동 효과

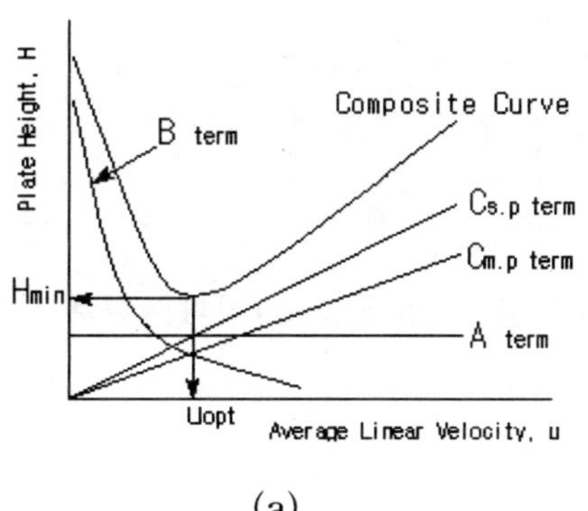

(a)

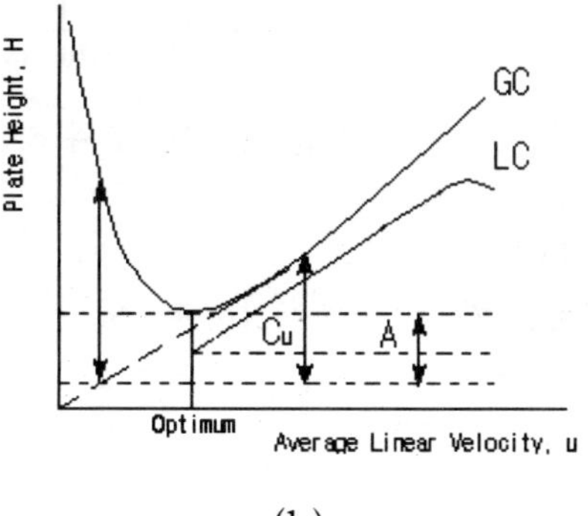

(b)

그림 1.4.10 띠 넓어짐과 이동상 흐름 속도와의 관계. (a) A, B, C항의 크기와 조합 곡선의 모양 (b) GC와 LC에서의 곡선의 모양

♣ 주요 사항

1) LC에서 Cu항이 우월하여 GC보다 기울기가 크다.
2) LC와 GC의 van Deemter 식의 모양이 다른 것은 세로 확산 때문이다.
3) OTC(Golay 식), 충전 GC(낮은 이동상 속도에서), LC, LSC에서 HETP 식이 조금씩 다르다.
4) 실제로 GC에서는 분석 시간을 단축하기 위하여 흐름 속도는 $2u_{opt}$를 사용한다.
5) 최적 이동상 흐름 속도(u_{opt})와 최소 이론단 높이(H_{min})의 계산
   (1) 최적 속도(Optimum velocity, u_{opt}) ; $\{B/(C_M + C_S)\}^{1/2}$

$$H = A + B/u + (C_S + C_M)u$$

$$dH/du = -Bu^{-2} + (C_S + C_M) = 0$$

$$u_{opt} = \{B/(C_M + C_S)\}^{1/2}$$

   (2) 최소 이론단 높이, H_{min} ; $A + 2\{B(C_M + C_S)\}^{1/2}$

$H = A + B/u + (C_S + C_M)u$의 u에 $u_{opt} = \{B/(C_M + C_S)\}^{1/2}$를 대입하면

$$H_{min} = A + B/\{B/(C_S + C_M)\}^{1/2} + (C_S + C_M)\{B/(C_M + C_S)\}^{1/2}$$

$$= A + 2\{B(C_M + C_S)\}^{1/2}$$

1.4.6 봉우리 비대칭 인자(Peak asymmetry factor, AF)

봉우리의 비대칭성의 크기를 나타내며, 꼬리 끌기 인자(tailing factor)라고도 한다. 봉우리 정점에서 기준선에 대해 수직선을 긋고, 봉우리 높이의 10 %에서 기준선에 대해 평행선을 긋는다. 봉우리와 평행선이 만나는 점을 왼쪽부터 A, B 수직선과 평행선이 만나는 점을 C라 할 때 봉우리 비대칭 인자(AF = CB/AC)는 아래와 같다.

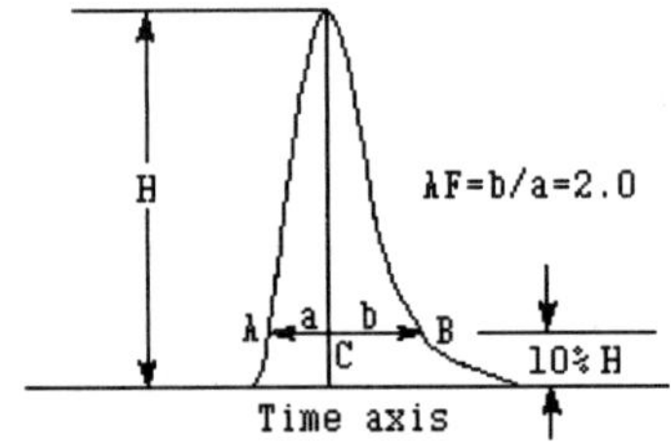

그림 1.4.11 봉우리 비대칭 인자

♣ 주요 사항

1) Kirkland가 주장한 것으로 일상적 컬럼 시험 방법의 하나이나, 현재는 컬럼 공급자들은 널리 사용하지는 않는다.
2) 비대칭 인자의 크기

1	대칭
1.2이하	적당 (0.95 < AF < 1.15)
1.2이상	낮은 품질(poor quality)
1.6이상	부적당(버림)

1.4.7 봉우리 모양의 모델(Peak shape models)

비대칭 봉우리로부터 의미 있는 크로마토그래픽 데이터를 얻기 위해 통계적인 모멘트를 계산하기 위한 모델을 설정하여 사용하였다.

$M_n = \int_0^\infty t^n c(t)dt \ / \ \int_0^\infty c(t)dt$

M_n : 봉우리 윤곽(peak profile)을 컴퓨터로 계산 시 n번째의 통계적 양

c(t) : 시료 주입 후 시간 t에서 감지된 용질의 농도

표 1.4.3 크로마토그래픽 봉우리의 통계적 모멘트

Statistical moment	Order	Equation	Chromatographic parameter measured	Exponential modified Gaussian
M_0	0	$\int_0^\infty (t)dt$	Area	
M_1	1	$1/A \int_0^\infty c(t)dt$	Retention time, t_R	$t_R + \tau$
M_2	2	$1/A \int_0^\infty c(t-t_R)^2$	Variance	$\sigma_t^2 + \tau$
M_3	3	$1/(A\sigma_t^3) \int_0^\infty c(t-t_R)^3 dt$ $S = M_3/M_2^{3/2}$	Skew, S	$2\tau^3$
M_4	4	$1/(A\sigma_t^4) \int_0^\infty c(t-t_R)^4 dt-3$ $E = (M_4/M_2^2)-3$	Excess, E	$3\sigma_t^4 + 6\sigma_t^2\tau^2 + 9\tau^4$

τ: time constant of the exponential modifier, A : peak area(M_0), σ_t : peak standard deviation

♧ 주요 사항

1) 크로마토그래픽 봉우리에 Gaussian 모델을 적용하기 위해서는
   (1) 봉우리 비대칭이 작을 때 적용된다.
   (2) Gaussian 분포 시 n>2에서의 M_n값은 zero이다
2) 봉우리 비대칭에 영향을 주는 인자는 불완전한 분리능, 느린 반응 속도론적 과정(slow kinetic processes), 화학 반응 및 컬럼 틈새(column voids)이다.
3) M_n의 의미
   M_2 : 컬럼 단 높이 측정에 사용하는 인자
   M_3 : 봉우리 비대칭을 표시
   M_4 : 수직적 평평성의 정도(the extent of vertical flattening)를 표시
   M_3 : (+)값은 꼬리 끌기 봉우리를 의미
   M_4 : (+)값은 Gaussian 봉우리에 대한 봉우리 윤곽의 날카로움을 의미
   (-)값은 봉우리 위 부분(peak upper position)의 상대적 평평성을 표시
4) n(컬럼 이론단 수) = M_1^2/M_2

1.4.8 크로마토그래피의 그레디언트 시스템(Gradient system)

1. GC, LC 및 SFC에서의 방법 비교

분리하고자 하는 물질들을 주어진 조건하에서 분리 목적을 달성할 수 없는 경우에 분리 조건을 변화시켜 분리를 할 수 있다. 이러한 조건의 변경은 사용되는 크로마토그래피에 따라 다르며, 전형적인 방법은 표 1.4.4와 같다.

표 1.4.4 크로마토그래피별 그레디언트 방법의 비교

Chromatography	Routine analysis	Gradient method	Remarks
GC	Isothermal	Temperature	
LC	Isocratic	Mobile phase	UV 검출기에서 온도도 가끔 사용
SFC	Isothermal	Pressure(밀도 변화) 또는 eluent(성분 변화)	

2. 그레디언트 방법

1) GC에서의 그레디언트 용리(온도 및 흐름)

등온에서 머무름 시간과 끓는점 사이에 대략적인 지수 관계가 있으므로 약 100 ℃를 넘는 끓는점의 범위에 있는 혼합물들의 분석 온도 범위를 정하는 것이 불가능하다. 이런 경우 일반적 용출 문제인 최초 용출 봉우리들의 낮은 분리나 나중에 용출되는 봉우리들의 띠 넓어짐에 기인한 낮은 검출력을 해결하기 위해 온도나 흐름 프로그래밍 방법을 사용한다.

(1) 온도 프로그래밍

가. GC에서 가장 널리 사용되는 분리 기술이다.

나. 근본적으로 방법이 간단하다.

다. 분리되는 온도 범위는 용질과 정지상의 성질에 의존한다.

가) 온도 상승 속도 폭이 넓다(0.1~30 ℃/min).

나) 열린관 컬럼(OTC)이나 좁은 구경(narrow-bore) 컬럼에 대한 가열 속도는 5 ℃/min 이하를 사용한다.

라. 실질 응용 시 단점

가) 온도 상승 영역에서 정지상의 안정성과 이동상 흐름의 변화가 문제된다.

나) 통제된 일정 압력 하에서 흐름 속도는 온도와 함께 감소하며, 농도 의존존형 검출기의 응답에 영향을 줄 수 있다. 이런 경우 흐름 프로그래밍 방법이 온도 프로그래밍 방법보다 우월하다.

마. 프로그래밍 방법(linear, convex, concave)이 다양하며 쉽다. 최종 온도에서 최초 온도로의 환원도 용이하게 이루어진다.

바. 분리와 분리 시간에 영향을 주는 온도의 함수는 보통 머무름 데이터에 대해 두 가지 의존성이 있다. 동족체에 속하는 화합물에서 쉽게 관찰된다.

가) 등온 조건에서 조정된 머무름 데이터(시간, 부피, 특수 머무름 부피, 용량

인자 등)과 반복되는 methylene groups, 용질의 포화 증기압 또는 끓는점 사이의 지수 관계

나) 일정한 흐름 속도에서 조정된 머무름 데이터와 컬럼 온도의 역수 사이의 유사 지수 관계(similar exponential correlation)

사. 직선형 온도 프로그래밍에서 용질이 최초 온도(T)와 프로그래밍 속도(r)에 의존하여 컬럼에서 이동 시 분리되는 용질의 영역은 가속한다. 영역의 중앙이 시간 dt에서 거리 dr를 이동 시 다음과 같이 쓸 수 있다.

$dt = (dx/u_x)(1 + K_L/\beta)$

u_x ; 점 x에서의 직선 속도 β ; 상비(phase ratio)

K_L ; 기체-액체 분배계수

$K_L = a \cdot \exp(\Delta H_s/RT_c)$

$a = \exp(\Delta S_s/R)$

ΔS_s ; 용액의 분몰 엔트로피 ΔH_s ; 용액의 분몰 엔탈피

등온 GC에서 평균 직선 기체 속도는 $u = L/t_m$이다. $K_L = \beta k$로부터 다음을 유도할 수 있다. 이 식은 등온에서 머무름에 대한 온도의 영향을 설명하는데 적합하다.

$\ln k = \ln (a/\beta) + \Delta H_s/RT_c$

$K_L = \beta k$ $a \cdot \exp(\Delta H_s/RT_c) = \beta k$

$\Delta H_s/RT_c + \ln a = \ln \beta + \ln k$

$\ln k = \ln (a/\beta) + \Delta H_s/RT_c$

(2) 흐름 프로그래밍

가. GC에서 널리 사용되지 않는다.

나. 충전 컬럼 사용 시 실제 기술적인 면에서 제한되는 것이 있으나, 온도 프로그래밍을 병행하여 사용하려는 시도가 되고 있다.

다. 짧은 OTC에서 동적 작동 범위는 대략 0.1~10 ml/min이다.

라. 단점

가) 늦게 용출되는 봉우리의 컬럼 효능이 감소된다.

나) 흐름 감도 검출기(flow sensitive detector)의 검정에 어려움이 있다.

다) 고압에서 기기 작동이 어렵다.

마. 장점

가) 넓은 휘발성의 혼합물에 대해 분리 시간을 줄일 수 있으며, 더 낮은 온도도의 컬럼의 사용을 허용한다.

나) 더 낮은 온도의 작동으로 컬럼 출혈의 문제가 덜하며, 컬럼에서 기체의 압력이 순간적으로 변화하므로 초기 조건으로의 전환이 매우 빠르다.

다) 열적으로 불안정한 시료 분리에 온도 프로그래밍보다 우월하다.

바. 짧거나 넓은 구경(short or wide-bore)의 OTC에서는 그들의 높은 투과성 때문에 종종 흐름 프로그래밍이 사용되나, 충전 컬럼은 정상 작동 압력에서 그들의 제한된 동적 흐름 범위 때문에 거의 사용되지 않는다.

2) LC에서의 그레디엔트 방법

(1) LC에서의 그레디언트 용리

LC에서 사용하는 그레디언트 용리 방법에는 선형, 볼록 및 오목(linear, convex 및 concave type) 형의 3가지 방법이 사용된다.

가. 선형 용매 강도 그레디언트(Linear-solvent strength gradient) : 각 성분의 용량인자의 log 값은 시간에 따라 직선적으로 감소한다.

$\log k_i = \log k_o - b(t/t_m)$

k_i : i번째 성분의 용량 인자

k_o : 그레디언트를 위한 출발 용매 성분에서 등압으로 결정된 k_i의 값

b : 그레디언트 가파름 인자(gradient steepness parameter)

t : 그레디언트와 시료 주입 시작 후 시간

t_m : 컬럼 불감 시간

· 위의 식은 모든 띠 분리능이 같고 모든 성분들에 대한 띠 넓어짐이 같음을 표시한다.

나. 볼록형 그레디언트

가) 최초 용출 띠 : 날카롭고 분리가 안된 묶음으로 나타난다

나) 나중 용출 띠 : 띠가 더 넓고 더 잘 분리된다.

다. 오목형 그레디언트 : 볼록형의 반대 효과를 나타낸다.

(2) LC에서의 온도 및 속도 프로그래밍

가. 온도 프로그래밍

가) 용도

a) LC에 널리 안 쓰임(UV 검출기에 사용).

b) 최대 허용 작동 온도는 이동상 끓는점보다 약 20 ℃이하에서 실시한다. 이것은 온도에 따른 머무름 범위가 용매 강도 것보다 적음을 의미한다.

c) NPC나 RPC에서 최종 미세한 조정 인자로 사용된다.

d) SEC에서 온도는 근본적으로 독립적이다.

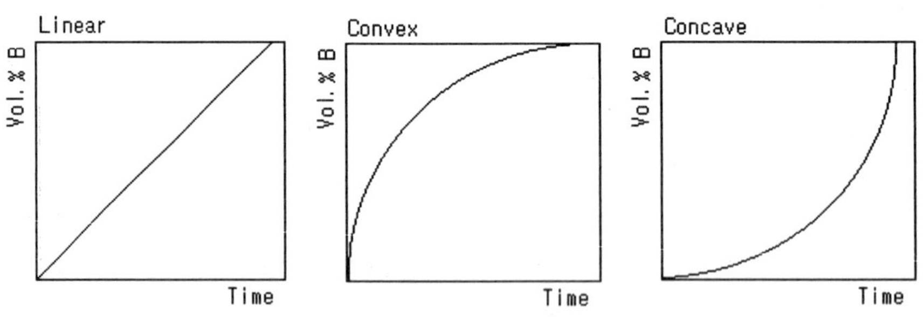

그림 1.4.12 이상적인 이동상 그레디언트의 형태

나) NPC 및 RPC에서 머무름에 대한 온도의 영향

a) 정지상과 용질 상호작용 엔탈피에 의해 결정된다.

b) 엔탈피 공헌은 van't Hoff 도시의 기울기로부터 평가된다.

c) 기울기(log k에서의 △H 의존도)가 직선이면 머무름 순서는 대부분 온 온도에 독립적이다.

다) 용량인자, k와 엔탈피-엔트로피와의 관계

$\log k = -\Delta H^o/2.3RT + \Delta S^o/2.3R + \log \beta$

a) ΔH^o가 온도에 독립적일 때 van't Hoff식과 유사하다.

b) enthalpy-entropy 도시의 기울기를 상쇄 온도(compensation temperature, T_C)라하며, 다음 식에 의해서 구할 수 있다.

$\log k_T = -\Delta H^o/2.3R[1/T - 1/T_C] - \Delta G^o/2.3RT_C + \log \beta$

k_T : 온도 T에서의 용량인자.

나. 흐름 프로그래밍

온도 프로그래밍보다 용이하며, 분리 조건의 원상 복귀가 빠르고 RI, UV 검출기를 모두 사용할 수 있으나, 흐름 변경에 이용되는 압력이 제한되고 뒤에서 용출되는 봉우리의 부피가 희석되어 감도가 감소되는 단점이 있다.

3) SFC에서의 그레디언트 방법

SFC에서는 압력과 용리액을 활용하는 두 가지의 그레디언트 방법이 응용된다. 그러나 온도 프로그래밍은 일반적으로 사용하지 않으며, 대부분의 분리가 등온에서 수행된다.

(1) 압력 그레디언트

가. 분석 시간의 단축과 분리 증가를 위하여 이동상의 밀도가 변한다.

나. 작동 중 점차적인 압력의 증가에 의해 넓은 분자량 범위의 화합물을 분리하는 것이 가능하다. 여기에서, 압력의 프로그래밍이 중요한 것이 아니고 흐름 속도에 대한 이동상 밀도의 증가가 중요하다.

다. 느린 프로그래밍 속도가 더 좋은 결과를 주며, 컬럼 온도의 증가는 압력-밀도의 등온선이 더 직선적이므로 더 좋은 결과를 줄 수 있고 컬럼을 통한 압력의 저하가 가능한 적어야 한다.

라. 임계점 부근에서 밀도는 압력에 비례하지 않으므로, 직선적 압력 프로그래밍은 넓은 분자량 범위의 혼합물 분리에 좋지 않다.

가) 동족 계열에서의 화합물의 용리 시간은 다음과 같다.

$\ln k = A + B_o - mn\rho$

A, Bo, m ; 상수

n ; 용리된 소중합체에서의 단위체 단위(monomeric unit)의 수

나) 직선형 압력 프로그래밍에서 각 소중합체에 대한 용리 시간은 다음 식으로 표현된다. 이것은 일정한 시간 간격에서 용리되는 동족 계열에 대해 바람직하다.

$t_n = t_\infty - c/n$

t_n ; n개의 단위체 단위를 함유한 소중합체에 대한 용리 시간

t_∞ ; $n \rightarrow \infty$에서의 용리 시간

c ; 밀도 프로그래밍 속도에 의존한 값의 상수

동족 계열이 일정 시간 간격으로 용리되는 경우에 n은 시간의 합(t)과 기준 시간(t′, reference time)을 곱한 상수와 같다. 이런 조건하에서의 특별 특별한 소중합체의 용리 시간은 다음과 같다.

$\rho = \rho_a - (c/t + t')$

t ; 용리 시간

t′ ; 참고 시간(소중합체는 불감 시간 전에 용리할 수 없기 때문에 요구되는 시간)

ρ ; 극한 밀도(limiting density, ρat which lnα=0)

c와 t′는 그들이 용리될 때 구성 성분들의 공간과 머무름을 결정한다. 동족 계열을 분리하기 위하여 적당한 밀도(압력) 프로그래밍을 선택할 때 더 높은 밀도에서 더 나은 분리가 기대되지 않으므로 극한 밀도를 감안하여 취하는 것이 중요하다.

(2) 용리액 프로그래밍

용리 프로그래밍에서는 용리액 성분이 변화된다. 이 방법은 압력 프로그래밍 방법보다 자주 사용되지 않는다.

1.4.9 열린관 컬럼(OTC)의 효능 평가

1. 유효 이론단 수(The number of effective theoretical plate), N

OTC에서는 불감 부피가 커서 n대신 N을 사용한다.

$N = n(k / k+1)^2$

♧ 주요 사항 ; k=1이면 N는 n의 25%이고, k>10이면 N≒n

2. 최소 이론단 높이, H_{min}

$H_{min} = r\{1+6k+11k^2 / 3(1+k)^2\}^{1/2}$ r : 컬럼 구경

♧ 주요 사항

1) H_{min} : HETP by Golay for WCOT

2) OTC에서는 액상의 질량 이동 및 컬럼 압력 저하는 무시한다. 즉,

$H = A + B/u + (C_S+C_M)u$에서 A=0, $(C_S+C_M) \fallingdotseq 0$

3) 관계식 : N/t_R

- Desty 제안으로 N 자체보다 컬럼 성능 측정에 더 유용하며, 분배비나 흐름 속도에 의존한다.

3. 이론 효율의 유용성(Utilization of theoretical efficiency), UTE

코팅 효율(CE, coating efficiency)이라고도 하며, H의 이론 값(H_{Theo})과 H의 실험 값(H_{Exp})의 비를 말한다. WCOT 컬럼의 UTE는 다음과 같다.

$UTE = (H_{Theor} / H_{Exp}) \times 100\%$

♧ 주요 사항

1) H_{Theor}는 Golay식에 의해 계산된다.

$H_{Thero} = r_c[32f_g(k)]^{1/2}$ $f_g(k) = [(1 + 6k + 11k^2) / 96(1 + k)^2]$

2) UTE는 실제 100 %를 넘을 수도 있으며, 보통은 80~100 %이다.

4. 분리 수(Separation number), SN

TZ(Trennzahl)라고도 하며, z와 z+1의 C 원자들을 가진 두 개의 연속 동족체 물질(consecutive homologous standard)의 봉우리 사이에 놓이고, R_s=1.177로 분리될 수 있는 성분 봉우리들의 수를 표시한다.

$SN = \{(t_{R(Z+1)} - t_{R(Z)}) / (W_{h(Z)} + W_{h(Z+1)})\} - 1$

W_h : peak width at half height

♧ 주요 사항

1) SN은 정지상 성질, 컬럼의 길이, 컬럼 온도, 이동상의 흐름 속도에 의존한다.

2) 자주 사용되는 표준품 : n-alkanes, fatty acid methyl esters

3) SN 과 효능과의 관계식 : $SN = 0.425\{(\alpha-1) / (\alpha+1)\}\sqrt{N} - 1$

4) SN은 온도에 따라 변하며, 온도가 증가하면 α와 SN은 증가한다.

5) 관계식

컬럼의 분리력(separating power)은 봉우리 용량(peak capacity, PC ; 주어진 분리 시간에 어떤 특수한 분리 수준에서 분리될 수 있는 봉우리들의 수)에 의해 표시될 수 있다. 일반적인 경우에 PC는 다음과 같다.

$$PC = 1 + \int_{t_m}^{t_R} (n^{1/2} / 4t)dt$$

(1) R_s = 1이고, 분석 시간에 n과 k가 의존하지 않는 Gaussian 봉우리를 가정할 때 위의 식은 다음과 같이 쓸 수 있다.

$PC = 1 + (n^{1/2}/4) \ln(t_R/t_m)$

· 위의 식은 n이 분리 시간에 약하게 의존하는 충전 컬럼에 적합하며, n이 k의 복잡한 함수인(특히 k값이 작을 때) OTC에서 더욱 복잡하다. 긴 분리 시간(k > 10)의 OTC에는 적합하게 사용된다.

· $SN = \{(t_{R(Z+1)} - t_{R(Z)}) / (W_{h(Z)} + W_{h(Z+1)})\} - 1$ 는 PC의 특별한 경우이며, 적어도 잘 머무르는 용질들에 대해 다음 관계가 있다.

$PC = 1.18(SN + 1)$

(2) 봉우리 사이의 무작위 공간과 함께 분리된 봉우리의 얻을 수 있는 수는 PC의 약 37 %이다

(3) Freeman은 다차원 시스템(multidimensional system)에 대한 PC를 계산하였다. 25의 PC를 갖는 동일한 두 개의 컬럼이 연결되면 최종 PC는 연결된 컬럼 수의 평방근에 한 컬럼의 PC를 곱한 것과 같다.

$PC_{resultant} = \sqrt{2} \times 25 = 35$

1.4.10 크로마토그래피 검출기의 성능적 특성

검출기 성능의 특성은 감도, 최소 검출력, 동적 범위, 응답 직선성, 잡음 특성에 의해 결정된다. 또한 특별한 문제에 대해 그것의 적합성을 지시하는 검출기의 다른 성질은 흐름 감도와 응답 시간이다. 성능의 기준을 계산하기 위한 공식과 정의는 표 1.4.5와 같다. 크로마토그래피 검출기는 두 가지로 구분하는 것이 편리하다. 하나는 단위 부피당 질량의 변화에 응답하는 농도 민감형 장치(concentration sensitive devices, g/ml)이고, 다른 하나는 단위 시간당 질량의 변화에 응답하는 질량 민감형 장치(mass sensitive devices, g/s)이다.

검출기 잡음은 감도에 대한 극한으로, 잡음이 정적이나 동적 조건하에서 측정되는 데에 따라 다른 특성을 갖는 단기간(short term), 장기간(long term), 표류(drift)의 세 가지가 있다. 정적 잡음은 크로마토그래프로부터 분리된 검출기의 안정성을 나타내고, 동적 잡음은 이동상의 흐름과 검출기의 정상적인 작동 조건하에서의 잡음을 나타낸다. 이상적으로 정적과 동적 잡음은 매우 유사하여야 한다. 그렇지 않으면 검출기의 성능은 크로마토그래프의 용매 이동계의 미약한 성능에 의해서 나쁘게 된다. 잡음 신호는 최대 이용 감도 검출기 증폭기와 함께 기록계 시간의 한 주기에 걸쳐 측정된다. 잡음에 대한 형태 및 계산 방법은 그림 1.4.12와 13에 보여 진다.

단기간 잡음은 한 cycle/min보다 큰 진동수의 검출기 신호의 모든 무작위 변화에 대한 최대의 크기이다. 이것은 검출기의 출력을 계속되는 일련의 1분보다 작은 시간 분절로 나누고 고정된 시간 간격(보통 10~15분)에 대해 각 분절의 수직적 치환을 합하는 것에 의해 기록계의 흔적으로부터 계산된다. 장기간 잡음은 시간당 6~60회 사이의 진

$$\text{단기간 잡음} = \sum_{R=1}^{R=N} Y_R/n$$

동수를 보이는 검출기 신호의 모든 무작위 변화에 대한 최대의 검출기 응답이다. 장기간 잡음은 그림 1.4.13에서 와 같이 Z_1과 Z_2보다 더 큰 것에 의해 표시된다. 수직 거리인 Z_1과 Z_2는 잡음 신호를 10분 분절로 나누고, 펜 편향의(pen deflections) 중심을 가르는 평행선을 구성하는 것에 의해서 얻어진다. 표류는 한 시간에 걸쳐 펜의 수직 치환으로 측정된 잡음 포락선(noise envelope)의 평균 기울기이다(실제로 30분에 걸쳐 측정하고 1시간으로 정규화 한다).

검출기의 동적 범위는 검출기 응답의 도시나 시료 량(질량 또는 농도)에 대한 감도로부터 결정된다. 그것은 시료 크기의 변화가 검출기 신호에서 분별할 수 있는 변화를 유도하는 시료 량의 범위를 표시한다(그림 1.4.14). 그러나 그것은 직선형 범위이고 크로마토그래퍼에게 가장 흥미 있는 검출기의 동적 범위는 아니다. 직선형 범위는 검출기의 응답이 5 % 이내로 일정한 시료 량의 범위이고, 보통 최소 검출 시료 량에 대한 직선성 도시로부터 결정된 가장 높은 시료의 비로 표시된다.

불행히도 개별 기기 회사로부터 나온 이용되는 검출기 성능 기준의 대부분은 위의 표준 형태를 주지 못하며, 크로마토그래퍼가 예민하게 검출기를 선택하는데 도움이 되지 않는다.

표 1.4.5 크로마토그래피 검출기에 대한 성능 기준

용어/정의	농도 검출기	질량 검출기	비고
감도(sensitivity) : 이동상에 있는 시험 물질의 단위 질량이나 농도 당 신호 출력	S=AF/w	S=A/w	잡음 수준이 역시 명기되지 않으면 가치가 적다. S/N은 가장 흥미 있는 인자이다.
최소 검출력(minimum detectability) : 잡음의 두 배에 해당하는 검출기 신호를 주는 시험 물질의 양	D=2N/S	D=2N/S	S와 N값은 같은 작동 상태에서 결정 되어야 한다.
직선성(linearity) : 직선 범위는 검출기의 감도가 직선성 도시로부터 결정될 때 ±5% 이내인 일정한 시험 물질의 질량 흐름 속도나 농도의 범위이다.	L.R.=C_{max}/D	L.R.=M_{max}/D	가끔 최소 검출력에 대한 직선성 도시로부터 얻어진 직선성의 상한(upper limit)의 비로 표시된다. 같은 시료에 대해 두 번 측정된다.
동적 범위(dynamic range) : 시료 량의 변화가 검출기 신호의 변화를 주는 시험 물질의 농도나 질량 흐름 속도의 범위를 말한다.			동적 범위의 직선적 부분이 가장 관심 있는 범위이다.
잡음(noise) : 1 cycle/min의 순으로 한 진동수의 검출기 신호의 모든 무작위 변화를 포함하는 바탕선 포락선(base-line envelope)의 크기를 말한다.			오직 관측된 잡음에 대해서만 언급한다. 실제적 잡음은 대부분의 기기와 기록 장치가 약간의 여과를 거치므로 더 크거나 작을 수 있다.
표류(drift) : 이것은 0.5시간의 주기에 걸쳐 측정된 잡음 포락선의 평균 기울기이다.			보통 시간당 신호 단위들로 표시된다.

A ; 봉우리 면적(mV · sec), F ; 검출기를 통한 흐름 속도(cm^3/sec), w ; 시료 무게(mg), Cmax ; 직선 범위의 상한에 일치하는 시험 물질의 농도, Mmax ; 직선 범위의 상한에 일치하는 질량 흐름 속도

♧ 주요 사항

1) 농도 감도 검출기

S = AF/w = (mV · sec)(cm^3/sec)/mg = mVcm^3/mg

= (A · C_1 · C_2 · C_3)/w

A ; 봉우리 넓이(cm^2), C_1 ; 기록계의 감도(mV/cm), C_2 ; 기록지 속도의 역수(min/cm), C_3 ; 이동상 흐름 속도(cm^3/min), w ; 시료 무게(mg)

2) 질량 감도 검출기

S = A/w = mV · sec/mg = (A · C_1 · C_2)/mg

A ; 봉우리 넓이(cm^2), C_1 ; 기록계의 감도(mV/cm), C_2 ; 기록지 속도의 역수(sec/cm)

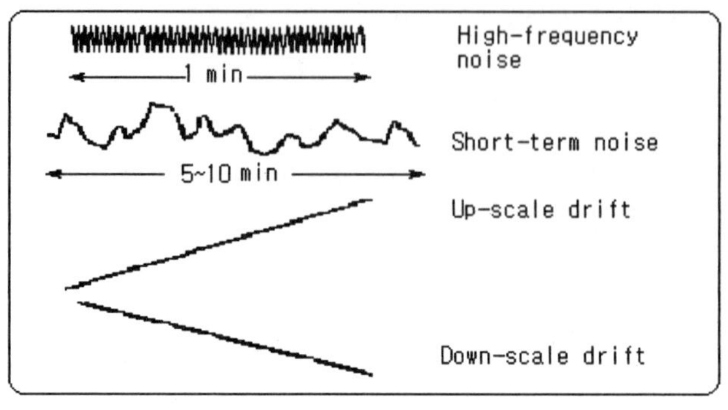

그림 1.4.12 검출기의 잡음 및 표류

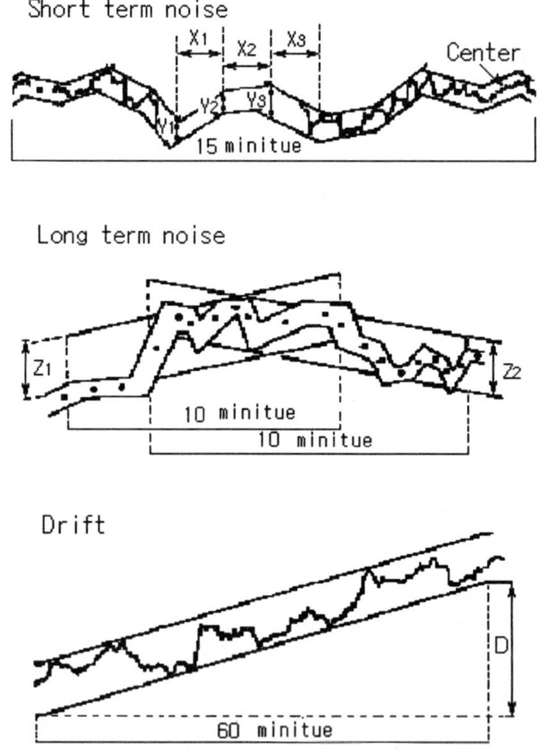

그림 1.4.13 크로마토그래프 검출기에 대한 단기간, 장기간 및 표류 계산 방법

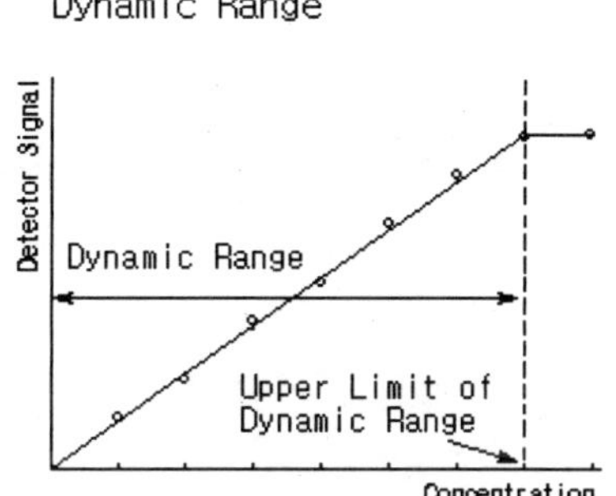

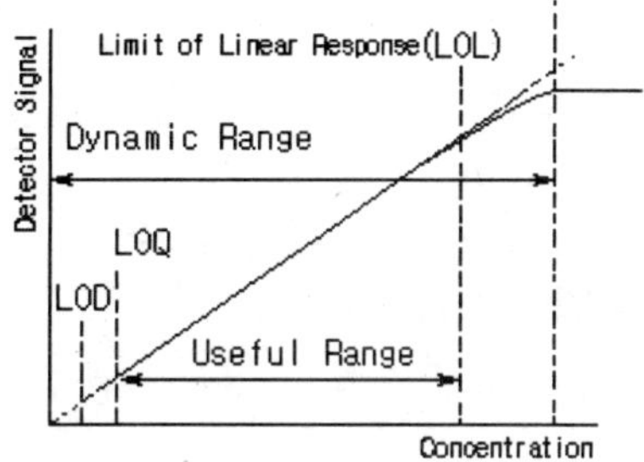

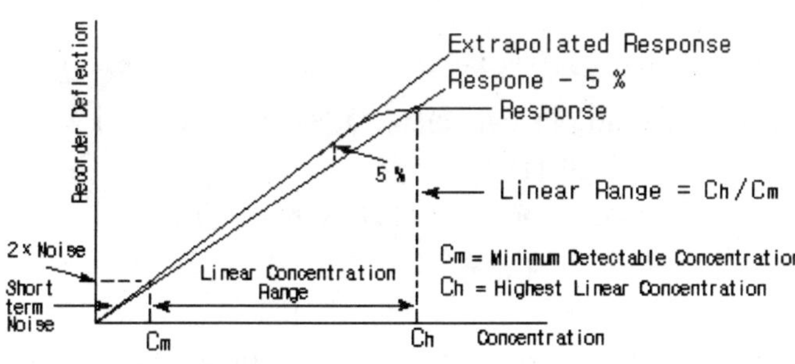

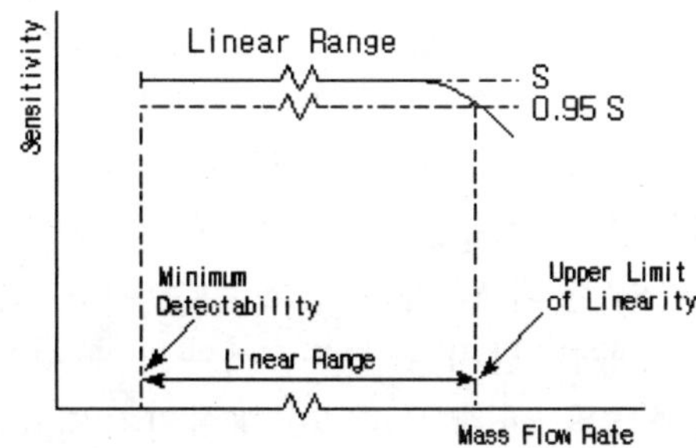

그림 1.4.14 크로마토그래프 검출기에 대한 동적 및 직선형 응답 범위 계산 방법

♣ GC에서 컬럼 변수들과 시료 용량과의 관계

컬럼과 검출기의 성질은 바탕선 잡음(baseline noise)으로부터 신뢰할 수 있을 정도로 구별될 수 있는 성분의 최소량을 결정한다. 만약 봉우리의 신뢰성 있는 결정을 위한 신호/잡음(signal to noise)비를 4로 한다면,

1) 질량 감도 검출기에 대한 최소 검출량은 다음과 같다.

$Q_o = 4(2\pi)^{1/2}(R_n/S)(t_R/n^{1/2})$

Q_o ; 최소 검출량　　R_n ; 검출기 잡음 수준

S ; 검출기 감도

2) 농도 감도 검출기에 대한 최소 검출 농도는 Q_o와 검출기에서 나오는 부피 기체 흐름 속도(volumertic gas flow rate)의 곱으로 표시된다. 최소 검출량과 검출 농도는 머무름 시간에 비례하므로, n이 큰 컬럼의 구경에 직접 비례한다. 또한, 매우 작은 량은 좁은 구경(narrow bore) 컬럼에서 검출될 수 있다.

봉우리 폭에서 제한된 증가(10 %)를 주는 컬럼에 주입 될 수 있는 성분의 최대량으로 임의로 정의된 시료 용량(sample capacity, Q_s)은 다음과 같다.

$Q_s = \pi(MP_s^o/RT_c)(r_c-d_f)(1+k)(3LH)^{1/2}$

M ; 분자량　　P_s^o ; T_c에서 용질의 포화 증기압

T_c ; 컬럼 온도　　R ; 기체상수

가. 최대 시료 크기는 필름 두께와 컬럼 구경에 비례한다.

나. 컬럼에 대한 작업 범위(working range)는 Q_s/Q_o의 비에 의해 주어진다.

다. 큰 단 수의 컬럼(wide-bore)에 대한 작업 범위는 직경의 제곱에 비례하고, 일반적으로 작업 범위는 분석되는 성분의 농도 범위를 초과한다.

라. Ettre는 10 %의 봉우리 폭 증가는 약 5 %의 분리능을 감소시키므로 Q_s는 너무 심각하다고 논쟁을 펴고 Q_s대신 한 이론단에 해당하는 부피를 제안하였다. 컬럼을 들어오는 이동상 마개(plug)에서의 용질 증기의 농도가 한 이론단에 해당하는 기체 부피내의 용질 증기의 농도보다 적은 한, 봉우리 폭은 시료 크기에 의해 심각하게 영향을 받지 않는다. 이때의 부피는 다음과 같다. a_k는 정확하게 정의되지 못하므로 아래 식은 절대적이기보다는 상대적으로 더 좋게 사용된다. 시료 용량의 증가의 가장 좋은 접근 방법은 컬럼 구경과 필름 두께를 증가시키는 것이다.

$V_{max} = a_k V_G(1+k)/n^{1/2}$

V_{max} ; 한 이론단의 부피

a_k ; 크로마토그래픽 조건과 함께 변하는 변수

V_G ; 기체상 컬럼 부피

1.4.11 검출 한계(Limit of detection)

1. IUPAC과 ACS(American Chemical Society)의 정의

화학적 또는 생물학적인 기질 속에서 특별한 분석 방법을 사용하여 흔적량 성분(trace element or molecule)을 정량 하는데 있어서 검출 한계(limit of detection, LOD)의 개념은 대단히 중요하다. IUPAC에서는 1975년 LOD를 "적용된 분석 방법에서 합리적인 정확성을 가지고 검출할 수 있는 최소량으로부터 유도되는 농도나 량"으

"The limit of detection, expressed as a concentration C_L(or amount, qr) is derived from the smallest measure, X_L that can be detected with reasonable certainty for a given analytical procedure"

\- IUPAC, 1975 -

로 정의했으며, ACS에서는 1980년에 IUPAC이 정의한 개념을 "한 분석 과정이 신뢰성 있게 검출할 수 있는 분석 물질의 최소 농도"라고 더욱 개념을 명확히 하였다.

"The limit of detection is the lowest concentration of an analyte that an analytical process can reliably detect"

\- ACS, 1980 -

ACS의 정의를 인용한 것을 보면 시료에 대해 측정한 값을 S_t라하고 바탕값에 대한 측정값을 S_b, 이들 측정에 대한 표준 편차를 σ라 하면, 분석 신호는 S_t-S_b이다. 정규분포에서 $(S_t-S_b)>3\sigma$일 때 99 % 신뢰 수준에서 $(S_t-S_b)>0$임을 보여준다. 따라서 검출 한계의 권고치는 3σ로, 정량 한계(limit of quantitation, LOQ)의 권고치는 10σ로 하였다. LOD와 LOQ의 개념은 그림 1.4.15에 보여진다. 3σ이하의 신호는 불검출(not detected, ND)이라 하며, 3σ~10σ 사이의 신호는 덜 정확한 량의 범위라 하고 실제 분석에 있어 흔적량(trace, T 또는 tr)으로 표시한다.

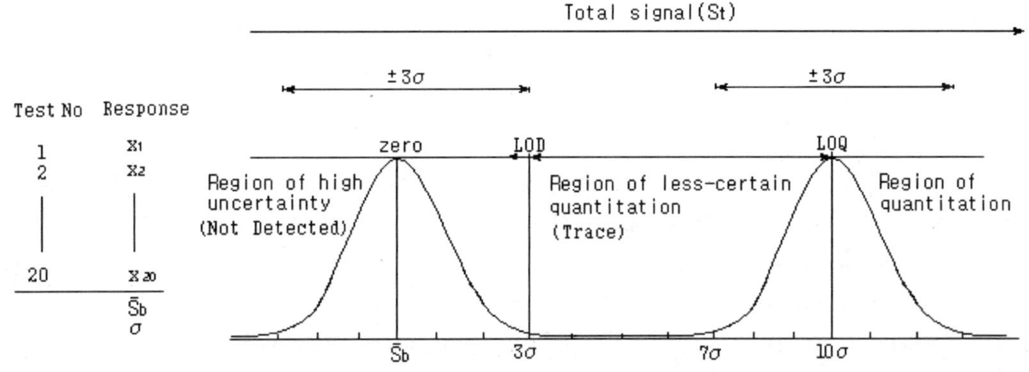

그림 1.4.16 바탕 시험을 사용한 검출 한계(LOD), 정량 한계(LOQ), 불검출(ND) 및 흔적량(Trace)의 범위.

2. 크로마토그래피에 대한 J.E.Knoll의 방법

J.E.Knoll(1985)은 분석물질의 농도와 신호 응답 사이의 관계를 결정하는 과정이 상대적으로 간단하다 하더라도 바탕 잡음의 표준 편차의 측정은 간단하지가 않다. 크로마토그래픽 잡음이 감도가 높은 전압 측정기나 발전된 데이터 취급 장비를 사용하여

측정할 수가 있지만 이런 장치는 평균적으로 모든 크로마토그래퍼에게 이용되지 않는다. 이런 이유로 바탕 잡음을 특징 지우기 위해 크로마토그래픽 도표에서 관측된 요동(fluctuation)에 대한 연구가 많이 이루어졌다. 하지만 이 방법들은 몇 가지 문제점을 가지고 있다. 첫째 측정을 하는데 있어 도표 간격의 선정을 어디서부터 할 것인가에 대한 기준의 결여이고, 또 다른 문제는 잡음이 바탕선 주위에서 정규 분포한다는 가정을 한 것이다. 이 가정은 조심스럽게 다루어진 조건하에서 유효할 수 있지만 대부분은 보정을 필요로 한다. 크로마토그래픽 잡음은 선 전압(line voltage)에 스파이크(spikes)를 넣음으로 생기거나, 대략 전기적인 기계로부터의 방해 및 검출기에 운반체나 연료의 흐름에 있어서의 불안전성에 기인한 요동을 포함한다. 그러나 이들 어느 것도 정규 분포를 따르지 않는다. J.E.Knoll은 잡음 측정 간격이 계의 최대 정보 능력으로부터 결정되며, 잡음은 Bienayme-Tchebycheff inequality의 Camp-Meidell extension을 이용하여 특성을 기술하였다. Bienayme-Tchebycheff inequality는 식 1.1과 같다. 이식은 요동(h_n)이 k인자와 표준 편차(S_n)의 곱을 초과 할 확률(P_n)을 나타난다. 그러나 식 1.1에서 기대되는 최대 확률은 보통 사용되는 분포 함수에 의해서 기대되는 값보다 더 크다. 따라서 Camp-Meidell은 이런 분포에 더욱 근접하기 위하여 식 1.1을 확장하였다. 이 식을 Camp-Meidell extension(식 1.2)라 한다. 물론 식 1.2를 적용하는 데에도 제한점은 있다. 이 계가 선형(linear)으로 응답한다고 가정하면 이때의 검출한도(C_{LOD})는 식 1.3으로 표시할 수 있다. S_n은 식 1.4로부터 얻어지고, k는 식 1.5와 같다.

$P_n(\mid h_n \mid > k\ S_n) < 1/\ k^2$ 1.1

$P_n(\mid h_n \mid > k\ S_n) < 4/9k^2$ 1.2

$C_{LOD} = 3S_n\ C_s/h_s$ 1.3

P_n ; 요동(h_n)이 k인자와 표준 편차(S_n)의 곱을 초과 할 확률

C_s ; 분석물질의 단위 량 h_s ; 분석물질의 봉우리 높이

$S_n = \mid h_n \mid /k$ 1.4

$k = 2\ /(3\ P_n^{1/2})$ 1.5

문제는 P_n과 잡음이 측정되는 바탕선의 길이를 결정하는 것이다. 이들 값을 얻기 위하여 식을 전개하여 결론적으로 검출 한계(C_{LOD})와 정량 한계(C_{LOQ})를 얻을 수 있다.

$C_{LOD} = k_{LOD}\ h_n\ C_s/h_s$ 1.6

$C_{LOQ} = k_{LOQ}\ h_n\ C_s/h_s$ 1.7

여기에서 k_{LOD}와 k_{LOQ}는 상수 측정 간격(measurement interval)에 따라 결정되며(표 1.4.6), h_n값은 그림 1.4.16에서와 같이 잡음 출력 도표 기록(Noise output chart recording)에서 측정된다. 검출 한계를 계산하기 위한 절차는 다음과 같다.

1) 검정 곡선을 작성하기 위한 시료를 분석한다. 검정 곡선의 기울기로부터 C_s/h_s가 얻어진다.
2) 검정 곡선 범위 내 크로마토그램으로부터 1/2h의 봉우리 나비(W_h)를 구한다.
3) 도표에 W_h의 간격으로 선을 분할하고, 바탕 시험을 실시하고 가장 큰 잡음 요동의 높이(h_n)를 측정한다. 이때 k_{LOD}는 W_h의 곱에 따라 결정된다.
4) 위 계산식에 k_{LOD}, h_n 및 C_s/h_s를 대입하여 C_{LOD}를 계산한다.

표 1.4.6 J.E.Knoll(1985)의 방법에 의한 LOD와 LOQ 계산을 위한 다중 상수(Multiplier constants).

봉우리 나비 배수	k_{LOD}	k_{LOQ}
10	1.9718	5.755
20	1.4309	4.150
50	0.9194	2.656
100	0.6536	1.885

* 봉우리 나비 배수(n) : peak width multiple

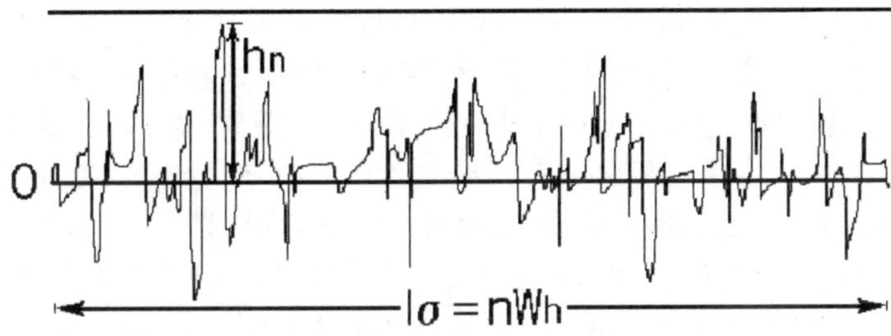

h_n ; The largest noise fluctuation

W_h ; The width of analyte signal at one-half peak height

n ; Multiple

그림 1.4.17 잡음 출력 도표 기록

이 외에 J.E.Lips 등은 GC 검출기의 특징을 설명한 요동 모델을 제시한 바 있고 Tomas wolf 등은 액체 크로마토그래피에 사용되는 고정 파장 광도 측정 검출기(fixed-wavelength photometric detector, FWPD)에 대한 표준 측정 방법을 고안하여 ASTM 표준 실행(standard practice)으로 사용하도록 하였다. 또한 C.Andrew 등은 검출 한계의 정의 및 이들을 평가하기 위한 이론적 근거를 설명하였다.

3. 분광학에서 주로 사용되는 방법

분광학에서는 검출 한계를 "signal-to-noise"의 2배에 해당하는 농도(식 1.8) 및 바탕값 근처의 표준 용액으로 최소 10회 측정한 후 표준 편차를 구하여 식 1.9와 같이 검출 한계를 결정하는 방법도 있다. 이때의 검출 한계는 95 %의 신뢰도로 검출할 수 있는 최소 농도 또는 절대량을 나타낸다. 이러한 방법은 가시선/자외선 분광 광도법을 이용한 작업환경중의 특정 화학 물질 분석이나 원자 흡수 분광 광도법을 사용하여 금속 및 중금속(Cd, Pb 및 Hg)을 분석하는데 많이 응용된다.

$$LOD = 2N \times C/X \qquad 1.8$$

$$LOD = 2s \times C/X \qquad 1.9$$

N ; 바탕선의 잡음 s ; 표준 편차 X ; 측정한 흡광도(또는 면적)

C ; 표준 용액의 농도(절대량)

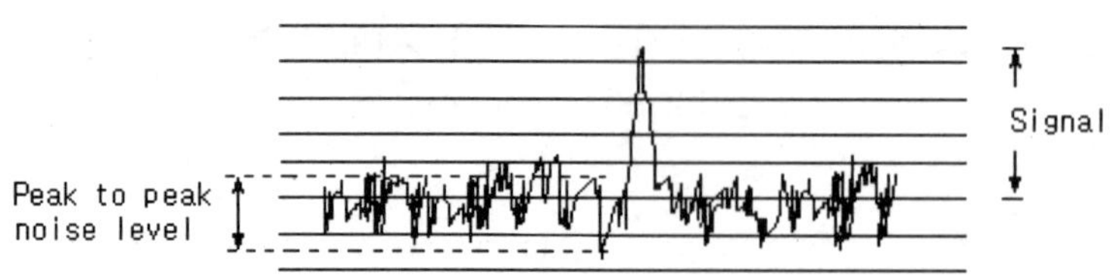

그림 1.4.18 봉우리 대 봉우리 잡음 수준과 신호 수준의 측정도

4. 작업환경중의 유해 물질 분석 시 검출 한계

작업환경중의 유해 물질의 분석에 대한 검출 한계의 개념을 미국산업안전보건연구원(The National Institute for Occupational Safety and Health, NIOSH)에서는 “바탕으로부터 구별되는 분석물질의 가장 작은 량” 이라고 정의하였다. 바탕으로부터 구별되지 않는 바탕 시료와 함께 치우치지 않는 분석에 대한 양호한 평가는 낮은 농도에 대한 검정 곡선의 기울기에 의해 나누어진(분석물질의 단위 농도나 질량 당 기계의 읽음) 검정 곡선 그래프의 표준 오차(S)의 3배로 하고 정량 한계는 표준 오차의 10배로 하였다. 또한, Burkart는 LOD에 대한 표현과 함께 회귀 분석의 계수를 조합한 검정 곡선으로부터 LOD를 평가하는 다른 방법을 제안하였다. 이 방법은 일차, 2차, 지수 및 다른 검정 곡선의 형태에서 사용될 수 있다(표 1.4.7).

$$LOD = 3\ S/a \qquad 1.10$$

$$LOQ = 10\ S/a \qquad 1.11$$

a ; 낮은 농도에 대한 검정 곡선의 기울기($y = ax + b$), $S = \sigma/(n)^{1/2}$

S ; 검정 곡선의 표준 오차 σ; 검정 곡선의 표준 편차 n ; 실험 횟수

표 1.4.7 Burkart 방법에 의한 검출 한계와 정량 한계의 계산

검정 곡선의 차수	검정 곡선 방정식	검출 한계, LOD	정량 한계, LOQ
일차(linear)	$y=a+bx$	$3\ S/b$	$10\ S/b$
이차(quadratic)	$y=a+bx+cx^2$	$\{-b+(b^2+12Sc)^{1/2}\}/2c$	$\{-b+(b^2+40Sc)^{1/2}\}/2c$
지수(exponential)	$y=a+b(1-e^{cx})$	$\{\ln(1-3S/a)\}/b$	$\{\ln(1-10S/a)\}/b$

a ; 검정 곡선의 Y 절편, b ; 검정 곡선 회귀 방정식의 계수, c ; 검정 곡선 회귀 방정식의 계수, S ; 검정 곡선의 표준 오차

한편, 산업안전보건청(Occupational Safety and Health Association, OSHA)에서는 분석 과정의 검출 한계를 “바탕선 높이의 약 5배의 높이를 줄 수 있는 분석 물질의 량” 이라고 정의하였으며, 계산 방법은 첫째, 바탕선 잡음이 시료의 일상 분석에 사용되는 이상으로 증폭되더라도 가능한 한 측정할 수 있는 수준으로 증폭하여 계산한다. 둘째, 만약 바탕선 잡음이 얻어지지 않으면 다른 기준이 선택되어야 한다. 이것은 시약 매트릭스에 의한 잡음의 봉우리라고도 생각할 수 있다. 이 때에는 바탕선으로부터 구별될 수 있는 가능한 한 낮은 농도의 용액을 사용하는 것이 좋다.

1.4.12 크로마토그램의 정량 방법

1. 봉우리 면적 계산 방법

정량은 검출기 신호와 시료 농도사이의 관계 설정을 요구한다. 검출기의 신호는 기록계나 데이터 시스템으로부터 얻어진 봉우리 높이 또는 면적으로 측정된다. 봉우리 면적을 계산하기 위한 수동적 방법(manual method)에는 다음과 같은 방법이 주로 사용된다. 이들의 계산 방법과 특징은 표 1.4.8에 보여 진다. 삼각형 분할법은 비대칭과 혼합(asymmetry and fused) 봉우리에 대해 신뢰성이 없고, 이런 경우에는 사다리꼴 근사법이 가장 근접한 방법이다. 정량을 위한 봉우리 면적의 계산에 있어 봉우리 영역을 정확하게 정의하는데 따른 어려움, 작동자의 정확도, 봉우리 측정을 하는데 요하는 한정된 시간 등의 일반적인 문제점이 있다.

표 1.4.8 봉우리 면적 계산 방법에 대한 비교

방법	계산식*	정확성	상대정밀도1σ(%)	계산시간(분)	특징
반높이선 나비법	$A = HW_{1/2H}$	93.9	2	10	- 오직 대칭 봉우리에만 적용
삼각형 분할법 (triangulation)	$A = W_bH/2$	96.9	3	12	- 정확도는 접선(tangents)을 그리는 방법에 의존 - 작동자의 오차에 따름
사다리꼴 근사법 (trapezoidal approximation)	$(W_{0.15}+W_{0.85})H/2$	100	-	12	- 대칭, 비대칭 봉우리에 적용
면적계법 (planimetry)	-	100	3	15	- 비틀린(skewed) 봉우리에 정확한 면적 제공 - 작동자의 오차에 따름
절단 및 무게측정법 (cut and weigh)	-	100	2	20	- 정확성은 절단 작업에 의존 - 균질성, 수분 량과 종이 무게가 정밀도에 영향을 줌 - 비틀린 봉우리 취급에 적용
적분기 계산법** (computing integrator)	-	100	0.5	약 0	- 속도와 정밀도에서 가장 우수 - 혼합 봉우리, 기준선이 올라오는 것에 대해서는 미약함 - 음성 봉우리(negative peaks) 취 취급에는 부적합(굴절률 검출기)

* A ; peak area, H ; peak height, $W_{1/2H}$; width at half height, W_b ; width in baseline that tangents are drawn

** 1σ(%) ; ball and disc integrator(1), electronic digital integrator(0.5), computer(0.25)

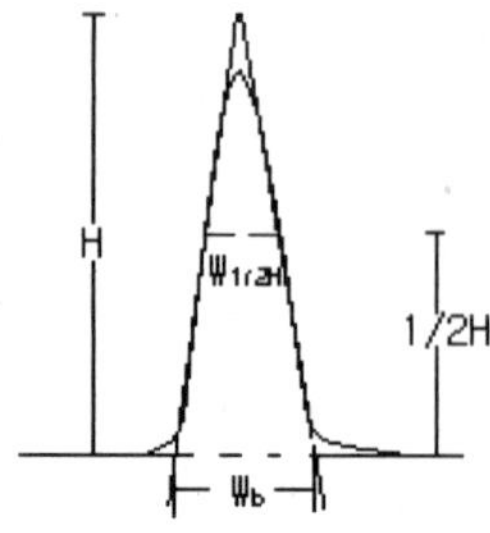

그림 1.4.19 정량을 위한 크로마토그램

다중 성분 시료에서 여러 가지 성분들을 정량하기 위하여 마이크로프로세서나 컴퓨터 기술을 사용한 장치들이 최근 들어 널리 사용되고 있다. 그들은 복잡한 크로마토그램에 대해서도 봉우리 높이와 봉우리 면적을 빠르게 측정 및 기록할 수 있다. 머무름값, 봉우리 인자, 상대 농도 및 컬럼 성능 인자를 보고하기 위한 원래의 크로마토그래피 데이터를 다루는 것과 마찬가지로 최근의 계산용 적분기들은 크로마토그램의 형태로 눈에 보이는 정보를 제공할 수 있다. 최근의 기기들은 기기 묶음의 적분 형태의 부분으로 데이터 스테이션으로 제공되거나 여러 개의 기기들이 주전산기(host computer)에 연결된 실험실의 컴퓨터망의 한 부분으로 작동하도록 설계되어 있다. 컴퓨터는 간략화 된 원래 데이터(smoothed raw data)로부터 원하는 정보를 계산하기 위하여 계산순서의 범위(repertoire of algorithms)내에서 여러 가지 수학적인 과정을 수행할 수 있다. 일반적으로 이런 루틴(routines ; 완성된 프로그램)은 머무름 시간, 봉우리 높이, 봉우리 면적, 봉우리 정규화, 농도를 계산하기 위한 검정 데이터와의 비교 외에 단수, 비대칭 인자 등과 같은 컬럼 파라미터의 계산을 포함한다. 제한 사항은 컴퓨터 메모리에 저장된 프로그램의 수에 의해서 간단하게 설정된다. 예를 들면, 봉우리 문턱 감지(threshold sensing), 바탕선 보정, 신호 평균화, 기울기 감도 등이 모든 컴퓨터 방법에서 일반적이다. 계산력과 컴퓨터의 속도가 그들의 제한 사항에 대한 부주의함을 가린다. 모든 것이 컴퓨터 프로그램의 편집동안 허용되는 것은 아니다. 데이터 시스템은 보통 매우 재현성이 있으나 정확도를 잘못되게 하지는 않는다. 데이터 시스템은 인간의 눈이 어떤 필요한 변화를 일으키기 위하여 계산된 데이터에 대해 도표화된 기록을 조사할 때 가장 강력하다.

2. 검정 곡선 작성법

봉우리 높이나 면적 정보를 시료에 대한 상대적인 성분 데이터로 전환하기 위하여 4가지 방법이 보통 사용된다. 4가지는 정규화 방법(normalization method), 바깥 표준법(external method), 내부 표준법(internal method) 및 표준물 첨가법(standard addition method, MOSA)이다.

1) 정규화 방법

(1) 크로마토그램의 모든 봉우리들의 면적이 합해지고, 각 용질의 면적이 합 해진 면적의 백분율로 표시된다.

(2) 시료의 순도가 높은 경우에 정확성이 높으며, LC보다 GC에서 많이 사용된다.

(3) 모든 시료가 컬럼으로부터 용출되든 안되든 전체는 100 %로 나타난다.

(4) 검출기 응답이 모든 성분에 대해 같지 않다면 정규화를 위하여 응답 인자(response factor, R_f)가 요구된다. R_f는 단일 측정이나 검정 곡선(보통 3가지 농도 이상)에 의해 계산된다. 검정 곡선이 더 좋은 방법으로 기울기가 R_f가 된다. 정교한 컴퓨터 적분기는 R_f를 메모리에 저장하여 각 시료에 대한 응답의 차에 대해 검출기 응답 정보를 보정하는 데 사용하고 보정되어 정규화 된 봉우리 면적이 출력된다.

2) 바깥 표준법

(1) 이상적으로 주입된 표준의 농도(무게)는 시료에서 기대되는 농도(무게)와 비슷하게 한다. 표준 물질과 미지 물질이 같으므로 R_f가 필요하지 않다.

(2) 이 방법의 정밀도는 분석과 검정시의 작동 조건과 주입되는 시료 부피의 높은 정밀도에 의존한다.

(3) 주요한 단점은 시료 유출량을 감소하는 시료에 대해 비슷한 수의 표준을 사용해야 한다는 것이다.

(4) 계산

계산 % = (SA의 면적/ST의 면적) × ST의 순도(%)

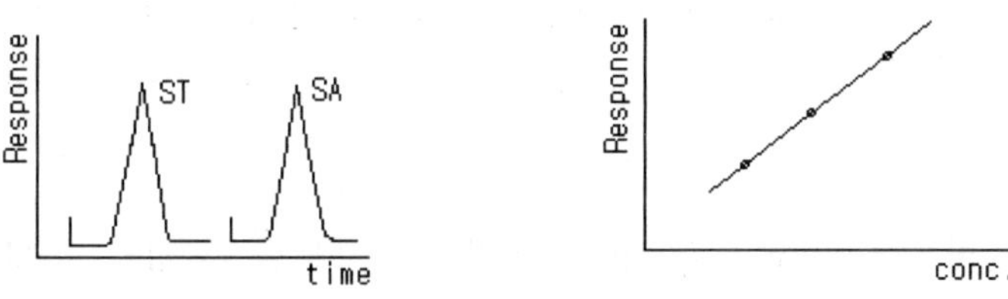

그림 1.4.20 바깥 표준법의 검정 곡선

3) 내부 표준법

(1) 내부 표준은 시료 제조와 최종 분석동안에 일어나는 시료의 손실을 보상하기 위하여 시료에 첨가되는 물질로 요구되는 성질은 다음과 같다.

가. 순도가 높고, 고온에서 안정성이 있고, 시료 성분과 화학반응을 일으키지 않고, 물리 화학적 성질이 가능한 한 분석물질과 유사하여야 한다.

나. 시료의 정상 성분(normal constituent)이 아니어야 한다.

다. 분석물질과 같은 방법으로 정확하게 매트릭스에 혼합되어야 한다.

라. 내부 표준과 분석물질이 바탕 선에서 분리되고(질량 판별이나 방사능 계수가 검출을 위해 사용될 때 동위원소로 표식 된 시료들은 제외), 서로 근접하여 용출되며, 검출 시스템에 유사하게 응답하고, 거의 동일한 농도로 존재하여야 한다.

(2) 정량 되는 분석물질의 유사체(analogues), 동족체(homologues), 이성체(isomers), 거울상체(enantiomers), 동위원소 표식 유사체가 주로 내부 표준으로 사용된다.

(3) 내부 표준의 사용은 주입 부피의 변화에 의한 부정확성을 크게 줄일 수 있다. 내부 표준법의 성공적인 사용은 분석물질과 내부 표준의 봉우리 면적(높이)간의 높은 상관관계와 분석물질에 대한 내부 표준의 낮은 변화성에 의존한다.

(4) 검정 곡선의 작성

가. 내부 표준의 일정한 량을 각 분석물질에 첨가하고 분석한다.

나. 분석물질 검출 응답/내부 표준 검출 응답의 비가 분석물질의 농도(량)에 대해 도시된다.

(5) 계산

$\% = (H_{SA}/H_{INT.SA})/(H_{ST}/H_{INT.ST}) \times$ ST의 순도(%)

$= (H_{SA}/H_{ST})(H_{INT.ST}/H_{INT.SA}) \times$ ST의 순도(%)

그림 1.4.21 내부 표준법의 검정 곡선

4) 표준물 첨가법

(1) 용도 및 특성

가. 복잡한 시료(complex samples)중의 한 성분을 분석 ; 조성 성분의 영향을 제거하지 않고 분석한다.

나. 微量成分의 분석 ; 量을 添加하여 最適濃度 범위로 검정 곡선을 移動하여 분석한다.

다. 공존 물질이 미치는 영향의 크기 측정에 유용하다.

라. 계통적 오차 결정을 위한 중요한 방법 중의 하나로 사용된다.

(2) 분석 순서

가. 미지 시료 한 부분이 분석물질들의 농도(량)를 평가하기 위하여 분석된다.

나. 3~5개의 동일 시료를 준비하고, 각 성분의 점진적인 증가 분을 준비된 각 시료에 첨가한 후 각 시료를 재분석한다.

다. 각 성분에 대해 점진적인 증가량을 x축, 결과로 나타난 각 성분의 봉우리 면적(높이)을 y축으로 유사 검정 곡선(pseudocalibration curve)을 작성한다. 검정 곡선을 외삽(extrapolation)하여 x축과 만나는 점이 시료 중에 함유된 각 성분의 량이 된다.

(3) MOSA 실시 시 고려사항

가. 검정 곡선 작성을 위한 모든 용액(unspiked/spiked)의 부피를 같게 한다.

가) 원래 존재하거나 부가하는 분석물질에 같은 영향을 주기 위함.

나) 두 가지 문제점

· 적합한 solution chemistry 유지 여부

· 분석물질 부가 량에 따른 방해 효과의 변화 여부

나. 높은 결과를 피하기 위하여 바탕(background ; system blank)에 대한 보정이 필요하다.

다. 검정 시 가하는 분석물질의 량은 대상 농도 범위를 충분히 감안하여 0.5~2배로 한다.

가) 주어진 농도 범위에서 검정 곡선의 직선성이 유지되어야 한다.

나) 미지 용액에 측정 성분이 없으면 검정 곡선은 원점을 통과한다.

라. 외삽(extrapolation)시 어느 정도의 오차는 피할 수 없다.

가) 공존물의 영향이 없다는 것을 실험에 의해 확인할 필요가 있다.

마. MOSA는 바탕선 변동(variation)이나 다른 성분의 방해를 보정하지 못한다.

가) 표준물 첨가법이 응용되기 전 일상적인 방법으로 취급하여야 한다.

(3) 분석물질의 량, mg = | b | /a

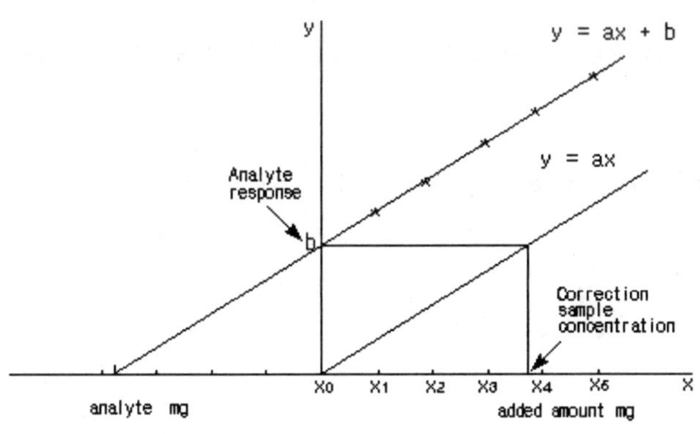

그림 1.4.22 표준물 첨가법의 검정 곡선

(5) 計算例

standard response curve ; y = 556x + 543 (y = ax + b)

Youden regression curve ; y = 552x + 874 (y = a′x + b′)

standard addition curve ; y = 570x + 4210 (y = a″x + b″)

가. YB(Youden blank)

SB(system blank) ; 543(시약에 의한 영향)

TYB(total Youden blank) ; 874(시약 + 묽힌 시료 용액의 영향)

TYB = YB + SB

874 = YB + 543

YB = 874 - 543 = 341

나. 일정 오차(Constant error, %)

(YB/a′) x 100 = (341/552) x 100 = 61.8 %

다. 비례 오차(Proportional error, %)

slope of MOSA curve / slope of ST curve = (570/556) x 100 = 102.5 %

라. MOSA에서 분석물질의 량

{(b″ - b′)/a″} = {(4210 - 874)/570} = 5.85 mg

마. 기울기 비

(a′/ a″) x 100 = (552/570) x 100 = 96.8

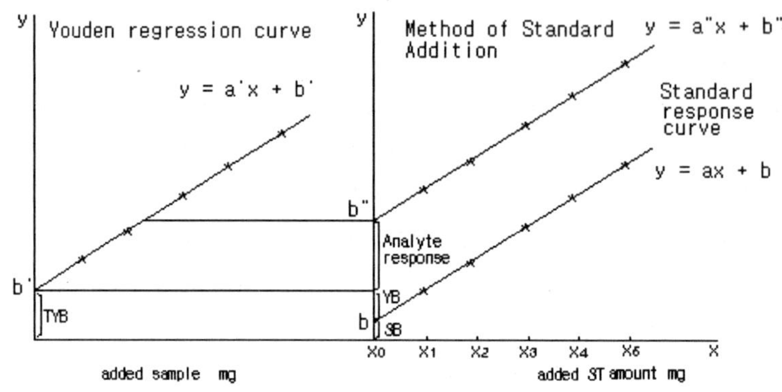

그림 1.4.23 표준물 첨가법에서 분석물질의 응답에 미치는 TYB의 영향

♣ 참조 사항

Ⅰ. KS M 0031-1989(가스 크로마토그래프의 분석을 위한 통칙)

정량은 얻어진 크로마토그램으로부터 피크 면적 또는 피크 높이를 측정하여 절대 검량선법, 면적 백분율법, 보정 면적 백분율법, 내부 표준법 또는 표준 물질 첨가법 중 정량 목적에 맞는 것을 선정하여 사용한다.

1. 피크 높이의 측정

피크의 정점에서 기록지의 가로축에 수직선을 내려 이것이 바탕 선과 교차하는 점과 정점과의 거리를 구하여 피크 높이(H)로 한다.

2. 피크 면적의 측정

피크 면적의 측정은 다음 어느 한 방법에 의하여 측정한다. 다만, 중복된 피크에 대해서는 피크의 분할을 하여 각각의 면적을 구한다.

1) 반높이선 나비법

피크 높이(H)의 중앙으로부터 바탕 선과 평행선을 그려 피크에 의하여 절단되는 선분을 반높이선 나비(W)로 하여 이것에 피크 높이를 곱한 것을 피크 면적(A)으로한다. 단, 이 방법은 현저한 꼬리 끌기가 인정되는 피크에는 적용하지 않는다.

A = W x H

2) 데이터 처리 장치를 사용하는 방법

데이터 처리 장치에 표시된 기록 또는 지시 치에 따른다. 데이터 처리 장치는 피크의 모양에 맞추어 적절한 설정 조건을 선택하여야 한다. 중복 피크의 면적 분할 방법은 수직선법, 별 모양법 및 접선법이 있다.

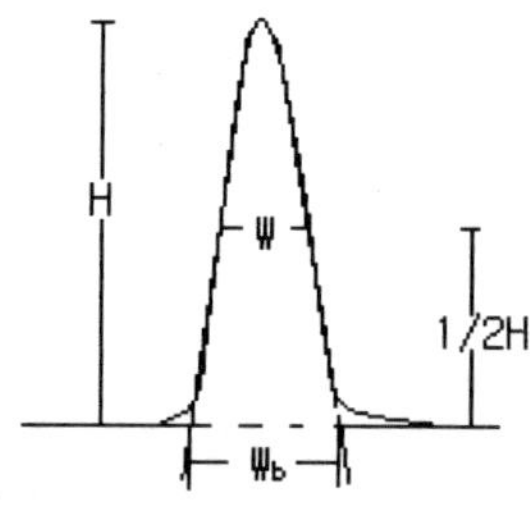

그림 1.4.24 반높이선 나비법에 의한 피크 면적 측정법

(1) 수직선법

그림같이 2개 피크 크기가 거의 같을 경우에는 피크의 골에서 아래쪽으로 내린 수직선에 의해 바탕선상의 피크를 둘로 분할하여 각각의 면적을 구한다.

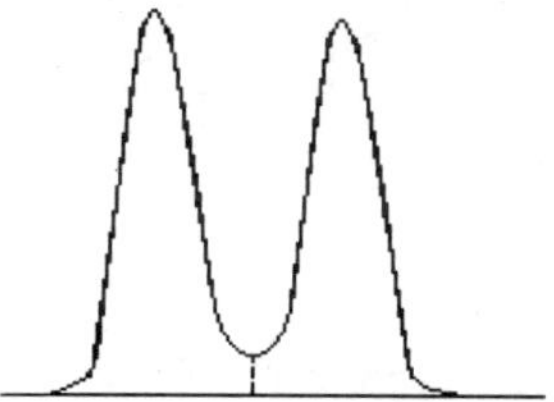

그림 1.4.25 수직선법에 의한 피크 면적의 분할

(2) 별 모양법

그림 1.4.26과 같이 2개의 피크 크기가 같지 않을 경우에는 피크 시작점(A) 및 종료점(B)과 골(V)을 연결해서 만들어진 삼각형 △AVB를 직선 AV 및 VB상의 면적 a, b의 비에 따라 V를 지나는 직선 VC에 의해서 a', b'로 분할한다. VC로 분할한 a+a'와 b+b'를 각각 양쪽 피크의 면적으로 한다.

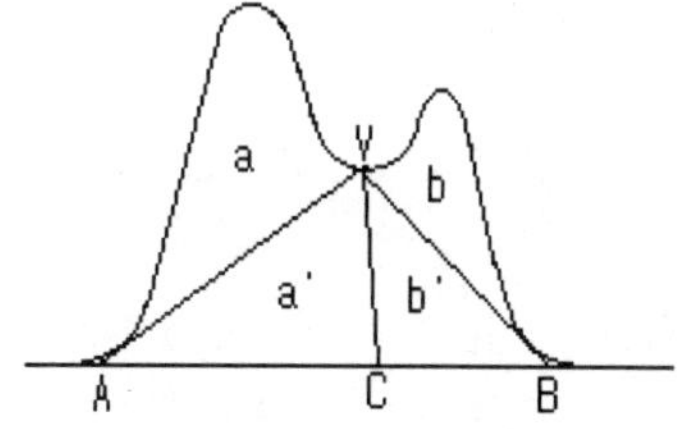

그림 1.4.26 별 모양법에 의한 피크 면적의 분할

(3) 접선법

그림 1.4.27과 같이 큰 피크의 꼬리 끌기로 겹친 작은 피크인 경우에는 피크의 골과 큰 피크의 아래쪽을 잇는 접선상의 부분을 피크 면적으로 한다.

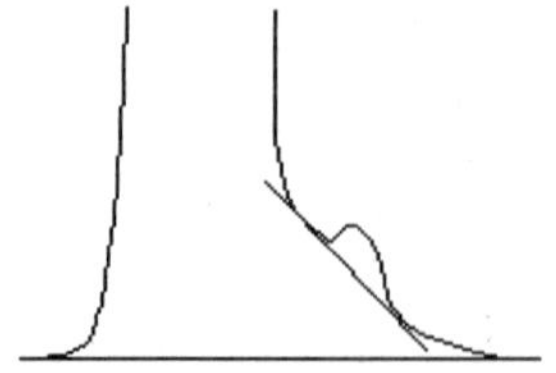

그림 1.4.27 접선법에 의한 피크 면적의 분할

3. 절대 검량선법

정량하려는 성분의 순물질 기지 량을 단계적으로 도입하여 크로마토그램을 기록하고 피크 면적(또는 피크 높이)을 측정한다. 다음에 성분 량을 가로축에, 피크 면적을 세로축에 취하여 검정 곡선을 작성한다. 동일한 조건하에서 시료를 도입하고 크로마토그램을 기록하여 피크 면적(또는 피크 높이)으로부터의 검정 곡선에 의하여 측정하려는 각 성분의 양을 구하여 시료 중의 함유 율을 산출한다. 이 방법에서는 전체 측정 조작을 엄밀하게 일정한 조건으로 하여야 한다.

♣ 참고 사항

일반적으로는 몇 점을 취하여 검정 곡선을 작성하여 정량을 하지만 미리 원점을 지나는 직선성을 갖고 있다는 것을 확인할 수 있으면 기지 량의 도입을 1점만으로 하여 이 점과 원점을 이은 직선을 그려 검정 곡선으로 사용할 수 있다. 한편, 이러한 경우에는 검정 곡선을 작성하지 않고 직접 비례계산으로 정량하여도 좋다.

4. 면적 백분율법

크로마토그램에서 얻은 시료 각 성분의 피크 면적을 측정하고 그것들의 총합을 100으로 하여 그것에 대한 각 피크 면적의 비율을 각 성분의 함유율 $C_i(\%)$로 한다. 이 방법은 도입한 시료의 전체 성분이 용출되며 사용한 검출기에 있어서의 각 성분의 상대 감도가 같다고 간주되는 경우에 적용한다.

$$C_i(\%) = \frac{A_i}{\sum_{i=1}^{n} A_i} \times 100$$

A_i : i성분의 피크 면적 n : 전체 피크 수

5. 보정 면적 백분율법

도입한 시료의 전체 성분을 용출하고, 용출된 전체 성분의 상대 감도를 구할 수 있다. 또한, 각 상대 감도가 측정 농도 영역에 걸쳐서 일정하다고 간주될 경우[3], 다음 식에 따라 함유 율 $C_i(\%)$를 구한다.

$$C_i(\%) = \frac{A_i/f_i}{\sum_{i=1}^{n} A_i/f_i} \times 100$$

A_i : i성분의 피크 면적 fi : i성분의 상대 감도 n : 전체 피크 수

♣ 참고 사항(상대 감도를 구하는 방법)

성분량을 미리 알고 있는 혼합 시료의 크로마토그램으로부터 각 성분의 피크 면적을 측정하여 단위 성분량 당의 면적(감도)을 산출한다. 적당한 성분을 기준으로 하여 그 감도에 대한 비를 취하면 상대 감도가 된다. 또한, 상대 감도의 역수를 상대 보정 계수라고 한다.

6. 내부 표준법

정량하려는 성분의 순물질(X)의 기지 량(M_X)에 내부 표준 물질(S) 기지 량(M_S)을 가한 혼합 시료의 크로마토그램을 기록하여 피크 면적을 측정한다. 가로축에 정량하려는 성분량 M_X와 내부 표준 물질량 M_S의 비(M_X/Ms)를 취하고 세로축에 X의 피크 면적(A_X)과 S의 피크 면적(A_S)의 비(A_X/A_S)를 취하여 관계선을 작성한다.

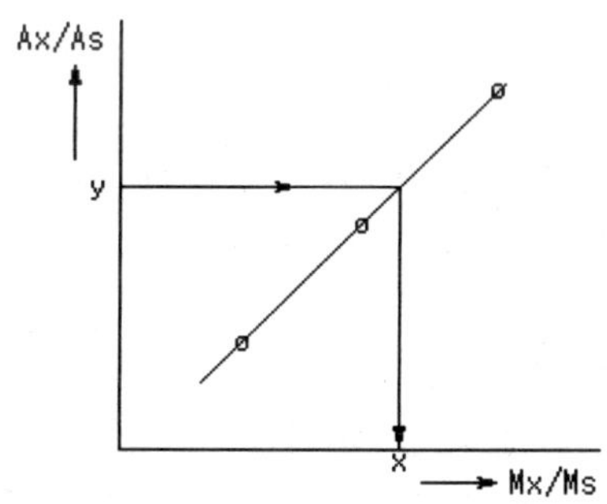

그림 1.4.28 내부 표준법에 의한 관계선

시료의 기지 량(m)에 대하여 내부 표준 물질 기지 량을(n)을 관계선의 범위 안으로 들어가도록 적당히 가하고 균일하게 혼합하여 내부 표준 물질의 피크가 관계선을 작성할 때와 거의 같은 크기가 되도록 도입량을 가감하여 동일한 조건하에서 크로마토그램을 기록한다. 크로마토그램에서 정량하려는 성분의 피크 면적(A'_X)과 내부 표준 물질의 피크 면적(A'_S)의 비 $y=(A'_K/A'_S)$ 를 구한 다음 관계선으로부터 정량하려는 성분량(M'_X)과 내부 표준 물질량((M'_S)의 비$x=(M'_K/M'_S)$을 구하여 다음 식에 따라 함유율 C(%)를 산출한다. 또한, 피크 면적 대신에 피크 높이를 사용해도 좋다.

$$C(\%) = \frac{x \times n}{m} \times 100$$

♧ 주요 사항

1) 내부 표준 물질에는 그 피크가 정량하려는 성분의 피크 위치에 되도록 가깝고 시료 중의 다른 성분 피크와도 완전하게 분리되는 안정한 물질을 선택한다.
2) 각 크로마토그램에서 내부 표준 물질의 피크가 같은 정도의 크기가 되도록 도입량을 가감한다.

7. 표준물질 첨가법

원시료의 크로마토그램에서 정량하려는 성분 A 및 다른 임의의 성분 B의 피크 면적 a_1 및 b_1을 구한다. 다음에 시료의 일정량 W에 성분 A의 순물질 기지 량 $\triangle W_A$[6]을 가하고, 다시 크로마토그램을 기록하여 성분 A 및 B의 피크 면적 a_2 및 b_2를 구하면 다음 식이 성립된다. 여기에서 W_A 및 W_B는 원시료 중에 존재한 A 및 B 성분의 양, k

$$\frac{W_A}{W_B} = k\,\frac{a_1}{b_1}$$

$$\frac{W_A + \triangle W_A}{W_B} = k\,\frac{a_2}{b_2}$$

는 상수, 이것으로부터 성분 A의 함유 율 C(%)는 다음 식으로 구한다.

$$C(\%) = \frac{\triangle W_A}{\{(\frac{a_2}{b_2}\ \frac{b_1}{a_1}) - 1\}\ W} \times 100$$

♧ 주요 사항

1) $\triangle W_A$의 양은 a_2/b_1 값이 1.2-2.0 사이에 들어가도록 가하는 것이 바람직하다.
2) 이 방법은 적당한 내부 표준 물질을 얻을 수 있는 경우에 내부 표준법 대신에 적용 할 수 있다.
3) 이 방법으로 정량하려는 성분 A의 순물질 $\triangle W_A$의 첨가에 의해서도 시료 용액 중의 A 이외의 성분의 농도 변화를 무시할 수 있고 또한, 시료 도입량을 일정하게 유지할 수 있을 경우에는 다음 식에 따라 성분 A의 함유 율 C'(%)를 구할 수 있다.

$$C'(\%) = \frac{\triangle W_A}{\{(a_2/a_1) - 1\}\ W} \times 100$$

Ⅱ. 정량 치의 표시 방법

위에 설명한 방법으로 얻은 정량 치는 %(질량, 부피, mol), ppm(질량, 부피), mg/l, g/㎥N 등으로 나타낸다.

1.4.13 봉우리 높이, 나비 및 넓이에서 검출기 감쇠 변화와 차트 속도 효과

1. 감쇠 변화와 차트 속도

1) 감쇠 변화(Attenuation change)

봉우리 높이(h)와 봉우리 넓이(A)에서의 역비례 변화, 즉 감쇠의 증가(감도의 감소)는 봉우리 높이와 봉우리 넓이를 감소한다.

2) 차트 속도의 변화(Chart speed change)

봉우리 나비(W)와 봉우리 넓이(A)에서의 비례적 변화, 즉 차트 속도에서의 증가는 봉우리 나비와 봉우리 넓이를 증가한다.

사례 1 : 차트 속도를 2배로 하면

최초 조건 ; $A_1 = h_1 \times W_1$

최종 조건 ; $A_2 = h_2 \times W_2$

- 노트 ; 이 조건은 모든 사례에서 같을 것이다.

$h_1 = h_2$, $W_2 = 2\ W_1$

$A_2 = h_2 \times 2\ W_1$

$\therefore\ A_2 = 2\ A_1$

사례 2 : 차트 속도를 1/2배로 하면

$h_1 = h_2$, $W_2 = 1/2\ W_1$

$A_2 = h_2 \times 1/2\ W_1$

$\therefore\ A_2 = 1/2\ A_1$

사례 3 : 감쇠를 2배(감도를 1/2)로 하면

$W_1 = W_2$, $h_2 = 1/2\ h_1$

$A_2 = 1/2\ h_1 \times W_2$

$\therefore\ A_2 = 1/2\ A_1$

사례 4 : 감쇠를 1/2배(감도를 2)로 하면

$W_1 = W_2$, $h_2 = 2\ h_1$

$A_2 = 2\ h_1 \times W_2$

$\therefore\ A_2 = 2\ A_1$

사례 5 : 감쇠와 속도를 2배로 하면

$W_2 = 2\ W_1$, $h_2 = 1/2\ h_1$

$A_2 = 1/2\ h_1 \times 2\ W_1 = h_1 \times W_1$

$\therefore\ A_2 = A_1$

사례 6 : 감쇠와 속도를 1/2배로 하면

$W_2 = 1/2\ W_1$, $h_2 = 2\ h_1$

$A_2 = 2\ h_1 \times 1/2\ W_1 = h_1 \times W_1$

$\therefore\ A_2 = A_1$

사례 7 : 감쇠를 1/2배, 속도를 2배로 하면

$W_2 = 2\ W_1$, $h_2 = 2\ h_1$

$A_2 = 2\ h_1 \times 2\ W_1 = 4(h_1 \times W_1)$

$\therefore\ A_2 = 4\ A_1$

사례 8 : 감쇠를 2배, 속도를 1/2배로 하면

W_2 = 1/2 W_1, h_2 = 1/2 h_1

A_2 = 1/2 h_1 × 1/2 W_1 = 1/4(h_1 × W_1)

∴ A_2 = 1/4 A_1

2. 일반적 경향

1) 감쇠와 차트 속도의 변화

(1) 감쇠의 각 단계의 증가(감도의 감소)는 전의 h나 A를 1/2배로 한다. 즉 1. 1/2, 1/4, 1/8, 1/16 등으로 감소한다.

(2) 감쇠의 각 단계의 감소(감도의 증가)는 전의 h나 A를 2배로 한다. 즉 1. 2, 4, 8, 16 등으로 증가한다.

(3) 차트 속도의 각 단계의 증가나 감소는 W와 A에서의 비례적 변화를 보인다.

2) 최초 감쇠 설정을 x로 하고 n번 감쇠를 증가하면, h나 A 의 변화는

$x(0.5)^n$ × h 또는 W

만약, n번 감쇠를 감소하면, h나 A 의 변화는

$x(2)^n$ × h 또는 W

3) 최초 차트 속도를 Y, 최종 차트 속도를 N이라 하고, 차트 속도를 증가하면, W나 A의 변화는 다음과 같고,

(N/Y) × W 또는 A

만약, 차트 속도를 증가하면, W나 A의 변화는 다음과 같다.

{1/(Y/N)} × W 또는 A

1.5 기체 크로마토그래피(GC) 및 액체 크로마토그래피(LC) 비교

1.5.1 개요적 비교

표 1.5.1 GC 및 LC의 개요적 비교

구 분	G C	L C
공통적 특징	1. 높은 효율성 및 선택성 3. 적은 시료 량 사용 5. 정량 분석에 용이하게 적용	2. 다양한 응용성 4. 시료를 파괴하지 않을 수 있음 6. 타 기기와의 조합 사용
특이한 장점	1. 열적 안정성 물질에 유리 2. 최고의 분리능(OTC 사용) 3. 검출기의 고감도 및 특별한 검출기 사용 가능(질량 스펙트럼 검출기, MSD) 4. 신속성 5. 정지상의 조합에 의한 분리의 최적화 6. 온도를 이용한 그레디언트 시스템 7. 간편하고 저렴한 장치	1. GC보다 더 선택적(용질-이동상-정지상 작용) 2. 실온 부근에서 작동 3. 특별한 검출기의 사용 가능(전기화학적, RI 등) 4. 이동상의 조합에 의한 분리 최적화 5. 제조용(preparative scale) 분리 가능 6. 이동상을 이용한 그레디언트 시스템
정지상 선택시 고려사항	1. 분석물질과의 일치성 ; 지지체, 액상의 종류, 실음(loading) %, 입자크기, 적용 온도, 비활성 및 용매 역할, 컬럼의 종류 2. 용매에 대한 용해도 및 선택적 작용능력 3. 낮은 증기압과 낮은 점도 4. 지지체를 적시는 성질 5. 분리 목적 ; 일상 분석, 연구용	1. 분석물질과의 일치성 ; 지지체, 결합상의 형태, 입자 크기, 컬럼의 종류 2. 분리 목적 ; 일상 분석, 연구용, 제조용
이동상 선택시 고려사항	1. 비활성 ; 용질, 정지상과의 반응 고려 2. 확산을 줄이는 M.W.가 큰 기체 3. 검출기와의 일치성 ; 감도, 불순물의 제거(유령 봉우리 생성) 4. 경제성 ; 가격, 순도 5. 안전성 ; 폭발성, 독성	1. 낮은 점도 2. 용질의 용해성 3. 용매의 혼합성 4. 검출기와의 일치성 5. 경제성 ; 가격, 순도 6. 안전성 ; 유해성, 독성
분석물질 선택시 고려사항	1. 휘발성 2. 물질의 분해성 ; 열적 안정성 3. 분자량 범위 ; 1000이하	1. 비휘발성 2. 분자량 범위 ; 보통 약 2000, 크기배제형은 수억까지 가능
분리 형태	흡착, 분배, 혼합형	흡착, 분배, 이온 교환, 크기 배제, 혼합형, 친화형(생화학 물질 등)
주작용 물질	시료-정지상	시료-이동상-정지상
분석 비율	약 20 %	약 80 %
정지상	흡착형, 분배형	흡착형, 분배형, 이온 교환 수지, 크기배제형, 친화형

표 1.5.1 GC 및 LC의 개요적 비교(계속)

구 분	G C	L C
입자의 종류 및 크기	· 크기 : 60~120 mesh(100~25 ㎛)	· 표면 다공성(약 30 ㎛), 매우 작은 전체 다공성(3~10 ㎛), 전체 다공성(약 30 ㎛)
이동상	비활성 기체(H_2, N_2, He, etc.)	· NPC : hexane, pentane 등 · RPC : 다양한 active liquids(MeOH, THF, ACN, D.W. 등)
컬럼 종류	1. 종류 : packed, micropacked, OTC (FSOT, PLOT/SCOT, WCOT) 2. 길이, 내경(i.d) 및 외경(o.d) : 1) Packed ; 길이 1~6 m, i.d 1/8″, o.d 3~4 mm 2) Micropacked ; (1) Fine :길이 수 m, i.d 0.5~1.0 mm Coarser : 길이 20 m 이상, i.d 0.25~0.5 mm (2) OTC ; 길이 10~100 m, 전형적 i.d 0.05~1.0 mm, o.d 0.3~1.5 mm, 벽도포 두께 0.05~1 ㎛ 3. 재질 : 스테인레스 강, 유리, 용융 실리카(fused silica)	1. 종류 : packed, microcolumn (microbore, packed microcapillary , open microtublar) 및 제조용 2. 길이 : 1) Packed ; 길이 15~30 cm, i.d 4.0~4.6 mm 2) Microcolumn ; ~1 m 3) 제조용; 단순 목적 1~3 m, 고효율용 10~30 m 3. 재질 : 스테인레스 강, 테프론, 플라스틱 4. 미세 구경(microbore) 컬럼은 충전 컬럼과 유사하며, 열린 미세관(open microtubular) 컬럼은 GC의 열린관 컬럼(OTC)과 유사하다.
온도	100~300 ℃(-60~400 ℃가능)	주로 실온에서 분석(RT~70 ℃)
압력	~70 psi	~2000 psi(max. 10,000 psi)
그레디언트 시스템	온도 사용	이동상 사용
불감 부피 결정 물질	CH_4, H_2, air, inert gas	· NPC : benzene · RPC : $NaNO_3$(Sodium Nitrate) 또는 $NaNO_2$(Sodium Nitrite) 3×10^{-6}mole 이상 농도 사용
봉우리 띠 넓어 짐	세로 확산(H_L)이 중요	질량 이동 효과(H_M)가 우월, H_L은 무시(액체 확산계수는 기체의 약 1/10만)
조합 방법	Mass, FTIR, Optical emission spectroscopy	Mass, FTIR, NMR
검출기	FID, TCD, ECD, FPD, MSD, etc.	UV, RI, Conductivity, FD, etc.
주요 응용 분야	환경, 임상, 석유, 약물 등	환경, 임상, 생화학, 천연물 등

♣ 크로마토그래피를 위한 일반적 원칙

1) 용질이 용매에 녹아야 한다(그러나, 최근에는 주입방법의 다양화로 용매 없이 열을 이용한 머리 공간(head space)법, 열탈착(thermal desorption) 등도 사용된다).
2) 용질이 열적으로 안정하고 휘발성이어야 한다(GC).
3) 용질이 이동상 성분과 화학적 반응을 하지 말아야 한다(LC).

1.5.2 주요 세부 사항의 비교

1. GC 및 LC 컬럼의 구조 및 성질

1) GC 컬럼

(1) 충전 컬럼 : 1950년대 초에 발달

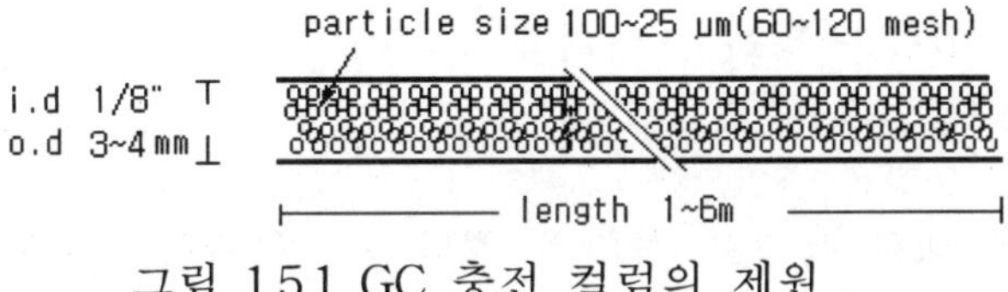

그림 1.5.1 GC 충전 컬럼의 제원

(2) OTC 및 micropacked 컬럼 : 1950년대 말에 제조되었으나 실제로는 1970년대 말에 발달되었다.

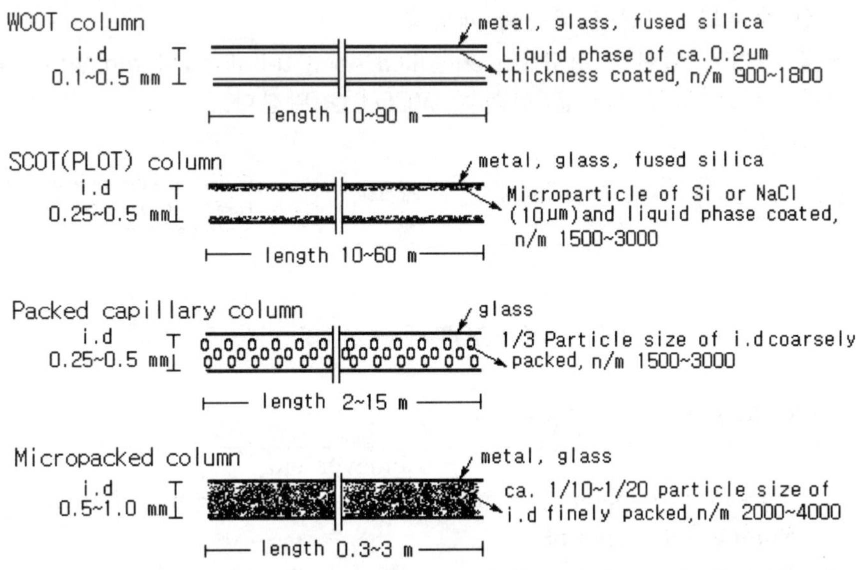

그림 1.5.2 GC의 열린관 컬럼과 미세 충전 컬럼의 일반적 제원 및 효율

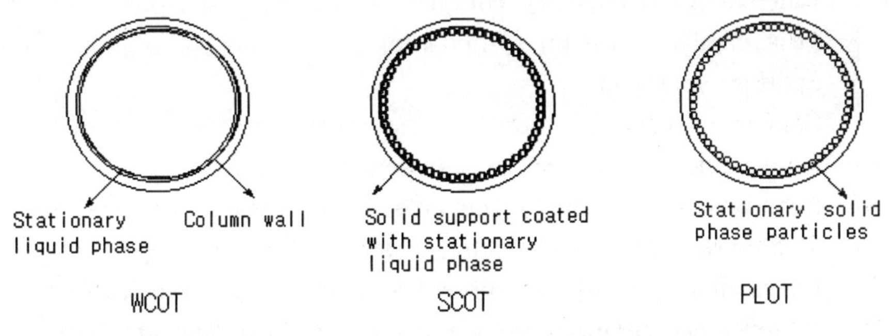

그림 1.5.3 GC의 열린관 컬럼의 미세한 모형의 비교

♣ 참고 사항

1) OTC 컬럼의 실용화가 약 20년 지연된 이유

(1) 작은 시료 용량

(2) 컬럼의 파손

(3) 시료 소개와 컬럼과 검출기의 연결에 관련된 기계적 문제

(4) 재현성 있게 컬럼을 코팅하는 어려움

(5) 약하게 제조된 컬럼의 수명

(6) 컬럼이 막히는 경향

(7) 한 제조회사에 대한 특허로 상업적 개발 제한(1977년 최초 특허가 만료됨)

2) 가장 널리 사용되는 컬럼의 구경

(1) 실리카 OTC ; 260~320 ㎛

(2) 고 분해능 컬럼 ; 150~ 200 ㎛

(3) megabore 컬럼 ; 530 ㎛ 모세관으로 충전 컬럼과 비슷한 량의 시료를 처리 할 수 있는 컬럼이 최근에 개발됨.

3) 용융 실리카 열린관 컬럼(Fused-silica open tubular column, FSOT)

1979년에 개발된 새로운 형태의 WCOT를 말한다.

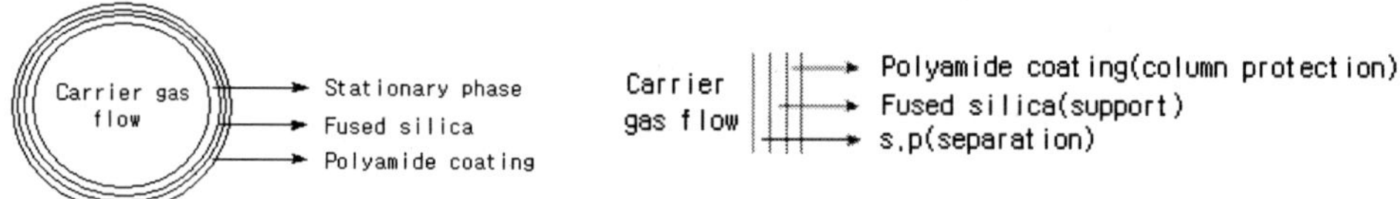

그림 1.5.4 FSOT의 구조 및 기능

표 1.5.2 GC 모세관 컬럼 발달사

Year	Achievement
1958	- Theory of capillary column performance, GC symposium in Amsterdam
1959	- Sample inlet splitter
1959	- Patent on capillary column by Perkin-Elmer
1960	- Glass drawing machine developed by Desty
1965	- Efficient glass capillary column
1975	- First capillary column symposium
1978	- Splitless injection
1979	- Cold on-column injection
1979	- Fused silica introduced by Hewlett-Packed
1981~84	- Deactivation procedures and cross-linked stationary phases
1983	- Megabore column introduced as an alternative to the packed column
1981~88	- Interfacing capillary column with spectroscopic detector(MS, FTIR, AED)
1981~92	- Programmed temperature vaporizer and electronic pressure controlled sample inlet system ; more affordable bench-top GC-MS systems

4) 컬럼 구경과 필름 두께에 대한 실제적 고려 사항

(1) 컬럼 구경

가. 컬럼 구경이 증가할 때 시료 용량이 증가한다. 같은 농도 범위에 존재하는 성분들을 갖는 시료들은 어떤 컬럼의 구경에서 분석될 수 있다. 이 선택은 요구되는 분리능에 의존한다.

나. 복잡한 시료에 대해 가장 작은 구경과 시료 성분의 농도 범위와 합치되는 시료 용량을 갖는 컬럼을 선택하라.

다. 성분이 넓은 농도 범위를 갖는 시료는 더 높은 용질에 의해 컬럼의 과부하를 피하기 위하여 더 큰 내경(>0.25 mm)의 컬럼에서 분석한다.

라. 컬럼 내경의 선택은 시료 입구 시스템의 형태에 기초될 수 있다. 일반적으로 0.25나 0.32 mm 내경의 컬럼이 분할 및 비분할 주입에, 비분할 및 컬럼 내 주입에는 0.32 mm, 직접 주입에는 0.53 mm의 컬럼 내경이 사용된다.

마. 0.18과 0.25 mm 내경의 모세관 컬럼은 GC-MS 시스템에 사용된다. 이 컬 컬럼의 더 낮은 흐름 속도는 진공계의 한계를 넘지 못할 것이다.

(2) 정지상의 필름 두께

가. 머무름과 시료 용량은 필름 두께와 함께 증가하고 컬럼 효율은 동시에 감소한다.

나. 얇은 필름 컬럼은 컬럼 온도의 어떤 설정 하에서 끓는점이 높은 용질에 대해서는 더 높은 분리능을 제공하나 더 휘발성 성분에 대해서는 더 낮은 분리능을 준다.

다. 얇은 필름 컬럼의 시료 용량은 부적절할 수 있고, 컬럼 오븐의 온도에 대한 냉각 제어를 요구한다.

라. 0.2 ㎛ 이하의 필름 두께는 복잡한 시료에 대해 더 긴 컬럼을 사용하여야 한다.

마. 필름 두께가 감소할 때 용질은 더 낮은 용리 온도를 보이므로 얇은 필름 컬럼은 높은 끓는점의 석유 부분, triglycerides 등에 이상적이다.

바. 더 두꺼운 필름(>1 ㎛)은 더 휘발성 용질의 분석에 사용된다. 매우 두꺼운 필름(>5 ㎛)은 실온에서 수행되는 분석에 사용될 수 있다.

사. 더 두꺼운 필름의 컬럼은 더 높은 용리 온도를 필요로 하나 모든 시료 성분의 불완전한 용리를 보일 수 있다.

아. 연장된 시간에 대한 더 높은 용리 온도는 컬럼의 수명을 감소시키고 컬럼 유출을 증가시킨다.

자. 정지상의 얇은 필름을 가진 30 m 이상의 모세관 컬럼은 용질 초점(solute-focusing) 목적을 위한 극저온(cryogenic) 오븐 온도 제어에 대한 선택을 제공하고, 특별히 추방과 포착(purge and trap) 및 열탈착의 보조적 시료 소개 기술로 매력적이다.

2) LC 컬럼

(1) 충전 컬럼

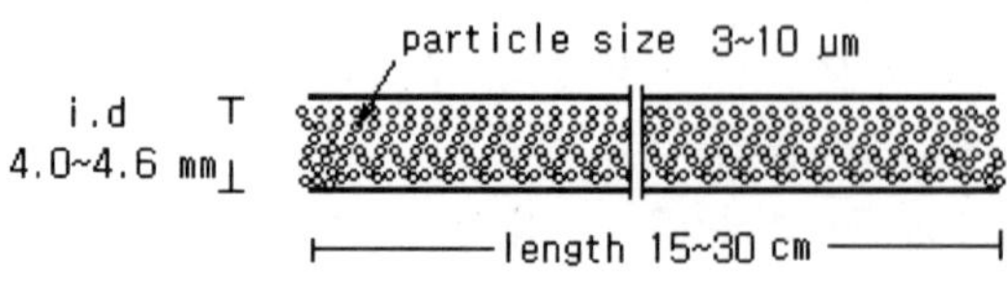

그림 1.5.5 LC 충전 컬럼의 제원

(2) 미세 컬럼(microcolumn)의 단면도

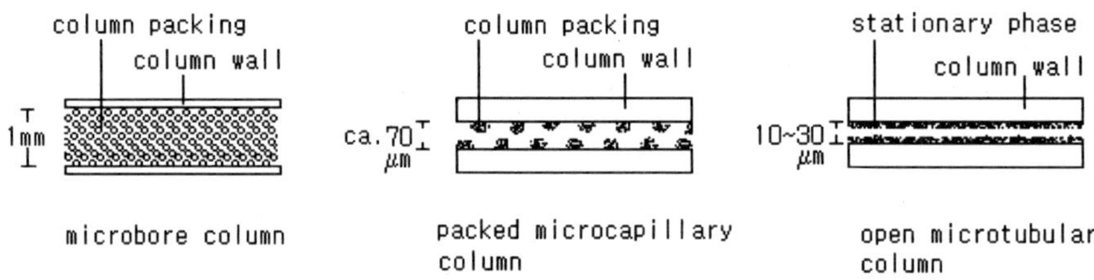

그림 1.5.6 LC에 사용되는 미세 컬럼의 제원

표 1.5.3 GC 컬럼 형태에 따른 대표적 성질

컬럼 형태	상비	H_{min}, mm	u_{opt}, cm/s	투과성, 10^7 · cm^2
Classical packed	4~200	0.5~2	5~15	1~50
Micropacked	50~200	0.02~1	5~10	1~100
Packed capillary	10~300	0.05~2	5~25	5~50
SCOT	20~300	0.5~1	10~100	200~1000
WCOT	15~500	0.03~0.8	10~100	300~20000

표 1.5.4 LC 컬럼 형태와 성질

컬럼 형태(다른 명칭)	길이(단일 컬럼)	내경, mm	흐름 속도, μℓ/min
Conventional packed	5~30 cm	4~5	1000~3000
Small bore packed (microbore)	10~100 cm	1~2	5~200
Packed capillary (slurry packed capillary)	20~200 cm	0.1~0.5	0.1~20
Semi-packed capillary (packed capillary, semipermeable capillary)	1~100 m	0.02~0.1	0.1~2
Open tubular (microtubular capillary)	1~100 m	0.01~0.075	0.05~2

2. GC 및 LC에 사용되는 이동상

1) GC의 이동상

(1) H_2, He, N_2, Ar이 주요한 이동상으로 사용된다.

가. 운반 기체의 점도는 주어진 속도에서 압력 저하를 결정한다. GC의 사용 온도에서 점도는 아래 식으로 구할 수 있다.

H_2 : $\eta_t = 0.1827t + 83.9899$

He : $\eta_t = 0.3993t + 186.6169$

N_2 : $\eta_t = 0.3838t + 167.3534$

η_t ; 운반 기체의 점도(micropoise), t ; 설정 온도

나. 동일한 컬럼에서 주어진 입구 압력과 온도에 대해 평균 직선 기체 속도는 수소에서 가장 높고 헬륨에서 가장 낮다.

다. 온도와 점도의 변화 속도는 3개의 기체에 대해 대략 같다.

라. 충전 컬럼에서 압력 저하를 고려할 때 수소의 점도가 질소와 헬륨 점도보다 약 1/2로 더 좋다. 유일한 단점은 폭발의 위험이 있다는 것이다.

마. 질소는 수소보다 낮은 온도와 흐름 속도에서 약간 우월하며, 저렴하여 일반적으로 널리 사용된다.

바. 헬륨은 가격이 수소나 질소보다 비싸지만 특별한 분석을 하기 위해서 종종 사용된다. 수소의 순도는 99.95 %, 헬륨은 99.995 %이어야 한다.

(2) 가끔 유기 증기나 다른 기체들(스팀, 암모니아, 개미산 등)이 컬럼 분리의 특성을 변형하기 위하여 부가된다.

가. 이런 기체 혼합물들은 이상적으로 행동하지 않기 때문에 시료 용질들의 상대적 머무름을 변화하거나, 극성 용질의 흡착을 가리우는 것에 의해 분리를 변형할 수 있다.

나. 만약 정지상에 적당히 용해한다면, 운반 기체에 있는 유기 증기 부분 압력을 변화하여 선택성이 조절되는 동적인 이 성분 액상 혼합물(dynamic binary liquid phase mixtures)을 만들기 위하여 사용될 수 있다.

다. 그러나, 검출기와의 불일치성, 응용에 원하는 효과를 얻기 위해 이용되는 제한된 온도 범위, 안전과 기기에 관련된 불편성이 있다.

(3) 상업용 고압 기체는 공업 등급으로 기체 중에 기름 증기, 산소 및 물 등의 불순물이 포함될 수 있다. 이들은 검출기의 적절한 기능을 방해하거나 컬럼의 활성과 수명을 감소한다.

가. 산소(5 ppm)는 100~105 ℃에서 이동상을 구리나 니켈 같은 촉매를 통과 시키면 제거된다. 팔라듐(Pd)은 수소로부터 산소를 제거하는데 효과적이다.

나. CO와 탄화수소(1~100 ppm)는 600 ℃에서 산소 제거에 사용되는 촉매에 의해 제거된다.

다. CO_2는 고체의 soda-lime이나 soda-asbestos에 기체가 통과하면 제거된다.

라. 기름 증기나 다른 더 무거운 오염물질은 활성탄에 의해 가장 잘 제거된다.

마. 물은 분자 체나 실리카 겔에 의해 잘 제거된다. 실리카 겔의 흡수 여부를 쉽게 알기 위하여 $CoCl_2$의 하늘색을 이용한다.

바. FID를 위한 공기의 정제는 800 ℃에서 석영에서의 연소에 의해 달성된다.

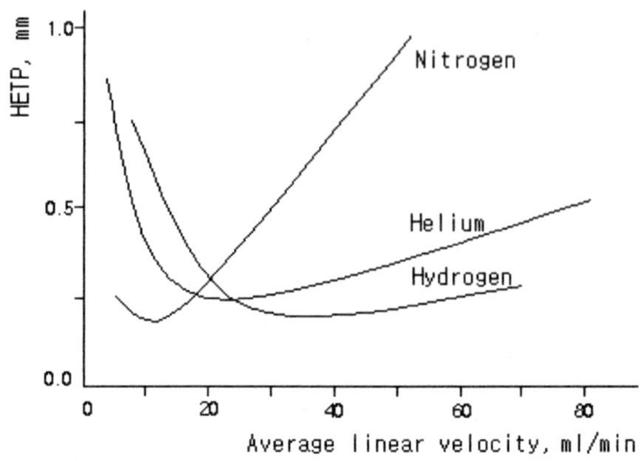

그림 1.5.7 얇은 필름 OTC 분리 성능에 대한 운반기체의 영향을 나타내는 Van Deemter 곡선

2) LC의 이동상

LC에서 이동상을 선정하는 일반적인 접근 방법은 1차로 LC에서 사용하기 위해 물리적 성질(끓는점, 점도, UV 흡수 등)이 부적절한 용매들을 제외한다. 이것은 더 고려할 많은 가능한 용매들을 제거한다. 두 번째로 적합한 크로마토그래픽 강도의 용매나 혼합 용매를 선택한다. 그 결과 시료의 용량인자(k)가 이 성분 시료의 경우에 $2 \leq k \leq 5$, 다중 시료에서 $0.5 \leq k \leq 20$정도로 된다. 그러나 아직도 적합한 강도의 용매가 이용될 수 있다. 마지막으로 크로마토그램에서의 중복되는 띠를 발견할 수 있다. 여기에서 어떤 띠 쌍에 대한 증진된 용매의 선택성이나 증가된 분리인자(α)에 대한 필요성이 제시된다. 이런 경우에 적합한 강도를 갖는 남은 용매들로부터 적합한 α값을 갖는 용매를 선택할 수 있다. 이런 방법에 의해 특별한 응용을 위한 허용되는 용매에 도달할 수가 있다. LC에서는 5가지 분리 모드(흡착, 분배, 이온 교환, 크기 배재 및 친화)에 따라 각각에 적합한 용매들이 다양하게 사용된다. LC의 RPC에 가장 흔히 사용되는 용매는 탈염수(D.W), 메틸 알코올(MeOH), acetonitrile(ACN), tetrahydrofuran(THF) 등이며, 다른 많은 용매들이 사용된다. 용매들에 대한 섞임성(miscibility)과 용해도는 LC 사용자들에게 많은 혼동을 줄 수 있다. 섞이는(miscible) 것과 녹는(soluble) 것에 대한 명백한 정의는 다음과 같다. 일반적으로 용매의 섞임성은 두 용매의 섞임성 수의 차가 15 미만일 때 섞일 수 있다(표 1.5.5).

♧ 주요 사항

1) Miscible : Two components that can be mixed together in all proportions without forming to separate phases are miscible. Conversely, two components that form separate layers when mixed are immiscible.
2) Soluble : A component that is present at any level in a solvent is soluble in that solvent. The maximum amount of substance A that will dissolve in a given amount of substance B determines the solubility limit of A in B.

표 1.5.5 용매 섞임성(Solvent miscibility) 및 섞임성 수(Miscibility No.) 도표

	Acetone(15)	Acetonitrile(11)	Benzene(21)	Butanol(15)	Carbon tetrachloride(24)	Chloroform(19)	Cyclohexane(28)	1, 2-Dichloroethane(20)	Dichloromethane(20)	Dimethyl formamide(12)	Dimethyl sulfoxide(9)	Dioxane(17)	Ethanol(14)	Ethyl acetate(19)	Ethyl ether(23)	Heptane(29)	Hexane(29)	Iso-octane(29)	Isopropyl alcohol(15)	Methanol(12)	Methyl t-butyl ether(23)	Methyl ethyl ketone(17)	Pentane	Tetrahydrofuran(17)	Toluene(23)	Water
Acetone(15)																										
Acetonitrile(11)																										
Benzene(21)																										
Butanol(15)																										
Carbon tetrachloride(24)																										
Chloroform(19)																										
Cyclohexane(28)		*																								
1, 2-Dichloroethane(20)																										
Dichloromethane(20)																										
Dimethyl formamide(12)							*																			
Dimethyl sulfoxide(9)							*																			
Dioxane(17)																										
Ethanol(14)																										
Ethyl acetate(19)																										
Ethyl ether(23)											*															
Heptane(29)		*								*	*															
Hexane(29)		*								*	*															
Iso-octane(29)		*								*	*															
Isopropyl alcohol(15)																										
Methanol(12)							*									*	*	*								
Methyl t-butyl ether(23)																										
Methyl ethyl ketone(17)																										
Pentane		*								*	*									*						
Tetrahydrofuran(17)																										
Toluene(23)																										
Water			*	*	*	*	*	*	*					*	*	*	*	*			*	*	*		*	
Xylene(23)										*	*															*

Note 1. * Immiscible을 나타낸다.

Note 2. 두 용매간의 섞임성 수의 차가 15 미만이면 섞일 수 있다.

Note 3. Ref. ; Huntsman Miscibility Predictor(The basis for the miscibility predictor is the article by Norman B. Godfrey, Chemtech 1972, 359)

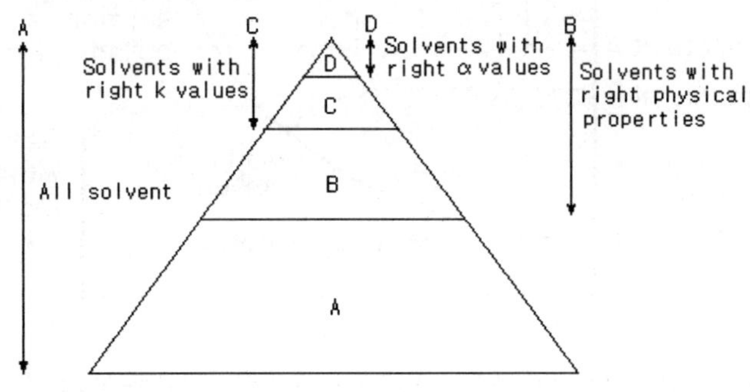

그림 1.5.8 LC 분리 및 응용에 대한 이동상의 선택

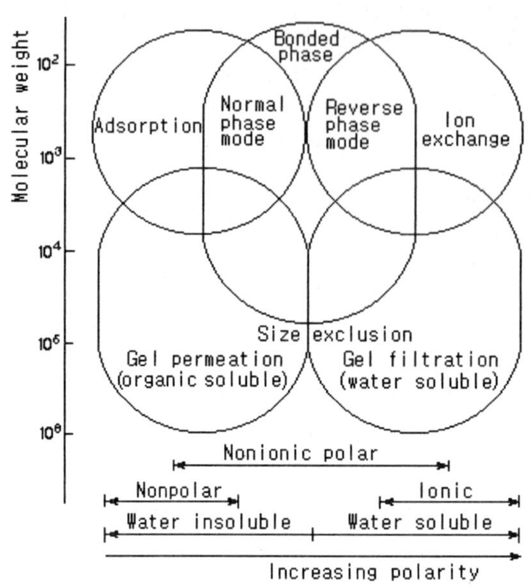

그림 1.5.9 분석물질의 분자량과 극성에 기초한 HPLC의 분리 메카니즘의 응용 범위

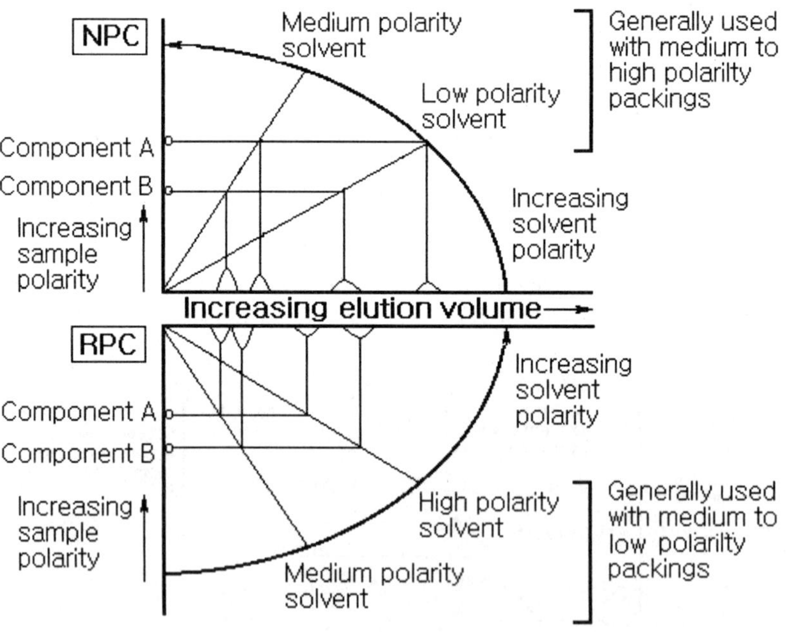

그림 1.5.10 정상 및 역상 LC에서 시료와 이동상의 상관관계

3. 정지상, 이동상 및 용질간의 상호작용

1) GC에서 용질과 정지상간의 상호작용

GC에서 상대적인 휘발성이나 분리인자는 용질과 액상의 상호작용, 즉, van der Waals 부착력에 의존한다. 이 부착력은 다음과 같은 세 가지로 나누어진다.

(1) 런던 분산력(London dispersion forces)

이 힘은 원소 전하의 정돈으로부터 일어나는 이중극자의 인력에 의해 생긴다. 분산력은 모든 분자 형태 사이와 특별히 비극성 물질의 분리(예를 들면, 포화 탄화수소)에서 작용한다.

These are due to the attraction of dipoles that arise from the arrangement of the elementary charges. Dispersion forces act between all molecular types and especially in the separation of nonpolar substances(e.g., saturated hydrocarbons).

(2) 데바이 유도력(Debye induction forces)

이 힘은 영구 및 유도 이중극자 사이의 상호작용으로부터 생긴다.

These forces result from interaction between permanent and induced dipoles.

(3) 케솜 지향력(Keesom orientation forces)

이 힘은 두 개의 영구 이중극자의 상호작용으로부터 생기며, 이중 수소결합이 가장 중요하다. 수소결합은 분산이나 유도력보다 더 강하다.

These forces result from the interaction of two permanent dipoles, of which the hydrogen bond is the most important. Hydrogen bonds are stronger than dispersion or inductive forces.

2) LC에서 이동상과 용질간의 상호작용

(1) 분산 상호작용 또는 인력(Dispersive interaction or attraction)

이웃한 분자들의 모든 쌍 사이에 존재하며, 시료 분자(X)와 용매 분자(S)를 둘러싸고 있는 전자들이 무작정 운동(random motion)을 하고 있으며, 어떤 주어진 순간에 분자에 존재하는 전자의 비대칭적 배치에 기인하여 일어난다. 결과적으로 X는 순간적인 임시 쌍극자 모멘트를 갖게되고, 이웃한 분자 S의 전자들을 밀어 편극화 한다. X에 있는 쌍극자에 의해 생긴 S의 쌍극자가 X와 S의 정전기적 인력이다. 분산 상호작용은 시료와 용매 분자에서 더 쉽게 편극하는 분자에 대해 더 강하다. 대략 전자 편극화는 굴절률과 함께 증가하므로, 분산 상호작용은 굴절률이 큰 시료와 용매 분자에 대해 더 강하다. 이것은 오직 탄화수소 용매에 존재하는 분자간 힘이다. 분산력은 약하고, 비선택적이며, 크로마토그래피에서 큰 의미가 없다. 그러나 시료와 용매 분자에서 쉽게 편극되는 전자들에 대해서는 강하다.

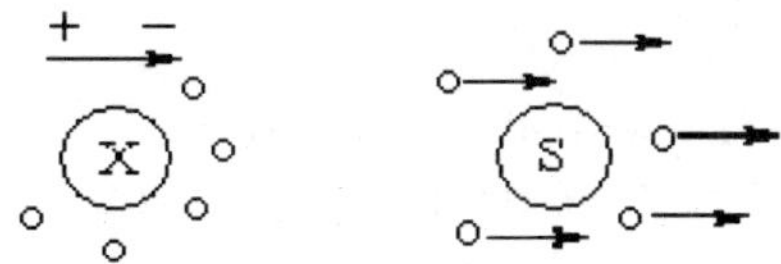

그림 1.5.11 시료 분자와 용매 분자간의 분산 상호작용

(2) 쌍극자 모멘트(Dipole moment)

쌍극자 모멘트는 영구 쌍극자 모멘트를 가지는 용매와 시료 분자 사이에서 일어나며(보통 분자들의 작용기 사이에서), 큰 쌍극자 모멘트를 가지는 용매에 대해 강하다.

$$CH_3-\overset{+}{C}\equiv\overset{-}{N} \longleftrightarrow CH_3-\overset{+}{C}\equiv\overset{-}{N}$$

표 1.5.6 작용기의 쌍극자 모멘트, debyes

작용기	쌍극자 모멘트
Amine, - N =	0.8~1.4
Ether, - O -	1.2
Sulfide, - S -	1.4
Thiol, - SH	1.4
Carboxylic acid, - COOH	1.7
Hydroxy, - OH	1.7
Halogen, - F, - Cl, - Br, - I	1.6~1.8
Ester, - COO -	1.8
Aldehyde, - CHO	2.5
Ketone, - C O -	2.7
Nitro, - NO_2	3.2
Nitrile, - C ≡N	3.5
Sulfoxide, - SO -	3.5

(3) 수소결합 상호작용

가. 양성자 주개 및 받개로서 행동하는 분자들 사이에서 일어난다.

나. 강한 주개 용매들이 우월하게 상호 작용하고, 강한 받개 시료 화합물을 용해하며, 또한 반대도 같다.

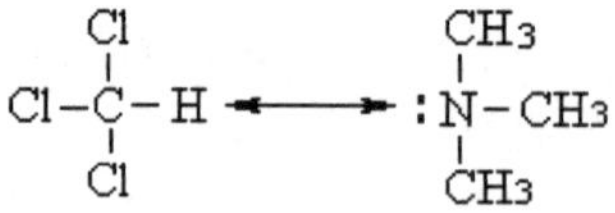

$$CCl_3-H \longleftrightarrow :N(CH_3)_3$$

(4) 유전(誘電) 상호작용(Dielectric interaction)

가. 일차로 큰 유전 상수의 액체(물, 저급 알코올 등)와 시료 이온의 상호작용을 말한다. 물, 메탄올 등과 같은 극성 상에서 이온 및 이온성 시료 분자들이 우월하게 용해된다.

나. 유전 상수(단위, DK) ; H_2O(82), alcohol(25), CS_2(2.62), benzene(2.62)

4. 전체 봉우리의 폭 넓힘에 대한 가변도(variance), σ^2_T

$\sigma^2_T = \sigma^2_{col} + \sigma^2_{inj} + \sigma^2_{con} + \sigma^2_{det} + \sigma^2_{tc}$

$\sigma^2_T = \sigma^2_{col} + \sigma^2_{ext} = t_R^2/n = V_R^2/n = V_m^2(1+k)^2/n$

σ^2_{col} ; 컬럼 봉우리 가변도

σ^2_{ext} ; 컬럼외 봉우리 가변도(= $\sigma^2_{inj} + \sigma^2_{con} + \sigma^2_{det} + \sigma^2_{tc}$)

σ^2_{inj} ; 주입에 의한 가변도

$\sigma^2_{inj} = V^2_{inj}/Q$

V_{inj} ; 주입 부피, $\mu\ell$

Q ; 주입기에 의존한 상수(1~12), 마개(plug) 주입 시 Q=12, 밸브 주입 시 Q= 2~8

σ^2_{con} ; 연결관에 의한 가변도

$\sigma^2_{con} = \pi r_c^4 L/24 D_m F$

r_c ; 관의 반지름　L ; 관의 길이　D_m ; 이동상에서의 확산계수, cm^2/s

F ; 컬럼 흐름 속도, ml/min

σ^2_{det} ; 검출기의 부피와 구조에 기인한 가변도

σ^2_{tc} ; 검출기와 데이터 시스템의 전자 회로의 한정된 응답 시간에 기인한 가변도

♣ 참고 사항 ; 컬럼외 띠 넓어짐(Extracolumn band broadening)

1. 컬럼외 띠 넓어짐은 관의 벽과 중심에서의 액체 층 사이의 흐름 속도 차이에 의해 용질의 띠가 주변 보다 중심에서 더 빠르게 이동한다. GC에서는 컬럼외 띠 넓어짐이 확산에 의해 상쇄되나, LC에서는 확산이 매우 느려 이런 형태의 띠 넓어짐이 주요한 의미를 갖는다. 기기적 요소(주입 시스템, 검출기 영역, 여러 가지 연결관 등)에 의한 컬럼외 띠 넓어짐은 컬럼 가변도(variance)의 10 %를 초과하지 않아야 한다. 이것은 10 %의 컬럼 효율과 약 5 %의 컬럼 분리능의 손실에 해당된다. 컬럼외 띠 넓어짐을 최소화하기 위하여 관은 가능 한 짧고 좁아야한다. 그러나 실제로는 더 길고, 내경은 ≥0.025 cm인 것이 요구된다.

2. LC에서 최대 5 %의 띠 폭(bandwidth) 증가를 허용하는 연결관의 길이는 다음 식에 의해 계산된다.

$L = 40 V_R^2 D_m/\pi F d^4 n$

L ; 연결관의 길이, cm

V_R ; 용질의 머무름 부피, ml

F ; 부피 흐름 속도, ml/min

d ; 연결관의 내경, cm

n ; 컬럼 단 수

* Reference ; R.P.W. Scott and P. Kucera, J. Chromatogr. Sci., 1971, 9, 641

제 2장 기체 크로마토그래피(Gas chromatography)

2.1. GC의 중요한 관계식

2.1.1 머무름 지수(Retention index, I)

실험실간 물질 확인을 위하여 사용되는 데이터로 이 물질들의 상대적인 머무름만을 사용하는 것은 많은 계통적 오차(systematic error)를 주므로 부정확하다. 이러한 문제는 일련의 내부 표준 물질을 사용한 표준화된 실험서(protocol)에 의해서 얻어진 머무름 데이터인 머무름 지수(I)를 사용함으로서 해결된다. 따라서 실험실간 물질을 확인하기 위한 목적으로 1958년에 Kovats가 고안한 I를 사용한다. 이것은 머무름 행동이 근접한 표준 물질의 한 계열에서 결정되면 일정한 모양으로 표현되며, 주어진 온도와 주어진 컬럼에서 얻어진 조정된 머무름 시간의 로그값이 탄소 수에 직선적으로 비례한다는 것을 이용한 것이다. 정의에 의해 표준 물질로 사용되는 n-alkanes에 대한 I는 각 탄소 수에 100배 한 값으로 하며, 컬럼 충전, 온도 및 다른 크로마토그래픽 조건에 관계 없다. 어떤 물질에 대한 등온 조건 하에서 계산된 I값은 다음과 같다.

$$I = 100Z + 100 \{(\log t'_{R(X)} - \log t'_{R(Z)}) /(\log t'_{R(Z+1)} - \log t'_{R(Z)})\}$$

I : 머무름 지수　　X : 대상 물질(substance of interest)

Z : X전에 나오는 Z개의 탄소를 가진 n-alkane

Z+1 : X후에 나오는 Z+1개의 탄소를 가진 n-alkane

♧ 주요 사항

1) 머무름 부피보다 머무름 지수는 다음과 같은 점이 유리하다.
   (1) 크로마토그래픽 성질에 용질의 물리 및 화학적 성질을 상호 관련짓고
   (2) 어떤 과정에서는 개별적인 정지상의 용매 성질을 특징짓기 위해 사용된다.
2) 협약에 의거 아래와 같이 표시한다.

   I^{a}_{b}(℃)

   a : 정지상을 표시　　b : 시료를 표시　　(℃) : 측정 온도를 표시

   $I^{squalane}_{benzene}$(75℃) = 644.1

   - 75℃에서 benzene은 탄소 수 6.44로 n-hexane(z = 6)과 n-heptane(z+1 = 7) 사이에서 분리된다.
3) I는 LC에서는 보통 사용되지 않는다(예외 : RPC에서 사용).
4) I의 온도 의존성
   (1) I가 온도에 의존하고 다른 온도에서 I 값이 요구될 때 Antoine-type 쌍곡선 함수로 표시된다.

   $I(T) = A + B/(T + C)$

   I(T) : 온도 T에서의 I

T : 컬럼 온도(K)　　A, B, C : 실험적 상수

- 그럼에도 불구하고 비극성 정지상에서 낮은 극성의 물질에 대해 위 식은 중요한 직선 부분을 갖는다. 이 때의 관계식은 아래와 같다.

$I(T) = I(T_1) + [(T - T_1)/(A + BT)]$

T_1 : 기준 온도　　A, B : 실험적 상수

(2) 선형 온도 프로그램(linear temperature program)에 의해 t_R은 용출 온도로 치환될 수 있다.

$I = 100Z\ [T_{R(X)} - T_{R(Z)} / (T_{R(Z+1)} - T_{R(Z)})]$

T_R : 용출 온도, K

- 온도 프로그래밍 머무름 지수는 등온 지수보다 크로마토그래픽 조건에 더 예민하고 일반적으로 정밀도가 더 낮다.

5) 머무름 지수를 결정하는데 일차로 원인이 되는 오차의 근원

(1) 온도와 운반 기체의 통제가 미비 시

(2) 이동상의 비이상적 행동

(3) 머무름 시간의 측정과 컬럼 불감 시간의 불확정성

(4) 시료 크기 효과

(5) 면간 흡착과 정지상에서의 불순물에 의한 변동

6) 머무름 지수를 계산하기 위하여 조정된 머무름 시간을 사용할 때 정확한 불감 시간의 결정이 요구된다.

7) 용질이나 정지상의 극성 증가 시 I의 정확도는 감소된다.

8) 보통 표준 물질로 n-alkanes을 사용하지만 어떤 경우 다른 표준 물질을 사용하여야 할 두 가지 이유가 있다.

(1) 극성 상에서 n-alkanes의 면간 흡착은 믿을 수 없는 머무름 지수 값을 준다.

(2) n-alkanes에 응답하지 않는 선택적 검출기(전자 포획, 열이온 이온화, 광측정)에 적합성을 준다.

9) I의 재현성

(1) 실험실내(intra-lab) ; ± 0.2(or ±0.05∼1)

(2) 실험실 간(inter-lab) ; ± 0.2(or ±1∼3)

10) 머무름 지수 결정에 사용되는 표준품

(1) GC

가. 끓는점에 의한 분리 : n-alkane

나. 지방질 분석 : fatty acid methyl esters

다. 스테로이드 : androstane, cholestane

라. 여러 고리 방향족 화합물 : naphthalene, phenanthrene, chryscene, picene.

마. 선택성 검출기 : ECD(n-alkyl bromide), FPD(n-alkyl sulfide)

(2) LC(RPC)

2-keto alkane, poly cyclic aromatic(benzene, naphthalene, phenanthrene, benzo[a]anthracene, benzo[b]chrysene)

11) 머무름 지수와 용질의 성질과의 관계

용질의 성질과 머무름 지수를 연관시키려는 몇 가지 이유는 아래와 같다.
(1) 머무름 데이터의 일관성을 시험하기 위하여
(2) 연구에 이용되지 않는 용질의 머무름 지수를 예견하기 위하여
(3) I를 통해 관련될 수 있는 용질의 어떤 물리적 성질을 예견하기 위하여

2.1.2 정지상 상호작용을 특징 지우는 방법

크로마토그래피에게 일반적으로 흥미 있는 액상의 특성은 액상의 작동 온도 범위, 필름 형성 성질, 질량 이동 특성, 용매 강도(strength 또는 polarity) 및 용매 선택성(selectivity)이다. 특히 정지상의 용매 성질은 정지상의 강도 및 선택성에 의해 특징 지워진다. 용매 강도는 모든 분자간 상호작용[dispersion, induction, orientation, donor-acceptor complexation(including hydrogen bonding)]으로 들어가기 위한 정지상 용량의 측정이고, 용매 선택성은 각각의 개별적 상호작용에 대한 정지상의 상대적 용량을 결정한다.

1. 액상의 용매 강도(또는 극성)의 측정

액상의 용매 강도(극성)의 기준은 엄격하게 정의하기 어렵기 때문에, 액상의 최소한의 만족스런 한도이다. 극성은 분자의 독특한 성질이 아니고 몇 가지 다른 상호작용의 복합적 표현이므로, 극성으로 정의할 수 있는 간단한 물질은 없다. 개별적 물질의 측정된 성질에 의존하는 어떤 극성의 크기나 수준(scale 또는 ranking)은 크게 우화적이지만 아직 액상의 정성적인 분류에 대해 유용하다.

극성의 일반적인 두 가지 측정 방법은 탄화수소를 용해하는 정지상의 저항과 극성인 액상과 squalane에서 benzene, butanol, 2-pentanone, nitropropane, pyridine 용질에 대해 측정한 머무름 지수 차의 합(McReynolds의 P_M 값)에 기초한다. P_M 값은 카탈로그에 널리 인용되나 이론적 근거는 거의 없다.

1) 탄화수소를 용해하는 정지상의 저항(reluctance)

(1) 적어도 정성적으로 극성의 일반적인 언급에 일치하고, 극성 용매에 약하게 용해하는 탄화수소에 널리 수용된다.

(2) n-alkanes를 용해하기 위한 정지상의 저항은 몇 가지 방법으로 표현된다. 가장 유용한 것은 methylene 원자단에 대한 용액의 분몰 Gibbs free energy나 과량의 자유 에너지, 용매 단위 부피 당 methylene 원자단에 대한 용액의 분몰 Gibbs free energy로 정의되는 용매 강도 인자(solvent strength parameter, SSP)이다. 이런 항들은 쉽게 결정되는 이점이 있다. 그러나 두 값은 비슷하나 같지는 않다. 이것은 용매 강도를 간단한 인자의 크기로 정의하기가 어렵고 부적합함을 강조하는 것이고 비정상이나 예외가 일어나는 것이 불가피함을 보이는 것이다.

가. Methylene 원자단에 대한 용액의 분몰 Gibbs free energy

가) 동족 계열의 탄소수 대 분배 계수의 로그값을 도시한 기울기로부터 직접적으로 얻어진다. 일반적으로 비극성 상에는 n-alkanes를 극성 상에는

2-alkanone이나 지방산 methyl esters를 사용한다. n-alkanes는 극성 상에서 면간 흡착에 의해 크게 머무를 수 있다.

나) Methylene 원자단에 대한 자유 에너지는 기울기와 $-2.3RT_C$의 곱이다 ($\Delta G^o(CH_2)$; cal/mol).

다) Methylene 원자단과 methylene 원자단, 용매 분산 상호작용에 대한 적합한 용매에서의 공동(空洞, cavity)을 형성하기 위하여 용매-용매 결합 파괴의 조합을 반영한다.

나. 용매 강도 인자(SSP ; cal · cm^3/g · mol)

가) Methylene 원자단에 대한 용액의 분몰 Gibbs free energy를 컬럼 온도에서 정지상의 밀도로 나눔으로서 얻어진다.

나) 이 값은 적어도 직관적으로 분자량과 크기 차에 덜 방해받고, 더 논리적인 상의 수준을 제공한다.

표 2.1.1 대표적 정지상의 용매 강도 특성

Stationary phase	$\Delta G^o(CH_2)$, cal/mol	SSP, cal · cm^3/g · mol
Squalane	-521	-728
SE-30	-463	-578
OV-7	-467	-504
OV-17	-470	-463
OV-25	-431	-396
Poly(phenyl ether)	-487	-436
Carbowax 20M	-400	-387
DEGS	-324	-275
OV-275	-265	-243

2. 용매 선택성의 측정

용매 선택성은 특수한 용질-용매 상호작용(dispersion, induction, orientation and complexation interaction)으로 들어가기 위한 용매의 상대적인 용량의 척도이다. 기본적으로 접근할 수 있는 정확한 모델이 발전되지 않았기 때문에 정지상의 용매 선택성을 평가하기 위하여 실험적인 모델에 의존한다. 가장 널리 사용되는 접근법은 다음과 같다. 그러나 이 방법들이 이상적이라고 고려할 수도 없고, 어떤 면에서는 잘못되었다고 할 수도 없다.

1) 상 상수(phase constants)의 Rohrschneider/McReynolds 시스템
2) 용해도 인자(solubility parameters)
3) Snyder의 용매 선택성 삼각형(solvent selectivity triangle)
4) Hawkes 극성 지수(polarity indices)

5) 분산과 선택성 지수(dispersion and selectivity indices)
6) 범색 지수(universal indices)
7) 다양한 열역학적 접근(various thermodynamic approaches)

1) 상 상수의 McReynolds 시스템

용매 선택성의 특징에 대한 계통적인 접근 방법으로 가장 널리 사용되며 실제로 모든 통용되는 정지상들이 이 방법에 의해 특징지어진다. 이렇게 널리 사용됨에도 불구하고 이 방법은 근본적으로 결점이 있으며, 상 상수는 상 성질의 믿을 수 없는 지시이다. McReynolds 접근의 명확한 서술은 머무름 지수 차에 근거한 방법의 일반적인 제한을 지시하기 위하여 가치가 있다.

- 머무름 지수차, ΔI

GC에서 액상의 일반적 극성과 선택성(polarity and selectivity)의 결정에 사용하는 지수로, 주어진 액상과 비극성 표준 물질인 squalane과 시험 물질간의 머무름 지수의 차로 표시한다(표 2.1.3).

$\Delta I = ax' + by' + cz' + du' + es'$

a, b, c, d, e : 각 시험 물질의 특성치

x′, y′, z′, u′, s′ : 액상의 특성치

♧ 주요 사항

1) 액상의 특성치(x′, y′, z′, u′, s′)의 측정

$x' = \Delta I = I^{phase}_{(bebzene)} - I^{squalane}_{(benzene)}$

$I^{phase}_{(bebzene)}$: 사용된 액상에서 benzene을 시험 시 머무름 지수

$I^{squalane}_{(benzene)}$: squalane 액상에서 benzene을 시험 시 머무름 지수

2) 일반적 시험조건 : 액상 실음(loading)은 10~20 %, 컬럼 온도는 100 또는 200 ℃를 사용한다.

3) McReynolds 방법의 단점 : 120 ℃이상에서 사용하지 못한다.

4) 시험 물질

(1) Rohrschneider 제의(5 개 표지물) :
benzene, ethanol, methyl ethyl ketone, nitromethane, pyridine

(2) McReynolds 제의(10 개 표지물) :
benzene(X′), butanol(Y′), 2-pentanone(Z′), nitropropane(U′), pyridine(S′), 2-methyl-2-pentanol(H′), iodobutane(J′), 2-Octyne(K′), 1,4-dioxane(L′), cis-hydrindane(M′)

5) McReynolds 상수 이용 시 이점 및 고려 사항

(1) 많은 액체상 중에서 비슷한 극성을 가진 액체상을 구분할 수 있 다.

가. 다른 극성의 정지상을 선택하여 구입할 수 있다.

나. 같은 극성의 정지상이면 사용 온도가 높은 것이 더 열에 안정하다.

(2) 물질 분리를 위한 적절한 액체상의 선택이 가능하다.

가. 작용기(케톤, 알코올, 지방족, 방향족 및 불포화 등)가 다른 화합물의

분석 시 정지상을 선택하는 데 유용하다.

나. 그러나 이성질체나 동족체의 분리에는 도움이 안 된다.

(3) 다른 정지상에서 같은 용질에 대해 ΔI값이 클수록 그 정지상의 극성은 크다. 벤젠에 대한 실리콘 폴리머에서 ΔI값의 크기는 OV-1(16), OV-17 (119), OV-22(160), OV-25(178)이다. 즉, 페닐 작용기의 함유량이 증가하면 ΔI값도 증가하고, 정지상의 극성도 증가한다.

표 2.1.2 액상 분류에 McReynolds와 Rohrschneider가 사용한 시험 물질

Symbol	McReynolds Probe	Rohschneider Probe	Measured Interaction
X′	Benzene	Benzene	Electron density for aromatic and olefinic hydrocarbon
Y′	n-Butanol	Ethanol	Proton donor and proton acceptor capabilities(alcohols, nitriles)
Z′	2-Pentanone	2-Butanone	Proton acceptor interaction(ketones, ethers, aldehydes, esters)
U′	Nitropropane	Nitromethane	Dipole interaction
S′	Pyridine	Pyridine	Strong proton acceptor interaction
H′	2-Methyl-2-pentanol	-	Substituted alcohol interaction similar to n-butanol
J′	Iodobutane	-	Polar alkane interaction
K′	2-Octyne	-	Unsaturated hydrocarbon interaction similar to benzene
L′	1,4-Dioxane	-	Proton acceptor interaction
M′	cis-Hydrindane	-	Dispersion-interaction

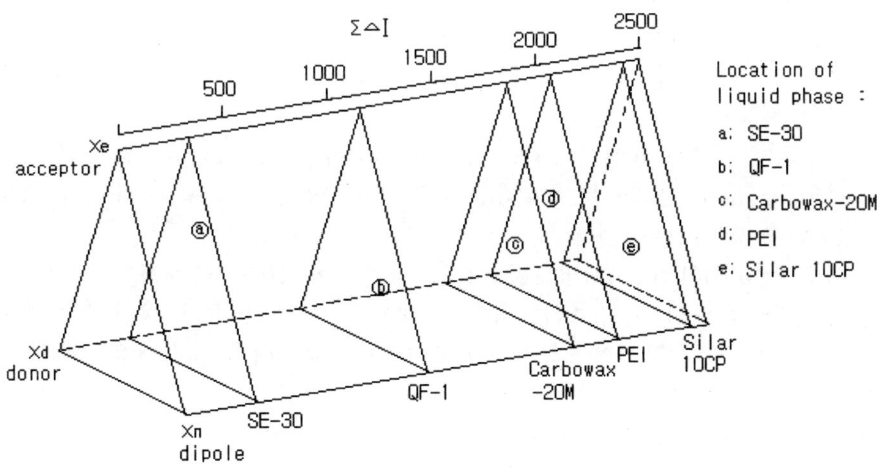

그림 2.1.1 일반적으로 사용되는 5개 액상에 대한 확장된 선택성삼각형과 ΣΔI의 도시

2) 열역학적인 접근 방법

정지상 특성에 대해 이론적으로 잘 설명하지 못하는 머무름 지수 차에 근거한 접근 방법은 기체상에서 정지상으로의 용질의 전이를 설명하는 확고한 모델에 관계될 수 있는 열역학적 모델을 제안하였다. 이 모델에서 용매화 과정은 세 단계로 진행된다고 고려된다. 공동 형성에 포함된 자유 에너지의 계산은 어렵고, 요구되는

1st : 용매에 용질을 수용할 적합한 크기의 공동의 생성

2nd : 공동 주위에 용매 분자들의 재조직(이 과정에서 자유 에너지의 변화는 아마도 작거나 영이다)

3rd : 주위의 용매 분자들과 용질 분자의 상호작용

실험적 인자들의 대부분이 보통의 정지상에 대해 이용되지 못한다. 이는 실험적인 방법이 공동 형성 항을 평가하기 위하여 사용되어져야 한다는 것을 요구한다. 이러한 접근 방법으로 다음과 같은 방법이 있다.

(1) 다중 직선 회귀(multiple linear regression)와 직선형 용매화 에너지 관계의 원리(the principle of linear solvation energy relationships)에 근거한 한 가지 접근 방법은 다음 식으로 표시된다.

$SP = SP_o + 1\log K^{16}_L + s\pi_2^* + d\delta_2 + a\alpha_2 + b\beta_2$

SP : 용매화 에너지에 직선적으로 관련된 어떤 용매의 성질　SP_o : 상수

π_2^*, α_2, β_2 : 용매화 발색 인자(solvatochromic parameters)

1, s, a, b : 특별한 상호작용에 대한 정지상의 감수성(susceptibility)을 서술하는 다중 직선 회귀에 의해 얻어지는 계수

δ_2 : polyhalogenated aliphatic compound(0.5)와 방향족 화합물(1.0) 외에 zero로서 취해진 실험상 편극성 보정 인자

- 용매화 발색 인자는 분광학적으로 얻어지며, 그 자신의 쌍극성과 편극성(dipolarity and polarizability, π^*), 용질 수소 결합 산성도(solute hydrogen bond acidity, α), 용질 수소 결합 염기도(solute hydrogen bond basicity, β)에 의해서 이웃한 쌍극자를 안정화하기 위한 화학종의 능력의 척도이다.
- $\log K^{16}_L$은 293 K에서 기체 상으로부터 n-hexadecane으로의 용질의 분배계수로, 용질 상 분산 상호작용과 응축된 상에서 공동을 만들기 위해 필요한 일을 고려한다.
- 계수 s, a, b와 1은 배향, 수소결합 염기도와 산도, 일반적인 분산 상호작용과 공동 효과의 조합 또는 각각에 대한 정지상 용량의 직접적인 크기이다.

(2) 기체 상으로부터 정지상으로 용질(X)의 이동에 대한 총 자유 에너지는 이동과정에 대한 개별적 자유 에너지 공헌의 직선적 합이다. 용액 과정(solution process)에 대한 일반적 표현은 다음과 같다.

$\Delta G_S^{SOLN}(X) = \Delta G_S^{CAV}(X) + \Delta G_S^{NP}(X) + \Delta G_S^{P}(X)$

$\Delta G_S^{SOLN}(X)$: 기체 상으로부터 정지상(S)으로 용질(X)의 이동에 대한 부분 Gibbs 자유 에너지

$\Delta G_S^{CAV}(X)$: 용질에 대한 공동 형성의 부분 Gibbs 자유 에너지

$\Delta G_S^{NP}(X)$: 주위 용매와 용질의 비극성 공헌의 상호작용에 대한 부분 Gibbs 자유 에너지

$\Delta G_S^{P}(X)$: 주위 용매와 용질의 극성 공헌의 상호작용에 대한 부분 Gibbs 자유 에너지

· 위의 식에서 오른 편의 자유 에너지 항의 어느 것도 직접적으로 계산될 수 없다. 실제적인 해결은 약간의 단순화 가정이 만들어지면 될 수 있다. 근사법을 사용할 때 극성 상호작용에 대한 용매 상호작용 항, $\Delta G_S^{INT}(X)$은 다음과 같다.

$$\Delta G_S^{INT}(X) = \Delta G_S^{P}(X) - \Delta G_{SQ}^{P}(X)$$

$_S$: 극성 상 $_{SQ}$: squalane

♧ 주요 사항

Ewell 등이 제시한 정지상과 용질의 선택 요령에서 고려할 기본 사항은 다 음과 같다(표 2.1.5).

1) 시료인 용질을 극성 정도에 따라 5가지(I ~ V)로 분류한다.
2) 정지상을 극성 정도에 따라 4가지(A~D)로 분류한다.
3) 정지상은 분리될 용질과 화학적 구조가 비슷해야 한다.
4) 컬럼의 적합한 사용 온도를 선택한다.

표 2.1.3 GC에 사용되는 대표적인 정지상의 성질 및 McReynolds 상수

Phase	Type	Min/Max Temp.,℃	X′	Y′	Z′	U′	S′
Squalane	Hydrocarbon	20/120	0	0	0	0	0
Apiezon MH	Hydrocarbon	40/200	18	9	5	15	22
Apiezon L	Hydrocarbon	50/250	32	22	15	32	42
Apolane-87	Hydrocarbon	30/280	21	10	3	12	25
Fomblin YR	Poly(perfluoroalkyl ether)	a/255	-15	138	88	141	51
Fluorad FC-430	Fluorinated alkyl ester	a/250	178	466	381	462	460
Fluorad FC-431	Fluorinated alkyl ester	a/200	281	423	297	509	360
OV-101	Dimethylsilicone	0/350	17	57	45	67	43
OV-7	Phenylmethyldimethylsilicone	0/350	69	113	111	171	128
OV-22	Phenylmethyldiphenylsilicone	0/350	160	188	191	283	253
OV-25	Phenylmethyldiphenylsilicone	0/350	178	204	208	305	280
OV-210	Trifluoropropylmethylsilicone	0/275	146	238	358	468	310
OV-225	Cyanopropylmethylphenylmethylsilicone	0/265	228	369	338	492	386
OV-275	Dicyanoethylsilicone	25/250	629	872	763	1106	840
Dexsil 300	Methylsiliconecarborane	50/450	47	80	103	148	96
Dexsil 400	Methylphenylsiliconecarborane	50/400	72	108	118	166	123
Dexsil 410	Methylcyanoethylsiliconecarborane	50/400	72	286	174	249	171
OS-124	Polyphenyl ether(5 rings)	0/200	176	227	224	306	283
OS-138	Polyphenyl ether(6 rings)	0/250	182	233	228	313	293
Poly-S 179	Polyphenyl ether sulfone	200/400	-	-	-	-	-
	Dinonyl phthalate	20/150	83	183	147	231	159
	Didecyl phthalate	10/175	136	255	213	320	235
EGS	Poly(ethylene glycol succinate)	100/200	537	787	643	903	889
EGA	Poly(ethylene glycol adipate)	100/225	372	576	453	655	617
DEGS	Poly(diethylene glycol succinate)	20/200	496	746	590	837	835
DEGA	Poly(diethylene glycol adipate)	0/200	378	603	460	665	658
Carbowax 20M	Poly(ethylene glycol)	60/225	322	536	368	572	510
Superox-4	Poly(ethylene glycol)	65/300	322	536	368	572	510
Pluronic L64	Poly(ethylene glycol)	0/200	214	418	278	421	375
	Ethylpyridinium bromide	110/160	-	678	613	580	485
	Tetraheptylammonium chloride	a/130	159	774	248	440	327
	Tetrahexylammonium benzoate	a/110	154	799	384	427	330
	Tetrabutylammonium tetrafluoroborate	170/280	-	-	-	-	-
TCEP	1,2,3-Tris(2-cyanoethoxy)propane	0/125	594	857	759	1031	917

a ; Liquid at room temperature

Test solute ; X′(benzene), Y′(n-butanol), Z′(2-pentanone), U′(nitropropane), S′(pyridine)

표 2.1.4 McReynolds 상수 및 보통 사용되는 유사한 정지상의 명칭

Phase	min/max temp.,℃	Chemical name	X′	Y′	Z′	U′	S′	Phase similar structure
Squalane	20/100	Cycloparaffin	0	0	0	0	0	
Polysiloxanes								
DC 200	0/200	Dimethylsilicone	16	57	45	66	43	SP-2100, SE-30, OV-101, OV-1
DC-710	5/250	Phenylmethylsilicone	107	149	153	228	190	OV-11
SE-30	50/300	Dimethyl	15	53	44	64	41	SP-2100, OV-101, OV-1
SE-54	50/300	5% Phenyl, 1% vinyl	33	72	66	99	67	
OV-1	100/350	Dimethyl(gum)	16	55	44	65	42	SP-2100
OV-3	0/350	10% Phenyl-phenylmethyldimethyl	44	86	81	124	88	
OV-7	0/350	20% Phenyl-phenylmethyldimethyl	69	113	111	171	128	
OV-11	0/350	35% Phenyl-phenylmethyldimethyl	102	142	145	219	178	DC-710
OV-17	0/375	50%Phenyl-50% methyl	119	158	162	243	202	SP-2250
OV-22	0/350	65% Phenyl-phenylmethyldiphenyl	160	188	191	283	253	
OV-25	0/350	75% Phenyl-phenylmethyldiphenyl	178	204	208	305	280	
OV-61	0/350	33% Phenyl-diphenyldimethyl	101	143	142	213	174	
OV-73	0/325	5.5% Phenyl-diphenyldimethyl(gum)	40	86	76	114	85	
OV-101	0/350	Dimethyl(fluid)	17	57	45	67	43	SP-2100, SE-30, OV-1
OV-105	0/275	Cyanopropylmethyl-dimethyl	36	108	93	139	86	
OV-202	0/275	Trifluoropropyl-methyl (fluid)	146	238	358	468	310	
OV-210	0/275	Trifluoropropyl-methyl (fluid)	146	238	358	468	310	SP-2401
OV-215	0/275	Trifluoropropyl-methyl (gum)	149	240	363	478	315	
OV-225	0/265	Cyanopropylmethyl-phenylmethyl	228	369	338	492	386	SP-2300, Silar 5 CP
OV-275	25/275	Dicyanoallyl	629	872	763	1106	849	SP-2340
OV-330	0/250	Phenyl silicone-Carbowax copolymer	222	391	273	417	368	
OV-351	50/270	Carbowax-nitrotere-phthalic acid polymer	335	552	382	583	540	SP-1000
OV-1701	0/250	14% Cyanopropylphenyl	67	170	153	228	171	
Silar 5 CP	0/250	50% Cyanopropyl-50% phenyl	319	495	446	637	531	SP-2300, OV-225
Silar 10 CP	0/250	100% Cyanopropyl	520	757	660	942	800	SP-2340
SP-2100	0/350	Methyl	17	57	45	67	43	SE-30, OV-101, OV-1
SP-2250	0/375	50% Phenyl	119	158	162	243	202	OV-17
SP-2300	20/275	50% Cyanopropyl	316	495	446	637	530	OV-225
SP-2310	25/275	55% Cyanopropyl	440	637	605	840	670	
SP-2330	25/275	90% Cyanopropyl	490	725	630	913	778	
SP-2340	25/275	100% Cyanopropyl	520	757	659	942	800	Silar 10 CP
SP-2401	0/275	Trifluoropropyl	146	238	358	468	310	OV-210
Nonsilicone Phase								
Apiezon L	50/300	Hydrocarbon grease	32	22	15	32	42	
Carbowax 20M	60/225	Polyethyleneglycol	332	536	368	572	510	Superox 4, Superox 20M
DEGS	20/200	Diethylene glycol succinate	496	746	590	837	835	
TCEP	0/175	1,2,3-Tris(2-cyanoethoxy) propane	594	857	759	1031	917	
FFAP	50/250	Free fatty acid phase	340	580	397	602	627	OV-351

표 2.1.5 Ewell 등이 제시한 분리 물질과 정지상과의 관계

시료의 분류	정지상의 분류	시료	머무름	정지상
CLASS Ⅰ(강한 극성)	CLASS A	CLASS Ⅰ	보통	CLASS A
water	FFAP		보통	CLASS B
glycol, glycerol, etc.	20M-TPA			
amino alcohols	Carbowaxes			
hydroxy acids	Ucons			
polyphenols	Versamid 900			
dibasic acids	Hallcomid			
	Quadrol			
CLASS Ⅱ(극성)	Theed	CLASS Ⅱ	보통	CLASS A
alcohols	Mannitol		보통	CLASS B
fatty acids	Diglycerol			
phenols	Castorwax			
primary and secondary	CLASS B			
amines	Tetracyanoethyl			
oximes	pentaerythritol			
nitro compounds with	Zonyl E-7			
α-H atoms	Ethofat			
nitriles with α-H atoms	β,β-Oxydipropionitrile			
NH_3, HF, N_2H_4, HCN	XE-60			
	XF-1150			
CLASS Ⅲ(보통극성)	Amine 220	CLASS Ⅲ	보통	CLASS A
ethers	Epon 1001		끓는점 순	CLASS C
ketones	Cyanoethyl sucrose		으로 용리	
aldehydes	CLASS C			
esters	all polyesters			
tertiary amines	Dibutyl tetrachlorophthalate			
nitro compounds with	SAIB			
no α-atoms	Tricresy phosphate			
	STAP			
CLASS Ⅳ(약한극성)	Benxyl cyanide	CLASS Ⅳ	잘 머루름	CLASS C
$CHCl_3$	Lexan		끓는점 순	CLASS D
CH_2Cl_2	Propylene cargbonate		으로 용리	
CH_3CHCl_2	QF-1			
CH_2ClCH_2Cl	Polyphenylether			
$CH_2ClCHCl_2$ etc.	Dimethylsulfolane			
aromatic hydrocarbons	OV-17			
olefinic hydrocarbons	CLASS D			
	SE-30			
CLASS Ⅴ(비극성)	SF-96	CLASS Ⅴ	끓는점 순	CLASS C
saturated hydrocarbons	DC-200		으로 용리	
CS_2	Dow 11		끓는점 순	CLASS D
mercaptans	Squalane		으로 용리	
sulfides	Hexadecane			
halocarbons not in Class	Apiezone			
Ⅳ such as CCl_4	OV-1			

2.1.3 무한 희석 분배계수(Infinite dilution partition coefficient between the A and S liquid mixture, K_R)

완전히 합창된 용액 이론(diachoric solution theory)에 근거하여 Purnell과 Laub이 개발한 방법으로, 한 시료가 두 개의 각각 다른 정지상(A 및 S)에서 불완전하게 분리되고, 각 상에서 분리 안된 성분이 같지 않을 때, 각 상을 적합하게 혼합하여 분리 안된 성분들을 분리하기 위한 두 상의 혼합비를 계산하기 위한 방법이다. 무한 희석 분배계수(K_R)는 각 용질에 대한 순수한 액상(A와 S)의 각각에서 얻어진 분배계수의 합으로, 두개의 액상 혼합(binary liquid phase mixture)에서의 머무름에 대한 분배계수를 나타낸다. 이런 방법을 창문 도표 방법(window diagram method)이라 한다.

$K_R = \Phi_A K^o_{R(A)} + \Phi_S K^o_{R(S)}$

K_R : 혼합 액상(A+S)사이에서의 무한 희석 분배계수

$K^o_{R(A)}$: 순수 액상(A)에서의 무한 희석 분배계수

$K^o_{R(S)}$: 순수 액상(S)에서의 무한 희석 분배계수

Φ_A : 혼합 액상에서의 A의 부피 분율

Φ_S : 혼합 액상에서의 S의 부피 분율

1) Φ_A에 대한 K_R의 도시

$K_R = \Phi_A K^o_{R(A)} + K^o_{R(S)} - \Phi_A K^o_{R(S)}$

$= K^o_{R(S)} + \Phi_A (K^o_{R(A)} - K^o_{R(S)})$

$* \ (\Phi_S K^o_{R(S)} = K^o_{R(S)} - \Phi_A K^o_{R(S)})$

· 두 상의 비가 2:1, 1:1, 1:2에서 분석하여 도시한다.

· A, S, 및 A/S에서 분석된 용질의 값이 K_R/Φ_A 직선상에 있어야 한다.

2) Φ_A에서 어떤 용질 쌍에 대한 α의 도시

$\alpha = K_{R1}/K_{R2} = (\Phi_A K^o_{R(A)1} + \Phi_S K^o_{R(S)1})/(\Phi_A K^o_{R(A)2} + \Phi_S K^o_{R(S)2})$

$= (\Phi_A K^o_{R(A)1} + K^o_{R(S)1} - \Phi_A K^o_{R(S)1})/(\Phi_A K^o_{R(A)2} + K^o_{R(S)2} - \Phi_A K^o_{R(S)2})$

$= \{\Phi_A (K^o_{R(A)1} - K^o_{R(S)1}) + K^o_{R(S)1}\}/\{\Phi_A (K^o_{R(A)2} - K^o_{R(S)2}) + K^o_{R(S)2}\}$

$= (\Phi_A \Delta K^o_{R1} + K^o_{R(S)1})/(\Phi_A \Delta K^o_{R2} + K^o_{R(S)2})$

$* \ (\Delta K^o_R = K^o_{R(A)} - K^o_{R(S)})$

컴퓨터의 사용 목적(computational purpose)을 위해 식을 전환하면,

$\alpha(\Phi_A \Delta K^o_{R2} + K^o_{R(S)2}) = \Phi_A \Delta K^o_{R1} + K^o_{R(S)1}$

$\Phi_A(\alpha \Delta K^o_{R2} - \Delta K^o_{R1}) = K^o_{R(S)1} - \alpha K^o_{R(S)2}$

$\Phi_A = (K^o_{R(S)1} - \alpha K^o_{R(S)2})/(\alpha \Delta K^o_{R2} - \Delta K^o_{R1})$

3) 완전한 분리를 위해 요구되는 이론단 수(n_{req}) :

혼합 액상에서의 컬럼 길이를 산정하는데 사용한다. 기준선에서의 완전 분리를 위한 R_S=1.5를 $R_S = 1/4\, n^{1/2} \{(\alpha-1)/\alpha\} \{k/(1+k)\}$에 대입하여 n에 대해 정리하면,

$n_{req} = 36 \{\alpha/(\alpha-1)\}^2 / \{(k+1)/k\}^2$

$K \geq 10$이면,

$n_{req} = 36 \{\alpha/(\alpha-1)\}$

♧ 주요 사항

1) OTC에서는 사용되지 않는다.

2) 충전 컬럼에서는 최대 분리능을 주는α값을 최적화 하는 것이 필수적이다.

3) 최적화 단계

(1) 두 개의 다른 액상(각기 다른 선택성을 가진 액상)이 충전된 컬럼을 선택한다.

(2) 각 컬럼에서 성분의 수와 확인이 안된 미지 시료에 대해 어떤 온도에서 분석된 크로마토그램을 얻는다.

가. 두 컬럼의 적합성이 평가된다. 즉 적합한 이론단 수(400이상/ft)에 일치하는 대칭 봉우리들이 얻어지는가를 평가한다.

나. 분석 시간과 모든 범위에서의 용량인자(k)의 적합성을 평가하여 적당한 온도를 설정한다.

(3) 주어진 온도에서 한 표준 용질($K^{o}_{R(A)}$와 $K^{o}_{R(S)}$가 알려진)이 포함된 미지 시료가 순수한 액상 A 및 S에서 다시 분석된다. 이 때의 머무름 시간을 K_R 값으로 전환하여 사용할 수 있다. 같은 시료를 두 액상의 부피비로 혼합(2:1, 1:1, 1:2)한 컬럼을 이용하여 분리시킨 크로마토그램을 얻는다.

(4) 다시 얻어진 크로마토그램(그림 2.1.2의 A~E)으로부터 각 성분의 K_R 대 Φ_A를 도시한다(그림 2.1.3). 다음에 A, S 및 A/S로부터 용출된 용질에 대해 K_R/Φ_A가 직선을 나타내는 점을 연결한다.

(5) Φ_A = 0~1의 범위의 모든 성분 쌍들에 대해 α값을 계산하여 창문 도표(window diagram)를 작성한다.

가. 식을 단순화하기 위하여α>1.3은 무시한다.

나. 데이터를 가시화하기 위해 어떤 용질에 대해 K_R 대 Φ_A를 도시할 때 계산된 α값을 역으로 한다 : 항상α≥1

다. Φ_A에 대한 α의 도시 : 삼각형을 형성한다(window diagram).

라. 최적화 작동 조건(α, Φ_A) : 가장 높은 창문의 값이 가장 분리하기 어려운 봉우리의 쌍에 대해 이용할 수 있는 α값으로, 이 때의 A/S의 혼합비가 해당 혼합물들이 가장 잘 분리되는 정지상 A, B의 혼합비를 표시한다.

(6) 얻어진 α값으로부터 n_{req}가 계산되며 컬럼 길이가 결정된다.

A : L_A = 1000 mm, N_A = 1250, H_A = 0.8 mm

S : L_S = 1000 mm, N_S = 1250, H_S = 0.8 mm

$n_{req} = 36\{1.167/(1.167-1)\}^2 = 1758$

L_{A+S} = (1758 x 0.8 mm x 0.65) + (1758 x 0.75 mm x 0.35)

= 914 mm + 461 mm = 1175 mm

만약 A, S를 잘 섞어 충전하였을 때 H는

H = L/N = 1175 mm / 1758 ≒ 0.67 mm

(7) 만일 어떤 이유로든 완전한 분리가 되지 않으면 다른 액상의 쌍으로 전 과정을 다시 실시한다.

(8) 분석 시간이 너무 길 때나 α값을 증대시키고자 할 때에는 분석 온도를 재고려한다.

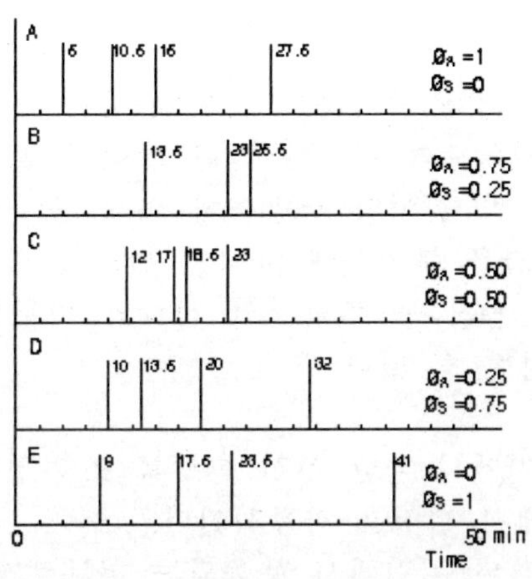

그림 2.1.2 미확인된 4개 성분에 대한 가정상의 크로마토그램

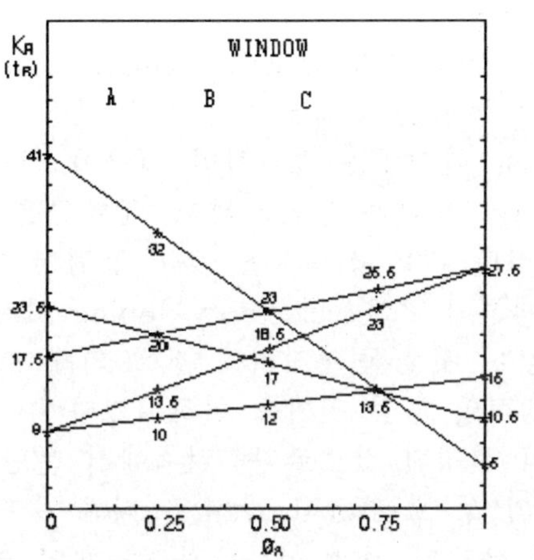

그림 2.1.3 그림 2.1.2의 데이터 로부터 얻은 K_R/Φ_A의 도시

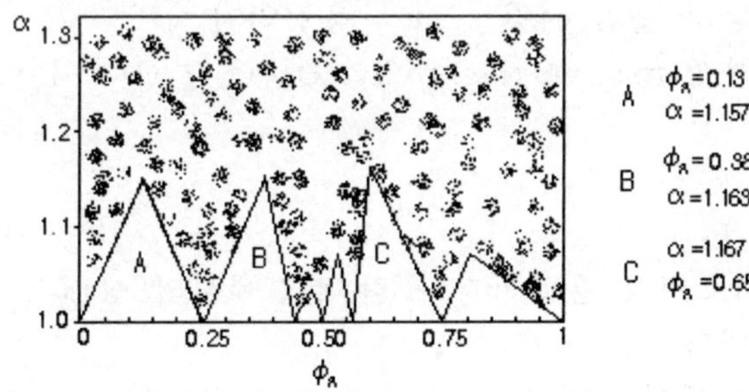

그림 2.1.4 그림 2.1.3에서 확인된 5개 성분에 대한 창문 도표

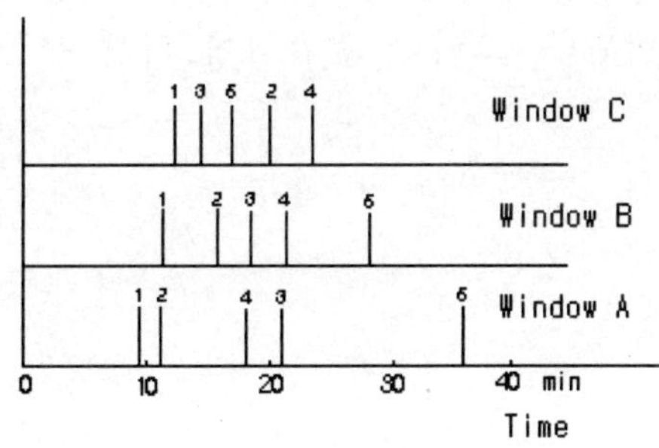

그림 2.1.5 그림 2.1.4의 창에서 그림 2.1.3의 5개 성분에 대한 가정상의 크로마토그램

♣ 참고 사항

GC에서 컬럼 연결(Serially column coupling) :

GC에서 동일한 컬럼을 연결하여 컬럼의 길이를 증가하는 것은 원하는 분리능을 얻기 위한 것 이외에는 효과적인 전략이 아니다. 분석 시간과 컬럼 압력의 떨어짐은 컬럼의 길이에 비례하여 증가하고, 분리능은 컬럼 길이의 평방근에 의해 증가하기 때문이다. 그러나 다른 선택성을 갖는 컬럼의 연결은 분리능에 극적인 변화를 줄 수 있다. 이를 선택성의 조율(selectivity tuning)이라 한다. 두 컬럼에서 시료의 머무름 시간은 다음과 같은 것을 변화시키는 것에 의해 조정될 수 있다.

1) 상대적인 컬럼 길이를 변화시킨다.

2) 미리 선정된 값으로 두 컬럼에서 운반 기체의 평균 직선 속도를 조정 한다.

3) GC의 두 오븐(dual oven)을 다른 온도에서 컬럼을 작동시킨다.

주어진 용질의 전체 머무름과 두 개의 연결된 컬럼에서 용출되는 머무르지 않는 용질의 기체의 불감 시간은 개별 컬럼에서의 머무름의 합이다.

$t_{ms} = t_{m1} + t_{m2}$

$k_s = (t_{m1}k_1 + t_{m2}k_2)/t_{ms}$

t_{ms} : 시스템 전체의 불감 시간　　t_{m1} : 첫 번째 컬럼의 불감 시간

t_{m2} : 두 번째 컬럼의 불감 시간　　k : 용량인자

t_m/t_{ms}를 상대적 머무름성(relative retentivity, Θ), $\Theta_1 + \Theta_2 = 1$ 이라면,

$k_s = \Theta_1 k_1 + \Theta_2 k_2$

$k_s = \Theta_1(k_1 - k_2) + k_2$

$k_s = \Theta_2(k_2 - k_1) + k_1$

· 위의 식은 전체 시스템의 용량인자가 각 컬럼에서의 상대적 머무름성의 직선 함수라는 것을 나타낸다.

· k_s에 대한 Θ의 도시에서 기울기는 두 컬럼의 용량인자의 차와 같다.

· 두 컬럼 시스템에 대한 용질의 용량인자는 상대적 머무름성을 조정하는 것에 의해서 각 컬럼에서 측정된 용량인자 사이의 어떤 값으로 조정될 수 있다.

· 컬럼의 연결에 의해 복잡한 혼합물의 분리의 최적화를 하기 위한 시행 오차적 접근은 시간이 많이 소비된다. 그러나 컴퓨터에 의한 시뮬레이션에 의해 좋은 효과를 얻을 수 있다.

2.2. 기체-고체 크로마토그래피(GSC)

2.2.1 GSC의 정지상, 이동상 및 용질

기체-고체 크로마토그래피의 분리 모드는 정지상에 분석물질이 흡착되는 정도에 따라 분석물질들이 분리되는 흡착 형식으로, 기체 크로마토그래피에서 차지하는 비중은 분리 효율이나 분석되는 대상 시료를 고려할 때 그리 크지 않다. 그러나 GSC 나름대로 차지하는 고유한 영역이 있으므로 분리 분석에 있어 유용하다. GSC에 사용되는 컬럼의 종류, 정지상의 종류, 이동상 및 분석물질에 대한 특성은 표 2.2.1에 보여진다.

표 2.2.1 기체-고체 크로마토그래피의 정지상, 이동상, 분석물질 및 특성

구 분	정 지 상	이동상	분 석 물 질	비 고
Packed column	1. Silica : Spherosil, Porasil B, C	N_2, H_2, He	1. 극성물질 (아민류)	· 컬럼 길이 : 0.5~3 m 내경 : 2~4 mm 재질 : Cu, Al, Ni, glass, stainless steel 온도 : 100~300 ℃ · 입자 크기 : 60~120 mesh(약 200~125 ㎛)
	2. Graphitized carbon black : Carbopack B,C, Carbosive, Spherocarb		2. 간단한 화합물(용매류, H_2O, HCHO, H_2S, 무기 가스)	
	3. Na · Al · silicate : Molecular sieve 4A, 13X		3., 4. H_2, O_2, N_2, CH_4, CO, NO	
	4. Ca · Al · silicate : Molecular sieve 5A			
	5. Porous polymer bead : Porapak, Chromosorb 101 ~108, Tenax-GC		5. Amines, acids, glycols, phenols, amide 등	
Micro-packed column	1. Fine grain	N_2, H_2, He	1.2. Gases, low M.W hydrocarbons, trace component in complex mixture	· 컬럼 길이 : fine ; a few meter coarse ; 약 20 m · 내경, d_c : 1 mm이하 fine ; 0.5~1.0 ㎜ coarse ; 0.25~0.5 ㎜ · 입자 크기, d_p : fine ; 30~35 ㎛ (d_p=i.d/10~20), $d_p/d_c<0.1$ coarse ; d_p=i.d/3 $0.1<d_p/d_c<0.3$ · 주입 시 압력 fine ; 25~50 기압 (back pressure)
	2. Coarser particles			

2.2.2 GSC의 주요 사항

1. GSC의 장점
   1) 흡착제는 보통 넓은 범위에서 안정하며, 화학 반응을 겪지 않는(O_2 공격) 고체 표면이 이용된다.
   2) 컬럼 유출물(column bleed)이 실제로 없기 때문에 He 이온화 검출기와 같은 감도가 높은 검출기가 사용될 수 있다.
   3) 선택성이 GLC보다 커서 기하학적이나 동위원소의 분리, 무기 가스, 저 분자량 탄화수소 분리에 적합하다.
   4) 표면 형태학과 고체의 불균일성 연구, 등온 흡착의 형태, 영 또는 한정된 표면 덮임율(coverage)에서의 흡착 열역학 연구에 적합하다.
   5) 폭 넓힘에 액상이 기여하지 않을 때 높은 컬럼 효율이 가능하다.
   6) 고온이 가능하다(500 ℃).

2. GSC가 GLC보다 분리가 뒤지는 이유
   1) 흡착 등온선이 비직선적 일 경우가 있다.
      (1) 용질 머무름 부피가 시료 크기와 함께 변한다.
      (2) 봉우리가 비대칭적이다.
      (3) 컬럼으로부터 어떤 시료의 회수가 불완전하다.
   2) 특히 크고 극성인 분자에 큰 표면적과 에너지가 큰 머무름을 준다.
   3) 흡착제를 표준화하고 재현성 있게 제조하기가 GLC의 액상보다 어렵고, GLC에 비해 상품화된 것이 적다.
   4) GSC가 적합한 시료의 분자량 범위가 GLC보다 제한된다.
   5) GSC에서의 질량 이동의 느린 반응속도론이 컬럼의 낮은 효율을 준다.

3. GSC의 머무름 함수는 다음에 관련된다.
   1) 고유 표면적(specific surface area)
   2) 표면의 오염 정도(예 ; 특히 수분)
   3) 열 전처리 조건
   4) 표면의 실란올과 특수한 상호작용(specific interaction)을 겪는 용질의 능력(예 ; 수소결합)

4. 열린관 컬럼(OTC)에 대한 미세 충전 컬럼(micropacked column)의 성능
   1) 주위 온도이하의 조절에 의지하지 않고 약하게 머무르는 기체나 저 분자량 탄화수소의 분리에 적합하다.
   2) OTC(시료 량의 제한이 직접 분석을 어렵게 함)나 충전 컬럼(분리능의 결핍)의 능력에서 제한되는 복합 성분(complex mixture)의 흔적 성분의 분리에 적합하다.
   3) 제한점은 시료 주입 시 높은 역 압력(back pressure)이 있음.

2.2.3 GSC에 사용되는 대표적인 흡착제의 특징

GSC에 사용되는 주요한 흡착제는 무기 흡착제(silica, alumina, graphitized carbon black), 다공성 고분자 구슬(porous polymer beads ; Chromosorb 101~108, Porapak N~QS, Tenax-GC), 분자 체(molecular sieves ; zeolites) 및 cyclodextrins 등이 있다.

1. 무기 흡착제

1) Silica gel 흡착제

(1) 제조 방법

원래의 실리카 겔을 단순 고온 처리(700~950 ℃)나 멸균기의 스팀 하에서 수열 처리(hydrothermal treatment)로 큰 다공성의(macroporous) 흡착제를 제조한다. 수열 처리는 공극 확대나 특수한 표면적의 감소를 준다.

(2) 분리 대상 물질

저 분자량 포화/불포화 탄화수소, 할로겐화 탄화수소, 벤젠 유도체 분리에 적용한다. 극성 용질은 높은 흡착 표면과 너무 강하게 반응하여 합리적인 분석 시간과 봉우리 모양으로 분리되지 않는다.

(3) Silica, Alumina 흡착제에서의 머무름은 다음과 같은 함수이다. 표면적, 표면의 오염 정도(특히, 물), 흡착제의 사전 열조건, 특별한 작용을 격는 용질의 능력(표면 실란올 작용기와의 수소 결합)

(4) Silica, Alumina 머무름 부피, 컬럼 선택성 및 효능을 증진시키기 위하여

가. 비휘발성 액체의 작은 량이나 무기염을 코팅 ; 대부분 에너지적 흡착 위치에 의해 액체 막이 흡착되고, 활성인 위치의 불균일한 분배가 감소하여 용질과 상호작용하는 균일한 표면이 더 제공되므로 머무름과 봉우리의 대칭이 극적으로 감소한다.

나. 보통 사용되는 무기염 변형제의 두 가지 분류 :

가) 염기성 금속 염(alkali metal salt) ; 극성 액상과 같이 흡착제의 표면 불균일성을 감소시킨다. 염의 낮은 실음(loading)은 활성인 위치가 염에 덮혀 이온/이온 쌍을 형성하므로 용질의 머무름은 흡착제 표면과의 상호작용에 의존한다. 그러나 실음이 증가하면 염의 새로운 표면 층을 형성하여 용질의 머무름은 염 필름(salt film)의 흡착에 의한다.

나) 착물 형성 염(silver nitrate, cuprous chloride) ; 표면을 비활성화 하여 컬럼의 선택성을 조정한다.

♣ 참고 사항

1) 고속 GSC ; 구경이 7~10, 25~35 ㎛인 입자가 충전된 짧은 컬럼을 사용하면, 컬럼의 질량 이동이 매우 빠르며, 실제로 컬럼 효율(n=2400)의 감소 없이 높은 이동상의 흐름 속도를 사용한다. 그러나 컬럼 앞부분의 높은 압력(head pressure)과 빠른 응답의 검출기가 요구된다.

2) 분진 컬럼(Dusted column) ; 머무름의 감소 및 컬럼 효율의 증진을 위하여 흡착제에 수 %의 비활성 고체 희석제(inert solid diluent ; 유리 구슬이나 규조토 지지체)를 섞어 사용하는 컬럼을 말한다. 넓은 끓는 점 범위의 시료에 대한 신속한 등온 분석 및 GLC 컬럼과 유사한 컬럼 효율을 보인다.

2) 흑연화 탄소 검정(Graphitized carbon black)

(1) 제조 방법 및 성질

비활성 기체 하에서 약 3000 ℃로 탄소 검정을 가열하여 제조한다.

가. 표면은 불포화 결합, 고립 전자쌍, 자유 라디칼, 이온 등이 거의 없고, 높은 표면의 균일성으로 흡착제 표면의 용질-용질간의 상호작용이 중요하다.

나. 기하학적 구조(구조적 이성질체, 기하학적 입체 이성질체) 분리에 적합하다.

(2) 용질 머무름의 두 가지 설명

가. C의 흑연과 같은 배열로 인한 비극성으로 작용기를 갖는 분자와의 상호작용에 의하지 않고, 분산형 상호작용이 머무름 행동을 지배한다.

나. 극성 흡착 위치는 아주 미약하나 극성 용질과 강하게 작용한다.

(3) 평균 입자 구경이 25~33 ㎛인 것이 효율적으로 사용되며, 10,000/m 이상의 이론단 수를 갖는다. 그러나 이 컬럼의 주요한 단점은 작동을 위해 요구되는 큰 압력 차이다.

3) 탄소 체(Carbon sieves)

(1) 구조적 특성

가. 탄소 원자들이 삼각형을 이루는 매우 작은 결정형으로 구성되어 있으며, 무질서한 공동 틈(cavity-aperture) 구조를 주기 위해 교차 결합되어 있다.

나. 이웃한 결정형으로부터 기본 평면의 다소 가까운 접근에 의해 생긴 틈은 갈라진 모양(slit shaped)을 하고, 유기 전구 물질과 열처리 방법에 의존하여 크기가 변화한다.

다. Kaiser ; polyvinylidene chloride의 열분해에 의해 표면적 1000 m^2/g, 평균 공극 구경 1.24 ㎚를 갖는 탄소 체를 말한다.

(2) 분리 대상 물질

가. 유기 화합물에 대해 매우 현저한 머무름을 보인다.

나. 일차로 무기 가스 분리에 사용되며, 특별히 작은 극성 분자(H_2O, HCHO, H_2S)의 분리에 사용된다.

2. 다공성 고분자 구슬

다공성 고분자 구슬은 단위체와 다리 결합 시약의 혼합물이 불활성 용매의 존재 하에서 고분자화 되는 현탁 고분자화 과정에서 제조된다. 최초의 이른 단계에서의 작은 방울(droplet)에 의해 형성되는 겔의 미세 구조사이의 공간에 불활성 용매가 채워지면서 스폰지 같은 구조(sponge-like structure)로 점점 커진다. 건조와 배출에 의해 다공성 구조가 남고, 컬럼에 충분히 건식 충전할 수 있도록 굳은 일정한 구슬을 만든다. 단위체, 다리 결합 시약, 불활성 용매의 교묘한 선택에 의해 다른 성질의 다공성 고분자 구슬이 제조된다. 이 구슬의 성질은 화학적 성분, 공극의 구조, 구슬의 표면적과 함께 변한다. 이들의 물리적 성질과 분석될 수 있는 시료의 형태는 표 2.2.2~3에 보여진다.

표 2.2.2 다공성 고분자 구슬의 물리적 성질

다공성 고분자	형태[(a)]	물리적 성질			
		자유 낙하 밀도, g/cm^3	표면적[(b)], m^2/g	평균 공극 구경, nm	제한 온도, ℃
Chromosorb 101	STY-DVB	0.30	<50	300~400	275
Chromosorb 102	STY-DVB	0.29	300~400	8.5	250
Chromosorb 103	Polystyrene	0.32	15~25	300~400	275
Chromosorb 104	ACN-DVB	0.32	100~200	60~80	250
Chromosorb 105	Acrylic Ester	0.34	600~700	40~60	250
Chromosorb 106	Polystyrene	0.28	700~800	5	225
Chromosorb 107	Acrylic Ester	0.30	400~500	8	225
Chromosorb 108	Acrylic Ester	-	100~200	25	225
Porapak N	Vinylpyrolidone	0.39	225~350	-	200
Porapak P	STY-DVB	0.28	100~200	-	250
Porapak Q	EVB-DVB	0.35	500~700	75	250
Porapak R	Vinylpyrolidone	0.33	450~600	76	250
Porapak S	Vinylpyrolidone	0.35	300~450	76	250
Porapak T	EGDMA	0.44	250~300	9	200
Porapak PS	Silanized P	-	-	-	-
Porapak QS	Silanized Q	-	-	-	250
Tenax-GC	-	0.37	18.6	-	375

(a) STY(styrene), DVB(divinylbenzene), ACN(acrylonitrile), EVB(ethylvinylbenzene), EGDMA(ethylene glycol dimethacrylate)

(b) 표면적 값은 문헌에 따라 다르다.

(c) Tenax-GC의 성질

- p-2,6-diphenylphenylene oxide의 선형 중합체 구조를 가지며, 분자량 범위는 5 x 10^5~10^6 정도이다.

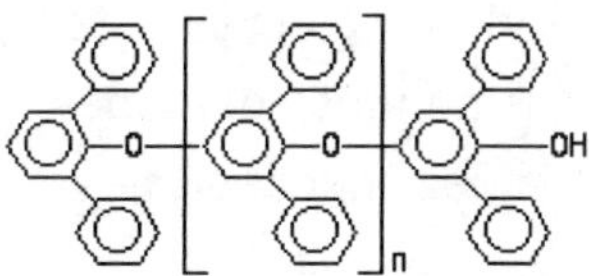

- 주요한 이점은 열적 안정성이다. (최대 작동 온도 375℃).
- 낮은 표면적의 과립형 분말은 Porapak과 Chromosorb 중합체와 물리적으로 다르 며, 분리 성질은 Porapak Q나 유사한 다공성 중합체들과 유사하다.
- 최근에는 공기중이나 수중에서 유기 화합물을 포집하는 데 전통적으로 사용하는 활성탄이나 실리카 겔과 더불어 많이 사용된다. 수증기의 효과에 상대적으로 무감각성을 보여 극단적으로 낮은 친화성을 갖는 장점이 있다.

표 2.2.3 다공성 중합체 구슬에서 적절하게 분리되는 시료

다공성 중합체	가능한 분리물질	어려운 분리물질
Chromosorb 101, Porapak Q와 PS	Esters, ethers, ketones, alcohols, hydrocarbons, fatty acids, aldehydes, and glycols	Amines, anilines
Chromosorb 102, Porapak Q	Light and permanent gases, low molecular weight acids, alcohols, glycols. ketones, hydrocarbons, esters, nitriles, and nitroalkanes	Amines, anilines
Chromosorb 103	Amines, amides, alcohols, aldehydes, hydrazine, and ketones	Acidic substances, glycols, nitriles, and nitroalkanes
Chromosorb 104	Nitriles, nitro compounds, sulfur gases, oxide of nitrogen, ammonia, and xylenols	Amines and glycols
Chromosorb 105, Porapak N	Aqueous mixture of formaldehydes, acetylene from low hydrocarbons, and most gases	Glycols, acids, and amines
Chromosorb 106, Porapak QS	Alcohols, C_2~C_5 carboxylic acids, alcohols, and sulfur gases	Glycols and amines
Chromosorb 107, Porapak T	Formaldehyde from water, acetylene from low hydrocarbons	Glycols and amines
Chromosorb 108	Gases, polar materials such as water, alcohols, aldehydes, and glycols	
Porapak S	Normal and branched alcohols, ketones, and hydrocarbon compounds	Acids and amines
Porapak R	Esters and ethers, nitriles, and nitro compounds	Glycols and amines
Tenax-GC	High boiling polar compounds, diols, phenols, methyl esters of dicarboxylic acids, amines, diamines, ethanolamines, amides, and ketones	

3. 분자 체(Molecular sieves ; zeolites)

1) 일반적인 구조

(1) $M_{2/m}O \cdot Al_2O_3 \cdot nSiO_2 \cdot xH_2O$(M은 알칼리나 알칼리 토 양이온)으로 천연이나 합성으로 얻어진다.

(2) Aluminosilicate 결정성 격자의 구조적 단위는 산소 원자를 통한 $[SiO_4]^{4-}$,

$[AlO_4]^{5-}$의 정사면체 음이온 구조를 가지며, Al에 의한 Si의 치환에 따른 과다한 음전하는 알칼리나 알칼리 토금속 이온에 의해 보상된다.

(3) 空洞이나 구멍을 가진 다공성 체로 양이온의 교환에 의해 구경이 변화하는 미세 다공성(microporous) 구조를 갖는다.

2) 분리 대상 물질

미세 공극을 스며드는 영구 기체(H_2, O_2, N_2, CH_4, CO 등)와 저 분자량의 직선형 탄화수소 분리에 사용된다.

3) 용질의 머무름

(1) 제올라이트 골격의 전하 장(charge field)과 반대 전하 양이온과의 상호작용과 표면 흡착에 의한다.

(2) 공동의 수화(hydration) 정도가 극성 상호작용의 변형을 통하여 영향을 줄 수 있다.

4. 기타 GSC에 특수 목적을 위해 사용되는 흡착제

1) 특수 분리에 사용되나 위의 흡착제와 같이 일반적으로 사용되지 않는다.

2) 종류 ;

bentonite, clathrate compound, chromium(Ⅲ) oxide, iron(Ⅲ) oxide, barium sulfate, alkali metal tetraphenylborates, molybdenum sulfide

♣ 참고 사항

형태에 따른 흡착제의 분류는 다음과 같다.

표 2.2.4 형태에 따른 흡착제의 분류

형태	성상 및 분류
Ⅰ-Nonporous	- 비다공성 단일 및 다중 형 흡착제(graphitized carbonblack, NaCl) - 다공성 무정형 흡착제(Aerosil and thermal blacks)
Ⅱ-Uniform wide pores	- Large-pore glasses, wide-pore Xerogels, 비다공성 입자로부터 만들어진 압축된 분말(>100 Å in size and specific surface areas <300 m^2/g)
Ⅲ-Uniform fine pore	- Amorphous fine-pore Xerogels, fine pore-glasses, many activated charcoals, and porous crystals(type A and X zeolites)
Ⅳ-Nonuniform pores	- 실리카 용액에서 강산으로부터 염의 가수분해로부터 얻어진 분필같은 실리카 겔

2.3 기체-액체 크로마토그래피(GLC)

2.3.1 GLC의 정지상, 이동상 및 용질

표 2.3.1 기체-액체 크로마토그래피의 정지상, 이동상, 분석물질 및 특성

구 분	정 지 상	이동상	분 석 물 질	비 고
Packed column	1. Hydrocarbon : Squalane (120℃), Apiezon greases (300℃) 2. Fluorocarborn : Fomblin YR (255℃) 3. Polysiloxanes : 0V 1~275 (~450℃) 4 .Poly(phenyl ether) : Dexil (~450°), OS(~250°) poly-S179(200~400℃) 5. Phthalate ester : Dinonyl (150℃), Dodecyl phthalate (175℃) 6. Polyester : EGS, EGA, DEGS, DEGA(~200℃) 7. Poly(ethylene glycol) : Superox-4(300℃), Carbowax 20M(225℃), Pluronic L64(200℃) 8. Fused inorganic, organic salt : 110~280℃ 9. Selective liquid phase : coordination complex나 chiral enantiomer 포함 물질, Liquid crystal, Liquid crystalline state	N_2, H_2, He	1. 비극성 물질(휘발성 순으로 분리) 2. Corresive and reactive chemicals 3. Amine, alkaloid ,향료 4 .극성, 고비점 물질 5. Electron donor groups 6. Electron donor groups, alkaloid, drugs 7. 극성 및 수소 결합 solutes, alcohols 8. Metal halides, large dipole or hydrogen bonding functional group 물질 9. Enantiomer, 전자 donor/acceptor 화합물, 벤젠 치환체, steroid, 다환 방향족 탄화수소, planar compounds	1. 비극성 정지상 2. UF_6, ClO_2F, SF_5Cl ,phenol, underi-vatized amine 3. Phenyl groups 증가 시 극성 증가 0V-7(20%)<0V-17 (50%)<0V-25(75%) 4. 5,6 rings : 200 ~ 250 ℃ 20 ring이상 : 125 ~400 ℃ 5. Moderate polar liquid 6. Moderate polar liquid, DEGS는 불포화 지방산 분리에 용이 7. M.W : Carbowax 20M ; 14,000 Superox-4 ; ca 4,000,000 Pluronix ; 2000 ~ 8000 8. Large dipole or hydrogen bonding 소유 물질에 선택성을 보임 9. Liquid crystalline state는 crystalline solid와 등방성 액체의 중간 성질을 보임
Open-tubular column (OTC)	1. FSOT(fused-silica) 2. WCOT(wall-coated) 3. PLOT/SCOT(porous-layer/ support-coated)	He	상동	1. 길이 : 10~100 m 내경 : 0.1~0.3 mm n : 2000~4000/m 2. 길이 : 10~100 m 내경 : 0.25~0.75 mm n : 1000~4000/m 3. 길이 : 10~100 m 내경 : 0.5 mm n : 600~1200/m 1, 2, 3의 외경 : 0.3~1.5 mm 4. 1, 2, 3의 재질 : sodalime,borosilicate, fused silica

2.3.2 GLC의 주요 사항

1. 고려되어야할 액상의 성질
   1) 증기압 ; 작동 온도에서 0.1 Torr 이하이어야 한다. 액상의 출혈(bleed)은 소음 발생과 바탕선 신호를 증가하여 감도를 감소한다.
   2) 점도는 낮은 것이 좋다.
   3) 적심 능력(wetting ability) ; 고체 지지체나 컬럼 벽에 일정한 필름을 형성하는 능력으로 높은 것이 좋다.

2. 액상 선택에서 고려되어야할 기본적 기준
   1) 액상이 분리되는 성분에 대해 선택적(selective)인가?
   2) 액상과 분리되는 혼합물의 성분들 사이에서 어떤 비가역적(irreversible) 반응이 있는가?
   3) 액상이 작동 온도에서 낮은 증기압을 가지며, 열적으로 안정(thermally stable)한가?

3. 지지체(또는 擔體)에 액상을 부착(attaching)시키는 방법
   1) 고압 멸균기를 이용한 고온에서의 응축
   2) 반응에 의한 방법
   3) 이동상의 낮은 흐름 속도 하에서의 열처리

4. GLC에서 용질과 정지상사이의 상호작용
   1) 쌍극자- 쌍극자간의 인력(지향 또는 Keesom 인력), E_o
      (1) 영구 쌍극자 모멘트를 갖는 분자의 부분이나 분자들 사이에서의 알짜 인력(net attraction)으로부터 일어난다.
      (2) 온도 증가 시 감소하며, 모든 배향(orientation)이 같게 될 때 고온에서 영(zero)에 접근한다.
   2) 쌍극자-유도 쌍극자간의 인력(induction force 또는 Debye 인력), E_i
      (1) 극성화(polarizable) 분자와 쌍극자 능률의 상호작용에 의해 일어난다.
      (2) 일반적으로 약하며 온도 증가 시 감소한다. 쌍극자-유도 쌍극자 상호작용은 모든 방향에서 다르며, 상대적인 분자의 배향에 의존한다.
   3) 유도 쌍극자-유도 쌍극자간의 인력(dispersion force, London force 또는 비극성 인력), E_D
      (1) 영점 운동(zero-point motion)과 함께 분자 내에서 핵과 전자들 사이에서 매우 급하게 변하는 쌍극자에 의해 생성되는 전기장에서 일어난다.
      (2) 모든 용질/용매 계에 존재하며, 오직 비극성 분자들 사이에서의 인력에 의존하고 온도에는 의존하지 않는다.
   4) 주개-받개 상호작용(donor-acceptor interaction)
      (1) 받게 분자의 빈 오비탈에 주게 분자의 채워진 오비탈로부터 전자의 부분적 전

이가 일어나는 특별한 화학적 결합 작용에 의한다.

(2) 금속 이온과 olefin사이의 배위력(coordination force), 전하 이동력(charge transfer forces) 및 수소결합 상호작용(hydrogen bonding interaction)에서 나타난다.

5. GLC에 사용되는 지지체

1) 이상적인 지지체의 조건

(1) 액체 정지상이 입혀질 수 있는 큰 표면적(약 1~20 m^2/g)을 가져야한다.

(2) 화학적으로 비활성 표면을 갖고, 구형에 가깝고 크기가 균일해야한다.

(3) 열의 좋은 전도체 및 기계적이나 열적으로 안정하고 잘 부서져야한다.

2) 지지체의 바람직하지 않은 작용

(1) 원인

가. 금속 불순물의 존재

나. 지지체 표면의 실란올 작용기

(2) 결과

가. 극성 분자에서의 심각한 꼬리 끌기(tailing)

나. 시료 분해

다. 구조적 재정돈(structural rearrangement)

라. 더욱 완벽한 시료 흡착

3) 지지체 표면 활성의 비활성화(deactivation)

(1) 불활성 물질에 의한 덮어 씌우기(overcoating)

비활성 물질(silver, Teflon), 표면 활성 고분자(polyvinylpyrrolidone, Epikote 100), pyrocarbon

(2) 산, 염기에 의한 세척(주로 Fe의 제거)

가. 산으로 씻는 경우에는 철분 및 무기물을 제거하여 무극성 화합물의 분리에 적합하다.

가) 3N HCl에서 5~6시간 담가놓음

나) 6N HCl로 속씨렛을 이용하여 무색이 될 때까지 추출

다) N_2와 HCl 가스의 혼합물을 850~900 ℃에서 1~3일간 통과시킨다.

나. 위의 처리로 Fe는 95~98 %제거되고, Al과 Na도 제거된다.

다. 알칼리로 씻는 경우에는 표면에 NaOH가 입혀져 아민류 같은 염기성 시료의 분리에 적합하다.

(3) 실란화 시약(silylating reagents)에 의한 처리 ; 현재 가장 널리 사용되며, 표면의 실란올기가 화학 반응으로 비극성의 작용기로 치환된다.

trimethylchlorosilane(TMCS), $(CH_3)_3SiCl$

dimethyldichlorosilane(DMCS), $(CH_3)_2SiCl_2$

hexamethyldisilazane(HMDS), $(CH_3)_3SiNHSi(CH_3)_3$

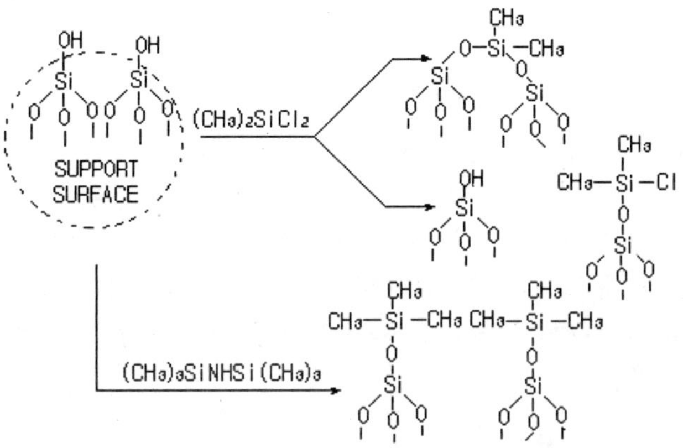

그림 2.3.1 실란화에 의한 지지체 비활성화(DMCS 및 HMDS 처리)

♣ 참고 사항 ; 꼬리 끌기 감소제(Tailing reducers)

1. 위의 화학적 처리 및 실란화는 강한 염기성 및 산성 성분의 꼬리 끌기를 유발하는 활성 중심을 완전하게 제거할 수 없다. 이런 화합물들을 분석 시 꼬리 끌기 감소제의 작은 량의 부가가 필요하다. 꼬리 끌기 감소제는 지지체에 액상을 코팅하는 방법과 유사하게 코팅된다. 그들은 분석되는 화합물보다 더 강한 산이나 염기이어야 효과적이다.
   1) 아민에 대한 꼬리 끌기 감소제
      가. 수 %의 KOH
      나. 강한 염기성 물질 ; polyethyleneimine, polypropyleneimine, sodium metanilate, N,N′-bis-1-methylheptyl-p-phenylenediamine
   2) 산성 화합물에 대한 꼬리 끌기 감소제
      인산, 정지상 FFAP(PEG 20M의 nitroterephthalate), 상업용 부식 억제물인 삼합체 산(trimer acid)
2. 이런 활성인 물질들은 또한 공제 시약(subtractive agents)의 역할을 한다. 즉, 산 꼬리 끌기 감소제는 크로마토그램으로부터 염기성 물질을 제거하고 염기성 꼬리 끌기 감소제는 그 반대이다.
   1) FFAP와 polypropyleneimine는 선택적으로 aldehydes를 빼어내고, polyethyleneimine은 ketones을 빼어내고, phosphoric acid는 알코올을 에스테르화 하거나 탈수한다.
   2) 또한, 인산은 amides를 같은 수의 nitriles로 전환하고, 황을 포함하는 화합물로부터 탈황을 시킨다.
   3) 상 자체는 시약들과 양립될 수 있다. 예로, KOH와 인산은 polyesters와 polysiloxane상의 해중합(depolymerization)을 촉매화한다.

4) 대표적인 지지체의 특징

(1) 규조토(Diatomite, diatomaceous earth ; Kieselguhr)

가장 중요한 지지체로 충전 컬럼 GLC의 약 90 %이상을 차지하며, 지지체 면적, 기계적 및 열적 성질, 지지체 활성과 모양에 있어 좋은 균형을 제공한다.

가. 골격의 물질은 근본적으로 적은 량의 알루미나와 금속 산화물이 불순물로 섞인 미세 무정형(microamorphous) 실리카이다.

나. 채광 시, 천연 규조토 골격은 크로마토그래피 지지체로 사용하기에 너무 작고 부서지기 쉬워, 활용을 위하여 900 ℃이상의 온도에서 굽기(calcination)에 의한 응집과 강화 과정이 필요하다. 구운 규조토의 성분은 SiO_2(91.0 %), Al_2O_3(4.6 %), Fe_2O_3(1.9 %), CaO(1.4 %), MgO(0.4 %), 휘발 성분(0.3 %) 및 기타(0.4 %)이다.

표 2.3.2 규조토를 구워 만든 제품 및 성질

항 목	종		류			
	P	W	G	A	750	T[1]
재질	←	규조토 소성품(SiO_2가 주체)			→	Teflon
색	pink	white	oyster white	pink	white	white
pH	6.5	8.5	8.5	7.1	-	-
자유 낙하 밀도, g/ml	0.38	0.18	0.47	0.40	0.32	0.42
충전 밀도, g/ml	0.47	0.24	0.58	0.48	0.36	0.49
표면적, m^2/g	4.0	1.0	0.5	2.7	0.5~1.0	7~8
m^2/ml	1.9	0.3	0.3	1.3	-	-
최대 액상 담지율, %	30	20	5	25	7	20
기계적 강도	강	중	강	강	강	약
이론단 수/m^2[2]	700~2000	500~1500	1000~2000	1000~2000	1000~2000	500~1000
mesh[3]	←	60/80, 80/100, 100/120 등으로 다양함			→	40/60
등급[4]	NAW AW AW-DMCS AW-HMDS	NAW AW AW-DMCS AW-HMDS HP	NAW AW AW-DMCS HP	-	-	-

1) 흡착성이 없고 물, 저급 지방산 등의 극성 물질 분리에 좋다.
2) 카탈로그 기재 값으로 시료 량을 조금 썼을 경우의 최고 값은 약간 크다.
3) mesh ; 입자 분류를 위한 표준 망에서 직선 인치(25.4 mm) 당 공간의 수
4) NAW ; 처리 안한 제품
AW ; 산으로 세척한 제품
AW-DMCS ; AW한 것을 dimethyldichlorosilane 처리하여 불활성화한 것
AW-HMDS ; AW한 것을 hexamethyldisilazane 처리하여 불활성화한 것
HP ; 산으로 씻고 알칼리로 씻어 실란 처리를 한 것으로 steroid의 분석 등에 사용한다.

* 구운 규조토의 핑크 빛은 Fe_2O_3에 기인한다.

표 2.3.3 규조토 지지체에 대한 입자 크기와의 관계

Mesh range	Top screen opening, ㎛	Bottom screen opening, ㎛	Spread, ㎛	Range ratio	Mesh range	Top screen opening, ㎛	Bottom screen opening, ㎛	Spread, ㎛	Range ratio
10~20	2000	841	1159	2.38	80~100	177	149	28	1.19
10~30	2000	595	1405	3.36	100~120	149	125	24	1.19
20~30	841	595	246	1.41	100~140	149	105	44	1.42
30~40	595	420	175	1.41	120~140	125	105	20	1.19
35~80	500	177	323	2.82	140~170	105	88	17	1.19
45~60	354	250	104	1.41	170~200	88	74	14	1.19
60~70	250	210	40	1.19	200~230	74	63	11	1.19
60~80	250	177	73	1.41	230~270	63	53	10	1.19
60~100	250	149	101	1.68	270~325	53	44	9	1.20
70~80	210	177	33	1.19	325~400	44	37	7	1.19

* Mesh size : The number of spacing per linear inch in a standard screen used to sort particles(1 inch is 25.4 mm)

(2) Fluorocarbon powder : Teflon-6, Chromosorb T, Holoport, Fluoropak 80, Kel-F

가. Teflon-6

가) 40/60 mesh 부분의 Teflon 에멀젼의 응집에 의해 고분자화 된 tetrafluoroethylene

나) 작은 표면 에너지를 갖는 큰 표면적의 다공성 구조를 가진다.

다) 매우 비활성화된 표면을 극성의 액상으로 적시기가 어렵고, 또한 입자가 쉽게 정전기적 전하를 가지기 때문에 충전과 취급에도 문제가 있다.

라) 높은 컬럼 효율을 위해 Teflon 입자는 19 ℃이하(고체 전이점 ; 단단하면서 자유롭게 흐르는 온도)에서 취급하여야 한다.

나. Kel-F

규조토 지지체처럼 취급되는 단단한 과립의 chloroflurocarbon 반죽 분말(molding power)로 보통 낮은 컬럼 효율을 가진다.

다. Fluoropak-80

낮은 표면적과 낮은 용량의 스폰지와 같은 구조를 가지는 과립형의 fluorocarbon 수지이다.

표 2.3.4 Fluorocarbon 지지체의 크로마토그래피 성질

성 질	Kel-F	Fluoropak-80	Teflon-6
표면적, m^2/g	2.2	1.3	10.5
적정 액상 실음율, %	15~20	2~5	15~20
최대 작동 온도, ℃	160	275	250

(3) 유리 구슬(Glass beads)

가. 좁은 mesh 범위에서 회전 타원체(spheroid)로 이용하며, 매우 효율적인 컬럼을 준비하기 위하여 사용될 수 있다.

나. 표면 에너지가 낮아, 액상 실음율이 0.5 %(W/W)이하로 제한된다.

다. 유리 표면이 완전히 비활성화되지 못하여 극성 물질에 대해 꼬리 끌기를 보인다. 꼬리 끌기를 감소하기 위하여 실란화를 한다. 이 경우에는 지지체의 용량이 감소한다. 용량을 증가를 위하여 화학적인 섭새김(etching)을 한다.

라. Cerabeads ; 다량의 알루미나 소다 석회 유리(alumina sodalime glass)를 포함하는 스폰지 같은 외부 표면을 갖는 지지체를 개발하여 액상을 4 %까지 실을 수 있으나, 극성 용질에 대해서는 심각한 꼬리 끌기를 보인다.

(4) 흑연화된 탄소 검정(Graphitized carbon blacks)

(5) 수지상 결정(樹枝狀 結晶, dendrite) 염

♣ 참고 사항

1. 이상적인 정지상의 조건
   1) 분리성분들에 대한 선택성과 다른 용해성(selectivity and differential solubility)
   2) 넓은 작동 온도 범위(wide operating temperature range)
   3) 화학적으로 안정(chemically stable)
2. 액상의 출혈로 인한 영향
   1) 검출기의 소음에 대한 효과
   감도를 감소시켜 분석 결과에 영향을 줄 수 있다.
   2) 컬럼의 수명을 결정한다.
   어떤 지지체는 촉매 효과를 가져 액상을 분해하여 컬럼의 수명을 감소시킨다. 운반 기체의 오염 물질(예 ; O_2) 역시 액상의 안정성을 방해할 수 있다.
   3) 액상 사용 시 선택성의 의미 및 선택성에 영향을 주는 인자
   선택성은 두 성분들의 상대적인 머무름을 의미하는 것이지 분리 메카니즘에 대한 정보를 주는 것은 아니며, 대부분의 분리는 끓는점의 차이, 성분 분자량의 변화와 성분의 구조에 의존한다. 선택성에 영향을 주는 인자는 다음과 같다.
   (1) 정지상의 성질
   (2) 정지상의 농도
   (3) 컬럼 온도
   (4) 고체 지지체나 흡착제의 선택과 전처리

2.3.3 GLC에 사용되는 대표적인 정지상의 특징

1. 탄화수소(Hydrocarbon)
   1) 대표적인 물질 ; Squalane(120 ℃), Apiezon greases(300 ℃)
   2) 비극성 정지상으로 비극성 용질을 휘발성 순서로 분리시킨다.
   3) 잔류 carbonyl 및 carboxylic acid 존재 시 황갈색을 나타낸다.

(1) 극성 용질에 꼬리 끌기를 보인다.

(2) Grease는 사용 전 alumina가 충전된 액체 크로마토그래피에 의해 정제된다.

4) Apiezon grease는 올레핀 및 방향족의 불포화 그룹을 가지나 구조는 불분명하다.

(1) By vapor osmometry ; Apiezon L M.W 3970

Apiezon M M.W 2340

(2) By size exclusion chromatography M.W 950~1300

(3) Kovats에 의해 합성 Apolane 87 M.W 1222(280~300 ℃)

5) 탄화수소 상은 극성의 선택성 측정에 비극성 표준 물질로 사용된다(Squalane).

6) 모든 탄화수소는 산화되기 쉽다.

(1) 극단적인 경우 C-backbone의 분열이 생긴다.

(2) 산화에 대한 저항성 ; Apolane 87 > Squalane

7) 삼차 수소가 산소와 반응하여 열적으로 불안정한 hydroperoxide를 형성한 후 hydroxylic 및 carboxylic 유도체를 형성한다.

8) 구조

(1) Squalane

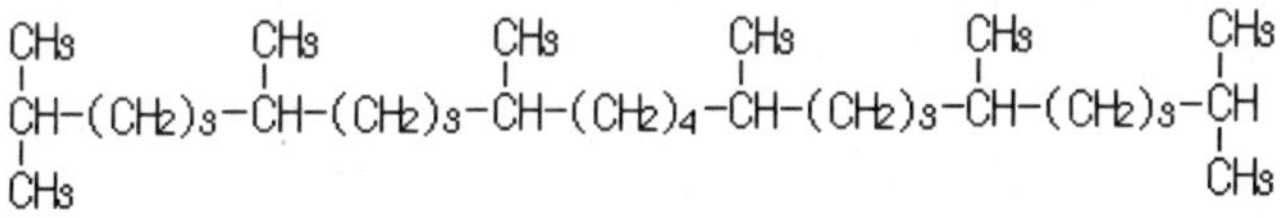

$$\underset{CH_3}{\overset{CH_3}{CH}}-(CH_2)_3-\overset{CH_3}{CH}-(CH_2)_3-\overset{CH_3}{CH}-(CH_2)_4-\overset{CH_3}{CH}-(CH_2)_3-\overset{CH_3}{CH}-(CH_2)_3-\underset{CH_3}{\overset{CH_3}{CH}}$$

2,6,10,15,19,23-hexamethyltetracosane

(2) Apolane - 87

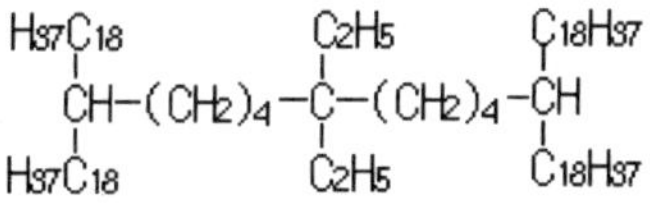

$$(H_{37}C_{18})_2CH-(CH_2)_4-\underset{C_2H_5}{\overset{C_2H_5}{C}}-(CH_2)_4-CH(C_{18}H_{37})_2$$

24,24-diethyl-19,29-dioctadecylheptatetracontane

2. Fluorocarbon

1) 대표적인 물질

(1) Poly(perfluoroalkyl ether) liquid phase, Fomblin YR (Ⅲ) ; 높은 효율, 255 ℃

(2) Fluorad 430, 431 ; 중간 극성으로 일반적으로 유용하며, underivatized amines, phenols, carboxylic acid 분리에 사용된다.

2) 부식 및 반응성 화학물질(UF_6, ClO_2F, SF_5Cl) 분리에 사용되며, 낮은 온도에서 고 분자량과 열적으로 불안정한 시료의 분리에 이용된다.

3) 일반적인 응용에 약함 ; poor support wetting, low column efficiency, low upper operating temperature

4) 구조

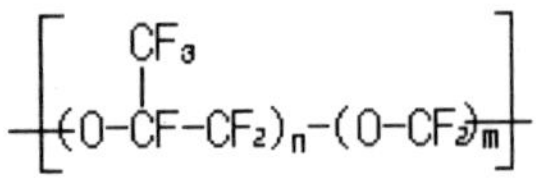

$$\left[(O-\underset{|}{\overset{CF_3}{C}}F-CF_2)_n-(O-CF_2)_m \right]$$

Fomblin YR (MW = 6000~7000)

3. Polysiloxane

1) 대표적인 물질 ; OV-7, OV-17, OV-25, Dexil 300GC, Dexil 400GC, 410GC

2) 높은 화학적, 열적 및 산화성에 대한 안정성, 넓은 액체 범위(liquid range), 다른 극성에서의 유효성(availability)

3) 제조 방법

(1) 적당히 치환된 dichlorosilanes의 산 가수분해

(2) 소량의 HMDS(hexamethyldisiloxane, chain stopper)하에서 cyclosiloxanes의 촉매 중합

4) 구조에 따른 특성

(1) α-cyano, α 또는 β-fluoro group을 함유하는 polysiloxane은 열적으로 불안정하고, 크로마토그래피에 유용하지 않음.

(2) Poly(3,3,3-trifluoropropylsiloxanes)는 특히 강염기에 예민하고, 해중합(depolymerization)하여 휘발성인 cyclotetrasiloxanes를 형성한다.

(3) Phenyl을 함유하는 polysiloxanes는 poly(methylsiloxanes)보다 더 극성이며, 벤젠 같은 용매의 성질을 갖는다.

Polarizability	OV-7	< OV-17	< OV-25
Phenyl 함량	20 %	50 %	75 %

(4) 3,3,3-trifluoropropyl를 포함한 고분자 물질은 전기음성도가 큰 trifluoromethyl 작용기에 의한 C의 양전하의 유도에 기인해 카보닐을 포함한 용질에 대해 친화성이 크다.

(5) Cyanopropyl을 함유한 polysiloxanes는 쌍극자 용질과 강하게 작용한다.

(6) Carborane-siloxane 중합체 계열은 특히 열적 안정성과 적당한 극성을 갖는다.

Dexil 300GC 450℃

Dexil 400GC, 410GC 375℃

5) 구조

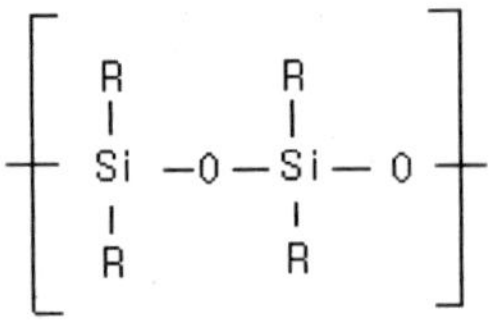

$$\left[-\underset{R}{\overset{R}{Si}}-O-\underset{R}{\overset{R}{Si}}-O- \right]$$

골격 구조

$$\left[-\underset{CH_3}{\overset{CH_3}{Si}}-O-\underset{\underset{\underset{B_{10}H_{10}}{C=CH}}{(CH_2)_4}}{\overset{CH_3}{Si}}-O- \right]_n$$

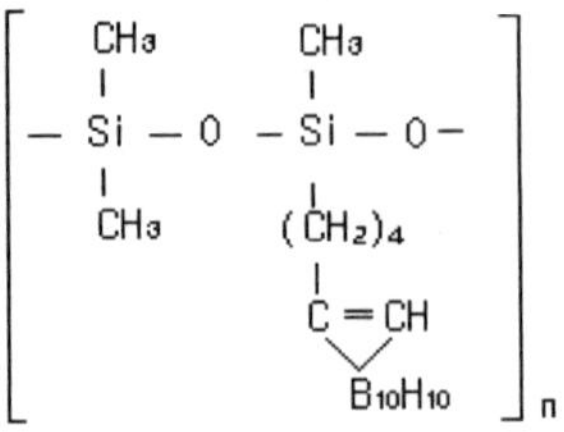

Dexsil 300GC

4. Meta-linked Poly(phenyl ethers)

1) 화학적으로 잘 정의되고, 적당한 극성, 분자량에 비해 극히 낮은 휘발성, 구조상 낮은 점도를 보인다.

2) 구조에 따른 특성

(1) 5~6 ring poly(phenyl ethers)는 200~250 ℃에서 안정하다.

(2) 평균 20개 이상의 ring poly(phenyl ethers)는 125~400 ℃에서 고비점 용질을 분리하는데 사용된다.

(3) 극성 작용기를 갖는 poly(phenyl ethers)는 극성 표준 물질로 사용할 수 있으나, 낮은 컬럼 효율과 약한 열적 안정성을 갖는다.

(4) Polyphenyl ether sulfone, Poly-S-179는 200~400 ℃에서 고비점 용질을 분리하는데 사용된다.

(5) 5~6 ring poly(phenyl ethers)는 정의 안된 분자량과 화학적 구조의 고분자를 생성하기 위하여 diphenyl ether-4,4′-disulfonyl chloride와 공중합될 수 있다.

3) 구조 ; Poly(phenyl ether) n = 3 or n = 4

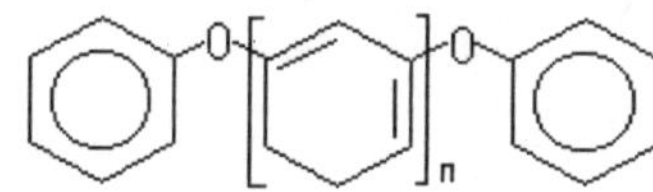

5. Phthalate esters

1) 중간 정도의 극성, 다른 액상에 비해 약한 열적 안정성을 가진다.

2) 치환 그룹(R)이 증가 시 극성 및 휘발성이 감소한다.

3) Tetrachlorophthalate ester는 전자를 주는 용질의 분리에 사용한다.

4) 구조 ; Phthalate ester

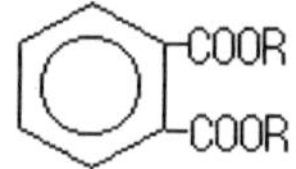

6. Polyester

1) 대표적인 물질
Poly(ethylene glycol succinate) ; EGS
Poly(diethylene glycol succinate) ; DEGS

2) 중간 정도의 극성을 가진 액상으로 중요하게 사용된다.

3) 자주 사용되는 액상으로는 ethylene glycol, diethylene glycol, butanediol의 succinates와 adipates이다.

4) 조건에 따라 EGS와 DEGS의 분자량은 약 3,000부터 약 9,000~16,000에 이른다.

5) Polyestersuper는 고온에서 가열에 의해 휘발성 정지상을 제거하여 생성하며 EGS나 DEGS보다 더 큰 분자량을 갖고, 약한 hydrolytic stability를 보인다.

6) 잔류하는 산과 hydroxyl group는 이 그룹과 반응할 수 있는 epoxides, isocyanates, anhydrides, halo acid의 분석을 방해한다.

7) 고온에서 산화성 분해에 의해 최종 free radical을 생성한다.

8) 구조

(1) EGS ; Poly(ethylene glycol succinate) n = 17 to 21

$$HO-(CH_2)_2-\left[O-\overset{\displaystyle O}{\overset{\|}{C}}-CH_2-CH_2-\overset{\displaystyle O}{\overset{\|}{C}}-O-(CH_2)_2\right]_n-OH$$

(2) DEGS ; Poly(diethylene glycol succinate) n = 12 to 18

$$HO-(CH_2)_2-O-(CH_2)_2-\left[O-\overset{\displaystyle O}{\overset{\|}{C}}-CH_2-CH_2-\overset{\displaystyle O}{\overset{\|}{C}}-O-(CH_2)_2-O-(CH_2)_2\right]_n-OH$$

7. Poly(ethylene glycols)

1) 대표적인 물질 ; Carbowax 20M, Superox-4, Pluronics
2) 광역의 극성 및 수소결합 용질에 사용(알코올의 분석)된다.
3) 산소에 의해 빠른 산화성 분해를 일으킨다.
4) 종류 및 특성 ; ethylene oxide의 고분자로 평균 분자량으로 분류된다.
   (1) Carbowax 20M M.W 14,000, 225 ℃
   (2) Superox-4 M.W ca. 4,000,000, 300 ℃
   (3) Pluronics M.W 2,000~8,000, 220~260 ℃
5) 구조 ; Poly(ethylene glycol)
   $HO(CH_2CH_2O)_nCH_2CH_2OH$

8. 용융 무기염 공융 혼합물(Fused inorganic salt eutectic mixtures)

1) 대표적인 물질 ;
   Ethylpyridinium bromide, Tetrabutylammonium tetrafluoroborate
2) 금속 할로겐 화합물 분리에 사용된다.
3) 큰 쌍극자 또는 수소결합 작용기를 포함하는 화합물에 대해 높은 감도를 보인다.
4) 종류
   (1) 무기 용융염(molten salt) ; 유기 화합물에 훨씬 덜 성공적(far less successful)
   (2) 유기 용융염 ; 유기 화합물에 더 큼(much greater)

9. 특수한 분리를 위한 액상

1) 배위 착물들을 포함하는 상 ; 주개 용질들(donor solutes)의 분리
2) 키랄 액체상 ; 거울상 이성질체(enantiomers)의 분리
3) 전자-받개 화합물(dialkyltetrachlorophthalates, 2,4,7-trinitro-9-fluorenone) ; π-전하 이동 착물(π-charge transfer complex)의 형성에 의한 불포화 및 방향족 탄화수소(전자 주개)의 분리, 이성질체 혼합물(isomeric mixtures)의 분리
4) 액정상(Liquid crystal phases) ; rigid isomeric solutes의 혼합물(벤젠 치환체, 여러 고리 방향족성 탄화수소, polychlorinated biphenyl 및 steroids)의 분리

♣ 액체 결정성 상태(Liquid crystalline state)

1) 1888년에 Austria 식물학자 Frederick Reinizer가 cholesteryl benzoate의 유기

화합물을 연구하던 중 145℃에서 녹아 우유 빛 액체를 형성하고, 179℃에서 투명해 짐을 발견하였으며, 식을 때는 반대 과정이 나타났다. 이것이 액정(liquid crystal)의 최초 보고이다.

2) 액체 결정성 상태는 결정성 고체와 등방성(等方性, isotropic)액체 사이의 중간 물질의 특수한 상태를 나타낸다. 고체상 구조 부분과 액체상 구조 부분을 갖고 자유 운동하는 부분을 갖는 액정상의 중간체로 매우 점성이 있고, 고체와 액체 상사이의 중간 특성을 가진다. 또한 물질이 이런 성질을 나타내는 영역은 예민한 전이 온도로 표시한다.

3) 액정의 용도는 액정에서 분자가 서로 붙잡는 약한 분자간 힘이 온도, 압력, 자기장의 변화에 쉽게 영향을 받는 것을 이용한다. 예로 극소 전자 회로에서 뜨거운 부분을 감지할 수 있고, 신호의 흐름을 감지할 수 있다.

4) 정지상으로 사용되는 액체 결정은 굴열성(屈熱性, thermotropic) 형태이다. 즉, 액체 결정성 상태는 녹아서 열적으로 안정한 상태로 시작하여, 약간 높은 온도(clearing temperrature)에서 등방성 액체로의 전환이 일어난다. 액정을 생성하는 물질은 대부분 길고, 막대형 분자로 되어 있다. 이 분자들은 액체상에서 무작정 방향으로 배향한다. 그러나 액정상은 어느 정도 질서를 나타낸다. 굴열성 액정은 분자가 정렬된 방법에 의해 nematic, smectic, cholesteric으로 구분한다.

(1) 네마틱 액정상(Nematic liquid-crystalline phase)

가늘고 긴 분자가 상호 위치는 불규칙하지만 장축(長軸)이 모두 일정 방향으로 향하여, 마치 끝이 정열되지 않은 한 주먹의 연필과 같다.

(2) 스메틱 액정상(Smectic liquid-crystalline phase)

가늘고 긴 분자가 그 장축을 일정 방향으로 향해 줄서고, 옆줄 분자와 이음매가 서로 일치하는 상태로 네마틱보다 더 질서도를 보인다. 스메틱상은 마치 연필 끝이 거의 가지런한 한 주먹의 연필과 같다. 스메틱상은 또 다른 종류가 있으며 A, B, C 등의 문자로 표시한다. A상은 분자들이 층에 수직한 긴축의 층으로 배열하며, C상은 분자들이 쌓이는 층에 비스듬한 긴축이 기우린 상태로 배열한다.

(3) 콜레스테롤 액정상(Cholesteric liquid-crystalline phase)

꼬인 네마틱 구조로 키랄 중심을 갖는 화합물에서 일어난다. 액정 분자들은 층으로 나란히 쌓여있다. 그러나 분자 끝은 다음 층에 대하여 한 층이 상대적으로 꼬여 있다. 분자 층끼리 서로 배향이 약간 꼬여 이 액정들이 색을 나타낸다. 온도와 압력 변화는 배열을 바꾸므로 색도 변한다.

5) 네마틱과 스메틱상에서 이 분자들은 두께에 비해 상당히 길다. C=N, N=N 이중결합들과 벤젠 고리들은 견고성을 더해준다. 평면 벤젠 고리는 분자들이 서로 쌓이게 도우며, 더욱이 극성 원자단을 갖는 많은 분자들은 이중극자-이중극자 상호작용 때문에 걸 맞는 분자 배열을 촉진한다. 그리하여, 분자들은 그들 스스로 아주 자연스럽게 긴축을 따라 배열한다. 그러나 분자들은 축을 따라 회전하고 서로 평행하게 이동한다. 스메틱상은 분자 사이의 힘(분산력, 이중극자-이중극자 인력, 수소결합), 즉 분자간 힘이 분자가 서로 미끄러지는 가능성을 제한

한다.

6) GLC에 사용되는 액체 결정성 상은 대부분 네마틱 형태로 200여 개 이상이 사용된다. 그들의 화학적 형태는 다양하나 모든 것은 보통 뚜렷하게 가늘고 긴 딱딱한 막대 같거나(rod-like) 오리목 같은(lath-like) 구조이다.
7) 액체 결정성 상의 효능은 전형적인 정지상를 혼합하거나 둘 이상의 액체 결정성 상의 공융 혼합물(eutectic mixture)을 사용하여 증진시킬 수 있다.
8) 용질의 용출 순서는 일반적으로 용질의 길이 대 폭 비에 따른다. 따라서, 평면형 분자가 비평면형 분자보다 오래 머무른다.
9) 구조 ; 액체 결정성 정지상의 치환기는 표 2.3.4에 보여진다.

표 2.3.4 액체 결정성 정지상의 일반적 구조

X	Y_1 및 Y_2
$(-CH_2-CH_2)_n$	H
$(-CH=CH-)_n$	H
$-OCH_2CH_2O-$	R
$(-OCH_2-)_n$	RO
$-CH=N-N=CH-$	CN
$-C\equiv C-$	Cl, Br, F
$-N\equiv C-$	$R-\underset{\underset{O}{\|}}{C}O-$
$-N=\underset{\underset{O}{\|}}{N}-$	$RO-(CH_2)_n-O-$
$-CH=\underset{\underset{O}{\|}}{N}-$	$(CH_3)_2N-$
$-\underset{\underset{O}{\|}}{C}-O-$	R=alkyl or aryl

Note 1 ; 액체 결정성 정지상의 주요 골격은 다음과 같다.

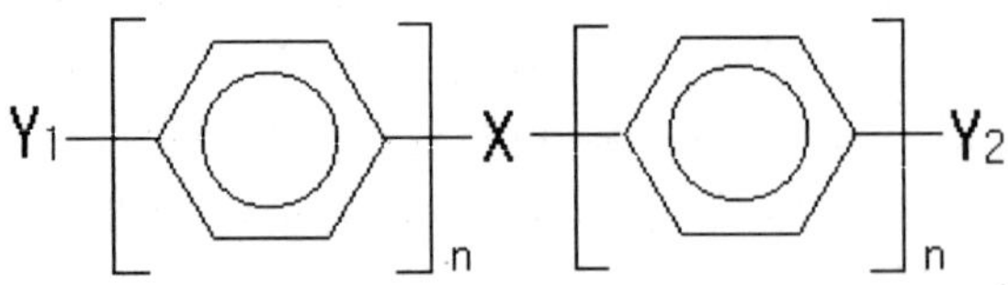

Note 2 ; 몇 가지 액정 물질의 구조와 액정 온도 간격

$CH_3O-C_6H_4-CH=N-C_6H_4-C_4H_9$ 21~47℃

$CH_3O-C_6H_4-N=NO-C_6H_4-OCH_3$ 117~137℃

$C_6H_5-C_6H_4-CH=N-C_6H_4-CO-OC_2H_5$ 121~131℃

$CH_3(CH_2)_7-O-C_6H_4-CO-OH$ 108~147℃

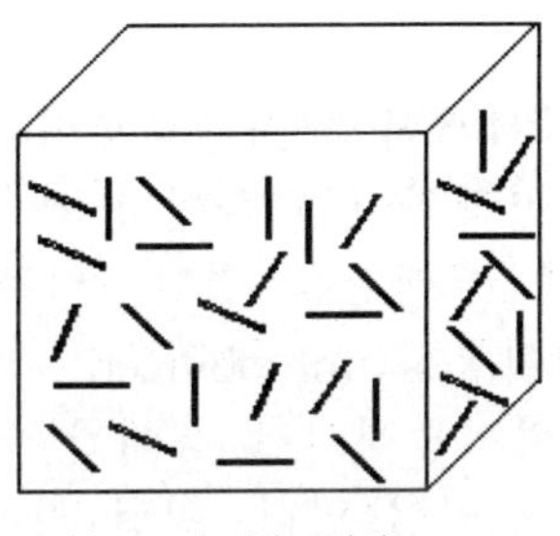
Normal liquid

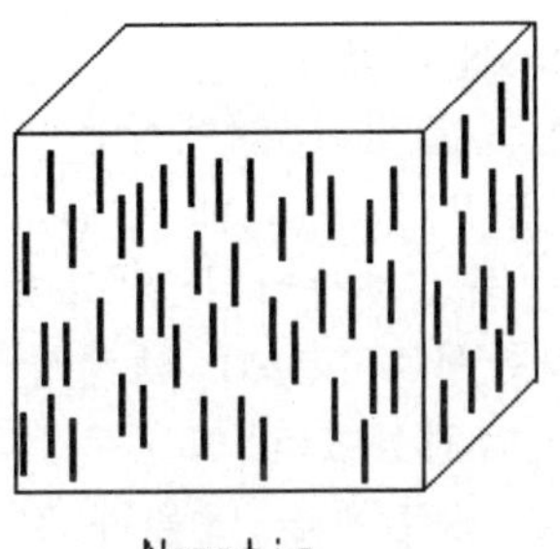
Nematic

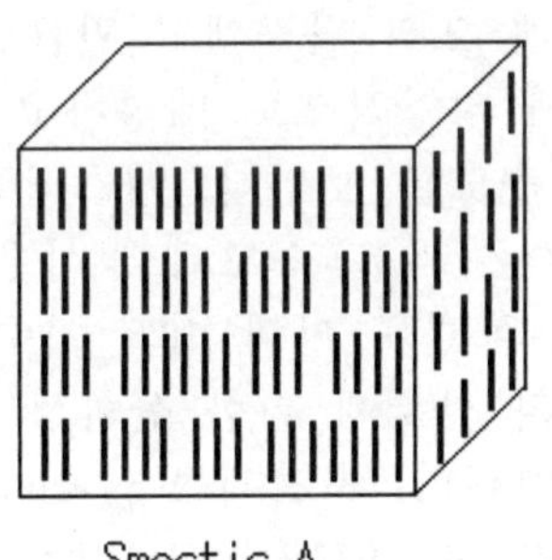
Smectic A

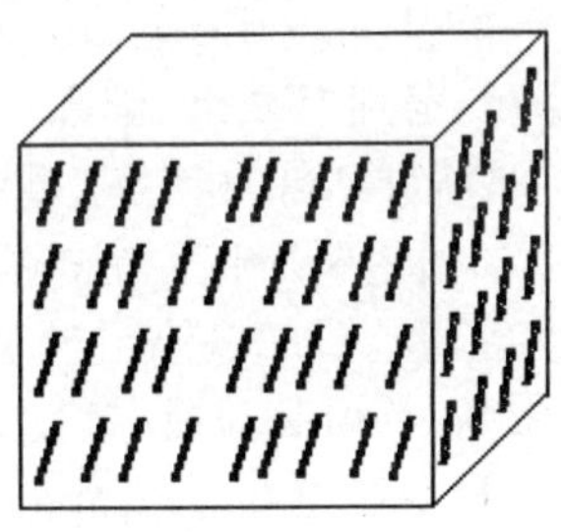
Smectic C

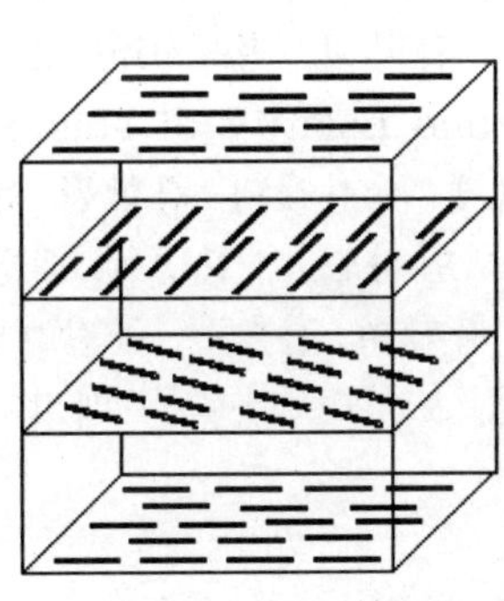

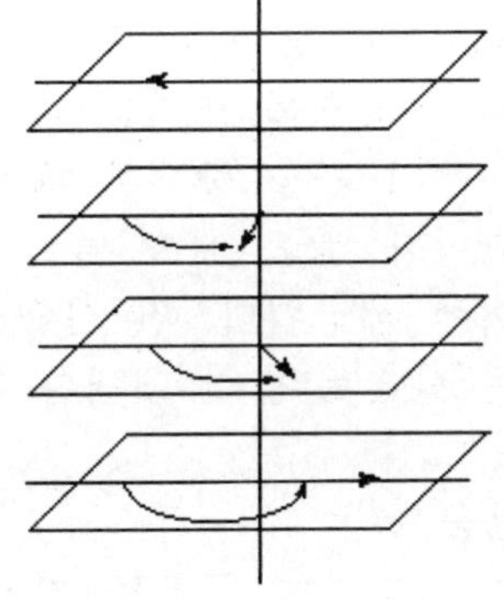
Cholesteric structure and axes

그림 2.3.2 액정의 종류 및 구조

2.3.4 결합형 액체상(Bonded liquid phases)

1. 결합형 액체상 제조 방법

단순히 지지체에 코팅된 액체상은 사용 중에 서서히 지지체로부터 액체상이 떨어져 나옴(bleeding ; 출혈)으로 인해 컬럼의 효능이 저하되어 효율이나 분리능이 나쁘게 된다. 이런 현상을 최소화시키기 위하여 지지체에 액체상을 결합시키는 방법들이 고안되었다. 이를 결합형(bonded) 액체상 또는 비이동성(immobilized) 액체상, 비추출형(nonextractable) 액체상이라고도 부른다. 이중 비이동성이란 용어가 더 합당하게 사용된다. 이를 만드는 방법에는 다음과 같은 4가지 방법이 있다. 이런 형태의 비이동성 반응은 열린관 컬럼을 제조하는데 널리 사용되는 것과 유사하다.

1) 에스터실(Estersils)의 조제

(1) 에스터실의 조제는 다공성 실리카 구슬과 함께 알코올이나 isocyanate 시약과의 축합에 의해서 제조된다.

(2) 반응의 특이성(specific nature)에 기인해 오직 단량체의 필름만이 가능하다.

(3) 알킬기들이 상대적으로 짧은 한, 표면에 정상적으로 배향하고 밀접하게 충전되어 벌크 액체상보다 더 큰 질량 이동 속도를 보인다. 에스터실 충전은 적당한 효율을 유지하면서 빠른 분리를 위한 높은 흐름 속도에서 사용될 수 있다.

(4) 에스터실은 물, 알코올 및 양성자 주개 물질에 의해 쉽게 가수분해된다.

(5) 높은 온도에서 이동상에 있는 흔적 량의 산소에 의한 산화성 분해가 문제된다.

(6) 에스터실의 상품명은 Durapak으로 판매된다. 지지체는 porasil(구형 다공성 실리카) C(표면적 100 m^2/g, 공극 구경 30 ㎚), F(10 m^2/g, 300 ㎚), S(300 m^2/g) 정지상은 Carbowax 400 및 4000, Phenyl isocyanate, n-octanol, 3-Hydroxypropionitrile이 사용된다.

(7) 에스터실에 대한 용질의 머무름은 유기 사슬의 크기와 기능성(the size and functionality of organic chain), 표면 결합의 정도(the degree of surface bonding), 용질의 크기와 극성(the size and polarity of solute)에 의존한다. 용질 머무름의 가장 중요한 메카니즘은 고체 지지체나 결합된 유기 원자단에 대한 흡착이다. 짧은 사슬 알킬 원자단을 포함하는 결합상에 대한 머무름 메카니즘이 이에 해당된다. 긴 사슬의 알킬 원자단의 결합은 공간적인 질서가 덜 하여 짧은 사슬보다 더 액체와 같은 행동을 보이며 머무름 메카니즘은 분배에 더 가깝다.

2) 화학적 반응

(1) 다공성 실리카나 규조토 지지체와 함께 단일 작용기나 다기능 alkylsilane 또는 cyclosiloxane의 반응

(2) 실록산(siloxane) 결합과 중합 반응의 형성에 의한 화학적 도달은 아마도 지지체에 액상이 결합되는 것을 포함할 것이다.

3) 고온 처리

(1) 이동상을 천천히 흐르게 하면서 코팅된 지지체를 고온 처리한다.

(2) 처리 후 충전은 원래 지지체에 영구적으로 결합된 상의 부분을 남기기 위하여

적당한 용매로 철저하게 추출된다. 비추출형 액체상 실음은 약 0.2 % w/w이다.

(3) 결합되는 상은 Carbowax 20M, polyester 및 polysiloxanes가 포함된다.

4) 자유 라디칼 다리 결합

(1) 상승된 온도에서 코팅된 충전 물질의 자유 라디칼 다리 결합에 의한다.

(2) 액체상의 20 % w/w까지 연속적인 다리 결합 반응의 수행과 재실음이 지지체 표면에서 비이동성으로 될 수 있다.

2. 비추출성 상의 주요한 크로마토그래픽 성질

1) 낮은 머무름(low retention)

2) 매우 낮은 컬럼 출혈(very low column bleed)

3) 더 높은 컬럼 효율

4) 전통적 코팅 상보다 높은 작동 온도(maximum operating temperature)

5) 충전 물질은 더욱 비활성(more inert)이고 극성 용질들의 분리에 이용된다.

2.3.5 충전 컬럼의 성능 평가 방법

컬럼을 컨디션닝한 후 컬럼의 성능이 적합한지를 확인하기 위하여 몇 가지 사전 시험이 수행된다. 이런 시험에는 컬럼 효능 시험, 컬럼 흡수력 및 분리능이 있다.

1. 컬럼 효능 시험

1) 시험 물질 : n-hydrocarbon의 혼합물

2) 10 % 실음, 80~100 mesh : $n > 2000$

10 % 이하 실음, 더 작은 입자 : 더 큰 이론단 수

3) $n < 1500$이면 의심스러움

4) 높은 컬럼 압력의 차는 신호의 문제를 주는데 이것은 효율의 손실에 책임이 있다. 높은 컬럼의 역 압력은 컬럼 충전의 마찰과 연관된다.

2. 컬럼 흡수력(Column absorptivity)

1) 극성 시험 혼합물

decane, 1-octanol, undecane, naphthalene, dodecane, 2,6-dimethyl aniline, nonanone, 2,6-dimethyl phenol, tridecane

2) 과다한 꼬리 끌기나 흡수는 잔류된 컬럼 흡수력(활성)을 나타낸다. 이것은 실란화에 의해 감소될 수 있다. 잔류한 흡수 활성은 규조토류 지지체(diatomaceous support)위의 비극성 상에 대해서는 특별한 것이 아니다. 이 때에는 변형된 시험 물질이 이 시험을 위해 더 적합하다.

3. 분리능 : 컬럼 사용 목적에 맞는 시험 물질 선택이 중요하다.

분리능은 인접한 두 크로마토그램 사이의 R_s값이 1.5이상 되는 것이 좋다.

♣ AIHA/NIOSH PAT Program에 의한 방법

1. 보정

1) 표준 용액의 머무름 시간(t_R), 면적(A) 및 용량인자(k)

(1) 표준 작동 방법에 따라 작동 준비를 한다.

가. 각 실험실에서 많이 사용하는 컬럼 종류(충전 또는 열린관)의 선택

나. 작동 온도(주입기, 컬럼 오븐, 검출기)의 설정

다. 이동상의 종류 및 흐름 속도의 결정

라. 검출기의 종류 및 감도, 기록계의 챠트 속도 등을 설정한다.

(2) 표준 물질 및 표준 용액의 조제

가. 표준 물질[주1](예 : BTX ; benzene, toluene, o-xylene)을 정한다.

나. BTX 각각을 일정량씩 취하여 적당한 용매로 희석하여 조제한다.

50 ㎖ 부피 플라스크에 BTX(각 5:20:20 ㎖)를 혼합한다(ST_m).
↓
100 ㎖ 부피 플라스크에 CS_2 70~80 ㎖를 취한다.
↓ ST_m 9 ㎖를 가한다.
↓ CS_2로 100 ㎖되게 표선한다.
BTX ST_{m1}
↓
10 ㎖ 부피 플라스크에 CS_2 약 8 ㎖를 넣고 BTX ST_{m1} 1 ㎖ 가하고 CS_2로 표선한다.
↓
ST_5(B:T:X ㎕ / CS_2 1㎖ = 1:4:4 ㎕ / CS_2 1㎖)
↓ 10 ㎖ 플라스크에 ST_5 5 ㎖를 넣고 CS_2로 표선
ST_4
↓ 10 ㎖ 플라스크에 ST_4 5 ㎖를 넣고 CS_2로 표선
ST_3
↓ 10 ㎖ 플라스크에 ST_3 5 ㎖를 넣고 CS_2로 표선
ST_2
↓ 10 ㎖ 플라스크에 ST_2 5 ㎖를 넣고 CS_2로 표선
ST_1
↓ 10 ㎖ 플라스크를 CS_2로 표선
ST_0

(3) 표 2.3.5의 ST_3 표준 용액을 준비된 표준 작동 방법에 따라 분석하여 각 용매(B, T, X)의 머무름 시간(t_R), 면적(A)과 용량인자(k)를 계산하여, 관리 기준 내에 있는지를 확인한다.

(4) 만약, 용매(B, T, X)의 머무름 시간(t_R), 면적(A)과 용량인자(k)가 관리 기준 내에 있지 않다면 충전 물질, 온도(주입기, 컬럼 및 검출기), 감도 등을 확인하여 조절한다.

표 2.3.5 ST_0~ST_5의 농도(BTX 및 B, T, X μℓ / CS_2 1 mℓ)

표준 용액	BTX	B	T	X
ST_0	0	0	0	0
ST_1	0.5625	0.0625	0.25	0.25
ST_2	1.125	0.125	0.5	0.5
ST_3	2.25	0.25	1.0	1.0
ST_4	4.5	0.5	2.0	2.0
ST_5	9.0	1.0	4.0	4.0

B(Benzene) : s.g ; d_4^{15} 0.8787, M.W 78.11
T(Toluene) : s.g ; d_4^{20} 0.866, M.W 92.13
X(o-Xylene) ; s.g ; d_4^{20} 0.8801, M.W 106.16
TWA(Time weighted average, 시간가중평균, ppm, mg/m^3) ; B(10, 30), T(100, 375), X(100, 435)

2. 성능 증명

표 2.3.5의 표준 용액 중 적당한 용액(예 : ST_3)을 선정하여 3회(또는 5, 10회) 반복 분석하여 각 물질의 머무름 시간(t_R), 용량인자(k), 분리인자(α), 분리능(R) 및 이론단수(n)를 계산하고, 이 값들에 대한 평균 및 표준 편차를 구해 각 실험실의 여건에 맞도록 관리 기준을 설정하여 관리한다. 인접한 두 크로마토그램과 관련된 기호는 그림 1.4.2와 같다. 또한, 필요하다면 재현성(reproducibility), 검출 한도(limit of detection, LOD), 정량 한도(limit of quantitation, LOQ), 범위(range), 견뢰성(robustness) 및 잡음(noise, N)도 관리하여야 한다.

1) 기본 인자의 평가

(1) 표준 작동 방법에 따라 작동 준비를 한다.

가. 각 실험실에서 많이 사용하는 컬럼 종류(충전 또는 열린관)의 선택

나. 작동 온도(주입기, 컬럼 오븐, 검출기)의 설정

다. 이동상의 종류 및 흐름 속도의 결정

라. 검출기의 종류 및 감도, 기록계의 차트 속도 등을 설정한다.

(2) 표준 용액(ST_3)을 3회(또는 5, 10회) 반복 분석하여 각 물질에 대한 기본 인자의 값을 계산한다. 계산식과 관리 기준은 표 2.3.6과 같다.

2) 반복성(Repeatability)

(1) 표준 작동 방법에 따라 작동 준비를 한다.

(2) 표준 용액(ST_3)을 5회 또는 10회 반복 분석하여 각 물질에 대한 t_R 및 면적을 계산하여 평균과 상대 표준 편차(r.s.d %)를 구해 각 실험실의 분석 여건에 맞도록 관리한다. 그러나, r.s.d는 5 %내에 들도록 하는 것이 바람직하다.

3) 검정 곡선(Calibration curve)

(1) 표준 작동 방법에 따라 작동 준비를 한다.

(2) 표준 용액(ST_0~ST_5)에 대해 각각 3회씩 분석하여 면적의 평균값을 각 농도에 대해 도시하고, 회기 직선 방정식(y = ax + b)을 구해 a, b값에 대한 관리 수

준을 설정하여 관리한다. 또는 각 용질들의 상대 몰농도 비(RMR, relative molar ratio ; 면적/농도)를 구하여 RMR의 평균 및 표준 편차를 관리할 수도 있다(표 2.3.7).

4) 기타

필요하다면, GC 시스템의 성능 증명을 위하여 재현성, 검출 한도, 정량 한도, 범위, 견뢰성 및 잡음도 관리하여야 한다. 한편, GC의 본체에 대해서는 컬럼 오븐의 정확도, 컬럼 입구 압력의 정확도, 검출기의 감도 및 자동 주입기의 주입량의 정확도 등을 점검하여야 한다.

표 2.3.6 크로마토그램 평가를 위한 기본 인자 및 관리 기준

기본 인자	관리 기준(평균, 표준 편차)
$t_R = t'_R + t_m$	15분 이내(임의 결정)
$k = t'_R / t_m$	$2 < k < 10$
$\alpha = k_2 / k_1 = t'_{R2} / t'_{R1}$	$1.05 \le \alpha \le 2.0$
$n = 16(t_R / W_b)^2$	충전 컬럼 : $n > 2000$ 열린관 컬럼 : $n > 5000$ (r = 0.1 mm) $n > 3000$ (r = 0.2 mm) $n > 1500$ (r = 0.5 mm)
$R = 2\Delta t / (W_{b1} + W_{b2})$	$R > 1.5$

t_R : 용질의 머무름 시간, t'_R : 조정된 머무름 시간, t_m : 컬럼 불감 시간,
k_1, k_2 : 용질 1, 2의 용량 인자, t'_{R1}, t'_{R2} : 용질 1, 2의 조정된 머무름 시간,
W_b : 기준선에서의 크로마토그램폭, Δt : $t'_{R2} - t'_{R1}$
W_{b1}, W_{b2} : 두 크로마토그램의 기준선에서의 폭

표 2.3.7 상대 몰농도 비(RMR)의 관리

표준 용액	농도(B,T,X$\mu\ell$/$CS_2$1 mℓ)			BTX의 면적			BTX의 RMR		
	C_B	C_T	C_X	A_B	A_T	A_X	A_B/C_B	A_T/C_T	A_X/C_X
ST_0	0	0	0						
ST_1	0.0625	0.25	0.25						
ST_2	0.125	0.5	0.5						
ST_3	0.25	1.0	1.0						
ST_4	0.5	2.0	2.0						
ST_5	1.0	4.0	4.0						
평균[1)]									
표준 편차[2)]									

1), 2) ; RMR의 평균 및 표준 편차를 의미한다.

주1. 국립안전보건연구원(NIOSH, National Institute for Occupational Safety and Health)의 분석 숙련도 검사(PAT, Proficiency Analytical Testing) Program에서 사용되는 유기 용매는 아래와 같다. 15종으로 이중 3종을 선택하여 농도별로 제조하여 10개의 charcoal tube(1개 공시료, 5개는 탈착율 실험 시료, 4개는 3개의 용매를 혼합한 농도별 시료)를 해당 실험실에 송부한다.

Benzene[BEN], , Dichloromethane[MCL], p-Dioxane[PDX], 2-Butanone[MEK], Hexane[HEX], Tetrachloroethylene[PCE], Carbon Tetrachloride[CTC], 4-Methyl-2-Pentanone(MIBK)[MIK], Toluene[TOL], Chloroform[CEM], Octane[OCT], 1,1,1-Trichloroethane[MCM], 1,2-Dichloroethane[DCE], o-Xylene[OXY], Trichloroethylene[TCE]

♣ AIHA/NIOSH PAT Program

1. 개요

1972년 미국 산업안전보건청(OSHA)의 THHP(Target Health Hazard Program)은 석면, 면 분진, 유리 규산, 납 및 CO로 인해 유발될 수 있는 건강 유해 인자를 발견할 것을 목표로 하고, 이를 수행하기 위해 OSHA가 인정할 수 있는 분석실에 대한 정도 관리 프로그램인 분석 숙련도 검사(PAT, Proficiency Analytical Testing) 프로그램이 필요하게 되었고, 이 PAT 프로그램을 발전 및 수행할 책임이 국립안전보건연구소(NIOSH)에 주어졌다. 1972년 5월 NIOSH가 10개의 정부 분석실에 시료를 보낸 것을 시발로 PAT 프로그램을 시작하였으나, 1974년 미국산업위생협회(AIHA, American Industrial Hygiene Association)의 실험실 공인 제도(Laboratory Accreditation Program)[주)]로 통합되었으며, 1985년 행정과 재정 지원 프로그램이 AIHA로 넘어갔다. 그러나 현재 NIOSH가 계속 자료 평가와 보고서 작성을 지원하고 있으며 AIHA의 공동 노력에 의해 PAT 프로그램이 운영되고 있어 보통 AIHA/NIOSH PAT Program이라 부른다.

NIOSH에서 조사하고 AIHA에서 협력하는 PAT 프로그램은 95년 현재 18개국, 1,400여 개의 산업 환경 보건 기관의 분석실에 정도 관리 표준 시료(quality control reference sample)를 제공하여 각 분석실의 분석 능력을 평가하고 있다. 그러나 PAT 프로그램의 기본 목적은 분석실의 분석 수행 능력을 발전 시키고자 하는 것이다. 이 프로그램에 참여하는 분석실이 증가하면서 프로그램의 자료와 통계적 분석을 향상시키고 최선화 하는 것이 지속적으로 필요하게 되었다. 그러나 이 프로그램에 의한 분석실의 숙련도 평가에는 몇 가지 한계점이 있다. 단지 4회/년에 한하여 시료가 제공되고, 더욱이 각 물질에 대해 매회 분석실의 한 분석자만이 평가되고, 시료의 농도가 미지이므로 특별히 신경을 써서 분석하여야 하는 것으로 인식되어 있어 평상시 분석 숙련도 평가와 거리감이 있다. 따라서 특별하게 분석하지 않는다는 인식이 필요하다. 또한 이 프로그램은 몇 가지 제한된 분석 방법만을 다루고 있고, 조제된 표준 시료가 현장 시료가 갖는 분석상의 모든 문제를 포함하는 것이 아니며, 1회에 4~16개의 시료 분석, 년 4회 실시, 표준 분석실의 다양성으로 분석실 전체를 평가하는데 한계가 있다.

PAT 프로그램은 분석실 직원, 시설, 장비 또는 내부 정도 관리 절차에 대해서는 평가하지 않으므로 완전한 분석실 평가를 위해서는 AIHA 실험실 공인 제도를 이용하여야 한다. PAT 프로그램의 일차 목적은 참여한 분석실의 분석 능력(analytical performance)을 향상시키도록 도와주는 것으로, 단지 참여한 분석실의 내부 정도 관리 프로그램(spiked sample, calibration check, duplicate sample 등을 다룸)의 보조적인 역할에 불가하며 이를 대체할 수도 없다. 대체하지 못하는 이유는 PAT와 내부 정도 관리 시료의 차이(예 ; 재료, 농도 수준, 분석 방해 요인, 분석을 위한 단계), 석면과 무수 규산처럼 분석실 간 변이가 큰 경우 분석실내 변이가 드러나지 않으며, 통계 능력에 한계가 있어 분석상의 문제가 없어도 평가가 미흡(non-proficiency)으로 판정될 위험성이 있으며, 4~16개의 적은 시료에 의해 판정된다는 것이다. 따라서 PAT 내부 정도 관리 프로그램은 상호 보완적으로 활용되는 것이 바람직하다.

2. PAT 프로그램의 세부 사항

1) 기준 시료(Reference sample)

PAT 프로그램에 통상적으로 사용되는 표준 시료는 표 2.3.8과 같다.

표 2.3.8 PAT 프로그램에서 통상적으로 사용되는 기준 시료

Metals	Silica	Asbestos (PCM Fiber Counting)	Organic solvents
Cadmium Chromium Lead Zinc	Quartz	Amosite Chrysotile	Benzene, Chloroform 1,2- Dichloroethane, Methanol, p-Dioxane, Tetrachloroethylene, Toluene, o-Xylene, 1,1,1-Trichloroethane, Trichloroethylene

분석실에 제공되는 시료는 금속은 4개중 3개, 유기 용매는 10개중 1~3개를 조합하여 매 회(round) 순환하여 제공된다. 석면은 amosite와 chrysotile이 교대로 제공되며, 석면 섬유 혼합물은 제공되지 않는다. 각 한 세트는 4개의 농도와 한 개의 공시료로 구성된다. 금속, 실리카, 석면 시료는 필터 위에 있고 유기 용매 는 숯 또는 실리카 겔 관에 있다. 유기 용매 세트는 탈착 효율의 결정을 위하여 5개의 공시료 숯 또는 실리카 겔 관이 제공된다. 표준 시료의 농도는 NIOSH방법에서 권고된 측정치 범위 또는 표준 시료를 만드는 이전의 경험에서 발견한 표준 시료의 동질성을 받아들일만한 범위에서 임의로 선택한다.

2) 표준 분석실의 선정과 분석 결과의 평가

분석실은 PAT 프로그램 매 회마다 통계적으로 평가된다. 여기에는 시료의 허용 분석 범위(acceptable performance limit)의 설정이 포함되며, 각 분석실의 분석 결과가 허용 분석 범위 내에 있는지(acceptable) 또는 벗어나는지(outlier)를 결정한다. 허용 분석 범위를 설정하는데는 4단계가 있다.

1단계 :

미리 선정된 표준 분석실(reference laboratory)에서 보고된 분석 결과를 검토한다. 표준 분석실의 조건은 바로 전 회에 실시한 PAT 프로그램에서 모든 유해 물질의 분석 결과가 양호(proficiency)로 평가되어야 하고, 만일 분석실이 미국에 있다면 AIHA의 공인을 받아야 한다.

2단계 :

모든 분석 자료중 일치하지 않는 표준 분석실 자료를 처리하는 단계로, 자료의 큰 오류를 수정하지 않으면 중앙 집중성(central tendency)과 분산치에 상당한 영향을 주기 때문에 표준 분석실의 자료를 윈저화(Winsorrized) 한다.

3단계 :

자료가 비대칭적 분포를 보일 경우 적용한다. 무수 규산과 석면이 비대칭 분포를 보이는데 대략적인 표준 정규 분포를 얻기 위하여 무수 규산 자료는 로그 대수를 취하고 석면 자료는 제곱근을 취해 표준 분석실 자료(Winsorized reference data)를 전환시킨다.

4단계 :

윈저화된 데이터를 이용하여 표준 분석실의 평균과 표준 편차를 구한다. 자료를 통계 처리하여 평균은 참고치(reference value)로 하고 분석 범위는 평균 ± 3 표준 편차로 한다. 무수 규산과 석면의 경우 평균과 표준 편차는 전환치로 계산한다.

3) 참여 분석실의 숙련도 평가(proficiency rating)

분석실들은 4회/년의 PAT 프로그램에 참가하여 분석실의 숙련도를 평가받을 수 있다. 분석실들은 해당 유해 물질별 평가와 전년도의 4회 성적을 통해 종합적인 분석 수행 능력을 평가받는다. 표 2.3.8의 모든 시료를 신청할 의무는 없고 원하는 시료만 신청하여 분석하고 그 물질에 대해서만 평가를 받을 수 있다.

(1) 유해 물질별 평가

가. 지난 2회 연속하여 분석한 결과가 표준 분석실의 평가된 평균과 표준 편차와 비교 시 모두 허용 분석 범위에 들 때는 양호(proficiency ; 숙달)로 평가되고

나. 지난 4회 연속해서 보고된 분석 결과치가 3/4 또는 그 이상 허용 분석 범위 내에 있으면 양호(proficiency)로 평가된다.

단, 데이터가 없는 회는 숙련도를 결정하지 않으며 2회 연속으로 데이터가 없으면 평가를 시행하지 않는다.

(2) 종합적 분석 능력의 평가

가. 개개 유해 물질별 평가에서 2/3 이상이 양호로 평가되면 종합 평가에서 양호로 평가된다.

나. 그러나 어떤 유해 물질별 평가에서든 연속 4회 미흡(non-proficiency ; 미숙달)으로 평가된 물질이 있으면 미흡으로 평가된다. 미흡은 분석상의 문제가 있음을 나타내며 이를 해결하여야 한다.

주) 미국산업위생협회(AIHA)의 실험실 공인 제도(Laboratory Accreditation Program)

이 제도의 목적은 산업 위생 실험실의 기준을 만들어 유지하는 것과 실험실 공인 제도의 기준을 만족시키지 못하는 실험실을 지원하는 데 있다. AIHA가 설정한 엄격한 기준에 맞는 기관에 대해 공인을 하고, 이런 기관은 권위를 가지며 그곳에서 보고된 자료는 신뢰성을 보증 받는다. AIHA의 실험실 공인 제도는 1972년 NIOSH로부터 양도를 받았고 산업 위생 분야에서 유용한 기능을 제공한다. 위원회(Laboratory Accreditation Committee)는 16개 실험실로 구성되어 있으며, 공인을 받기 위해서는 인력(personnel), 정도관리 계획(quality control program), 시설(facilities), 기록 보관(record keeping), 방법(method)에 대해 기준 유지 및 자격을 갖추어야 한다. 공인 과정은 약 10~18개월이 소요되며, 재공인을 위해 3년마다 조사와 현지 방문이 이루어진다. 1974년 32개 실험실이 처음으로 공인 받았으며 매년 공인된 기관이 증가하고 있다.

참고 문헌

1. PAT Program Background and Current Status, APPL. OCCUP. ENVIRON. HYG., 10(12)DEC., 967~967, 1995
2. 분석 숙련도 검사 제도(PAT, Proficiency Analytical Testing), 산업보건, 1993(10), 대한 산업보건협회
3. 산업위생실험실의 자체정도관리 지침서, 기술자료 위생연 95-1-4, 한국산업안전공단 산업보건연구원, 146~149

2.3.6 GLC에서의 머무름

1. 머무름 부피의 정확한 측정에 오차를 주는 요인
   1) 개별적 오차의 종류
      (1) 머무름 시간의 절대적 측정, 운반 기체 흐름 속도, 컬럼 온도, 컬럼 충전이나 액상의 무게, 컬럼의 압력 저하, 오븐 내에 열적 성분의 부재 여부, 기체상의 비직선성 등이 오차의 원인이 될 수 있다.
      (2) 가장 큰 오차는 액상 무게의 절대적 결정에 관련된다.
      (3) 0.3 K의 온도차는 약 1 %의 머무름 변화를 초래한다.
      (4) 이런 관점에서 보면, 비(比)머무름 부피(specific retention volume)의 결정이 상대적 머무름 데이터의 결정보다 더 문제가 많다.
   2) 머무름 부피 데이터의 문제점과 머무름 지수
      (1) 실험실간의 물질 확인을 위한 정보 전달을 위해 사용할 때 큰 통계적 오차를 준다.
      (2) 이런 문제는 일련의 내부 표준물질을 사용한 표준화된 시험 계획서에서 얻어진 머무름 지수 체계의 사용에 의해서 해결된다. 상대적인 머무름 데이터가 더 재현성이 있고, 실험 과정에서의 절대 오차를 보상한다.

2. GLC의 머무름에 대한 일반적 모델

GLC에 대한 머무름 이해의 최초 시도는 분배 모델에 기초하였다. 그러나 컬럼 준비에 사용한 지지체가 전적으로 비활성이 아니기 때문에 지지체 표면에서의 흡착이 역시 머무름에 기여한다는 것이 인지되어야 한다. 이런 영향이 극성 용질에 대해 봉우리 꼬리 끌기와 낮은 시료 회수율의 원인이 되며, 주의 깊은 지지체의 비활성화가 이런 효

과를 최소화할 수 있다. 그러나 지지체의 영향이 전적으로 무시될 수는 없다. 일반적으로 사용되는 모델은 Nikolov 모델이다.

$$V_N^* = V_L K_L + \delta V_L (K_S - K_L) + (1 - \delta) A_{LS} K_{DSL} + A_{GL} K_{GL} + A_{LS} K_{GLS}$$

V_N^* ; 컬럼 충전물 그램 당 알짜 머무름 부피

V_L ; 충전물 그램 당 액상의 부피

K_L ; 기체-액체 분배계수

δ ; 상수(필름의 두께 $\leq$ 구조 층(d_S) : 1, 필름의 두께 $>$ 구조 층 : 0)

K_S ; 구조화된 액체 층에 대한 기체-액체 분배계수

A_{LS} ; 충전물 그램 당 액체-고체 면간 면적(interfacial area)

K_{DSL} ; $d_S(K_S - K_L)$

A_{GL} ; 충전물 그램 당 기체-액체 면간 면적

K_{GL} ; 기체-액체 면(interface)에서의 흡착계수

K_{GLS} ; 액체-고체 면에서의 흡착계수

1) 위 모델은 머무름 과정의 일반적인 서술을 제공하지만, 오히려 비실제적이다.
2) 위 식은 숫자로 해결될 수 있다면, 같은 지지체에서 다른 액상의 실음으로부터 제조된 다섯 개의 컬럼 충전의 최소 상 특성(V_L, A_{GL}, A_{LS})에 대한 데이터를 요구 하는 다섯 개의 미지 값(K_L, K_S, K_{DSL}, K_{GL}, K_{GLS})을 포함한다.
3) 일반적으로 구조화된 층(structured layer)의 두께를 정의하는 정확한 방법은 없다. 그리고 δ도 직관과 시행 오차에 의해 설정되어야만 한다.
4) 높은 액상 실음에서 지지체 표면에서의 흡착은 용질 머무름의 4~25 %에 공헌하고, 낮은 액상 실음에서 기체-고체 면간에서의 흡착은 조사된 용질의 머무름에 3~42 %를 공헌할 수 있다.
5) 더 높은 액상 실음에서 구조화된 액상 층으로부터의 공헌은 무시되고, 위의 식은 다음과 같이 단순화된다.

   $$V_N^* / V_L = K_L + (A_{GL} K_{GL} + A_{LS} K_{GLS})(1/V_L)$$

   - K_L은 일련의 컬럼에 대해 V_N^* / V_L 대 $(1/V_L)$의 도시로부터 결정될 수 있고, $1/V_L = 0$에 일치하는 절편을 주기 위하여 외삽을 한다.
   - 도시(plot)의 모양은 기체-액체와 기체-고체 면간에서의 흡착의 상대적인 중요성에 의존한다.
6) 분배계수를 계산하기 위하여 위의 두 식이 사용되면, 어떤 가정이 수행되어야 한다.
7) OTC의 머무름 메카니즘에 대한 연구는 놀랍게도 드물다. 그러나 충전 컬럼에 적용되는 이론이 거의 동등하게 응용된다.

2.3.7 GC에 사용되는 열린관 컬럼(OTC)

표 2.3.9 GC에 사용되는 열린관 컬럼(OTC)과 충전 컬럼의 성질과 특성

구 분	관의 종류[1]			
	FSOT[2]	WCOT	PLOT	충전
길이	10~100 m	10~100 m	10~100 m	1~6 m
내경(외경)	0.1~0.3mm(0.3~0.4 ㎜)	0.25~0.75 mm	0.5 mm	2~4 mm
효율, 단 수/m	2000~4000	1000~4000	600~1200	500~1000
시료 크기	10~75 ng	10~1000 ng	10~1000 ng	10~10^6 ng
상대 압력	낮다	낮다	낮다	높다
상대 속도	빠르다	빠르다	빠르다	느리다
화학적 비활성 정도	가장 좋음	-	-	가장 나쁨
유연성	있음	없음	없음	없음

1) 관의 종류
  (1) FSOT(Fused silica open tubular column, 용융 실리카 열린관) : 외경 0.3~0.4 mm, 외부를 중합체로 코팅
  (2) WCOT(Wall coated open tubular column, 벽 도포 열린관)
  (3) PLOT(Porous layer open tubular column, 다공성 층 열린관) : SCOT(Support-coated open tubular)와 유사

2) FSOT의 장점
  (1) 광섬유를 만드는 방법과 유사하게 제조하며 외부는 중합체로 코팅되어 있다. 이 컬럼은 취급 용이, high pressure capability, 유연하고(smooth) 상대적으로 금속이 없고(metal-free), 화학적으로 비활성인 표면 및 긴 컬럼을 코일화 하기 용이한 이점이 있다.
  (2) UV영역에서 광학적으로 투명하여 컬럼 자체가 검출기 셀처럼 작용하여 불감 부피를 최소화하는 역할을 한다.

1. OTC의 충전 컬럼에 대한 장점
  1) 고효율(High efficiency)
     정지상이 매끄럽고, 얇으며, 균일한 필름(smooth, thin, homogeneous film)으로 점착 시 고효율이 생김
  2) 열적 안정성(Thermal stability)
     (1) 액상이 화학적으로 결합되고
     (2) 투과성이 좋아 머무름 시간이 더 짧고, 충전 컬럼보다 낮은 온도에서 사용 가능하다.
  3) 비활성(Inertness)
     컬럼 내부에서 실란 작용기를 덮어씌우므로 비활성이다.

2. 충전 컬럼에 대한 OTC의 주요한 단점
  1) 기기 성능이 더 요구된다(예를 들면, 주입기나 검출기 부분).
  2) 고도의 작동 기술이 필요하다.
  3) 충전 컬럼보다 더 적은 시료 용량을 사용하여 정량성이 낮아질 수 있다..

3. OTC 컬럼 제조 시 고려 사항

1) 컬럼 제조에 사용되는 물질

(1) 금속 컬럼 ; 스테인레스 강, 니켈, 알루미늄, 구리 등이 사용된다. 금속 컬럼은 낮은 코팅 특성을 가지며, 촉매성 및 흡착하는 활성을 보인다.

(2) 플라스틱 및 나일론 컬럼 ; 코팅하기가 어렵고 열적 안정성이 제한된다.

(3) 테플론 컬럼; sodium naphthalate 용액과의 간단한 반응에 의해 변형된 컬럼으로 극성인 액상으로 코팅될 수 있다.

(4) Soda-lime, borosilicate, fused silica glass ; 현재 OTC 컬럼 제조에 주로 사용된다.

가. 용융 실리카(Fused silica)의 특성

가) Silicone tetrachloride($SiCl_4$)의 고온 불꽃 가수분해에 의해 제조된다.

$SiCl_4 + 2H_2O \rightarrow SiO_2 + 4HCl$

나) 1.0 ppm 이하의 금속 불순물을 포함하는 순수한 실리카 이다.

다) 상대적으로 높은 융점을 가진다.

라) 컬럼 제조를 위해서 특수한 장비 및 사전 주의가 요구된다.

바) 표면은 일차적으로 실란올과 실록산 그룹을 포함하므로 상대적으로 비활성이다. 실란올 그룹은 유리의 잔류하는 산성을 보이고, 비활성 대기에서의 고온 처리가 용융 실리카 표면의 Si-OH 원자 단을 낮은 수준으로 감소시켜 활성이 낮아진다.

나. Soda-lime과 borosilicate의 성질

가) 다양한 유리 성분이 알려졌지만, 크로마토그래피의 목적으로 soda-lime (soft) 및 borosilicate(hard ; Pyrex, Duran) 유리가 중요하다.

나) Soda-lime 유리는 Na_2O의 높은 함량(15.6 %)으로 약한 알칼리성이며, borosilicate는 B_2O_3(13.0 %)에 의해 약간 산성이다.

다) 이 컬럼 물질의 흡착성 및 촉매적 활성은 실리카 표면(실란올과 실록산 그룹), Lewis 산 위치로 작용할 수 있는 표면의 금속 불순물에 기인한다. 금속 불순물은 케톤, 아민같은 이온 쌍 주게(ion-pair donor) 분자의 흡착 위치로 작용한다.

다. 용융 실리카와 석영 모세관

가) 표준형 유리 잡아늘이기 기계(drawing machine)로 제작이 불가능하다.

나) 얇은 벽 고분자 코팅 컬럼(thin-walled polymer-coated column)은 광섬유 제조 기술과 유사하게 제조한다.

다) 습기가 있는 공기는 새로 만들려는 컬럼 내부의 실록산 결합을 수화시킨다.

라) 전형적인 잡아늘이기 속도(drawing rate)는 1 m/s이다.

마) 기하학적으로 기형화된 나선형(helical), 타원형(oval), 사각형(square) 및 주름이 진(crinkled) 열린관 컬럼은 효과적으로 코팅하기 어렵고, 원형 컬럼에 대한 우월성이 실제적으로 낮다.

(5) 우라늄 및 납유리 ; 우라늄 유리는 아민, 페놀 및 알코올에 대해 흡착성이 크

고, 납유리는 페놀과 지방산에는 약한 흡착성을 보이나 황을 포함하는 화합물의 분리에 사용된다. 그러나 GC에 널리 사용되지 않는다.

표 2.3.10 여러 가지 유리의 성분

Glass	SiO_2	Al_2O_3	Na_2O	K_2O	CaO	MgO	B_2O_3	PbO	BaO
Soda-lime(Kimble R6)	68	3	15	-	6	4	2	-	2
Borosilicate(Pyrex 7740)	81	2	4	-	-	-	13	-	-
Potash soda lead (Corning 120)	56	2	4	9	-	-	-	29	-
Fused silica	100	-	-	-	-	-	-	-	-

Fused silica ; Less than 1 ppm total metals

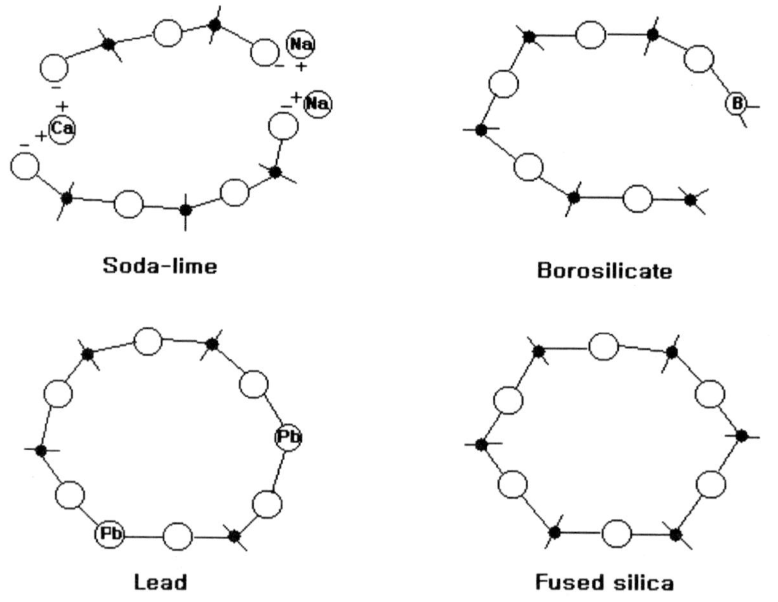

그림 2.3.3 유리의 구조

2) 금속, 플라스틱, 나일론, 테프론에 대한 화학적 전처리의 필요성 및 효과

(1) 액상을 지지하기 위한 흡착 층(adsorptive layer), 탄소의 마디(nodules)를 만들기 위해 화학적 처리를 할 필요성이 있다.

(2) 이런 컬럼은 높은 표면 활성과 높은 표면적(4000 m^2/g)을 가진다.

(3) 현재 넓은 응용성이 없다.

3) 유리 표면의 막 형성

(1) 높은 분리 효율을 달성하기 위하여 정지상이 매끄럽고, 얇으며, 균일한 막(smooth, thin, and homogeneous film)으로 침착되는 것이 좋다.

(2) 고체 표면을 적시는 액체의 능력은 접촉 각(contact angle , 액체 방울과 고체 표면 사이의 접촉하는 각도)에 의해 결정된다.

가. 접촉 각이 zero일 때 액체는 표면을 완전하게 적시나 접촉 각이 증가하면 액체가 표면을 적시는 경향은 감소한다.

나. 정지상의 전형적인 표면 장력은 30~50 dyne/cm이고, 매끄럽고 깨끗한 유리의 임계 표면 장력은 보통 30 dyne/cm로 대부분의 정지상은 유리에 대해 큰 접촉각을 보이고 균일한 막을 형성하지 않는다.

다. 매끄러운 유리 표면의 에너지를 증가시켜 효율적인 OTC를 만들 수가 있다.

4) 유리 표면의 에너지를 증가시키기 위한 표면 변형 반응 2가지 방법

(1) 거칠게 하기(Roughening)/화학적 변형(Chemical modification)

유리 표면의 화학적 처리에 의해 표면적의 증가에 의한 유리 표면의 습윤성(wettability)이 증가한다. 또한 유리 표면에 얇은 막을 형성하는 것에 의하여 정지상의 표면 장력이 낮아진다. 여러 가지 거칠게 하기 중 중요한 몇 가지는 다음과 같다.

가. HCl 가스에 의한 섭새김(etching)

유리 표면을 거칠게 하는 기본적인 기술로 soda-lime 유리에 주로 사용하며, soda-lime 모세관에 HCl 가스를 채우고 300~400 ℃로 3~12시간동안 가열하면 내부 표면에 NaCl 결정 구조가 규칙적으로 형성된다. 계속해서 450 ℃에서 HCl을 통과시키면서 HF/HCN(1:1)을 1~2시간 처리하면 표면의 흡착성을 감소시킬 수 있다.

나. HCl 용액에 의한 울궈냄(leaching)

유리 표면의 금속 양이온을 제거(Lewis acid 위치 제거)하여 높은 흡착력의 실란올 작용기를 남겨 놓음으로서 실리카가 많은 표면을 형성한다. 이것은 연속되는 실란화 처리를 용이하게 한다.

다. 깃털(whiskers)의 형성

고온(약 400 ℃)에서 유리 표면에 HF 가스의 작용에 의해 4~5 ㎛의 고 밀도의 깃털이 형성되어 수천 배의 표면적을 갖게된다. 250 ℃이하에서는 깃털이 형성되지 않는다. 깃털의 형성에 의해 표면적이 증가하면 일반적인 정지상을 모두 잘 코팅시킬 수 있고, 시료 용량이 커지며, 정지상 필름의 열적 안정성이 좋아진다.

라. 고체 입자의 필름이나 층의 용액 침적(solution deposition)

HCl 가스에 의한 부식에 의해 NaCl의 결정형 층을 형성하는 것과 같이 용액으로부터의 NaCl 점착에 의해 유사한 층이 형성된다. NaCl이나 실리카 점착은 널리 쓰이지 않고 $BaCO_3$가 널리 사용된다. 그러나 $BaCO_3$는 열적 안정성이 문제될 수 있다. $BaCO_3$층을 만드는데는 유리 표면의 구조, 결정화 온도, 정지상 변형제의 부가, 비활성화를 위해 사용된 방법 등이 영향을 준다.

(2) 계면활성제의 부가에 의한 정지상의 표면 장력 낮추기

유리 표면에 얇은 필름(유리 표면의 실란화에 의한 결합된 유기 층이나 고분자 기질의 열분해에 의한 비추출형 고분자 필름)의 형성이 표면 장력을 낮춘다.

♧ 주요 사항

1) 변형 방법 중 거칠게 하기/화학적 변형이 자주 사용된다. 계면활성제의 부가 방법은 효과적이지만, 정지상의 분리 성질을 변형하고 열적 안정성이 제한되는 면이 있다.
2) Borosilicate와 soda-lime이 우월하게 사용되던 1970년대 중반부터 1980년대까지는 위의 기술이 중요하였지만, 이들 유리로부터 비이동성 상이 코팅된 용융 실리카로의 컬럼 기술의 전환이 위의 중요성을 감소시켰다.

5) 표면 비활성화 방법

(1) 개요

거칠게 하기는 유리 표면의 습윤성을 증가시키는 동시에 컬럼의 흡착 활성을 증가시킨다. 그러므로 비활성화 없이 비극성이나 적당히 극성인 정지상으로 코팅된 컬럼은 봉우리 꼬리 끌기 및 극성 용질의 불완전한 용리를 보인다. 극성인 정지상 자체가 비활성화 시약으로 작용할 지라도 완전한 비활성화를 보장하고 정지상 필름의 열적 안정성을 증진시키기 위하여 컬럼의 전처리가 필요하다. 컬럼의 연속적 제조 과정에서 거칠게 하기와 비활성화는 상호 보완적인 단계로 1차로 활성화 과정 없이 완전한 비활성화는 어렵다. 이런 면에서, 현재 산 울궈냄(acid leaching)이 두 과정을 동시에 이루는데 널리 사용된다. 산 울궈냄은 실란올 그룹의 농도를 증가시키는 동시에 Lewis 산 위치를 노출시키는 작용을 한다. 특별한 비활성화 시약의 효력은 표면의 거칠게 하기와 마찬가지로 유리, 정지상, 분석되는 시료의 성질에 의존한다. 만능인 비활성화 방법은 없고 다음과 같은 방법이 주로 사용된다.

(2) 비활성화 방법

가. 표면 활성 시약으로 코팅(Coating with a surface active reagent)

가) 활성화 시약

- BTPPC, benzyltriphenylphosphonium chloride
- BAC, di-iso-butylphenoxyethox yethyldimethylbenzylammonium chloride
- trioctadecylmethylammonium bromide

나) 활성화 시약은 컬럼의 재현성이 문제될 수 있고, 열적 안정성이 약하다 (220~250 ℃ 이상에서 비효율적).

나. 비추출형(Nonextractable) 고분자 필름 형성

Carbowax 20M, polymethylsiloxanes 및 N-cyclohexyl-3-azetidinol의 열분해 산물이 주로 사용된다.

다. 정지상으로 코팅하기 전 실란화 처리

6) OTC 코팅 과정

코팅 과정의 목적은 유리 표면을 정지상으로 얇고 고른 필름으로 완전하게 덮는 것이다. 이런 OTC 코팅 과정에 주로 3가지 방법이 사용된다.

(1) 동적 코팅 방법(Dynamic coating method)

가. 적당한 코팅 저장조에 5~15% w/w 의 정지상 용액이 들어 있고, 모세관 컬럼이 기체의 압력에 의해 코팅된다.

나. 코팅 조건과 필름 두께와의 관계

가) $(u\eta/\tau)^{1/2} > 0.001$일 때

$d_f = (rc/200)(u\eta/\tau)^{1/2}$

d_f ; 필름 두께 r ; 컬럼 반지름 c ; 코팅 용액의 농도

u ; 코팅 충전물(velocity of coating plug)의 속도

η ; 코팅 용액의 점도 τ ; 코팅 용액의 표면 장력

나) $(u\eta/\tau)^{1/2} < 0.001$일 때(얇은 필름 또는 낮은 용액 점도)

$d_f = (1.34\ rc/100)(u\eta/\tau)^{2/3}$

다. 코팅된 컬럼의 필름 두께의 결정

가) 같은 정지상으로 충전된 컬럼에서 측정된 용질의 비(比)머무름 부피로부터 계산한다.

$d_f = 273\ rk\ /\ 2V_gT_c\rho_T$

k ; 용량인자 V_g ; 비머무름 부피 T_c ; 컬럼 온도

ρ_T ; 컬럼 온도에서의 상 밀도

나) 알려진 상비와 동적으로 코팅된 컬럼의 통계적으로 코팅된 모세관에서 용량비의 측정으로부터 계산

$d_f = rk_2\ /\ 2\beta_1 k_1$

k_1 ; 통계적으로 코팅된 컬럼에 대한 용량인자

k_2 ; 동적으로 코팅된 컬럼에 대한 용량인자

β_1 ; 통계적으로 코팅된 컬럼에 대한 상부피 비

다) 컬럼 제조를 위해 사용된 조건으로부터 필름 두께의 평가

(가) 코팅 전후의 코팅 용액의 부피 측정에 의한다.

(나) 컬럼으로부터 씻어낼 수 있는 정지상의 무게로부터 평가한다.

(다) 주어진 컬럼 길이에서 코팅 용액의 충전물의 크기에 대한 감소의 측정에 의한다.

(2) 정적 코팅 방법(Static coating method)

가. 고무나 고체상(gum or solid phase)과 함께 적합한 두께의 효율적인 컬럼을 만든다.

나. 정지상 필름의 두께 계산

$d_f = rc\ /\ 200$

d_f ; 정지상 필름 두께 r ; 모세관 반지름 c ; 코팅 용액 농도(v/v)

(3) The mercury plug dynamic method

동적 코팅 방법의 성공률을 향상시키고, 코팅 용액의 배수로 인한 문제를 줄이기 위해 Schomburg가 제안한 방법이다.

4. OTC의 비이동성 정지상(immobilized stationary phase)

1) 비이동성 정지상을 만드는 방법

(1) 고무상(gum phase)의 사용
(2) 거칠게 된 표면(roughened surface)의 사용
(3) 컬럼 벽에 액상의 작용기 원자단의 결합에 의한다.
(4) 정지상의 다리 결합에 의한다
(5) (3)과 (4)의 조합에 의한 방법

2) 비이동성 정지상의 성질

(1) 보통 실험실의 용매에 불용성(insolubility)이고, 추출에 저항적인 비추출형 (nonextratable) 상이다.
(2) 고정화(immobilization) 전에 정지상에 의해 완전히 젖지 않는 표면에 물리적으로 안정한 필름의 형성
가. 상승된 온도에서 굉장히 낮은 수준의 출혈을 보이는 필름의 생성
나. 전통적인 상과 코팅 기술에 의한 것보다 더 두꺼운 필름의 컬럼을 제조하는 능력
다. 큰 부피의 비분리나 컬럼내(on-column) 주입에 의해 상이 벗겨지는 것에 저항적인 비추출형 코팅의 형성
라. SFC 사용에 적합한 모세관 컬럼의 제조

3) 정지상을 고정화하는 두 가지 메카니즘

(1) 중합체의 다리 결합
먼저 컬럼이 α,ω-hydroxypolysiloxane 고분자로 코팅되고 암모니아 기체 존재 하에서 열경화(320 ℃, 약 20 시간)에 의해 중합된다. 최종 중합체로 다리 결합할 수 있도록 사전 중합체(prepolymer)는 $SiCl_4$로 조절된다.
(2) 중합체 체인의 자유 라디칼 다리 결합
가. 자유 라디칼 발생기로 peroxides, 아조 화합물, 감마 복사선을 사용
가) Peroxides
가장 널리 사용되나 컬럼에서 씻어내기 어려운 부산물을 생성하고, 정지상의 분해와 작용기의 산화로 컬럼을 활성화시킨다.
나) 아조 화합물
Azo-t-alkanes, azoisobutylnitrile 등이 최근 조사되었으며, 이들은 작용기 산화하지 않는 중성의 휘발성 부산물을 만든다.
다) 감마 복사선
Cobalt-60에서 발생되는 감마선을 코팅된 컬럼에 쪼인다. 매우 신뢰성이 있으나 일반 실험실에서 구하기가 어려우며 널리 응용되지 않는다.
나. Si-C-C-Si 결합 형성을 통한 다리 결합이 일어나며, 매우 작은(0.1~1.0 %) 다리 결합이 긴 중합체 사슬과 함께 불용성인 polysiloxane에 요구된다. 상대적으로 컬럼 제조 방법이 간단한 것이 장점이다.

$$2\left[-\underset{\large CH_3}{\overset{\large CH_3}{\mathrm{Si}}}-O-\right]_n \xrightarrow{2R\bullet} \begin{array}{c} CH_3 \\ | \\ -Si-O- \\ | \\ \bullet CH_2 \\ \bullet CH_2 \\ | \\ -Si-O- \\ | \\ CH_3 \end{array} \longrightarrow \begin{array}{c} CH_3 \\ | \\ -Si-O- \\ | \\ CH_2 \\ | \\ CH_2 \\ | \\ -Si-O- \\ | \\ CH_3 \end{array} + 2RH$$

다. 고정화(Immobilization)의 다른 장단점

가) 장점

OTC에서 더 두꺼운 필름 제작을 가능하게 한다.

(가) GC의 OTC에서 정상적인 필름 두께는 0.1~0.3 ㎛이나 고정화에 의해 1.0~8.0 ㎛의 두께 제작이 가능하다.

(나) 휘발성 물질을 주위 온도 이하에서 재분류 없이 분석할 수 있다.

(다) 분리능의 손실 없이 큰 부피 시료의 사용이 가능하다.

(라) GC-FTIR, GC-MS에서도 사용이 가능하다.

나) 단점

분리 시간과 용리 온도가 증가한다.

♧ 주요 사항

1) 열린관 컬럼 조제 시 유리 표면의 습윤성을 증가시키기 위한 변형 방법

(1) 거칠게 하기

가. HCl 가스에 의한 섭새김(etching)

나. HCl 용액에 의한 울궈냄(leaching)

다. 깃털(whiskers)의 형성

라. 고체 입자의 필름이나 층의 용액 침적(solution deposition)

(2) 비활성화

가. 정지상 열분해 산물로 코팅

나. 고온 실란화(high temperature silylation)

다. Silicone hydride polysiloxanes과의 반응

2) PLOT/SCOT의 3가지 일반적 제조 방법

(1) 내부관 벽을 화학적으로 처리하는 방법

(2) 내부관 벽을 다공성 층으로 코팅하는 방법

(3) 다공성 입자들이 모세관이 제조될 때와 같이 관의 내부 벽에 부분적으로 묻히는 방법

3) GSC의 OTC의 일반적 제조 방법

(1) 내부 컬럼 벽의 화학적 부식 ;

실리카에 대한 유리의 부식이나 알루미나에 대한 Al의 부식

(2) 동적 또는 정적 코팅 ;

㎛나 sub-㎛ 크기의 흡착제 입자의 현탁액으로 모세관을 코팅한다.

5. 컬럼의 열적 안정성

매우 일반적인 용어로 컬럼에서 단위 시간 당 형성되는 휘발성 분해 생성물의 량은 정지상, 온도, 지지체의 표면 성질, 정지상에 의해 덮여진 표면적, 필름 두께에 의존한다. 또한 컬럼 출구에서의 휘발성 생성물의 질량 흐름은 컬럼의 길이, 운반 기체의 흐름 속도, 휘발성 생성물의 형성 속도에 의존한다. 다른 컬럼으로부터의 컬럼 출혈의 측정에 대한 표준화는 몇 가지 문제가 있다. 얻어진 결과에 대한 검출기 감도의 영향은 표준 물질을 주입하는 것에 의해 제거될 수 있다. 정지상 출혈량은 두 개의 설정된 온도사이의 기록계 응답의 변화로 정의된 사각형 면적에 의해 표시된다. 보통 n-alkane을 시험 물질로 사용할 때 면적을 비교하는 것에 의해서 액상의 손실이 μg/min로 표시될 수 있다(컬럼 출혈 물질과 시험 물질의 응답 인자가 동일하다고 가정한다).

1) 액상 필름의 안정성에 대한 컬럼 제조 과정의 영향을 연구하기 위하여 사용될 수 있다.
2) 보통 알칼리 유리로 만들어진 모세관은 산 울궈냄에 의해 알칼리 이온의 감소가 없는 한 borosilicate 유리보다 더 큰 컬럼 출혈을 보인다.
3) 용융 실리카 컬럼은 열적으로 유도된 촉매상 분해(thermally-induced catalytic phase decomposition)의 매우 작은 수준을 보인다.
4) 이 방법은 정지상 분해에 대한 비활성화의 다른 방법의 영향을 관찰하는 데도 역시 적합하다.

6. GC의 OTC 성능 시험 및 평가 방법

자체 제조나 판매되는 컬럼을 사용할 때 모든 크로마토그래퍼에게 컬럼 품질의 평가가 중요하다. 표준화된 품질 시험에 의한 주기적인 재시험이 컬럼 성질의 변화를 측정하는 가장 좋은 방법이다. 이런 시험을 통해

1) 컬럼의 수명 연장에 유효하게 활용할 수 있고
2) 정지상 필름의 효율, 비활성, 열적 안정성에 대한 개념을 대략적으로 구체화할 수 있다.

또한, 코팅되지 않은 컬럼에 대한 활성 시험(activity test)은 표면 제조와 컬럼 비활성화 과정의 효율성을 연구하는데 중요하다. 극성 시험 혼합물이 시험되는 모세관 컬럼의 활성화 정도와 성질을 평가하기 위하여 사용된다. 이러한 혼합물에는 여러 가지가 사용된다.

1) Grob 시험 혼합물
2) 염기성 시험 혼합물
3) 산성 시험 혼합물 ; n-decane, 1-octanol, 2,6-dimethylphenol, octanoic acid, 1,6-hexanediol, n-dodecane, 2,4,5-trichlorophenol, nitrophenol, heptadecane
4) 실제로 1)~3)으로부터 선정된 화합물이 많이 사용된다.
5) Aldehydes나 ketones를 포함하는 간단한 혼합물(Anthony 등이 사용)

♣ 참고 사항

OTC에 대한 Grob test 방법 :

1) 컬럼 효능 시험 인자

(1) 유효 이론단 수, N

(2) 유효 이론단 높이, HEETP

(3) 코팅 효율, CE(이론 효율의 이용, UTE)

(4) 분리수, SN(Trennzahl, TZ)

2) 코팅된 OTC의 표준화된 품질 시험

Grob test에 의해 고안된 것으로 컬럼의 품질에 대한 정량적 정보를 제공한다.

(1) Grob test의 주요한 이점

가. 분리 효능

나. 흡착력

다. 산도/염기도

라. 정지상 필름 두께를 알 수 있다.

(2) Grob test의 3가지 문제점

가. 높은 융점 액상이 코팅된 컬럼에서는 용질의 용출 순서가 달라져 사용하지 못한다.

나. 미리 시험되지 않은 액상이나 용출 순서가 의심스러울 시는 각 표준품의 봉우리를 확인하는 과정이 필요하다.

다. catalytic activity에 반대될 때 흡착 측정에 치우쳐 있다.

3) Grob test의 과정

(1) 컬럼 오븐을 40 ℃이하로 식힌다.

(2) CH_4의 불감 부피를 측정하여 이동상 속도를 조정한다(Grob test의 표준 실험 조건 시간 ± 15 %).

(3) 온도 프로그램 속도를 조정한다.

(4) 한 단순 시험 물질 약 2 ng을 허용하는 조건하에서 시험 혼합물을 주입한다(split ratio는 1:20~1:50 정도).

(5) 시료 주입 후 컬럼 오븐 온도를 40 ℃(매우 얇은 필름은 30 ℃)로 하고 승온을 시작한다.

(6) 세 번째 ester가 용출되는 온도 범위 내(대부분 100~140 ℃)에서 실제 오븐 온도를 표시하도록 기록지에 두개의 표시를 하라.

(7) 작동의 끝에서 세 번째 ester의 용출 온도를 내삽 또는 외삽하라.

(8) 두개의 alkanes(10, 11)과 세 개의 esters(E_{10}, E_{11}, E_{12})에 대한 “100% 선”을 설정한다.

(9) 기준선과 100 %선 사이에서 다른 봉우리들에 대해 %높이를 구한다.

가. 이는 실제로 일어나는 봉우리 찌그러짐을 설명한다(폭 넓어지기, 꼬리 끌기, 비 가역적 흡착, 분해).

(10) SN E_{10}/E_{11}과 SN E_{11}/E_{12}의 평균으로 SN을 구한다.

가. 컬럼 효능 : E_{10}/E_{11}, E_{11}/E_{12}간의 평균 SN을 구한다.

평균 SN = (32.8 + 29.3)/2 = 31

나. adsorptive activity : 수소결합 메카니즘에 의한 흡착의 측정 DL 높이 86 %, DIOL의 높이 30%

다. 산도/염기도 : A, P, am, S의 흡착성으로부터 측정한다(수소결합에 의한 흡착을 피하기 위하여 입체 장애 작용기를 가진 물질을 사용한다).

(11) ng 단위로 필름 두께를 구한다.

가. 용출 온도가 표준 조건에서 ±1 ℃이면 두께의 변화는 5 %미만.

표 2.3.11 Grob test를 위한 표준 실험 조건

컬럼 길이	CH_4용출, sec	온도 프로그램[1], ℃/min	CH_4 용출, sec	온도 프로그램[2], ℃/min
10	20	5.0	35	2.5
15	30	3.3	53	1.65
20	40	2.5	70	1.25
30	60	1.67	105	0.84
40	80	1.25	140	0.63
50	100	1.0	175	0.5

1) H_2, 2) He사용

표 2.3.12 Grob test 혼합물

시험 물질	약어	시료 량(mg)/20 mℓ[a]
Methyl decanoate	E_{10}	242
Methyl undecanoate	E_{11}	236
Methyl dodecanoate	E_{12}	230
n-Decane	10	172
n-Undecane	11	174
n-Dodecane[b]	12	176
1-Octanol	ol	222
Nonanal	al	250
2,3-Butanediol	D	380
2,6-Dimethylaniline	A	205
2,6-Dimethylphenol	P	194
Dicyclohexylamine	am	204
2-Ethylhexanoic Acid	S	242

a) 2,3-Butanediol은 $CHCl_3$에 나머지는 Hexane에 녹인다.
b) 비극성 정지상에서 봉우리 일치 가능성을 감소하기 위하여 n-undecane 대신에 사용된다.

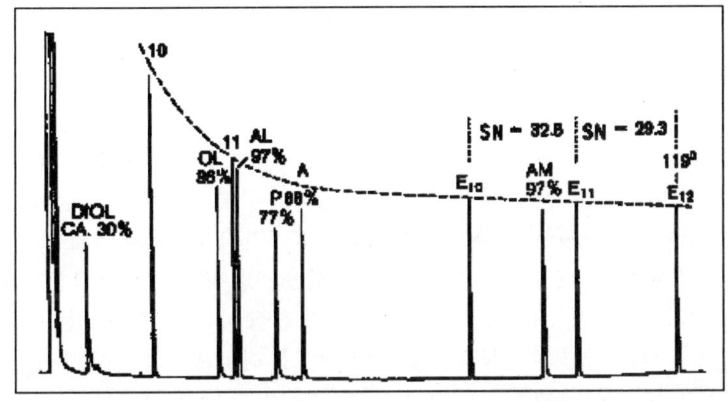

그림 2.3.4 Grob방법에 의한 OTC에서의 시험 물질의 크로마토그램

2.4. GC의 다차원 방법(Multidimensional method)

2.4.1 GC의 다차원 방법의 개요

다차원 GC는 각기 다른 용량 또는 선택성을 갖는 두개 이상의 컬럼을 사용하여 시료를 분리하는 것을 포함한다. 넓은 범위의 농도, 휘발성, 또는 극성을 갖는 복잡한 시료의 분석에서 만나는 문제는 다른 최적화된 GC 기술보다도 다차원 크로마토그래피에 의해서 더욱 효과적으로 극복될 수 있다. 이것은 첫 번째 컬럼에서 다른 컬럼이나 적합한 연결장치로의 전환이 요구된다. 적합한 연결장치는 선택된 분석물질의 미량 농축에 영향을 주거나, 복잡한 혼합물의 각 성분의 분리능을 증진하거나, 시료의 유출량을 증가시키는 수단으로 사용된다.

시료의 유출량을 증가시키는 방법은 중심부 절단, 역류, 전분출, 냉각 포집 및 순환 크로마토그래피(heartcutting, backflushing, foreflushing, cold trapping, and recycle chromatography)와 같은 기술이 사용된다. 연결장치의 기능은 흐름, 용매 강도, 한 컬럼에서 다음으로 이전되는 량에 대한 적합성을 확인하는 것이다.

중심부 절단은 첫 번째 컬럼으로부터 두 번째 컬럼으로 이전되는 크로마토그램의 선택된 부분을 나타내며, 다차원/여러 형태의 크로마토그래피에서 가장 일반적으로 사용된다. 역류은 보통 중심부 절단 후에 컬럼을 통한 이동상의 방향을 역으로 하는 것에 의해 첫 번째 컬럼으로부터 용리되는 큰 용량인자 값을 가지는 시료 성분을 나타낸다. 이 성분들은 분석이나 버리기 위해 간단히 통풍되는 것을 허용하기 위하여 검출기를 통해 역류될 수 있다. 즉, 이 두 경우에 최초의 목적물은 대상 분석물질의 분리 시간을 최소화하여야 한다. 전분출은 분리를 모니터하기 위하여 사용되는 두 번째 컬럼이나 검출기의 작동에 나쁜 효과를 가질 수 있는 용매 벗기기(solvent stripping) 방법으로 사용된다. 이것은 시료의 큰 부피가 미량 농축을 목적으로 첫 번째 컬럼에 주입되거나, 시료가 유도되는 분석물질에 대해 검출기의 응답을 가릴 수 있는 유도체 시약 등을 포함할 때 일어날 수 있다. 이것은 용매 등의 대부분이 두 번째 컬럼으로 선택적으로 대상 분석물질을 이동하기 전에 첫 번째 컬럼으로부터 용리 되는 지를 확인하는 것에 의해서 달성된다. 냉각 포집(저온 집속, cryogenic refocusing)은 첫 번째 컬럼으로부터 이동 후 두 번째 컬럼의 앞부분에 분석물질의 집속(集束)을 설명하기 위하여 다차원 GC에서 사용되는 용어이다. 그것은 분리능을 유지하기 위하여 두 번째 컬럼에 재주입하기 전에 좁은 폭으로 이동된 부분을 재농축한다. GC에서 냉각 포집은 중간체 트랩이나 그 온도에서 이동된 분석물질이 컬럼으로의 이동을 막기 위하여 충분히 낮은 온도에서 두 번째 컬럼의 작은 부분을 일시적으로 냉각하는 것에 의해서 이루어진다. 순환 크로마토그래피에서 전체 시료나 시료의 어떤 부분이 컬럼의 앞부분으로 되돌려져서 원하는 분리가 달성될 때까지 연속적으로 재 주입된다.

표 2.4.1 시료 준비를 위한 다차원 GC의 응용

방법	내용
용매 제거	1. 다량의 용매와 과량의 유도체 시약 등이 주 분리 컬럼으로부터 배제될 수 있다. 2. 컬럼 악화를 방지하고 검출기의 감도와 선택성의 성능을 증진한다.
미량 성분의 농축	1. 이것은 대상 물질 부분(fraction of interest)의 선택적인 포착(trapping)과 저장과 함께 전치 컬럼에 다중 주입(multiple injection)에 의해 달성될 수 있다. 2. 종종 이것은 그들의 높은 시료 용량(sample capacity) 때문에 충전된 전치 컬럼에서 수행된다. 이것은 최대의 분리능이 사전 분리 단계(pre-separation step)에서 요구되지 않기 때문이다.
주 봉우리에 묻힌 흔적량 성분의 분리	1. 큰 봉우리의 주요 부분을 계로부터 배출하고 대상 물질의 미량 성분을 트랩으로 이전하는 것이 가능하다.
크로마토그램 앞의 제한된 부분의 중심부 절단	1. 매우 넓은 끓는점 범위의 시료에서 오직 대상 성분만이 주분리 컬럼으로 이전된다. 2. 두 개의 오븐 기기와 함께 끓는점이 높은 성분들이 상승된 온도에서 역류될 수 있다. 이렇게 하여 높은 시료 유출량(throughput)을 유지한다 .
크로마토그래프 작동을 통한 단순 봉우리들이나 선택된 절단의 전환	1. 간단한 봉우리들(single peaks)이나 크로마토그램의 전체 면적이 더 좋은 분리를 주기 위한 두 번째의 컬럼에 연결될 수 있다. 2. 중간 포착과 다른 선택성을 갖는 컬럼과 함께 머무름 지수 데이터의 두 벌(two sets)이 얻어질 수 있다.

* 용어 ;
1. 용매 제거(solvent removal)
2. 미량 성분의 농축(enrichment of trace components)
3. 중심부 절단(heartcutting)
4. 전환(switching)

2.4.2 평행 검출을 위한 컬럼 유출 기체 분할기

1. 컬럼 유출 기체(유출물)를 평행으로 작동되는 두개나 그 이상의 검출기 사이에서 분할하는 목적은 다음과 같은 두 가지이다.
   1) 크로마토그램에 대한 정보를 더 알아내고
   2) 물질의 특성적 검출기 응답 비에 의한 화합물의 확인을 돕는다.

2. 컬럼 유출 기체가 갖추어야할 조건
   1) 이상적으로 유출 기체 분할기는 흐름 속도, 온도 및 시료 휘발성에 독립적인 고정된 분할 비를 제공하여야 한다.
   2) 컬럼외 띠 폭 넓어지기를 최소화하고
   3) 화학적으로 비활성이고
   4) 편리하게 합리적인 범위에 걸친 분할 비를 조절하기 위한 어떤 메카니즘을 제공하고(예 ; 1:1~1:100)
   5) 청소하기가 용이하여야 한다.

3. 분할기
   1) 충전 컬럼

      충전 컬럼에 대해 분할 비를 고정하거나 값을 조정할 수 있는 T-분할기가 보통 사용된다. 온도와 함께 분할 비가 변하고 다른 휘발성의 시료와 함께 분할 비의 불변성이 있을지라도 충전 컬럼에서 불감 부피 효과는 문제가 되지 않는다.

   2) OTC 컬럼

      OTC에서 사용되는 낮은 흐름 속도에서 불감 부피 효과는 분할기의 전체 부피가 절대적 최소로 감소하고 모든 통로가 운반 기체나 보충 기체로 깨끗하게 청소되지 않는 한 중요하게 될 수 있다. OTC에서 유출 기체 분할기는 다음 재질로 제조 된다.

      (1) 유리선 스테인레스 강(Glass-lined stainless steel)
      (2) 백금/이리듐 미세관(Platinum/iridium microtubing)
      (3) 유리 모세관(Glass capillary tubing)
      (4) 용융 실리카 모세관(Fused silica capillary tubing)

두개의 검출기 작동을 위한 간단한 T나 Y 분할기의 형태가 있으며, 다중 검출과 컬럼 연결 등을 위한 더 복잡한 형태(roughs and stars)도 있다. 많은 이런 장치들은 특별한 도구 없이 실험실에서 만들어 질 수 있다. 유리와 실리카는 화학적으로 불활성이며, 백금/이리듐 관은 상대적으로 불활성이다.

검출기의 연속적인 연결 방법은 유출물의 분할을 요구하지 않는다. 이런 방법은 ECD나 PID와 같은 비파괴 검출기가 FID, TID, HECD 등의 앞에서 사용될 때 용이하며, 이를 직렬(tandem) 기술이라고도 한다.

2.4.3 다차원 GC

다차원 GC에서 연결장치는 이동된 시료 성분의 변화나 두 번째 컬럼의 분리능의 저하 없이 하나의 컬럼에서 다음 컬럼으로 유출물의 정량적인 이동을 제공한다. 이런 목적을 위해 보통 미세 부피(microvolume), 다중 배출구(multiport), 전환 밸브(switching valves)를 쓰는 것과 공기 스위치(pneumatic switches)를 사용하는 두 가지의 연결장치가 사용된다. 보통 Deans' 스위치라고 하는 공기 스위치는 인라인 제어기(in-line restrictor)와 정밀한 압력 조절기를 사용하여 크로마토그래픽 시스템에서 다른 위치에서 흐름의 평형에 기초한다. 컬럼 사이의 흐름 방향은 컬럼 오븐의 외부에 위치한 밸브의 열림과 닫음에 의해 변할 수 있다. 이리하여 움직이지 않는 부분은 오븐의 안 쪽에 위치하고 불감 부피 효과는 일소되지 않는 부피가 없으므로 중요하지 않다. 전환은 압력에 의해 제어되므로, 충전 컬럼과 OTC 컬럼을 연결하는 데에 있으므로 넓게 변하는 흐름은 쉽게 취급된다. 유일한 임계 성분은 압력 조절기이며, 모든 조건하에서 재현성이 있어야 한다. 문제는 기억 효과와 압력 조절기의 안정화의 원인이 되는 전환 선(switching lines)으로 시료의 역 확산으로부터 일어날 수 있다. Deans' 전환은 매우 간단하며 널리 사용되나, 사용자가 설치한 시스템이 원래 기대했던 것보다 종종 더 많은 시간을 요구한다.

한 컬럼으로부터 다른 컬럼으로 유출물을 전환하는 가장 간단한 접근은 기계적인 밸브(mechanical valve)에 의한 것이다. 밸브는 시료 통로의 부분을 형성하므로 선택한 밸브는 화학적으로 비활성이며, 기체로 제거되는 물질이 없고, 모든 온도에서 기체가 새지 않고, 낮은 열용량과 작은 내부의 크기를 가져야 하고, 윤활유 없이 작동하여야 한다. 현대의 최소화된 다기능 밸브는 몇 가지 예외를 제외하고 이러한 요구를 충족한다. 이들은 일반적으로 공기 스위치 보다 작동이 더 간단하며 자동화 작동을 위하여 공기나 전기적 작동과 같이 사용될 수 있다.

중간체 냉각 포집은 밴드 집속(band refocusing) 메커니즘이 전환 과정의 한 부분으로 요구될 때는 언제나 필수적이다. 그러한 예로는 충전에서 OTC 컬럼으로의 시료 전환, 다중 주입에 의한 사전 농축, 두 번째 컬럼에서의 정확한 머무름 지수의 결정 등이다. 트랩은 백금/이리듐의 짧은 관, 용융 실리카의 관, 또는 두 번째 컬럼의 짧은 부분을 사용한다. 이 경우에 트랩은 보통 휘발성 분석물질의 회수를 높이기 위하여 액상으로 충전되거나 코팅될 수 있다. 미세 안개(microfog)의 형성에 의해서 일어나는 돌파점(breakthrough)을 피하기 위하여 트랩 내에 온도 기울기를 제공할 필요가 있다. 트랩은 그곳에 온 물질이 효과적으로 머무르는 것이 아니고 적은 량이어서 포집된 부분이 두 번째 컬럼으로 즉시 들어가도록 빠르게 가열될 수 있어야 한다. 트랩은 주위의 덮개를 통해서 드라이아이스나 액체 질소로부터의 증기를 순환시키는 것에 의해서 냉각되며, 가열은 트랩의 형태에 따라 예열된 질소의 강제적인 대류나 고전류 회로를 사용한 저항성 가열(resistive heating)에 의한다. 다차원 GC 구성 방법은 분리능의 증대, 중심부 절단, 미량 농축 등의 목적에 따라 다양하다.

표 2.4.2 다차원 GC의 구성

구성 방법 및 예
1. 두 개의 컬럼 사용
1) 충전용 전치 컬럼 및 OTC ; 중심부 절단/미량 농축
2) 두 개의 OTC ; 석탄에서 분리된 가솔린 부분의 성분 분리
2. 두 개의 오븐 사용
3. 두 개의 오븐 및 두 개의 OTC 사용
4. 여러 개의 검출기 사용(tandem technique) ; 최초 검출기를 통과한 시료의 파괴/비파괴성을 고려하여 구성한다.
1) ECD위에 FID, NPD, 또는 FPD 연결
(1) ECD/FID ; pe⊤tachloroanisole, dieldrin, p.p'-DDT의 분리
(2) ECD/FPD ; undane, malathion, parathion, aldrine의 분리
(3) ECD/FPD/FID ; 맥주중의 diketones의 정량
ECD{CCl_4 + CH_3CCl_3, diacetyl(95 ppb), pentanedion-2,3(30 ppb)}
FPD{dimethylsulfide(50 ppb)}
FID{acetaldehyde, dimethylsulfide, ethylformate, acetone, ethylacetate, ethylpropionate, methanol, ethanol, n-propanol, isoamylacetate, heptanone(int. STD, 5 ppm), 2-methylpropanol, ethyl capronate, opt. active amyl alcohol, isoamyl alcohol}
(4) ECD/FID/NPD ; 산업 폐수 중 오염 물질의 정량
ECD{1,1,1 trichloroethane(10 ppb), trichloroethylene, tetrachloroethylene(1.5 ppb), 1,1,2,2-tetrachloro ethylene}
FID{trichloroethylene, pyridine(1.5 ppm), toluene(80 ppb), m-xylene, 1,1,2,2-tetrachloroethylene}
NPD{pyridine(1.5 ppm)}
2) PID 출구에 FID, ECD, NPD, 또는 FPD의 연결
(1) PID/FID ; phenolic 화합물의 선택적 검출(약 1.5~8.5 ppm)
PID(2,4-dimethylphenol, 4-chloro-3-methylphenol)
FID(phenol, 2-chlorophenol, 2-nitrophenol, 2,4-dimethylphenol, 2,4-dichlorophenol, 4-chloro-3-methylphenol, 2,4,6-trichlorophenol, 2,4-dinitrophenol, 4-nitrophenol, 2-methyl-4,6-dinitrophenol, pentachlorophenol)
(2) PID/NPD ; PAHs - NitroPAHs 검색(0.5~1 ppm)
PID(naphthalene, acenaphthalene, acenaphthene, fluorene, 1-nitronaphthalene, 2-methyl-1-nitronaphthalene, 2-nitronaphthalene, phenanthrene)
NPD(1-nitronaphthalene, 2-methyl-1-nitronaphthalene, 2-nitronaphthalene)
(3) PID/NPD ; semivolatiles의 선택적 정량(약 0.05~2 ppm)
PID(naphthalene, 4-nitro-o-xylene, acenaphthene, fluorene, azobenzene)
NPD(2-nitrotolune, 4-nitro-o-xylene, 2,6-dinitrotoluene, azobenzene, atrazine, terbuthylene, terbutrin, malathion)
(4) PID/ECD/FID ; 물 중의 VOCs(volatile organic compounds)의 선택적 정량
PID(methyl ethyl ketone, toluene, m-xylene, o-dichlorobenzene)
ECD(dichloromethane, dichloroethane, o-dichlorobenzene)
FID(isopropyl alcohol, dichloromethane, methyl ethyl ketone, dichloroethane, toluene, m-xylene, o-dichlorobenzene)

2.5 GC의 응용

기체 크로마토그래피(GC)는 유기 용매에 녹고, 열에 안정하며, 휘발성인 화학 물질들에 대한 분리 분석에 사용되며, GC를 이용하여 얻어진 크로마토그램에 의해 물질의 확인 및 동정, 조성 분석, 정량 분석, 혼합물의 분리 정제, 화합물의 극성, 끓는점, 구조 등의 정보나 흡착, 분배, 반응 등에 관한 열역학적 데이터를 알 수 있다. 또한, 다양한 컬럼 충전 물질(정지상)과 검출기의 높은 감도 및 직선성을 활용하여 시료에서 극 미량 성분의 분석이 가능해짐으로써 농학, 의학, 식품 화학, 석유 화학, 환경 위생학, 법의학, 생명 공학 등의 각종 분야에서 중요하게 응용된다.

기체 크로마토그래피는 일반적으로 분자량이 약 1000이하의 휘발성 무기 및 유기 가스와 유기 용매에 녹는 화합물의 분리에 폭 넓게 사용된다. 특히 최근에는 옥내 및 옥외의 작업장 공기 중에 떠있는(airborne) 유기 용매의 분리 분석, 올림픽 등의 세계적인 각종 대회에서의 도핑 시험(doping test)에의 활용, 각종 실험실의 능력을 향상시키기 위한 정도 관리에의 응용 등이 두드러진 활용 분야라고 볼 수 있다.

1. 환경 측정 분야에서의 대표적인 대상 물질의 예
   1) 자동차 코팅 작업에서 분무되는 혼합 유기 용제의 공기 중 성분의 정성 및 정량
   2) 선박의 내 외부 코팅 시 사용되는 혼합 유기 용제나 희석제(thinner)의 공기 중 성분의 정성 및 정량
   3) 석유 저장소 및 분배처에 충전 시 공기 중의 석유의 정성 및 정량
   4) 주물 작업 시 발생되는 유기용제의 분석
   5) 실내공기질(indoor air quality)을 평가하기 위한 휘발성 유기화합물(volatile organic compounds, VOCs)의 분석

2. 도핑 시험(Doping test)에의 응용
   1) 육상 선수들의 요(尿) 및 혈액 중의 근육 강화제, 흥분제 등의 성분 확인, 정성 및 정량
   2) 경마에 출전한 말들의 요나 혈액 중의 근육 강화제나 흥분제 등의 성분 확인, 정성 및 정량

3. 정도 관리에의 응용
   1) 분석실의 능력 시험을 위한 표준 유기 용제 혼합 시료의 정성 및 정량
      예 ; benzene, toluene, xylene의 혼합물

제 3장 기체 크로마토그래피의 구조

3.1. GC의 기본적 구성

GC의 주요한 기능은 컬럼의 성능저하 없이 분리를 달성하기 위해 컬럼에 의해 요구되는 조건을 제공하는 것이다. 기기의 구성은 정교함과 자동화, 실험 조건들의 제어, 크로마토그램 기록을 위한 설비들의 정도에 따라 다르다. 이들을 제어하는 부분은 그림 3.1.1과 같이 크게 기체 시스템, 열 지역 시스템, 전자 시스템으로 구분할 수 있다. GC의 기본적 기기 구성은 고압 기체 실린더(압력 조절기 및 유량계 부착), 시료 주입 장치, 컬럼 설치 부분, 분리된 성분의 검출 장치, 검출 신호를 전환시키고 기록하는 전위계와 기록계 및 온도 조절 장치(주입기, 컬럼, 검출기의 온도 조절)로 되어 있으며 그림 3.1.2와 같다.

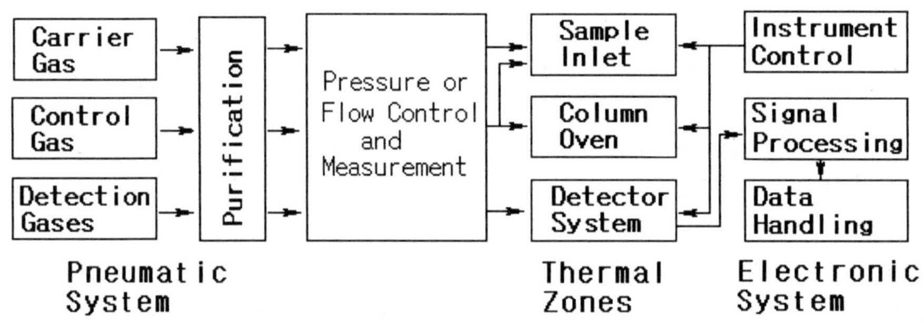

그림 3.1.1 GC의 주요한 구성 부분

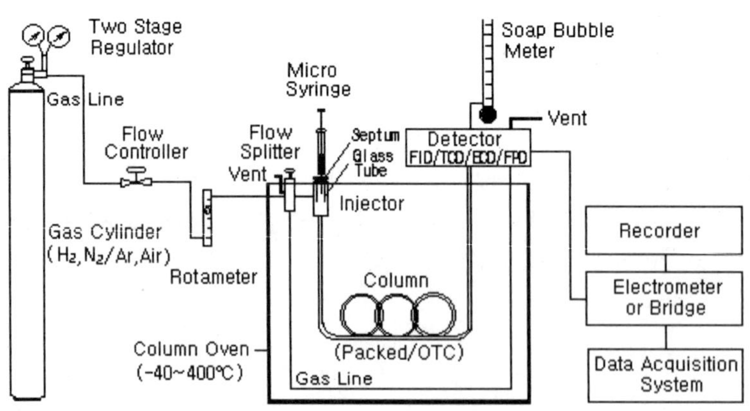

그림 3.1.2 GC의 구조

3.2 고압 기체 실린더 (High pressure gas cylinder)

GC에 사용되는 기체는 수소 불꽃용(수소, 공기)과 이동상(질소, 비활성 기체) 기체가 있다. 이들 기체는 고압 실린더에 충전되어 있으며, 압력 조절기와 유량계를 통해 GC로 공급되고, 실린더 내의 압력은 조절기의 1차 게이지에 표시된다. GC에 들어가는 압력은 조절된 후 2차 게이지에 나타나고, 흐름 속도는 유량계에서 알 수 있다. 압력 조정기의 압력은 kg/cm^2나 psi(1 psi≒0.07 kg/cm^2)로 표시된다. 실린더의 잔여 압력이 최초 압력의 약 1/10정도 이하로 되면 실린더를 교체하는 것이 정확한 분석을 위해 바람직하다.

또한 안전에도 항시 주의를 기울여야 한다. 고압 기체 실린더는 직사광선을 피하고, 통풍이 잘 되고, 안전하게 고정하여 보관하여야 한다. 기체를 충전한 통이나 GC 본체와 연결된 관은 혼돈을 피하기 위하여 색상으로 구별되도록 하고, 각 연결 부분에서 기체의 누출이 없는지를 주기적으로 점검하여야 한다. 공기를 압축기로 압축하여 사용하는 경우는 압축기 내에 물이 고이지 않도록 유의하고, 특히 여름철에는 수시로 물을 제거하여 불꽃에 이상이 없도록 하여야 한다.

운반 기체의 흐름은 습기나 저 분자량 탄화수소를 제거하기 위하여 분자 체 포착기를 통해 흐르게 하고, 가능한 한 산소를 제거하기 위하여 부가적 포착기를 통과시키는 것이 필요하다. 산소는 정지상의 분해 원인이 되고, 열 전도도 검출기의 필라멘트의 수명을 단축하며, 전자 포착 검출기에서 불안정한 바탕선을 준다. 물은 GSC에서 머무름 시간의 재현성을 나쁘게 하는 원인이 될 수 있는 강한 비활성화 시약으로 위와 같은 성질들을 보일 수 있다. 오염을 최소화하기 위하여 고 순도 기체는 화학적이나 촉매 기체 정제 장치(chemical and/or catalytic gas purifying devices)와 같이 사용되며, 이 방법으로 1 ppm이하의 오염 수준을 유지할 수 있다. 플라스틱 몸체와 고무 O-ring 밀봉이 있는 상업용 기체 정제 장치는 대기 기체로의 투과성으로 인해 순수한 기체를 오염시킬 수 있다. 모든 기체 흐름 시스템에서 금속 부속품으로 된 모든 금속이나 유리 장치가 좋으며, 보통 사용되는 압력 조절기가 막(diaphragm) 형태일 경우에는 금속 막이 유기 불순물에 의한 운반 기체의 오염을 최소화 할 수 있고, 특히 OTC를 사용 시 대기의 진입을 최소화하기 위하여 금속 막이 좋다.

불꽃에 기초한 검출기에 의해 요구되는 연료 기체는 크게 정확성을 필요로 하지는 않는다. 그러나 운반 기체의 흐름은 압력이나 흐름 제어기를 사용한 더 높은 정밀성이 보통 요구된다. 흐름의 제어는 충전 컬럼에 널리 사용되며, 압력 제어는 보통 OTC에 사용된다. 온도 프로그램 분리 동안 압력 조절 계에서의 운반 기체 속도가 온도가 증가 시 감소하며(운반 기체의 점도 증가에 기인), 이는 농도 예민 검출기에서 바탕선의 표류와 응답 인자의 변화를 야기한다. OTC와 함께 컬럼 출구에서 보충 기체의 사용은 시료 희석에 의해 감도는 감소하더라도 농도 예민 검출기의 안정성을 증진할 수 있다. 흐름 속도의 측정은 간편성과 저렴성을 갖춘 비누 필름 흐름 측정기 많이 사용되며, 이 장치의 정확성은 약 ±1 %이다. 최근에는 전자 흐름 제어기가 많이 사용되며, 열 흐름 감지기와 반도체 압력 감지기 형태가 있다. 이들의 정확성은 1~500 ml/min 범위에서 ±1~2 %이며, 설정된 흐름에서의 반복성은 ±0.2 %나 그보다 더 좋다.

3.3 시료 주입기(Sample injector)

3.3.1 시료 주입

시료의 주입은 적절한 주입기를 사용하여 가능한 한 소량을 순간적으로 주입하는 것이 좋다. 이렇게 함으로서 확산 및 순간적 평형에 의한 봉우리 띠 넓어짐을 최소화하여 재현성이 높은 봉우리를 얻을 수 있다.

1. 시료 주입 시 고려 사항
   1) 시료의 상태(기체, 액체, 고체)에 따른 주입기의 선정
   2) 시료 및 용매의 끓는점, 점도
   3) 컬럼의 크기(분리 용량) 및 종류(충전, 모세관)에 따른 주입량
   4) 주입 장치의 온도 설정(분석물질 중 최고 높은 끓는점보다 약 50 ℃ 높게 설정한다)
   5) 시료의 주입 방법(수동 및 자동)

2. 컬럼의 종류에 따른 시료의 주입량은 표 3.3.1에 보여진다.

표 3.3.1 컬럼 종류와 시료 주입량

컬 럼 종 류	시 료 주 입 량	
	기 체	액 체
제조용 컬럼 외경 1″, 20 % 액체상	0.05~5 ℓ	0.02~2 mℓ
보통 분석용 컬럼 외경 1/4″, 10 % 액체상	0.5~50 mℓ	0.2~20 μℓ
고효능 컬럼 외경 1/8″, 2 % 액체상	0.1~1 mℓ	0.04~4 μℓ*
열린관 컬럼 외경 1/16″, 5 ㎛ 막의 두께	0.1~10 μℓ	0.004~0.5 μℓ*

* 시료를 분할법으로 주입할 경우의 양

3. 시료 주입 방법

시린지를 사용하여 시료를 주입하는 방법에는 채운 바늘(filled needle), 냉각 바늘(cold needle), 뜨거운 바늘(hot needle), 용매 분출(solvent flush) 및 공기 분출(air flush) 방법이 있다. 이중 많이 사용되는 것은 냉각 바늘, 뜨거운 바늘, 용매 분출 방법이다. 시료가 액체인 경우는 마이크로 시린지를 주로 사용하며, 기체인 경우는 가스-타이트 주사기나 기체 채취 밸브가 사용된다. OTC 컬럼의 경우는 제한된 시료 용량과 낮은 흐름 속도가 시료 주입에 어려움을 주어 특별한 장치에 의해 시료를 주입한다. 이러한 방법에는 분할(Split), 비분할(Splitless) 및 찬 컬럼내(Cold on-column) 장치를

사용하여야만 좋은 머무름 시간(t_R)의 재현성(<0.1 % c.v., 실험실내) 및 봉우리 면적의 재현성(1 % c.v.)을 얻을 수 있다.

휘발성 주입기를 사용하는 시린지 주입 시 보통 만나는 문제는 시료의 분별성(sample discrimination)이다. 시료는 시린지를 떠나 플런저의 이동과 시린지 바늘에 남아 있는 시료의 증발에 의해서 방울의 흐름(stream of droplets)으로 증발기로 들어간다. 이 증발 단계에서 분별이 발생한다. 즉, 용매와 더 휘발성인 시료가 덜 휘발성인 성분보다 더 큰 속도로 시린지 바늘로부터 증발한다. 결과적으로 컬럼에 도달하는 시료는 최초 시료 용액의 성분과 동일하지 않다. 즉, 더 휘발성인 시료를 많이, 덜 휘발성인 시료를 적게 함유한다. 이런 분별성을 최소화하는 방법으로 뜨거운 바늘, 용매 분출법이 다른 방법보다 우월하게 사용된다.

표 3.3.2 시린지를 이용한 시료 주입 방법

방법	원리
채운 바늘 Filled needle	1. 시료 용액에 시린지를 담그고 플런저를 당겨 시료가 통에 들어가지 않도록 바늘에만 취한다. 2. 주입 영역(injection zone)에 바늘을 위치시키고, 플런저는 누르지 않는다. 3. 바늘에 취해진 시료는 오직 증발에 의해서 바늘을 떠나 컬럼으로 들어간다.
냉각 바늘 Cold needle	1. 시료 용액에 시린지를 담그고 플런저를 당겨 시료를 통에 채운다. 바늘은 채우지 않는다. 2. 빈 바늘이 주입 영역에 삽입되고, 즉시 플런저를 눌러 시료를 주입한다. 3. 바늘에 남아 있는 시료는 증발에 의해 주입된다.
뜨거운 바늘 Hot needle	1. 전체적 과정은 냉각 바늘 방법과 같다. 2. 단, 플런저를 누르기 전 바늘을 주입 가열기(injection heater)에서 3~5초간 가열한다.
용매 분출 Sovent flush	1. 시린지의 시료 앞에 용매 충전물(solvent plug)이 채워진다. 2. 용매와 시료는 공기 층에 의해 분리될 수도 있고 안될 수도 있다. 3. 주입 방법은 냉각 바늘 방법과 같다. 4. 용매는 시린지로부터 시료를 미는 역할을 한다.
공기 분출 Air flush	1. 용매 분출 방법에서 용매 충전물 대신 공기 충전물을 사용하는 것 외에는 용매 분출 방법과 같다.

4. OTC 컬럼을 위한 주입 장치

OTC-GC의 특성인 제한된 시료 용량과 낮은 이동상 흐름 속도는 시료 주입에 어려움을 준다. 큰 부피나 농축된 시료는 컬럼의 과부하(overloading)와 효율의 감소, 찌그러진 봉우리의 생성 원인이 될 수 있다. 이를 해결하기 위한 간단한 방법은 없으나 OTC-GC에서 가장 중요하게 사용되는 방법으로는 분할(split), 비분할(splitless), 찬 컬럼내(cold on-column), cryogenic focussing, falling needle injection이 사용된다. 이들에서 요구되는 이상적인 주입 시스템의 기준은 다음과 같다.

1) 끓는점, 극성, 분자량 등에서 시료 성분들과 분별이 없어야한다(should be no discrimination).
2) 모든 시료 크기에서 열적 분해, 흡착, 재정돈, 다른 용질과의 반응이 무시되어야 한다.
3) 시료 포집 시스템이 컬럼 효율의 손실에 있어 무시될 수 있어야 한다.
4) 시료의 회수율이 흔적량이나 주성분에 대해 정량적이고 대표적(quantitative and representative)이어야 한다.
5) 컬럼 작동 조건의 변화가 시료포집 과정에 영향을 주지 말아야 한다.
6) 용매 봉우리가 용질 봉우리의 정량에 영향을 주지 말아야 한다.
7) 머무름 시간의 재현성이 0.1 % RSD이하이어야 한다.
8) 상대적인 봉우리 면적의 재현성이 1 % RSD이하이어야 한다.

OTC 컬럼의 주입 방법의 특징은 다음과 같다.

1) 분할 주입 방법
   (1) 용매 효과 방해나 띠 넓어짐이 거의 없이 어떤 온도에서도 시료 용매에 독립 독립적으로 혼합물을 주입할 수 있는 가장 편리한 방법이다.
   (2) 분할비가 1:10~1:1000(보통 1:20~1:200)에서 적합한 컬럼 실음을 위한 주입 시 시료 량은 0.1~2.0 $\mu\ell$이다. 분할 비는 컬럼과 분할선의 흐름 비이며, 분할 비 밸브의 조정에 의해 조절할 수 있다.
   (3) 시료 증기가 이동상과 동일하게 혼합되어 분별이 일어나지 않는다.
2) 비분할 주입 방법
   (1) 용매 효과의 이점이 있으며, 매우 희석된 용액의 분석, 용매 봉우리의 꼬리에 근접하여 용출되는 시료 성분들의 분석, 열적으로 불안정한 화합물의 분석에 특히 유용하다.
   (2) 분할 주입기의 대다수가 적은 변형을 하여 비분할 주입기로 사용할 수 있으며, 분할/비분할 주입기가 상품화되어 있다.
   (3) 용매 효과를 이용하기 위하여
      가. 시료 용매는 컬럼 온도보다 높고 분석 시료보다 낮은 끓는점을 가져야한다.
      나. 컬럼 입구에서 응축 및 증발되는 용매는 일시적인 얇은 필름의 정지상처럼 행동하고, 이 층에 시료 성분들이 포집되고 컬럼 입구의 용매 증발 시간에 일치하는 특별한 머무름 시간을 갖는 날렵한 용질 봉우리로 방출된다.
      다. 시료 봉우리의 재농축 효과는 용매의 증발 속도에 의존한다.
   (4) 비분할 주입 방법의 주요한 이점은
      가. 시료의 빠른 증발이 요구되지 않으므로 상대적으로 낮은 주입 온도는 시료 분해를 최소화한다.
      나. 매우 묽은 시료가 사전 농축 없이 분석된다.
      다. 비휘발성 시료 성분을 제거하기 위하여 쉽게 주입 장치를 제거할 수 있다.

라. 흔적량 분석을 위해 0.5~1.0 ㎕를 주입한다.

(5) 비분할 주입을 최적화하기 위한 조건

가. 용매 끓는점이 대부분 휘발성 시료보다 적어도 25 ℃ 낮은 용매를 사용한다.

나. 최초 컬럼 온도는 용매의 끓는점보다 약 20~30 ℃ 낮게 설정한다.

다. 시료 주입 속도는 1 ㎕/초보다 느리게 하고, 보통 주입 시간은 20초 이하로 한다(전형적 시료 주입량은 0.5~10 ㎕).

라. 주입기 온도는 보통 분할 주입법보다 낮게 한다. 100 ℃이하의 끓는점 용매에 대해 주입기 온도는 200~250 ℃가 적합하다.

마. 이외에 purge time, 이동상 흐름 속도 등도 고려되어야 한다.

3) 찬 컬럼내 주입 방법

(1) 찬 컬럼내 주입 방법의 이점은 시료 차별성 제거, 우수한 개별 시료 성분 정량, 열이나 촉매에 의한 시료 분해 방지 제거, 매우 휘발성이 높은 용매 사용 가능, 시료의 역 분출과 봉우리의 퍼짐 현상 방지가 장점이다.

(2) 모세관 컬럼내에 바늘이 들어가야 하므로 좁은 직경의 바늘(예, 32 게이지)이 요구된다.

(3) 찬 컬럼내 주입 방법 사용할 때 고려 사항

가. 바늘 통과 부분이 용매의 끓는점이하로 냉각되어야 한다.

나. 이차 냉각을 하지 않으면 컬럼 오븐 온도는 용매의 끓는점과 같거나 이하이다. 이차 냉각을 하면 주입점에서의 온도는 용매의 끓는점보다 낮아지고 컬럼 오븐 온도는 용매의 끓는점보다 약간 높다(5~10 ℃).

다. 정상적인 주입량(1~2 ㎕)이 빠르게 주입되어야 한다.

라. 주입 후 컬럼 오븐이 용매의 끓는점과 매우 다르면 작동 온도로 급격하게 올라가야 한다. 온도 프로그램은 시료의 휘발성에 의존해 설정한 두 개의 최초 온도의 하나로부터 시작된다.

4) 기타

(1) 바깥 껍질 삽입법(Capsule-insertion method)

고체 시료 주입법으로 사용되며, 시료를 유리 모세관이나 금 캡슐에 넣어 주입기의 가열된 영역의 기계적 장치로 찌르거나 부순다.

(2) 이동 바늘 주입기(Moving-needle injector ; solid injection)

낮은 휘발성의 시료를 용매 없이 주입할 때 사용한다

(3) 기체 시료채취 밸브(Gas sampling valve)

기체 시료 주입에 사용한다.

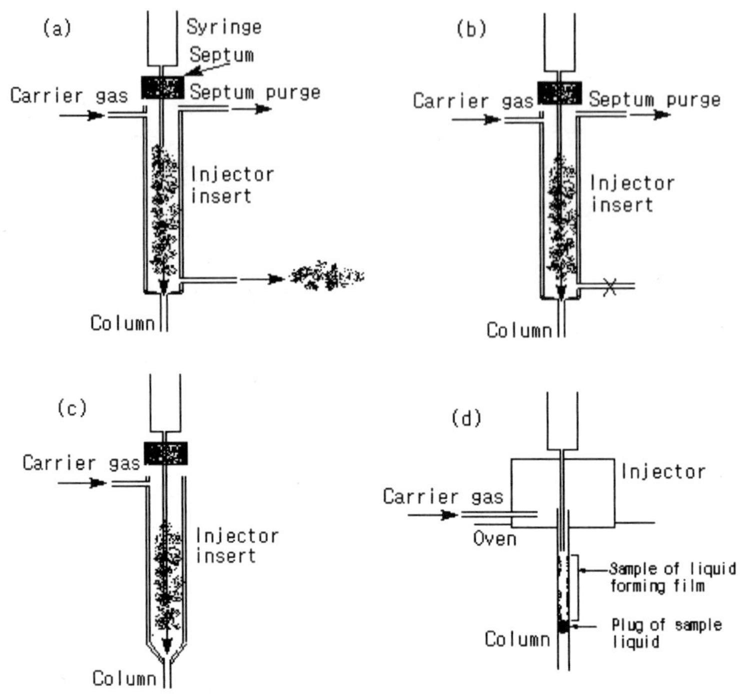

(a) 분할 주입 방법 ; 대부분 시료 증기가 분할 출구(slit outlet)를 통해 나간다.
(b) 비분할 주입 방법 ; 분할 출구는 거의 모든 시료가 컬럼에 도달할 때까지 닫혀 있고 그 다음에 세척 출구(purge outlet) 역할을 한다.
(c) 직접 주입 방법 ; 휘발 용기의 바닥이(bottom of the vaporizing chamber) 직접적으로 컬럼 입구에 연결된다.
(d) 찬 컬럼 내 주입 방법 ; 시료가 오븐-온도 조절 장치가 된 컬럼 입구(oven-thermostatted column inlet) 또는 전치 컬럼의 기벽으로부터 증발한다.

그림 3.3.1 주입 방법. (a) 분할 주입 방법, (b) 비분할 주입 방법, (c) 직접 주입 방법, (d) 찬 컬럼내 주입 방법(Analytical Chemistry, 1994, 66, 1009A~1019A, Konrad Grob)

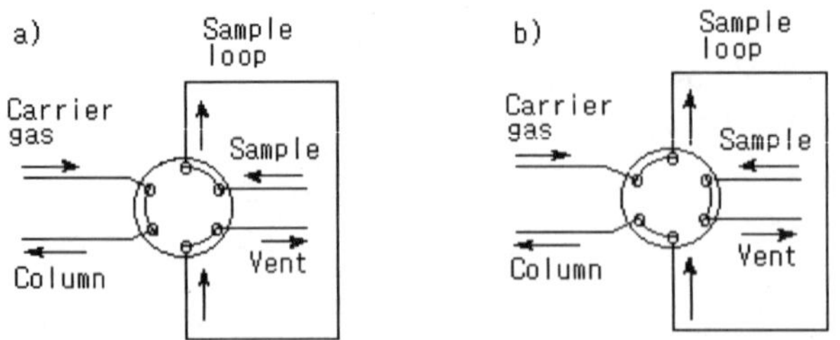

a) 시료를 루프에 채우는 경우　　b) 시료가 컬럼으로 들어가는 경우

그림 3.3.2 시료 주입 밸브를 사용한 주입 장치(six-port sampling valve)

3.4 컬럼

컬럼은 정지상을 충전하여 시료를 분리시키는 부분으로 GC의 심장부라고 할 수 있다. 컬럼의 재질은 구리, 스테인레스 강, 알미늄, 니켈, 유리 등을 사용하며, 모양은 직선형, 굽은형 및 나선형 등이 있다. 또 반응성이 큰 시료나 극성 물질 및 열분해 되기 쉬운 물질의 분리에는 유리관을 사용하는 것이 좋다. GC에 사용되는 컬럼은 충전 컬럼과 열린관 컬럼(모세관 컬럼)으로 크게 나눈다. 컬럼에는 내경, 길이, 지지체의 종류 및 입자의 크기, 지지체의 처리 방법, 액상의 종류 및 코팅 %, 사용 온도 등의 필요한 사항을 적은 표찰을 하는 것이 좋다.

1. 컬럼 재질과 특성

표 3.4.1 컬럼 재질과 특성

재 질	특 성
구리	1. 값이 저렴하고 취급이 용이 2. 쉽게 산화됨, active tailing을 보임 3. 아민류, 아세틸렌, 테르펜류, 스테로이드 등과 반응
알루미늄	1. 쉽게 산화됨, active tailing을 보임, 취급 용이
스테인레스 강*	1. 비극성 시료에 적합 2. 취급이 용이하여 가장 널리 쓰임
니켈	1. 산 부동화(acid passivation)후 사용 2. 취급이 용이
유리*	1. 가장 비활성인 컬럼이나 부서지기 쉬워 취급이 불편
테프론/플라스틱	1. 화학적으로 반응성이 큰 물질에 가끔 사용됨

* : 일상 분석에 가장 널리 사용되는 재질

2. 컬럼의 준비, 충전 방법 및 콘디숀닝

1) 컬럼 충전을 위한 재료의 준비 및 방법

(1) 컬럼, 지지체, 액상, 적합한 용매, 작은 깔대기(small filter funnel), 유리 솜, 소형 펌프나 아스피레이터, 소형 핀셋, 샤레, 건조기 등을 준비한다.

(2) 컬럼의 내부 부피(V)를 계산한다.

$V = \pi r^2 \times L$

r : 컬럼 내경, ㎝　　　L : 컬럼 길이, ㎝

예 : 내경 1/8″, 길이 6피트(r≒0.16 ㎝, L≒180 ㎝)

$V = 3.14 \times (0.16\ \text{cm})^2 \times 180\ \text{cm} = 14.5\ \text{cm}^3$

(3) 실음율(Loading percentage)을 고려하여 지지체와 액상을 내부 부피의 약 110 %를 평량한다.

예 : 실음율 10 %(지지체 90 g, 액상 10 g을 의미 ;{10/(90+10)}x100=10 %))

컬럼 내부 부피 약 15 ㎤

필요한 지지체 량 : 15 × 1.1 = 16.5 g

필요한 액상 량 : x/(16.5 + x) = 0.1　　x = 1.8 g

(4) 취한 지지체와 액상을 샤레에 넣고 적합한 용매를 넣어 잘 섞은 후, 실온에서 용매를 휘발 시킨다. 만약 과량의 용매가 남으면 용매를 제거할 수 있는 기구(rotary evaporator나 pan-dry법)를 사용하여 휘발 시키고 진공 건조기를 사용하여 적합한 온도로 1/2~1시간 정도 건조 시킨다.

♧ 주요 사항

1) 용매는 휘발성이 충분히 커야한다.
2) 실음율은 W/W를 나타내며, 보통 0.5~30 % 범위에서 사용한다.
3) 과량의 용매를 제거하기 위하여 회전 증발기(rotary evaporation)나 팬 건조(pan-dry) 법을 사용 시 증발을 돕기 위해 적외선 등(IR lamp)이나 질소를 흘려주면(stream of nitrogen) 효과적이다.

2) 컬럼 충전(Column packing)

(1) 스탠드에 컬럼을 수직으로 장치하고 위쪽의 컬럼 입구에 연결선을 이용하여 깔대기를 연결하고 고정시킨다. 컬럼의 출구에는 미리 유리 솜을 넣은 후 트랩과 펌프를 연결시킨다.
(2) 펌프를 작동시키면서 준비한 충전 물질을 깔때기에 넣으면서 부드럽게 작은 막대기로 컬럼을 두드려 충전이 균질하게 되도록 한다.
(3) 충전이 다 되면 컬럼 입구를 유리 솜으로 막아 충전 물질이 흘러나오지 않도록 한다.

♧ 주요 사항

1) 3 m이상의 컬럼은 충전이 어렵다.
2) 충전 물질의 실음율이 다른 것을 충전시키는 low to high 방법인 경우 분석 시간이 감소되며, high to low 방법인 경우는 분리능이 증진된다.

3) 컬럼 콘디숀닝(Column conditioning)

(1) 컬럼을 충전한 후 사용 전에 실시한다.
(2) GC를 작동시킨다. 컬럼을 연결 시 주입기 쪽만 연결하고 검출기 쪽은 연결하지 않는다(검출기 오염 방지 목적).
(3) 컬럼 오븐의 온도 설정은 이동상을 천천히 흘려주면서 충전 물질의 작동 온도보다 약 20 ℃ 높게 한다. 모든 콘디숀닝의 경우 오븐의 온도가 정지상의 최대 작동 온도를 초과해서는 안 된다.
(4) 콘디숀닝 시간은 수 시간~수 일 정도이며, 보통은 약 8시간 정도 실시한다. 단, 바탕선이 안정화 안되면 조건을 확인하고 안정화 될 때까지 실시한다.
(5) 필요하면, 컬럼의 충전 및 콘디숀닝을 다시 실시한다.

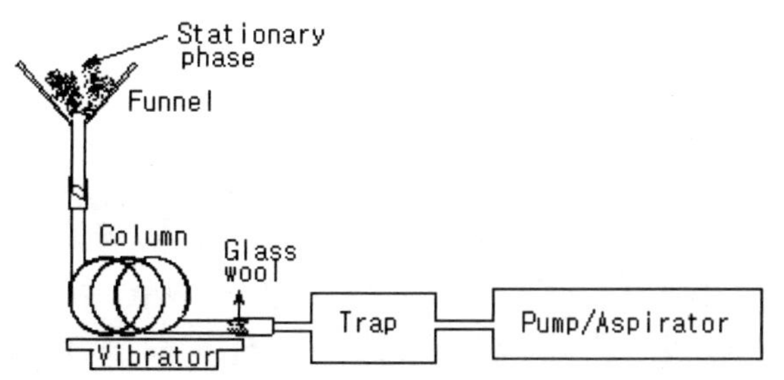

그림 3.4.2 컬럼 충전 체계도

4) 성능 확인
 (1) 표준 물질을 사용하여 컬럼 효율을 평가한다.
  가. 일반적으로 10 % w/w, 80~100 mesh를 사용한다.
  나. 이론단 수가 2000이상이면 양호, 1500이하이면 불량하다고 판단한다.
  다. 특별히 높은 컬럼 입구의 압력은 컬럼 충전의 마찰(attrition)과 연관된다.
 (2) 활성도 및 분리능(activity and resolution)의 평가
  가. 활성도
   가) 극성 시험 물질(polarity test materials)을 사용하여 평가한다.
   나) 과다한 꼬리 끌기, 시료(probes)의 흡착은 컬럼의 잔여 활성도(residual column activity)를 나타낸다.
  나. 분리능
   컬럼의 용도에 따른 표준 물질을 선정하여 평가한다.
 (3) 미세 충전(micropacked) 컬럼은 특별한 방법으로 충전되며, 10 ㎛보다 작은 입자에 대해서는 액체 곤죽(liquid slurry) 충전 방법이 사용된다.
5) 기타
 (1) 콘디숀닝이 끝나면, 컬럼의 입구와 출구를 표시하고 표찰에 컬럼의 안지름, 길이, 지지체의 종류 및 입자의 크기, 지지체의 처리 방법, 액상의 종류 및 코팅 %, 사용 온도 등의 필요한 사항을 적어 둔다.
 (2) 컬럼을 사용하지 않을 때에는 입출구에 마개를 하여 보관한다.
 (3) 새로 충전 및 콘디숀닝한 컬럼에 대해 표준 물질을 사용하여 컬럼의 효율을 평가할 필요가 있다.

♣ 참고 사항

1. 컬럼의 수명을 연장하기 위한 방법 :
 1) 어떤 GC 컬럼(new/conditioned, packed/capillary)이든 공기의 유해한 것을 제거하기 위하여 최종의 상승된 온도로 가열하기 전에 15~30분간 건조한 운반 기체를 통과시켜 깨끗하게 하여야한다.
 2) 컬럼은 급하거나 충격적으로 상승 온도까지 가열하지 말아야 하며, 프로그래밍 할 때는 원하는 최종 온도까지 적당하게 천천히 가열하여야 한다.

3) 과도하게 높은 조건화와 작동 온도는 컬럼의 수명을 감소한다.
4) 건조한 운반 기체를 사용하거나, 운반 기체가 통과하는 선에 습기 제거 장치를 설치하라.
5) 반복되는 시료 주입으로부터 높은 끓는점 화합물의 누적이 컬럼의 입구 끝에 일어나 충전물의 변색을 초래한다. 변색된 부분을 제거하는 것은 간단하며 새 충전물로 그것을 대치함으로서 컬럼의 수명을 연장할 수 있다.
6) 컬럼이 식기 전에 컬럼을 분리하여 컬럼에 열적 충격을 가하지 마라. 컬럼을 분리 하기 전에 실온으로 냉각하라. 충전물은 뜨거울 때 산화에 민감하다.
7) 컬럼에 들어가는 공기와 먼지를 방지하기 위하여 저장하는 동안 컬럼의 양끝을 캡핑(capping)한다. 유리 컬럼은 파손에 유의하여 박스에 저장한다.

2. 충전 컬럼을 위한 페룰(ferrule) 물질

표 3.4.1 페룰로 사용되는 물질의 종류 및 성질

사용되는 물질	온도 한계, ℃	성질
금속 황동(brass) 스테인레스 강	 250 450	 1) 금속 컬럼에 영구 연결 1) 금속 컬럼에 영구 연결
Tefron	250	1) 낮은 상한 온도 한계와 차가운 흐름성이 온도 프로그래밍이나 상승된 온도 작동에서 이 물질을 불안정하게 만든다. 2) 어느 정도 재사용할 수 있다.
Ceramic-filled Tefron	250	1) 오직 등온에서 사용 ; - 유리에 쉽게 적응한다. 2) 질량 분석계의 연결에 사용한다.
Graphite(G)	450	1) 출혈이나 분해가 없는 높은 온도 한계 ; - 압력에 의해 부드럽고 쉽게 변형된다. - 오직 한정된 시간에 재봉인 될 수 있다.
Vespel 100 % polimide(PI)	350	1) 양호한 재사용성 인자 ; - 유리, 금속, 테플론 컬럼에 사용될 수 있다. - 상승된 온도에서 사용 시 금속과 유리에 들러붙을 수 있다.
Vespel/graphite 85 % PI, 15 % G, 60 % PI, 40 % G	400	1) 우수한 재사용성 ; - 유리나 금속에 들러붙지 않는다. - Vespel이나 graphite 단독 사용 시보다 더 양호하게 사용된다. - 60 % PI 성분은 덜 회전시키는 힘(torque)에 의해 봉인되고 부가된 미끄러움을 가진다.

3.5 GC 검출기(Detector)

3.5.1 GC 검출기의 개요

GC에는 다양한 검출기가 보고 되어있다. 검출기는 여러 가지 방법으로 구분할 수 있으며, 주로 용질의 특성에 기인한 물리적인 검출 메카니즘, 검출기의 응답 성질(nature of detector response) 및 감응 신호에 따라 구분한다. 이러한 구분은 표 3.5.1과 같으며, 성능은 표 3.5.2에 보여 진다. 한편, 다양한 물질을 분리 분석하기 위한 검출기의 작동 상 특징은 다음 세 가지에 의해 비교된다. 첫째, 표준품의 최소 검출량(minimum detectable quantity, MDQ), 둘째, 다른 조성이나 구조의 표준품사이의 선택적 감응비(selectivity response ratio, SR), 셋째, 검출기 감응 검정 곡선의 직선성 범위(dynamic range, DR)이다.

1. 검출기의 구비 조건
   1) 고감도
   2) 낮은 잡음 수준(바탕선 수준)
   3) 넓은 동적 시료 농도 범위에서 응답의 직선성
   4) 모든 유기 성분 족(organic component classes)에 대한 좋은 응답
   5) 흐름과 온도 변화에 대한 무감각성(insensitivity)
   6) 안정성과 견고성(stability and ruggedness)
   7) 작동의 용이성
   8) 확정적인 화합물의 확인(positive compound identification)
   9) 낮은 검출 한계, 짧은 응답 시간, 검출기내의 작은 머무름 부피
   10) 가능하면 모든 시료에 대해 같은 응답 신호를 주어야 한다.
   11) 검정(calibration)이 간단하여야 한다.

2. 검출기의 특성
   1) 선택성(Selectivity)

   선택성은 조작 원리에 따라 다르며, 분석 성분에 대한 탄화수소 화합물 또는 이종 원소(heteroatoms)로 된 성분의 감도의 비로 나타낸다. 이를 선택비(selectivity ratio)라하고, 만분의 1의 값이 그 한계 값으로 되어있다.

   2) 감도 또는 검출력(Sensitivity or detectability)

   감도는 흐름 속도에 무관한 질량 의존형(mass dependant)과 흐름 속도에 비례하는 농도 의존형(concentration dependant)이 있다.

   (1) 질량 의존형 검출기 ; (S : mV · sec/mg)

   감도 = 면적/시료의 무게 $=(A \cdot C_1 \cdot C_2)/w$

   A ; 크로마토그램 넓이, cm^2 C_1 ; 기록계의 감도, mV/cm

   C_2 ; 기록지 속도의 역수, min/cm

   w ; 분석 성분의 양, mg

(2) 농도 의존형 검출기 ; (S' : (mV · sec)(cm^3/sec)/mg = mV · cm^3/mg)

감도 = (면적 × 흐름 속도)/시료의 무게 = $(A \cdot C_1 \cdot C_2 \cdot C_3)/w$

C_3 ; 운반 기체의 흐름 속도, ml/min

3) 응답(Response)

검출기의 응답은 주어진 시료 량에 따라 나타난 검출기 신호의 크기를 나타낸다.

응답 = (반높이 봉우리 나비 x 높이)/시료의 무게

= 봉우리 넓이/시료의 무게

= sec · ampere/w = coulomb/w

4) 최소 검출량(Minimum detectable quantity, MDQ)

MDQ = 2N N ; 잡음

5) 선형 농도 범위

정확한 정량 분석이 되려면 시료의 농도 변화에 대한 검출기 응답 사이에 직선적인 관계가 성립되어야 한다. 질량 흐름 속도에 대해 응답하는 검출기의 응답(R)은 다음과 같으며, R과 dm/dt의 범위가 매우 넓어 log-log눈금으로 표시하는 것이 편리하다. 검출기와의 관계는 log-log눈금으로 표시된 응답 곡선의 기울기로 정의되며, 검출기 선형 농도 범위는 직선을 나타내는 최대 농도에 대한 최소 농도의 비로 나타낸다. FID의 선형 농도 범위는 10^6정도이며, TCD는 10^4 정도이다.

$R = k_1(dm/dt)$

$\log R = \log k_1 + \log(dm/dt)$

k_1 ; 비례 상수 m ; 순간적인 성분의 질량

3. 주요 검출기에 불순물이 미치는 영향

1) TCD ; 대기 오염물질들이 필라멘트를 산화하거나 감도의 감소나 negative peaks를 일으킨다.
2) FID ; 탄화수소는 기준선 잡음(baseline noise)을 일으키거나 검출기 감도(detector sensitivity)를 감소시킨다.
3) ECD ; 산소와 물은 검출기 응답을 감소시키고 halocarbons는 기준선 잡음과 negative peaks를 일으킬 수 있다.
4) FPD ; 탄산가스는 검출기 응답을 억압하고 유기물질은 기준선 잡음을 일으킨다.
5) PID ; 산소는 검출기 응답을 주고 탄화수소는 기준선 잡음을 일으킨다.
6) MS ; 정량된 봉우리와 일치되는 어떤 불순물은 분석의 부정확성을 준다. 산소와 수분은 필라멘트를 손상시킬 수 있고 MS spectra를 일그러뜨릴 수 있다.

4. 이동상 기체와 검출기의 일치성

1) He ; TCD, FID, NPD, MSD(m/z가 10~650이기 때문에 반드시 He 사용)
2) H_2 ; TCD, FID
3) N_2 ; TCD(수소 분석 시 사용), FID, NPD, ECD, FPD, IRD
4) Ar/CH_4 ; ECD

표 3.5.1 검출기의 구분

구 분 방 법	종 류
1. 물리적 검출 메카니즘	
1) 이온화(Ionization)	FID(flame ionization detector) TID(thermionic ionization detector) PID(photo ionization detector) ECD(electron capture detector) AID(argon ionization detector) HID(helium ionization detector) PDHID/ECD/ED(pulse discharge helium ionization/electron capture/emission detector)
2) 벌크 물리적 성질(Bulk physical property)	TCD(thermal conductivity detector)
3) 광학적(Optical)	FPD(flame photometric detector) AED(atomic emission detector) TED(thermal energy detector or thermal energy analyzer, TEA)
4) 전기화학적(Electrochemical)	ELCD(electrolytic conductivity detector ; Hall electrolytic conductivity detector) MCD(Microcoulometer detector) ED(electrochemical detector)
5) 질량 선택성(Mass selectivity)	MSD(mass spectral detector)
2. 검출기의 응답 성질	
1) Universal detector	TCD, PDHID, FID(nearly universal ; organics)
2) Selective(chemical structure selective) detector	ECD, PID, MSD, TEA
3) Specific(element selective) detector	FPD, TID, AED(다원소 선택성), HECD
3. 감응 신호(Signal of response)	
1) Mass dependence	TID, FID : 이동상 흐름 속도에 무관함
2) Concentration dependence	TCD, ECD, PID, HECD, AID : 이동상 흐름 속도에 의존

표 3.5.2 분석 목적에 따른 검출기의 분류

Analysis goal	Detector
Universal response	- FID, TCD, MS, IR
Selective response	- MS, FPD, NPD, ECD, ELCD, PID, AED
Wide dynamic range	- FID, MS
Low detection limit	- ECD, SIM-MS, ELCD, (PID, AED)
Ruggedness	- FID, TCD
Ease of use	- TCD, FID, (ECD, FPD)
Molecular information and quantitative analysis	- MS, IR
Atomic information	- AED, (ELCD)
Low cost of operation	- TCD, FID, ECD

참조 ; SIM-MS(Sinlge ion monitoring mass detector) ; MSD에서 기준을 정하기 위해 m/z를 설정

표 3.5.3 중요한 검출기들의 성능 비교

검출기	형태	최소 검출량(MDQ)	직선성 범위(DR)
TCD	일반적	10^{-6}~10^{-8}g	10^5
FID	거의 일반적	10^{-11}~10^{-12}g/s for CH_4	10^6~10^7
		2x10^{-15}g/s for P	10^3
ECD	선택적	10^{-13}~10^{-15}g/s	10^4~10^5
TID	선택적	10^{-13}g N/s	10^4~10^5
		5x10^{-14}g P/s	
PID	선택적	Alkanes ; 5~10배 > FID	10^7
		Aromatics ; 35배 > FID	
FPD	선택적	5x10^{-13}g P/s	10^4
		5~50x10^{-12}g S/s	10^3
TEA	선택적	0.5x10^{-9}g	10^3
HECD	선택적	10^{-12}g N/s	10^4~10^5(보통 10^3~10^5),
		5x10^{-13}g Cl/s	N,Cl,S은 10^4~10^9
		10^{-12}g S/s	
MCD	선택적	5x10^{-11}g/s	10^2
		10^{-12}g S/s	
MSD	선택적	> 10^{-12}g(high ng)	10^6
HID/AID	선택적	10^{-10}~10^{-13}g/ml	
FTIR	선택적	2x10^{-10}~4x10^{-7}g	10^4
PDHID	일반적	~pg	10^4 for CH_4

3.5.2 GC의 중요한 검출기의 특성

3.5.2.1 열전도도 검출기(Thermal conductivity detector, TCD)

표 3.5.4 열전도도 검출기(TCD)의 특성

<table>
<tr><th>원 리</th><th>특 징</th></tr>
<tr>
<td>1. 기체의 열전도도의 차를 이용한다.
2. Sensing elements (filament, thermistor)의 전기 저항 변화를 감지 : wheatstone bridge 회로를 사용한다.
-열전도도 셀의 감도(S)
$S=KI^2R\frac{(\lambda_c-\lambda_s)}{\lambda_c}(T_f-T_b)$
K ; 기하학적 구조에 관련된 셀 상수
I ; 필라멘트 전류
R ; 필라멘트 저항
λ_c,λ_s ; 이동상과 시료의 열전도도
T_f,T_b ; 필라멘트 및 검출기 블록의 온도</td>
<td>1. 일명 hot-wire, Katharometer detector(1946년 GC에 도입)
2. 온도, 흐름 속도에 예민 : concentration sensitive detector, universal detector, nonconstructive detector
3. 운반 기체 : 낮은 분자량, 높은 열전도도의 기체(H_2, He등)를 사용

표. 기체의 열전도도(cal / s · cm · deg)
<table>
<tr><th>기체</th><th>열전도도 0℃</th><th>100℃</th><th>기체</th><th>열전도도 0℃</th><th>100℃</th></tr>
<tr><td>H_2</td><td>41.6</td><td>53.4</td><td>N_2</td><td>5.8</td><td>7.5</td></tr>
<tr><td>He</td><td>34.8</td><td>41.60</td><td>CO</td><td>5.6</td><td>7.2</td></tr>
<tr><td>Air</td><td>5.8</td><td>7.5</td><td>NH_3</td><td>5.2</td><td>7.8</td></tr>
<tr><td>CH_4</td><td>7.2</td><td>10.9</td><td>CO_2</td><td>3.5</td><td>5.3</td></tr>
<tr><td>O_2</td><td>5.9</td><td>7.6</td><td>CH_3OH</td><td>3.4</td><td>5.5</td></tr>
</table>
* H_2(44.5), He(36.0), Ne(11.6), CH_4(8.18), N_2(6.24), CO_2(3.96), O_2(6.35), CH_3OH(3.68)이 사용된다.

4. 운반 기체 외(무 · 유기가스, 저급 탄화수소, FID에 약한 물질)의 모든 물질을 검출
5. 검출 한도 온도 : 10^{-5} ℃
6. 전원 : 200-500 mA at about 40 V
7. 필라멘트
1) 재질 : W, Pt, Ni, iridium 이나 rhenium과의 합금
2) 감도 : 전류 값의 약 3승에 비례, 60 ℃이상에서 더 예민
3) 필라멘트는 운반 기체가 흐르지 않는 상태에서 전원을 on-off 하면 끊어질 우려가 있으므로 반드시 운반 기체가 흐르는 상태에서 전원을 on-off 하여야 한다.
8. Thermistor : 필라멘트보다 높은 저항, 낮은 온도에서 필라멘트보다 예민
9. 저항의 높은 온도 계수, 상대적으로 높은 전기 저항, 기계적 강도, 넓은 온도 작동 범위, 화학적 비활성이 요구됨
10. 세 가지 TCD 셀 디자인
1) Diffusion : preparative 크로마토그래피에 이용
2) Semi-diffusion : 충전 컬럼에 유용, 0.01~0.1 ml
3) Flow-through : OTC에 사용
11. 변조된 단일 필라멘트 TCD가 1979년에 소개됨 : 시료와 기준 기체가 교대로 세라믹 검출기 셀(5 μl)에 있는 작은 필라멘트를 통과한다.
1) 고감도이며, 기준선 표류가 없고, 평형 시간의 감소가 장점이다.
2) 기체 교체 장비와 필라멘트로부터의 출력은 10 Hz 로 작동하고 증폭 회로도 오직 10 Hz 신호에만 응답한다.
12. 화학적으로 비활성의 증대, 공기에 의한 산화 방지 : gold, PTFE coating
13. 1) MDQ : $10^{-6}\sim10^{-8}$g
2) DR : 10^6
3) SR : -
14. 감도가 FID보다 약 10^3정도(보통 타 검출기보다 10^4~10^7) 낮다</td>
</tr>
</table>

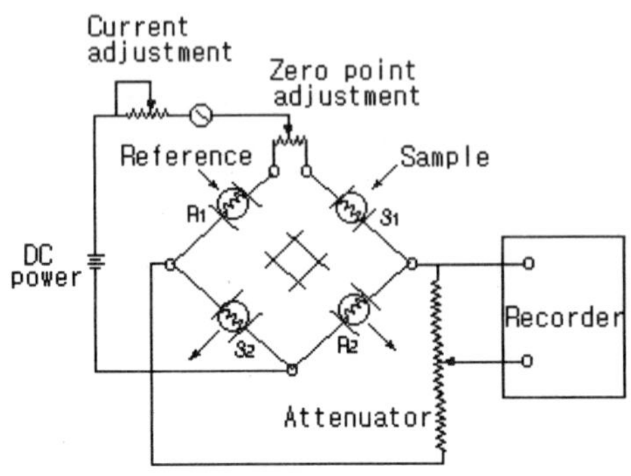

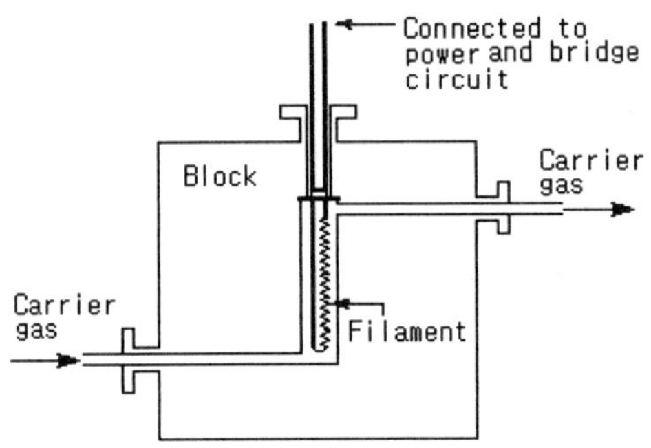

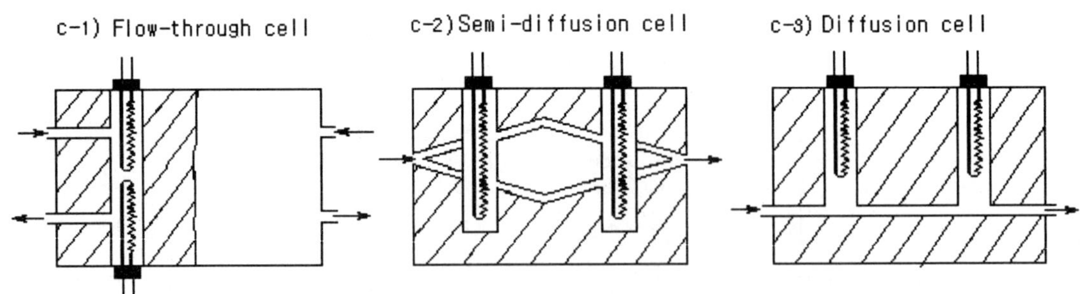

그림 3.5.1 a) Wheatstone bridge circuit, b) 열전도도 검출기의 구조, c) 열전도도 검출기의 셀 디자인(c-1 ; 유통 셀, c-2 ; 반확산 셀, c-3 ; 확산 셀)

3.5.2.2 불꽃 이온화 검출기(Flame ionization detector, FID)

표 3.5.5 불꽃 이온화 검출기(FID)의 특성

원 리	특 징
기체의 전기 전도도가 기체 중의 전하를 띤 입자의 농도에 직접적으로 비례하는 원리를 이용한다. 1. Flame chemistry 1) H_2-air 불꽃(2000~2100 ℃)에서 유기 물질의 연소에 의해 이온 생성(화학적 이온화 메카니즘) 1st : 라디칼 형성 2nd : 여기된 원자/분자의 산소에 의한 라디칼의 화학적인 이온화가 일어난다. $CH\cdot + O^* \rightarrow CHO^+ + e^-$ 2) 불안정한 CHO^+는 H_3O^+ (hydroxonium ions)를 형성하기 위하여 불꽃에서 생성된 물과 급하게 반응한다. $CHO^+ + H_2O \rightarrow H_3O^+ + CO$ 이 이온들과 중합된 형태 $(H_2O)_nH^+$가 일차적 양전하 운반 족이다. 3) 이 매우 중요한 반응이 불꽃에서 유도된 100,000개 탄소 원자에서 한번에 일어난다. 이것은 근본적으로 연소되는 탄소 원자들의 정량적 계수이다.	1. Carbon selective, near universal, sample destructive detector 1) 넓은 응용성, 고감도, 안정성, 낮은 불감 부피(약 1 μℓ), 빠른 감응(1 msec), 폭넓은 직선 감응 범위, 구조 및 작동의 간편성 2) HCHO, HCO_2H를 제외한 많은 유기 화합물에 고감도 3) 미검출 물질(H_2-air 불꽃 중에서 이온화되지 않거나 어려운 물질) : He, N_2, Ar, Kr, Xe, H_2, O_2, CO, CO_2, H_2O, NH_3, NO, NO_2, N_2O, SO_2, COS, CS_2, $SiCl_4$, $SiHCl_3$, SiF_4 4) 매우 안정한 수소-공기의 기체 흐름이 요구됨 : mass sensitive detector로 이동상의 흐름 속도에는 무관하나 걸어준 전압(약 300 V), 수소-공기 혼합비에 따라 불꽃 온도가 달라져 응답이 달라진다. 5) 전극간의 이온 전류의 증대 바탕(background) : $2\times10^{-14}\sim 10^{-13}$A 유기 증기내 : $10^{-12}\sim10^{-5}$A 6) 기체 유속과 응답 크기와의 관계는 사용하는 컬럼의 안지름에 따라 다르지만 안지름이 1/8"인 경우 air, H_2, 운반 기체의 흐름 속도를 아래와 같이 고정하여 사용하면 불꽃의 안정성이 좋다. Air 약 300 ml/min, H_2 약 30 ml/min, 운반 기체 30-60 ml/min 2. 물은 탄화수소보다 $10^4\sim10^9$배 응답이 약함. 이러한 물에 대한 무감각성은 자연수의 오염 물질 검출에 특히 유용하다. 3. N, S, 할로겐 함유 화합물에 대해 FID 감응이 낮은 이유 1) Recombination 반응의 복잡성 2) 낮은 이온화 전류를 주는 전자 포획 과정에 기인한다. 4. FID의 응답(response)은 "effective" C원자의 수에 비례한다. 5. FID의 전환 1) Element-selective 검출을 위한 FID의 전환 : 유기 금속(Al, Fe, Sn, Cr, Pb) 화합물에 선택적이도록 HAFID (hydrogen atmosphere FID)를 만든다. 2) 농도 또는 질량 의존형, 탄소 선택성, 이종 원소 선택성 검출기로의 전환: 수소-산소 흐름 속도 비를 조정하는 것에 의해 간단히 전환됨. 6. 검출기의 조작 온도 : 100~420 ℃(보통 200~300 ℃를 사용) 7. 1) MDQ of CH_4 : $10^{-11}\sim10^{-12}$g/s 2) DR : $10^6\sim10^7$ 3) SR : -

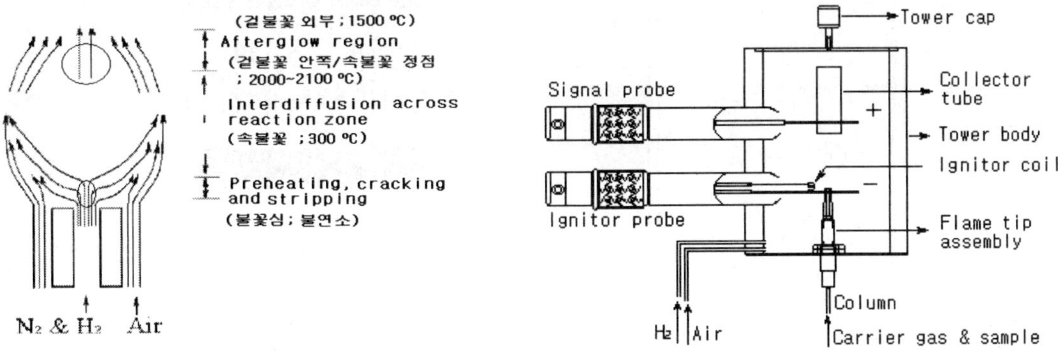

그림 3.5.2 불꽃 이온화 검출기의 불꽃 모양 및 구조

3.5.2.3 전자 포획 검출기(Electron capture detector, ECD)

표 3.5.6 전자 포획 검출기(ECD)의 특성

원 리	특 징
1. Radio isotope(^{63}Ni, ^{3}H)에서 생성된 각 β선(높은 에너지 전자)은 이동상 기체와 충돌하여 0.02-0.05 eV를 갖는 100~1000개의 전자(낮은 에너지)를 생성 2. 발생된 열전자를 전자 포획 물질(electron capture compound)이 포획하여 이온 전류가 감소하고, 감소된 전류를 전위계에서 감지한 후 증폭시킴 3. 전자 포획 메카니즘 1) 비해리성 메카니즘 (nondissociative mechanism) : 시료 분자(AB)가 전자와 반응하여 분자 음이온 생성 $AB + e^- \rightarrow AB^-$ 2) 해리성 메카니즘 (dissociative mechanism) : 시료 분자(AB)가 전자와 반응 자유 라디칼과 음이온으로 해리 $AB + e^- \rightarrow A\cdot + B^-$	1. Structure selective, 2nd widly used ionization detector : 불순물, 온도 변화에 민감하고, concentration sensitive detector이다. 2. 친 전자 화합물(할로겐 화합물, nitro 화합물 등)에 대해 선택적이고 고감도, 흔적량 분석에 사용 1) Pesticide, herbicides 및 industrial chemicals in the environment(잔류농약, PCBs, 염화알킬수은, trihalomethane) 2) Drug and other biologically active compounds in biological fluids 3) Determining the fate of volatile organic compounds in the upper atmosphere 4) Application for environmental quality and health 5) Detector response ; I>Br>Cl≫F 6) Aliphatic, naphthenic hydrocarbons에는 감응 안함 7) Alkyl halides, conjugated carbonyl, nitriles, nitrates, organometallic compound에 예민 3. Radioisotopic sources ; ^{63}Ni, ^{3}H 1) ^{63}Ni ; 0.067 MeV, 10 mCi (1) Ti^3H_2(225 ℃), Sc^3H_3(325 ℃)에 비해 고온 작동(400 ℃)시 안정성을 보임. 대부분 분석 목적에 사용. (2) 고온 작동은 오염의 최소화, 검출기 응답을 증가시킴 2) ^{3}H ; 0.018 MeV, 250 mCi (1) ^{63}Ni에 비해 더 낮은 에너지 방사로 유리 (2) 제조 가격이 저렴(less expensive to manufacture) 4. 운반 기체 1) 충전 컬럼 ; 5~10 % 메탄을 포함하는 Ar, 산소가 없는 N_2 2) OTC ; H_2, He, 1)의 기체는 보충(make-up) 가스로 사용됨 5. Selective electron capture sensitization : 운반이나 보충 가스에 O_2, N_2O같은 전자 포획 물질을 넣어 새롭고 보완적인 작동을 하는 것을 일컬음. 6. 1) MDQ : $10^{-13}\sim10^{-15}$g/s 2) DR : $10^4\sim10^5$ 3) SR : -

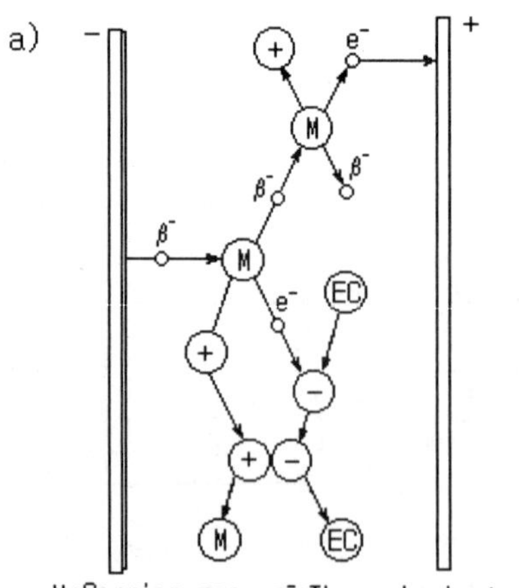

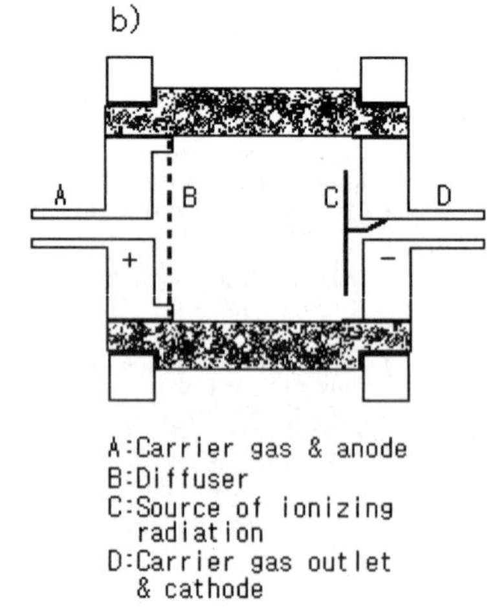

그림 3.5.3 전자 포획 검출기의 전자 포획 과정(a) 및 구조(b)

3.5.2.4 열이온 이온화 검출기(Thermionic ionization detector, TID)

표 3.5.7 열이온 이온화 검출기(TID)의 특성

원 리	특 징
1. FID의 buner jet위에 알칼리 금속 염(KCl, RbCl, Na_2SO_4, CsCl, Rb_2SO_4)이 담긴 컵 또는 도포된 wire 스크린을 놓음 2. 연소 과정(가열 코일과 세라믹 구슬 부근에서 과잉 수소 불꽃 : H_2 4 ml/min와 공기 140 ml/min 의 플라스마 생성)에서 생성된 특정 분자나 화학종이 Rb 구슬에 흡착되고, 열분해나 전자 받기로 분해산물인 CN, PO_2 라디칼의 음이온이 생성되며, 이 이온 전류의 증가를 수집 전극에서 검출한다. * AFID에 비해 TID는 감도와 선택성(sensitivity and (selectivity)의 크기를 한 order 증진시킴. 3. Rubidium source(구슬)는 "- potential"을 유지 : 1) Rb^+의 손실을 최소화고(Rb^+재생) 2) FID의 감응을 낮추기 위해	1. 종래의 AFID(alkali flame ionization detector)의 원리를 바탕으로 사용상 단점을 개량한 것으로, NPD(nitrogen-phosphorus detector), TSD(thermo specific detector), FTD(flame thermionic detector)라고도 함 : mass sensitive detector로 환경과 biomedical 연구(drugs, pesticides, 및 profiling)에 응용된다. 2. 불꽃에 알칼리 금속 염을 부가 시 Sb, As, Sn, Pb등과 같이 P, N, S, B, halogens을 함유하는 물질의 검출기 응답이 증가한다. 특히, 인 화합물, 질소 화합물에 선택적으로 감응 3. 감응 선택성은 불꽃 모양, 크기, 온도 및 salt tip의 조성 등에 의존. 4. 전기적으로 가열되는 Rb 실리케이트 구슬은 검출기의 jet tip과 수집 전극 사이에 설치 5. 플라스마가 Rb 구슬 위치 범위에 있도록 H_2, air 기체의 흐름을 조절해야함 6. TID 메카니즘 1) Homogeneous mechanism theory ; gas phase mechanism (1) Rb^+는 플라스마로부터 전자를 받아 중성 원자(Rb)로 구슬에 남는다. (2) 한편, 구슬의 빈곳(vicinity)에서는 플라스마 입자들과의 충돌에 의해 Rb 원자가 분기되고 이온화 됨 : $Rb + 2H \rightarrow H_2 + Rb^+ + e^-$ (3) 발생된 전자가 수집 전극으로 이동되어 검출됨 (4) Rb^+는 즉시 "-"로 하전 된 구슬에 의해 재 포획 된다(Rb 재생). (5) 이온 전류는 CN, PO_2 라디칼에 의해 생성 2) Surface catalytic ionization model ; (1) N 화합물이 구슬 표면에 흡착되어 CN 라디칼로 열분해 됨 (2) 구슬로부터 전자를 받아 CN^-가 되어 떠남 (3) 알칼리 유리는 전자 전이 반응을 위한 표면 촉매 역할을 함 (4) source의 빈곳에 radical species를 포함한 뜨겁고 화학적으로 반응성 있는 가스 층이 생김 (5) 이 가스 층 영역에서 source나 시료 분자들의 반응으로부터의 heat combination이 시료를 분해시킴 (6) N, P 포함 물질로부터 전기 음성적 분해산물이 thermionic source의 표면으로부터 전자를 뺍아 이온화 됨 (7) 이 음이온이 수집 전극에서 측정되는 이온 전류에서의 증기를 생성 7. 1) MDQ : 10^{-13}gN/s, 5×10^{-14}gP/s 2) DR : $10^4 \sim 10^5$ 3) SR : 4×10^4gC/gN, 7×10^4gC/gP, 0.5 gN/gP

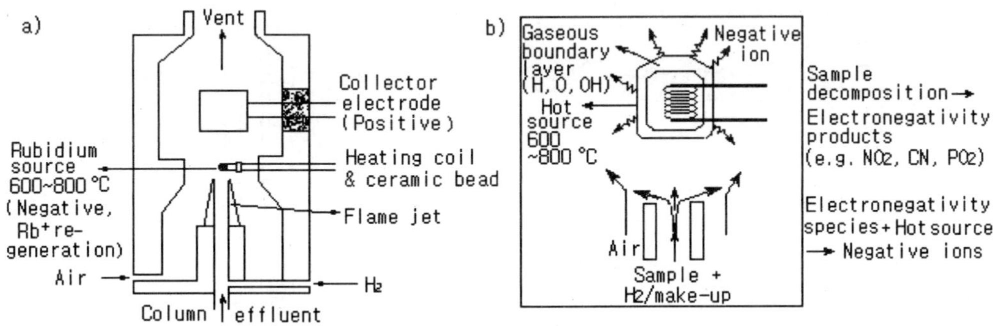

그림 3.5.4 열이온 이온화 검출기의 구조(a) 및 검출 메카니즘(b)

3.5.2.5 광이온화 검출기(Photoionization detector, PID)

표 3.5.8 광이온화 검출기(PID)의 특성

<table>
<tr><th>원 리</th><th>특 징</th></tr>
<tr>
<td>1. 전형적인 PID의 두 가지 기능 부분 :
1) Excitation source ; DC (1~2 kV), 라디오 주파수(75~125 kHz), 마이크로파(2450 MHz), laser에 의해 들뜬 방전 램프를 사용한다.
2) Ionization chamber
2. 방전 램프(UV light source, 10.2 eV)에 의해 Ar, He가 방전되고, 이 때 생성된 양자들이 GC에서 나온 이동상중의 유기 물질들을 이온화 챔버에서 이온화시킨다.
3. UV 이온화에 의해 형성된 이온을 전류가 측정되는 수집 전극으로 밀어주기 위하여 가속 전극에 100~200 V의 전원이 응용된다. 이온들은 챔버 반대편 끝에 설치된 전극에서 수집된다.
4. 검출기내의 processes :
1) AB 물질이 photon을 포획 ; $AB + h\upsilon \rightarrow AB^*$
2) 이온화 되고 검출기 신호를 생성 ; $AB^* \rightarrow AB^+ + e^-$
3) Competing reaction ; recombination, collisional de-excitation
$AB^+ + e^- + C \rightarrow AB + C$
$AB^* + C \rightarrow AB + C$
$EC + e^- \rightarrow EC^-$
$EC^- + AB^+ \rightarrow AB + EC$
C ; 운반 기체 분자
EC ; 전자 포획 불순물</td>
<td>1. 작동 원리에 따라 photoionization detector(이온화 전류), discharge detector(방전 전류), microwave emission detector(방출된 빛의 강도 측정)라 부른다. concentration sensitive detector로 비파괴적이며, 보조 가스 없이 운반 기체만 필요하고, 값이 싸며, 작동이 쉽다.
2. 이온화 안되는 물질 : permanent gases, C_1-C_4 탄화수소, 메탄올, 아세토니트릴, 클로로메탄
3. UV 광원은 8.3~11.7 eV의 다른 에너지를 이용(10.2 eV를 가장 널리 사용)한다. 방전 부분과 이온화 챔버는 MgF_2의 투명창에 의해 분리되어 있음
1) OTC에서 이온화 챔버의 부피 ; 150-250 μℓ
2) 이온화 챔버는 고분자 물질의 응축에 의한 계의 오염 방지를 위해 컬럼 작동 온도 이상으로 가열할 수 있다.
3) 실제 ionizing photon들의 에너지보다 약 0.4 eV 높은 이온화 전위를 갖는 물질들이 이온화됨
4) UV 램프의 특성
<table>
<tr><th>Lamp type</th><th>Gas filling</th><th>Lamp window</th><th>Main application</th></tr>
<tr><td>8.4 eV</td><td>Xenon</td><td>Sapphire</td><td>PAH-amines(highest selectivity)</td></tr>
<tr><td>9.6 eV</td><td>Xenon</td><td>MgF_2</td><td>Low boiling aromatics (medium selectivity)</td></tr>
<tr><td>10.0~10.6 eV</td><td>Krypton</td><td>MgF_2</td><td>General application</td></tr>
<tr><td>11.8 eV</td><td>Argon</td><td>LiF</td><td>Aldehydes-ketones</td></tr>
</table>
4. PID 신호는 이온화 율, 흡착 단면(adsorption cross-section), 몰농도(molar concentration)에 비례한다
5. 1) MDQ :
(1) Alkane ; FID보다 5-10배 더 예민
(2) Aromatic ; FID보다 35배 더 예민
2) DR : 약 10^7
3) SR : 0.3 Coulombs/g for benzene</td>
</tr>
</table>

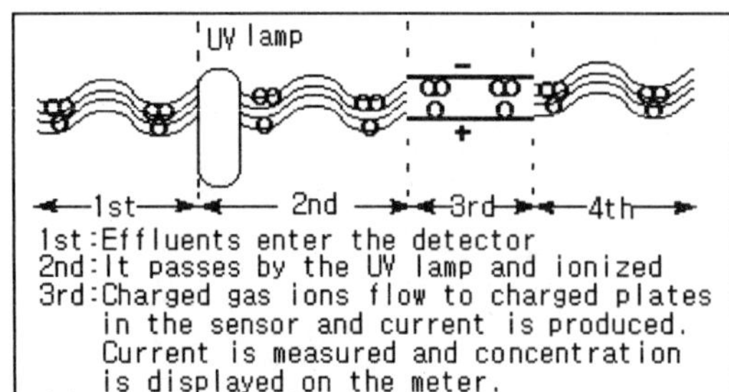

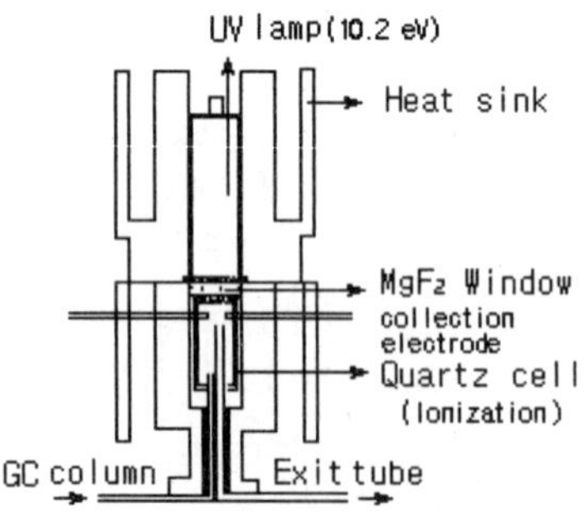

그림 3.5.5 광이온화 검출기의 원리 및 구조

3.5.2.6 불꽃 광도 검출기(Flame photometric detector, FPD) 및 원자 발산 검출기(Atomic emission detector, AED)

표 3.5.9 불꽃 광도 검출기(FPD) 및 원자 발산 검출기(AED) 의 특성

원 리	특 징
FPD : 1. S, P를 함유한 화합물이 산소나 수소 불꽃에 의해 분해되고, 분해된 화학종 중 S^*, HPO^*의 전자 에너지가 바닥상태로 떨어지면서 각기 특성적 스펙트럼을 방출한다. 이 방출량을 광전 증배관에서 측정한다. $S_2^* \rightarrow S_2 + h\upsilon(392nm)$ $HPO^* \rightarrow HPO + h\upsilon(526nm)$	1. 잔류 농약의 분석(유기인제, 황함유), 대기 오염물의 흔적량 분석(H_2S, SO_2, CS_2 함유) 2. Dual flame burner사용 1) Solvent flame-out, H_2 quenching, 구조 응답 variation에 관한 문제점 개선(single flame burner에 비해) 2) Lower flame ; 시료 물질의 분해 Higher flame ; 원하는 광학적 발산물 생성 3. 검출기 디자인 ; 운반 기체와 공기 또는 산소와 혼합 사용 4. 시료 량과 FPD의 응답 크기 1) S_2생성의 제곱근에 관계 2) 선형적 관계 5. FPD 응답 메카니즘 1) S 화합물 (1) 분해 ; $H_2S + H \rightarrow HS + H_2$ $HS + H \rightarrow S + H_2$ (2) 여기(가능한 반응) $S + S \rightarrow S_2^*$ $H + H + S_2 \rightarrow S_2^* + H_2$ $H + OH + S_2 \rightarrow S_2^* + H_20$ $S + S$ + M(가스 분자) $\rightarrow S_2^* + M$ 2) 인 화합물 (1) 분해 ; 인 화합물 $\rightarrow$ PO (2) 여기(가능한 반응) $PO + H + M \rightarrow HPO^* + M$ $PO + OH + H_2 \rightarrow HPO^* + H_20$ 6. Thermal energy analyzer(TEA) 또는 열 에너지 검출기(thermal energy detector(TED)라고 부르며 광검출 원리에 기초한다. 1) Nitrosamine 화합물을 저온(275-300℃) 열분해 하면 니트로실 라디칼이 생성된다. 이를 오존과 반응시켜 들뜬 상태의 이산화 질소를 만들고 여기서 나오는 화학적 발광을 600 nm에서 측정한다. 2) 선택성은 비교적 낮은 열분해 온도와 이산화 질소에 의한 화학적 발광 반응(chemiluminescence reaction)에 기인한다. 7. 1) FPD (1) MDQ : 5×10^{-13}g P/s, $5\text{-}50\times10^{-12}$g S/s (2) DR : $>10^3$ (3) SR : 5×10^5g C/g P, $10^3\text{-}10^6$g C/g S 2) TEA (1) MDQ : 0.5×10^{-9}g (2) DR : $>10^3$ (3) SR : $>10^3$
AED : 1. 컬럼 용출 성분이 플라스마(microwave energized helium plasma)에 의해 들뜬 원자로되고, 여기에서 나온 방출광을 파장별로 분리해 배열 광다이오드 검출기(photo-diode array detector)에서 감지하여 전기적 신호를 검출한다.	1. Hewlett-Packard에서 최근 개발 2. 광학적 검출기로 C, H, Cl 및 F 등을 함유한 화합물에서 동시 정량하는 다원소 선택성 검출기이다. 3. F, I, O, S, N 및 P 함유 화합물, 휘발유나 페인트중의 Pb, 어류 중 Hg 분석에 응용된다. 4. 170~780 nm 범위에서 발산된 복사선을 검출한다. 5. 동시에 2~4개의 원소를 monitoring할 수 있고, 현재 15개 원소들을 검출할 수 있다.

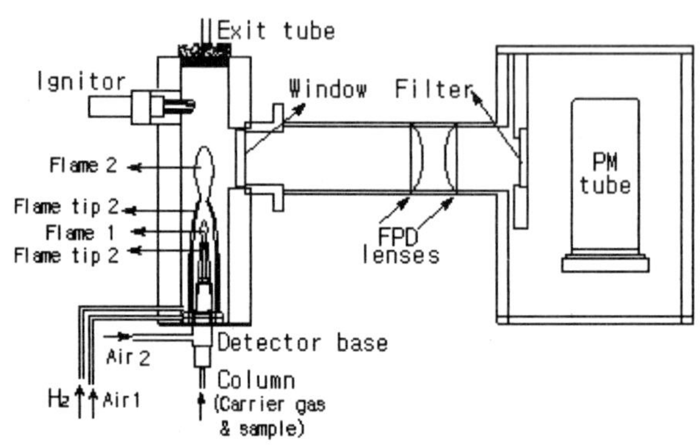

그림 3.5.6 이중 불꽃 광도 검출기의 구조

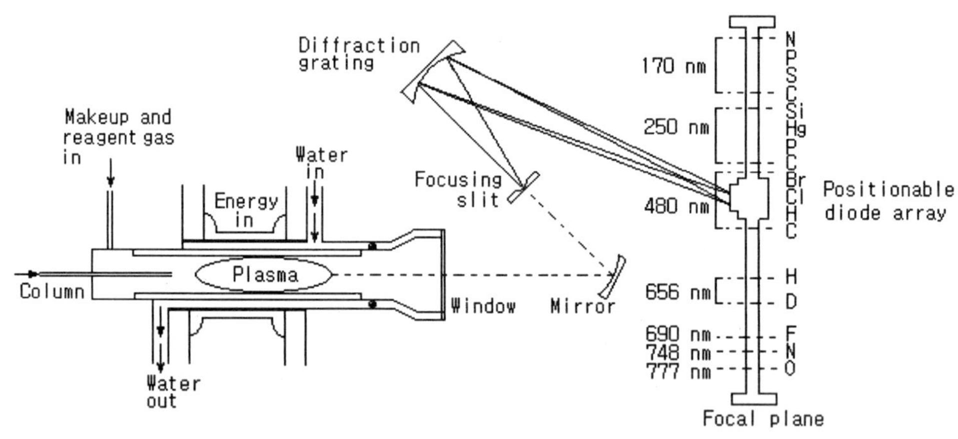

그림 3.5.7 원자 발산 검출기의 구조

3.5.2.7 열에너지 분석기(Thermal energy analyzer, TEA)

표 3.5.10 열에너지 분석기(TEA)의 특성

원 리	특 징
1. 촉매실에서 NO_2를 nitric oxide(NO)로 환원하는 어떤 화합물은 NO의 대리 펄스를 주고, 계속하여 오존과 반응한다. 2. 오존은 NO를 NO_2로 산화시키며, 이 반응은 가시선 복사선을 방출한다(화학발광). 복사선의 강도는 시료 중의 질소의 함량에 비례한다.	1. 열 에너지 분석기는 nitrosamine 결정을 위한 선택적 검출기이다. 2. 산화-환원 화학발광 검출기(redox chemiluminescence detector, RCD)에서 검출되는 물질 1) Alcohols, carboxylic acids, ketones, ammonia, nitrogen heterocyclics, olefins, sulfides, mercaptans, carbonyl sulfides, sulfur dioxides, hydrogen peroxide, organic phosphates(phosphites), aldehydes, phenols, ethers, aromatic and aliphatic amines, aromatic hydrocarbon, disulfides, hydrogen sulfides, carbon disulfides, hydrogen, carbon monoxides, organic phosphonates 2) FID에 특히 약한 응답을 보이는 환경 시료 중의 휘발성 화합물의 검출에 이용된다. 3) 황을 포함하는 화합물은 수소 확산 불꽃에서 sulfur monoxides로 연소된 후에 높은 선택성으로 미량 수준에서 정량될 수 있다. 4) 충분히 응답을 보이지 않는 물질 : 포화 탄화수소, 완전히 염소화된 화합물, 물, 질소, 산소, 이산화 탄소, 영족 기체 3. 산화-환원 화학발광 검출기(redox chemiluminescence detector, RCD)에서 1) GC로부터의 유출물이 먼저 100~300 ppm의 nitrogen dioxide(NO_2)를 포함한 기체의 흐름과 혼합된 후 2) 보통 금이 코팅된 유리 구를 포함하는 온도 조절 장치가 있는 촉매실(catalyst chamber)을 통해서 지나간다. 촉매실에서 NO_2를 nitric oxide(NO)로 환원하는 어떤 화합물은 NO의 대리 펄스를 주고, 계속하여 오존과의 반응에 의하여 검출된다. 4. 반응의 선택성은 촉매, 온도, 촉매 지지 물질의 선정에 의해서 조절된다. 5. 저온 촉매 열분해(275~300 ℃)는 냉각 트랩을 통해 휩쓸리는 nitrosyl 원자단을 분열한다. 6. Sulfur chemiluminescent detector(SCD) 1) SCD에서의 반응 $RS + O_2 \rightarrow SO + products$ $SO + O_3 \rightarrow SO_2^* + O2$ $SO_2^* \rightarrow SO_2 + light$ 2) 반응은 260~480 nm의 범위에서 광전자 증배관에서 측정된다. 3) 좁은 구경의 모세관 컬럼을 사용할 때 같은 조건하에서 FID보다 약간 더 넓고 비대칭적인 봉우리를 보인다. 7. 1) For the lower alkyl nitrosamines - 검출 한도 : 0.5 ng - 직선 범위 : $>10^5$ 2) For sulfur-containing compounds - 검출 한도 : $4x10^{-13}$g S/S - 직선 범위 : $>10^3$ 3) 선택성 : $>10^3$ against most amines and nitro compounds

♧ 화학발광(chemiluminescence)

화학발광은 진동 또는 전자적으로 들뜬 종을 형성하여 광자를 방출하는 화학 반응을 설명하기 위하여 사용되는 용어이다. GC에서의 이 반응은 기체상에서 일어나며, 검출하기 쉬운 종을 열이나 촉매적으로 유리하기 위하여 종종 반응 검출기와 조합된다. 지금까지 가장 중요한 반응은 오존과 반응하여 전자적으로 들뜬 nitrogen dioxide(NO_2)를 만들기 위한 nitric oxide(NO)를 방출하는 반응이다.

기기는 반응실, 증폭기가 장치된 빛 감지기(광전 증배관), 반응 기체를 발생하기 위한 장치, 가능하면 감압에서 반응실을 작동하기 위한 진공 펌프 등으로 구성된다. 감압 작동은 두 가지의 이점이 있다. 즉 들뜬 반응 생성물의 충돌에 의한 비활성화를 감소시켜 감도를 증진하고, OTC를 이용할 수 있는 호환성을 유지하기 위한 검출기의 효과적인 불감 부피를 감소시키는 것이다.

화학발광 방법은 Kjeldahl method, Dumas method와 더불어 유기 물질 중의 질소를 정량하기 위해 가장 최근에 개발된 방법이다.

3.5.2.8 Hall 전기 전도도 검출기(Hall electrolytic conductivity detector, HECD)

표 3.5.11 Hall 전기 전도도 검출기(HECD)의 특성

원 리	특 징
1. 컬럼에서 나온 기체 유출물이 O_2, air 또는 H_2와 섞이어 회화로 내로 들어가 산화, 환원 또는 열분해 하여 support 용매에 쉽게 녹는 낮은 M.W의 전기화학적 활성물질로 분해된다. 2. 회화로에서 기체-액체 접촉부(contactor)로 들어가 용매와 섞이고, 이 액상은 기체-액체 분리기(separator)에서 난용성 기체와 분리 되어 전도도 셀을 지나면서, 순수한 용매가 통과할 때의 전도도와의 차가 검출된다. 3. HECD의 구조 : 반응로(reaction furnace), 세정기(scrubber), 기체-액체 접촉부, 기체-액체 분리부, 전도 셀, 용매 순환 장치, 탈염 장치, 전기 장치로 구성된다. 4. 화학적 세정기 1) Strontium hydroxide, K_2CO_3 : HX, SOx 제거 2) Silver wire : HX, H_2S 제거 3) Alumina : PH_3 제거 4) Aluminum silicate : SOx 제거	1. 가장 널리 사용되는 element-selective 전기 화학적 검출기 2. 검출 물질 1) C, H, 할로겐, N, S, P 함유 물질, amines, nitrosamine 2) PCB_S, PCN_S(polychlorinatednaphthalenes) ; 유기 염소제 농약 3. 회화로 1) 내부에 니켈, 석영관(촉매 역할)이 있고 500-1,000 ℃로 유지되어 들어온 컬럼 유출물을 작은 M.W 물질로 분해한다. 2) C침착을 피하기 위하여 회화로로부터 용매가 통풍된다. 3) 검출 과정의 감도를 증진시키기 위해 회화로 출구에 화학적 세정기가 흐름 계(flow system)와 같이 설치되어 있다. 4) 생성 물질 ; 노 온도, 분자 구조, 용매 세척기의 사용 여부에 의존한다. (1) 산화 방식 ; HX, SO_2/SO_3, NO_2, CO/CO_2, H_2O등(H_2O, CO는 감응이 없고, CO_2와 NO_2는 낮은 감응을 보임) (2) 환원 방식 ; HX, H_2O, NH_3, CH_4, H_2O 등(CH_4, H_2O는 거의 감응이 없음) 4. 주로 사용되는 conductivity solvent 1) 고감도, 큰 선택성, 큰 직선 범위 제공 2) Methanol, isopropanol을 각각 또는 물과 혼합하여 사용한다. 3) 전도도 용매는 밀폐 계에서 이온교환 수지를 통해 정제되어 다시 사용되도록 순환한다. 5. 검출기의 감응 : 생성물 농도, 용매중 생성물 해리상수, 액체상의 음·양이온의 당량 이온 전도도에 의존한다. 6. 감도 및 선택성 : 노의 온도, 반응 물질과 운반 기체의 유속(constancy 및 pulse-free가 중요), 전도도 셀 통과 시 물의 유속에 의존한다. 7. FPD와 비교 시 S에 대해 동등이상의 감도 및 선택성 유지 8. ECD와 비교 시 Cl에 대해 더 큰 감도를 보임. 9. HECD의 poor linearity와 poor peaks shape의 원인 : 전도도 용매의 pH의 부적절 및 세정기 소진에 의한 conducting species의 중성화에 기인 →봉우리가 나오기 전 sharp dip(움푹한 곳)이나 봉우리가 나온 후 바탕선의 점진적 증가를 보임. 10. 봉우리 꼬리 끌기의 원인 : 세정기의 오염, furnace-cell 연결선 오염, 비활성화된 촉매, 간섭 물질의 존재, 세정기에 의해 제거 안 된 전도도 반응 생성물 11. 1) MDQ : 10^{-12}g N/s, 5×10^{-13}g Cl/s, 10^{-12}g S/s 2) DR : $10^4\sim10^5$, 보통 $10^3\sim10^5$, 탄화수소 중 N, Cl, S 함유 물질에 대해 $10^4\sim10^9$ 범위가 일반적이다.

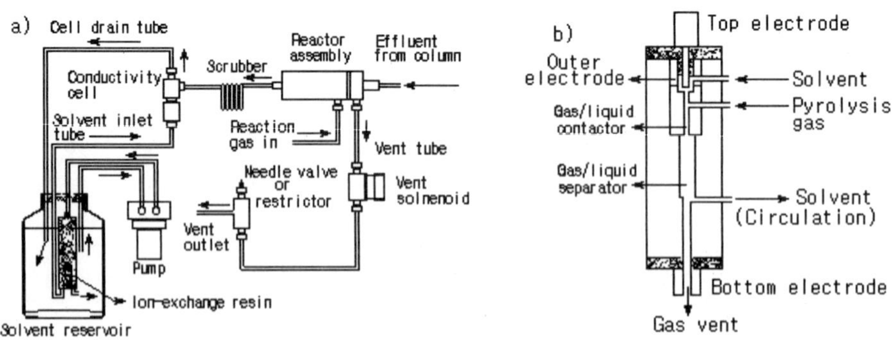

그림 3.5.9 Hall 전기 전도도 검출기의 구성(a) 및 전도도 셀의 구조(b)

3.5.2.9 미량 전기량 측정 검출기(Microcoulometer detector, MCD), helium ionization detector(HID) 및 argon ionization detector(AID)

표 3.5.12 미량 전기량 측정 검출기(MCD), helium ionization detector(HID) 및 argon ionization detector(AID)의 특성

원 리	특 징
MCD 1. 화학적 활성 이온(Ag^+, H^+, I_3^-)이 생성된 셀로 반응성 종(reactive species)이 들어가면 농도가 낮아진다. 이 감소된 농도가 working electrode에서 감지되고, 이 신호는 generating 전극으로 연결된 증폭기로 간다. 이때 최초 평형 이온 농도가 회복될 때까지 전해질을 통해 전류가 흐른다.	1. HECD와 같은 active species를 검출 : SO_2, H_2S, HCl, NH_3 2. 4개의 전극으로 구성 : 두 개(active species의 생성), 1개(감지 전극), 1개(기준 전극, reference electrode) 3. Titrant ion의 재생성에 소요되는 에너지는 1) 정확한 resistor에 의해 monitoring되고 2) 전압-시간 간격으로 표시된다. 4. Microcoulometer는 Faraday's law를 따르는 absolute detector로 작용한다. 소비된 총 쿨롱수는 Faraday's law에 의해 셀에 들어간 시료의 microequivalents에 관계된다. 5. 1) MDQ : 5×10^{-11}g/s, 10^{-12}g S/s 2) DR : 10^2 3) SR : 10^6 for hydrocarbons
HID, AID(β-ray 사용) 1. 이온화실에 있는 두 장의 전극사이를 지나는 He을 방사선과 높은 전기장을 조합하여 들뜨게 하고, 이 준안정 상태의 He 원자의 에너지(He의 이온화 전위, 19.8 eV)를 이용하여 챔버에 들어온 Ne 이외의 시료를 이온화한다. 운반 기체중의 미량의 불순물도 방해하므로 특수하게 정제된 고순도 He을 사용하여야 한다.	1. ppb 이하의 무기 기체 검출을 위한 유일한 초감도의 검출기로 permanent gases는 ppm~ppb에서 분석된다. 2. 이온화실에 2장의 전극이 있고, 하나는 얇은 금속박으로 방사선원을 포함하고 있다. 1) Radioactive tritium foil(β emitter)이 최초 이온화를 위하여 쓰이며, 낮고 일정한 이온화원을 제공한다. 2) Foil로부터의 β입자는 굉장히 낮은 에너지(평균 17.5eV)와 짧은 범위(1 mm정도)여서 작은 부피 검출기의 디자인에 편리하다. 3) Radioactive foil의 단점 (1) Foil에 화합물이 흡착되어 화합물 분해나 셀을 오염시킬 수 있고 (2) Foil에 방사성 물질이 퇴적되어 열적 분해나 foil 사용 온도에 문제가 될 수 있으며 (3) 방사성 물질은 허가를 받아야 하고 누출에 대한 주기적인 감시(monitoring)를 해야하는 불편이 있다. 3. 고체 정지상만 사용 : Molecular sieve, porapak, silica gel, 활성탄. 활성 알루미나 4. 1) MDQ for AID : 운반 기체에서 10^{-10}-10^{-13}g/ml

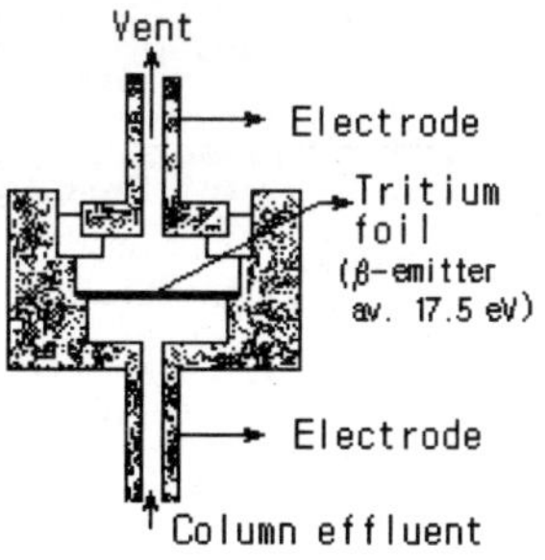

그림 3.5.10 헬륨 이온화 검출기의 구조

3.5.2.10 질량 스펙트럼 검출기 (Mass spectral detector, MSD)

표 3.5.13 질량 스펙트럼 검출기(MSD)의 특성

원 리	특 징
1. GC 유출물을 이온 원에서 이온화한 후 질량 분석관에서 질량 대 전하비(m/z)로 분리하여 검출한다.	1. 이온 원(ion source) 1) Electron ionization : 기화한 시료 물질을 70 eV의 전자로 충격 $M + e^- \rightarrow M^+ + 2e^-$ 2) Chemical ionization : 이온/분자 반응에 의해 이온을 생성 (1) 시료/시약 기체(1:10,000)를 섞어 이온화실에 넣음 $CH_5^+ + M \rightarrow (MH)^+ + CH^4$ (2) 시약 기체 : H_2, CH_4, H_2O, i-C_4H_{10}, NH_3를 사용한다. 2. 질량 분석관 : 질량 분석기의 심장부로, 사중극자 분석 장치, 자기 분석 장치, 이온 포집 방식, 비행 시간 분리 장치가 있다. 1) 사중극자 질량 분석관(quadrupole mass analyzer) : 정밀하게 곧은 4개의 원통형 금속 막대(직경 수 mm, 길이 10~15 cm)를 평행으로 배열하여 대각선의 2개를 한 쌍으로 하여 한 쌍은 직류원(DC)의 양극에, 다른 쌍은 음극에 연결하고 라디오 주파수의 교류 전위(AC)를 2개의 쌍에 동시에 걸고 둘을 주사하면 그 비율에 따라 진동 운동의 안정 지역이 생기고 이 지역에 들어오는 m/z만이 분리된다. 분리능은 약 600~1,000, 응답 시간은 0.1 sec이다. 2) 자기 분석관(magnetic analyzer) : upper/lower magnetic pole사이의 자기력과 가속된 이온빔의 구심력 사이에서 질량 차에 의해 분리된다. 부채꼴형으로 quadrupole에 비해 느리고 복잡하다. 3) 이온 포집 방식(ion trap type) : 이온 형성관으로부터 형성된 이온들을 한 포집관에 모아 순차적으로 전류를 통과시키면서 적절한 직류를 만나면 포집관을 통과하도록 되어있다. 감도가 높고, EI와 CI의 전환이 용이하며, 관리 유지가 용이하다. 그러나 이온 포집관에 이온들이 모여 있어 분리능이 낮은 편이다. 3. 검출기 : 이온의 전류를 측정하는 전자 증배관(electron multiplier)이 보편적으로 쓰임(광전자 증배관과 유사) 4. 진공계 : 보통 5×10^{-5}Torr 5. MSD 작동 온도 범위 : 15-35 ℃ 6. 운반 기체 순도 : min. 99.9995 %, 습기 및 산소 트랩(trap) 필요 7. 1) MDQ : >pg 2) DR : 10^6

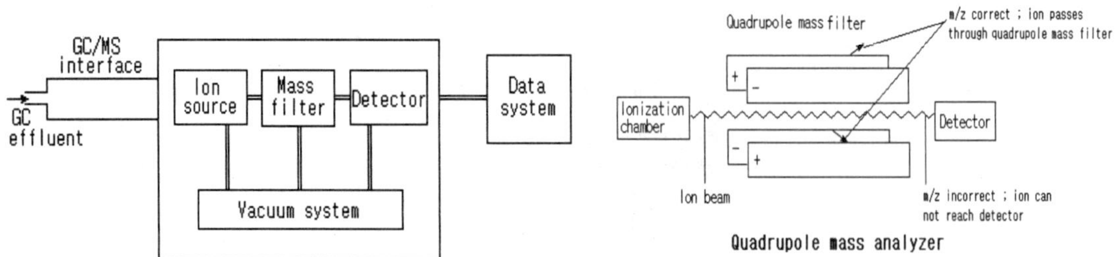

그림 3.5.11 질량 스펙트럼 검출기의 구조

3.5.2.11 펄스 방전 헬륨 이온화 검출기, 펄스 방전 전자 포착 검출기, 펄스 방전 발산 검출기(Pulse discharge helium ionization detector/electron capture detector/emission detector, PDHID/ECD/ED)

표 3.5.14 펄스 방전 헬륨 이온화 검출기, 펄스 방전 전자 포착 검출기, 펄스 방전 발산 검출기(PDHID/ECD/ED)의 특성

원 리	특 징
PDHID : 1. 컬럼에서 분리된 분석 물질이 고압 펄스 방전 영역을 통과 시 이온화되는 것을 이용한다. 2. 이온화 과정 1) $e^-(V) + He \rightarrow He^+ + 2e^-$ 2) $e^-(V) + He \rightarrow He^{**} \rightarrow He^*(2^3S) + hv$ 3) $e^-(V) + AB \rightarrow AB^+ + 2e^-$ 4) $He^*(2^3S) + AB \rightarrow AB^+ + e^- + He$ 3. 준안정 상태 $He^*(2^3S)$의 이온화 전압은 19.8 eV로 Ne(21.5 eV) 이외의 어떤 물질도 이온화할 수 있다. 1) He의 들뜸은 step(2)가 유력하다. 2) He의 가장 강한 발산 파장은 (1) 388.9 nm($3^3P \rightarrow 2^3S$) (2) 586.6 nm($3^3D \rightarrow 2^3S$)	1. 이온화, 들뜸의 원천으로 고압 펄스 방전을 사용한다. 비방사성 원천의 사용으로 radioactive foil의 약점을 보완한 universal detector이다. 2. 두 가지 이온화 방법 1) 고압 펄스에 의해 가속된 전자에 의해 분석물질(AB)이 직접 이온화 된다. 2) 상대적으로 수명이 긴 He metastables와 분석물질의 반응에 의한 이온화가 일어난다. 3. 방전 발생의 특성 1) 백금선의 끝(tip)은 한 점으로 뾰족하게 되어 있고 두 백금 tip 사이(2 mm)에서 일어나는 방전은 실처럼 매우 섬세하다. 2) 이 방전의 구경은 0.1~0.15 mm로 방전 부피(약 250 ㎕이하)가 매우 작다. 3) 전자 수집 전극은 PDECD 형태와 동일하며 이온화를 위해 몇 개의 전극이 더 사용되어 방전이 안정되고 감도가 증가한다. 4) 방전 진동수가 매우 낮고 방전 간격이 길어 백금 전극이 펄스사이에 냉각된다. 5. 1) MDQ : pg for permanent gases 2) DR : ~10^4 for CH_4
PDECD : 1. 고압 방전을 이용한 이온화가 도핑 He 기체에서 수행된다.	1. 이온화 방법만 다르고 다른 메카니즘은 ECD와 동일하며, 검출기가 매우 안정하고 구성이 용이하다. 2. 펄스 방전원과 He(0.2 % N_2 또는 0.3 % H_2를 혼재)은 열전자를 생성하도록 요구된다. 혼합 기체는 N_2, CH_4, Xe중 CH_4가 주로 이용된다. 3. PDECD는 ECD보다 셀 부피가 작고 방사성 foil에 흡착이 없어 더 만족스럽다. 4. 1) MDQ : 0.16~0.39 pg for pesticides 2) DR : 10^3~10^4
PDED : 1. 펄스 방전을 발산 스펙트럼의 들뜸 에너지원으로 사용 시 진공 UV 영역에서 H_2와 O_2의 강한 발산 스펙트럼이 관측되는 것을 이용한다.	1. 진공 UV 영역에서의 O_2, H_2의 발산 스펙트럼 측정에서 펄스 방전 발산 검출기(PDED)라고 명명한다. 진공 UV 영역에서 Cl에 대해 element specific detector이다. 2. permanent gases(Ne, H_2, Ar, O_2, N_2, CH_4, CO) 및 CO_2는 UV-visible 영역에서 발산 스펙트럼을 보인다. 그러나 O_2와 H_2는 위 영역에서 매우 약한 스펙트럼을 보인다.

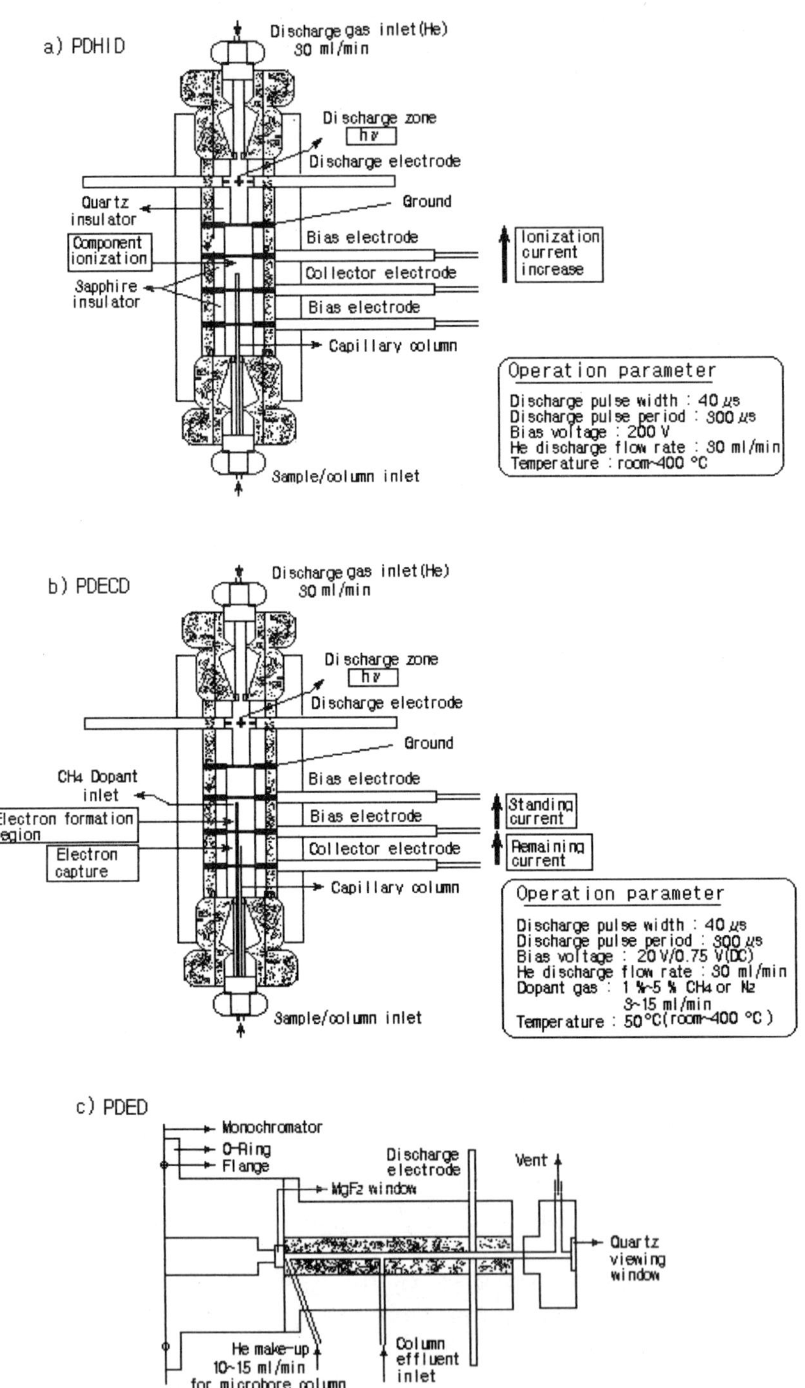

그림 3.5.12 PDHID(a), PDECD(b), 및 PDED의 구조 및 원리

♣ PDD와 ECD와의 비교

1. PDD의 장점

ECD에 사용되는 방사성 원천(radioactive source)을 사용하지 않아 실험 및 관리에 있어 편의성이 크다.

2. ECD의 방사성 포일(radioactive foil)의 단점

1) Ni^{63}에 의해 방출된 β입자의 범위가 너무 길어 작은 부피 검출기 구조에 사용하기 어렵다. 이를 개선하기 위하여 보충(make-up) 기체를 사용한다. 그러나 보충 기체의 사용은 농도 의존 검출기(ECD)의 감도를 낮게 한다.

2) 분석물질의 흡착에 의해 오염되거나 연속해서 비휘발성 물질로의 분해가 되는 foil의 경향이 있으며, 특히 검출기의 온도가 300~400 ℃에서 Ni 표면의 촉매 효과가 이 과정을 촉진한다.

- foil의 제한 온도 : $S_C{}^3H_3$(325 ℃), Ni^{63}(400 ℃)

3) 안전 요인(safety factor)이나 방사성 원소의 취급 비용도 문제된다.

- 방사성 물질의 탈출에 대한 측정과 적합한 처분을 위한 허가가 필요하다. (Licensing of monitoring the escape of and proper disposal of the radioactive materials)

3. 전자를 형성하는 여러 가지 방법

1) GC 용출물과의 혼합 전에 전기적인 방전에 의한다.

2) Ar에서 혼입 기체(dopant gas)의 이온화를 주는 수소 Lyman α 발산을 이용한다.

3) 전자원으로 열이온 방출기(thermionic emitter)를 사용한다.

4) MgF_2 창과 함께 희유 기체 공명 원천(rare gas resonance source)에 의해 혼입 기체를 이온화한다.

5) 광전 효과(photoelectric effect)에 의한 금속 표면에 자외선을 사용한다.

6) $Ar-CH_4$ 혼합물을 이온화하는 마이크로파에 의한 He 공명 램프(microwave-powered He resonance lamp)를 사용한다.

7) 마이크로파 방전에서 생성된 준안정 종(metastable species)을 사용한다.

References

1. Pulsed Discharge Helium Ionization Detector, Chromatographia Vol.34, No.5~8, September/October 1992

2. Environmental Application of the Pulsed-Discharge Electron Capture Detector, Journal of Chromatographic Science, Vol.30, December 1992

3. Pulsed-discharge helium ionization/electron capture/emission detector of chlorinated compounds, Process Control and Quality, 5(1993) 193~204, Elsevier Science B.V., Amsterdam

3.5.2.12 단면적 검출기(Cross-section detector, CSD)

표 3.5.15 단면적 검출기(CSD)의 특성

원 리	특 징
1. 최초의 β-선 이온화 검출기로 성분이 검출기에 들어갈 때 측정되는 전류(i)는 이동상의 시료 몰 분율(X_s), 시료 증기의 이온화 단면적(Q_s) 및 이동상의 이온화 단면적(Q_c)에 관계된다. $I = X_sQ_s + (1-X_s)Q_c$	1. 구성 원소들의 단면적에 의해 계산될 수 있는 물질들에 응답하는 장점을 가진 universal 검출기이다. 2. 이온화 실에서 이온 쌍이 형성된다. 검출기를 가로질러 응용되는 전위는 고 에너지에서 재결합과 토막내기에 의한 손실을 최소화하기 위하여 조절된다. 3. 검출기의 디자인은 Ar 검출기와 유사하다. 4. 이온화 단면적은 구성 성분의 성질이고 원자 단면적의 합이다. 5. 만약 기체의 원소 성분이 알려졌다면 기체의 응답은 기대될 수 있다. 6. 수소가 운반 기체로 사용된다. 7. 1) MDQ ; 3×10^{-11} g/sec 2) DR ; 10^5

3.5.2.13 기체 밀도 저울(Gas density balance, GDB)

표 3.5.16 기체 밀도 저울(GDB)의 특성

원 리	특 징
1. TCD에서와 유사하게 기준 기체와 컬럼에서 유출된 시료 기체가 흐를 때 밀도가 달라져 온도나 저항이 변하고 이로 인해 Wheatstone bridge의 불균형이 생겨 신호를 생성한다. 이 검출기의 응답은 다음과 같이 표현된다. A = WK(M-m)/M A ; 봉우리 면적 W ; 성분 무게 K ; 기기 상수 M ; 성분 분자량 m ; 운반 기체의 분자량	1. Martin과 James에 의해 발명된 nondestructive, universal detector이다. 2. 부식성 물질의 분석에 유용하다. 3. Gow-Mac Instrument Company가 디자인을 단순화하여 상업화 하였다. 4. Mass chromatograph는 분자량의 직접적인 결정을 위하여 dual-column mode에서 이 검출기 두 개를 사용한다. 5. 이 검출기의 유체 역학은 그들이 질량 크로마토그래프에 응용할 때 연구되었다. 6. 검출기 필라멘트 영역으로의 컬럼 유출물의 확산은 컬럼 유출물의 흐름 보다 빠른 기준 기체 흐름(15~20 ml/min)에 의해 방해된다. 7. 검출기의 응답은 사용된 기체와 유출된 성분의 분자량의 차이에 의존한다. 그러므로, 저 분자량 기체는 고 분자량 화합물 결정에 사용되고 고 분자량 기체는 저 분자량 물질 결정에 사용된다. 8. H_2, He같은 빠르게 확산하는 기체는 시료가 기준 기체의 흐름으로의 역확산을 방지하기 위하여 피해진다.

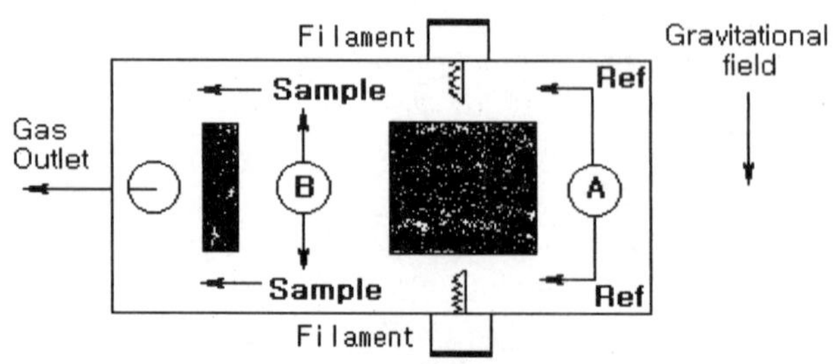

그림 3.5.13 기체 밀도 저울(GDB)의 구조 및 원리

3.5.2.14 초음파 플라스마 검출기(Microwave plasma detector, MPD)

표 3.5.17 초음파 플라스마 검출기(MPD)의 특성

원 리	특 징
1. MPD의 원리는 원자 발산 검출기(AED)와 같이 원자 발산 분광학이다. 2. 초음파 유도 플라스마가 시료 분자를 원자로 분해하고 들뜬 상태로 올려 그들의 특징적 선 스펙트럼을 발산한다. 3. 회절발이나 다중 파장 다이오드 배열 분광 분석기가 시료 성분의 선택적 원소 검출에 사용된다.	1. GC에 초음파 플라스마의 사용은 1965년 McCor mack 등에 의해 최초 보고되었고, 기구의 상업화는 73년 McLean 등의 연구에 기초한다. 2. 주요 기능은 MSD, FTIR 검출기와 같이 정성 분석이다 3. 이 기기는 다중 원소(P, S, Br, Cl, I, H, D, N, 및 O) 검출과 바탕 방해(background interference) 교정에 의한 증진된 감도가 특징이다. 4. Eschelle 회절발 단색화 장치가 높은 광학적 분해능을 주고 감도와 선택성을 증가한다. 5. 이동형 광다이오드 배열 검출기는 170~780 nm에서 약 25 nm 범위로 측정된다. 6. 네 개 이상의 원소가 동시에 검출될 수 있고, 원소-고유(element-specific)의 크로마토그램을 보인다. 7. 불순물의 스펙트럼이 강하여 초순수 He과 깨끗하고 샘 없는(leak-free) 크로마토그래픽 시스템이 기본적이다. 8. MDL ; 0.1 pg~1 ng

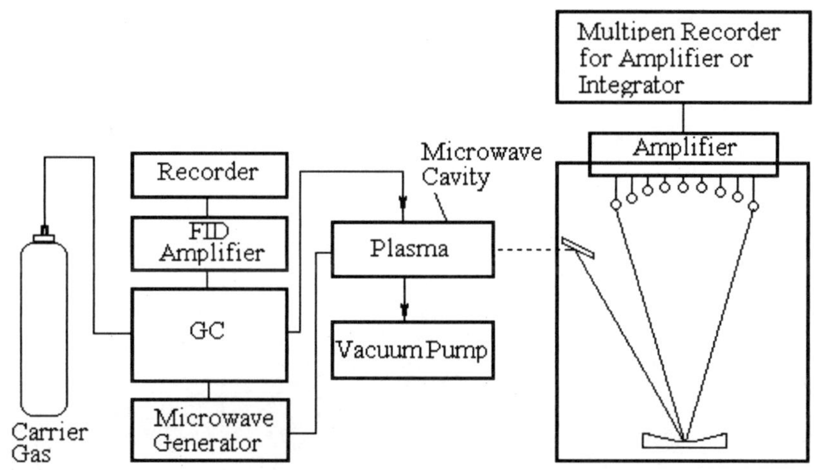

그림 3.5.14 초음파 플라스마 검출기(MPD)의 구조 및 원리

3.5.2.15 푸리에 변환 적외선 검출기(Fourier transform-infrared detector, FTIRD)

표 3.5.18 푸리에 변환 검출기(FTIRD)의 특성

원 리	특 징
1. GC 유출물의 FTIR 스펙트럼이 시료 셀인 반사빛 관으로 기체의 흐름을 운반하는 것에 의해 기록된다. 2. 간섭 그림은 약 4배/초의 속도로 누적되며, 전형적으로 2048 data points/scan이 푸리에 전환된다.	1. FTIR 검출기는 specific and universal 검출기의 두 기능을 가질 수 있다. 2. FTIR 검출기는 IR의 단점인 GC 유출물의 조사의 느림과 흔적량 분석에 무딘 점을 극복하였다. 3. FTIR 시료 빔은 분산되지 않기 때문에 검출기가 GC에 대해 요구되는 속도를 주면서 동시에 모든 주파수를 받는다. 4. 이론적으로 전통 IR보다 신호-잡음 비를 1000배 높일 수 있다. 5. 얻어지는 크로마토그램은 GC/MS에서의 total-ion-current로 부터의 것과 유사하다. 6. GC/FTIR 작동 동안에 수집되는 데이터는 다른 검출기보다 훨씬 능가한다.

3.6. GC 구성 요소의 물질 분리에 대한 영향

GC를 구성하고 있는 각 부분은 각각의 성능에 따라 전체적인 시스템의 분리에 영향을 줄 수 있다. 각 부분이 분리에 영향을 줄 수 있는 인자는 대략적으로 표 3.6.1에 보여진다.

표 3.6.1 GC의 구성 요소에 따른 물질의 분리에 영향을 주는 인자

구성 요소	인자
고압가스 실린더(H_2, N_2, He, Air 등)	1. 가스의 순도 2. 이동상 흐름 속도 3. H_2-Air 비 4. 실린더 압력
주입기	1. 시료의 상태(기체, 액체), 시료의 점도 및 휘발성 2. 주입량, 주입 속도, 주입형태(수동/자동), 주입기 온도, 주입기 형태(충전/OTC용, 분할/비분할) 3. 분할비(split ratio) 4. 격막 상태 5. 삽입 유리관(insert glass tube)의 청결 상태
컬럼 및 오븐	1. 컬럼의 종류(충전/OTC) 및 재질(유리/스테인레스 강) 2. 컬럼 오븐 온도, 오븐 온도의 정확성 3. 정지상 종류 및 실음량 4. 정지상 입자의 크기 및 충전 상태 5. 주입기-컬럼 오븐-검출기간의 설정 온도 차이 6. 온도 프로그램 속도
검출기	1. MDQ, SR, DR 2. 검출기의 종류, 검출기의 청결성, 잡음(noise)의 크기 및 바탕선의 안정성
기록기, 적분기, plotter	1. 차트 속도 2. 적분 속도 3. 정량 방법(면적, 반치폭법 등)

MDQ ; 최소 검출량(minimum detectable quantity)
SR ; 다른 조성이나 구조의 표준품사이의 선택적 감응비(selectivity response ratio, SR)
DR ; 검출기 감응 검정 곡선의 직선성 범위(dynamic range)

제 4장 액체 크로마토그래피(Liquid chromatography)

4.1 LC의 중요한 관계식

4.1.1 충전 컬럼 시험을 위한 환산 인자 ; h, v, Θ

작동 조건이 같지 않더라도 다른 컬럼 형태의 성능을 비교 시 절대적 인자(HETP, u, K_o)보다 환산 인자(reduced parameter ; h, v, Θ)를 사용하는 것이 더 용이할 수 있다.

1. 충전 컬럼

1) 환산 단 높이(Reduced plate height, h) : 이론단 수에 대한 입자의 수

$h = HETP / d_p = 1/5.54\ (L/d_p)(W_h/t_R)^2$

d_p : 입자 구경

W_h : 봉우리 1/2높이에서의 봉우리 폭

L : 컬럼 길이

t_R : 머무름 시간

♧ 주요 사항

1) 다른 컬럼 형태 : 크기가 다른 입자의 충전, 점도가 다른 용매로 용출, 다른 확산계수를 가진 용질로 시험되는 컬럼

2) 관계식

$h = Av^{0.33} + B/v + Cv$

얇은 막(pellicular) 컬럼 $h = v^{0.33} + 2/v + 0.003v$

다공성(porous) 컬럼 $h = v^{0.33} + 2/v + 0.05v$

2) 환산 속도(Reduced velocity, v) : 한 입자 구경에 대한 용질의 확산계수 대 이동상 흐름의 비

$v = ud_p / D_m = Ld_p / t_mD_m$

D_m : 용질 확산계수(m^2/s)

♧ 주요 사항

낮은 분자량 용질에 대한 전형적 D_m 값 : $0.5\text{~}3.5 \times 10^{-9}\ m^2/s$

- 높은 값 : 낮은 점도의 유기 용매(예 ; hexane)
- 낮은 값 : 수용성 극성 용매

3) 컬럼 흐름 저항(Column flow resistance, Θ) : 이동상 흐름에 대한 저항의 크기로, 컬럼 길이, 입자 구경 및 용리액의 점도의 영향을 설명한다.

$\Theta = d_p^2 / K_o = \Delta P d_p^2 t_m / \eta L^2$

K_o : 고유 투과성 계수, $\eta L^2/\Delta P t_m$(이동상의 압축성, 압력에 의한 점도를 고려하지 않을 때 이동상의 속도를 구하는데 사용한다.)

ΔP : 컬럼 압력의 떨어짐

η : 용매 점도(mN_S/m^2)

2. 미세관(Microtubular) 컬럼에서의 h_{min}과 v_{opt}

1) 최소 환산 단 높이(Minimum reduced plate height, h_{min})

$h_{min} = 1/(1 + k) \{(1 + 6k + 11k^2) / 12)\}^{1/2}$

2) 용질의 최적 환산 직선 속도(Optimum reduced linear velocity of the solute, v_{opt})

$v_{opt} = (1 + k) \{192 / (1 + 6k + 11k^2)\}^{1/2}$

표 4.1.1 LC의 미세관 컬럼에서의 h, v, Θ 및 E의 적합한 값

Column type	h_{min}	v_{opt}	Θ	E_{min}
Microbore	2	2~5	500	2000
Packed microcapillary	2	5	150	600
Open microtubular(k=3)	0.8	5	32	20

Θ : column flow resistance parameter(컬럼 흐름 저항 인자)
E_{min} : minimum separation impedance*(최소 분리 임피던스)

* Impedance ; 교류가 흐를 때 그 회로에서 생기는 저항으로, 그 절대치는 전압의 절대치와 전류의 최대치의 비로서 나타낸다. 기호는 Z(= reactance)를 사용한다.

4.1.2 이동상의 극성(Polarity, P′), 선택성 인자(Selectivity factor ; X_e, X_d, X_n) 및 전체 용매 강도(Total solvent strength, S_T)

1. 극성(P′) 및 선택성 인자(X_e, X_d, X_n)

Synder가 일반 용매에 대해 분류한 것으로 이동상 선택 시 고려되며 이들은 오직 용매의 선택적 상호작용의 성질을 반영한다. 사용된 ethanol(C_2H_5OH, proton acceptor), 1,4-dioxane($C_4H_8O_2$, proton donor) 및 nitromethane(CH_3NO_2, dipole interaction)은 각기 용매 양성자 받개 및 주개, 강한 쌍극자 상호작용의 측정에 사용된다. 극성 지수 P′는 세 용질로부터의 log K_g''의 합으로부터 계산되고 선택성 인자(X_e, X_d, X_n)는 위의 세 가지 각 시험 용질에 대한 log K_g''/P'로부터 계산된다.

1) P′값(Polarity 또는 chromatographic strength)

$P' = \log(K_g'')_{ethanol} + \log(K_g'')_{dioxane} + \log(K_g'')_{nitromethane}$

K_g'' : 실험적으로 유도된 용질 극성 분배계수

♧ 주요 사항

가. P′값은 k=1~10 범위에서 결정한다.

나. K_g''는 용질 분자의 크기, 용질/용매 분산 상호작용, 용매의 편극성 (polarizability)에 따른 용매/용질 유도에 기인한 효과에 대해 수정된다.

다. 순수 용매의 극성

Rohrschneider에 의해 보고된 실험적 용해도 데이터에 기초한 P′값은 -2~10.2 범위에서 변한다. 2단위의 P′의 변화는 대략 용량인자(k)를 10배 정도 변화하여 대략 다음 관계가 성립한다.

정상 크로마토그래피(NPC) : $k_2/k_1 = 10^{(P_1-P_2)/2}$

역상 크로마토그래피(RPC) : $k_2/k_1 = 10^{(P_2-P_1)/2}$

k_1, k_2 ; 최초 및 최종 용량인자　P_1, P_2 ; 최초 및 최종 P′

2) 선택성 인자(Selectivity factor)

수소 결합이나 쌍극자 상호작용에 관여한 상대적 능력으로 유사한 선택성의 용매들을 그들의 X_e, X_d, X_n을 비교하여 Ⅰ~Ⅷ로 구분하였다.

$X_e = \log(K_g'')_{ethanol} / P'$

$X_d = \log(K_g'')_{dioxane} / P'$

$X_n = \log(K_g'')_{nitromethane} / P'$

표 4.1.2 HPLC에 사용되는 대표적 용매들의 성질

	UV차단 (nm)	굴절률	융점 (℃)	점도 (cP,25℃)	용매 극성 인자(P′)	용매 강도 인자(ε°)	선택성 그룹
Isooctane	197	1.389	99	0.47	0.1	0.01	-
n-Hexane	190	1.372	69	0.30	0.1	0.01	-
Methyl t-butyl ether	210	1.369	56	0.27	2.5	0.35	Ⅰ
Benzene	278	1.501	81	0.65	2.7	0.32	Ⅶ
Methylene chloride	233	1.421	40	0.41	3.1	0.42	Ⅴ
n-Propanol	240	1.385	97	1.9	4.0	0.82	Ⅱ
Tetrahydrofuran	212	1.405	66	0.46	4.0	0.82	Ⅲ
Ethyl acetate	256	1.370	77	0.43	4.4	0.58	Ⅵa
Chloroform	245	1.443	61	0.53	4.1	0.40	Ⅷ
Dioxane	215	1.420	101	1.2	4.8	0.56	Ⅵa
Acetone	330	1.356	56	0.3	5.1	0.56	Ⅵa
Ethanol	210	1.359	78	1.08	4.3	0.88	Ⅱ
Acetic acid	-	1.370	118	1.1	6.0	Large	Ⅳ
Acetonitrile	190	1.341	82	0.34	5.8	0.65	Ⅵb
Methanol	205	1.326	65	0.54	5.1	0.95	Ⅱ
Water	-	1.333	100	0.89	10.2	Very Large	Ⅷ

표 4.1.3 용매 선택성의 분류

그룹설계	용 매
Ⅰ	Aliphatic ether, methyl t-butyl ether, tetramethylguanidine, hexamethyl phosphoric acid amide(trialkyl amines)
Ⅱ	Aliphatic alcohol, methanol
Ⅲ	Pyridine derivatives, tetrahydrofuran, amides(except formamides), glycol ether, sulfoxides
Ⅳ	Glycols, benzyl alcohol, acetic acid, formamide
Ⅴ	Methylene chloride, ethylene chloride
Ⅵ	a) Tricresyl phosphate, aliphatic ketones and esters, polyesters, dioxane, b) Sulfones, nitriles, acetonitile, propylene carbonate
Ⅶ	Aromatic hydrocarbons, toluene, halosubstituted aromatic hydrocarbons, nitro compounds, aromatic ethers
Ⅷ	Fluoroalcohols, m-cresol, water,(chloroform)

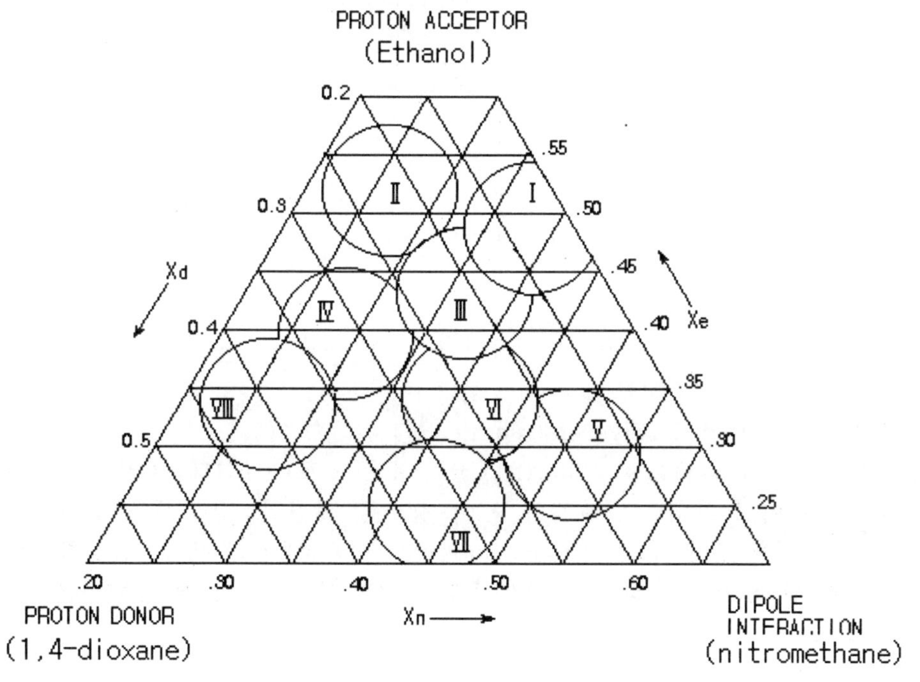

그림 4.1.1 용매들에 대한 선택성 삼각형

표 4.1.4 HPLC에 사용되는 일반 용매들의 섞임성(miscibility)

Polar solvents	Water(DW) 1-Propanol 2-Propanol(isopropanol) 1-Butanol Isobutanol Acetonitrile(ACN) Dimethylformamide(DMF) Dimethyl sulfoxide(DMSO) Acetone Methyl ethyl ketone(MEK) Ethyl ether Tetrahydrofuran(THF) Dioxane Ethyl acetate
	Methanol(MeOH)
	↕
	Methylene chloride(MC)
Nonpolar solvents	Chloroform Carbon tetrachloride Carbon disulside 1-Chlorobutane 1,1,2-Trichloro-1,2,2-trifluorethane Pentane Hexane Heptane 2,2,4-Trimethylpentane(isooctane) Cyclohexane Benzene Toluene Xylene

2. 전체 용매 강도(Total solvent strength, S_T)

S_T는 LC의 역상 크로마토그래피(RPC)나 정상 크로마토그래피(NPC)에 사용하는 용매를 두 가지 이상 혼합 시 전체의 용매 강도를 말한다. 강도가 같고 다른 선택성을 갖는 혼합 용매를 등용리 용매(iso-eluotropic solvent)라 부른다. 일정한 용매 강도를 갖도록 3~4개의 용매를 혼합하면 미세하게 조정할 수 있는 용매 선택성을 제공한다.

$S_T = \Sigma_i S_i \Theta_i$

S_T : 혼합 용매의 전체 용매 강도

S_i : 용매 강도 무게 인자(weighing factor)

Θ_i : 혼합 용매에서 각 용매의 부피 분율

표 4.1.5 용매 강도 무게 인자, S_i

Solvent	Selectivity group	Solvent strength weighing factor RPC	NPC
Methanol	II	2.6	5.1
Acetonitrile	VI	3.2	5.8
Tetrahydrofuran	III	4.5	4.0
Water	-	0	10.2
Chloroform	VIII		4.1
Methylene chloride	V		3.1
Methyl t-butyl ether	I		ca.2.5
Ethyl ether	I		2.8
Hexane	-		0
Acetone	-	ca.3.4	
Dioxane	-	ca.3.5	
Ethanol	-	ca.3.6	
Isopropanol	-	ca.4.2	

3. 이동상의 여과 필터

대표적인 이동상 필터로 사용되는 여과지는 수용성과 지용성 있다.

- 수용성 여과지 ; PVDF 여과지, 구경 47 mm, 동공크기 0.45 ㎛
- 지용성 여과지 ; PTFE 여과지, 구경 47 mm, 동공크기 0.45 ㎛

한편 시료 전처리를 위한 Syringe filter도 거의 같은 용도로 사용된다. 주사기의 크기(4, 13, 25 mm)에 따른 재질별 여과지는 다음과 같다.

표 4.1.6 재질별 여과지 용도

재질	용도
Cellulose acetate, CA	Surfactant free로서 수용액 여과에 탁월하며 특히 Biological solution의 여과에 좋음.
Glass micro fiber, GMF	순수한 Borosilicale glass 섬유로 제작되어 넓은 범위의 유기, 무기용매의 여과에 좋음.
Nylon, NYL	친수성 Membrane이기 때문에 수용액과 유기용매에 겸용으로 사용할 수 있으며, 특히 HPLC sample의 여과에 좋음.
Polypropylene, PP	수용액, 유기용매 겸용으로 빠른 여과를 원할 때 아주 좋음.
Polysulfone, PSU	단백질 흡수가 낮은 Membrane이므로 특히 단백질을 함유한 용액, 특히 Serum, Plasma, 조직배양 용액의 여과에 아주 좋음.
Polytetrafluoroethylene, PTFE	친유성 Membrane으로서 유기용매의 여과에 아주 좋음.
Polyvinylidene fluoride, PVDF	수용액 유기용매 겸용으로 특히 HPLC Sample의 준비 및 여과에 아주 탁월함.

♣ 참고 사항

1. 용매의 분류

1) 양성자성 용매(Protic solvent ; protonic solvent)

산소, 질소, 황에 결합된 것과 같은 상대적으로 이동성인 양자(mobile protons)를 포함하는 용매로

가. 옮길 수 있는 수소(transferable hydrogen)의 존재와 onium ion[1)]을 형성한다.

나. 그들의 산-염기 행동에 있어 비슷한 정도로 공유하고, 자체 이온화 한다.

다. 산-염기의 행동을 요약하는 것이 가능하다.

가) 용매 고유의 산-염기성

나) 용질 고유의 산-염기성

다) 평형을 형성하거나 반대로 완결성(completion)으로 가려는 용질과 용매의 상호작용

라) 예

Acetic acid-H_2O ; acetic acid는 산으로 작용

Acetic acid-H_2SO_4 ; acetic acid는 염기로 작용

주1) Onium ion

- 암모늄이온(NH_4^+)에서와 같이 질소가 그의 최고 원자가를 가지는 양이온에 적용되는 용어로, 비테인[betaine, $(CH_3)_3NCH_2COO^-$)], 콜린{choline, [$HOCH_2CH_2N(CH_3)_3^+$]}, 산화 아민, H_2O, CH_3COOH, H_2SO_4가 포함된다.
- Betaine과 choline은 동식물 조직에 많이 존재한다.

2) 비양성자성 용매(Aprotic solvent)

양성자성 용매처럼 이온화하지 않으며 산-염기 반응에 양성자(수소 원자)를 주지 않는 용매이다. 편리상 3개의 원자단(기)으로 구분한다.

가. 비극성(Nonpolar)

비극성, 근본적으로 비용매화, 자체 이온화를 격지 않는 용매로 CCl_4, cyclohexane이 대표적이다. 연구 분야에서 용매의 역할이 최소로 요구될 때 때 유용하다. 전하 분리(charge separation)에 대한 전개의 안정화에 효과적이 아니며, 수소결합을 할 수 있는 수소를 갖지 않는다. 전이 상태에서의 전하 분리 반응이 양성자나 높은 극성의 비양성자성 용매보다 훨씬 더 느리다.

나. 높은 극성(Highly polar)

보통 높은 극성을 보이나 평가할 정도로 이온화는 되지 않는 용매이다. 충분히 이온화하지 않지만 극성 때문에 좋은 배위 용매로 작용한다. 대부분 양이온과 다른 산성 중심(acidic center)과 강하게 배위하려는 경향의 염기성 용매이다. 대표적인 것으로는 acetonitrile(CH_3CN), dimethylacetamide ($CH_3CON(CH_3)_2$, DMA), dimethylsulfoxide($(CH_3)_2S=O$, DMSO), dimethylformamide($HCON(CH_3)_2$, DMF), sulfur oxide(SO_2) 등이 있다.

$$CoBr + 6DMSO \rightarrow [Co(DMSO)_6]^{2+} + 2Br^-$$

$$SbCl_5 + CH_3CN \rightarrow [CH_3CN \rightarrow SbCl_5]$$

다. 높은 극성과 자체 이온화(Highly polar and autoionizing)

보통 높은 반응성이 있고, 미량의 습기와 오염물질과 반응하여 보관이 어려우며, 어떤 것은 실리카 용기와 서서히 반응하고, 금이나 백금 전극을 용해한다. Bromide trifluoride(BrF_3), phosphorous oxychloride(phosphonyl-chloride, $OPCl_3$)가 대표적인 물질이다.

$Sb_2O_5 + BrF_3 \rightarrow [BrF_2^+][SbF_6^-]$

2. 일반적인 용매의 유전상수(Dielectric constant, 誘電常數)

표 4.1.7 일반적인 용매의 유전상수(Dielectric constant, 誘電常數)

비양성자성 용매 비극성		극성		양자성 용매	
Hexane	1.9	Pyridine	12	Acetic acid	6.1
CCl_4	2.2	Acetone	21	CF_3COOH	8.6
Dioxane	2.2	Hexamethyl phosphoramide	30	$(CH_3)_3COH$	12.5
Benzene	2.3	Iitromethane	36	Ammonia	(22)
Dimethyl ether	4.3	DMF	37	Ethanol	24.5
$CHCl_3$	4.8	Acetonitile	38	Methanol	32.7
THF	7.6	DMSO	47	H_2O	78

3. 용매의 거시적 및 미시적 성질

1) 거시적(macroscopic) 성질

(1) 벌크 용매의 성질에 대한 언급

(2) 중요한 예 ; 유전상수

(3) 유전상수는 분자의 영구적인 쌍극자 모멘트와 그것의 편극성의 함 수이다.

(4) 편극성은 분자의 전자들의 찌그러짐의 용이성에 대한 언급이다.

(5) 유전상수는 쌍극자 모멘트와 편극성과 함께 증가한다.

2) 미시적(microscopic) 성질

용질 분자에 반응하는 용매 분자의 가까운 범위의 상호작용 능력(close range interaction ability)으로 반응물과 전이 상태의 에너지나 반응의 활성화 에너지에 대한 심원한 효과를 가진다.

4.2 LC에서의 머무름 메카니즘

액체 크로마토그래피에서의 머무름은 이동상과 정지상에서의 용질의 상호작용을 포함하는 복잡한 과정으로 정확하게 설명하기 어렵다. 그러므로 더 정확한 처리 대신에 정성적이고 대략적인 모델들이 발전되었다. 더 간단한 모델들이 분석자에게 가장 유용한 이유는 크로마토그래피의 실험으로부터 유도된 용어들로부터 설명되기 때문이다. 한편, 통계적 열역학에 근거한 더 정확한 모델들은 근본적으로 더 중요하지만, 일반적으로 모델에 관련된 분자 인자(molecular parameters)에 대한 지식의 부족과 복잡한 계산 과정 때문에 실제로 사용하기가 어렵다. 여기에서는 크로마토그래피별로 간단한 모델에 대해 서술하고자 한다.

4.2.1 LSC의 머무름 메카니즘

LSC에서 머무름의 특징은 이동상의 성분에 의존하는 성분과 더불어 정지상의 표면에 이동상 분자들의 흡착된 층의 형성이다. 용질의 머무름은 용질이 이동상에서 경험하고 정지상 표면에서의 흡착 위치에 대한 이동상과 경쟁하는 상호작용의 균형에 의해 결정된다. 이 과정을 서술하기 위하여 두 개의 모델이 제안되었다. 하나는 Synder와 Soczewinski에 의해 개발된 경쟁 모델(competition 또는 displacement model)이고, 다른 하나는 Scott와 Kucera가 제안한 용매 상호작용 모델(solvent interaction model)이다. 두 모델은 용매 성분의 함수로서 머무름 서술에 대해 유사한 결론을 주지만, 기계학적으로는 다르다. 두 모델은 뜨겁게 논쟁적이나 일반적인 생각은 제한된 조건하에서 두 이론은 동등하게 유지된다. 그러나 실험적인 머무름 데이터 하나에 근거하여 이들을 구별하는 것은 불가능하다. 용질과 용매의 활동도 계수의 측정에 근거하여 두 모델은 교대로 작동한다고 결론지어진다.

1. 경쟁/치환 모델(Competition/displacement model)

이 모델은 정지상의 흡착 자리로부터 용질 분자들에 의한 용매 분자들의 치환에 기초한 흡착 모델(adsorption model)이다. 가장 간단한 형태로 전체 흡착 표면이 용질과 이동상 분자들의 단분자 층(monolayer)에 의해 덮혀 있다고 가정한다. 정상적 조건하에서 시료 분자의 농도는 적고 흡착된 단분자 층은 주로 이동상 분자로 구성될 것이다. 용질 분자의 머무름은 단분자 층으로부터 흡착되는 용질 분자에 접근하기 쉬운 표면적을 만들기 위하여 이동상 분자와 거의 같은 부피를 치환하는 것에 의해서 일어난다. 위 과정에서 용질의 용출은 가역적이어야 하고 다음과 같이 평형 방정식으로 표현될 수 있다. 경쟁 모델은 한 개의 용질 분자가 흡착되는 단분자 층에서 n개의 용매 분자를 치환하는 것을 가정한다.

$X_m + nS_a \longleftrightarrow X_a + nS_m$

X ; 용질 분자　　S ; 용매 분자

a(adsorptive), m(mobile) ; 정지(흡착된) 및 이동상에 있는 분자

n ; 용질과 용매의 흡착 단면(adsorption cross section)의 비

2. 용매 상호작용 모델(Solvent interaction model)

이 모델은 경쟁 모델에 비해 용질과 이동상의 상호작용을 강조하는 흡착 과정(sorption process)으로서 흡착 표면에 흡착되는 용매의 두 분자 층(bilayers)의 형성을 제안하는 것에 의해 머무름 메카니즘을 취급한다. 두 분자 층 형성의 정도와 성분은 이동상에 있는 극성 용매의 농도에 의존한다. 이 모델은 용질과 B 용매 분자들의 상대적인 극성과 이동상에서의 B 분자들의 농도에 주로 의존하는 용질 머무름에 대한 메카니즘의 다양성을 제공한다. 분산력(dispersive forces)에 의해 크게 흡착 표면과 상호작용하는 약한 용매에 대해서는 경쟁 모델과 유사하다. 이 성분 용매 혼합물, AB에서는 더 강한 용매 B가 수화된 -SiOH에 의해 우월하게 흡착된다. 강한 용매의 농도가 증가할 때 용매 분자들 사이의 극성 상호작용은 두 분자 층의 형성 결과를 준다. 이동상이 극성 변형제(B)의 낮은 농도를 포함할 때는 용매 분자들의 이차 층(2nd layer)은 불완전하고, 용질 머무름은 치환의 필요성이 없이 이 층 안에 있는 용질의 회합(association)에 의해 설명될 수 있다. 강한 용매(B)의 높은 농도에서 용매 이분자 층은 완전하고, 용질의 머무름은 이차 용매 층으로부터 B 용매 분자들의 치환에 의해 일어난다. 높은 용량인자의 용질(용질의 극성이 B 분자의 극성보다 같거나 큰)에 대해서는 일차 용매 층의 치환은 흡착 표면과 함께 용질의 직접적인 상호작용에 의해 가능하다. 용매 B의 높은 농도에서 용질의 용량인자는 다음과 같이 표시된다.

$1/k = D + EC_B$

k ; 용량인자 D ; 특별한 용질에 대한 상수 E ; 극성 용매 B에 대한 상수

C_B ; 이성분 이동상 혼합물에서 강한 용매 B(w/v %)의 농도

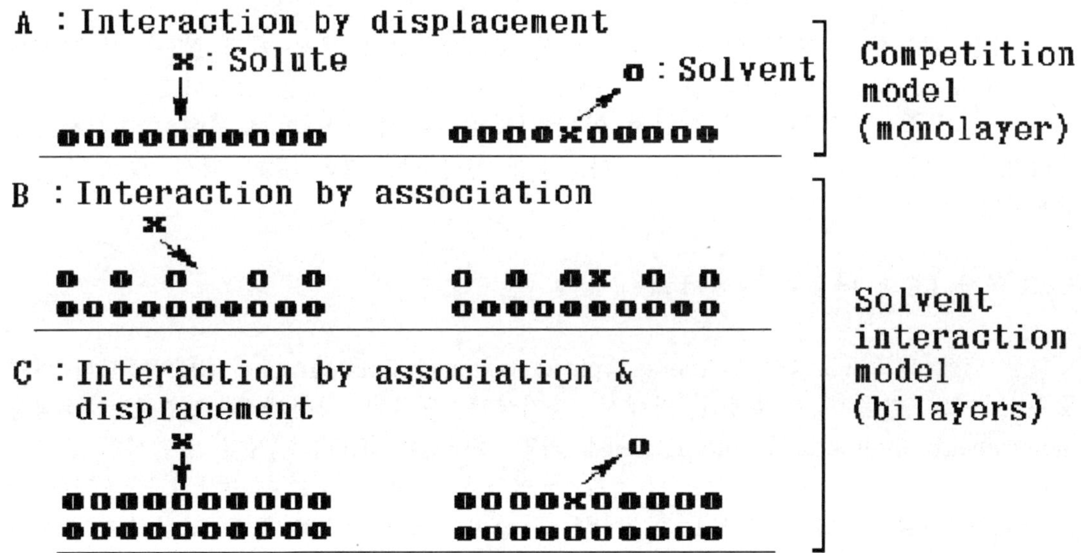

그림 4.2.1 실리카 표면과 용질과 이동상 분자의 상호작용에 대해 제안된 두개의 메카니즘

4.2.2 LLC의 머무름 메카니즘

LLC에서 정지상의 침식에 대한 문제는 용매가 발생되는(solvent-generated) LLC에 의해 크게 극복될 수 있으며, 정지 액상(stationary liquid phase)이 이동상에 의해 동적으로 발생된다. 이러한 접근에서 평형된 액체-액체 체계의 상들 중의 하나가 액체-액체 체계의 다른 상들에 의해 더 잘 젖는 고체의 지지체에 대한 이동상으로 응용된다. 정지상(stationary phase)이 수용성이거나 극성 용매일 때 지지체는 보통 실리카가 사용되며, 정지상이 비극성 용매일 때 화학적으로 역상 결합형 지지체가 사용된다. 이러한 조건하에서 다분자 층(multimolecular layer)은 이동성 액상과 평형에 있는 액상의 성질을 갖는 고체 지지체의 표면에 형성된다. 대부분의 경우에 동공은 정지 액상으로 완전히 채워진다. 컬럼의 상비를 조정하기 위하여 다른 표면적과 특수한 동공 부피의 지지체가 선택된다.

지지체의 선택은 여러 가지 이유에서 중요하다. 고체 지지체의 표면은 이동상에 의해서 보다 정지 액상에 의해서 더 잘 젖어야 한다. 그렇지 않으면 안정한 정지 액상 필름이 형성되지 않을 것이다. 충분히 강한 흡착성이 적심(wetting)을 얻기 위하여 요구되더라도 지지체는 시료 성분에 대해 무시할 수 있는 흡착성을 가져야 하기 때문에 약간의 타협이 요구된다. 계면(interfacial) 흡착이 없는 상태에서 LLC에서의 머무름은 다음과 같이 간단히 정의된다. V_m과 V_s는 K_D에 대한 V_R의 도시에서 절편과 기울기로

$$V_R = V_m + K_D V_s$$

V_R ; 머무름 부피 V_m ; 불감 부피 V_S ; 정지 액상 부피

K_D ; 액체-액체 분배계수

부터 보통 계산된다. 많은 시험 용질에 대한 K_D값은 정지 액체-액체 실험에서 결정된다. 한번 V_m과 V_s가 결정되면, 다른 용질들에 대한 K_D값은 같은 크로마토그래픽 계에서 용질들의 용리 부피로부터 간단히 얻어진다. K_D에 대한 V_R의 도시에서 직선성으로부터의 벗어남은 계면 흡착의 징후이다. 극성 화합물의 꼬리 끌기 역시 계면 흡착의 징후이다.

4.2.3 역상 LC의 머무름 메카니즘

역상 액체 크로마토그래피(reversed-phase liquid chromatography, RPC)에서의 머무름은 적어도 허용된 이상적인 면에서 정지상과 용질의 비선택적 소수성 상호작용(non-specific hydrophobic interaction)에 의해 일어난다. RPC의 거의 보편적인 응용은 실제로 모든 유기 분자들은 구조상 소수성 영역을 가지고 있고 정지상과 상호작용 할 수 있다는 사실로부터 일어난다. 이동상은 극성이고 일반적으로 물을 포함하고 있으므로, 이 방법은 이상적으로 유기 용매에 불용성이거나 정상적 용리에서 무기 산화물 흡착제에 너무 강하게 결합된 극성 분자의 분리에 적합하다.

RPC에서 중성 분자에 대한 크로마토그래픽 선택성을 변화하는 가장 보편적인 방법은 이동상 유기 변형제의 형태를 변화하는 것이다. 이성분 이동상을 이용한 많은 연구

에서 수용성-유기 이동상에서의 유기 용매의 부피 분율과 함께 용질 머무름의 변화를 적합하게 잘 설명하는 식은 다음과 같다. 특별히 높고 낮은 물 함량(Φ = 0.1~0.9)에서 편차가 일어난다.

$\log k = \log k_w + a\Phi + b\Phi^2$

k ; 용질의 용량인자 k_w ; 이동상이 순수한 물일 때의 용질의 용량인자

Φ ; 유기 용매의 부피 분율

a, b ; 주어진 용질과 용리액 조합에 대한 상수

중간 성분의 이동상에 대해 이동상에서의 유기 용매의 부피 분율과 함께 머무름의 변화에 대한 적합한 근사법으로 다음 식이 종종 사용된다. 이 식은 위의 식보다 용매 성분의 범위에서 제한되나 RPC에서 방법 개발을 위한 일정한 용매 강도의 이동상의 선택에 있어서는 약간의 통찰력을 제공한다. log k대 Φ의 기울기로부터 결정되는 S

$\log k = \log k_w - S\Phi$

S ; 유기 용매의 용매 강도에 관련된 용질 의존 인자

값은 많은 물질에 대해 유사하며(중요한 변화가 발견되지만), 반정량적인 면에서 유기 용매의 용매 강도의 서술자(descriptors)로서 사용될 수 있다. 용매 성분 범위의 극단을 나타내는 이동상에 대한 위의 두 식에 의한 실험 데이터의 미약한 서술에 대해 몇 가지 이유가 제안되었다. 거의 전체적으로 수용성 이동상에서 정지상의 형태에서의 변화는 대개는 중요하다. 위의 두 식에 기초한 외삽법에 의해서 얻어진 절편 값, k_w는 용질의 소수성에 관련된 인자를 예견하기 위하여 유용하다. 예를 들면, 고체상 추출, 미량 농축이나 생물학적 멤브레인에 의한 물질의 흡착 모델에 사용되는 log P값의 예견을 위한 흡착제의 선택이다.

RPC에서 머무름 과정의 복잡성은 이동상 성분의 함수로서 머무름을 예견하기 위한 적당한 인자들을 평가하기 위하여 비크로마토그래픽 기술에서의 고무적인 활동을 갖는다. 예비적 연구는 용매화 발색(solvatochromic) 방법이 머무름 과정에 어떤 유용한 통찰력을 제공할 수 있다는 것을 지시한다. 표준 betaine 염료의 장파장 흡수 위치에 기초한 용매 강도의 $E_{T(30)}$ 크기는 유기 변형제의 부피 분율에 대한 유사한 도시보다 $E_{T(30)}$에 대한 log k의 도시에 대해 뜻 있게 더 좋은 직선성을 주기 위하여 보여진다. 용매화 발색 측정은 정지상에 독립적으로 만들어지므로, $E_{T(30)}$ 크기는 크로마토그래픽 머무름 실험의 독립적으로 시험되는 이동상 성분의 변화 효과를 허용한다.

직선적 용매화 에너지 관계와 연관된 방법론에 기초한 다른 접근 방법에서의 일반적인 식은 용질의 용매화 발색 인자의 지식으로부터 머무름을 예견하기 위하여 제안되었다. 용질의 용매화 발색 성질은 일련의 지시약 화합물에 대한 흡수 밴드의 측정에 의해서 분광학적으로 결정된다. 계수 A, m, s, b, a는 이동상과 정지상의 화학적 성질에 관계되고 이동상과 정지상의 모든 조합에 대해 독특하다. 부피 항은 "+"로 용질 크기의 증가는 머무름의 증가를 유도할 것이다. 계수 a, b, s는 보통 "-"로 쌍극자나 수소결합 상호작용으로 들어가기 위하여 용질 용량의 증가는 머무름을 감소시킬 것이다. 수용성 이동상에 대해 용매화 발색 비교법은 용질 머무름에 영향을 주는 일차 인자들은 용질의 크기와 수소결합 상호작용에 대한 용량이라는 것을 지시한다. 용질 쌍극성/편극성은 덜 중요하지만 종종 아직도 중요하다.

$$\log k = A + mV/100 + s\pi^* + b\beta + a\alpha$$

V ; 용질 크기(몰 부피, 고유 부피 등)의 인자 특성

π^* ; 쌍극자/편극성 상호작용에 대한 용질 용량의 크기

α, β ; 용질의 수소결합 주게 산성도 및 염기도를 나타내는 인자

RPC에서 일반적 머무름 메카니즘은 복잡하고 쉽게 접근하는 인자들을 사용하여 정량적인 항으로 서술하기가 어렵다. 이런 요인에는 몇 몇 화학적 요인(유기 변형제의 종류나 농도)과 물리적 요인(정지상의 사슬 길이, 밀도, 표면적, 동공 부피 등)이 있다. 그러므로 화학적으로 결합된 탄화수소상을 이용한 RPC에서 용질의 머무름을 지배하는 메카니즘을 완전히 이해하기는 쉽지 않다. 정성적으로 이 경우 용질의 머무름은 비극성 정지상의 탄화수소 표면 층과 이동상 사이의 분배 메카니즘이나 비극성 부분에 용질의 흡착 메카니즘에 의해 진행될 수 있다. 이 두 메카니즘은 용매 환경에 의존하여 교대로 또는 동시에 작용할 수 있다. 분배 메카니즘은 결합형 정지상의 자유도가 용액에서 보다 실제 감소되어 정지상이 더 질서 있게 되므로 적용하기에 많은 문제점이 있다. 한편 흡착 메카니즘은 정지상과 용질간의 비선택적 소수성(hydrophobic) 상호작용에 의해 일어난다. 그래서 RPC에서 결합된 정지상과 용질의 머무름은 이동상과 용질 및 정지상과 용질의 소수성 상호작용에 크게 지배되며, 현재까지 이런 소수성 효과로 인한 소용매성 이론(solvophovic theory, 疎溶媒性 理論)이 지배적으로 사용되고 있다.

소용매성 이론과 격자 통계 열역학적 이론(lattice statistical thermodynamic theory)에 기초한 일반적인 머무름 모델들이 RPC에서 실험적으로 관측된 결과와 일반성의 많은 것을 설명하는데 매우 성공적이나, 수학적으로 복잡하고 알려지지 않고 계산하기 어려운 계의 변수들의 입력을 종종 요구한다. 소용매성 이론은 수용성 이동상이 수소결합에 의해서 자체 연합을 위한 물분자의 경향에 기인하여 높게 구조화되고, 이 구조가 비극성 용질 분자의 존재에 의하여 섭동되는 것을 가정한다. 용매의 매우 높은 응집 에너지의 결과로서 덜 극성인 용질들은 이동상으로부터 밀려나게 되어 정지상의 탄화수소 부위에 인접하게 된다. 이 모델은 이동상 혼자에서의 상호작용을 강조하고 정지상과의 상호작용은 중요하지 않다고 제안한다. 만약 용질이 극성 작용기를 포함한다면 이동상과 이 작용기와 쌍극자 또는 수소결합 상호작용은 용질 이동 메카니즘과 반대로 될 것이다. 소용매성 이론은 대기압에서 화학종들을 용해하는데 요구되는 자유에너지의 항으로 공식화된다. 용질 머무름에 대한 자유 에너지의 변화는 기체 상으로부터 용액으로 리간드 용질 착물을 전환하기 위한 에너지와 용액으로 개별 성분을 전환하는 에너지와의 차이다. 각 화학종에 대해 위치한 곳으로부터 용액으로의 전환 결과로부터 오는 자유 에너지의 차이는 용매에서 화학종을 수용하기 위한 적당한 크기와 모양의 공동(cavity, 空洞)을 창조하는데 필요한 자유 에너지와 화학종과 주위를 둘러싼 용매 분자들 사이의 상호작용으로부터 일어나는 자유 에너지의 차이와 같다. 동공 형성을 위한 자유 에너지는 다음과 같다. 용매와 화학종들의 상호작용 자유 에너지는 본질적으로 두 개의 화학적 항과 한 개의 엔트로피 항으로 구성되어 있다. 두 개의 화학적 항은 분산 상호작용(van der Waals energy)과 정전기적 상호작용(쌍극자, 수소결합 등)에 기인하며, 한 개의 엔트로피 항은 기체상으로부터 각 화학종의 용액을 동반

$$\Delta G_c = -N\gamma\Delta A - N\gamma A_s(X^e - 1)$$

ΔG_c ; 동공 형성에 연관된 자유 에너지 항　N ; 아보가드로 수

ΔA ; 리간드-용질 착물의 형성에 기인한 표면적 변화

γ ; 벌크 용매의 표면 장력　A_s ; 용매 분자의 표면적

X^e ; 용매 크기에 대한 거시적 표면 장력을 조정하는 인자

하는 자유 부피의 감소에 기인한다. 용질과 리간드에 연관된 상호작용 에너지(ΔG_{INT})는 리간드-용질 착물에 대한 자유 에너지와 용질과 리간드 별개에 대한 자유 에너지의 차이이다. ΔG_{INT}는 반데르발스 에너지(ΔG_{VDW}), 정전기적 에너지(ΔG_{eS})와 자유 부피의 알짜 변화에 기인한 엔트로피 항에서의 차이에 대한 유사한 항으로 구성된다. 이 항들을 나타내는 수학적인 표현은 매우 복잡하고 어떤 항들이 무시되도록 가정되지 않는

$$\Delta G_{INT} = \Delta G_{VDW} + \Delta G_{eS} + RT\ln(RT/PV)$$

V ; 용매 몰 부피

P ; 기준 압력, 1기압

한 많은 경우에 다루기가 힘들다. 실험에 일치하여 소용매성 이론은 용량인자가 이동상의 표면 장력의 감소와 함께 증가할 것이고, 용량인자의 로그 값과 수용성 이동상에서의 유기 변형제의 부피 분율 사이에 대략 직선적 관계가 존재하는 것을 예언한다. 이것은 또한 동족 계열의 사슬 길이가 증가 시 용량인자의 로그 값의 직선적 증가, 이동상에 염의 부가와 더불어 중성 용질들에 대한 용량인자의 증가, 이온화하는 용질에 대한 용량인자의 감소, 용량인자의 로그 값과 절대 온도의 역수사이의 직선적 관계(기울기는 결합의 엔트로피에 비례한다)를 예언한다.

소용매성 이론은 용질과 정지상의 상호작용에 의한 용매의 영향을 잘 설명하였으나, 실제적인 머무름 메카니즘에 관해서는 자세한 정보를 주지 못하기 때문에 메카니즘의 실제적인 해석을 위한 연구들이 보고되었다. 최초의 열역학적인 조사중의 하나는 Knox와 Vasvari가 한 집단의 화합물들에 대한 용질의 용량인자의 로그값을 온도의 역수, 1/T로 도시하여 표준 엔탈피의 변화와 엔트로피의 변화를 구하였다.

역상 액체 크로마토그래피(RPLC)의 머무름 메카니즘 설명을 위한 반정량적인 접근 방법으로는 열역학적 접근 방법과 특수 열역학적(extra-thermodynamics) 접근 방법이 있다. 열역학적 접근 방법은 온도 변화에 따른 용량인자와 엔탈피와의 관계식을 나타낸다. 이런 방법을 반정량적인(semiquantitative) 열역학적 접근 방법이라 한다.

$$\ln k = -\Delta H^o/RT + \Delta S^o/R + \ln \Phi$$

k : 용질의 용량인자　R : 기체 상수

T : 컬럼 온도(K)　Φ : 컬럼의 상비(phase ratio)

- 적용된 온도 범위에서 일련의 화합물에 대해 머무름 메카니즘이 같고 ΔH^o가 변하지 않으면 ln k대 1/T의 도시가 직선적 관계를 보인다.
- 기울기로부터 ΔH^o를 계산
- 절편으로부터 ΔS^o를 계산(단, $\Phi = (V_g-V_m)/V_m$을 고려)
- 액체 크로마토그래피의 용량인자(k)와 평형상수(K)를 연관시키기 위하여 컬럼의 상비를 고려한 관계식($k = K\Phi$)을 설정한다.

$k = K\Phi$ 　 k : 용량인자 　 K : 평형상수

$\Delta G^o = -RT \ln K = -RT \ln k/\Phi = \Delta H^o - T\Delta S^o$

$-RT \ln k/\Phi = \Delta H^o - T\Delta S^o$

$\ln k = -\Delta H^o/RT + \Delta S^o/R + \ln \Phi$

· 상비=$(V_g-V_m)/V_m$은 Jandera가 제의(V_g : 컬럼의 부피, V_m : 불감 부피)

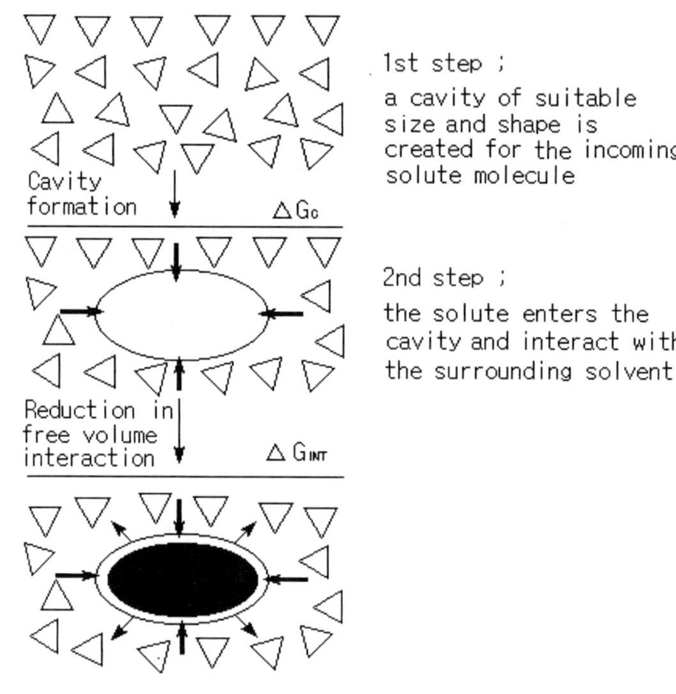

그림 4.2.2 소용매성 이론에 따른 용질 용매화의 2단계 과정

특수 열역학적(extra-thermodynamics) 접근 방법은 고전 열역학의 원리에서 나온 것이라기 보다는 오히려 열역학적인 량 사이에서 발견된(실험된) 관계를 이용한 것으로, 즉, ΔH^o와 ΔG^o의 평가가 통계적으로 상호 관련이 없기 때문에 이들 사이에서 발견된 직선적 관계는 화학적 원인(용질 구조/환경)으로 생각한다.

$\ln k_T = -\Delta H^o/R\ (1/T - 1/\beta\ ) - \Delta G_\beta{}^o/R\beta + \ln \Phi$

k_T : 조화 평균 온도에서의 용량인자

β : 상쇄 온도, K 　 $\Delta G_\beta{}^o$: β에서의 자유 에너지

· $\ln k_T$대 ΔH^o의 도시가 직선적 일 때 기울기로부터 β를 구한다.

· β로부터

- 컬럼 온도 이동상의 조성 변화에 따른 머무름 메카니즘을 진단하고
- 참여한 용질들의 머무름 메카니즘이 동일한지를 판단한다.
- 그러나, 오차의 경향이 있고(error-prone), 부적절한 데이터 취급 과정으로 인해

계산이 잘못되는 것이 많음.

· 관계식 :

- 자유 에너지, $\Delta G_\beta{}^o$: 어떤 계에서 본질적으로 유사한 물리/화학적 현상에 대해 전체 ΔG^o 대 ΔH^o를 도시 시 직선적 관계가 있을 때 엔탈피-엔트로피 상쇄(enthalpy-entropy compensation)를 보인다. 이 상쇄 온도에서의 자유 에너지, $\Delta G_\beta{}^o$는 $\Delta G_\beta{}^o = \Delta H^o - \beta\Delta S^o$이다.
- 어떤 고정 온도(T)에서의 자유에너지의 변화, $\Delta G_T{}^o$는

$$\Delta G_T{}^o = \Delta H^o - T\Delta S^o = \Delta H^o(1 - T/\beta) + T\Delta G_\beta{}^o/\beta$$
$$= - RT \ln k_T/\Phi$$
$$\{\Delta G_\beta{}^o = \Delta H^o - \beta\Delta S^o = \Delta H^o - \beta(\Delta H^o/T - \Delta G_T{}^o/T)\}$$

소용매성 이론은 오직 이동상으로부터 가정된 무정형이고 무질서한 기름 성분의 정지상으로 용질의 이동만을 고려한다. 그것은 결합형 리간드의 표면 밀도의 변화나 리간드 사슬 길이의 증가의 함수로서의 머무름을 예언하지 못한다. 머무름의 원천으로서의 친실라노(silanophilic) 상호작용도 역시 무시된다. 이 효과의 모든 것이 격자 통계 열역학적 이론에서 수용될 수 있다. 이 모델에서는 머무름은 이동상과 정지상의 용매화된 리간드(interphase) 영역사이에서의 분배에 의해 일어난다. 용질 머무름은 정지상에 용질 크기의 동공의 창조, 이동상으로부터 정지상으로의 용질의 이동, 이동상에서 용질-크기 동공의 접근을 포함한다. 정지상에 의한 머무름에 대한 추진력은 정지상과 이동상에 이웃한 주위 분자들과 용질의 접촉 및 등방성 액체의 성질에 관련한 용질의 엔트로픽 배제로 이끄는 결합형 리간드의 부분적 순서에 대한 화학적인 차이이다. 이 성분 상호작용 인자들을 사용한 격자 통계 열역학적 모델의 머무름에 대한 일반적 표현은 다음과 같다. 정규 용액(regular solution)에 대해 Φ_B 대 $(1/\Phi_B)\ln(k/k_O)$의 도시는 X_{AB} 의 어떤 값에 대해서도 직선적이어야 한다. 정규 용액 근사법이 적용될 수 없을

$$(1/\Phi_B)\ln(k/k_O) = (X_{SB}-X_{SA}-X_{AB}) + \Phi_B(X_{AB})$$

Φ_B ; 유기 변형제의 부피 분율　　k_O ; $\Phi_B=0$일 때의 k의 값

$(X_{SB}-X_{SA}-X_{AB})$; 용질(S), 물(A), 유기 변형제(B)중의 이성분 상호작용인자

때 위의 식은 Φ_B 대 log k의 실험적으로 관측된 2차의 의존성을 예언한다. 만약 정지상 상호작용이 무시된다면 격자 통계 열역학적 모델과 소용매성 모델은 비슷한 결과를 예언한다. 격자 통계 열역학적 모델의 강점은 그것이 어떤 정지상에 대해 관측된 모양의 선택성을 설명할 수 있다는 것과 친실라노 상호작용을 수용할 수 있다는 것이다.

4.2.4 소수성 상호작용 크로마토그래피의 머무름 메카니즘

소수성 상호작용 크로마토그래피(hydrophobic interaction chromatography, HIC)는 저압에서 연질 겔 또는 고압에서 실리카나 거대 다공성 고분자에 기초한 현대의 화학적 결합형 미세 입자 충전을 사용하여 단백질의 분리와 정제에 널리 사용된다. HIC에서의 머무름과 선택성은 실질적으로 정지상의 형태에 의존한다. 최적화 되기 위한 이동상 인자들은 염 농도, 염 형태, 염 그레디언트의 기울기, pH, 계면 활성제나 유기 변형제의 첨부, 온도이다.

HIC에서의 머무름은 소용매성 이론의 항으로 서술될 수 있다. 간단한 항에서 소용매성 이론은 용량인자의 로그값이 이동상의 표면 장력에 직선적으로 의존하여야 하고, 차례로 염 농도의 직선적 함수이다. 충분히 높은 염 농도에서 머무름에 대한 정전기적 공헌은 일정하다고 고려되며, 특수한 염-단백질 상호작용의 부재 시에는 log k는 아래 식과 같이 염 농도에 직선적으로 의존하여야 한다. M_S 대 log k의 도시는 직선적이어야 한다. 그러나 같은 표면 장력에서의 다른 염들에 대한 도시의 한 계열에 대해 m의 다른 값들은 표면 장력 보다 자주 다른 인자들이 단백질 머무름에 영향을 준다는 것을 지시한다.

$$\log k = \log k_O + mM_S$$

k_O ; 염 농도 zero에서의 머무름 인자

m ; 단백질과 정지상 사이의 접촉면을 반영하는 인자

M_S ; 몰랄 염 농도(molal salt concentration)

4.2.5 RPC에서의 이차 화학적 평형(Secondary chemical equilibria, SCE)

액체 크로마토그래피에서 일차 평형은 이동상과 정지상 사이의 용질의 분배이다. 이동상 또는 정지상에서의 모든 다른 평형은 협약에 의하여 이차 화학적 평형이라 한다. SCE의 예로는 이온화, 이온 짝지움(ion pairing), 금속 착물 형성 및 용질-미셀 회합이 있다. SCE에 참여하는 용질은 한 형태보다 더 많게 존재한다. 예를 들면, 약산은 완전히 양성자화나 이온화된 형태로 존재한다. 크로마토그래픽 계에서 보통 용질의 다른 형태들은 다른 머무름 특징을 보이지만, 그들이 빠르게 상호 전환되기 때문에 적어도 크로마토그래픽 시간 규모에서 오직 한 봉우리가 컬럼으로부터 용출된다. 만약 그렇지 않다면, 넓거나 다중 봉우리가 한 용질에 대해 관측되어진다. 용질의 용리 부피는 공존하는 용질의 다양한 형태들의 가중 평균의 함수이고 용질의 평형 성분을 조절하기 위한 인자들을 변화하는 것에 의하여 조정될 수 있다. 이런 방법으로 SCE는 머무름을 조절하고 분리를 최적화하기 위하여 부가적인 메카니즘을 제공한다. SCE의 어떤 형태가 정상 모드에서 이용되더라도, 실제적 응용에 대해 지배적으로 된 역상 모드에서 더 큰 응용의 편리함, 수용성이나 부분적 수용성 용액에서 SCE의 더 좋은 이해 및 RPC

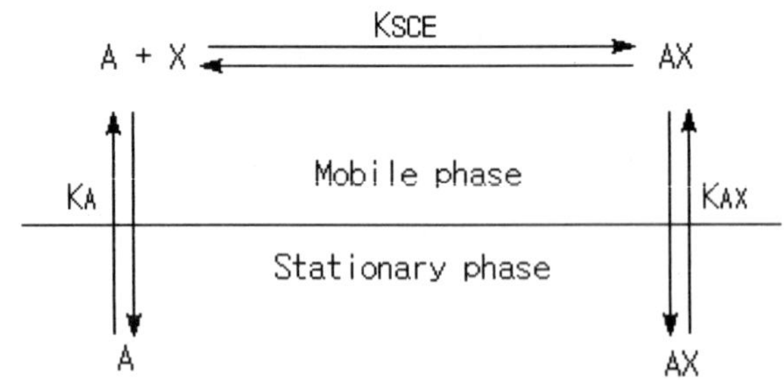

그림 4.2.3 LC에 이차 화학 평형에 참여하는 용질에 대한 일반적 현상론의 머무름 모델

에서 빠른 컬럼 평형 시간의 결과를 준다. 용질의 일차 머무름에서 SCE의 영향은 그

림 4.1.3과 같은 간단한 모델을 사용한 일반적인 항으로 설명될 수 있다. 이동상에 평형제(equilibrant, X)의 첨가는 용질이 자유 분석물질(A)과 분석물질-평형제 착물(AX)의 두 형태로 존재하게 하는 이차 평형을 소개한다. 이동상에서 A와 AX의 농도는 정지상과 함께 A와 AX의 일차 분배에 역시 의존한다. 평형제, X는 머무르지 않는 것으로 가정된다. 만약 크로마토그래픽 계에서 SCE가 완전히 왼 쪽으로 이동한다면, 용질은 용량인자(k_A=$K_A\Phi$)와 함께 오직 화학종 A로서 존재하고, 만약 SCE가 완전히 오른 쪽으로 이동한다면, 용질은 용량인자(k_{AX}=$K_{AX}\Phi$)와 함께 오직 착물화된 형태인 AX로 존재한다. 중간 조건하에서 용질 A의 머무름은 k_A와 k_{AX}의 가중 평균이다. F_A와 F_{AX}

k_{obs} = F_Ak_A + $F_{AX}k_{AX}$

k_{obs} ; 용질이 실험 조건하에서 용출하기 위하여 관측되는 용량인자

F_A, F_{AX} ; A와 AX 두 형태의 각각에서 용질의 화학량적 분율

는 A, X, 및 AX의 평형 농도의 항으로 명백히 표현될 수 있으며, 위 식은 아래와 같이 치환될 수 있다. k_{obs}는 평형제의 농도, [X], SCE 과정에 대한 평형 상수, K_{SCE} 및 용질 A와 AX의 두 개의 가능한 형태에 대한 한정한 용량인자에 의존한다. 머무름에서 평형제 X 의 농도의 효과는 한정된 용량인자의 상대적인 값에 의존한다. 즉, k_{obs}는

k_{obs} = K_{SCE}/([X] + K_{SCE})k_A + [X]/([X] + K_{SCE})k_{AX}

K_{SCE} ; 이차 화학 평형상수 [X] ; 평형제의 농도

k_{AX} >k_A이면 [X]의 증가와 함께 증가하고 그 반대도 성립한다. SCE를 사용한 RPC에서의 분리 조건은 위의 식이 간단함에도 불구하고 매우 복잡하다.

4.2.6 이온 쌍 크로마토그래피(IPC)의 머무름 메카니즘

이온 쌍 크로마토그래피는 1970년대 중반부터 발달하기 시작하였으며 유사한 시료를 분리하는데 사용되는 IEC와 IC에 보완적이다. IPC는 LC에서 머무름과 선택성을 제어하기 위하여 이차 화학 평형을 사용한다. IPC는 섞이지 않는 유기 용매에 의해 수용액으로부터 이온 화합물의 추출을 위하여 이온 짝지움 시약을 사용한 것에서부터 시작되었다. 현재 NPC나 RPC를 이용하여 이온화되었거나 이온화할 수 있는 분자들의 분석에 널리 사용되고 있으며 중성이나 이온화된 분자들을 동시에 분석할 수 있는 이점이 있다. IPC의 기본은 반대 전하를 가진 두 이온들이 작용하여 친지질성 착물을 형성하는 것으로 이온 쌍의 형성은 수용액상에서 일어나고 유기상으로 이온성 용질의 이전이 일어난다.

역상 IPC에서 머무름을 서술하기 위하여 이온 쌍 모델(분배 모델), 동적 이온 교환 모델, 정전기적 모델 같은 몇 가지 이론적 모델이 제안되었다. 정전기 모델이 가장 다양하고 대부분의 지지를 받지만 수학적으로 복잡하고 매우 직관적이 아니다. 이온 쌍 모델과 동적 이온 교환 모델은 조정하기가 더 쉽고 더 교육적이나 그들이 합당하게 응용되는 실험 조건들의 좁은 범위에 제한된다. 이온 쌍 모델과 동적 이온 교환 모델은 화학량적 모델로, 말하자면. 반응 개요가 구성되고 일치하는 평형상수는 반대로 하전된 시약 이온과 계의 분석물질 이온 사이의 상호작용을 표시한다. 정전기 모델에서 주요한 것은 긴 범위에서 쿨롱 힘의 존재하에서 평형상수는 정전기 장이 변할 때 더 이상

일정하지 않기 때문에 이 상황이 물리적으로 비현실적이다.

1. 이온 쌍(Ion-pair) 모델(분배 모델)
   1) 이온 쌍이 정지상으로 이온 쌍 착물의 흡착 전에 이동상에서 형성된다. 짝 지움 시약의 알킬 사슬이 길수록 덜 극성인 이온 쌍을 형성하고 머무름은 증가한다.
   2) 용질의 용량인자는 이동상에서의 이온 쌍 형성, 정지상으로 이온 쌍 착물의 추출, 정지상에서 이온 쌍 착물의 해리에 대한 평형상수에 의해 지배된다. 부가적인 평형은 정지상으로의 이온 쌍 착물의 이동에 대한 조건적인 평형상수를 사용하는 것에 의한 모델에 포함될 수 있다.
   3) 이 모델은 LLC계에서 머무름을 설명하는데 적합하게 성공적이나 화학적 결합형상에 응용할 때는 제한된 운동 때문에 더 신중하다.

♧ 주요 사항 : 이온 쌍 모델에서의 평형

이온 쌍 모델의 경계 조건(boundary condition)에서 이온 쌍(AB)의 형성은 먼저 수용성상에서 형성되고 유기상으로 추출된다. 평형은 다음과 같다.

$A_{aq}^{+} + B_{aq}^{-} = AB_{aq}$ 평형상수 K_1

$AB_{aq} = AB_{org}$ 평형상수 K_2

$AB_{org} = A_{org}^{+} + B_{org}^{-}$ 평형상수 K_3

A^{+} ; 양이온 화학종 B^{-} ; 반대 이온

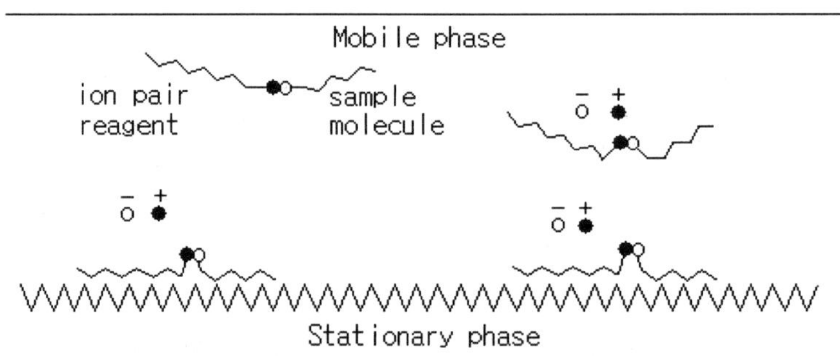

그림 4.2.4 이온 쌍 모델(ion-pair model)의 모형

IPC에서 실험 조건은 K_2를 크게, K_3를 적게 조정한다. 평형 상태에 대한 추출 상수 $E_{AB(org)}$는 반대 이온 농도 $[B^-]$ 에 관계된다.

$$E_{AB(org)} = K_1 K_2 = [AB]_{aq}/[A^+]_{aq}[B^-]_{aq} \times [AB]_{org}/[AB]_{aq} = [AB]_{org}/[A^+]_{aq}[B^-]_{aq}$$

벌크 액체 분배상수 $D_{AB} = [AB]_{org}/[A^+]_{aq}$

$$D_{AB} = E_{AB(org)} [B^-]_{aq}$$

이온 쌍 추출 과정에서 부반응(예 ; protonation, aggregation, dissociation 등)의 영향을 설명하기 위하여 분배비(D_{AB})는 조건적 평형 상수(E_{AB}^*)의 항으로 재정의 될 수 있다.

$D_{AB} = E_{AB}^* C_{B^-}$

$E_{AB}^* = C_{AB}/C_{A^+}C_{B^-}$

C_{AB} ; B^-와 함께 이온 쌍으로서 유기상으로 추출된 A^+의 전체 몰 농도

C_{A^+}, C_{B^-} ; 수용성상에서 A^+와 B^-의 전체 몰 농도

정상 및 역상 분배 크로마토그래피에서 용질 A의 용량인자는 아래와 같다.

$k = \Theta / E_{AB}^* [B^-]_{aq}$ 정상 크로마토그래피에서의 용량인자

$k = E_{AB}^* [B^-]_{aq} \Theta$ 역상 크로마토그래피에서의 용량인자

Θ ; 상 부피비, V_s/V_m

또한, 화합물의 머무름 시간은 편리하게 용량인자로 표시될 수 있다.

$t_R = L(1+k)/u$

t_R ; 용질의 머무름 시간 L ; 컬럼 길이 u ; 이동상 흐름 속도

$t_R = L[1+(\Theta / E_{AB}^* [B^-]_{aq})]/u$ 정상 크로마토그래피에서의 머무름 시간

$t_R = L[1+(E_{AB}^* [B^-]_{aq} \Theta k)]/u$ 역상 크로마토그래피에서의 머무름 시간

따라서 정상 및 역상 크로마토그래피에서 평형상수(K)와 머무름 시간(t_R)에 반대 이온의 농도, $[B^-]$에 관련된다.

2. 동적 이온 교환(Dynamic ion-exchange) 모델

1) 정지상의 비극성 표면에 이온 쌍을 형성하지 않은 이온(unpaired lipophilic alkyl ion ; 이온 쌍 시약 ; 반대 이온)이 동적인 이온 교환체를 형성하기 위하여 흡착되는 것을 가정한다. 이 흡착된 반대 이온과 이온화된 용질간에 이온 교환이 일어난다. 분석물질 이온은 전통적인 이온 교환 과정에 의해 정지상에 분배된다.

2) 용질 머무름은 이동상에서 분석물질 이온의 해리에 대해 평형되는 정지상 위에 흡착된 시약 이온과 함께 반대로 하전된 용질 이온의 이온 교환과 정지상 위의 분석물질의 중성 형태의 흡착에 의해 지배된다. 이 모델에서 이온성 용질의 머무름은 주로 이온성 상호작용에 의해 지배된다. 그러나 이동상의 pH를 변화하는 것에 의하여 용질을 비이온성 형태로 하거나 정지상에 대한 비이온성 결합으로부터의 경쟁을 증가하는 것이 가능하다.

3) 화학적 결합형 RPC에 적용된다. 이온 쌍 시약의 사슬이 길면 길수록 정지상 표면을 더 덮게되어 본래의 정지상 표면보다 더 극성으로 되므로 이온성 시료의 머무름이 더 길게된다.

♧ 주요 사항 : 이온 교환 모델에서의 평형

이온 쌍 모델은 벌크 액체가 코팅된 정상 및 역상 컬럼에 적용되나 액상이 화학적으로 결합된 역상 분리를 설명하는데는 적합하지 않다. 동적 이온 교환 모델이 정지상의 두께가 작을 때 이온 쌍의 머무름 설명에 더 적합하다. 이온성 용질 A^+는 일부 LAB를 형성하기 위하여 비극성 배위자 L(정지상 필름)에 결합할 수 있는

착물 AB를 형성하기 위해 반대 이온 B^-와 상호작용 한다고 가정된다. 그것은 이 결합이 가역적으로 일어나고, 상호작용이 소수성 상호작용에 기인하고 정전기적과 수소 결합 효과에 기인하지 않는다. 일어날 수 있는 다른 평형은 최초 정지상(액체 이온 교환자를 발생하는)에 B^-의 결합과 계속하여 첨가 생성물(adduct, LAB)을 형성하기 위해 A^+의 결합을 포함한다. 또는 자유 화학종인 A^+와 B^-가 개별적으로 LA^+나 LB^- 형태의 착물을 형성하기 위하여 소수성 결합을 겪는다. 따라서 시료의 머무름은 아래 평형 반응의 곱이다.

$[A^+]_{aq} + [L]_{org} = [LA^+]_{org}$ K_1
$[A^+]_{aq} + [B^-]_{aq} = [AB]_{aq}$ K_2
$[L]_{org} + [B^-]_{aq} = [LB^-]_{org}$ K_3
$[AB]_{aq} + [L]_{org} = [LAB]_{org}$ K_4
$[LB^-]_{org} + [A^+]_{aq} = [LAB]_{org}$ K_5
$[LA^+]_{org} + [B^-]_{aq} = [LAB]_{org}$ K_6

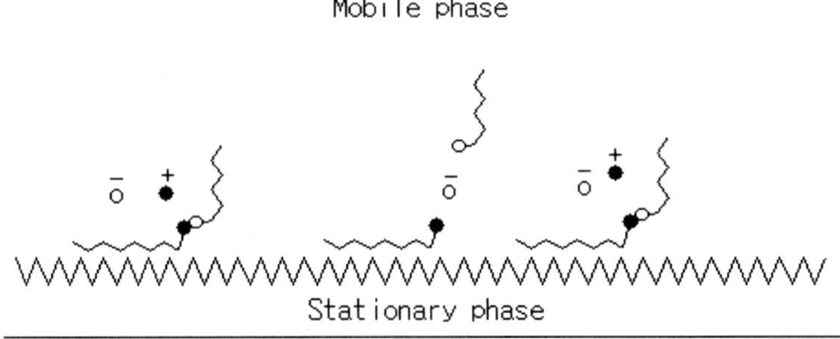

그림 4.2.5 동적 이온 교환 모델의 모형

화합물 A^+에 대한 용량인자는 반대 이온 B^-에 관련되고, 변형 용량인자(δ_{CMF})는 B^-의 존재가 용질 A^+의 머무름을 변형하는 정도를 표현하기 위하여 사용된다.

$k = (k_o + \beta[B^-])/(1 + y[B^-])$

k_o ; B가 없는 상태에서의 A의 용량인자

β ; 위의 평형상수(K_1~K_6)의 곱 : K_2K_4, K_3K_5 또는 K_1K_6

y ; K_2 또는 K_3

$\delta_{CMF} = k/k_o = (1 + \beta/k_o[B^-])/(1 + y[B^-])$

위에서 살펴본 것과 같이 E_{AB}, D_{AB}, K, t_R 및 δ_{CMF}에 B^-가 모두 관여한다.

- 작은 극성 반대 이온($H_2PO_4^-$, ClO_4^-)는 소수성 정지상에 충분히 결합하지 않고 수용성상에서의 이온 쌍 형성은 좋다($K_2 >> K_4$; K_3 small).
- 중간 정도의 극성 시약(alkylsulfonic acids)는 정지상에서 이온 쌍의 강한 결합과 함께 수용성 상에서도 이온 쌍의 결합이 좋다($K_4 >> K_2$; K_3 small).

- 긴 사슬 alkylsulfonates는 소수성 인력에 의해 배위자 표면(정지상)에 쉽게 흡착되고 배위자 이온 교환자로 행동하려 한다(K_3 large).

3. 정전기(Electrostatic) 모델(이온 상호작용 모델)
   1) 어떤 상에서도 이온 쌍을 형성하지 않고 또한 고전적 이온 교환에 근거한 것도 아닌 형태로 정지상 표면에 전기적 이중 층(electrical double layer ; 친지질성 이온 시약의 동적 흡착의 결과 즉, 반대 이온에 의해 제공된 표면 전하 밀도로부터 생긴다)을 고려한다. 이온 상호작용 메카니즘은 표면에 형성된 전기 이중 층으로부터 친지질성 이온의 동적 평형을 가정한다. 시료의 머무름은 전하 밀도와 비극성 표면에서의 부가적인 흡착 효과에 기인한 정전기 힘의 알짜 결과에 의한다.
   2) 이온 쌍 시약의 이온이 정지상 표면에 흡착되고 전하를 띤 일차 층과 반대 전하를 띤 이차 층을 만든다.
   3) 이중 층을 통한 시료의 전이는 정전기와 반데르발스 힘의 함수이다. 머무름의 알짜 결과는 이온 쌍이 정지상에 흡착되는 것이다.

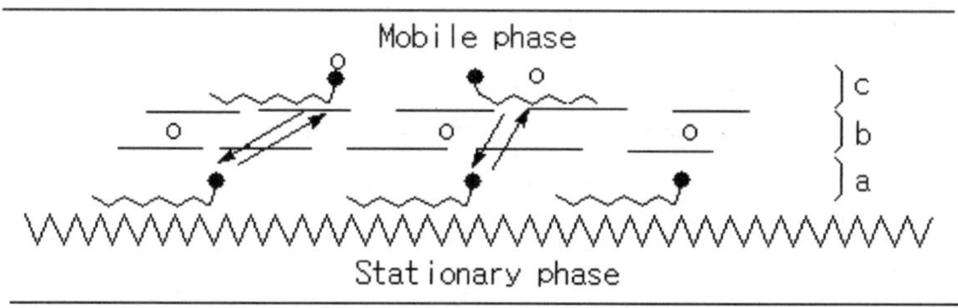

그림 4.2.6 이온 상호작용 모델의 모형

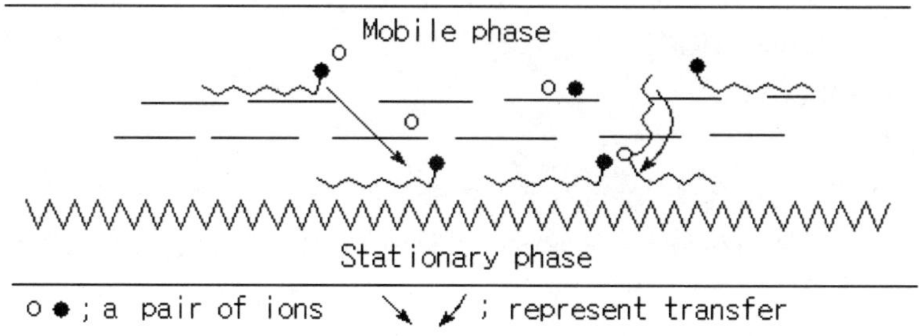

그림 4.2.7 반대로 하전된 시료 분자의 머무름 모형

4.2.7 IEC의 머무름 메카니즘

이온 교환 크로마토그래피(ion-exchange chromatography, IEC)는 이온과 쉽게 이온화되는 물질(예를 들면, pH 조정이나 합성에 의해 이온을 형성하는 물질)의 분리에 주로 사용된다. 머무름에 대한 주요한 공헌중의 하나는 정지상에 있는 반대 전하의 고정된 이온 중심에 대해 이동상 이온, 시료와 용리액 사이의 정전기 인력이다. IEC에서의 시료 머무름은 시료 이온과 정지상의 전하 거동 작용기들에 최초부터 붙어있는 반대이온사이의 간단한 교환으로서 그려질 수 있다. 그러나 이 간단한 그림은 실질적 머무름 과정의 미약한 표현이다. IEC에서의 머무름은 쿨롱 상호작용보다 다른 인자들에 의존하는 것으로 알려진다.

머무름 메카니즘의 쿨롱 상호작용 성분에 기초한 머무름 모델은 시료 이온과 용리이온이 정지상 위에 이용할 수 있는 이온성 위치와 평형에 있는 것을 가정하면 평형은 쉽게 유도된다. 평형식과 평형상수는 아래와 같다. [ ]는 농도가 아니고 활동도 이어야

$yA_M^x + xE_S^y \leftrightarrow yA_S^x + xE_M^y$

$K_{A,E} = [A_S^x]^y[E_M^y]^x/[A_M^x]^y[E_S^y]^x$

A^x ; 전하가 x인 분석물질 이온 E^y ; 전하가 y인 경쟁하는 용리 이온

$_{M,\ S}$; 정지상과 이동상에서의 이온을 표시

$K_{A,E}$; 평형상수

한다. 분석물질 A^x에 대한 무게 분배계수(D_A)는 분석물질(A)에 대한 용량인자(k_A)에 관계되고, D_A와 k_A를 이용하여 $K_{A,E}$를 정리하면 다음과 같다.

$D_A = [A_S^x]/[A_M^x]$

$k_A = D_A w/V_m$

$K_{A,E} = (k_A V_m/w)^y([E_M^y]/[E_S^y])^x$

w ; 정지상의 무게 V_m ; 이동상의 부피

이온 교환 크로마토그래피에서의 일반 조건처럼 시료 이온 A^x는 E_S^y보다 훨씬 낮은 농도에 있으므로, Q/y로 치환될 수 있다. E_S^y를 Q/y로 치환하고 $K_{A,E}$를 k_A 에 대해 정리하면 아래와 같다. 특별한 컬럼, 용리액 및 분석물질의 조합에 대해 $K_{A,E}$, Q, w 및 V_m은 일정하고 K_A는 상용 대수의 형태로 단순화 될 수 있다.

$k_A = w/V_m(K_{A,E})^{1/y}(Q/y)^{x/y}[E_M^y]^{-x/y}$

$\log k_A = C - (x/y)\log [E_M^y]$

C ; 실험 상수

위의 k_A로부터 A^x의 머무름은 선택계수, 정지상의 이온 교환 용량, 이동상 대 정지상의 비(w/V_m) 및 용리액에서의 경쟁 이온 농도에 의해 결정된다. $[E_M^y]$의 증가가 용량인자를 감소하는 동안 $K_{A,E}$, Q 또는 w/V_m의 증가는 머무름을 증가시킨다. 용리액의 전하 y가 증가되면 용량인자가 감소되고, 분석물질의 전하 x 가 증가해도 용량인자가 증가한다. $\log [E_M^y]$대 $\log k_A$의 도시는 분석물질과 경쟁 이온들의 전하 비에 의해 주어지는 "-"기울기로 직선적이어야 한다. 많은 분리 계가 $\log k_A = C - (x/y)\log [E_M^y]$에 따르므로, 용리액 농도와 함께 분리 조건을 최적화하기 위하여 사용될 수 있다. 비이온성 상호작용이 머무름 메카니즘에 중요한 공헌을 할 때는 예외이다. 위에서 유도

된 것은 이동상에서 간단한 경쟁 이온의 존재를 가정하여 유도된 것이며, 보통 다양성 자산(polyprotic acid)들과 그들의 염의 혼합물이 사용되는 다중 용리액 경쟁 이온에 대해서는 수정된 방법이 적용된다.

♧ 참고사항 ; IEC에서의 머무름 메카니즘은 질량작용의 법칙에 의해 표현될 수 있다.

$nRSO_3^-X^+ + Y^{n+} \rightleftarrows (RSO_3^-)nY^{n+} + nX^+$

$K_q = [(RSO_3^-)nY^{n+}][X^+]^n/[RSO_3^-X^+]^n[Y^{n+}]$

K_q ; 평형지수(equilibrium quotient)

X^+ ; 정지상 반대이온(stationary phase counterion)

Y^{n+}; Sample cation of valance charge n

n ; An integer equal to the valance charge of the sample cation

R ; Polymer matrix

수지상에서 이온의 활동성이 정확하게 평가될 수 없기 때문에 K_q값은 진정한 열역학적 상수가 아니며, 많은 실험값에 영향을 받으므로 머무름 예견에 제한적이나, 이 값은 한 특별한 반대이온이 상대적으로 다른 이온에 대한 수지 우월성의 좋은 척도이다.

4.2.8 SEC의 머무름 메카니즘

SEC에서 분리는 이동상과 정지상의 다공성 구조 내에 머무르는 이동상의 정체된 부분사이의 시료의 분배의 결과이다. SEC에서 용리의 기본적인 차이 때문에 머무름과 분리는 변형되어야 한다. 특별히 용량인자와 분리인자는 실제로 의미가 없다. 전통적인 용어를 사용하면 모든 봉우리들은 용량인자가 음의 값을 갖고 용리된다. SEC에서의 머무름은 분배함수 K_{SEC}에 의해 서술하는 것이 더 좋으며, 실험적인 인자와 관계된다. K_{SEC}는 0~1의 값으로 제한되며, 용질에 의한 공극 부피의 완전한 배제와 투과성의 극

$V_E = V_O + K_{SEC}V_P$

V_E ; 용질의 용리 부피

V_O ; 컬럼 틈새형 부피(주로 입자들 사이의 액체 부피)

V_P ; (V_m-V_O)과 동등한 컬럼 충전의 동공 부피, V_m은 컬럼 불감 부피

한을 나타낸다. 그것은 충전물의 크기와 모양의 함수이다. K_{SEC}는 그것이 이동상으로부터 적절한 열역학적 항과 동공 모양과 분배에 대한 여러 가지 모델을 사용하여 정지상 공극으로 스며들 때 거대 분자의 엔트로피의 변화에 직접적으로 관계된다. 여러 가지 모델은 거대 분자 분리에 유용한 통찰을 제공하나 수학적으로 복잡하다.

4.2.9 침전 액체 크로마토그래피(PLC)의 머무름 메카니즘

SEC에 의한 고분자의 분리는 시료의 유체 역학(hydrodynamic) 부피(분자량)에 대한 정보를 제공하나, 그들의 성질을 이해하기 위하여 종종 필수적인 혼성중합체의 화학적 성분 분포에 대한 정보를 주지 못한다. 일반적으로 고성능 침전 액체 크로마토그래피

(high performance precipitation liquid chromatography, HPPLC)라 부르는 침전 액체 크로마토그래피(PLC)가 고분자의 화학적 성분에 대한 정보를 제공하기 위하여 사용되며 SEC와 상호 보완적인 기술이다. 그것은 종종 SEC에 의해서 분리된 분율의 화학적 성분을 결정하기 위하여 SEC에 세로로 나란히 사용된다. 전형적으로 HPPLC에서 고분자 화학종은 고분자에 대해 좋지 않은 용매인 이동상으로 주사에 의해 컬럼 위의 부분에 먼저 침전된다. 개별적인 고분자의 화학종은 좋지 않은 용매에 증가량을 지속적으로 가해지는 좋은 용매의 용매 그레디언트에서 용리된다. 각 고분자의 화학종은 그것의 분자량과 화학적 성분의 용리액 성분 특성에서 그레디언트 용리 동안 용해된다.

4.2.10 초임계 유체 크로마토그래피의 머무름 메카니즘

1. 머무름에 영향을 주는 인자 및 모델

SFC에서의 머무름은 실험적 인자들의 복잡한 함수로 GC와 LC처럼 쉽게 합리화되지 않는다. SFC에서의 머무름은 온도, 압력, 밀도, 시료의 농도, 이동상의 성분 및 정지상의 성분에 의존한다. 이 변수들의 많은 것은 상호작용하고 기대되는 방법으로 간단하고 쉽게 변하지 않는다. 그러나 일반적인 관측이 보통 응용될 수 있다. 일정한 밀도에서 온도에 따른 머무름의 변화는 van't Hoff 도시로부터 쉽게 기대된다. 용량인자의 상용 대수가 컬럼 온도의 역수의 직선적 함수이다. 일정 압력에서의 머무름의 변화는 더 복잡하고 용질의 휘발성과 이동상의 밀도에 의존한다.

SFC에서의 공식적인 머무름 모델의 설명은 복잡한 문제이다. Yonker 등은 일정한 압력에서 유체의 부피 팽창성, 이동상과 정지상 사이의 전이 엔탈피, 온도의 함수로서 유체의 열용량의 변화에 대한 온도의 함수로서 머무름을 관련시키는 고전적 열역학적 모델을 제안하였다. Martier는 용질의 분배계수에 대한 관계를 공식화하기 위하여 설정된 격자-기체(lattice-gas) 모델을 사용한 통계 열역학적 취급에 기초한 반대적인 접근법을 개발하였다. 두 접근법이 상당히 수학적인 것을 포함하며, 특수한 작동 조건에 대한 실험적 데이터 부분만을 설명한다. 직관적으로 머무름 과정의 중요한 면에 관계하여 유용하더라도 그들은 불완전성과 복잡성을 가지고 있어 더 이상 여기에서는 거론하지 않겠다.

2. 선택성과 머무름

시료의 휘발성과 이동상에서의 용해성이 머무름에 크게 관여한다. 비휘발성 물질에 대해 이동상의 밀도는 용량인자를 결정하는데 큰 역할을 한다. OTC에서 컬럼을 통한 압력의 저하는 대략 직선적이다. 이 때 이동상의 밀도는 다음과 같이 표현된다.

$\rho = D - wL$

ρ; 이동상의 밀도

D ; 컬럼 선단에서의 이동상의 밀도

w ; 밀도 변화율

L ; 컬럼 길이

1) 선택성(α)과 용량인자(k)

$\ln \alpha = B_o - m\rho$

$\ln k = a - b\rho$

α ; 분리인자　k ; 용량인자

a ; 같은 온도 조건하의 GC에서의 log k

b ; 이동상 밀도에 대한 log k의 변화율

2) 분리능(Resolution)

OTC에서 주어진 이동상의 최대 이론단 수는 다음과 같다.

$n_{max} = \{3\Delta P_{max} r^2 D_m (1+k)\}/\eta[48 D_m^2 (1+k)^2 + (1+6k+11k^2) r^2 u^2]$

η ; 이동상의 점도

u ; 컬럼 head에서의 이동상의 속도

r ; 컬럼 구경

ΔP ; 컬럼 압력의 저하

L ; 컬럼 길이

D_m ; 이동상에서의 용질 확산계수

- 분리능을 최대로 하기 위하여 컬럼 압력의 저하에 의한 선택성의 손실을 최소화하여야 컬럼의 효능이 최대화될 수 있다.
- SFC와 HPLC의 성능 비교 예 :
  SFC에서의 속도 u_a와 HPLC에서의 속도 u_b가 같을 때($u_a=u_b=0.6$ cm/s) SFC와 HPLC에서의 H는 각각 0.013, 0.039 mm이고 SFC와 HPLC의 H가 같을 때 (H=0.013 mm, $u_a=0.15$, $u_b=0.6$에서) $u_a=4u_b$,이므로, SFC에서 봉우리 나비를 3배 줄일 수 있고 분석 시간을 4배 단축할 수 있다.

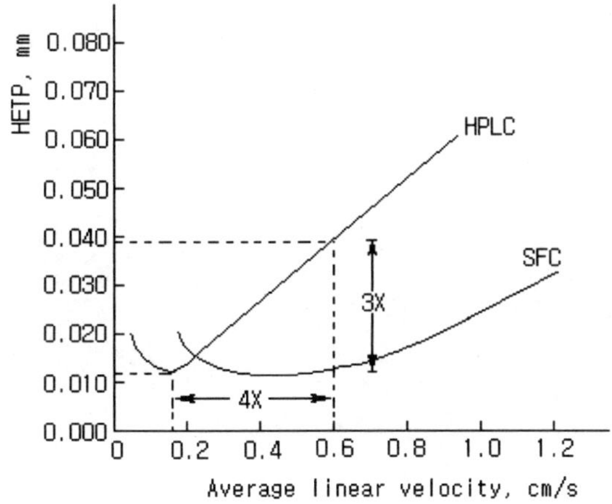

그림 4.2.8 HPLC에서 보통 사용되는 이동상과 SFC에서 CO_2를 사용 시 5 ㎛ ODS를 충전한 컬럼의 성능 특성

4.2.11 친화 크로마토그래피의 머무름 메카니즘

친화 크로마토그래피(affinity chromatography, AFC)는 생물학적 시스템이 갖는 특이적인 상호작용을 이용하는 것으로 메카니즘은 친화이다. AFC에 사용되는 정지상은 지지체에 붙인 리간드로서 보통 생화학 물질이다. 예를 들면, 정지상은 항체(antibodies), 효소 억제물(enzyme inhibitor), lectins 등의 시료 분자와 가역적인 친화(일종의 결합 작용)가 가능한 유기물이다. 다른 예로 phenylboronic산 리간드는 glycosylated 헤모글로빈, 당, 핵산, cis-diol 화합물에 대해서 선택적인 친화력을 갖는 정지상이다. 즉, AFC의 메카니즘은 가역적 반응쌍(항원-항체, 효소-기질 또는 저해 물질, 호르몬- 결합 단백질, 핵산-상보적 서열)[1), 2)]을 갖는 물질에 대해 마치 열쇠와 자물쇠 관계라고 볼 수 있다.

주 1) Anal. Chem., 57(11), 1099A, 1985

2) April 1, 2001 / Analytical Chemistry, 199A~205A

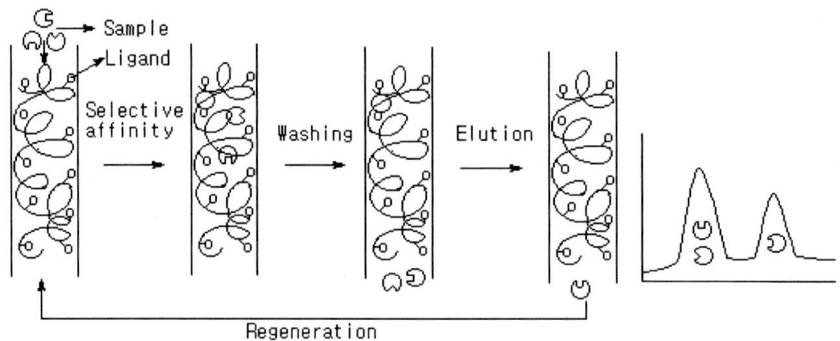

그림 4.2.9 친화 크로마토그래피의 분리 메카니즘 설명도

4.3 크기별 배재 크로마토그래피(SEC)에서의 k, α, K_D, HETP 및 R_s

1. 용량인자(k) 및 분리인자(α)

SEC에서 모든 용질은 불감 시간(t_m)전에 용리되므로 용량인자가 모든 봉우리에 대해 "-"값을 보이므로 실제적으로 k 및 α값은 의미가 없다.

2. 분배계수, K_D

정지상 지지체의 내부 공간(internal pore)에 있는 용질의 평균 농도와 지지체 밖의 용질의 평균 농도의 비를 나타내며, 머무름을 표시하는데 사용된다. K_D는 실험적 인자에 관계되며, 크기는 0~1정도이다.

$V_e = V_0 + K_D V_i$

V_e : 용질의 용리 부피 V_0 : 컬럼 틈새 부피 V_i : 내부 공간 부피

3. 이론단 높이, HETP

정체된 이동상의 확산과 입자간 이동상의 질량 이동에 기인하며, 충전된 입자가 커서 확산이 적기 때문에 세로 확산은 의미가 없다.

· 사용되는 표준품 : toluene, acetone 및 benzyl alcohol ; K_D=1

4. 고유 분리인자(Specific resolution factor, R_{sp})

분리능과 용질 분자량과의 관계를 나타낸다.

$R_{sp} = R_s / \log (M_1/M_2)$

R_s : 크로마토그래픽 분리능

M_1/M_2 : 두 표준 물질의 분자량의 비

♧ 주요 사항

1) 분자량에 대한 검정 곡선의 범위에서 직선적임을 가정하고, 분자량과 분리능을 관계지은 새로운 용어이다.
2) R_s = 1이면 2 % 중첩
3) 관계식 : R_s = 1(2 %중첩)일 때 M_1/M_2를 최소 분자량 비(R_m)라 정의한다.

$R_{sp} = 1 / \log R_m$

$\log R_m = 4mV_e / V_i\sqrt{n}$

m : 분자량 검정 곡선의 직선 범위의 기울기

V_e : 표준품 M_1의 용출 부피

V_i : 공간 부피(pore volume)

n : 이론단 수

- R_m은 계의 분리능과 관계되며, 컬럼의 성능 비교에 유용하고, V_i, n을 증가시키고 m을 감소시킬 때 최소 R_m을 얻을 수 있다.
- log R_m은 분리능을 증가시키는 데 사용한다.

4.4 초임계 유체 크로마토그래피(SFC)에서의 H, h, t_R 및 n_c

1. SFC에 사용되는 OTC에서의 컬럼의 단 높이, H

$H = [2D_m/u] + [f_g(k)d_c^2u/D_m] + [f_s(k)d_f^2u/D_s]$

u ; 평균 이동상 속도

D_m ; 이동상에서 용질의 확산계수

D_s ; 정지상에서 용질의 확산계수

d_c ; 컬럼의 내경

d_f ; 정지상 필름 두께

$f_g(k)$, $f_s(k)$; 용량인자의 함수

♧ 주요 사항

1) 위 식에서 적합한 변수들에 대해 적합한 값을 넣는 것은 다른 컬럼 형태의 수적인 비교를 할 수 있다.
2) 분리 시간과 컬럼 효율은 컬럼의 내경에 강하게 의존한다. 적합한 이동상 속도는 컬럼의 내경에 반비례하고, 같은 구경에서 용량인자가 증가 시 감소한다.
3) 컬럼 효율은 최적의 직선 속도에서 가장 높다. 그러나 실제로 분리 시간이 너무 길다. 실제로 최적의 직선 속도의 10배가 더 일반적이다.

2. H의 환산 인자, h

h는 열린관 및 충전 컬럼을 비교하는데 사용될 수 있고, 위 H의 Golay 식은 다음과 같이 다시 쓸 수 있다.

$h = (2/v) + f_g(k)v + f_s(k)\delta_f^2v$

h ; 환산 단 높이, (H/d)　　v ; 환산 속도, ud/D_m

δ_f^2 ; 환산 필름 두께, $[(d_f/d_c)(D_m/d_f)^{1/2}]$

d ; 컬럼 형태 특징 인자(OTC에서 내경, d_c 또는 충전 컬럼에 대해 평균 입자크기, d_p)

♧ 주요 사항

1) SFC에서 충전 컬럼에 대한 정확한 단 높이 식은 없고, LC에서 개발된 Knox 식을 가정하여 사용한다.
2) 합리적인 실험 값은 다음과 같다.
   (1) 충전 컬럼 ; h = 3, v= 10(u_{opt}에서 h =2, v= 3)
   (2) OTC ; h = 4.5, v= 45

3. 환산 분리 시간, t_R

$t_R = (nhd^2/vD_m)(1+k)$

- 위의 주어진 환산 인자를 대치하는데 충전 및 열린관 컬럼에 대한 분리 시간은 d_c =1.73 d_p이면 같을 수 있다.

표 4.4.1 SFC의 OTC에서 효율과 분리 시간에 대한 컬럼 내경의 영향

컬럼 구경, ㎛	다른 용량인자에서의 최적 인자(a) k=1		k=5	
	H_{min}, mm	u_{opt}, cm/s	H_{min}, mm	u_{opt}, cm/s
25	0.016(0.080)	0.505	0.021(0.107)	0.376
50	0.031(0.156)	0.259	0.042(0.213)	0.190
75	0.046(0.234)	0.174	0.063(0.318)	0.126
100	0.061(0.309)	0.130	0.084(0.425)	0.095

* (a) value in parentheses = 10 u_{opt}
* D_m = 2×10^{-4} cm^2/s, D_s = 1×10^{-6} cm^2/s, P = 72 atms., T = 40 ℃, density = 0.22 g/ml, d_f = 0.25 ㎛

4. 같은 압력 저하에서 열린관 및 충전 컬럼에 대한 환산 인자를 사용한 최대 이론단 수, n_c 및 n_p

$n_c = 4.63(d_c/d_p)^2 n_p$

n_c, n_p ; 열린관 및 충전 컬럼에 대해 얻어진 최대 이론단 수

♧ 주요 사항

1) 특수한 컬럼에 대해 달성될 수 있는 최대 이론단 수는 이론단 당 압력 저하와 컬럼에서 허용되는 최대 압력 저하에 의존한다.
2) 50 ㎛의 내경을 가진 열린관 컬럼은 d_p = 5~10 ㎛를 포함하는 충전 컬럼보다 100~500배의 이론단을 제공할 수 있다.

표 4.4.2 다른 SFC의 컬럼(k=4)에 대해 계산된 최대 이론단 수와 요구되는 분리 시간의 요약

컬럼 형태	컬럼/입자 구경, ㎛	최대 단 수	n_{max}를 주는데 요구되는 시간, min	20,000단에 요구되는 시간, min
OTC	8.5	268,000	64.5	4.82
	17	1,070,000	1030	19.3
	50	8,260,000	77,000	167
	100	37,000,000	1,235,000	667
충전	3	7,200	0.65	1.8
	5	20,000	5	5
	10	80,000	80	20

표 4.4.3 다른 구경, 길이 및 최적 흐름 속도에 따른 열린관 컬럼의 효율

컬럼 구경, ㎛	컬럼 길이, m	10 u_{opt}, cm/s	h, mm	n/m(a)	t_R, min
100	24	1.1	0.44	2,300	145
75	24	1.4	0.32	3,300	144
50	23	2.0	0.22	4,400	77
25	7	4.3	0.18	5,600	11

* 조건 ; k = 3인 용질, 밀도 0.22 g/ml, 온도 40 ℃, 이동상 CO_2에 대해 10 u_{opt}에서 작동한다.

* (a)는 컬럼 내경이 감소하는 순서로 컬럼 당 5.4×10^4, 8.0×10^4, 1.0×10^5, 3.9×10^4 이론단에 일치한다.
예 ; 길이(L) 7 m 컬럼
h = 0.18 mm
n = L/h = 7000/0.18 = 38888 ≒ 3.9 x 10^4

4.5 액체-고체, 액체-액체 및 결합형 크로마토그래피(LSC, LLC, 및 BPC)

표 4.5.1 LSC, LLC와 BPC의 정지상, 이동상, 분석물질 및 특성

구 분	정 지 상	이동상	분 석 물 질	비 고
충전 컬럼 : LSC	1. Silicagel : Hypersil, Porasil, Spherosorb, Zorbax, BPsil 2. Alumina	· Hexane, pentane, moderately polar solvents	· 유기 용매에 녹는 비극성 물질, 물에 녹는 비이온성 물질	· 컬럼 길이: 10~30 cm 내경(i.d) : 3.9 mm · 입자 크기 : LSC; 30~50 ㎛ RPC, BPC; 5~ 10 ㎛ · Bonded phase : silioxane phase (≡Si-O-Si-R) · 비손대칭상(nonchiral phase)을 사용할 때 시약을 사용하여 부분 입체 이성질체(diastereomer)를 만든 후 분리한다.
LLC, BPC	1. Polar bonded phase : R ; -diol, -cyano, -amino, $-N(CH_3)_2$, $-(CH_2)_xNO_2$, $-C_6H_{12}O_2$(ether) 2. Nonpolar bonded phase : R ; $-C_{18}H_{37}$, $-C_8H_{17}$, $-CH_3$, $-C_6H_6$ 3. Chiral, non-chiral phase	1. Nonpolar solvents 2. Polar solvents 3. Polar and nonpolar solvents	1. Nonpolar compounds 2. Polar compounds 3. Chiral compounds	
미세 컬럼 (micro column) : LSC, LLC, BPC	1. Microbore : 충전 컬럼과 유사 2. Packed microcapillary : 1, 3의 혼합형, 지그재그 충전 3. Open microtubular : GC의 OTC와 유사	상동	상동	1. 컬럼 구경 : ca. 1 mm 길이 : 1 m 흐름 속도 : 30~ 40 ㎕/min 2. 컬럼 구경 : ca. 70 ㎛ 흐름 속도 : 1 ㎕/min 3. 컬럼 구경 : 10~30 ㎛ 흐름 속도 : 수 ㎕/min * 미세 컬럼의 장점 : 1) 높은 컬럼 효율(high column efficiency) 2) 경제적(economical) 3) 높은 감도(high sensitivity)

4.5.1 LC 정지상 입자의 4가지 분류 및 미세 컬럼

1. LC 정지상 입자의 4가지 분류
   1) 입자의 연성에 따른 분류 : 경고한 고체(LLC, LSC, GPC용), 딱딱한 겔(IEC, GPC용) 및 부드러운 겔(GPC용)이 있다.
   2) 입자의 모양에 따른 분류 : 구형 및 불규칙한 모양
   3) 입자의 구조에 따른 분류 : 전체 다공성(totally porous) 및 표면 다공성(superficially porous)
   4) 입자의 크기에 따른 분류 : 보통 크기 입자(macro, 50 ㎛이상), 중간 크기 입자(intermediate, 20-50 ㎛) 및 작은 입자(micro, 10 ㎛±2 이하)

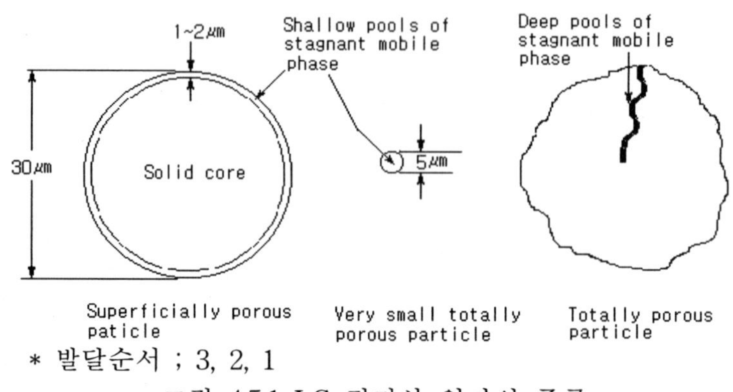

* 발달순서 ; 3, 2, 1

그림 4.5.1 LC 정지상 입자의 종류

4.5.2 LC 정지상의 특성 비교

성질	전체 다공성 입자			표면 다공성 입자, 구형(<20㎛)
	불규칙 (>20㎛)	구형 (>20㎛)	구형, 불규칙 (<20㎛)	
효율	보통-낮음	보통-낮음	높음	보통-낮음
분리속도	보통	보통	빠름	빠름
충전상태	좋음	좋음	좋음	매우 좋음
시료량	큼	큼	큼	작음
비용	적음	보통	많음	많음
컬럼투과도	높음	높음	낮음	매우 낮음

표

표 4.5.3 최초 상업화된 HPLC 충전 물질

연도	물질명	개발자	회사	상품명
1967	Pellicular ion exchange(40 ㎛)	Horvath-Lipsky	Northgate Labs	Pellosil
1969	Controlled surface porosity(40 ㎛)	Kirkland	Du Pont	Zipax
1970	Porous-layer beads	Bombaugh-Little	Waters Associates	Corasil
1970	Bonded "brushes"	Bombaugh-Little	Waters Associates	Durapak
1971	Microparticulate silica(5~10 ㎛)	Majors	Varian Associates	Micropack
1972	Spherical silica(7 ㎛)	Kirkland	Du Pont	Zorbax
1972	Chemically bonded phases	Kirkland	Du Pont	Permaphase

2. 미세 컬럼(Microcolumn)

미세 구경(microbore) 컬럼은 충전 컬럼과 유사하며, 열린 미세관(open micro-tubular) 컬럼은 GC의 열린관 컬럼(OTC)과 유사하다.

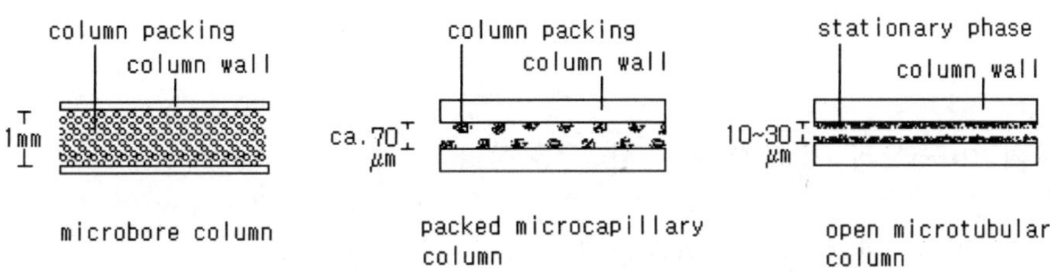

그림 4.5.2 미세 컬럼의 단면도

♧ 주요 사항

1) 청소 컬럼(Scavenger column)

(1) 펌프와 주입기 사이에 설치하는 여러 가지 크기의 전통적 컬럼이다.

(2) 이동상으로부터 원하지 않는 오염물질 제거, 입자 물질 및 pump-seal이 닳아 해진 입자 등으로부터 분석 컬럼을 보호하기 위한 필터로서의 역할, 공격적인 이동상을 사용할 때 컬럼을 포화하는 작용을 한다.

(3) 청소 컬럼은 pH>8의 이동상이 사용될 때 실리카 겔과 이동상을 포화하기 위하여 가장 자주 사용된다.

(4) 이 컬럼은 시료가 지나가는 길에 놓지 않으며, 입자 크기나 충전 밀도를 분석 컬럼과 동일하게 할 필요는 없다. 경제성을 위해 보통 거칠은 입자를 충전하나 좁은 크기 범위의 것을 사용하는 것이 좋다.

(5) 등용매 작동 시 컬럼의 크기는 중요하지 않으나, 그레디언트 계에서는 그레디언트 지연 부피를 최소화하기 위하여 작은 것이 좋다.

2) 보호 컬럼(Guard column)

(1) 주입기와 분석 컬럼 사이에 설치한다.

(2) 시료 오염 물질과 펌프와 주입 밸브의 닳아 해진 입자와 같은 높게 머무르는 용질에 의해 야기되는 컬럼의 저하를 방지하여 컬럼의 수명을 연장하기 위하여 사용된다.

(3) 청소 컬럼처럼 분석 컬럼에서 정지상의 용출을 방지하기 위하여 컬럼을 포화 시키는 작용을 한다.

(4) 시료가 지나는 길에 설치하며, 분석 컬럼에 충전되는 물질과 같은 정지상을 충전한다. 과도한 봉우리 확산 없이 시료 불순물에 대한 적당한 용량을 유지하기 위하여 분석 컬럼/보호 컬럼의 부피 비는 1:15~1:25 정도로 한다. 잘 설계된 보호 컬럼은 5~10 % 이상의 시료 분산을 증가하지 않는다. 더 큰 컬럼 효율의 감소 시 보호 컬럼은 표피형(pellicular) 충전이 사용된다.

(5) 보호 컬럼은 주기적으로 점검되어야 하며. 분석되는 시료의 성질에 따라서 필요 시 버려야 한다.

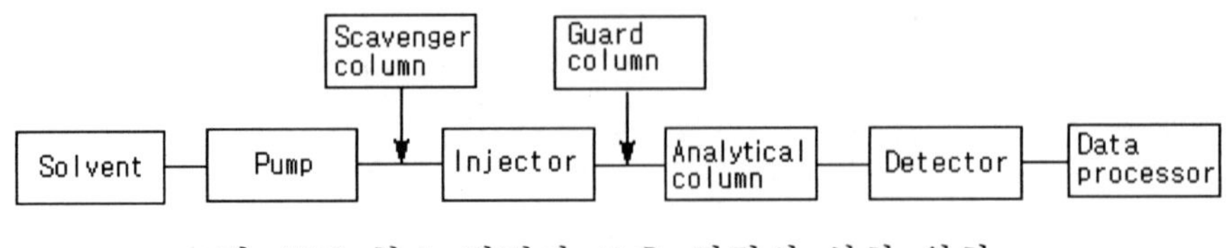

그림 4.5.3 청소 컬럼과 보호 컬럼의 설치 위치

4.5.2 LC에서의 이동상과 용질간 분자의 상호작용

1. 분산 상호작용 또는 인력(Dispersive interaction or attraction)

이웃한 분자들의 모든 쌍 사이에 존재하며, 시료 분자(X)와 용매 분자(S)를 둘러싸고 있는 전자들이 무작정 운동(random motion)을 하고 있으며, 어떤 주어진 순간에 분자에 존재하는 전자의 비대칭적 배치에 기인하여 일어난다. 결과적으로 X는 순간적인 임시 쌍극자 모멘트를 갖게되고, 이웃한 분자 S의 전자들을 밀어 편극화 한다. X에 있는 쌍극자에 의해 생긴 S의 쌍극자가 X와 S의 정전기적 인력이다. 분산 상호작용은 시료와 용매 분자에서 더 쉽게 편극하는 분자에 대해 더 강하다. 대략 전자 편극화는 굴절률과 함께 증가하므로, 분산 상호작용은 굴절률이 큰 시료와 용매 분자에 대해 더 강하다. 이것은 오직 탄화수소 용매에 존재하는 분자간 힘이다. 분산력은 약하고, 비선택적이며, 크로마토그래피에서 큰 의미가 없다. 그러나 시료와 용매 분자에서 쉽게 편극되는 전자들에 대해서는 강하다.

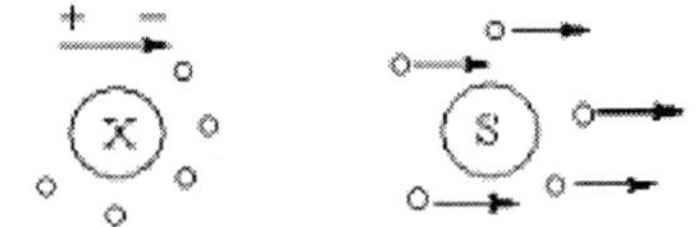

2. 쌍극자 모멘트(Dipole moment)

용매와 시료 분자가 영구 쌍극자 모멘트를 가질 때 강한 상호작용(보통 분자들의 작용기 사이에서)이 직선적 구조에 있는 두 쌍극의 정렬에 의해 생기는데 이를 쌍극자 모멘트라 한다. 큰 쌍극자 모멘트를 가지는 그룹이 더 강한 상호작용이 있다. 아래와 같이 아세토니트릴(CH_3CN) 두 분자의 쌍극 방향에 의한 상호작용은 두 분자의 개별적 작용기 사이에서 보통 일어나며, 그 결과 극성 작용기를 갖는 용매와 시료 분자들이 선택적으로 상호작용 한다.

$$CH_3-\overset{+}{C}\equiv\overset{-}{N} \longleftrightarrow CH_3-\overset{+}{C}\equiv\overset{-}{N}$$

3. 수소결합 상호작용

1) 양성자 주개 및 받개로서 행동하는 분자들 사이에서 일어난다.
2) 강한 주개 용매들이 우월하게 상호 작용하고, 강한 받개 시료 화합물을 용해하며, 또한 반대도 같다.

$$Cl_3C\text{-}H \leftrightarrow N\text{-}(CH_3)$$

표 4.5.4 작용기의 쌍극자 모멘트, debyes

작용기	쌍극자 모멘트
Amine, - N =	0.8~1.4
Ether, - O -	1.2
Sulfide, - S -	1.4
Thiol, - SH	1.4
Carboxylic acid, - COOH	1.7
Hydroxy, - OH	1.7
Halogen, - F, - Cl, - Br, - I	1.6~1.8
Ester, - COO -	1.8
Aldehyde, - CHO	2.5
Ketone, - C O -	2.7
Nitro, - NO_2	3.2
Nitrile, - C ≡N	3.5
Sulfoxide, - SO -	3.5

표 4.5.5 화합물 형태에 따른 수용체 강도

Compound type	Acceptor strength
Aromatic hydrocarbon	0.0~0.3
Ethers	0.7~1.2
Esters	0.8~1.3
Amines	1.5~2.1
Amides	2.1~2.4
Sulfoxides	2.2~2.6
Alcohols	large

4. 유전(誘電) 상호작용(Dielectric interaction)

일차로 큰 유전 상수의 액체(물, 저급 알코올 등)와 시료 이온의 상호작용을 말한다. 물 메탄올 등과 같은 극성 상에서 이온 및 이온성 시료 분자들이 우월하게 용해된다. 유전 상수(단위, DK)는 H_2O(82), alcohol(25), CS_2(2.62), benzene(2.62)이다.

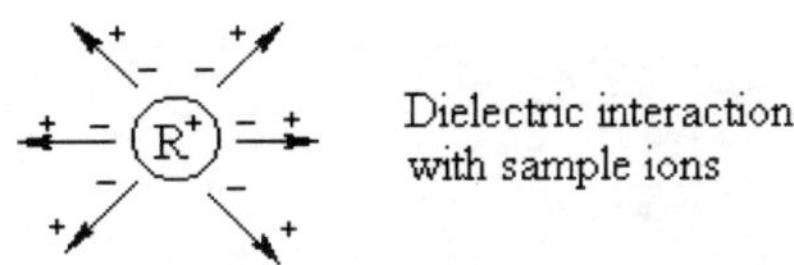

표 4.5.6 LC의 NPC와 RPC에서 용질과 이동상과의 관계

항 목	정 상	역 상
정지상 극성	큼	작음
이동상 극성	보통-작음	보통-큼
시료 용리 순서	비극성이 먼저 용리	극성이 먼저 용리
이동상의 극성을 증가시킬 때의 효과	용리 시간이 감소	용리 시간이 증가

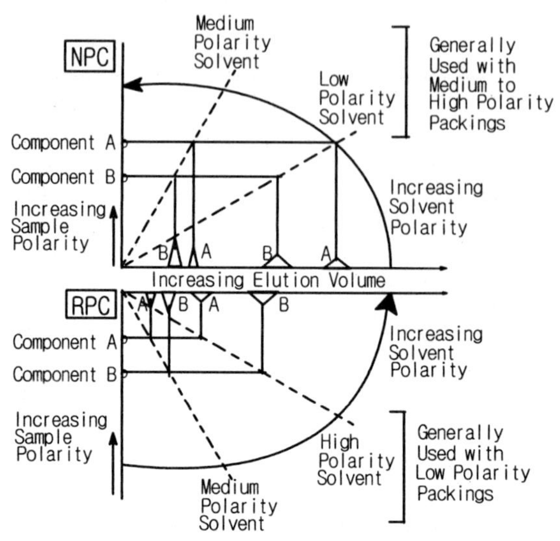

그림 4.5.4 정상 및 역상 LC에서의 시료와 용매와의 상관 관계

표 4.5.7 분석용과 제조용 LC의 설계 및 조작의 차이

	항목	분석용 LC	제조용 LC
설계	길이(cm)	25～100	25～200
	안지름(mm)	2～4	～8
	모양	직선	직선
	고체 지지체		
	지름(㎛)	5～40	10～20
	표면적	보통→큼	큼
	이동상	점도가 없음	휘발성
		분광 분석용	분광 분석용
	정지상		
	분배	얇은 막	많이 입힌 결합 정지상
	흡착	균일한 활성	큰 표면적
	이온교환	얇은 막	큰 용량, 약한 망상 구조
	배제	딱딱한 겔	다공성 겔
조작	기울기 용리	복잡한 시료에만 적용	복잡한 시료에만 적용
	흐름 속도(㎖/h)	30～120	200～400
	압력(psi)	500～5000	500～5000
	온도	분리도와 재현성을 위해 최적 온도 사용	용해도를 위해 증가
	시료 주입량(㎍)	0.050～500, 간혹 최적보다 많이 주입	500 ㎎까지(1회 주입량)

4.5.3 LSC 및 BPC에 사용되는 정지상

4.5.3.1 LSC에 사용되는 정지상

1. 실리카 겔, SiO_2

1) 실리카 겔의 용도

(1) HPLC에서 가장 중요한 흡착제이다.

(2) 결합형 충전 물질을 제조하기 위한 기초 물질로 사용된다.

(3) 약간 산성으로 약간 염기성 화합물을 분석하는데 사용한다.

2) 미세 다공성 실리카 입자의 특성

그들의 모양, 평균 입자 크기, 비표면적(specific surface area), 평균 동공 구경(mean pore diameter), 비동공 부피(specific pore volume)에 의해 특징 지워진다. 또한 그들의 크로마토그래픽 성질은 형태와 표면 작용기의 수, 미량 금속 불순물의 존재, 표면 pH, 다른 pH의 이동상에서의 용해도에 의해 영향을 받는다.

(1) 크기와 모양

가. 분석에는 5~10 ㎛ 구경의 미세 입자가 가장 널리 사용되며, 3 ㎛도 종종 사용된다. 이 크기는 컬럼 성능, 안정성, 작동 압력과 분리 시간 사이에 합리적인 일치성을 제공한다. 1~2 ㎛는 생체 고분자의 분석, 10~25 ㎛는 제조용 액체 크로마토그래피에 사용된다. 더 큰 입자는 저압 컬럼 분리에 일차적으로 사용된다.

나. 충전 물질의 입자 크기 분포는 여러 가지 방법으로 결정될 수 있으나 두 가지 기본적 형태의 평가 방법인 질량(mass 또는 volume)과 진동수 분포(frequency 또는 count distribution)가 사용된다. 진동수 분포가 미약한 크로마토그래픽 성능을 야기할 수 있는 바깥 입자의 존재에 일반적으로 더 예민하다.

다. 구형 미세 입자(spherical microparticles)가 더 동일하고, 안정하며 투과성인 컬럼 충전을 형성하므로 더 우월하다. 이것은 5 ㎛이하의 입자 구경에 대해 더 우월하다고 고려된다. 그러나 불규칙한 미세 입자는 값이 싸며 실제로 충분히 열등하다는 것을 보이지 않으므로 아직 널리 사용된다.

(2) 비표면적, 평균 동공 구경, 비동공 부피

가. 비표면적은 동공 내의 표면적(surface area within the pore)과 입자의 외부 표면적(external surface area of the particle)으로 분리될 수 있다. 공극 표면적은 외부 표면적 보다 여러 차수(several orders) 더 크다. 보통 충전 물질의 표면적이 클수록 동공 구경은 더 작다.

나. 평균 동공 구경이 5~15 ㎛, 표면적이 150~600 m^2/g인 실리카 겔은 저 분자량 시료 분리에 우월하며, 30 ㎛이상의 동공 구경은 정지상에 용질의 접근을 제한하는 것을 피하기 위한 생체 고분자의 분리에 우월하다. 이상적으로 동공 크기 분포는 평균값에 대하여 좁고 대칭적이어야 한다. 비표면적과 동공 구경은 적합한 모델에 의해서 계산될 수 있다. 다공성 실리카 입자에 대해 평

균 동공 구경을 평가하기 위하여 구형(globular) 모델이 보통 사용된다. 이 모델은 다공성 계가 밀집되게 충전된 구들의 규칙적인 배열에 의해 묘사될 수 있다는 것을 가정한다. 동공 부피는 구들 사이의 갈라진 틈 사이에 의해 형성되고 구의 크기와 충전 밀도에 의해 조절된다. 비동공 부피는 흡착제의 g 당 동공의 전체 부피를 채우는 액체의 양으로 정의되며 실제적인 물리적 중요성을 갖는다.

다. 실리카의 분명한 밀도와 비동공 부피는 그것의 기계적인 강도와 HPLC에서 압력 변형에 대한 저항에 관련될 수 있다. 밀도는 약 0.4, 동공 부피는 0.7이 안정한 실리카의 전형적인 값이다. 넓은 동공 물질은 더 큰 공동 부피와 더 낮은 밀도를 갖고 더 작은 동공 크기 물질보다 더 부서지기 쉽다.

3) 흡착제 충전물의 두 가지 형태

입자 크기가 5~10 ㎛인 것을 충전하는 것이 일반적이며. 불규칙(irregular)과 구형(spherical)의 두 가지가 있다. 두 가지의 주요 이점은 분명히 구별되지 않으며, 비슷한 효율과 안정성을 갖는다.

(1) 불규칙 미세 다공성(Irregular microporous) 실리카 겔의 제조

가. Sol-gel 과정에 의해 제조된다. 수화 겔(hydrogel)이 최초 산성 수용성 용액에 sodium silicate를 가하여 제조된다.

나. 불용성 케이크가 형성되고, 에이징시킨 후 적당한 크기로 골고루 부순다.

다. 잔류 Na 염이 세척되고 수화 겔은 단단하고 다공성인 xerogel을 형성하기 위하여 약 120 ℃에서 5~6시간 정도 가열에 의해 탈수된다.

라. 정확한 입자 크기로 갈고 체질을 하면, xerogel은 크로마토그래픽 용으로 사용된다.

(2) 구형 입자의 제조는 더 어려우며, 두 가지 방법이 있다.

가. 한 방법은 혼합되지 않는 유기 액체에서 실리카 sol의 에멀젼화에 의해 실리카 수화 겔 구슬을 제조한다. 구슬 크기와 크기 분포는 젓는 속도, 용매 점도, pH, 온도, 실리카 sol의 농도와 같은 실험 조건에 의존한다.

나. 다른 방법은 spray-drying 기술을 이용한 실리카 sol의 축합과 젤라틴형의 구슬을 형성하기 위하여 실리카 sol과 유기 시약과의 혼성 중합반응이다. 후자의 경우 미세 다공성 구형 실리카 입자는 유기 시약을 태우는 것에 의해서 얻어진다.

4) 실리카의 표면 화학

(1) 그것의 크로마토그래픽 성질을 해석하기 위하여 요구된다.

(2) 실리카 표면은 실란올 작용기, 물에 수소 결합되는 어떤 것, 실록산 작용기의 망상 구조를 구성한다.

(3) 완전하게 히드록시화된 실리카 표면은 실란올 작용기(4.8 실란올/nm^2)의 8 $\mu mol/m^2$을 포함한다. 상업용 실리카 충전의 많은 형태는 완전하게 히드록시화되지 않았으며, 제조 및 연속적인 처리 방법에 의존하여 5.0~7.0 $\mu mol/m^2$의 실란올 작용기 농도를 가진다. 실란올 작용기의 표면 농도는 재히드록시화(rehydroxylation)에 의해 최대 수준으로 조정될 수 있다. 전형적 실리카에 대

해 실란올 작용기의 68 %는 단일 형태이고 32 %는 같은 자리(geminal)라는 것이 분광학적으로 증명되었다.

(4) 크로마토그래픽 등급의 실리카 겔은 보통 0.1~0.3 %(w/w)의 금속 산화물의 불순물(주로 Na, Ca, Al, Mg, Ti 및 Fe)을 함유한다. 이웃한 실란올 작용기에 이 금속 불순물의 간접적 영향은 그들의 산도를 증가시킨다. 실리카 겔의 산 처리는 금속 불순물의 꽤 큰 분율을 제거하고, 더 균일한 활성 표면을 갖게 한다.

(5) 실리카의 성분은 제조와 열 처리 방법에 의존한다. 흡착된 물에 대한 실리카 표면의 성질은 그림 4.5.6과 같다. 약 200 ℃에서 가열은 물리적으로 흡착된 물을 완전히 제거하고, 실온에서 진공 처리나 115 ℃에서의 가열에 의해 또한 제거된다. 이런 것은 TGA(열무게 분석)이나 FTIR 분광학에 의해 확인할 수 있다. 200 ℃이상에서 강하게 수소 결합한 물이 제거되고 이 과정은 약 650 ℃에서 완료된다. 450 ℃이상에서 탈히드록시화가 이웃한 실란올 작용기 사이에서 일어나 실옥산 작용기의 농도가 증가한다. 더 높은 온도에서 실란올 작용기의 탈수화(dehydration)가 완료되고 실옥산 작용기로 덮인 소수성 표면이 형성된다. 900 ℃이상의 온도에서 실리카 입자의 소결(燒結, sintering)을 시작한다. 소결 동안 실리카는 더 유체처럼 되고 물리 및 화학적 성질의 변화가 더 커진다. 완전하게 탈수화된 실리카 표면은 물리 및 화학적으로 크게 불활성이며 극단적으로 서서히 물을 흡수하고, 보통 크로마토그래픽 응용에는 사용되지 않는다. 대부분의 상업적 실리카 겔은 200 ℃이하에서 건조된다.

(6) 이론적으로 완전히 히드록시화된 실리카 표면은 pKa = 7.1±0.5의 값을 가질 수 있다. pH 의 범위는 3.8~9.5이며, 대부분의 산성 및 염기성은 구형 실리카 미세 입자에서의 pH값이고, 상대적으로 중성의 pH값은 불규칙 실리카 미세 입

표 4.5.8 상업용 실리카 겔의 물리적 성질

상품명	명목상 동공 구경, nm	비표면적, m^2/g	비동공 부피, ml/g	밀도, g/cm^3	수용성 현탁액의 pH(10% w/w)	입자 형태
LiChrosorb 60	6	398	0.66	0.44	7.2	불규칙
Polygosil	6	245	0.71	0.43	6.5	불규칙
Rsil	6	433	0.75	0.42	8.0	불규칙
Zorbax 60	6	432	0.50	0.57	5.6	구형
Econosphere	8	171	0.52	0.62	9.0	구형
Rosil	8	357	0.71	0.51	8.4	구형
Spherisorb	8	190	0.6	-	-	구형
Partisil	8	429	0.72	0.44	4.9	불규칙
LiChrosorb 100	10	297	1.11	0.36	6.7	불규칙
Zorbax 100	10	139	0.45	-	3.8	구형
Hypersil	12.5	149	0.70	0.66	8.2	구형
Zorbax 300	30	39	0.28	0.72	5.4	구형
Vydac TP	30	82	0.73	0.50	4.1	구형

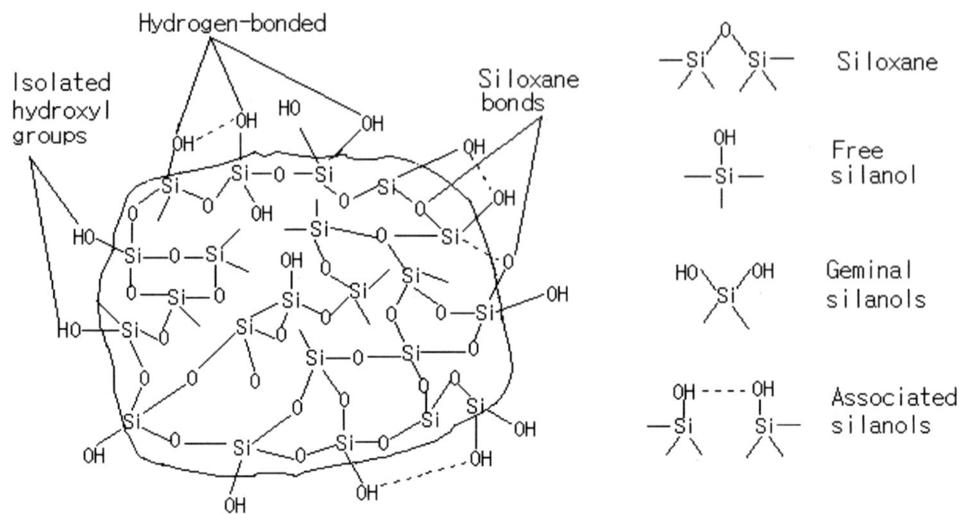

그림 4.5.5 실리카 겔의 구조 및 표면에 존재하는 특징적 작용기

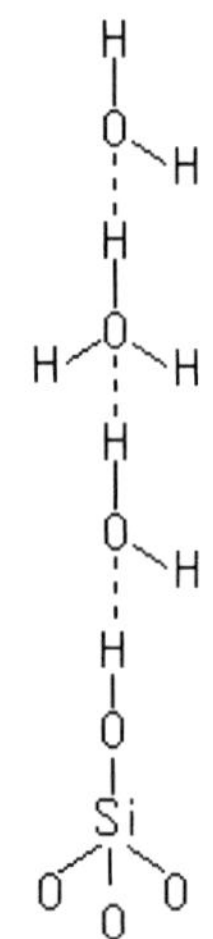

3rd layer of weakly adsorbed water, loss between room temperature and 70 ℃, reversible, removed by dry solvents

2nd layer of weakly adsorbed water, loss complete at 120 ℃, maximum loss at 100 ℃, reversible, removed by dry solvents

1st layer of strongly hydrogen bonded water, loss commences at 200 ℃ and appears complete at 650 ℃, reversible, not removed by solvents

Silanol groups lose water to produce siloxyl groups commence at 400 ℃, complete at 1100 ℃, loss is irreversible

그림 4.5.6 실란올 작용기에 인접한 물의 도식적 표현

자에서의 pH값이다. 이 차이는 제조 과정, 표면 불순물의 존재, 표면에 존재하는 실란올의 형태의 차를 반영한다. 극성 용질에 대해 표면의 pH는 상대적 머무름, 봉우리 모양, 컬럼 효율에 영향을 준다.

(7) 산성 실리카는 양성자 주개 용질의 용리에 효율적이고 염기성 실리카는 그 반대이다. 실리카 겔에서 극성 화합물의 꼬리 끌기는 실리카 충전물을 완충 염으로 코팅하는 것에 의해서 종종 조절될 수 있다. 실제로 유용한 완충제는 유기 용매에 낮은 용해도를 갖는 citrate, phosphate 및 borate 완충제가 사용된다. pH 8 이상에서 실리카의 용해성은 실리케이트 음이온을 형성하여 지수적으로 증가한다. 히드록실 이온의 원천으로 고농도의 유기 변형제, 주입기 앞에 포화

컬럼, 암모니아를 사용하여 pH 9.2에서 오랜 시간동안 실리카 컬럼을 사용하는 것이 가능하며, 암모니아를 ethylenediamine으로 교체하여 pH 10.2에서 사용한 보고도 있다 그러나 실리카를 기본으로 한 경우 보통 pH 1.0~8.0 사이에서 사용된다.

2. 알루미나, Al_2O_3

1) 현대 HPLC에서 널리 사용되지 않으나, 불포화 탄화수소, 할로겐을 포함하는 화합물에 대해 실리카 겔보다 유리하며, 실리카 겔에 너무 강하게 흡수되는 매우 염기성 화합물에 대해 유용하다.

2) 다공성 감마 알루미나는 결정성 bayerite의 탈수화와 열 처리에 의해 제조된다. 그들은 동공 구경 6~15 nm, 표면적 70~250 m^2/g, 동공 부피 0.2~0.3 ml/g 사이에서 여러 가지 형태가 있다.

3) 산 및 염기와 함께 처리되면 pH는 3~9 사이로 조정될 수 있다. 알루미나의 표면은 히드록실 작용기와 부분적으로 배위된 알미늄 이온에 연관된 루이스 산 위치를 포함하는 실리카보다 더 불균일하다. 높은 pH에서 그의 용해도는 실리카보다 훨씬 적으며, pH 2~12 의 범위에서 사용될 수 있다.

4.5.3.2 BPC에 사용되는 정지상

오늘날 사용되는 거의 모든 화학적 결합(chemically bonded) 및 중합체 캡슐로 싸여진(polymer encapsulated) 충전물은 같은 거대 다공성의(macroporous) 실리카 기질로부터 제조된다. 결합형 정지상은 실록산 결합을 형성하기 위하여 실리카의 표면 실란올 작용기와 반응성 유기 실란 사이의 반응에 의하여 제조된다. 고분자 캡슐로 싸여진 상은 실리카 표면 위에 비이동성 피부를 형성하기 위하여 쉽게 다리 결합될 수 있는 선구중합체(prepolymer)의 얇은 필름으로 실리카 기질을 코팅하는 것에 의해서 제조된다. 첫 번째 접근은 잘 설정되어 있으며 상업적으로 제공되는 충전 물질의 대부분을 설명한다. 후자는 상대적으로 새롭고 그것이 비이동성을 위해 표면에 화학적 결합을 요구하지 않기 때문에 실리카보다 다른 기질에 응용된다. 실리카를 기본으로 한 결합형 정지상의 주요한 단점은 pH 2~8 범위에서 그들의 사용을 억제하는 제한된 가수분해의 안정성이다. 더 높은 pH에서는 실리카의 용해도에 의해 제한되고, 더 낮은 pH에서는 실록산 결합 상의 가수분해에 의해 억제된다. 알루미나나 zirconia는 실리카보다 더 높은 pH에서 안정하다. 알루미나나 zirconia 거대 다공성 지지체에 기초한 고분자 캡슐로 싸여진 상은 기질에 유기 리간드를 고정한 결합의 가수분해 안정성에 의해 제한되지 않으며, 기질의 용해도에 의해 언급된 전 pH 범위에서 사용될 수 있다.

1. 결합형 정지상(Bonded phase)의 제조 방법

결합형 정지상은 지금까지 지시된 방법 외에 다른 일반적인 방법들에 의해 제조되었다. 여기에는 다음과 같은 방법들이 있다.

1) Silicate esters(estersil)의 제조

(1) 일찍기 시도된 것으로 알코올이나 isocyanate와 실리카와의 반응에 의해 에스터실을 형성한다.

≡Si-OH + HO-R → ≡Si-OR + H_2O

실리카 겔 알코올 estersil

(2) Brushes ; 단분자 층 입자의 표면이 유기 작용기의 숲으로 되어 있음을 의미한다. 벌크 액체를 코팅한 것보다 더 빠른 질량 이동을 보인다.

(3) 선택성의 제어는 R(알킬 사슬)의 성질에 의존한다. 비극성 상의 경우 에스테르화 시약으로 octanol, 극성 상인 경우에는 3-hydroxypropionitrile을 사용한다. 극히 약한 가수분해 안정성 때문에 물, 산 또는 염기의 흔적량을 포함하는 이동상이나 시료와 함께 일반적으로 사용하기 어렵다.

2) ≡Si-R, ≡Si-NH-R 구조를 갖는 결합형 상의 제조

(1) 에스터실 보다 가수분해적으로 더 안정하나 제조 시 여러 단계의 합성을 요구한다.

(2) ≡Si-R과 ≡Si-NH-R 의 제조

가. ≡Si-R의 제조

실리카 겔에 물리적으로 흡착된 물을 제거하기 위하여 건조하고 표면의 실란올 작용기를 더 반응성인 ≡Si-Cl로 전환시키기 위하여 thionyl chloride와 같은 시약과 함께 환류한다. 유기 작용기는 Grignard, Wurtz, Organolithium 또는 Friedel-Crafts 반응에 의해 실리카의 표면에 부착하여 ≡Si-R을 제조한다.

나. ≡Si-NH-R의 제조

≡Si-NH-R은 치환된 아민과 ≡Si-Cl을 반응하는 것에 의해서 제조된다. 이 상의 구조는 에스터실과 유사하고, 빠른 질량 이동 속도론적 성질을 보인다. 이 상의 제조 시 반응 조건을 최적화하기 어려워 항상 간단하지가 않다. 표면 유기 작용기의 농도가 상대적으로 낮고, 제조에 사용된 유기 금속 시약이 잔류되어 최종 산물로부터 제거가 어렵다.

3) Siloxane type, ≡Si-O-Si-R의 제조

(1) 가장 상업적으로 유용하게 사용된다.

(2) 실리카 기질(基質)위의 표면 실란올 작용기와 RSiCl(organochlorosilane)이나 organoalkoxysilane 같은 유기 실란 시약을 반응하는 것에 의해서 제조된다. 실리카 기질은 실란올 작용기의 농도를 최대로 하기 위하여 수용성 산과 함께 처리된다(0.1 M HCl, 90 ℃에서 적어도 24시간 동안 가열한다).

(3) 실란올의 약 8 $\mu mol/m^2$을 포함하는 실리카 겔은 결합형 상의 더 높은 밀도, 결합된 리간드의 증가된 가수분해의 안정성, 증가된 기계적인 강도, 염기성 화합물에 대해 뚜렷하게 더 낮은 흡착성을 갖는 최종 산물을 만든다.

(4) 완전히 가수 분해된 실리카는 최종적으로 중성에서 세척되고 표면의 실란올 작용기를 탈수화 없이 물리적으로 흡착된 물을 제거하기 위하여 200 ℃이하로 진공 하에서 8~12시간 동안 건조한다.

(5) 유기 작용기는 톨루엔과 같은 고비점 용매(비활성 용매)에서 유기 실란과 함

께 환류에 의해 실리카 표면에 부착된다. 반응 시간은 16~24시간 정도이다. 반응성 유기 작용기는 ethyl, octyl, hexyl, octadecyl, phenyl, chloropropyl, aminopropyl, cyanopropyl이 다른 선택성을 갖기 위하여 사용된다.

2. 결합형 정지상의 성질

1) 결합형 충전물은 다른 크로마토그래픽 성질을 갖는 생성물을 만들기 위하여 mono-, di-, trichloroorganosilanes와 반응에 의해서 제조될 수 있다. di-, tri-가 mono-보다 화학적으로 더 반응성이 크다. 실리카 표면에 잔류하는 실란올은 endcapping에 의해 제거될 수 있으며, trimethylchlorosilane과 같은 덜 벌키한 시약과의 실란화에 의해 수행된다. 반응하지 않은 Si-Cl 작용기는 보통 가수분해에 의해 실란올 작용기로 전환한다. 분광학적 연구는 사슬 운동은 표면으로부터의 거리와 함께 증가하고, 사슬 이동성은 표면 덮힘률의 증가, endcapping 후, 물의 존재에 의해 감소한다. 단일 작용기 유기 실란(Monofunctional organosilane)으로부터 제조된 octadecylsiloxane은 실리카 기질의 표면에 굽은 알킬 리간드의 꼭대기 끝 부분(top terminal part)과 함께 담뇨 구조(blanket structure)로 더 자유롭게 움직일 수 있으나, 세 자리 작용기(trifunctional)로부터 제조된 것은 솔이나 건초 같은(brush-like or hay-like) 구조로 고정 작용기의 범위에서 제한된 움직임을 보인다.

2) 단위체와 중합체 상의 합성을 비교 시 단위체 상의 제조가 더 간단하고 반응 조건이 더 재현성이 있다. 만들어진 단분자 층(monolayer)은 대부분의 용질에 대해 높은 컬럼 효율을 주는 우수한 질량 이동 성질을 보인다. 중합체 상은 가수분해에 대해 더 안정하나 제조의 재현성이 쉽지 않고 단분자 층보다 더 낮은 컬럼 효율을 보인다.

3) 결합상 충전물을 분류하기 위하여 머무름과 선택성을 제어하는 인자가 요구된다. 중요한 인자는 결합된 유기 변형제의 형태와 농도, 접근하기 쉬운 미반응 실란올 작용기의 농도이다.

4) 많은 인자들이 결합 반응의 성공과 최종 결합형 정지상의 품질에 영향을 준다. 결합 반응의 속도와 크기는 실란의 반응성, 용매의 선택, 촉매, 시간, 온도, 기질에 대한 시약의 비에 달려있다. 이탈기(leaving groups)로서 Cl, OH, OR, $N(CH_3)_2$, $OCOCF_3$, enolates를 가진 반응성 유기 실란이 가장 널리 사용되고 있다. 반응 시간은 매우 느려 12~72시간 정도이다. 반응 온도는 클로로 실란의 경우 대부분 약 100 ℃정도이며, 산 수용체 촉매는 pyridine과 같은 것이 사용된다. 용매로는 toluene, xylene, CCl_4, trichloroethane, DMF 등이 사용된다. 반응성 유기 실란으로부터 제조되는 전형적인 결합형 정지상은 표 4.5.9에 보여진다.

5) 유기 실란 시약과의 반응에 대해 표면 실란올 작용기의 접근성을 결정하는 세 가지 주요한 인자가 있다.

(1) 입체 효과

대부분 결합된 리간드의 단면적이 표면 실란올 작용기 사이의 평균 공간보다 더 크다는 사실에 기인한다.

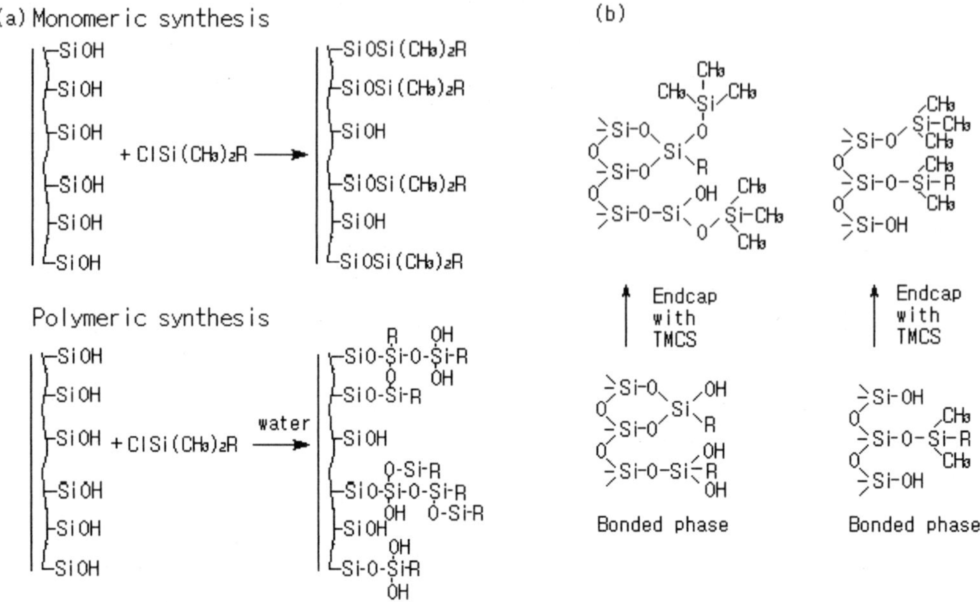

그림 4.5.7 (a) 다른 조건하에서 실리카 겔과 유기클로로실란의 반응에 의한 단위체와 중합체 실록산 결합형 정지상의 합성.
(b) TMCS 와의 반응에 의한 결합형 정지상의 endcapping.

표 4.5.9 실록산 결합형 정지상의 구조

작용기	구조	응용
Alkyl	$-CH_3$ $-C_4H_9$ $-C_8H_{17}$ $-C_{18}H_{37}$	역상
Phenyl	$-C_6H_5$	역상
Cyano	$-(CH_2)_3CN$	정상, 역상
Amino	$-(CH_2)_3NH_2$	정상, 역상, 약 음이온 교환
Diol	$-(CH_2)_3OCH_2CH(OH)CH_2(OH)$	정상, 크기 배제
Amide	$-(CH_2)_3CONHCH_3$	크기 배제
Sulfonic acid	$-(CH_2)_3SO_3H$ $-C_6H_4SO_3H$ $-(CH_2)_3C_6H_4SO_3H$	강 양이온 교환
Carboxylic acid	$-(CH_2)_3OCH_2COOH$ $-(CH_2)_3COOH$ $-(CH2)_3C_6H_4CH_2COOH$	약 양이온 교환
Dimethylamine	$-(CH_2)_3N(CH_3)_2$	약 음이온 교환
Quarternary amine	$-(CH_2)_3N^+(CH_3)_3$	강 음이온 교환
Diamino	$-(CH_2)_2NH(CH_2)_2NH_2$	정상, 이온 교환

(2) 실란올 작용기의 반응성과 가능한 뭉침(clustering)에서의 차

(3) 실리카 형태학, 특히 그것의 다공성

6) 정상적으로 비슷한 컬럼 충전물의 크로마토그래픽 성질에서의 차이는 상 덮힘률(coverage), 탄소 실음(carbon loading), 실란올 비활성화의 정도, 합성에 사용된 실란의 형태, 실리카 기질에서의 차이로부터 올 수 있다. 결합형 정지상에 대한 탄소 부하 %는 표준 연소 분석에 의해 쉽게 얻어진다. 이 %는 같은 표면 덮힘률에 대해 결합된 리간드의 크기와 함께 증가한다. 그러나 이것은 실리카 기질 표면적의 특수한 지식 없이 상 사이를 비교하는 유용한 인자가 아니다. 더 유용한 인자는 다음 식에 의해서 계산되는 결합형 정지상의 표면 덮힘률(N)이다.

$N(\mu mol/m^2) = 10^6 P_c/[1200 n_c - P_c(M - 1)]S$

P_c ; 결합형 정지상의 탄소 실음 %

n_c ; 결합된 리간드에서의 탄소 원자의 수

M ; 결합된 리간드의 분자량

S ; 실리카 기질의 표면적

Trichlorosilane으로부터 제조된 octadecylsiloxane에 대해 $C_{18}H_{37}Si(OH)_2O$-(M=331)가 상 구조에 대한 대표적인 단위로 사용된다. 결합형 정지상의 덮힘률은 다른 공극 구조를 가진 실리카에 대한 결합 반응 완성도를 지시하고, 단일 작용기 유기 실란으로부터 제조된 결합형 정지상에 대한 미반응된 실란올 작용기의 농도를 평가하기 위하여 사용될 수 있다. 미반응된 실란올 작용기의 농도는 양성자 동위원소 교환이나 CH_3Li 같은 유기 금속 시약과의 반응에 의해 결정될 수 있다. 리간드 형태와 표면에 결합하는 방법은 triglyme 현탁액에서의 알칼리 용융이나 메탄올 수용성 HF와의 처리에 의한 실록산 결합의 분해(cleavage)에 의해 결정될 수 있다.

7) 역상 컬럼(octyl, octadecyl, methyl, butyl, cyano, phenyl 등)의 저장은 수용성 아세토니트릴이나 메탄올(80 %)에 한다. 만약 컬럼의 역압력 증가, 효율 감소, 꼬리 끌기 증가, 머무름의 변화를 보이면 용매 재생(컬럼 길이 25 cm인 경우 ; MeOH or CH_3CN →$MeCl_2$→MeOH or CH_3CN순으로 각 60 ml 정도 사용)으로 성능을 복원할 수 있다.

3. 중합체 코팅되거나 중합체 캡슐로 싸여진 충전물

1) 1980년대 말 중합체 코팅되거나 중합체 캡슐로 싸여진 충전물로 알려진 새로운 결합형 충전물이 소개되었으며, 이는 OTC-GC를 위한 비이동성 정지상을 제조하는 기술에 기초한다. 이 경우 상은 화학적 교차결합 반응을 유도하는 peroxide, azo-tertiary-butane이나 감마선에 의해 비이동화 되는 poly(siloxane)이나 poly(butadiene) 선구중합체와 함께 미세 입자에 의해 제조된다.

2) 많은 수의 단위체와 선구중합체의 유용성이 같은 일반적 반응을 이용하여 제조되는 역상 , 극성 및 이온 교환 충전물의 넓은 다양성을 갖게 한다. 또한 일반적 접근이 사용되는 기질의 화학에 의존하지 않기 때문에, 실리카보다 다른 물질들(예를 들면, 알루미나와 zirconia)이 변형될 수 있고, 실리카가 불안정한 조건인 pH 2~7을 벗어난 범위에서도 사용될 수 있다.

4.6 이온 교환, 이온 및 이온 쌍 크로마토그라피(IEC, IC 및 IPC)

4.6.1 이온 교환 크로마토그래피(IEC)

표 4.6.1 IEC, IC와 IPC의 정지상, 이동상, 분리물질 및 특성

구 분	정 지 상	이 동 상	분 석 물 질	비 고
IEC	1.Porous polymeric particle(PS-DVB resin) 1) Cation exchanger ; strong & weak 2) Anion exchanger ; strong & weak 2.Microporous particles of silica with a thin film of exchanger : 3.Pellicular bead packing: Bonded with a synthetic ion exchanger 4.Controlled porosity glass column packing : Attached with hydro-philic polymeric group	· Buffer solution	· Ionic or easily ionizable species, biological fluids and macromolecules, neutral amino acids and carbohydrates	· IEC의 머무름에 영향을 주는 인자: 이온 강도, pH, 온도, 흐름 속도, buffer salt, 유기 변형제(organic modifier) · Cation exchanger 1) Strong ; sulfonate, $CH_3C_6H_4SO_3^- H^+$ 2) Weak ; carboxylate, $CH_3C_6H_4COO^-H^+$ · Anion exchanger 1) Strong ; tetraalkyl ammonium ion $CH_3C_6H_4N(CH_3)_3^+OH^-$ 2) Weak ; amine, $CH_3C_6H_4NH_3^+OH^-$ · 자외선 검출기 사용
IC	1.Microporous strong base anion exchange resin 2.Microporous strong acid cation exchange resin	· Buffer solution	· 음 · 양이온족, 음료수, chromophores and electrophore를 포함하지 않은 물질	· pK_a값이 7이하인 유 · 무기 이온 분석(전도도 검출기 사용) · 억압관 사용: 분석 컬럼 뒤에 연결하고 분석 컬럼 수지와 반대 수지를 충진, m.p로 인한 큰 전도도의 방해를 제거
IPC	1.NPC에 사용하는 정지상 2.RPC에 사용하는 정지상	· 비극성 용매(유기용매) + 극성 용매(완충액) + 이온 쌍 시약	· Very polar, multiply ionized, and strongly basic compounds	· IEC의 제한성과 IC로 취급하기 곤란한 시료에 적용 · IPC에서 머무름에 영향을 주는 인자 : 반대 이온 (형태, 크기, 농도), pH, 온도, 정지상, 유기 변형제(형태,농도) · 유기 변형제 사용 목적: 이동상에 이온 쌍 시약의 완전 용해(methanol, CH_3CN)

1. 머무름에 영향을 주는 인자

표 4.6.2 IEC에서 머무름에 영향을 주는 인자

이동상 인자	이동상 성질에 대한 영향	시료 머무름에 대한 효과
이온 강도	용매 강도	- 용매 강도는 일반적으로 이온 강도의 증가와 함께 증가한다. 선택성은 다른 원자가 전하를 가진 용질을 포함하는 시료를 제외하고 이온 강도에 의해 거의 영향을 받지 않는다. 이동상 반대 이온의 성질인, K값은 정지상과의 상호작용의 강도를 조절한다.
pH	용매 강도 용매 선택성	- 머무름은 pH 증가와 함께 양이온 교환에서 증가하고 음이온 교환 크로마토그래피에서 감소한다. - pH의 작은 변화는 분리 선택성에 큰 영향을 가질 수 있다.
온도	효율	- 상승된 온도는 정지상과 이동상 사이의 용질 교환 속도를 증가시키고 이동상의 점도가 낮을 수록 증가 한다.
흐름 속도	효율	- 흐름 속도는 분리를 최대화하고 질량 이동 운동을 증진하기 위한 다른 HPLC 방법보다 약간 낮다.
완충 염	용매 강도 및 선택성	- 용매 강도 및 선택성은 반대 이온의 성질(예; K_q 값)에 의해 영향을 받는다. 완충 염의 변화 역시 이동상의 pH를 변화할 수 있다.
유기 변형제	용매 강도 효율	- 용매 강도는 일반적으로 유기 변형제의 부피 %와 함께 증가한다. 그것의 효과는 소수성 메카니즘이 머무름에 중요하게 공헌할 때 가장 중요하다. 이 경우에 유기 변형제의 변화는 역상 크로마토그래피에서 정상적으로 실행될 때 용매 선택성을 조정하기 위하여 사용될 수 있다. - 이동상 점도가 낮을수록 용질 이동 운동을 증가한다.

K_q ; equilibrium quotient(평형 지수)로 진짜 열역학적 상수가 아니라 많은 실험 값에 영향을 받는다. 그러나 K_q 값은 한 특별한 반대 이온이 상대적으로 다른 것에 대한 수지의 우월성의 좋은 척도이다.

2. K_q 값에 따른 일반적인 반대 이온에 대한 선택성 계열

1) 양이온 ; $Li^+ < H^+ < NH_4^+ < K^+ < Cs^+ < Ag^+$ $Cu^{2+} < Cd^{2+} < Ni^{2+} < Ca^{2+} < Sr^{2+} < Pb^{2+} < Ba^{2+}$

2) 음이온 ; $F^- < OH^-$ < acetate < formate < $Cl^- < SCN^- < Br^- < I^- < NO_3^- < SO_4^{2-}$ < citrate

3. 시료의 pK_a와 이동상 pH와의 관계(Henderson-Hasselbalch equation)

분리를 위한 pH의 범위는 시료 성분의 pK_a로부터 평가될 수 있다. pH와 pK_a의 관계는 다음 식과 같다. 완충 용액에서 중요한 점은 pH와 용매 강도이다. 용매 강도는 반대 이온에 대한 K_q로부터 평가될 수 있다. 전형적인 완충용액의 농도는 0.001~0.5 M 이다.

pH = pKa ± log[ionized]/[non-ionized]

표 4.6.3 대표적인 유기 화합물의 pK_a 값

화합물 형태	개략적 pK_a 값	화합물 형태	개략적 pK_a 값
Amides	-2~1	Pyrrols	0.3
Thiazols	1~3	Amino acids	2~4, 9~12
Carboxylic acids	5	Aromatic amines	5~7
Aliphatic amines	9.5~11.0	Phenol	10

표 4.6.4 이온 교환 크로마토그래피에 널리 사용되는 완충 염

완충 염	유용한 pH 범위	완충 염	유용한 pH 범위
Citric acid	2.0~6.0	Ammonium phosphate	2.2~6.5
Potassium hydrogen phthlate	2.2~6.5	Disodium hydrogen citrate	2.2~6.5
Sodium formate	3.0~4.4	Sodium acetate	4.2~5.4
Triethanolamine	6.7~8.7	Sodium borate	8.0~9.8
Sodium perchlorate	8.0~9.8	Sodium nitrate	8.0~10.0
Ammonia	8.2~10.2	Ammonium acetate	8.6~9.8
Sodium dihydrogen phosphate	2.0~6.0, 8.0~12.0	Potassium dihydrogen phosphate	2.0~8.0, 9.0~13.0

4. IEC를 위한 충전물

HPIEC에 이용되는 충전물에는 4가지 형태가 있다. 역사적으로 다공성 중합체 입자(PS-DVB resin)이 사용되었으나 미세 입자에 의한 분석물질의 느린 확산과 기질의 압축성 때문에 완전히 만족하지 못하였다. 이런 문제를 극복하기 위하여 두 가지의 결합형 상이 개발되었다. 하나는 표피형 구슬 충전이고, 다른 하나는 실리카의 다공성 미세 입자이다. 이온에 대한 중합체 활성을 만들기 위하여 산 및 염기 작용기가 이 구조에 화학적으로 결합된다. 가장 일상적인 것이 황산과 4차 아민이다.

1) 표피형 구슬 충전물(Pellicular bead packings)

(1) 상대적으로 크고(30~40 ㎛), 비다공성이며, 구형인 유리나 중합체 구슬이 합성 이온 교환 수지로 덮여진다(바깥 주위에 얇은 필름과 함께 무감각한 유리 핵심부를 갖는다).

(2) 표피형 충전은 오직 상대적으로 큰 입자 크기에 유용하고, 그들의 극단적 컬럼 효율을 제한하며, 매우 낮은 시료 용량을 갖는다.

2) 미세 다공성 실리카 충전(Microporous silica packings)

(1) 흡착 크로마토그래피처럼 교환체의 얇은 필름과 함께 실리카의 다공성 미세 입자를 코팅하는 것에 의해서 제조되며, 제조 방법은 결합형 정지상의 방법과

매우 유사하다.

(2) 실온에서 사용되고, 중합체 필름의 더 빠른 확산과 이동상의 성분 변화에 더 빨리 응답하여 더 높은 컬럼 효율을 보인다.

(3) 가수분해에 의한 불안정성이나 표면의 불균일성 때문에 응용에 부적절하다.

(4) 효율이 선택을 위한 주요 기준일 때 우월하게 사용되며, 용량이 주요 요구일 때는 수지형 미세 구슬이 우월하다.

3) 친수성 중합체 원자단이 붙은 조절된 다공성 유리 컬럼 충전

(1) 단백질, 핵산 등과 같은 크고 이온성인 분자의 분리에 이용한다.

4) 다공성 미세 구슬(Porous microbead ; PS-DVB resin)

(1) 다공성 미세 구슬은 이온을 생성하는(ionogenic) 원자단으로 치환된 PS-DVB 골격을 가지며 이 분야에서 역사적으로 우월한 위치에 있다.

(2) 중합체 매트릭스 내에서 시료 분자의 느린 확산이 다른 물질보다 이 물질을 덜 효과적으로 만든다.

(3) 이 충전물은 물과 유기 용매의 혼합액에서 styrene, acrylic esters, vinyl acetate 등과 같은 비닐 단위체, 다리 결합 시약, 개시체, 현탁 안정화 시약의 두 상 현탁 중합 반응에 의해 일반적으로 제조된다. 중합체 충전물은 전체적으로 유기성이며 강한 결합 위치가 없는 더 균일한 표면을 가진다. 그들의 구조에 의존하여 실리카 충전물이 용해성 실리케이트나 실옥산 결합형 리간드의 형성으로 인해 붕괴되는 높고 낮은 pH(음이온 0~12, 양이온 0~14)에서도 자주 사용된다. 상업용 이온 교환 용량은 2.5~4.0 mequiv/g로 실리카를 기본으로 한 것보다 5~10배 크다.

(4) 전형적인 상업용 제품은 5~20 ㎛ 입자 크기, 약 2~600 nm의 동공 구경, 약 2~500 m^2/g 의 표면적을 가진다. 무게로 다리 결합 시약의 8 %이하를 포함하는 수지는 부드러운 겔로 고압 작동에 부적합하다. HPLC에 사용되는 반강체(semirigid)의 충전물은 고압 작동에 적합하고 용매 변화에 따른 입자 크기의 변화를 최소화하기 위하여 다리 결합 시약의 50 %이상을 포함한다.

(5) 중합체 충전물은 거대 다공성과 미세 다공성의 두 가지를 포함한다. 거대 다공성은 미세 구와 그들의 집합체 사이의 동공에 기인하고, 미세 다공성은 미세 구내의 동공에 기인한다.

(6) 실리카 결합형 정지상보다 어떤 이온, 염기성 화합물, 고 분자량의 생체 고분자에 더 적합하다. 그러나 중합체 정지상은 견고성의 부족, 낮은 효율, 용매 변화에 따른 크기를 변화하는 성질(수축과 불음)에 의해 제한된다. 구슬의 불음은 이동상의 이온 강도, pH, 완충 형태, 유기 변형제 농도와 마찬가지로 다리 결합 시약과 컬럼 온도의 함수이다.

(7) IEC에 사용되는 이온 교환체는 이온 생성 작용기에 따라 4가지로 분류된다.

가. 강한 양이온 교환체 ; sulfonate 작용기

나. 약한 양이온 교환체 ; carboxylic 작용기

다. 강한 음이온 교환체 ; tetraalkylammonium 작용기

라. 약한 음이온 교환체 ; amine(RNH_2)

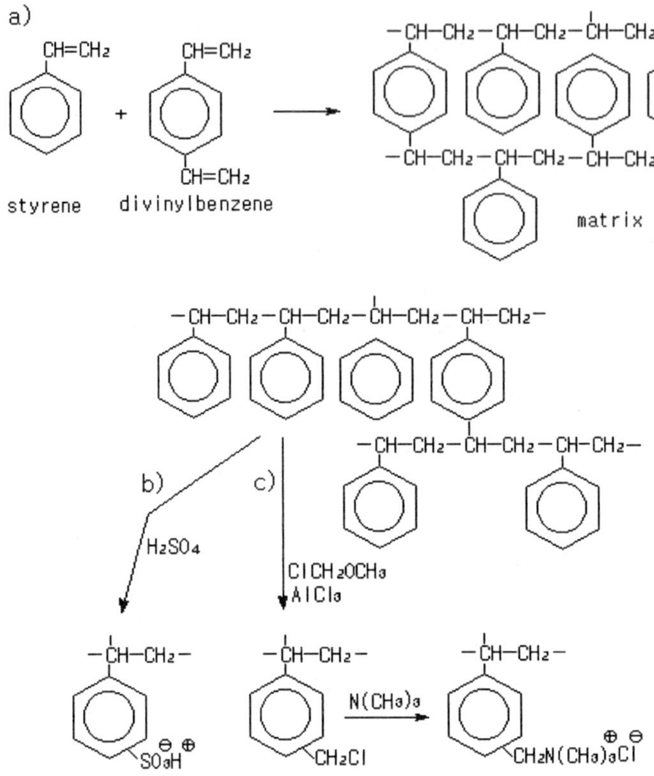

그림 4.6.1 이온 교환 수지의 제조 방법. a) IEC의 matrix
b) 양이온 교환 수지 c) 음이온 교환 수지

♧ 참고 사항

1. 거대 다공성 흑연 탄소 충전물

1) 최근에 소개된 것으로 완전히 평가되지 않았으나 기계적으로 강하고, 안정한 pH를 가지 며, 균일한 소수성 표면을 가지는 특성이 있다. 이것은 꼬리 끌기나 비가역적 흡착 없이 amine과 같은 염기성 용질의 분리에 유용하고 특별하게 입체 선택성을 보인다.

2) 주형 복제 방법(template replication method)에 의해서 제조된다. 전형적인 물질은 100~300 m^2/g의 표면적, 1.4~2.0 ml/g의 동공 부피, 실리카 주형의 성질에 의존하는 평균 동공 구경을 갖는다.

3) RPC에서 전형적인 octadecylsiloxane 결합형 실리카 충전물과 비교 시 증가된 머무름을 보이는 강한 소수성 흡착제로 행동한다.

2. Ligand exchange chromatography

거울상체 아미노산과 단백질의 분리에 사용된다.

표 4.6.5 HPIEC 충전물의 정성적 비교

성 질	표피형(Pellicular)	Silica	PS-DVB 수지
입자 구경, ㎛	30~40	5~10	7~10
이온교환 용량, meq/g	0.01~0.1	0.5~2	3~5
압력 변형 저항	Excellent	Very good	Fair to poor
모양	Spherical	Spherical/irregular	Spherical
압력 강하	Low	High	Highest
효율	Moderate	High	Moderate
충전 기술	Dry	Slurry	Slurry
pH 범위[a)]	2~12(coated) 2~7.5(bonded)	2~7.5	0~12(anion) 0~14(cation)
재생율	Fast	Moderate	Slow

a) An upper limit of pH 9 for bonded phase is claimed by some manufacturer.

4.6.2 이온 크로마토그래피(IC)

IC는 감도가 높아 음료수나 음이온 분석에 많이 사용된다. IC는 pK_a 값이 7보다 낮은 유 무기 이온들을 분리 정량하는 모든 기술을 통칭하여 최초 Dionex 사에 의해 명명되었다. IEC로는 발색단이나 전기이동 물질(electrophore)을 포함하지 않는 물질들을 검출(photometric, fluorescence, electrochemical 방법 사용)하기 어려웠다. IEC는 1940~50년부터 무기 화학종의 분석에 많이 사용되었으나, 더 넓은 영역의 응용을 위해서 전도도 검출기와 같은 일반적 검출기의 개발이 요구되었다. 1970년대까지 전도도 검출기를 일반 목적에 사용하지 못한 것은 용리액의 높은 전도도가 분석물질 이온의 전도도를 감소시켜 검출기 감도를 감소시키는 제한성 때문이었다. 그러나 1975년 용리액 억제 컬럼(suppressor column)을 사용하여 이 문제를 해결한 후 널리 사용되고 있다.

1. 화학적 억제 컬럼

1) 개요

이동상으로 작용하는 양이온이나 음이온을 전도도가 작거나 거의 없는 형태(한정된 이온화 분자 화학종)로 바꾸어 주고, 반대로 시료 이온은 전도도가 큰 상태로 바꾸고, 바뀌어진 이동상의 이온이 분석물 이온에 영향을 주지 않는 역할을 함으로써 검출을 가능하게 하는 것이 억제 컬럼의 원리이다. 억제 컬럼은 이온 교환 컬럼 뒤에 연결되며 제 2의 이온 교환 수지로 채워져 있다. 억제 컬럼의 역할은 같으나 편의성과 효율성을 고려하여 충전형(1975), 속 빈 섬유형(1983), 마이크로 격막형(1985)으로 발전하였으며, 최근에는 억제 컬럼을 사용하지 않는 IC 장치도 개발되었다. 양이온 IC의 억제 컬럼에는 미세 다공성이며 강한 염기인 음이온 교환 수지, 음이온 IC의 억제 컬럼에는 미세 다공성이며 강한 산인 양이온 교환 수지가 사용된다.

2) 억제 컬럼의 반응

(1) 양이온 분리 시 억제 컬럼의 작용 ; 용리액 HCl, 시료 양이온 M^+Cl^-

용리액 : $H^+(aq) + Cl^-(aq) + Resin^+OH^-(s) \rightarrow Resin^+Cl^-(s) + H_2O$(저전도성)

시료 : $M^+Cl^- + Resin^+OH^-(s) \rightarrow Resin^+Cl^-(s) + M^+OH^-$(고전도성)

- 양이온 분리 시 염산을 용리액으로 사용하면 억제 컬럼은 수산화 형태의 음이온 교환 수지이다. 시료 양이온은 억제 컬럼에 머물지 않는다.

(2) 음이온 분리 시 억제 컬럼의 작용 ; 용리액 $NaHCO_3/Na_2CO_3$ 용액

용리액 : $Na^+(aq) + HCO_3^-(aq) + Resin^-H^+(s)$
$\rightarrow Resin^-Na^+(s) + H_2CO_3(aq)$(저전도성)

- 음이온 분리 시 $NaHCO_3$나 Na_2CO_3 용액을 용리액으로 사용하면 억제 컬럼은 양이온 수지의 산성형이다. 여기에서도 탄산은 전도도에 영향을 주지 않는다. HCO_3^-/CO_3^{2-} 용리액을 널리 사용하는 이유는 값이 저렴하고 독성이 없는 시약이며, HCO_3^-/CO_3^{2-}비의 변화에 의해 pH의 넓은 영역에서 용출 강도가 변화될 수 있고 낮은 전도도를 갖기 때문이다. 최초에 사용하던 NaOH는 높은 농도를 요구하는 수지에 대한 낮은 친화력 때문에 억제 컬럼을 자주 재생하여야 하는 단점이 있다.

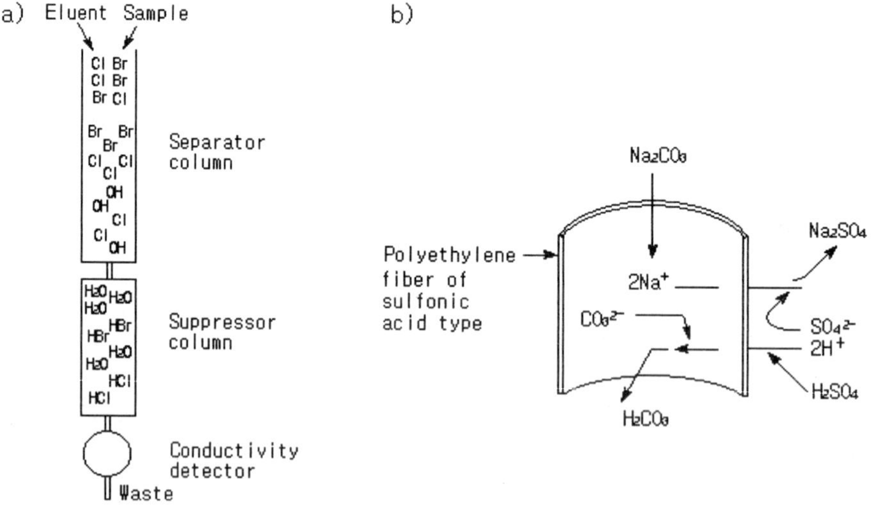

그림 4.6.2 a) 이온 크로마토그래피의 전체 모형도
b) 속빈 섬유형 억제 컬럼의 원리도

표 4.6.6 이온 크로마토그래피의 개요

분리 컬럼	용리액	억제 컬럼	억제 반응
양이온 분석			
Resin-H^+	HCl	Resin-OH^-	Resin-OH^-+HCl→Resin-Cl^-+H_2O
Resin-Ag^+	$AgNO_3$	Resin-Cl^-	Resin-Cl^-+$AgNO_3$→Resin-NO_3^-+AgCl
Resin-Cu^{2+}	$Cu(NO_3)_2$	Resin-amine	Resin-amine+$Cu(NO_3)_2$→Resin-amine · $Cu(NO_3)_2$
Resin-anilinium	Aniline · HCl	Resin-OH^-	Resin-OH^-+Aniline · HCl→Aniline+Resin-Cl^-+H_2O
Resin-Ag^+	$AgNO_3$-HNO_3	1st Resin-Cl^-	Resin-Cl^-+$AgNO_3$→Resin-NO_3^-+AgCl
		2nd Resin-OH^-	Resin-OH^-+HNO_3→Resin-NO_3^-+H_2O
음이온 분석			
Resin-OH^-	NaOH	Resin-H^+	Resin-H^++NaOH→Resin-Na^++H_2O
Resin-phenate	Na-phenate	Resin-H^+	Resin-H^++Na-phenate→Resin-Na^++PhOH

2. 양이온 및 음이온 분리 및 억제 컬럼 충전 물질

표 4.6.7 양이온 분리 컬럼 충전 물질의 성질

상품명	형태	크기, ㎛	용량, meq/g	비고
Cation Separator	SS-S/DVB[a)]	20~30	0.02	Dionex
Vydac SC	Silane function	30~44	0.10	Separation Group
Zipax SCX	FC[b)]	25~37	0.005	Dupont

a) SS-S/DVB ; surface sulfonated-S/DVB b) FC ; fluorocarbon polymer

표 4.6.8 양이온 억제 컬럼 충전 물질의 성질

수지	입자 크기, ㎛	컬럼 크기, mm	K[a)]에 대한 효율(단)	억제 고갈동안 암모니아의 변화 %	
				봉우리 높이	봉우리 면적
Donex DA-X8	12~40	6 x 50	935	15	8.5
Donex DA-X12	12~40	6 x 50	628	24	34
Donex DA-X12	12~40	6 x 50	603	22	-

a) ; potassium

표 4.6.9 음이온 분리 컬럼 충전 물질의 성질

물질	입자 모양	용량, meq/g	전형적 크기 범위, ㎛	pH 범위	비고
Pellicular silica	구형	?	20	2~7	Separation Group Vydac 302
Surface aminated macroporous resin	불규칙	0.007~0.07	44~57	0~14	Not commercially available
Latex agglomerated	구형	0.02~0.05	20~30	0~14	Dionex Co., anion separation

표 4.6.10 음이온 억제 컬럼 충전 물질의 성질

수지	입자 크기, ㎛	컬럼 크기, mm	Sulfate에 대한 효율(단)	억제 고갈동안 Nitrite의 변화 %	
				봉우리 높이	봉우리 면적
Dowex 50W-X16	37~74	4 x 250	349	108	63.3
Dowex 50W-X12	37~74	4 x 250	429	67	74.5
Donex DC-X8	20~40	4 x 250	733	48	34.4
Dowex MP-50	37~74	4 x 190	620	221	87

4.6.3 이온 쌍 크로마토그래피(IPC)

이온 쌍 크로마토그래피(ion pair chromatography, IPC)는 1970년대 중반부터 발달하기 시작하였으며 IEC의 제한성과 IC방법으로 취급하기 곤란한 시료(very polar, multiply ionized, and strongly basic compounds) 등을 분석하기 위한 수단으로, 섞이지 않는 유기 용매가 있는 수용액에서 이온성 화합물의 액체 추출을 위해 최초로 이온 쌍 시약을 사용한 것에 기인한다. 현재 NPC나 RPC를 이용하여 이온화되거나 이온화할 수 있는(ionized/ionizable) 분자들의 분석에 널리 사용되며, 중성이나 이온화된 분자들을 동시에 분석할 수 있는 이점이 있다. IPC의 기본은 반대 전하를 가진 두 이온들이 작용하여 친지질성 착물을 형성하는 것으로 이온 쌍의 형성은 수용액 상에서 일어나고, 알짜 결과는 유기상으로 이온성 용질의 이전이 일어난다. IPC에서 용질의 머무름에 영향을 주는 인자는 반대 이온의 형태, 크기, 농도, 이동상의 pH, 유기 변형제의 형태, 농도, 계의 온도, 정지상의 종류 등이 분리를 최적화 하기 위하여 조절되어야 한다. 그러나 실제적으로는 더 많은 조건들의 조절이 필요하다.

1. NPC 및 RPC에서의 작용
  1) NPC 계
    (1) 이온 쌍 시약은 수용성 완충 용액 속에서 정지상을 형성하기 위하여 실리카겔 위에 코팅되며 유기 용매(유기 용매의 변화는 머무름과 선택성을 조정)를 사용한다.
    (2) UV나 형광이 적은 물질을 검출하기 위하여 검출기 배향성 반대 이온을 사용하는 이점이 있다.
    (3) 많은 이온성 친수 물질들은 친지질성 용매에 낮은 용해성을 갖기 때문에 분석 전에 유기상으로 전이 시켜야 하는 제한성이 있다.
    (4) Dipeptides의 혼합물 분리에 사용한다.
  2) RPC 계
    (1) 이온성이나 쉽게 이온화할 수 있는 물질을 분리하기 때문에 수용성 이동상을 사용하는 이점이 있고 머무름이나 선택성 조절이 이동상의 성분 조정에 의해 쉽게 이루어진다. 이동상은 유기 변형제를 포함하는 수용성 완충 용액 및 용질

과 반대 이온으로 구성된다. 반대 이온이 용질 이온과 결합하여 이온 쌍을 형성한다.

(2) 이온 쌍 시약의 농도나 성질의 변화, 완충액 성분이나 pH의 변화, 이동상에 들어 있는 유기 변형제의 양과 형태를 쉽게 변형시킬 수 있다.

(3) 시료는 기기에 주입전 이동상에 용해시킬 수 있고, 그레디언트 용리를 사용할 수 있다.

(4) Benzoic 및 sulfonic acid의 혼합물 분리, 항히스타민과 울혈(충혈) 제거제(decongestant)의 분석, 항생제(β-lactam ring 계열) 분석에 사용된다.

2. RP-IPC에서 용질의 머무름에 영향을 주는 인자

표 4.6.11 RP-IPC의 분리를 위한 변수

변수	효과
반대 이온의 형태	- 이온 쌍 능력이 좋을수록 머무름이 더 길다.
반대 이온의 크기	- 반대 이온 크기의 증가는 머무름을 증가한다.
반대 이온의 농도	- 농도의 증가는 한계까지 머무름을 증가한다.
pH	- 이 효과는 용질의 성질에 의존한다. pH가 용질의 이온 형태의 농도를 최대화할 때 머무름은 증가한다.
유기 변형제의 형태	- 머무름은 친지질성 성질의 증가와 함께 감소한다.
유기 변형제의 농도	- 머무름은 농도의 증가와 함께 감소한다.
온도	- 머무름은 온도의 증가할 때 감소한다.
정지상	- 더 친지질성이고 덮임률이 높을수록 머무름은 증가한다.

1) 반대 이온

(1) 반대 이온을 선택할 때에는 전하의 적합성(charge compatibility)을 고려하여야 한다. 일가이고 비양성자성이며 크로마토그래픽 계에 비파괴적 이어야 한다. 다른 이차 평형의 집합체를 겪지 않는다.

(2) 긴 사슬 알킬기를 가진 반대 이온은 머무름을 증가시키며, 반대 이온의 크기, 농도도 고려하여야 한다. 대략적으로 큰 반대 이온에 대한 농도는 0.005 M/이동상, 작은 반대 이온은 0.01~0.5 M/이동상 의 농도를 사용한다. 그러나 가장 적합한 농도는 실험에 의해 결정하는 것이 바람직하다.

표 4.6.12 전형적인 반대 이온의 종류 및 응용

형태	주요한 응용
사차 아민(quarternary amines) ; tetramethyl, tetrabutyl, palmityltrimethylammonium ions	- 강산 및 약산, sulfonated dyes, carboxylic acids
삼차 아민(tertiary amines) ; trioctylamine	- Sulfonates
Alkyl and aryl sulfonates ; methane- or heptanesulfonates, camphorsulfonic acids	- 강염기 및 약염기, benzalkonium salts, catecholamines
Perchloric acids ;	- 염기성 용질의 넓은 범위에서 이온 쌍을 형성한다.
Alkyl sulfates ; lauryl sulfate	- 황산과 유사하나 다른 선택성을 준다.

표 4.6.13 반대 이온의 종류 및 농도

종류	농도, M	용질	평형 달성을 위한 컬럼 부피
None	-	Naphthalene, anthracene	10
TMA	0.01	Benzene sulfonic acid, p-toluenesulfonic acid	20
TBA	0.01	Benzene sulfonic acid, p-toluenesulfonic acid	26
Palmityltrimethyl ammonium	0.005	Benzene sulfonic acid, p-toluenesulfonic acid	52
Lauryl sulfate	0.005	Noradrenalin, adrenalin	36
Heptanesulfonate	0.01	Noradrenalin, adrenalin	20
Methanesulfonate	0.01	Noradrenalin, adrenalin	15

* TMA ; tetramethyl amine, TBA ; tetrabutyl amine
* 시험 컬럼 ; 25 cm x 2.2 mm MicroPak-MCH, 이동상 ; water/methanol gradient
흐름 속도 ; 0.5 ml/min

표 4.6.14 RP-LC를 사용한 이온성 화합물의 머무름을 위한 응용 기법

이온 화합물	pH 2.5 에서의 형태	분석 방법	pH 7.8 에서의 형태	분석 방법
강산, HAs(pK_a<2)	As^-(ionic)	이온 쌍 시약, TBAP	As^-(ionic)	이온 쌍 시약, TBAP
약산, HAw(pK_a>2)	H:Aw (nonionic)	이온 억제	Aw^-(ionic)	이온 쌍 시약
약염기, :Bw(pK_b<8)	H:Bw(ionic)	이온 쌍 시약, OS	:Bw(nonionic)	이온 억제
강염기, :Bs(pK_b>8)	H:Bs(ionic)	이온 쌍 시약, OS	-	-

* TBAP ; tetrabutylammonium phosphate, OS ; octanesulfonate

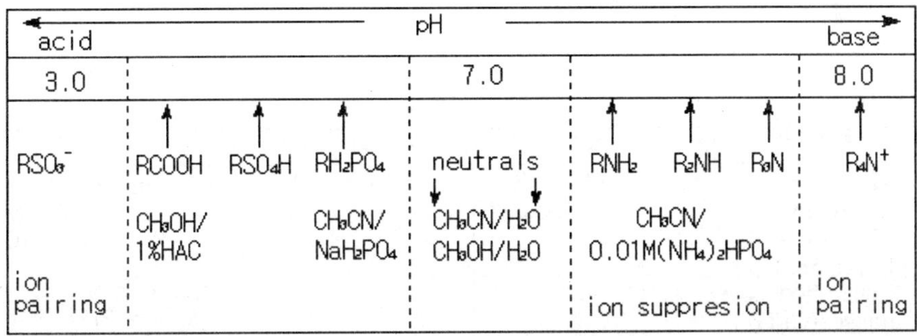

그림 4.6.3 중성 및 전하 분자의 머무름에 대한 RPC계의 범위

2) RP-IPC에서의 pH 의 조절

pH는 용질과 반대 이온이 완전하게 이온화되게 이동상에서 조정되어야 한다. pH는 수용성 완충 용액을 만들어서 조정하며, 완충 용액의 성분 및 농도가 용질의 성질에 영향을 준다. IPC에서 pH는 머무름과 분리에 큰 영향을 준다. 적절한 범위는 2.0~8.0이며 이 영역 이외의 값은 컬럼에 물리적 손상(부식, 결합형 정지상의 깨짐, 실리카의 용해)을 야기한다.

표 4.6.15 pH의 선택

용질의 형태	예	pH	비고
강산(pK_a<2)	Sulfonated dyes	2~7.4	- 이 용질들은 pH 범위를 통해서 이온화된다 ; 실제로 선택된 pH는 현재 용질의 다른 형태에 의존한다.
약산(pK_a>2)	Amino acids	6~7.4	- 이온화된 용질 ; 머무름은 이온 쌍에 의존한다.
	Carboxylic acids	2~5	- 이온 억제
강염기(pK_b>8)	Quaternary amines	2~8	- 전체로 이온화된 용질 ; 강산과 유사
약염기(pK_b<8)	Catecholamines	6~7.4	- 이온 억제
		2~5	- 이온화된 용질 ; 머무름은 이온 쌍에 의존한다.

3) 용매

RP에서와 같이 가장 일반적으로 사용되는 용매의 조합은 H_2O/CH_3OH와 H_2O/ACN이다. 주요한 제한은 이온 쌍 시약의 용해도이다. Acetonitrile(ACN)에서의 용해도는 유기 변형제로서 H_2O/ACN(90/10)을 사용하는 것에 의해서 증진될 수 있다. 가장 중요한 점은 이온 쌍 시약이 사용되는 이동상에서 좋은 용해도를 가지는지를 확인하는 것이다. 이것은 침전과 연결선들의 막힘을 최소화할 것이다.

4) 유기 변형제

RP-IPC에서 머무름과 선택성을 조절하기 위한 가장 편리한 방법으로 사용되며, 최소한의 극성 용매(유기 변형제)는 이온 쌍 시약을 완전히 용해시키는 작용을 한다. 일반적으로 methanol(CH_3OH)과 acetonitrile(ACN)이 많이 사용된다.

4.7. 크기별 배제 크로마토그래피(SEC)

표 4.7.1 SEC의 정지상, 이동상, 분석물질 및 특성

구 분	정 지 상	이 동 상	분 석 물 질	비 고
GFC	1. Microporous silica: LiChrospher, TSK Type SW, μBondagel E 2. Controlled pore glasses(CPG)	· THF, H_2O, CH_3COCH_3	· M.W.$10^3 \sim 10^7$ range	1. Semirigid organic gel의 대치품. 입자 크기: 10 ㎛ 2. 근본적으로 Silica 성분이나 제조 방법이 다르다. 입자 크기: 5~10 ㎛
GPC	1.Semirigid organic gels: μSpheragel, μStragel, TSK Type H		· M.W.$10^2 \sim 10^7$ range	1.PS-DVB가 cross-linked: 실리카겔에 강하게 흡착하는 분자나 M.W.가 작은 분자에도 사용. 입자 크기: 10 ㎛

4.7.1 SEC에 대한 컬럼 충전

SEC의 분리는 분자 크기에 기초하고 다공성 물질의 공극에 의해 전적으로 조절되므로 SEC에 대한 컬럼 충전물의 선택은 대단히 중요하다. 입자 크기는 5~20 ㎛ 범위로 특별히 작은 확산계수를 갖는 거대 분자의 분리에 중요하다. SEC에 유용한 충전물에는 반고체 유기 겔, 다공성 실리카, 조절된 동공 유리의 세 가지 형태가 있다.

1) 반고체 유기 겔

(1) 이것은 여러 가지 량의 divinylbenzene(DVB)과 polystyrene(PS)의 다리 결합에 의해 제조되고, 겔 투과 크로마토그래피(GPC)에 사용된다. 이 겔은 수용액에 의해 젖지 않으며, 포괄적으로 유기 용매와 함께 사용된다.

(2) 주요 이점은 분자량 10^2~10^7 범위의 시료를 분리하기 위한 공극 구경의 넓은 범위에서 제조된다는 것이다. 낮은 다리 결합의 PS는 고압에서 최소로 안정하며 이동상에서 수축과 불음의 변화가 있을 수 있다. 다리 결합의 증가는 더 딱딱한 겔을 만들며, 저 분자량 물질을 분리하고, 용매 변화 범위가 좁다.

(3) PS외에 vinyl acetate와 polyacrylamide로부터 제조되는 것도 유용하다. 다공성 비닐 아세테이트를 기초로한 겔은 PS와 유사하나 더 작은 분자량 범위에 적용된다. Polyacrylamide 겔은 겔 거르기 크로마토그래피(GFC)를 위한 수용액에서 사용된다.

(4) 반고체 유기 겔은 다공성 실리카에 의해 많은 응용에서 대치될 수 있다. 그러나 유기 겔은 작은 분자의 분리나 실리카 겔과 강하게 흡착 및 상호 반응하는 분자에 대해 우월하다.

2) 다공성 실리카

(1) 딱딱한 입자로 상대적으로 균일한 컬럼 베드에 쉽게 충전될 수 있고, 기계적으

로 오랫동안 안정하다. 그들은 고압, 흐름 속도, 온도를 견딜 수 있고, GFC에 대한 수용매를 포함한 용매의 넓은 다양성과 일치된다.

(2) 이 충전물의 중요한 단점은 생화학적으로 중요한 분자나 극성 중합체 시료의 분리에 문제될 수 있는 표면 활성이다. 단백질의 낮은 회수율과 효소 활성의 손실이 바로 그것이다. 적합한 실란화 시약을 사용한 실란화가 낮은 흡착성과 낮은 소수성을 준다.

3) 조절된 동공 유리(Controlled pore glass)

(1) 성분적으로 거의 순수한 실리카이며, 제조 방법은 먼저 언급한 미세 다공성 실리카 물질과 다르다. 동공의 크기는 열 처리에 의해 조절된다.

4.7.2 SEC에서 컬럼의 짝지움 방법(Coupling method)

1. 목적

상대적으로 좁은 분자량 범위의 시료(<50)에 대해 하나의 간단한 동공 크기의 충전물이 보통 사용되며, 넓은 분자량 분포의 시료를 분리하기 위하여 넓은 동공 범위를 갖는 충전물을 포함하는 컬럼이 사용된다. 이것은 중첩되지 않으나 매우 근접한 분별(fractionation) 범위를 갖는 컬럼에 의해서 달성될 수 있다. 넓은 직선적 분자량 검정곡선 범위가 두 모양의(bimodal) 동공 크기의 배치에 의해 얻어진다. 검정 곡선의 직선 부분은 다음과 같이 표시된다.

$V_R = C_1 - C_2 \log(M.W)$

V_R ; 용리 부피　　　M.W ; 분자량

C_1 ; 분자량 검정 곡선의 직선 부분의 절편

C_2 ; 분자량 10당 ml인 분자량 검정 곡선의 직선 부분의 기울기

2. 컬럼을 짝 지움 하기 위한 조건

1) 분별 범위가 중첩이 안되면서 가까운 것을 선택한다.

2) 분리 용량인자를 같게 하여야 한다. 그렇지 않으면 변곡점이 생긴다.

3. 짝 지움 사례(μ-styragel에서)

1) 5×10^2~1×10^6 범위에서 중첩이 안되고 가까이 이웃한 컬럼을 선택한다. 즉, 10^5 Å와 500 Å를 선택한다.

2) 분리 용량(separation capacity)을 같도록 컬럼 수를 정한다.

분리 용량 10^5 Å : 약 3

500 Å ; 1.6 → $1.6\times2 = 3.2$

즉, 10^5 Å 컬럼 1개와 500 Å 컬럼 2개(10^5 Å×1개 + 500 Å×2개)를 결합하여 5×10^2~1×10^6 범위의 분자량을 갖는 물질을 분리한다.

3) 압력에 의한 컬럼의 손상을 방지하기 위하여 결합 순서를 결정한다. 동공 크기가 큰 것을 앞에 작은 것을 뒤로하여 연결한다. 그러나 분석 결과는 같다. 즉, 10^5 Å×1개 + 500 Å×2개 순으로 짝지움 한다.

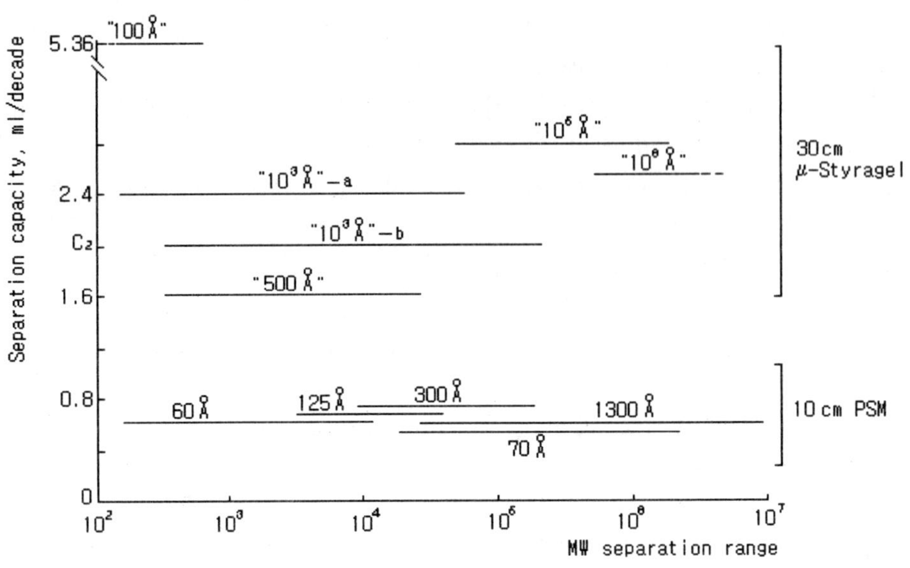

그림 4.7.1 최대 범위 및 직선성에 대한 두 모양의 동공 크기 컬럼 충전물의 선택

4.8 초임계 유체 크로마토그리피(SFC)

표 4.8.1 SFC의 정지상, 이동상, 분석물질 및 특성

구 분	정 지 상	이 동 상	분 석 물 질	비 고
Packed column	· LC 충전제와 동일	· CO_2, C_2H_6, C_3H_8, C_4H_{10}, C_5H_{12}, CCl_2F_2, diethylether, THF	· GC에서보다 M.W.가 더 큰 물질에 적용됨	· 초임계-유체 사용(이동상) · 임계 온도: CO_2(31℃), C_2H_6(32℃), NO(37℃) · 컬럼 길이: 충전 컬럼은 보통 LC와 유사한 것을 사용한다. OTC는 초임계-유체가 점도가 낮아 50 m까지 가능하며 필름 두께는 0.05~1 ㎛정도이다.
OTC column	· 상동	· 상동	· 상동	

4.8.1 초임계 유체 크로마토그래피의 장단점

1. SFC의 개요

SFC는 GC와 LC의 장점만을 섞어 만든 것이다. 1980년대 이후 발달되었으며, 충전제는 보통 LC의 충전제를 사용하고 이동상은 주로 이산화탄소가 이용된다. 그레디언트 계는 압력을 이용한다. SFC는 LC보다는 더 좋은 효율로 GC보다는 더 큰 분자를 다룰 수 있고, 질량 분석기와의 연결도 LC보다 더 용이하다. SFC의 머무름은 추출과 증발 메카니즘의 조화에 의해 조절된다. 컬럼은 작은 구경 충전 컬럼(충전 입자 크기 ; 5~10 ㎛, LC의 사용 목적에 부합)과 좁은 구경의 용융 실리카 OTC(컬럼의 구경 ; 10~100 ㎛, 컬럼의 길이 ; 일반적으로 20 m이하로 대부분 1~10 m)가 사용된다.

2. SFC의 장단점

1) 장점

(1) GC와 LC의 대치가 아닌 두 가지의 보완된 기술로, GC 분석에 부적합한 열적으로 불안정한 물질과 고 분자량 물질 분리에 활용된다.

(2) HPLC와 비교 시, 더 높은 분리 효율, 짧은 분석 시간, 더 넓은 범위의 검출 가능성을 제공한다. LC보다 SFC-MS가 조합이 더 용이하다.

(3) 생화학 물질 분리에 응용된다.

(4) 초임계 유체(supercritical fluid) 추출 방법을 이용할 수 있다.

2) 단점

(1) GC보다 분리능이 낮고 LC에 비해 머무름 메카니즘에 대한 융통성이 적고, 보통 이용될 수 있는 기기 개발의 제한성이 있다.

(2) 이동상의 임계 온도 이상에서 SFC의 분리가 이루어지므로, 시료는 이 조건에 맞도록 충분한 열적 안정성을 가져야 한다.

3. GC 및 LC와의 성능 비교

초임계 유체는 기체와 액체의 확산성과 점도의 중간적 성질에 의해 띠 넓어짐은 액체에서보다 크고 기체에서보다는 적으며, 분리는 LC보다는 빠르고 GC보다는 느리다. 5 ㎛ ODS 컬럼을 사용한 HPLC와 SFC(CO_2 사용)의 성능 비교로 SFC의 경우가 봉우리 폭의 감소는 $3^{1/2}$배 분석 시간은 4의 인자에 의해 감소한다(그림 4.2.8 참조).

$n = 16(t_R/W_b)^2 = L/H \quad \therefore W_b \propto H^{1/2}$

$t_R = L(1+k)/u \quad \therefore t_R \propto 1/u$

4.8.2 초임계 유체

1. 초임계-유체(Supercritical fluid, SF)

초임계 유체는 임계 온도(T_c, 압력을 아무리 높여도 기체가 액화되지 않는 온도) 이상으로 가열되고 동시에 임계 압력(P_c, 기체-액체가 공존하는 선에서의 T_c에 일치하는 압력) 이상으로 압축되어 있는 기체로, 임계 온도 이상에서는 기체의 압력을 높여도 액화되지 않는다.

1) 초임계 유체의 특징

(1) 높은 용해력 ; 시료를 잘 용해한다.

(2) 높은 확산성 ; 복잡한 기질 내에서 질량 이동이 증대한다.

(3) 낮은 점도 ; 흐름이 용이하다(추출 효율 및 흐름 속도 증대)

2) 이동상으로서의 초임계-유체

SF들의 임계 온도는 약 30~200 ℃ 이상까지 크게 변하며, 다양한 물리 및 화학적 성질을 갖는다. 따라서 몇 가지 관점에서 취급이 용이하도록 적합한 물질을 선택하여 사용하는 것이 유리하다. 이러한 조건을 만족하는 SF로는 이산화탄소, 에탄 및 산화질소(Ⅱ)가 주로 사용된다. 이동상으로서의 SF를 선정 시 고려할 사항은 다음과 같다.

(1) 여러 가지 유기 물질을 용해할 수 있고

(2) 임계 온도와 압력의 범위가 HPLC의 작동 조건에 부합되며

(3) 냄새와 독성이 적고

(4) 값이 저렴하고 구하기 쉬우며

(5) 자외선을 흡수하지 않는 등의 조건을 갖춘 SF가 좋다.

3) SF의 그레디언트 시스템에의 이용

SF의 용매 능력은 역시 기체 밀도에 따라서 기체 압력과 복잡한 관계를 갖는다. 이 관계를 밝힌 것 중의 하나가 용질의 용액이 나타나지 않는 문턱 밀도(threshold density)가 일반적으로 존재한다는 것이다. 이 문턱을 넘어서면 용해도가 급격히 증가하다가 마지막에는 떨어진다. 이러한 밀도의 효과가 바로 압력 변화에 의한 기울기 용리를 가능하게 한다. 또한 유체의 화학적 조성에 의한 용매 조성의 변화와 온도의 변화에 의해서도 기울기 용리가 가능하다.

(1) 압력의 변화 ; 밀도의 변화를 가져온다.

(2) 용매 조성의 변화 ; α의 변화를 가져올 수 있다.

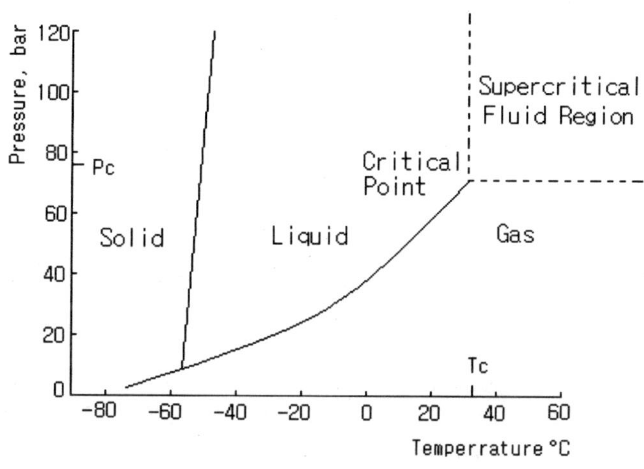

그림 4.8.1 CO_2의 상 도표

2. 초임계-유체 추출의 이점

1) 고체, 반고체의 시료 기질로부터 용질을 추출할 수 있다.
2) 선택성 ; 용매화 능력을 조정할 수 있다.
3) 신속성과 효율성 ; 높은 확산성과 낮은 점도에 의한다.
4) 안전성 ; 유기 용매의 사용을 줄일 수 있다.
5) 시료 성질의 유지 ; 열적으로 불안정한 용질의 추출을 할 수 있다.

표 4.8.2 기체, 초임계-유체 및 액체의 성질 비교

성질	기체(STP)	초임계-유체	액체
밀도, g/cm^3	$(0.6\tilde{}2) \times 10^{-3}$	0.2~0.5	0.6~1.6
{용매화, 용질g/용매g	~0	0.1 g/g	g/g}*
확산계수, cm^3/sec	$(1\tilde{}4) \times 10^{-1}$	$10^{-3}\tilde{}10^{-4}$	$(0.2\tilde{}2) \times 10^{-5}$
점도, $gcm^{-1}sec^{-1}$	$(1\tilde{}3) \times 10^{-4}$	$(1\tilde{}3) \times 10^{-3}$	$(0.2\tilde{}3) \times 10^{-2}$

*용매화 능력(solvation power)은 SF 밀도에 비례한다. 밀도는 온도와 압력의 함수이다. SF는 높은 밀도 (0.2~0.5 g/cm^3)를 갖기 때문에 커다란 비휘발성 물질도 녹일 수 있다. 분자가 SF에 녹을 때 과정은 증발 현상과 비슷하나 정상적인 상황하에서보다 대단히 낮은 온도에서 일어난다. 따라서 한 주어진 온도에서 SF에 녹은 거대한 분자에 대한 증기압은 그러한 유체가 없을 때보다 10^{10}배 정도 더 커진다. 따라서 고 분자량 화합물, 열적으로 불안정한 화학종, 폴리머 및 생물학적 분자도 이들 분자의 정상적인 액체 용액보다 대단히 유동성이 있는 상태로 될 수 있다. 용질 분자와 SF 분자사이에서의 용해도 때문에 상호작용이 일어난다. 따라서 용매의 능력은 유체의 화학적 조성의 함수이다. 그러므로 SFC에서도 이동상을 바꾸어α를 변화시킬 가능성이 있다.

표 4.8.3 SFC를 위한 가능한 이동상의 성질

물질	b.p, ℃	T_c, ℃	P_c, atm	density, g/ml
Nitrous dxide	- 89	36.5	71.4	0.457
Carbon dioxide	- 78.5[a]	31.3	72.9	0.448
Sulfur dioxide	- 10	157.5	77.6	0.524
Sulfur hexafluoride	- 63.8[a]	45.6	37.1	0.752
Ammonia	- 33.4	132.3	111.3	0.24
Water	100	374.4	226.8	0.344
Methanol	64.7	240.5	78.9	0.272
Ethanol	78.4	243.4	63.0	0.276
Isopropanol	82.5	235.3	47.0	0.273
Ethane	- 88	32.4	48.3	0.203
n-Propane	- 44.5	96.8	42.0	0.220
n-Btane	- 0.5	152.0	37.5	0.228
n-Pentane	36.3	196.6	33.3	0.232
n-Hexane	69.0	234.2	29.6	0.234
n-Heptane	98.4	267.0	27.0	0.235
2,3-Dimethylbutane	58.0	226.8	31.0	0.241
Benzene	80.1	288.9	48.3	0.302
Diethyl ether	34.6	193.6	36.3	0.267
Methyl ethyl ether	7.6	164.7	43.4	0.272
Dichlorodifluoromethane	- 29.8	111.7	39.4	0.558
Dichlorofluoromethane	8.9	178.5	51.0	0.522
Trichlorofluoromethane	23.7	196.6	41.7	0.544
Dichlorotetrafluoroethane	3.5	146.1	35.5	0.582

a ; sublimation point

4.9 LC의 주요 사항

4.9.1 LC의 컬럼 성능 시험 및 평가 방법

1. 컬럼 시험 방법에서 고려할 사항
  1) 컬럼 시험을 위한 인자
    (1) 용질들(k =0, 3, 10)에 대한 이론단 수, n
    (2) 적합한 용질에 대한 머무름(용량인자, k)
    (3) 다른 용질에 대한 상대적 머무름(분리인자,α)
    (4) 봉우리 대칭(비대칭 인자, AF)
    (5) 결합형 유기상의 농도
    (6) 주어진 흐름 속도, 이동상 및 온도에서 측정된 컬럼 압력의 떨어짐이나 침투성
      가. 주기적인 반복 측정 및 평가가 중요
      나. 압력의 떨어짐 측정을 위한 성능 기준의 형태
    (7) 반응 속도론적(kinetic) 인자 : 컬럼이 물리적으로 어떻게 충전되었는지를 나타낸다.
    (8) 열역학적 인자 : 컬럼 충전물이 제조사의 규격 어디에 맞는지를 나타낸다(예, loading %).
  2) 완전한 컬럼 평가를 위한 인자
    (1) 작동 조건 : 컬럼 온도, 충전 디자인, 충전 방법, 이동상 성분, 시료 성분, 검출 방법, 주입 방법
    (2) 이동상과 용질의 성질 : 이동상에서 용질의 이동상 점도 계수
    (3) 기하학적 인자 : 컬럼 길이, 컬럼 구경, 충전 입자의 크기
    (4) 크로마토그래피 인자 : 주입된 시료의 부피, 머무르지 않거나 머무르는(unretained and retained) 봉우리의 머무름 시간이나 부피, 머무름 시간(부피)에 기초한 용질의 1/2높이에서의 봉우리 폭, 컬럼 압력의 떨어짐, 이동상의 부피 흐름 속도
    (5) 크로마토그래피 성질 : 환산된 단 높이, 환산된 직선적 이동상 속도, 컬럼의 흐름 저항
    (6) 기타 : 컬럼 용량비, Knox-Parcher비, 전체 다공성

2. 컬럼 효능에 영향을 주는 인자
  1) 직선 속도 : 낮은 속도(0.05 ㎝/sec 이상 범위)는 더 큰 n값을 준다.
  2) 입자 크기, d_p : 작을수록 더 큰 n값을 준다.
  3) 컬럼 길이, L : n 은 L에 비례한다.
  4) 이동상 점도 : 낮을수록 더 큰 n값을 준다.
  5) 온도 : 점도 감소 및 더 큰 n값을 준다.
  6) 용량인자, k : k<2면 낮은 n값을 주고, k>2면 영향이 거의 없다.

7) 컬럼 외 부피(Extracolumn volumes) : 띠 넓어짐에 의해 n값이 감소한다.
8) 시료 량과 크기 : 많은 량(mg 또는 수백 μℓ)은 n값을 감소시킨다.

3. 컬럼 시험을 위한 시험 물질과 이동상의 바람직한 성질
1) 저 분자량 시료 : 빠른 확산과 충전 다공성 구조에 접근이 용이하다.
2) 시험 혼합 물질 : kinetic과 thermodynamic 성능 면에서 컬럼을 정확하게 특징지울 수 있는 성분을 포함하는 것이 좋다.
3) 불감 시간의 결정 물질 : 시험 혼합 물질중의 하나를 머무르지 않는 용질로 하면 불감 시간의 계산이 용이하다.
4) 시험 물질 중 적어도 2개가 $2<k<10$를 가져야 한다.
5) 모든 측정은 단순한 성분 및 낮은 점도의 이동상을 사용하고, 등용매 조건(isocratic condition)에서 실시하는 것이 좋다.
6) 시료 부피(또는 시험 물질의 량)는 컬럼 용량을 넘지 말아야 한다.
7) 254 ㎚에서 강한 흡수를 보이며, 검출기를 0.05나 0.1 AUFS로 했을 때 50~100 % FSD를 주는 시험 물질이 좋다.

4. 컬럼 성능의 평가
1) 컬럼 시험 조건 및 기준
컬럼 : C_{18}, 입자 크기 10 ㎛, 길이 및 내경 30 ㎝ x 4.0 ㎜
시험 물질 : resorcinol/naphthalene/anthracene
검출기 : UV 254 ㎚, 0.16 AUFS, room temperature
시료 크기 : 미지농도 2.0 μℓ
이동상 : acetonitrile/water(55/45), 흐름 속도 2.0 mℓ/min

머무름 부피(시간)	Resorcinol	2.7 ml(1.3 min)	1.8~3.4 ml
	Naphthalene	13.2 ml(6.6 min)	19.0~31.0 ml
	Anthracene	27.7 ml(13.9 min)	19.0~31.0 ml
비대칭 인자	Anthracene	1.26	
용량인자	Anthracene	9.40	
이론단 수/컬럼	Anthracene	5437	>5000
HETP, mm		0.055	
분리인자(anthracene/naphthalene)		2.4	1.9~3.0

2) 컬럼 시험을 위한 환산 인자의 사용
다른 컬럼 형태의 성능을 비교할 때 절대적 인자 (HETP, u, K_o)보다 환산 인자 (h, v, Θ)를 사용하는 것이 편리하다.
(1) 환산 단 높이(Reduced plate height), h : 이론단 수에 대한 입자의 수
$$h = HETP / d_p = 1/5.54\ (L/d_p)(W_h/t_R)^2$$
d_p : 입자 구경
L : 컬럼 길이

♧ 주요 사항

1) 다른 컬럼 형태 : 크기가 다른 입자의 충전, 점도가 다른 용매로 용출, 다른 확산계수를 가진 용질로 시험되는 컬럼

2) 관계식

$h = Av^{0.33} + B/v\ u + Cv$

A : 잘 충전된 컬럼 0.5~1.0, 잘 충전되지 않은 컬럼 >2

B : 4이하, 실제는 약 2가 바람직하다.

C : 얇은 막 컬럼 0.003, 다공성 컬럼 0.05

- 얇은 막 컬럼

$h = v^{0.33} + 2/v\ u + 0.003v$

- 다공성 컬럼

$h = v^{0.33} + 2/v\ u + 0.05v$

(2) 환산 속도(Reduced velocity), v : 한 입자 구경에 대한 용질의 확산계수 대 이동상 흐름의 비

$v = ud_p / D_m = Ld_p / t_mD_m$

D_m : 용질 확산계수(m^2/s)

♧ 주요 사항

낮은 분자량 용질에 대한 전형적 D_m 값 : $0.5 \sim 3.5 \times 10^{-9}\ m^2/s$

- 높은 값 : 낮은 점도의 유기 용매(예, hexane)
- 낮은 값 : 수용성 극성용매

(3) 컬럼 흐름 저항(Column flow resistance), Θ : 이동상 흐름에 대한 저항의 크기를 나타내며, 컬럼 길이, 입자 구경 및 용리액의 점도의 영향을 설명한다.

$\Theta = d_p^2 / K_o = \Delta P d_p^2 t_m / \eta L^2$

ΔP : 컬럼 압력의 떨어짐

♣ 참고 사항 ; 컬럼 진단

1) $h = Av^{0.33} + B/v + Cv$

(1) 3<v<10에서 h가 3보다 작으면 잘 충전된 컬럼이다.

(2) v=5에서 h가 3~4를 넘지 않고 v=100에서 h가 10~20을 넘지 않으면 좋은 컬럼이다.

(3) v>20에서 h가 기대값보다 크면 잘 충전되지 않은 컬럼이다.

2) $\Theta = d_p^2 / K_o = \Delta P d_p^2 t_m / \eta L^2$

(1) Θ의 실험치는 크로마토그래픽 계의 전체적 성능에 대한 정보를 제공한다.

-다공성 충전에 대한 전형적인 값 : 250~650

-정상치의 약 10배는 시스템의 particle blockage를 표시함

(2) Θ는 컬럼의 진단 전에 점검 및 교정을 한다.

표 4.9.1 RPC에서 품질 평가를 위한 평가 인자의 기준

시험 물질	용량인자, k	분리인자, α	k 및 α의 온도 계수(24~45℃)	유기 변형제와 k 및 α의 변화
Biphenyl	1.82 ± 6.7 %		-1.2 %/℃	-4.1 %
Anthracene	3.99 ± 5 %		-2.1 %/℃	-7 %
Androstendione	8.64 ± 9 %		-3.1 %/℃	-10 %
Biphenyl/ naphthalene		1.45 ± 0.01	-0.001/℃	-0.012
Anthracene/ phenanthrene		1.32 ± 0.06	-0.007/℃	-0.003
Androstendione/ testosterone		1.22 ± 0.03	0.002/℃	-0.0018

표 4.9.2 시판용 충전 컬럼의 기대되는 효율

형　　태	최소 효율 (plates/meter)
1. Adsorbent	
Pellicular(35~45 ㎛)	2000~5000
Porous(10 ㎛)	24,000
(5 ㎛)	40,000
2. Reversed-phase	
Pellicular(35 ㎛)	1000
Porous(10 ㎛)	12,000~20,000
(5 ㎛)	35,000~45,000
(3 ㎛)	80,000~100,000
3. Ion-exchange	
Pellicular(35 ㎛)	1000
Porous(10 ㎛) anion	10,000
cation	15,000
4. Size-exclusion	
Pporous silica(10 ㎛)	15,000~20,000
Semirigid organic gel(10 ㎛)	9000~12,000

표 4.9.3 컬럼 성능 평가를 위한 대표적인 시험 물질

시 험 물 질	이 동 상
1. Adsorbents(and some polar bonded phases)	
- CCl_4/benzene/naphthalene	Heptane(40mℓ/h)
- Pentane/toluene/nitrobenzene/acetophenone/ 2,6-dinitrotoluene/1,3,5-trinitrobenzene	Hexane/CH_3OH(99.5/0.5)
- Benzene/benzyl alcohol/dimethylaniline	-
- Naphthalene/m-dinitrobenzene/o-nitroaniline	Hexane/CH_2Cl_2/2-propanol (89.5/10/0.5)(20mℓ/h)
- Toluene/phenanthrene/nitrobenzene	Hexane/acetonitrile(99/1)
- m-Xylene/nitrobenzene	Hexane/acetonitrile(99/1)
2. Reversed-phase	
- Benzene/cumene/tetramethylbenzene	-
- Methanol/acetone/phenol/p-cresol/ 2,5-xylenol/anisole/phenetole	Methanol/water(60/40)
- Benzene/naphthalene/biphenyl	Methanol/water
- Resorcinol/naphthalene/anthracene	Acetonitrile/watre(55/45)
- Toluene/benzene/acetophenone	Methanol/water
- Anthraquinone/2-methylanthraquinone/ 2-ethylanthraquinone	Methanol/watre(70/30)
3. Ion-exchange	
(1) Anion exchangers	
- Cytidine-5-monophosphate/ uridine-5-monophosphate/ guanosine-5-monophosphate	0.05M KH_2PO_4, pH 3.35(40mℓ/h)
(2) Cation exchangers	
- Urasil/guanine/cytosine	0.2M $NH_4H_2PO_4$ pH 3.5(40mℓ/h)
4. Size exclusion[a)]	
- Toluene	
- Acetone	Tetrahydrofuran
- Ethylene glycol	Water

a) To indicate plate count. Size calibration is treated elsewhere.

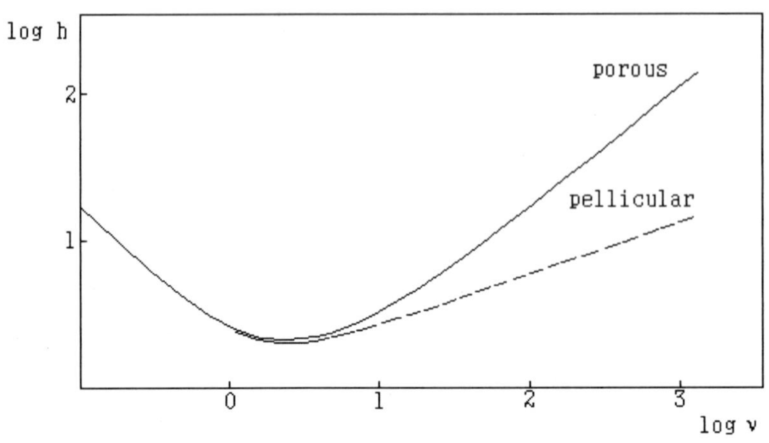

그림 4.9.1 얇은 막 및 다공성 입자 충전 시 v와 h의 관계

5. 화학적 결합형 정지상에 대한 활성도 시험

화학적 결합형 정지상은 제조할 때의 시약의 차이, 반응 조건 및 실리카 기질의 성질 변화에 의해 결합형 배위자의 다른 농도를 가진다. 또한, 입체적 이유로 모든 실란올이 반응하지 못하기 때문에 잔류하는 실란올의 차가 생기고, 실란올의 수소 결합의 차이는 이온 교환 용량의 변화를 줄 수 있고, 실리카에 잔류하는 흔적량의 금속은 이웃 실란올 기의 산도(acidity)에 영향을 준다. 따라서 동일 또는 다른 제조사에 의해 생산된 결합형 정지상은 소수성(hydrophobicity), 친실라노성(silanophilicity), 이온 교환 용량, 잔류 금속 불순물에 의한 활성에 변화가 있다.

1) 소수성 평가

소수성은 탄소 실음(carbon loading)의 증가와 함께 증가한다. 탄소 실음의 증가는 결합형 배위자의 사슬 길이의 증가와 결합 밀도의 증가, 정지상의 endcapping, 실리카 기질의 표면적의 증가에 의한다. 소수성의 평가는 표준 조건하에서 비극성 용질의 머무름을 결정하는 것에 의해 평가된다. 제안된 시험 물질은 다음과 같다.

- k-Anthracene/k-benzene, acetonitrile/water(63/36)
- k-Ethylbenzene/k-toluene, methanol/water(65/35)
- k-Pentylbenzene/k-butylbenzene, methanol/water(80/20)

2) 친실라노성의 평가

Sedek과 Carr는 이동상으로 methanol을 사용하는 많은 상업적으로 유용한 octadecylsiloxane 결합형 충전물의 친실라노성 상호작용을 특징짓기 위해 실란올과 강한 착물을 형성하는 macrocyclic tetraaza 화합물인 dimethyldiphenylcyclam을 사용하였다. 충전물에 대한 다른 소수성 상호작용 설명하기 위한 기준 물질로는 chrysene을 사용하였다. 역상 컬럼에 대한 친실라노성 지수의 정의는 다음과 같다.

R = [(k-cyclam)-(k-chrysene)]/[(k-chrysene)]

R ; 역상 컬럼에 대한 친실라노성 지수

3) 이온 교환 용량의 평가

표면의 실란올 기는 균일하지 않고, 이들의 작은 부분이 낮은 pH에서도 산성화와 이온화된다. 역상 충전물의 이온 교환 용량에 대한 일반적인 시험은 pH 2.7인 완충액 이동상에서 benzylamine/phenol에 대한 분리인자에 기초하여 설명된다. 이 정상 pH에서 실란올 기는 해리 되지 않고 오직 높은 산성 실란올이 이온 교환에 의해 아민의 머무름에 공헌한다. Benzylamine/phenol에 대한 분리 인자는 이온 교환 용량의 넓은 범위를 지시하는 많은 충전물에 대해 0.01~1.43까지 변한다.

4) 잔류 금속 불순물에 의한 활성의 평가

금속 불순물 역시 어떤 용질의 작용기와 착물을 만드는 능력을 통해서 충전물의 크로마토그래픽 성질에 영향을 줄 수 있다. 0.5 %(w/v) sodium acetate를 포함하는 methanol/water(60/40)의 이동상에서 2,4-pentanedione의 머무름 특성이 화학적 머무름 정지상의 흔적량 금속의 오염에 대한 예민한 시험 방법이다. 금속이 없는 충전물에 대해 2,4-pentanedione은 수용할 수 있는 봉우리 모양으로 틈새 부피에 근접하여 용출할 것이다. 금속 오염의 증가와 더불어 2,4-pentanedione은 머무름의 증가와 찌그러진 봉우리 모양을 보인다. 실리카 기질 외에 크로마토그래픽계에서 금속의 다른 발생원은 유리 원료 혼합물(Frits)과 스크린 같은 것으로부터 오염될 수 있다.

표 4.9.4 Octadecylsiloxane 결합형 정지상에 대한 소수성 및 친실라노성 지수

컬럼 충전물	소수성 지수(a)	친실라노성 지수(b)
Novapak C-18	5.10	0.50
Lichrospher C-18	5.88	0.63
Zorbax	4.77	1.36
Spherisorb ODS-2	4.74	0.82
Resolve C-18	4.43	1.07
μBondapak C-18	3.54	0.78
ASI-18	3.42	0.68
Partisil ODS-3	3.30	0.88

a ; anthracene/benzene 의 용량인자에 기초함.
b ; N,N-diethyl-m-toluamide/anthracene의 분리인자에 기초함.

4.9.2 HPLC에서의 최적화

1. 최적화 과정 3 단계

- 최적화 기준(Optimization criterion) 결정 단계
- 실험 설계(Experimental design)의 결정 단계
- 평가 방법의 결정

1) 최적화 기준 결정 단계

(1) 최적화 할 대상의 결정 ; 속도, 분리능, 성분의 수 등
(2) 사용 기준 ; α, R_S, 분리인자(p=f/g), 분석 시간
(3) 최적화에 사용할 변수의 결정
가. 물리적 영향을 주는 변수(예측이 용이) ; 입자 크기, 컬럼 효율성, 이동상의 속도
나. 화학적 영향을 주는 변수(쉽게 예측이 되지 않기 때문에 중요) ; 이동상과 정지상의 종류, pH, 온도 등(이동상의 조성 변화가 가장 효과적으로 많이 사용된다).

2) 실험 설계의 결정 단계

사용하는 변수의 성질과 수, 계에 대한 이론적 배경, 화합물의 용출 메카니즘에 대해 알고자 하는 데에 따라 선택된다.

(1) 순차 설계(Sequential design)

가장 널리 사용되는 순차적 방법은 단순(simplex) 설계이다. 단순 설계는
가. 여러 번의 실험이 필요하며
나. 발견한 최적 조건이 최상의 것이 아닐 경우에는 다른 기점에서 전체 과정을 반복하여 수행하여야 하며
다. 최적화 할 인자가 여러 개여서 계에 대한 이론적이나 실험적 지식이 부족한 경우에 선택한다.

(2) 동시 설계(Simultaneous design)

여러 가지 실험에 따른 응답에 영향을 주는 변수들의 상호 의존성을 디자인의 잘 정의된 몇 개의 점에서 응답을 측정하여 회귀법을 사용하여 회귀 방정식을 쉽게 구하는 방법으로 실험의 수를 줄일 수가 있다. 변수가 이동상일 때 Snec이 소개한 통계적인 방법인 단순 설계(연속적 방법에서의 것과는 다름)를 사용한다.

3) 평가 방법의 결정

1) 및 2)의 과정에 따른 결과를 수학적 방법이나 도표로 나타낸다.

(1) 창문 도표 방법(Window-diagram method)

Laub 등이 소개한 것으로 용질과 변수의 수가 적은 계에 사용한다.
가. 이동상 인자와 머무름 사이에 대략적 직선적인 관계가 있는 계에서 사용한다.
나. α대 Φ의 도시는 한정된 수의 측정된 k값을 직선적 내연장(linear interpolation)을 하여 얻는다.
다. 창문 도표의 빈 부분에서 최고의 α값을(가장 분리가 안된 봉우리 쌍에 대해 최적의 분리를 주는 이동상의 조성)선택한다.

(2) Map(최소 α 도시)
가. Sachock 등이 창문 도표에서 도표의 성질을 좀더 명확하게 표시하기 위하여 Map이라는 이름을 도입하였다.
나. 다중 인자(multifactor)의 최적화에도 사용할 수 있으며, 가장 분리가 안된 봉우리 쌍만을 고려하므로 신속하며 간단하다.

다. Map의 단점은 응답 함수로 일부 극복할 수 있다.

(3) 응답 함수(Response function) : 어떤 크로마토그램에서 고려된 모든 분리능이나 분리인자들의 합 또는 곱을 표시한다.

가. 크로마토그래픽 응답 함수(Chromatographic response function, CRF) ; 성분의 양이 비교적 같고 모든 성분이 분리되기를 바라는 계에 편리하다.

$$CRF = \sum_{i=1}^{k} \ln P_i = \ln \prod_i Pi$$

Pi ; 분리인자

Pi = f/g

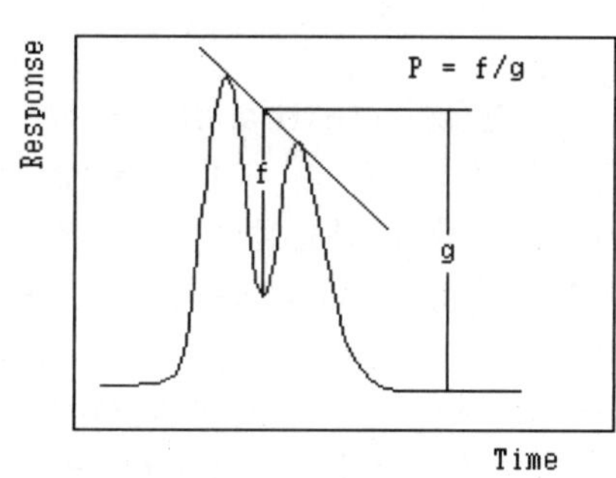

그림 4.9.2 봉우리 분리인자(P = f/g)의 정의

나. 크로마토그래픽 최적화 함수(Chromatographic optimization function, COF); 봉우리 분리대신 봉우리 분리능의 합을 사용한다.

$$COF = \sum_{i=1}^{k} A_i \ln R_i/R_{id} + B(t_X - t_A)$$

A_i : 꼭 분리해야 될 봉우리의 무게 인자(weighing factor)

R_i : i번째 쌍의 분리능

R_{id} : i번째 쌍의 원하는 분리능

B : 임의의 무게 인자

t_X : 최대 허용 분석 시간

t_A : 실험 시간

k : 봉우리들의 이웃 쌍들의 수

가) COF는 각 크로마토그램으로부터 정보를 간단한 수로 축소한다.

나) COF의 값은 영(zero)에 근접할 때 최적 분리이다. 크로마토그램이 분리능이 좋을 때는 작은 음의 값(또는 zero)을 분리가 안된 것은 큰 음의 값을 갖는다.

다) 봉우리들의 상대적 머무름 순서가 사용한 이동상들에 대해 같을 때 유용하다. 이동상의 조성에 따라 머무름의 상대적 순서가 변하면 COF 값은 이러한 변화를 반영하지 못한다.

라) 봉우리 쌍들을 합한 간단한 수로 크로마토그램에서의 분리를 평가하므로 실용적이나 개개 봉우리의 쌍에 대한 정보를 알 수 없다.

다. 중첩 분리 지도(Overlapping resolution mapping, ORM) ;

COF의 약점을 보완한 방법으로 Glajah 등이 개발하였다.

가) 각 이동상에서 얻은 크로마토그램에서 모든 봉우리 쌍의 분리능을 측정하여 비교하는 것을 기본으로 한 것으로 이웃한 봉우리 쌍 뿐만 아니라 모든 봉우리 쌍들에 대한 분석을 가능케 한다. 봉우리 교차가 일어나는 계에도 사용된다.

나) 각 이동상에서 봉우리 이름과 위치를 확인 후 이동상 조성의 함수로 분리능을 정확하게 등고선을 그려야 하므로 다 성분 혼합물에서는 지루한 방법이다.

다) ORM 작성방법

(가) 선택된 용매 삼각형(solvent triangle) 내에 있는 모든 이동상의 조성에서 각 쌍에 대한 분리능을 평가하기 위해 분리 등고선 지도(resolution contour map)을 각 쌍의 화합물에 대해 작성한다.

(나) 크로마토그램의 각 쌍에 대해 분리능이 나쁜(R_S<1.5) 삼각형 내의 부분을 색칠한다.

(다) 모든 삼각형을 겹친다. 이 때 작성된 ORM은 가능한 각 봉우리 쌍 사이의 분리능이 원하는 값(R_S=1.5)보다 좋은 삼각형 내의 부분을 표시해준다. 즉, 겹치지 않은 흰 부분내의 용매들을 혼합하여 사용 시 모든 봉우리 쌍들이 분리된다.

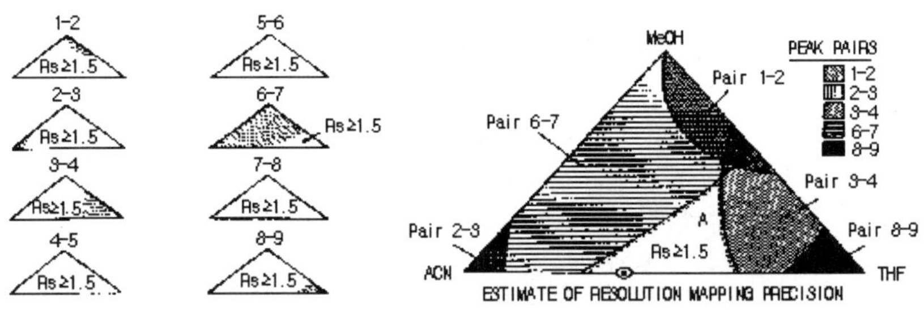

그림 4.9.3 역상 액체 크로마토그래피에 의한 9개의 치환된 naphthalene의 봉우리 쌍 분리 지도 및 중첩 분리 지도

4.9.3 HPLC의 다차원 방법(Multidimensional method)

그레디언트 용리 분석은 용량인자 값의 넓은 범위를 갖는 시료의 분리를 위하여 자주 사용된다. 일반적인 용리 문제로 언급되는 이런 상황은 다차원 기술에 의해 해결될 수 있으며, 이것은 최소의 분리 시간에 분리의 최적화를 유도하는 것이다. 다차원 분석에서 시료는 보완적인 분리 기술을 갖는 두 개 이상의 컬럼 연결에 의해서 분리된다. 분리를 증진하거나 시료 유출량(throughput)을 증가하기 위하여 이동상과 그의 방향이 달라질 수 있다.

다차원 크로마토그래피는 컬럼 전환(column switching), 컬럼 연결 크로마토그래피(coupled column chromatography), 재순환 크로마토그래피(recycle chromatography), 형식 순차(mode sequencing), 정지상 프로그래밍(stationary phase programming), 선택성 전환(selectivity switching), 컬럼 역분출(column backflushing)의 여러 가지 이름으로 불리며, 시료 분리, 분석 전 시료 청결 및 흔적량 농축을 위하여 널리 사용된다. 다차원 크로마토그래피는 직결(on-line)과 비직결(off-line)에 의해서 수행될 수 있다. 연결 밸브와 함께 표준 HPLC가 다차원 크로마토그래피로 사용될 수 있다. 이 밸브는 간단하고, 손으로 작동되는 여섯 개나 열 개의 배출구일 수도 있고, 고정된 간격 시계(interval timer)나 직렬(in-line) 검출기의 작동에 연결되어 자동으로 통제되거나, 마이크로프로세서에 의해서 통제될 수 있다.

전형적인 크로마토그래픽 봉우리는 가장 흥미 있는 부분을 주기 위해 다른 방법으로 자를 수 있다. 앞의 가장자리, 봉우리 중심, 꼬리 끌기 가장자리가 각각 끝 절단, 중심부 절단, 앞 절단(endcut, heartcut, frontcut) 부분을 주기 위하여 두 번째 컬럼으로 연결될 수 있다. 위의 절단 부분의 전체나 어떤 일부분은 컬럼의 앞 부분으로 되돌아와 재순환 크로마토그래피를 위해 재 주입될 수 있다. 관심 성분이 두 번째 컬럼으로 연결된 후 첫 번째 컬럼에 대한 이동상의 흐름 방향이 높은 컬럼 머무름을 갖는 시료를 빨리 용출하기 위하여 반대로 되는 것은 컬럼 역분출의 예다.

컬럼 연결의 최근 경향은 보호 컬럼 같은 짧은 컬럼을 이용하는 것으로, 이는 더 빠른 분리 시간을 주고 시료로부터 분석 컬럼을 보호할 수 있다. Freeman은 비슷한 수의 컬럼이 조합되었을 때 다차원 계에 대한 봉우리 용량을 다음 식에 의해 계산하였다. 만약 봉우리 용량(Θ=25)이 같은 두 개의 컬럼이 연속하여 연결되었다면, 전체 봉우리 용량은 35이다.

$\Theta_r = \Theta_1 \cdot \Theta_2 \cdot \Theta_3 \cdot \cdot \cdot \cdot \Theta_n$

$\Theta_r = n^{1/2} \cdot \Theta$

Θ ; 각 컬럼의 봉우리 용량

n ; 컬럼 수

Θ_r ; 계의 최종 봉우리 용량

계산 사례

$\Theta_r = 2^{1/2} \cdot 25 = 35$

4.9.4 HPLC의 응용

HPLC는 크로마토그래피의 분류 중 3.2.3의 용도별 분류에서 보인 것과 같이 다양하게 응용될 수 있다. 고성능 액체 크로마토그래피(HPLC)는 GC와 마찬가지로 분석 물질의 동정 및 확인, 혼합물의 정량, 혼합물의 분리 정제 등을 할 수 있다. 분석 물질은 열에 불안정한 물질, 수용성 및 비수용성 물질, 이온성 및 비이온성 물질, 고분자 물질 등 적당한 용매에 용해하는 어떤 시료라도 분석 대상이 된다. 또한, 다양한 컬럼 충전 물질(정지상)과 이동상의 변형, 검출기의 높은 감도 및 직선성을 활용하여 시료에서 극미량 성분의 분석이 가능해짐으로써 GC와 상호 보완적이며, 다른 분석 기기와 병행하여 농학, 의학, 식품 화학, 석유 화학, 환경 위생학, 법의학, 생명 공학 등의 각종 분야에서 중요하게 응용된다.

표 4.9.5 직결 및 비직결 다차원 LC의 장단점 비교

구분	장단점
직결(on-line)	1. 장점 1) 특별히 현대 크로마토그래프와 자동화가 용이하다. 2) 밀폐된 계에서 수행되어 시료의 손실 기회가 적다. 3) 가장 적합한 요구의 연결 계를 구성할 수 있다(역분출, 중심부 절단, 컬럼내 농축 ; backflush, heartcutting, on-column concentration). 4) 전체 분석 시간이 감소된다. 5) 재현성이 더 좋다. 6) 시료 유출량을 증가할 수 있다. 2. 단점 1) 더 복잡한 수압(또는 공기압), 연결 밸브를 요구하고 값이 비싸다. 2) 매우 희석되고 큰 부피이므로 흔적 량 화합물 취급이 어렵다. 직결 농축법에 의해서 이를 보상할 수 있다. 3) 일 및 이차 모드에서의 용매의 혼합성과 강도 요구가 양립되어야 한다.
비직결(off-line)	1. 장점 1) 컬럼 유출물의 수집에 의해 수행하기가 용이하다. 2) 큰 부피로부터 흔적량 용질을 농축할 수 있다. 3) 양립하지 않는 용매를 사용하는 두 LC 모드와 함께 작업할 수 있다. 2. 단점 1) 더 귀찮고 불편하여 자동화하기가 어렵다. 2) 흡착 증발 및 산화에 의한 시료의 손실 기회가 더 크다. 3) 정량화 및 재현성이 더 어렵다.

제 5장 HPLC의 구조

5.1 HPLC의 기본적 구성

LC의 기본적 구성은 한 개 이상의 용매 저장 용기, 용매 혼합 장치, 펌프, 주입기, 컬럼 설치 장치, 검출기 및 기록계로 되어 있으며, 부수적인 장치로 용존 기체를 제거하기 위한 헬륨 공급용 고압 용기, 펄스 댐퍼, 먼지 제거용 필터 장치, 컬럼 가열 장치 등이 용도에 따라 부착될 수 있다. HPLC의 블록 도표와 기본적 부품별 구조는 그림 5.1.1 및 2에 보여진다. 블록 도표에서 점선 부분은 선택부분이다. 그림 5.1.2에서 펌프와 주입기 사이에는 펌프 출력을 보정하거나 측정하는 일련의 장치가 있을 수 있다. 이 장치에는 펄스 감쇄기, 혼합 용기, 흐름 제어기 및 압력 전환기가 있으며, 그들의 기능은 균일하고 펄스가 없는 액체 흐름이 정해진 압력과 부피 흐름 속도로 컬럼으로 들어가는지를 보증하는 것이다.

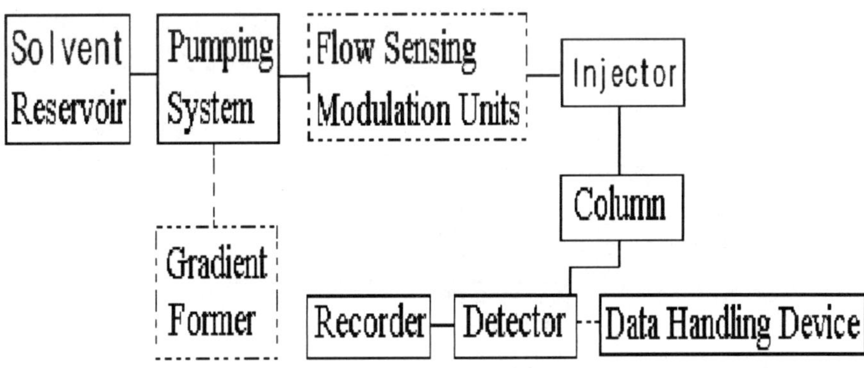

그림 5.1.1 HPLC의 블록 도표. 점선 부분은 선택 부분

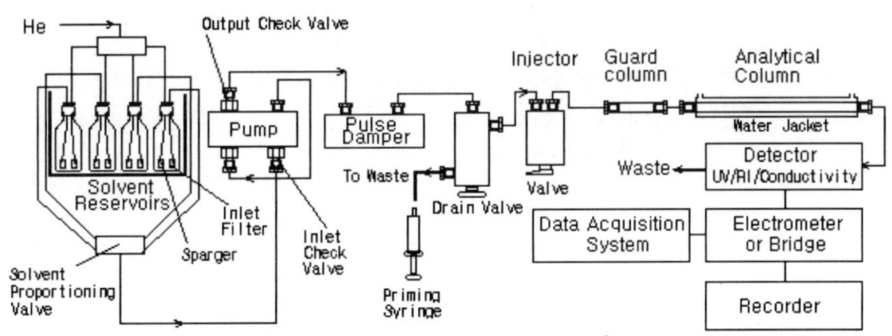

그림 5.1.2 HPLC의 세부적 구조

5.2 용매 저장 용기(Solvent reservoir)

LC에 사용되는 이동상은 매우 활성인 용매가 사용되기 때문에 이 용매들을 저장하려면 이동상의 화학적인 공격을 견딜 수 있는 물질(유리, 스테인레스 강)로 된 용기를 사용하여야 한다. 용기의 용량은 0.5-1 L 정도의 것이 주로 사용된다. 용기 내에는 용존 기체 제거를 하기 위해 지속적으로 헬륨을 공급할 수 있도록 연결되어 있다. 헬륨의 사용은 낮은 용해도를 이용하여 용액 중에 서서히 흘림으로써 공기의 재용해를 방지하기 때문이다. 용매 중 용존 기체는 분석 중 펌프나 검출기의 성능을 낮추어 기준선의 불안정 요인 및 감도가 낮아지는 원인이 되므로 여러 가지 방법에 의해 제거를 하는 것이 좋다. 이러한 용존 기체의 제거 방법에는 진공 이용법(appling a vacuum above the solvent), 저으면서 가열하는 법(heating with vigorous stirring), 초음파의 이용(ultrasonic treatment) 및 질소나 헬륨을 흘려주는 방법(sparging with nitrogen and helium) 등이 사용된다. 이중 질소, 헬륨을 흘려주는 방법은 덜 효과적이지만 편리성이 있어 주로 사용된다. 진공 기체 제거와 초음파 처리는 산소 농도를 감소시키는데 효과적이 아니다.

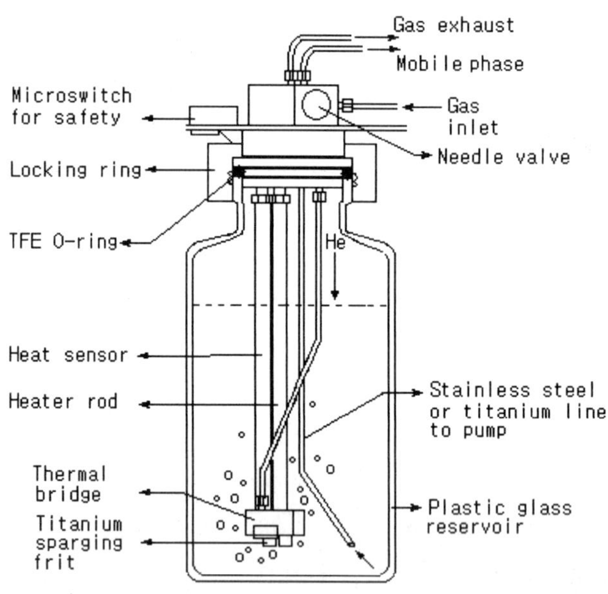

그림 5.2.1 열과 He 살포에 의한 용매 기체 제거를 위해 설계된 저장 용기

5.3 펌프(Pump)

펌프는 LC에서 가장 중요한 부분중의 하나로 t_R의 재현성, 검출기 감도에 직접 영향을 준다. 또한, 체크 밸브, 흐름 조절기, 혼합 챔버, 펄스 댐퍼(pulse dampers) 및 압력 변환기(pressure transducer) 등과 연계되어 있다.

1. 펌프의 일반적 요건
   1) 펌프 내부와 용매는 화학적 상호 반응이 없어야 한다.
   2) 최소한 6,000 psi의 고압이 가능해야 한다(~10,000 psi까지 가능).
   3) 흐름 속도는 0.1-10 ml/min 정도 조절이 가능해야 한다(0.01 ml/min 단위).
   4) 펌프에서 나오는 용매의 공급은 펄스가 없어야 한다(pulse-free output).
   5) 용매 유입의 재현성은 0.5 %이내이어야 한다.
   6) 그레디언트 용리가 가능해야 한다.
   7) 용매 교환에 따른 시간, 작동의 용이성
   8) 수리를 위한 서비스 능력
   9) 저렴한 가격

2. 펌프 성능 점검을 위한 기준
   1) 펌프 재조작성(Pump resetability) ; 같은 흐름 속도를 반복적으로 주기 위한 재조작 능력
   2) 흐름 속도의 정확성(Flow rate accuracy)
   3) 펌프 펄스나 소음(Pump pulsation or noise) ; 피스톤, 체크 밸브 작동 시 펌프 작동 결과에 따라 검출기에 의해 감지되는 흐름의 변화
   4) 단시간 정밀도(Short term precision) ; 수분에 걸쳐 펌프에서 나오는 부피(output volume)의 정확성
   5) 표류(Drift) ; 약 1-3시간 동안에 펌프의 작동에 따라 나온 량의 지속적인 증가나 감소 정도

3. 펌프의 종류
   펌프는 크게 두 가지로 나누며, 가장 널리 쓰이는 것은 왕복 피스톤형이다.
   1) 일정 압력(constant pressure) 펌프에는 기체 치환형과 공기압 증대(pneumatic amplifier) 펌프가 있다.
   2) 일정 부피 모델(constant volume models)에는 왕복형(reciprocating) 펌프와 시린지(syringe) 펌프가 있다.

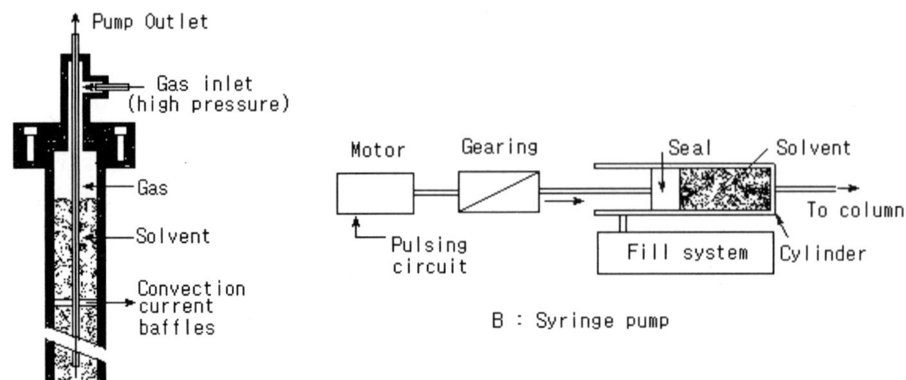

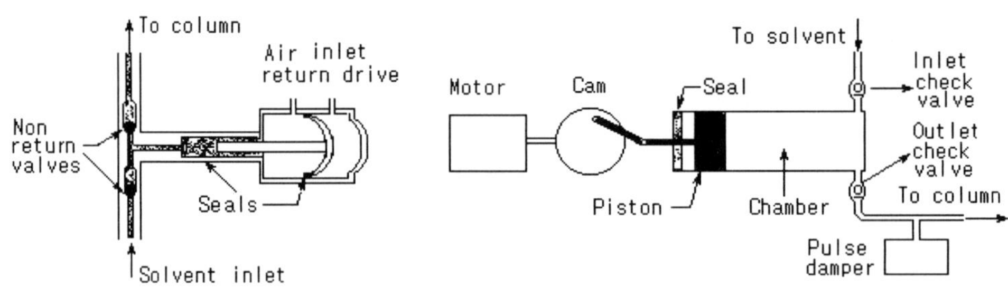

그림 5.3.1 HPLC에 사용되는 펌프의 종류. A ; 기체 치환형 펌프, B ; 시린지 펌프, C ; 공기압 증대 펌프, D ; 왕복형 펌프.

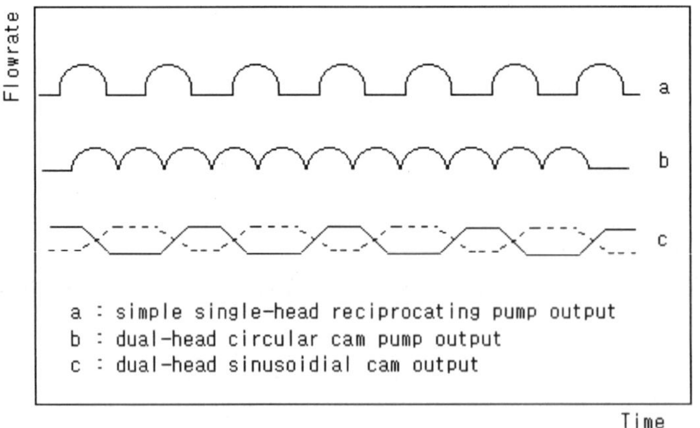

그림 5.3.2 펌프 출력 형태

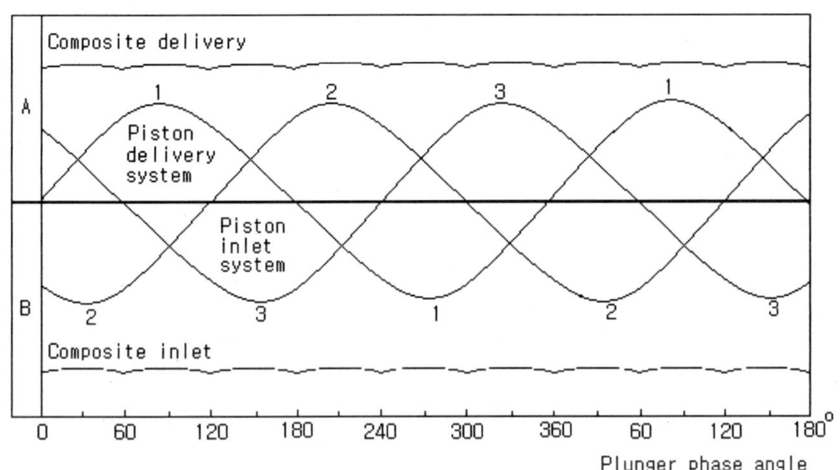

그림 5.3.3 Three-head 왕복 펌프의 흐름 모형

표 5.3.1 현대 LC에 대한 펌프 형태의 비교

Pump characteristic	Reciprocating pumps						Positive displacement		Pneumatic		
	simple single -head	single -head, pulse comp.	simple dual-head	dual-head compress. corr. and pulse comp.	dual-head, closed loop flow control	triple-head, low vol.	syringe type	hydraulic amplifier	simple	amplifier	amplifier with flow control
Resettability	+	+	++	++	++	++	++	++	−	−	+
Drift	+	+	+	++	++	++	++	+	−	+	+
Short-term precision ("noise")	−	+	+	++	++	++	++	++	+	+	++
Accuracy	+	+	+	+	++	++	+	+	−	−	+
Versatility & convenience	−	+	++	++	++	++	−	+	−	++	+
Serviceability	+	+	+	+	+	+	−	+	++	+	−
Durability	+	+	+	+	+	+	+	−	++	++	++
Cost	low	mod.	mod.	high	very high	very high	mod. to very high	mod.	low	mod.	high
"Constant" flow	yes	yes	yes	yes	yes	yes	yes	yes	no	no	yes
Constant pressure	no	no	no	yes	no	no	no	yes	yes	yes	yes

Note : ++ = optimum, + = satisfactory, − = some deficiencies

5.4 주입기(Injector)

LC에서 시료의 주입은 컬럼의 효능을 유지하면서 넓은 시료 부피 범위에서 재현성과 편의성을 주는 것이 이상적이다. 이런 목적에 부합하는 주입법의 종류에는 밸브 주입법과 격막법이 있다. 이들 중 밸브 주입법이 가장 많이 사용된다. 밸브 주입법에서 사용되는 교체할 수 있는 루프의 용량은 5-500 $\mu\ell$ 범위이며, 작동자에 관계없이 0.2 % 정도의 재현성을 갖는다.

표 5.4.1 격막법과 밸브 주입법의 특성 비교

	Reproducibility	High pressure	Changing sample volume	Cost	Band spreading (optimized system)	Routine operation, automation	Delivery of large volumes(> 10 ml)	Use with very small sample volumes	Useful at high temp.
Syringe(with septum)	o	o	++	++	++	o	++	+	o
Microsampling valve	++	++	+	+	++	++	o[a]	o[b]	+

Note : o = deficient, or useful under some condition, + = satisfactory, ++ = optimum or clear advantage.
a : For very large sample volumes, use sample valve with separate pump for metering sample into column.
b : However, sample loop can be injected with entire sample if only a very small volume is available.

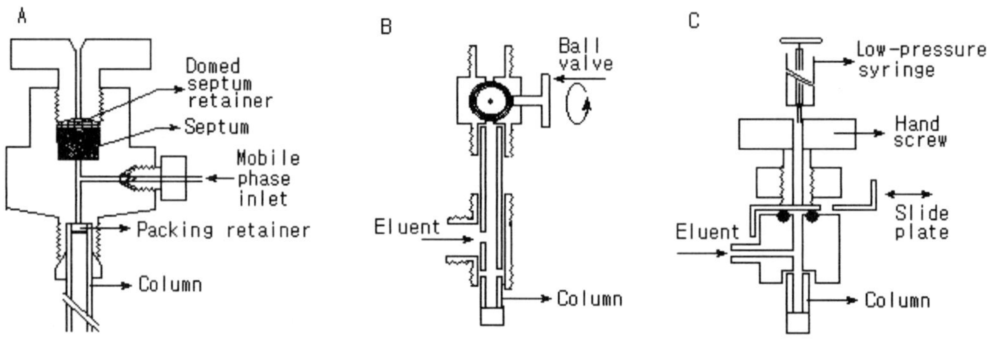

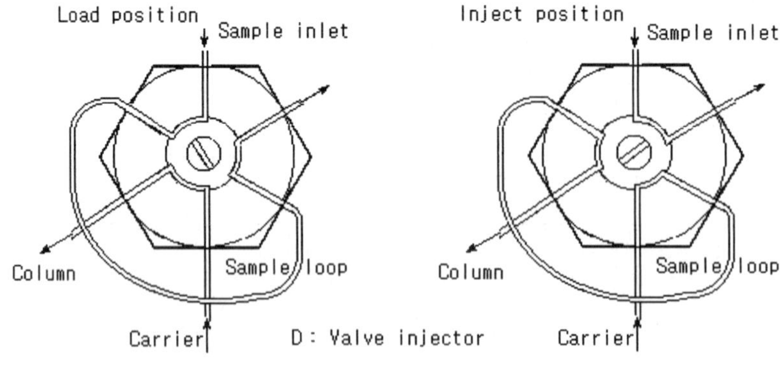

그림 5.4.1 격막(septum)과 밸브 주입기의 구조.

5.5 검출기(Detector)

5.5.1 LC 검출기의 개요

LC 검출기는 일반적으로 벌크 성질(bulk property) 검출기와 용질의 성질(solute property)을 이용하는 검출기로 구분된다. 벌크 성질 검출기는 이동상만 있을 때와 이동상속에 용질이 있을 때의 물리적 성질의 차를 측정하며, 여기에는 굴절률(refractive index), 유전상수(dielectric constant) 및 전도도(conductivity) 검출기가 속한다. 이들은 거의 일반적으로 널리 사용되며, 감도가 낮고, 제한된 동적 범위를 갖는다. 또한, 이동상의 성분이나 온도의 변화에 영향을 크게 받으므로 흐름 프로그래밍 그레디언트 용리를 하기가 어렵다. 반면에 용질의 성질에 따른 검출기는 이동상에 관계없이 용질의 물리, 화학적 성질에 응답하며, 넓은 직선 영역에서 높은 감도를 보이고, 흐름 프로그래밍과 그레디언트 용리를 할 수가 있다. 여기에는 분광 분석(spectrophotometric), 형광(fluorescence) 및 전기화학적(electrochemical) 검출기가 속한다. LC에서의 검출 과정은 GC보다 많은 문제점이 있다. 이는 LC에 사용되는 성분들이 주로 액체로 기체에 비해 확산성이 떨어지며, 공존하는 성분과의 상호작용 가능성이 항상 존재하는데 주로 기인한다. LC에 사용되는 검출기의 특성은 표 5.5.1과 같다.

표 5.5.1 대표적인 LC 검출기의 특성 비교

검출기	형태	최고 감도	최대 직선 범위	온도 영향	유속 영향	구배 여부
UV	선택적	$2x10^{-10}$g/ml	10^5	낮음	없음	가능
RI	일반적	$1x10^{-7}$g/ml	10^4	10^{-4}℃	없음	불가능
방사능	선택적	50cpm^{14}C/ml	큼	무시할 정도	없음	가능
형광	선택적	10^{-11}g/ml	~10^3	낮음	없음	가능
전도도 (μmho)	선택적	10^{-8}g/ml	$2x10^4$	2%/℃	있음	불가능
적외선	선택적	10^{-6}g/ml	10^4	낮음	없음	가능
전기화학 (μamp)	선택적	10^{-12}g/ml	10^6	1.5%/℃	있음	불가능

5.5.2 LC의 중요한 검출기의 특성

5.5.2.1 굴절률 검출기(Refractive index detector, RI)

표 5.5.2 굴절률 검출기(Refractive index detector, RI)

원 리	특 징
1. 기준 셀 내의 이동상의 굴절률과 시료 셀에 있는 시료와 이동상에 의한 굴절률의 차를 광검지관에서 검출한다. 2. 관계 법칙 1) Snell's law 파가 등방성의 매질(n_1)로부터 다른 등방성의 매질(n_2)로 들어가 굴절하는 경우 입사각을 Θ_1 굴절각을 Θ_2라 하면 다음 식이 성립한다. $\sin\Theta_1/\sin\Theta_2 = n_2/n_1 = n$ 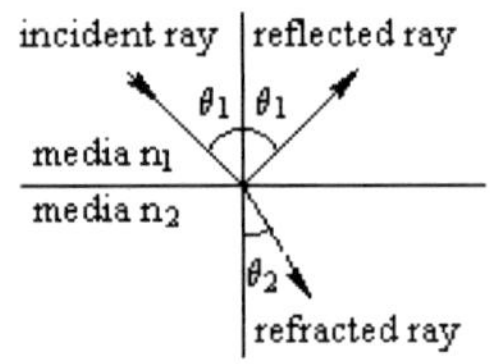 2) Fresnel's law 빛을 흡수하지 않는 2개의 등방성 매질의 경계면에 입사하여 반사, 굴절하는 경우의 진폭의 관계를 표시하는 식으로 빛을 탄성파로 하여 A. Fresnel에 의해 1821년에 유도된 것이지만, 흡수가 있는 매질의 경계면에서의 일반 전자파에도 성립된다.	1. 범용 검출기로 당이나 제조용(수 ㎎-0.1 ㎎)에 적합하다. 2. HPLC에 쓰이는 RI 검출기의 3가지 형태 1) Deflection refractometer ; Snell's law가 적용된다. (1) 삼각형 셀을 통해 지나가는 빛살의 회절을 감지한다. (2) 특징 가. 넓은 직선 범위를 갖는다. 나. 전 굴절률 범위가 한 개 프리즘에서 적용된다. 다. 작은 검출기 셀(small detector cells)이 만들어 질 수 있다. 라. 공기 방울, 셀 창의 오염물들에 상대적으로 민감하지 않음. 2) Fresnel refractometer ; Fresnel's law가 적용된다. (1) 유리 액체 연결 장치(interface)를 통한 반사 빛의 양의 변화를 측정한다. (2) 기준 셀은 이동상 변화나 원천 출력 변화에 대해 보상한다. (3) 두 살에서 반사된 빛의 강도 차가 Fresnel's law에 의해 시료와 기준 셀 사이의 굴절률 차이에 관계되고, 입사 광이 임계각 부근으로 셀에 입사 시 상당히 큰 직선 범위를 가진다. (4) 작은 셀(3 ㎕)을 쉽게 설치할 수 있으나 전 영역 RI 측정에 두 개 프리즘이 필요하다. 가. 반 원통 프리즘 ; 용기 부피 2㎕, RI 측정 범위 1.00-1.75 나. 3각 프리즘 ; 용기 부피 5㎕, RI 측정 범위 1.31~1.45 또는 1.40~1.55 (5) 장점은 고감도, cleaning 용이, 낮은 흐름 속도와의 적합성이다. 3) Interferometer (1) 시료와 기준 셀에서의 굴절률의 차는 광학적 통과 길이의 차를 보인다. (2) 이 통과 길이의 차를 파장의 부분으로 간섭계에서 측정한다. 3. 시료의 농도, 용매 성분, 압력, 온도 변화에 민감하여 검출기 잡음이 영향을 받으므로 검출기 안정성이 요구된다. 1) 농도 1ppm 변화 시 10^{-7} RI unit 변화 2) 압력 1기압 변화시 약 10^{-6} RI unit 변화 3) 온도 1℃ 변화 시 6×10^{-4} RI unit 변화 ; 온도 콘트롤 $\pm10^{-4}$ ℃ 4) 위 인자에 예민하여 유령 봉우리를 보일 수도 있다. 4. 이동상 성분의 작은 변화도 과도한 검출기 표류를 주기 때문에 그레디언트 용출이 불가능하다. 5. 혼합물의 다른 성분에 대해 +. - 방향으로 응답한다. 6. 1) MDQ : 약 1㎍ 2) DR : 10^4

♣ 참고 사항 ; Fresnel's 식

그림에서 경계면 법선의 안쪽 제 2 매질로 향한 법선을 z, 입사면을 xz라 하면, 반사면과 굴절면도 xz에 있게된다. 입사파, 반사파, 굴절파의 강도(x,y,z) 성분을 각각 ($A_p \cos\phi$, A_s, $-A_p \sin\phi$), ($-R_p \cos\phi$, R_s, $-R_p \sin\phi$), ($D_p \cos\psi$, D_s, $-D_p \sin\psi$)로하면, 경계조건으로부터

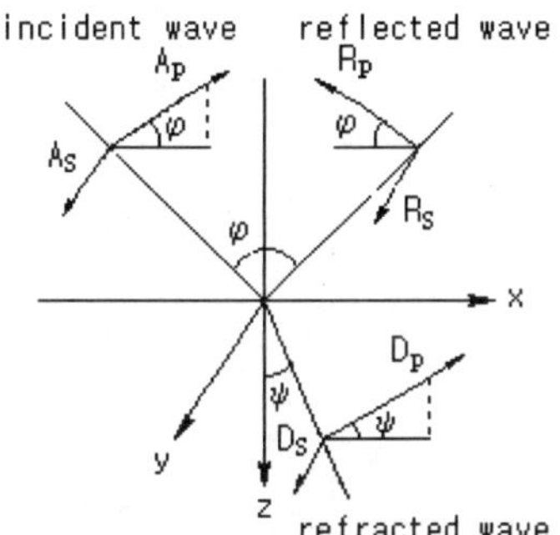

$$R_p = \tan(\phi-\psi)A_p/\tan(\phi+\psi),\quad R_s = \sin(\phi-\psi)A_s/\sin(\phi+\psi),$$
$$D_p = 2\sin\psi\cos\phi A_p/\sin(\phi+\psi)\cos(\phi-\psi),$$
$$D_s = 2\sin\psi\cos\phi A_s/\sin(\phi+\psi)$$

라는 관계가 얻어진다. 따라서, 예를 들면 φ와 ψ의 합이 직각이 되는 경우에는 R_p=0으로 반사광의 입사면에 평행한 성분은 0이 된다(Brewster'e law). 또한, 경계면에 수직으로 입사한 경우에는

$$Rp = \lim_{\phi\to o} (\phi-\psi)A_p/(\phi+\psi),\qquad R_s = (n-1)A_s/(n+1)$$

n ; 제 2 매질에 대한 굴절률

로된다. 여기서 n>1인 경우에는 반사광의 위상이 경계면에서 π 만큼 변하고, 반사율은 $(n-1)^2/(n+1)^2$으로 된다.

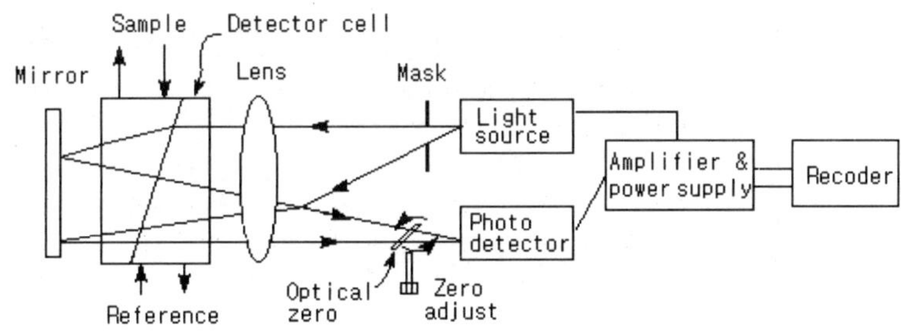

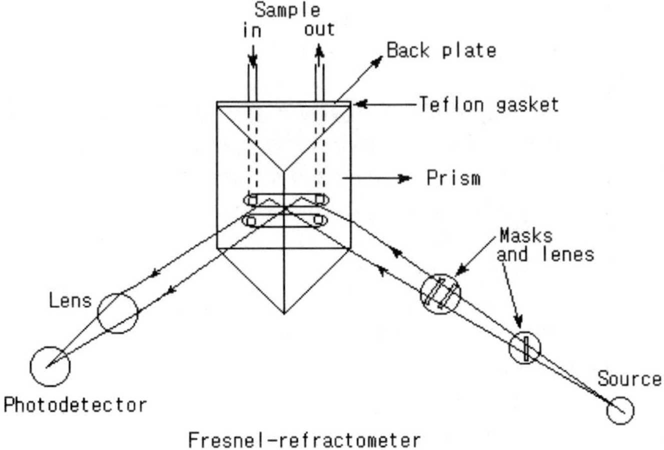

그림 5.5.1 굴절률 검출기 ; deflection-refractometer 및 Fresnel-refractometer.

5.5.2.2 자외선-가시선 검출기(Ultraviolet-visible detector, UV-VIS)

표 5.5.3 자외선-가시광선 검출기(Ultraviolet-visible detector, UV-VIS)

원 리	특 징
1. Beer's law에 의해 셀을 지나는 용액 중의 용질의 농도에 따른 흡수된 빛의 량이 감지된다. A = kℓc	1. 대부분 유기 물질에 일반적으로 널리 사용된다. 2. 주요한 검출기 1) Single 파장 검출기 (1) 저압 수은등 사용, 254 nm에서 높은 에너지를 방출한다. (2) Simple, rugged and inexpensive (3) 높은 신호 대 잡음비를 보임 ; 고도로 조정된 source, 더블 빔 작동, 실리콘 포토다이오드 검출기 사용에 기인한다. (4) 제한점 ; 시료가 254 nm에 흡수되어야 한다. (5) Multiwavelength version 이용 - 중간 압력 수은등과 필터들을 이용하여 220, 254, 280, 313, 334, 365 nm에서 검출 - Phosphors screen 사용 시 254, 280 nm에서 동시에 검출 가능하다. 2) Multiple 파장 검출기 (1) 자동 및 수동으로 지속적 변환 ; 190-900 nm (2) Stop flow 기술로 어떤 peak의 변화를 파장에 따라 scanning할 수 있다. (3) 고 에너지 source 사용, 상대적으로 낮은 광학적 분해능을 보임, 안정성, law noise electronics를 보인다. 3) 배열 광다이오드 검출기 (1) 광원으로부터의 모든 빛은 흐름 셀을 통해 초점이 맞추어지고 동시 측정을 위하여 회절발에 의해 연속적으로 분산된다. (2) 배열 광 다이오드는 여러 통로 복사선 센서, 저장 요소, 판독 시스템으로 조합되며, 실시간 처리를 위해 마이크로프로세서 회로망이 요구된다. (3) 일 세대 배열 광다이오드는 자체 스캔(self-scanned) 형태이고, 이 세대 기기는 분리된(externally-scanned) 배열이다. 3. Double beam type detector 1) Background correction이 된다. 2) Gradient elution에 비효과적이다. 4. 셀 디자인 1) H-cell, Z-cell 및 tapered cell ; 셀 부피 약 8 $\mu\ell$, 액 길이 1cm, 흐름 용기 속의 농도 1×10^{-7}M(A, 0.001) 정도 2) 소 구경 컬럼을 위한 소형화 시 흐름 셀의 빛 통과 길이 3~5 mm, 셀 부피 0.2~2 $\mu\ell$, 안 지름 약 0.5 mm 3) 충전된 용융 실리카 모세관 컬럼 사용 시 흐름 셀의 부피는 3~200 nl 정도이다. 5. 온도 gradient, 불완전 혼합, 이동상에서의 소용돌이 흐름 등이 RI를 변화시켜 흡광도에 영향을 준다(tapered cell로 보완). 6. 선형 photodiode array detector가 상업화 추세임. 7 1) MDQ : sub ng 2) DR : 10^4-10^5

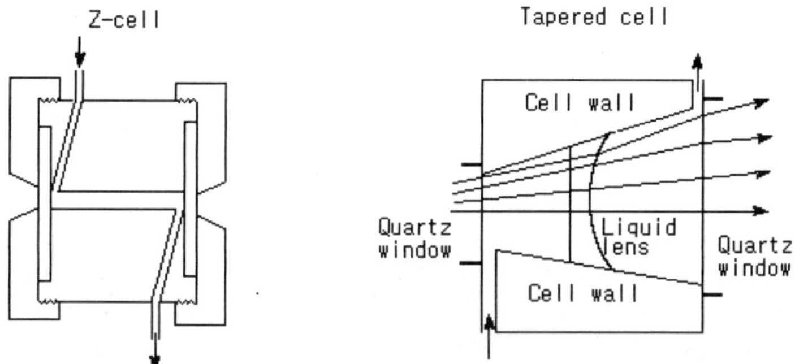

Z-cell is used to minimize stagnant flow region in the cell and reduce peak tailing. Tapered cell is designed so that the cell cavity is conical in shape, enterance for the light beam is narrower than the exit, and the tapered cavity is to reduce the amount of refracted light that is lost to the cell wall.

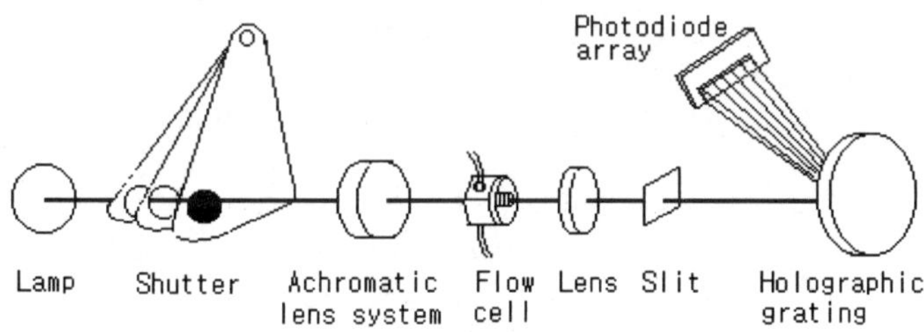

Photodiode array detector

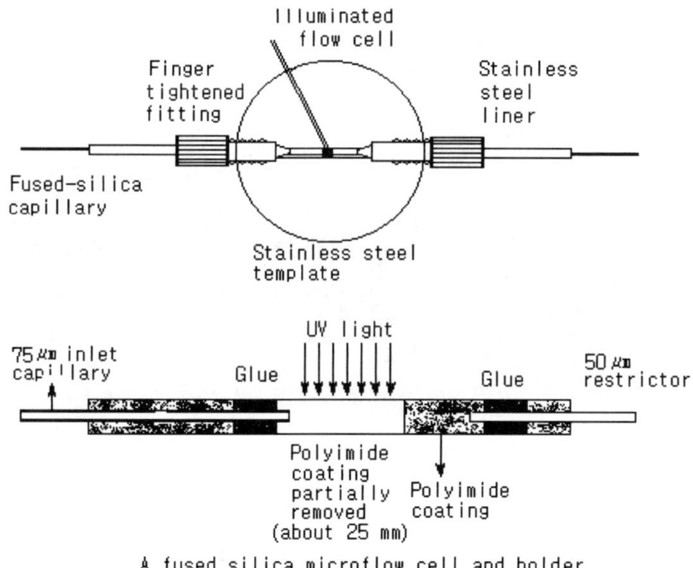

A fused silica microflow cell and holder used with packed capillary columns.

그림 5.5.2 자외선-가시선 검출기

5.5.2.3 형광 검출기(Fluorescence detector, FD)

표 5.5.4 형광 검출기(Fluorescence detector, FD)

원 리	특 징
1. 형광 물질이 흡수 파장의 에너지를 받아 들뜬 상태로 되고, 이 들뜬 상태의 에너지가 발산된다. 발산 에너지의 양은 형광 물질의 양에 비례하고 광증배관에 의해 검출된다.	1. 형광성 물질을 고 감도로 검출 : 무기 및 유기 화합물의 일부, 생물학적 활성 화합물, 의약품, 환경 오염 물질 등 2. 비형광이나 약한 형광 물질의 흔적량 분석에 활용 1) Fluorescence labeling ; 분리 전 유도체 형성(precolumn derivatization) 2) Reaction flow detector ; 분리 후 유도체 형성(postcolumn derivatization) 3. 형광은 흡수 측정보다 훨씬 예민하다. 1) 흡수 측정은 P_o-P의 차, 형광은 어두운 배경(dark background)에 대한 발산 복사선을 측정한다. 2) 발산 신호를 excitation beam에 대해 90^o각도에서 측정한다. 4. Excitation과 emission 파장의 분리를 위해 filter나 monochromator를 사용한다. 1) 1차 필터 ; band-pass filter(띠 통과 거르게) 2) 2차 필터 ; 방출 파장 cut-off 거르게 5. 광원 1) 고 에너지 선 광원 ; 저압 수은 등(254 nm), 중압 수은 등(365 nm) 2) 연속적 광원 ; 중수소 등(190-400 nm), 텅스텐 등(380-700 nm) 3) 최근 laser 광원도 많이 사용 ; He-Ne laser 광원 4) Arc source가 discharge source보다 더 불안정하다. 6. Detector cell부피 : 3-5 $\mu\ell$(또는 10 $\mu\ell$내외) 1) 실린더형, 사각형 석영 용기가 주로 사용된다. 2) 2π steradian 차단 용기 사용 ; 안쪽 면을 hemisphere(반구)를 이용하여 형광을 집광하여 최대화시킨다. 7. 형광 방출에 영향을 주는 이동상의 성질 : pH, 용매 종류, 온도, 농도, 불순물에 의한 소광(quenching), 광분해 8. 1) MDQ : (1) 용기 내 농도 ; 10^{-9}-10^{-10}M (2)주입 량 ; ~pmol 2) DR : $\sim 10^3$

* 묽은 용액에 대해 측정되는 형광의 강도는 다음 식에 의해 시료의 농도에 관계될 수 있다.

$I_f = I_o \psi_f$ (2.3 abc)

I_f ; 형광 방출 강도 I_o ; 들뜸 살 강도 ψ_f ; 양자 수율 = 방출된 광자 수/흡수된 광자 수

* 형광 방출에 영향을 주는 이동상의 인자 :

pH, 용매, 온도, 농도, 소광(quenching) 및 광분해

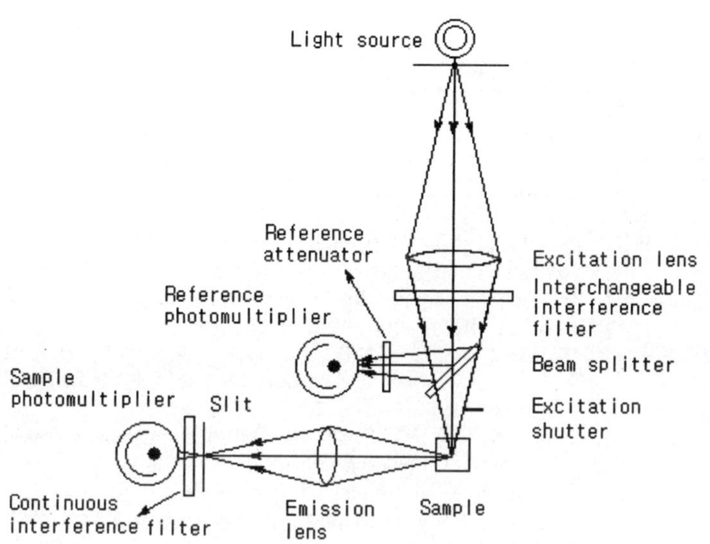

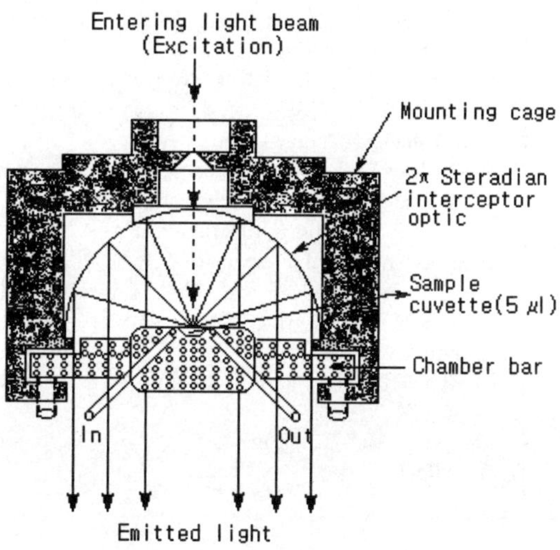

그림 5.5.3 형광 검출기. 광학적 도형(상) 및
2π steradian cuvette(하)

5.5.2.4 전기화학적 검출기(Electrochemical detector, ED)

표 5.5.5 전기화학적 검출기(Electrochemical detector, ED)

원 리	특 징
전기화학적 검출기에 적용되는 법칙은 V = IR이며, 이 법칙에서 각기 V(전위), I(전류), R(저항)을 검출하는 데에 따라 검출 방법이 다르게 명명된다. 원리에 따른 분류는 아래와 같다. 1) 축전 용량(capacitance) ; 유전 상수 검출기 2) 저항 ; 전도도 검출기 3) 전압 ; 전위차 검출기 4) 전류 ; coulometric(전기량), polarographic, amperometric(전류) 검출기	1. 종류 1) Ionic species 검출 : conductivity detector 2) 작업 전극(working electrode)에서 산화, 환원되는 물질의 검출 ; amperometric, coulometric, polarographic detectors 2. 공통적 특징 1) 선택적 검출기 ; phenol, mercaptans, 방향족 nitro 및 halogen 화합물, catecholamines, heterocyclic 화합물, ketones 및 aldehydes 2) Reliability, simple, low volume cell design(0.1-5 $\mu\ell$) 및 high sensitivity 3) RPC와 IEC와 병합 사용 가능 4) 검출기 작동에 영향을 주는 요소 ; 흐름 속도, 용액 pH, 이온 강도, 온도, 셀 구조, 전극 표면의 조건, 불순물(용존 산소, halides, trace metals)의 존재 5) 응답이 이동상의 용액의 특성에 의존 ; gradient 용출이 안된다. 3. Amperometric detector 1) Thin-layer 나 tubular 전극 셀 사용 2) 전극 물질로 carbon-paste, glassy carbon 물질이 쓰임 3) 작업 전극이 기준 전극에 대해 한 개의 고정된 전위를 유지한다. 4) 크로마토그램은 시료가 컬럼에서 유출시 한 고정 전위에서 검출기 셀 전류를 측정해서 기록한다. 5) Electroactive species의 electrolysis가 완전하지 않음(보통1-10 %) ; 전극 표면적을 증가시켜 100 %도달 가능하다. 4. Coulometric detector 1) 흐름 속도, 온도 변화에 예민하지 않다(insensitive). 2) 전극 오염, 디자인 문제, 전체 작업 전극 표면의 엄격한 전위 제어가 중요하다. 3) Background noise는 amperometric detector보다 크다. 4) 감도는 amperometric detector와 같다. 5. 적하 수은 polarographic detector 1) Electro-reducible species 검출에 이용된다. 2) 전극 표면 오염 문제는 거의 없음 ; 지속적으로 renew되기 때문 3) 감도는 전류법 검출기와 유사하며, 응용 범위가 제한적이다. 6. Conductivity detector 1) 전도도는 이온의 기본적 성질, 이온 농도에 의존한다. 2) 작동이 간편하다. 3) 감도 : 10^{-8}-10^{-9}g/ml 7. 1) MDQ : ~pg

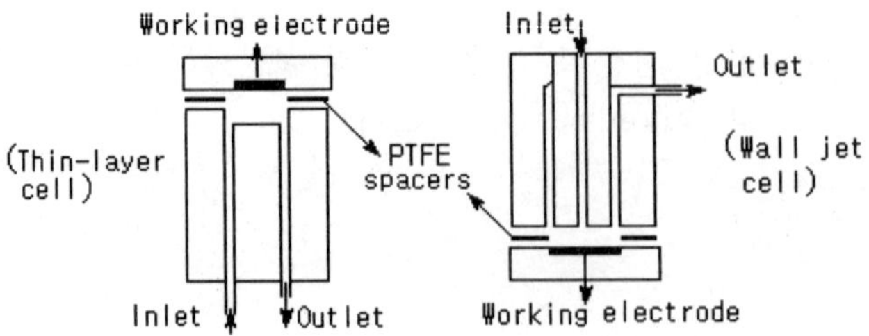

그림 5.5.4 얇은 층 전기화학적 검출기

5.5.2.5 기타 주요한 검출기

1. 증기화 빛 산란 검출기(Evaporative light scattering detector, ELSD)

증기화 빛 산란 검출기(ELSD)는 최근 개발된 HPLC에 사용되는 상용 검출기로 전통적인 구경 컬럼에 대하여 용매 제거 장치를 컬럼과 검출기사이에 설치하는 이동형 철사 검출기(moving wire detector)의 다른 형태이다. 이 검출기에서 컬럼의 유출물이 가열된 관으로 가압된 기체(질소나, 공기)의 빠른 흐름에 의해 미세한 안개(mist)로 전환되는 분무기로 지나간다. 미세한 방울(droplets)은 이동상의 증발이 일어나는 온도가 조절되는 가열된 표류 관을 통해서 운반되고, 분석 물질의 건조한 미세한 입자가 형성되어 검출기 셀로 들어간다. 그 때 분석물질 입자의 농도는 방사 빔(emerging beam)에 대해 고정된 각도에서 텅스텐 등이나 레이저 빔으로부터의 산란된 빛의 량이 실리콘 광다이오드에서 검출된다. 이 검출기의 주요한 이점은 모든 비휘발성 용질에 대해 대략 같게 응답하고, 굴절률 검출기보다 충분히 더 예민($10^{1\sim2}$)하며, 그레디언트 용출을 할 수 있다는 것이다. ELSD의 검출 한계는 5 ng/25 μℓ 정도이다.

2. 낮은 각 레이저 빛 산란 검출기(Low-angle laser light scattering detector, LALLS)

LALLS는 크기 배제 크로마토그래피에 의해 분리된 분석물질의 독특한 분자 크기에 대한 정보를 제공한다. 균일 용액에서 거대분자 종의 일반적인 성질은 그들이 빛을 산란한다는 것이다. 입사의 어떤 각도에서 산란된 빛의 강도는 상대적인 분자 질량과 검출기 셀의 용질 농도에 의존한다. 산란된 빛의 강도는 작은 산란 각도에 대해 가장 크므로 산란은 보통 광증배관과 함께 입사 빛살에 대해 매우 작은 각도에서 측정된다.

3. 질량 분광 검출기(Mass spectrometric detector)

LC와 MS를 조합하는데 있어 기본적인 문제는 LC로부터의 상대적으로 큰 용매 부피와 MS의 진공 요구사이의 많은 불일치이다. 이런 문제를 해결하기 위한 여러 가지 연결장치가 개발되었다. 이들의 원리는 아래와 같이 분류할 수 있다.

1) 컬럼으로부터 용리액이 분리되어 작은 부분만 MS에 직접적으로 소개된다. 최근 microbore 컬럼(흐름 속도 10~50 μℓ)과 함께 직접적으로 용리액이 MS로 들어갈 수 있는 장치가 개발되었다.

2) 유출액이 용매를 휘발하여 제거하기 위한 가열된 챔버에 용매와 분석물질을 이송하는 계속적인 이동 벨트나 이동 선(moving belt/moving wire)에 점착된다. 용매가 증발하고 벨트나 선에 잔류된 분석물질이 이온 발생원 영역으로 지나간다. 여기에서 탈착 이온화가 일어난다.

3) 새롭게 개발되어 많이 사용되는 열분무(thermospray) 장치는 2 ml/min 정도의 높은 흐름 속도에서 컬럼의 전체 유출액이 연결장치로 직접 소개된다. 이 장치와 함께 액체는 그것이 스테인레스 강을 지날 때 증발되고, 용매와 분석물질 분자의 aerosol jet를 형성하기 위하여 모세관이 가열된다. 분무에서 분석물질은 용리액에서 합쳐지는 ammonium acetate와 같은 염과 함께 전하 교환 메카니즘을 통해 이온화된다. 이리하여 열분무는 연결장치뿐만 아니라 이온화 원이다.

4) 최근 새로운 연결장치는 전자 충격과 화학적 이온화를 이용하는 방법이 있다. 이 장치에서 에어로졸(입자성 용질과 기체상 이동상 분자의 혼합물)을 만들기 위한 열분무와 해리가 동시에 일어난다. 이 에어로졸이 이동상 분자를 펌핑해 내보내는 진공 영역의 노즐을 통해 가속되고, 운동량 분리기에 의해 분리가 완료된다. 그리고 입자성 분석물질은 전자빔이나 화학적으로 이온화 된다.

제 6장 크로마토그래피의 조합 방법

6.1 조합 방법의 개요

크로마토그래피는 혼합물의 성분들에 대해 성분들의 수에 따른 복잡성(complexity), 봉우리 높이나 넓이에 의한 정량성(quantity), 및 머무름 인자에 의한 물질의 확인(identity)과 같은 정보를 제공한다. 이중 물질을 확인하는 데 있어 머무름 시간만으로 물질을 확인하는 것은 매우 의심스러운 일이다. 한편, 분광학적 기술(spectroscopic technique)은 물질을 확인하는 높은 확실성을 추론할 수 있는 정성적(qualitative) 정보를 제공한다. 그러나, 분광학적 기기는 두 가지 제한점을 가지고 있다. 첫째는 신호로부터 정량적(quantitative) 정보를 얻기 어렵다는 점이며, 둘째는 신뢰할 수 있는 확인을 위해 순수하거나 단일 성분이어야 한다는 것이다. 이에 한 개의 시료에 대해 성분들의 동정과 그들의 농도에 대한 보완적 정보를 주기 위한 크로마토그래피와 분광학적 분야의 조합의 필요성이 대두되었고, 이러한 의도가 각 기기 간의 조합에 대한 추진력의 발단이 되었다.

이러한 기기의 기본적 조합(hyphenated/combination) 기술로는 표 6.1.1과 같은 방법들이 이용되고 있다. 이렇게 두 기기를 조합하는데 있어서 연결장치(interface)에 대한 두 가지의 중요한 면을 고려하여야 한다. 첫째는 두개 또는 그 이상의 기계적인 결합(mechanical coupling)이고, 다른 하나는 컴퓨터에 의한 전체 시스템의 통제이다. 여기에서는 조합에 대한 개략적 부분만을 언급하고 상세한 것은 전문 서적을 참고하기 바란다.

표 6.1.1 크로마토그래피와 다른 분석 기기와의 조합 방법

구분	조합 방법
GC	GC-MS(gas chromatography interfaced with mass spectrometry)
	GC-FTIR(gas chromatography interfaced with Fourier transform infrared spectrometry)
	GC-OES(gas chromatography interfaced with optical emission sprctroscopy)
	GC-MS-FTIR
LC	LC-MS(liquid chromatography combined with mass spectrometry)
	LC-FTIR(liquid chromatography combined with Fourier transform infrared spectrometry)
	LC-NMR(liquid chromatography combined with nuclear magnetic resonance spectroscopy)
SFC	SFC-MS(supercritical fluid chromatography combined with mass spectrometry)
	SFC-FTIR(supercritical fluid chromatography combined with FTIR)

6.2 GC와의 조합 방법

6.2.1 GC-MS(Gas chromatography-mass spectrometry)

1. GC-MS의 연결장치

GC와 MS를 연결 시 직면하는 문제는 두 기기에서 요구되는 물질의 흐름에 대한 차이이다. GC는 대기압 하에서 MS는 10^{-5}torr 정도에서 작동하므로 연결장치에서는 다음과 같은 사항이 만족되어야 한다.

- 두 기기 간에 적당한 압력의 감소(pressure drop)를 할 수 있어야 한다.
- 최초 작동 압력의 흐름 속도를 유지하면서 시료 량을 최대화할 수 있어야 한다.
- 컬럼 출구에서 과량의 불감 부피를 막을 수 있어야 한다.
- 시료의 화학적 성분을 분해 시키거나 변형 시키지 말아야 한다.

최근에는 흐름 속도를 1-2 ㎖/min를 수용하는 MS가 개발되어 GC의 OTC 컬럼에서의 흐름 속도와 일치시킬 수 있어 GC-MS를 직접 접속시키는 것이 가능하다. 그러나, 용출되는 유량이 상대적으로 큰 충전 컬럼에서는 열린 슬릿(open split)이나 분출 분리기(jet separator)와 같은 별도의 연결 장치 시스템이 필요하다. GC-MS에서 보통 사용되는 연결장치의 특성과 종류는 표 6.2.1과 그림 6.2.1과 같다.

2. GC-MS의 구조

1) 기체 크로마토그래프

혼합물 상태인 유기 물질에 열을 가하여 기화시킨 다음 기화된 각각의 시료와 컬럼 속의 정지상과의 물리화학적인 성질의 차이에 의하여 각 물질을 분리하는 것을 원리로 한 기기이다.

2) 질량 분석기

(1) GC/MS 연결장치

760 Torr 대기압에서 작동되는 GC와 10^{-5}Torr 이상인 진공 상태에서 작동되는 MS의 압력 차를 극복하여 시료의 손실 없이 GC에서 분리된 화합물을 MS로 안전하게 전달하여 주는 장치이다.

(2) 이온 원

시료 증기로부터 전자 에너지를 가하여 분자 이온을 만드는 장치로 화학 반응로이다. 여기에는 전자 이온화(electron ionization, EI)와 화학 이온화(chemical ionization, CI) 방법이 있다.

(3) 질량 분석관

이온 원으로부터 가속된 분자 이온을 물리적인 방법에 의하여 질량 대 전하 비(m/e)로 분리하는 장치이다.

(4) 검출기

전리 증배관을 사용하여 이온의 전류를 증폭하여 측정하는 장치이다(~10^6배).

(5) 진공 장치

이원온에서 발생된 분자 이온이 서로 반응을 하지 못하고 도중 충돌 소멸되는 것을 방지하며, 질량 분석기가 원활히 작동되도록 펌프를 사용하여 진공 상태를 만들어주는 장치이다.

(6) 데이터 시스템

검출기로부터 측정된 신호를 볼 수 있도록 디스플레이 하여 분석하는 것과 동시에 GC 및 MS의 모든 파라미터를 통제하는 시스템이다.

표 6.2.1 분자 분리기의 비교(Comparison of molecular separators)

Typical properties	Effusion (Watson-Bieman)	Jet	Membrane
Yield	20-30	30-70	30-80
Enrichment	4-7	6-14	10-30
Carrier gas flow range(ml/min)	10-30	15-25	1-60
Temp.(approximate upper limit, ℃)	350	300	255

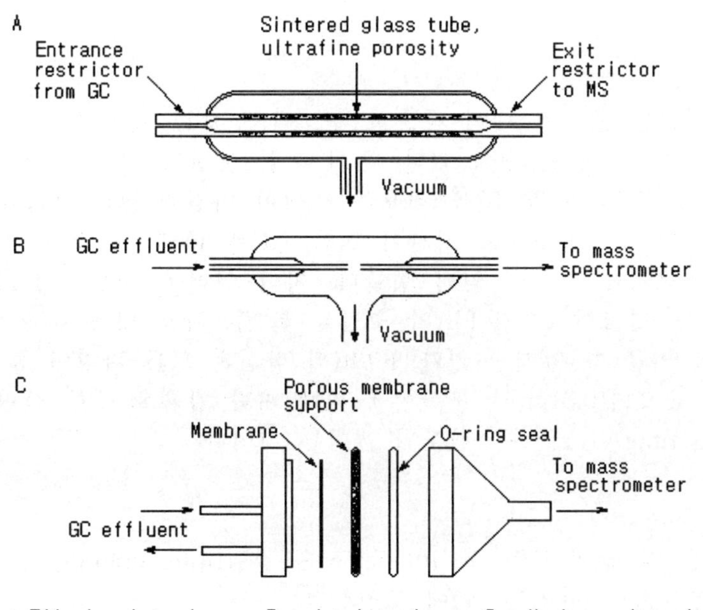

그림 6.2.1 GC-MS의 연결 장치

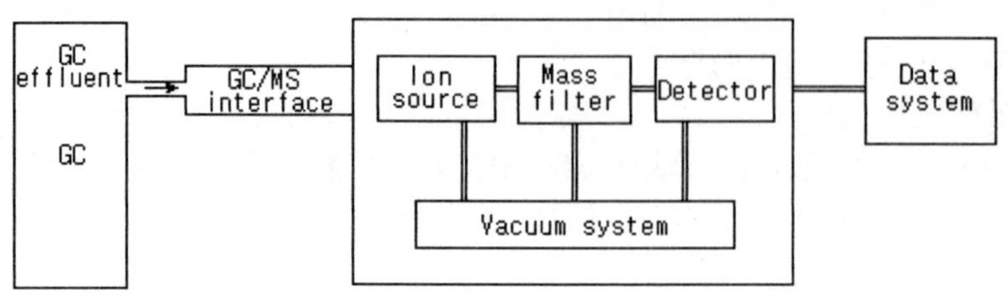

그림 6.2.2 GC-MS의 구조

3. 용도 및 응용

혼합물 상태인 유기물이 기체 크로마토그래프에 의해 분리된 후 질량 분석기 이온원의 전자 에너지에 의해 이온화 되어 만들어진 이온을 질량 대 전하 비(m/e)로 분리한다. 각 이온들의 상대적 세기를 질량 대 전하 비로 기록한 질량 스펙트럼을 해석하여 물질의 화학적 구조, 화학 반응, 분자량 등을 확인하는 정성 분석을 할 수 있고, 또한 질량 분석기에서 나오는 총 이온 크로마토그램으로 정량도 가능하다. GC-MS는 환경 오염 물질 및 대사산물의 분석, 미지 화합물의 규명, 신물질 합성 등의 화학 반응 연구에 유용성이 크다.

6.2.2 GC-FTIR

IR은 작용기가 있는 물질에 대해 중요한 구조적 정보를 제공하지만 완전히 미지의 물질을 확인하는 데는 사용할 수가 없다. 특히 혼합 물질의 경우는 더욱 어렵다. 따라서 혼합 물질을 GC로 분리 후 IR에 적용하는 것이 바람직하다. 그러나, 분산형 IR은 감도가 낮고, 조사(照査, scanning) 시간이 길며, GC에 대해 한 개의 파장을 선택하여 작용기 이외의 스펙트럼 정보를 얻기 힘들다. 이런 어려운 점들이 FTIR의 출현으로 일시에 해결되었다. 따라서 GC-FTIR의 조합을 할 수 있고 많은 혼합 물질에 대해서도 구조적 정보를 얻을 수 있게 되었다. FTIR의 장점은 모든 파장이 동시에 기록되고, 파장의 정확도가 높으며(0.01㎝$^{-1}$), 분산형에 비해 바탕 잡음을 주는 산란광이 없고, 조사 시간(scanning time)이 짧으며, 감도가 높다는 것이다.

1. GC-IR

1) GC 유출물을 수 ㎎의 KBr, KCl이 든 작은 컬럼(mini-column)이나 -70 ℃로 냉각된 미세 셀(microcell, 1~2 ㎕)에 포집한다.
2) 미세 원판 펠렛(micro-disc pellet)을 만들어 전통적 방법으로 분석한다.
3) 분산형 IR에서 시료 량이 약 1~10 ㎎되어야 스펙트럼을 인지할 수 있다.

2. GC-FTIR

1) GC-FTIR 연결장치의 종류

(1) 유통 빛 대롱(Flow-through light pipe)

(2) 흐름 정지식 빛 대롱(Stop-flow light pipe)

(3) 저온 기질 분리(Cryogenic matrix isolation)

2) GC와 FTIR을 연결하는 빛 대롱(light pipe)의 특징은 다음과 같다.

(1) 빛 대롱은 각 끝에 KBr이나 SeZn(zinc selenide)창이 있는 금이 코팅되고 가열된 유리관이다.

(2) 빛 대롱의 부피는 GC 봉우리의 기체 부피보다 적어야 한다.

(3) 기체의 흐름은 일정하여야 한다

(4) 신호의 손실이 최소한 되도록 복사선을 투과해야 하고 상승된 온도에서 시료에 비활성 이어야 한다.

(5) 전형적 크기는 내경 0.1~0.3 ㎝, 길이 20~100 ㎝, 부피는 0.8~5.0 ㎖ 정도이다.

(6) 빛 대롱은 빛이 통과하는 길에 놓여야 한다

3) 시료 량은 10 ng~1 ㎍정도 되어야 유용한 스펙트럼을 얻을 수 있다

4) 매트릭스 분리도 GC-FTIR의 한 방법이다

(1) GC 유출물이 직접 IR 스펙트럼을 줄 수 있게 고체의 매트릭스 형태를 얻기 위해 저온(cryogenic temperature)에서 비활성 운반 기체와 함께 응축된다

(2) 연결장치에는 저온 수집기(cryocollector)가 있다. 저온 수집기는 시료 수집기, 농축기, 셀 및 저장 장치로 되어 있다.

(3) 저온 스펙트럼은 15 K에서 측정된다

(4) 보통은 1~10 ng의 시료가 필요하며, 강한 흡수 밴드를 얻기 위해서는 약 160 pg이 필요하다

5) 이동상은 근본적으로 비흡수(nonabsorbing)이어야 하며 전 파장에서 투과 에너지가 줄지 않아야 한다.

6.2.3 GC-OES(Gas chromatography-optical emission spectroscopy)

플라스마 원천(plasma source), 그보다 못한 정도로 불꽃 및 탄소로는 GC와 쉽게 연결될 수 있다. 이 중 플라스마 원천은 주기율표의 모든 원소를 여기 시켜 강한 발산을 할 수가 있다. 특히 C, H, O, N, S, P 및 할로겐 원소(F, Cl, Br)와 D, C^{13}, N^{15}, O^{18} 등의 동위원소에 대해 특정한 크로마토그램을 얻을 수 있다. 이 특정 크로마토그램으로 각 봉우리에 대해 특정 원소의 존재 유무를 알 수가 있다. 또한 각 원소의 봉우리 면적으로 실험식을 알 수가 있다.

GC로부터 분리되어 나온 유출물이 마이크로파(또는 라디오파) 발생기로부터 생성된 플라스마에 놓이면 플라스마로부터 에너지를 흡수하여 분자가 깨지고 바닥 상태에서 들뜬 상태로 여기 된다. 이것이 다시 바닥 상태로 돌아올 때 각 원소는 특정 파장의 빛을 방출하게 된다. 방출된 빛은 모아졌다가 회절발에 의해서 분산되어 각 파장의 빛으로 나뉘어져 배열 광다이오드(photodiode array, PDA)나 광전 증배관(photomultiplier tube)에서 검출된다.

1. GC-OES에서의 특징

1) 플라스마는 4,000-10,000 K로 이온화 된 기체가 대부분이며, 이 플라스마 상태는 직접적으로 기체의 전기적 방전(electrical discharge)이나 기체의 유도 가열(inductive heating)에 의한 간접적 방법으로 유지된다.
2) 유도 가열은 라디오 진동수에 의한 유도 결합 플라스마(inductively coupled plasma)나 마이크로파 진동수에 의한 마이크로파 유도 플라스마(microwave induced plasma)의 힘에 의해 발생된 전자기장에 의한다.
3) 모든 원소들이 동시에 여기 되며, 각 원소의 응답은 플라스마에 놓인 원소 수에 비례한다.
4) 다중 채널(12개)로 동시에 여러 가지 원소를 측정할 수 있다. GC 봉우리와 비교하여 확인 및 정량을 한다. 한편, 미지 화합물의 실험식은 직접 얻을 수도 있다.

2. 플라스마 가스인 헬륨의 특성

1) 단순한 바탕 스펙트럼(background spectrum)을 준다.
2) 높은 여기 에너지(high excitation energy)를 제공한다.
3) 증진된 직선 응답 범위(improved linear response range)를 제공한다.

6.2.4 GC-FTIR-MS

MS는 화합물의 분자량과 구조 확인에 뛰어난 결과를 제공하나 이성질체 구별에는 적합치 못한 반면, FTIR은 이성질체 구별은 물론 정확한 분자 구조를 확인하여 준다. 이들의 상호 보완적인 기능을 결합한 GC/FTIR/MS는 단 한번의 시료 주입으로 GC에서 분리되는 모든 화합물을 정확하게 분석하는 조합 시스템이다.

표 6.2.2 GC-FTIR-MS 조합 시스템에 의한 정성 분석

GC	FTIR	MS
- Separator	- Functional group selective	- Mass selective
	- Aromatic substitution information	- Homolog information
	- Cis-trans isomer data	- Molecular weights
	- Ring junction information	- Elemental composition
	- Aliphatic chain data	- Substituent data

6.3 LC와의 조합 방법

6.3.1 LC-MS

1. LC-MS의 필요성

순수한 단일 시료는 단독 질량 분석기 사용에 큰 어려움이 없으나 시료가 혼합물인 경우에는 다른 분석법과 마찬가지로 질량 분석에 앞서서 필요한 성분의 분리, 정제 과정이 필요하다. 이를 위해 GC/MS 방법이 개발되어 각종 유기 및 생체 물질의 분석에 널리 사용되고 있다. 그러나 끓는점이 높거나, 열에 불안정하고 극성이 큰 물질들은 GC-MS로 분석하기 어렵다. 따라서 휘발성이 크고 열에 안정한 유도체로 만들어 GC-MS에 주입해야 하나 시료 처리 과정에서의 수율 및 재현성이 문제가 되는 경우나 분자량이 큰 생체 물질들은 LC-MS를 필요로 한다. 현재 지구상에 존재하는 유기 및 생체 화합물은 약 1,000만종 정도이며, 이중 GC-MS로 분석 가능한 화합물은 약 1 % 정도로 LC-MS의 필요성은 중요성을 더해가고 있다.

2. LC-MS의 연결장치

1) LC/MS의 이러한 유용성에도 불구하고 질량 분석기는 일반적인 작동 조건이 고진공, 고온, 기체 상태이며, 매우 작은 유속을 받아들이기 때문에 액체 이동상, 고압, 빠른 유속 및 비교적 상온을 작동 조건으로 하는 HPLC와 직결(on-line)로 연결하기에는 상당한 어려움이 있다.
2) LC에서 휘발 되는 시료 비율이 너무 작아 GC-MS에서 요구하는 것보다 10^5 정도 높이는 것이 요구되므로, LC 용매를 분석물질로부터 제거시킬 필요가 있다.
3) LC의 이동상에 많이 사용되는 무기염이나 완충제는 보통 휘발 되지 않거나 휘발성 물질이 효율적으로 MS로 이동되지 않을 우려가 있다. 따라서, 위의 난점을 고려하여 LC와 MS를 연결하는 주요한 방법들은 다음과 같다.
   (1) 대기압에서 이온 원으로의 직접적 소개(direct introduction)
   (2) 화학적 이온 원으로의 직접적 소개
   (3) 분출 연결장치(jet interface)를 확장하는 것
   (4) 벨트 연결장치(belt interface)를 이동하는 것

   이들의 구조 및 특성은 그림 6.3.1과 표 6.3.1에 보여진다. 또한, 화합물의 특성에 따라 전기분무(electrospray), 열분무(thermospray) 및 입자 살(particle beam) HPLC-MS 연결장치가 사용된다. 이들의 특성은 표 6.3.2와 같다.

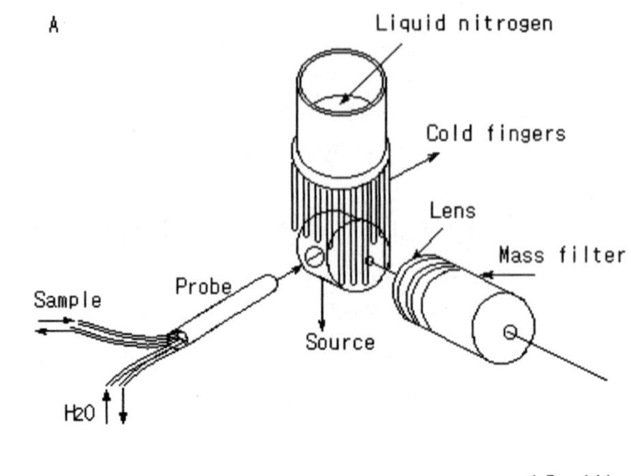

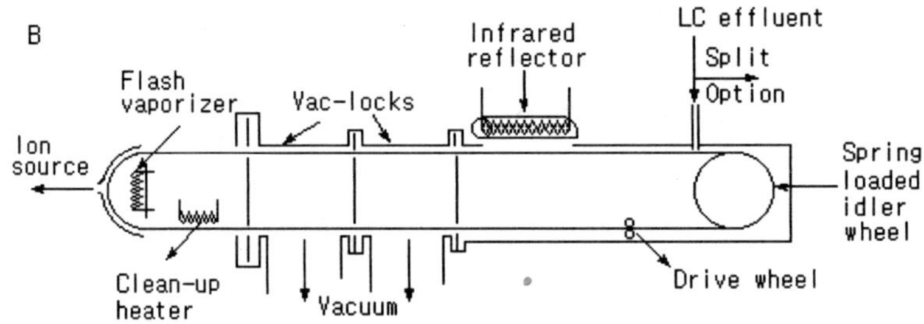

A ; Direct liquid introduction interface B ; Moving belt interface

그림 6.3.1 LC-MS의 연결 장치

표 6.3.1 LC-MS 연결 장치의 특징

Property	Moving belt	Atmospheric pressure ionization	Expanding jet	Direct liquid introduction
Flow of solvent(ml/min)				
nonpolar	1-2	1	1	0.01-0.07
polar	0.1-0.3	1	0.5	0.01-0.07
Sample yield(%)	30-40		1	0.3-1.0
MS mode	EI/CI	CI	EI/CI	CI
Low mass limit(amu)	90-100		40/90	150
Technical complexity	High	Medium	Very high	Low
Adaptable to existing instrument	Yes	Yes	No	Yes
Detection limit(g)				
Single ion recording	10^{-12}	10^{-12}	10^{-9}	10^{-12}
Full scan	10^{-9}	10^{-9}	10^{-6}	10^{-9}

표 6.3.2 전기분무, 입자 살 및 열분무의 비교(Comparison of electrospray, particle beam and thermospray)

특징	Electrospray	Particle beam	Thermospray
분석 가능한 M.W 및 화합물 GC inlet	· 50 - 100,000 · HPLC로 분석되는 거의 모든 화합물	· - 1,200 · 휘발성, 유기 용매에 용해되는 화합물	· - 10,000 · 열에 안정, 비휘발/극성물에 용해되는 화합물
분석 감도	1 pmole/μℓ myoglobin 100:1	20 ng benzidine 50:1	20 ng adenosine 10:1
장점	· 높은 분석감도 · 광범위한 화합물 분석 · Mass range가 넓음 · 간편한 분자량 확인 (soft ionization)	· Classical EI/CI 스펙트럼을 얻을 수 있어 library search 가능 · Good reproducibility · GC-MS → LC-MS 전환이 빠름	· 비휘발성 화합물 분석 · HPLC 방법 적용
단점	· 사용의 어려움 · HPLC 유량 제한 · 생물학 및 약학 응용외 분석법 개발 미약	· 시료의 휘발성 요구 · 휘발성 buffer사용	· 토막내기 예측이 어려워 구조 파악이 힘들다. · 휘발성 buffer사용 · NPC에서 감도 감소
적합한 HPLC 흐름 속도	- 500 μℓ/min	- 1.0 mℓ/min	- 2.0 mℓ/min
가격	고가	보통	보통
우수 분석 화합물	Peptide, protein, antibiotics, nucleotide, pesticide, polymer 이외의 화합물은 현재 분석법 개발	Amide, ketone, ester, aldehyde, hydrocarbon, xanthine, alcohol, pesticide	Amine/nitro, conjugate, ionic(salt), carboxylic acid, carbohydrate, peptide, protein, azo dye, sulfonic acid, sugar, vitamine, pesticide

6.3.2 LC-FTIR

LC에서의 유출물은 검출기 출구에서 수집되고 수 mg의 KBr이 가해진다. 과량의 용매가 증발되고, 시료를 미세 원판(micro-disc)으로 만든다. 이동상에 물이 있는 경우 거의 가능하지 않다. 이런 경우에는 KBr을 가하기 전에 휘발성 유기 용매로 시료를 추출한다.

1. HPLC-FTIR의 특징
   1) 사용된 용매는 GC의 이동상에 비해 적당한 에너지 흡수를 보인다.
   2) 유출물이 계속하여 흐름 셀(flow-cell)을 통과하면서 크로마토그래프가 작동되는 동안 간섭그림(interferogram)이 계속 모니터링 된다. 분리의 끝에서 용액의 스펙트럼이 계산되고 이동상의 스펙트럼을 뺀다.
   3) 전형적 셀은 통과 길이가 0.1~0.2 mm, 셀 부피는 3~12 $\mu\ell$이다.

2. HPLC-FTIR의 단점
   1) 이동상에 의해 흡수되는 영역에서 용질의 스펙트럼을 얻기 어렵다.
   2) 전체 신호에서 이동상의 크기를 빼는 것이 모든 용매에서 가능하지 않다. RPC는 물을 이용하므로 쉽지 않다.
   3) 그레디언트 용출 조건에서는 용매의 스펙트럼을 빼는 것이 만족스럽지 못하다.
   4) 용매 스펙트럼의 제거는 등용매 분리(isocratic separation)에 국한된다.
   5) GC-FTIR에 비해 감도는 약 20배 낮고, 검출 한도는 RI 검출기와 비슷하다.

3. 미세 구경(microbore) HPLC-FTIR의 특징
   1) 더 높은 검출력을 보인다.
   2) 큰 스펙트럼 창으로 값이 비싼 용매의 이용을 가능하게 한다.

4. 연결장치
   1) GC-FTIR보다 복잡한 장치로 되어 있다.
   2) Griffiths 연결 장치는 금속막 위에 수 mg의 KBr이 있는 32개 컵을 가진 회전목마(merry-go-round/carousel)로 되어 있으며, LC로부터의 유출물이 N_2가 흐르는 가열된 농축 기관에 통제된 속도로 뿌려진다. 기체 흐름과 온도가 선택되고 약 90 %의 용매가 증발된다. UV 검출기가 용매 봉우리의 용출을 신호화할 때 농축 기관으로부터의 용출물이 메리고라운드위의 컵들의 하나에 떨어지도록 솔레노이드 밸브로 연결되어 있다. 전체 연결 과정은 마이크로프로세서가 통제를 한다.

6.3.3 LC-NMR

LC와 NMR의 조합은 1970년대 중반부터 흥미롭게 진척되었다. NMR은 구조나 입체 화학적 정보를 용이하게 제공하지만, 기술적인 면에서 상대적으로 큰 시료 량의 필요

와 분석 시간이 많이 소요되어 일반적으로 HPLC의 실험 조건과 일치시키는 것이 쉽지 않다. 또한 양성자 스펙트럼만이 얻어지므로 감도가 낮다. 용출되는 용매가 분광 분석기의 조건에 맞지 않을 때에는 용매를 바꾸어 특별한 미세 셀에 넣어 측정한다. 미세 셀의 부피는 0.03~0.05 mℓ이다. NMR 시료의 강도와 봉우리 폭은 흐름 셀에 용질의 정체 시간(컬럼 흐름 속도)에 의존한다. FT-NMR을 이용하여 한 개의 이용할 수 있는 양성자 스펙트럼의 평균 신호를 부분 미량 시료(sub-microgram amount)로부터 얻을 수 있다.

1. 흐름 셀의 설계 시 고려할 사항
   1) 측정 셀의 기하학적 구조가 일정한 흐름을 할 수 있어야 한다.
   2) 셀 부피는 봉우리의 용출 부피를 초과하지 않으면서 측정동안 시료 최대량을 수용할 수 있어야 한다.
   3) 측정 부피 내에서의 봉우리 정체 시간은 용질 양성자의 세로 이완 시간의 3배를 초과하여야 한다.

2. 스펙트럼을 얻는 방법 및 측정
   1) 연속적 흐름(continuous flow)과 흐름 정지식 형태(stop-flow mode)가 있다.
   2) 흐름 정지식은 신호를 평균하여 감도를 증가시키나 시간이 많이 소요된다.
   3) 초전도 높은 장 마그네트(superconduction high field magnet)와 함께 더 낮은 미량 몰(lower micromolar) 범위에서의 검출 한도는 연속적 흐름 방식에서 얻어지고, 높은 나노 몰(high nanomolar) 범위에서의 검출 한도는 흐름 정지식에서 얻어진다.
   4) 초전도 마그네트와 함께 약 0.5 Hz의 분리능이 가능하다(iron magnet에서는 1-3 Hz).
   5) 초전도 마그네트에서의 감도는 영구 iron magnet 기기보다 크기가 약 10^{-1}정도(an order of magnitude less)이다.

6.4 SFC-MS 및 SFC-FTIR

SFC-MS와 SFC-FTIR의 조합은 HPLC보다 문제점이 더 적다. OTC는 직접적인 유동체(fluiding) 연결장치를 사용해 MS와 조합된다.

1) 모세관 SFC에서의 전형적 액체 흐름 속도는 50-80 $\mu\ell$/min이다.
2) 대부분 MS는 이동상이 기체 시약으로 작용하는 화학적 이온화 방식에서 기록된다.
3) 직결된 SFC-FTIR은 HPLC-FTIR보다 높은 감도와 더 큰 스펙트럼 정보를 준다.
4) SFC에서의 이동상은 HPLC에서 쓰이는 것보다 더 넓은 스펙트럼 창과 더 큰 IR 투명성을 갖는다.

제 7장 기타 크로마토그래피 방법

7.1 종이 크로마토그래피(Paper chromatography)

1. 개요

종이 크로마토그래피(paper chromatography, PC)는 1944년 Martin과 Synge에 의해 소개된 가장 간단한 형태 중의 하나이다. 정지상은 간단한 여과지를 사용하거나 크로마토그래피용 종이로 특별히 정제된 셀룰로오스(98~99 % α-cellulose)를 사용한다. 이동상은 모세관 작용이나 모세관 작용과 중력에 의해 이동한다. 시료는 친수성 화합물인 아미노산, 펩타이드, 당류들이 주로 사용되었다. 이 메카니즘은 주로 액체인 이동상과 셀룰로오스에 함유된 물(물-셀룰로오스 복합체) 사이의 분배에 의해 주로 이루어지나, 종이를 만드는 과정에서 형성되는 카르복실산과의 이온 교환 등에 의해 더욱 복잡하다. 이동상을 전개하는 방법에는 상승법과 하강법이 있으며, 용매를 담는 용기는 사각 및 원통형이 사용된다. PC에서 재현성과 분리능을 높이기 위해서는 다음 조건을 갖추어야 한다.

1) 시료는 주사기나 모세관을 사용하여 다른 시료나 표준 물질과 구별되게 점적한다.
2) 용매는 전개 전에 자연적이나 인공적으로(건조기 사용)증발 시켜야한다.
3) 종이는 1시간 정도 전개할 수 있는 정도로 하고, 전개 전에 챔버에서 용매 증기와 평형이 되도록 한다.
4) 발색 시약은 종이에 적합하여야 한다.
5) 정량을 위한 자르기 및 추출에도 많은 주의가 요구된다.

얇은 층, 기체 및 고성능 액체 크로마토그래피 등의 등장으로 80년대 이후에는 거의 사용되지 않고 있으며, 모든 실험실에서 간단한 예비 실험에도 현재는 얇은 층 크로마토그래피로 대치되어 있다.

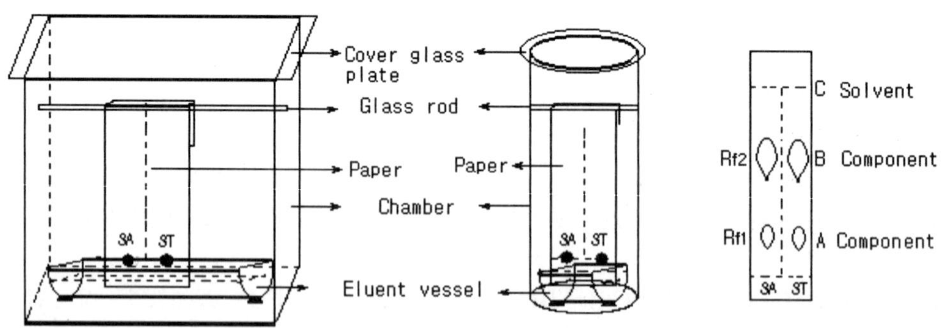

그림 7.1.1 종이 크로마토그래피의 전개 및 성분 분리

7.2 얇은 층 크로마토그래피(Thin layer chromatography)

1. 개요

얇은 층 크로마토그래피(thin layer chromatography, TLC)는 1938년 Izmaillov와 Schreiber가 기초를 세웠으며 58년 Stahl에 의해서 더욱 발전되었다. TLC에서 정지상은 불활성 지지체에 입자성 물질(입자 크기 5~30 ㎛, 평균 20㎛ ; 실리카 겔, 알루미나)을 0.1~0.5 mm 두께로 입힌 것으로 지지체는 초기에 유리를 사용하였으나 현재는 플라스틱이나 알루미늄을 주로 사용한다. 실험실에서 용도에 따라 판의 크기를 조절하여 사용할 수 있는 이점이 있다. 정상적인 상업용 전개판으로는 20×20 cm, 5×20 cm, 1×3 cm(현미경 슬라이드, microscope slide)가 있다. 시료 부피는 1~5 ㎕가 사용된다. TLC의 분리능은 입자 크기에 의존한다. 한편 평균 입자 크기가 5 ㎛ 정도를 사용하는 것을 고성능 얇은 층 크로마토그래피(high performance TLC, HPTLC)라 한다. HPTLC에서 전개판의 크기는 10×10 cm, 10×20 cm가 사용되며 시료 부피는 0.1~0.2 ㎕를 점적한다. TLC에서 재현성과 분리능을 높이기 위한 조건은 PC와 거의 같다. 전개 방법은 연속적 전개, 단계별 전개, 이차원 전개, 다차원 전개 및 방사방향(또는 원형) 전개 방법이 있다.

많은 실험실에서는 평형 단계를 생략하고 판에 시료나 표준 물질 용액을 점적하고 말린 후 즉시 용매조의 용매에 넣어 전개시킨다. 약 0.5~1시간 정도 전개한 후 건조하고, R_f값(용매가 이동한 거리와 화합물이 이동한 거리의 비율)에 의해 정성과 정량을 할 수가 있다. 전개된 성분들은 대칭성의 점들을 형성하는 것이 좋다. 분리되는 화합물의 대다수가 색을 띠지 않아서 직접 관찰하기가 힘들다(합성 염색체와 천연 염색체는 제외). 이런 경우에는 화합물과 반응해서 유도체를 형성하여 색깔을 띠는 시약이 사용된다. 산성화된 중크롬산은 대부분의 유기 복합체를 발색시키며, 닌히드린 시약은 아미노산에 특이적으로 반응한다. TLC의 이점은 저렴한 비용과 빠른 속도 및 간편성이다. 그러므로 일반 실험실에서 생산품의 순도 판별, 임상 실험, 생화학, 생물체 연구 등에 널리 사용되고 있다

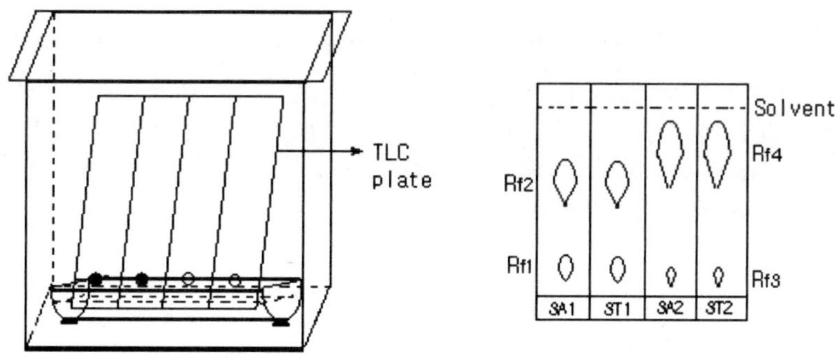

그림 7.2.1 얇은 층 크로마토그래피의 전개 및 성분 분리

2. TLC에서의 억제 인자, 용매 선택 및 효율

1) 억제 인자(Retardation factor, R_f)

TLC에서는 단면(cross section)과 분배계수는 전개 거리에 따라 일정하지 않으므로, 용질과 이동상의 이동한 거리의 비를 사용한다. 이 비를 억제 인자라 한다.

$R_f = d_R/d_M$

d_R ; 출발선으로부터 이동된 용질의 중심까지의 거리

d_M ; 출발선으로부터 이동된 이동상의 거리

♧ 주요 사항

(1) TLC는 HPLC에 대한 지표 기술(pilot technique)로 사용된다. 간단한 관계는 다음과 같다.

$k = (d_M - d_R)/d_R = \{1-(d_R/d_M)\}/(d_R/d_M) = (1-R_f)/R_f = (1/R_f) - 1$

k ; HPLC로부터의 용량인자

R_f ; TLC로부터 측정된 억제 인자

가. $0 \le R_f \le 1$로 $R_f=0$일 때 점은 출발선에서 이동하지 않고, $R_f=1$일 때는 점은 정지상에 머무르지 않고, 용매의 선단과 같이 이동한다.

나. 위의 식에서 등용매(isocratic) 실험이 한 기술로부터 다른 기술로 직접 외삽될 수 있다.

다. 0.1~0.5의 R_f값은 HPLC에서의 1~10 의 k 값과 일치한다.

라. 등용매 TLC의 결과를 그레디언트 컬럼 HPLC에 적용한다면, 그레디언트는 TLC에 대해 결정된 이동상보다 약 20 % 약한데서 시작하고 TLC 용매보다 약 20 % 강한 지점까지 운영한다.

마. TLC에서 얻은 머무름 인자는 보통 컬럼에서 얻은 것보다 간단하고 더 빠르다.

(2) 직선형 전개($R_{f,lin}$)와 방사방향 전개($R_{f,circ}$)와의 관계

$R^2_{f,circ} = R_{f,lin}$

2) 용매 선택

목적한 분리를 달성하기 위한 용매 계의 선택은 많은 시행을 포함한다. 그러나 용매의 선택은 검출기 응답에의 방해와 정지상의 가능한 악화를 고려함에 의해서 매우 제한되지 않는다. 용매 계는 보통 물과 섞일 수 있는 극성 유기 용매의 이성분 혼합물이 사용된다. 한편 용매 혼합물은 실험적으로 결정된다. 전체 용매 강도를 다음 식으로부터 얻을 수 있다.

$S' = F_aS_a + F_bS_b + \cdot\cdot\cdot\cdot$

F ; 순수 용매(a, b 등)의 부피 분율

S ; 그들의 용매 강도 인자

♧ 주요 사항

(1) 위의 식을 이용하여 같은 용매 강도이면서 다른 선택성을 가지는 ACN/D.W

(acetonitrile-H_2O), THF/D.W(tetrahydrofuran-H_2O), MeOH/D.W(methanol-H_2O)과 같은 이 성분이나, 삼 성분, 사 성분의 혼합물을 만들 수 있다.

(2) 가장 높은 S값은 흡착 TLC에서 가장 강한 용질을 표시하고, 가장 약한 S값은 역상 TLC에 대해 가장 강한 용질을 표시한다. 정상이나 역상 TLC에서 벤젠이 실리카겔에 대한 분리를 위한 좋은 용매이다. 만약 R_f 값이 너무 크면, 극성을 감소하기 위하여 5~10 %의 hexane을 가하고, 극성을 증가시키기 위하여 5~10 %의 CH_3OH을 가한다. 역상 TLC에서 다른 유용한 이동상은 C_2H_5OH-H_2O(80/20 v/v)이다. 선택성은 C_2H_5OH-H_2O의 비를 바꾸거나 표 7.2.1의 다른 용매 하나를 치환하는 것에 의해서 달성된다. 또한 지역의 꼬리 끌기를 예방하기 위하여 산성 및 염기성의 비이온성 용질에 대해 각각 작은 량의 acetic acid나 수용성 ammonia를 가한다.

표 7.2.1 실험적 용매 강도 인자

용매	S	용매	S
Hexane	0.0	Pyridine	5.3
1-Propanol	3.9	Acetone	5.4
Tetrahydrofuran	4.2	Acetic acid	6.2
Ethyl acetate	4.3	Acetonitrile	6.2
2-Propanol	4.3	DMF	6.4
Chloroform	4.4	Methanol	6.6
1,4-Dioxane	4.8	Water	9.0
Ethanol	5.2		

* DMF ; N,N-Dimethylformamide
* Source ; A selection of solvents from L. R. Synder, J. Chromatogr. 92 : 223(1974)

3) 효율

TLC에서의 이론단 수(n)는 다음으로부터 계산된다.

$n = 16(d_R/W)^2$

d_R ; 출발선으로부터 이동된 용질의 중심까지의 거리

W ; 분리된 용질의 나비

♧ 주요 사항

HPTLC에서 효율적인 이론단 수는 10 cm 전개 시 보통 5000이하이다. 그러나 HPTLC에서 정상적 전개 거리는 3~7 cm이다. 기본적인 TLC에 대해 전형적인 효율은 10~15 cm의 분리 거리에 대한 단보다 적다.

3. 정량

정량을 하는 첫째 방법은 가시적 비교, 면적 측정, 농도계법(densitometry)에 의해서 전개된 판(plate), 얇은 판(sheet), 또는 벗김 크로마토그램(strip chromatogram)위에서

직접 수행된다. 판을 이동하는 대 위에 설치하고 슬릿 길이에 대해 수평으로 모터를 사용하여 이동하고, 손이나 모터를 사용하여 직각 방향으로 작동을 한다. 둘째 방법은 더 실험되기 전에 흡착제로부터 용질을 용출하여 분석하는 방법으로 시료나 표준 물질로부터 용출된 물질은 간편하고 적합한 방법에 의해 분석되어질 수 있다. TLC의 여러 가지 단계에 대한 요구는 정량이 수행될 때 더 설득력이 있다.

1) 흡수 농도계법(Absorption densitometry)

흡수 농도계법에서 TLC 판 위의 점적은 가장 큰 점적의 구경에 따라 선택된 슬릿의 길이와 함께 슬릿 상으로 형성된 단색의 빛살에 의해 주사(走査)된다. 반사-흡수(reflectance-absorption)의 응답은 농도와 함께 비직선형으로 주사되기 때문에 검정 표준이 각 시료 분석 시 포함된다. 결론적으로 시료와 표준 물질이 같은 조건하에서 처리되어야만 계통적 오차가 최소화될 수 있다. 가시선이나 자외선 영역에 대한 최소의 검출 한계는 100 pg~100 ng 정도이다. TLC 판의 농도계법 주사 방법에는 홑살 주사기, 겹살 주사기 이중 파장 주사기를 사용하는 것이 있다. 홑 빛살 주사기는 우수한 정량적 결과를 주나, 크로마토그래픽 전개 동안이나 판 표면의 조그만 불규칙성에 기인한 관계없는 흡수로 인한 바탕선 표류가 있을 수 있다. 겹 빛살형은 기준 살을 사용하여 판 바탕에 의한 오차를 줄일 수 있다. 이중 파장 주사기는 두개의 단색화 장치를 사용하여 바탕과 판의 불규칙성에 대해 보정할 수 있다.

2) 반사 형식(Reflectance mode)

확산되어 반사된(또는 산란된) 빛은 광전 증배관에서 검출된다. 빛의 흡수가 없는 물질의 판의 면적이 최대 신호를 준다. 분리된 점적들은 농도에 의존한 반사 빛을 감소시킬 수 있다.

3) 형광 측정

더 큰 선택성과 감도, 점적 형태와 관계없는 높은 직선성을 보여 응용 시 더 좋다. 형광 물질에 대한 전형적인 감도는 낮은 pg 범위이다.

4) 표준물 첨가법

세 개의 표준 물질과 미지 시료를 비교하는 방법이다. 시료 용액의 4개 밴드가 먼저 동일하게 점적되고 건조한 후 농도를 아는 시료 용액을 첫 번째 점적에는 10 μl, 두 번째 점적에는 4 μl, 세 번째는 2 μl를 더 점적하고, 네 번째는 점적하지 않는다.

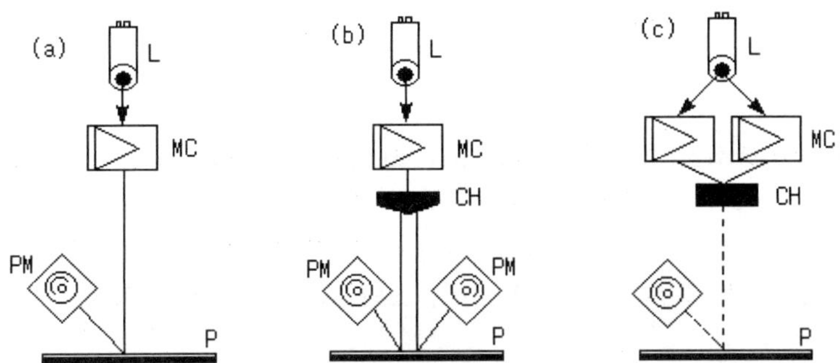

그림 7.2.2 주사 농도계의 다른 광학적 배치를 보이는 도표
(a) 홑 빛살 농도계, (b) 공간에서의 겹 빛살 농도계,
(c) 동시형 겹 빛살 농도계

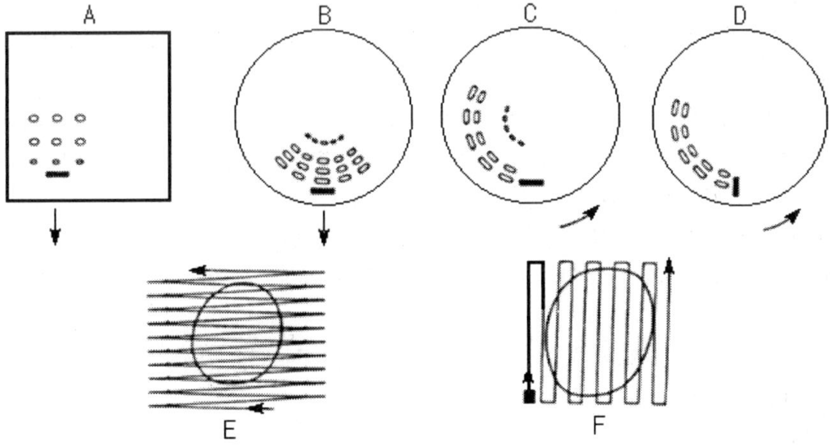

그림 7.2.3 얇은 층 크로마토그램을 주사하는 방법

7.3 제조용 액체 크로마토그래피(Preparative liquid chromatography)

1. 개요

제조용 액체 크로마토그래피(preparative liquid chromatography, PLC)는 1967년 Huber가 HPLC 시스템을 개발한 이후 꾸준히 발달되었다. 제조용(또는 분취용) LC는 시료중의 복합성분을 크로마토그래피를 이용하여 각각 단일 성분으로 분리한 후 원하는 성분을 높은 순도와 수율로 제조하여 구조의 확인, 표준품 제조 및 제품을 양산하기 위한 목적이 있다.

1) 제조용 HPLC 시스템의 특징

(1) 응용 범위가 넓다.

(2) 규모 증대(scale-up)나 재순환(recycling) 방법을 이용하여 소량에서 대량(㎍~kg)까지 제조할 수 있다.

(3) 분리능, 재현성, 회수율이 좋다.

(4) 제조 시간이 짧고, 자동화기 용이하다.

(5) 제조된 물질의 순도 확인이 쉽다.

2) 시료를 제조할 때는 다음 사항을 고려하여야 한다.

(1) 제조할 대상 물질에 대한 정보를 얻는다 ; 미량 성분 제조, 대량 성분 제조, 유사 성분 제조

(2) 초기 분석 방법 및 조건을 정 한다 ; 정상, 역상, 이온 교환, 크기 배제

(3) 분석 조건을 개선하여 재분석 한다 ; 이동상, 컬럼, 시료 전처리 등을 변화시켜 α, k, n, R_s값의 최적화 및 증가를 시도한다.

(4) 개선된 분석 조건을 사용하여 예비 제조를 한다.

(5) 예비 제조 조건에 만족하면 대량 제조를 한다 ; 규모 증대나 순환 방법 을 이용한다.

(6) 제조된 물질의 순도를 확인하고 목적에 맞도록 사용한다.

3) 제조용 HPLC에 영향을 미치는 인자

(1) 시료의 량

시료의 량이 극히 적은 경우에는 t_R, k, n, R_s 등의 변화가 거의 없으나, 시료의 량이 증가하면 전체적으로 영향을 주어 봉우리 비대칭, 봉우리 꼬리 끌기 현상이 나타난다. 일반적으로 시료 량의 영향을 정량적으로 표시할 때는 단위 정지상에 대한 시료의 주입량으로 표시한다. 이 시료 량의 변화에 따르는 k 및 H를 도시한다. 이 때 k나 H값이 10 % 변화하는 시료의 량을 기준 하여 정지상의 선형 용량(linear capacity)이라 하고 이 기준점보다 시료의 량이 적은 부분의 시료를 다루는 부분을 분석용 LC(analytical LC)라 하고, 기준점보다 많은 시료를 다루는 경우를 제조용 LC(preparative LC)라고 부른다. 제조용 LC는 많은 시료의 량을 취급하므로 분석용 LC와는 달리 분리된 성분을 회수할 수도 있고, 또 회수가 목적이다.

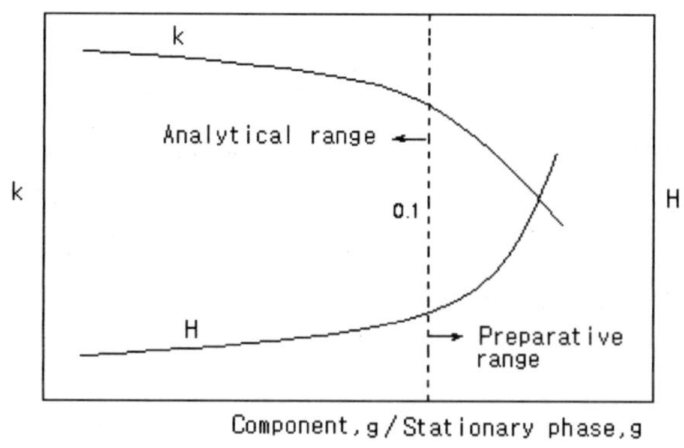

그림 7.3.1 LC에서 선형 용량과 분석용/제조용 LC의 구분

(2) 시료의 농도

시료의 실음(loading) 부피와 농도가 증가하면 봉우리가 넓어진다. 부피가 증가하면 먼저 용리되는 봉우리가 나중 용리되는 것보다 더 넓어지고, 농도가 증가하면 뒤에 분리되는 봉우리가 더 넓어지고 모든 봉우리의 t_R이 감소한다. 제조용 HPLC에서는 실음 부피보다 농도를 높이는 것이 α값을 유지하는데 좋다. 따라서 제조용 컬럼에 시료를 많이 실키 위해서는 정지상의 입자가 크거나 컬럼의 용적이 커야한다. 그러나 입자가 크게 되면 실음 량은 커지지만 n이 적어져 분리능이 떨어지고 제조가 어려워진다. 컬럼의 분리능을 유지하면서 실음량을 많게 하려면 정지상의 입자 크기가 작으면서 용적이 큰 것이 바람직하다.

(3) 이동상

크로마토그래피용 등급을 사용하는 것이 좋으며, 필요하다면 일반 시약 급을 수 차례 증류하여 사용하는 경우도 있다.

(4) 컬럼의 수명 및 가격

제조용 HPLC에서 중요한 비중을 차지하는 것은 컬럼의 가격이다. 대량 제조를 하기 위해서는 내경이 큰 컬럼이 필요하다. 가격을 저렴하게 하면서 효율이 스테인레스 강 컬럼보다 좋은 방사방향 압축 컬럼(radial compression column)을 Waters사에서 개발하였고, 또한, n 값을 높이고 수명을 4배 이상 증가시키기 위한 분절 컬럼 기술(segment column technology)을 발표하였다. 이것은 10 mm의 방사방향 압축 컬럼을 2~3개 직렬로 연결해 사용할 수 있도록 하고, 본 컬럼 보호를 위해 컬럼의 입구 부분에 보호 컬럼(guard column)을 쉽게 연결할 수 있도록 하여 본 컬럼이 오염되는 경우 앞부분의 10 mm 컬럼만 교체하면 원래의 분리 상태를 유지시켜주는 제조용 HPLC에서는 필수적인 컬럼이다. 작은 지름 입자로 충전된 약 25 mm보다 더 큰 구경의 컬럼에 대해 이동상의 흐름에 의해 발생되는 마찰열의 비효율적인 소산이 문제될 수 있다. 그것은 스테인레스 강 컬럼과 충전물의 열 팽창 성질이 같지 않기 때문이다. 반복되는 열 팽창과 수축을 통해서 충전물의 구조가 변하고 틈새(void)가 컬럼의 앞부분

(top)과 벽을 따라서 생긴다. 벽 근처의 높은 투과성의 형성은 이중 봉우리를 생기게 한다. 이런 문제를 해결하기 위하여 방사방향과 축방향 압축에 의해 충전물의 부피 변화에 따라 계속적으로 컬럼 부피가 변하는 것이 채택되었다. 축방향 압축은 컬럼의 끝이나 앞 부분에 고정이나 부유 피스톤을 이용한다. 방사방향 압축은 휘기 쉬운 덮개(mantle)와 딱딱한 용기사이의 기체나 유체에 의해 달성된다. 축방향과 방사방향 압축의 조합은 컬럼 앞부분의 중앙에 쐐기나 플런저를 삽입하여 요구되는 컬럼 조건에 따라 조절된다.

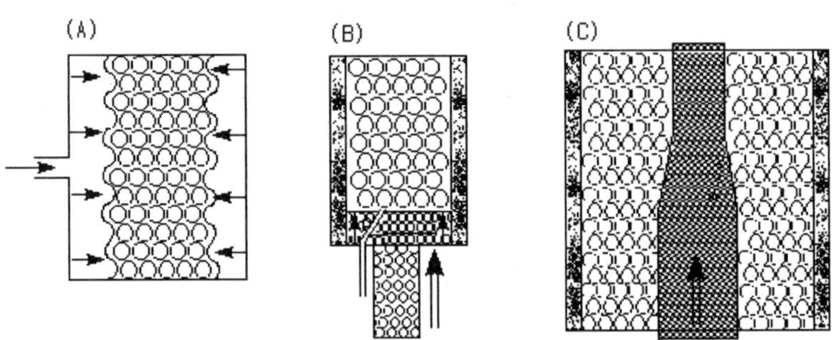

A ; Radial compression, B ; Axial compression, C ; Annular expansion

그림 7.3.2 지속적인 압축 제조 액체 크로마토그래피 컬럼의 도표

(5) 유속량

일반적으로 흐름 속도는 분리능에 거의 영향을 주지 않는다. 그러나 분석 조건에서 제조 조건으로 전환시켜 짧은 시간에 많은 시료를 제조하려면 높은 흐름 속도(약 50~100 ml/min)가 필수적이다.

(6) 그레디언트 방법 사용

제조할 때 복잡한 다른 성분이 포함된 경우는 등용매 분석 조건하에서는 원하는 성분만을 제조하기 어렵다. 이런 경우 그레디언트 방법을 사용하면 짧은 시간에 원하는 분리능으로 제조할 수 있으므로, 제조용 HPLC 시스템에서는 그레디언트 분석 방법이 필수적이다.

(7) 작동의 편의성

제조용 HPLC는 사용이 간편하고, 쉽고, 빠르게 원하는 성분을 다량 제조하는 것이 중요하다. 시스템이 너무 복잡하거나 기기의 내구성이나 재현성에 문제가 있다면 제조의 목적을 이루기가 쉽지 않다. 현재의 제조용 HPLC는 수동이나 자동으로 전환하여 사용할 수 있는 장치가 대부분이다.

(8) 경험과 지식의 축적

모든 기기를 운영하는데는 풍부한 지식과 경험이 필요하다. 특히 초보자를 위해서는 경험자들의 노하우를 가능하면 기록으로 남겨 전수시키는 것이 반드시 필요하다.

2. 제조용 HPLC 시스템을 이용한 제조 방법

1) 규모 증가(Scale-up) 방법 : Heart-cut

(1) 개요

제조하고자 하는 단일 주성분 이외의 적은 성분이 같이 있을 때 α값을 증가하여 주성분과 다른 성분을 적절하게 분리한 다음 규모 증가 방법으로 과적 시켜(overload) 겹치지 않은 성분만을 받아 제조하는 방법이다. 제조할 성분이 미량인 경우는 앞의 방법으로 제조하기가 힘들다. 이런 경우에는 먼저 주성분 봉우리를 규모 증가되도록 하여 주성분을 받아낸 다음 농축시켜 규모 증가 방법으로 제조한다.

(2) 규모 증가 방법의 장단점

가. 장점

가) 초기 분석 조건에서 대량 제조까지 한번에 할 수 있다.

나) 복잡한 시료의 경우 그레디언트 분석 조건을 찾은 후 컬럼의 흐름 속도, 시료 주입량을 증가시켜 완벽한 대량 제조가 가능하다.

다) 높은 분리능의 컬럼을 사용할 수 있다.

라) 계의 오염이 적고, 봉우리 확산 현상이 매우 적다.

마) 용리 순서가 바뀌지 않는다.

나. 단점

가) 용매 소비량이 재순환(recycling) 방법보다 다소 많다.

2) Shave 재순환(Shave-recycle) 방법

(1) 개요

혼합물을 컬럼에서 분리시킨 후 용매와 함께 폐액으로 보내지 않고 다시 컬럼에서 연속적으로 순환시키는 방법이다. 그러나 순환은 6회 이상 실시할 경우에는 시료의 확산에 따른 제조 구간의 선정이 곤란해지므로 6회 미만의 경우가 적합하다.

(2) 재순환 방법의 장단점

가. 장점

가) 용매의 소비가 절감된다.

나) 분리능이 향상된다.

나. 단점

가) 계의 불감 부피 및 컬럼에 의한 봉우리의 확산이 생긴다.

나) 복잡한 시료의 경우 순환 정도에 따라서 각각 성분의 용리 순서가 뒤바뀌어 분리능이 오히려 떨어진다.

다) 재순환에 의한 계의 특정 부위의 오염 및 손상으로 인해 연속 작업이 불가능하다.

7.4 아미노산 분석법(Amino acid analysis)

1. 개요

아미노산의 분석 방법은 1958년 Stanford Moore, William Stein, Speckaman이 닌히드린에 의한 정량과 자동 장치에 대하여 발표한 이후 다방면에서 현재까지 많은 연구가 진행되고 있다. 아미노산은 대부분 단일 결합으로 자외선/가시선 영역에서 흡수가 일어나지 않고(tryptophane, tyrosine, phenylalanine은 제외), 형광 물질이 아니므로 LC/UV 검출기 시스템을 이용하여 분리 분석하기 위해서는 유도체화 시약(ninhydrin, OPA ; ortho-phthaldialdehyde, PITC ; phenylisothiocyanate, FMOC ; fluorenylmethoxycarbonyl chloride)과의 반응이 필요하다.

1) 용리후 유도체화(Post-column derivatization)

컬럼에서 분리된 아미노산이 검출기에 들어가기 전에 용매에 반응 시약을 넣어주어 온라인(on-line)으로 유도체를 만들어 검출하는 방법이다.

(1) Ninhydrin 시약과 일차 아미노산의 반응

ninhydrin + $H_2N-CH(R)-COOH$ —(130 °C, 2min)→ Ruhemann's purple + RCHO + CO_2

ninhydrin　　amino acid　　Ruhemann's purple (λ_{max} 570 nm)

(2) OPA(Ortho-phthaldialdehyde)와 일차 아미노산과의 반응

OPA + $H_2N-CH(R)-COOH$ + RSH → fluorescent adduct

OPA　　amino acid　　thiol　　fluorescent adduct

2) 전치 컬럼 유도체화(Pre-column derivatization)

유리 아미노산을 유도체화 하여 역상 컬럼으로 분리한 후 검출하는 방법으로 유도체화가 불안정하고 실온에서 빨리 분해되기 때문에 자동 시료 주입기를 사용하여야 한다. 전치 컬럼 유도체화에는 다음과 같은 방법이 주로 사용된다.

(1) OPA 법

유도체화 반응은 위의 방법과 같다.

(2) FMOC(Fluorenylmethoxycarbonyl chloride) 법

1983년경 Josefsson에 의해 시도된 방법으로 1차 및 2차 아미노산과 반응한다. 유도체화된 물질은 산성에서 3시간 이상 안정하다.

FMOC + NH_2CHRCO_2H → FMOC-amino acid (fluorescent adduct)

(3) PITC(Phenylisothiocyanate) 법

1982년 Knoop에 의해 시도되었으며, 1차 및 2차 아미노산과 알칼리성 pH의 실온에서 쉽게 반응한다. 이 유도체는 형광성이 없으므로 자외선 검출기로 검출한다.

phenylisothiocyanate(PITC) + amino acid → (pH 9~10) phenylthiocarbamyl amino acid

(4) AccQ-Tag 법

AccQ-Fluor 시약(6-aminoquinonyl-N-hydroxysuccinimide carbamate, 또는 AQC)는 N-hydroxysuccinimide-activated heterocyclic carbamate로 새로운 유도체 시약이다. 이 시약은 일차 및 이차 아미노산을 안정한 형광 유도체로 만든다. 과량의 시약은 가수분해 되어 NHS, CO_2 및 6-aminoquinoline(AMQ)을 생성하나 분리 분석에 방해가 되지 않는다. 유도체는 실온에서 1주일간 안정하다. AccQ 형광 시약과 아미노산(또는 아민), H_2O와의 반응은 다음과 같다.

AQC + 1° or 2° amino acid(or amine) → (fast, t1/2 <<1s) derivatized amino acid (or amine) + NHS

AQC + H_2O → (slow, t1/2~15s) AMQ + NHS + CO_2

표 7.4.1 전치 및 용리 후 유도체화 방법의 비교

요소	Post-column ion-exchange	Pre-column RP-HPLC
분리능	우수, 방해 물질이 없다.	양호, 생성물에 의한 것이나 분석에는 영향이 없다.
분석 시간	45~120분	6~45분
사용 용이성	적당(fair)	양호(good)
비용	비싸다.	적당
재현성	우수(excellent)	우수
감도	10^{-9}mole~10^{-12}mole	10^{-12}mole~10^{-15}mole
상태(status)	전통적(traditional)	현재 발달 상태(state of the art)

2. 구조

1) 용리후 유도체화를 이용할 때의 시스템 구성

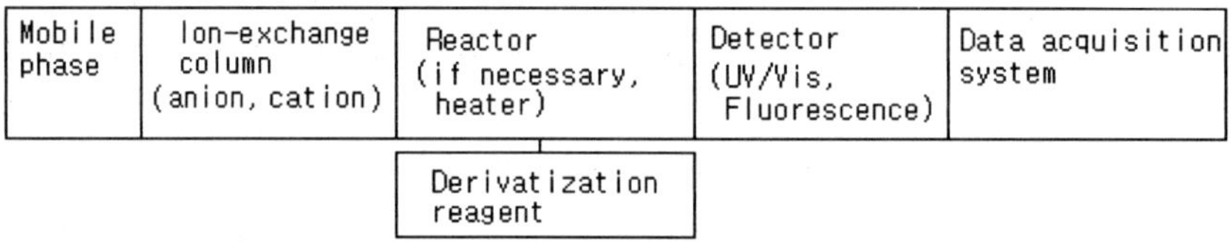

Mobile phase | Ion-exchange column (anion, cation) | Reactor (if necessary, heater) | Detector (UV/Vis, Fluorescence) | Data acquisition system

Derivatization reagent

2) 전치 컬럼 유도체화를 이용할 때의 시스템 구성

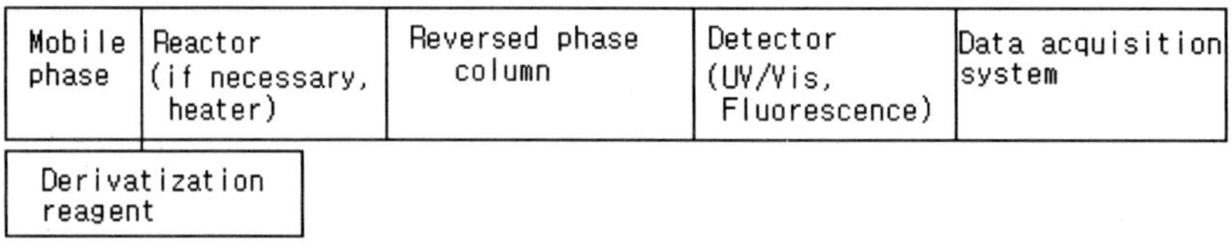

Mobile phase | Reactor (if necessary, heater) | Reversed phase column | Detector (UV/Vis, Fluorescence) | Data acquisition system

Derivatization reagent

7.5 관류 크로마토그래피(Perfusion chromatography)

1. 개요

관류(灌流) 크로마토그래피(perfusion chromatography)는 퍼듀 대학의 Frederick Regnier 박사에 의해 개발되었으며, 1989년 PerSeptive biosystems사에 의해서 처음 소개되었다. 이것은 크로마토그래피 입자의 근본적인 발전을 나타낸다. 관류 크로마토그래피 물질은 기본적으로 기존 크로마토그래피 물질의 확산하는 질량 이동의 제한성을 극복하는 것에 의해서 크로마토그래피 입자의 내부에 대한 속도 접근에 대해 설계되었다. 기존의 크로마토그래피와 달리 이 크로마토그래피는 두 가지 동공(洞空)을 갖는 다공성 충전제(充塡劑)를 사용한다. 충전제 내의 동공에는 입자를 관통시키는 비교적 큰 동공인 통과 동공(throughpore)과 이 통과 동공에 연결되어 용질과 충전제 상호작용이 일어나기 위한 큰 내부 표면적을 제공하는 작은 확산 동공(diffusive pore)이 있다. 그러므로 다공성 충전제에서는 시료들이 충전제 입자들 주위와 입자 내부의 통과 동공을 통하여 이동하게 되며 여기에 연결된 확산 동공으로 관류하게 된다. 시료 분자는 입자 내부로의 통과 동공 흐름과 확산 동공의 망상과의 접촉에 의해서 이동된다. 확산 동공의 길이가 전체 입자 구경에 비해 작기 때문에(전형적으로 1 ㎛ 이하) 시료 분자가 내부 결합 위치로나 그 위치로부터 확산하기 위해 요구되는 시간이 매우 짧다. 내부 입자(intra-particle)와 짧은 확산 동공은 입자 내부의 전체 표면적에 접근하는 것을 효과적으로 제공한다. 그러나 기존의 물질은 같은 효과를 달성하기 위하여 오직 확산에 의존한다. 그러므로 분리는 관류 크로마토그래피 물질에서 분리능이나 용량의 손실이 거의 없거나 없이 훨씬 빠르게 수행된다.

크로마토그래피에 사용되는 일반적인 충전제들은 표면적을 증가시켜 실음 용량(loading capacity)을 증가시키기 위하여 다공성 입자로 제조되나 동공 내에서 일어나는 확산에 의한 물질의 이동 속도가 느려 분리 시간이 길다. 충전 입자 주위에서 물질의 이동은 대류에 의해 일어나고 입자 표면에 있는 동공 내로의 이동은 상대적으로 속도가 느린 확산에 의해 일어난다. 일반적으로 확산에 의한 물질의 이동 속도가 대류에 의한 것보다 느려 최적 분리능을 얻기 위해서는 이동상의 속도를 어느 수준 이상으로 올릴 수 없다. 충전 입자 주위를 이동하는 대류 속도가 동공 내로 일어나는 확산 속도보다 훨씬 크면 띠 넓어짐과 실음 용량의 손실이 초래된다. 따라서 기존의 크로마토그래피에서 최적의 분리 조건을 얻기 위해서 분리 속도, 실음 용량, 분리능 중 어느 하나를 증가시키면 다른 것은 희생하여야 한다.

분석물질의 동공 내 확산에 의한 이동시간을 줄여 신속한 분리를 하기 위해서 다공성 입자의 크기를 작게 하여 확산에 의한 흐름의 길이를 줄이고 동공이 없는 입자를 사용하는 방법이 연구되었다. 충전상의 입자를 줄이는 방법은 작동 압력이 급격히 증가하게 되므로 입자 구경을 3~5 ㎛이하로 하기 어렵다. 그러므로 이런 작은 입자의 충전물은 제조용(preparative)으로 사용할 수 없다. 동공을 갖지 않는 입자들은 실음 용량이 감소하므로 이를 극복하기 위하여 입자의 구경을 1~3 ㎛까지 줄일 수 있어 빠른 흐름 속도에서 사용할 수 있으나 압력이 크게 떨어지고 표면적 감소로 인한 실음 용량의 한계가 있어 분석용으로 적합하지 않다. 이런 확산 문제를 해결하기 위하여 관류 크로마토그래피가 개발되었다. 충전제의 물질은 poly(styrene-divinylbenzene)으로 pH 1~14에서 화학적으로 안정하고 200 bar(≒ 207 atm ≒ 213 kg/cm^2)까지 견디는 기계적인 안정성을 갖는다. 스티렌과 디비닐벤젠의 다단계 중합 반응에 의해 제조되는 다공성 충전제는 입자를 관통하는 6000~8000 Å 크기의 통과 동공과 여기에 연결된 800~1500 Å 크기의 확산 동공을 가지고 있다. 시료는 입자를 통과하는 동공 사이를 대류에 의해 신속하게 이동하며 입자에 퍼져 있는 작은 크기의 확산 동공으로 확산된다. 확산에 소요되는 시간을 줄이기 위하여 확산 유로 길이를 1 ㎛ 이하로 제작함으로써 빠른 흐름 속도의 이동상 속도에서 최적 분리능을 유지하도록 하였다.

관류 크로마토그래피의 이점은 입자 내부에서 대류에 의한 물질 이동이 확산에 의한 이동보다 훨씬 크게 되는 1000~10000 cm/h의 빠른 이동상 흐름 속도에서 극대화된다. 10~100 cm/h 정도의 이동상 흐름 속도에서는 대류에 의한 물질의 이동이 확산에 의한 이동보다 적게되어 일반적인 충전제를 사용한 것과 비슷한 효율을 보인다. 100~1000 cm/h 흐름 속도에서는 대류와 확산에 의한 물질 이동이 비슷하게 이루어진다. 거대 분자는 작은 분자에 비해 10~100배 정도 확산 속도가 느려 분자량이 큰 단백질 분리에는 흐름 속도가 1000 cm/h 이하에서, 작은 펩티드는 1000 cm/h 이상에서 나타난다. 10~20 ㎛ 크기의 다공성 충전제에서 통과 동공의 수를 증가시키고 확산 동공의 수를 감소시키면 흐름 속도를 3 cm/s까지 증가시켜도 물질 이동의 장해로 인한 분리 효율의 저하는 나타나지 않았다. 다공성 충전제는 poly(styrene-divinylbenzene)으로 그 자체로 역상 분리를 할 수 있으며, 다른 작용기를 결합시켜 소수성, 이온 교환, 친화성 등 겔 침투를 제외한 모든 크로마토그래피에 이용할 수 있다.

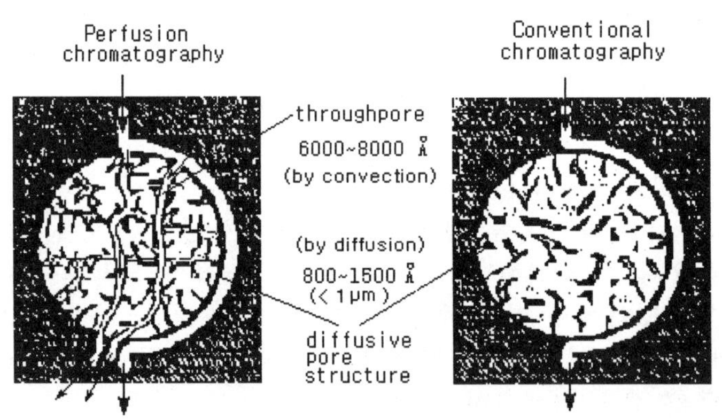

그림 7.5.1 전통 및 관류 입자에서의 동공 구조 및 질량 이동

7.6 역류 크로마토그래피(Countercurrent chromatography)

1. 개요

물질이 두 개의 섞이지 않는 액체 사이에서 그들 자신이 분포하는 능력에 의해 분리될 수 있다. 각 상에서 용질의 농도는 분리 과정의 선택성의 척도인 분배 함수에 의존한다. 분리 과정의 효율은 분배계수를 변형하거나 평형 단계(추출)의 수를 증가시키는 두 가지 방법에 의해 증진될 수 있다. 이런 과정은 자동화가 필수적이다. 역류 분배(countercurrent distribution) 기구는 고정된 부피와 다른 밀도의 섞이지 않는 두 액체 사이의 천번 이상의 평형 단계를 허용한다. 단계 사이의 혼합, 분리 및 상 이동이 자동화되고, 준비 작업을 위한 기구의 용량도 연속적인 시료 보급의 설비에 의해 증진되었다. 역류 분배는 1940~50년대 널리 사용되었으나 현재는 속도와 효율의 부족 때문에 이 기구는 거의 사용되지 않는다. 그러나 이것은 고체 물질과의 접촉에 의해 야기되는 비가역적 흡착이나 변성(adsorption or denaturalization)이 일어날 수 있는 고체 정지상이 없다는 기본적인 장점이 있어 천연 생성물, polypeptides, 생의학 물질 및 다른 거대 분자를 포함하는 극성 화합물의 분리에 종종 사용된다.

역류 과정에 있어서의 혁명은 연속적인 방법으로 작업하는 소 실험실 규모 단위(small laboratory-scale units)의 개발에 기인한다. 작은 방울(droplet ; 飛沫) 역류 크로마토그래피(countercurrent chromatography, CCC)에서 수많은 수직적이고 길고 좁은 유리관(예 ; 40 cm x 2 mm i.d)이 모세관 PTFE 관에 의해서 연속하여 연결된다. 수직 관은 정지상으로 채워지고 이동상은 난류 없이 작은 방울로서 관을 통해 흐르도록 강요된다. 정지상과 이동상의 혼합물에 녹은 시료는 기구로 주입되고 분리는 이동하는 작은 방울이 컬럼을 통해 지날 때 작은 방울과 정지상 사이에서 다중 분배에 의해 달성된다. 이동상은 10~15 ml/h의 속도로 기구를 통해 펌핑되며, 용출액은 1~3 ml 분율로 수집된다. 작은 방울 CCC의 주요한 단점은 정지상에 작은 방울을 형성하는 것에 대해 용매의 선택을 제한하는 것이다. TLC를 사용하는 빠른 가리움(screening) 방법이 용매 선택을 위해 개발되었으며, 현재 사용되는 모든 계는 물을 함유한다. D.W-CH_3OH-$CHCl_3$가 특별히 인기 있다. 작은 방울 CCC는 간단하고 재현성이 있으며, 용매 소비가 적고, 가공하지 않은 시료가 예비 분별 없이(또는 비가역적 흡착 없이) 사용될 수 있다. 전형적인 분리 시간은 수 시간 정도이다. 여러 가지 상업용 CCC는 이동상이 펌핑되는 동안 내부 연결된 코일로 된 컬럼의 시리즈의 정지상 사이의 유체역학 평형을 유지하기 위한 회전 및 원심력을 사용한다. 이런 기기들은 약 400~1500 이론단의 효율로서 4~12시간 동안에 수 그램의 시료를 분리할 수 있다. 그들은 대략 10개 이하의 성분들을 포함하는 간단한 혼합물을 분리하는데 적합하다. CCC는 더 분석하기 전에 복잡한 혼합물의 예비 분별을 하거나 정지상과의 바람직하지 않은 상호작용(예 ; 비가역적 흡착) 때문에 LC에 의한 분리가 부적합한 화합물들의 분리를 하는데 매력적이다.

표 7.6.1 역류 크로마토그래피의 장점

구분	내용
1. 범용성	1) 예비 정제용으로 사용 가능하다. 2) 다양한 용매 시스템을 사용할 수 있다. 3) 실험 여건에 따라 이동상과 정지상을 선택할 수 있다. 4) 극성 물질, 수용성 물질 분리에 적합하다. 5) 비수용성 물질의 경우 비극성 용매를 사용한다. 6) 고형의 컬럼 충전물에 의한 오염의 염려가 없다.
2. 편리성, 분리 속도	1) 사용이 간단하고 쉽다. 2) 분리 시간은 약 0.5~수 시간 정도이다.
3. 분리능	1) Coil planet centrifuge 형태는 이론단 수가 약 350~1000 정도이다.
4. 경제성	1) 컬럼의 손상 우려가 전혀 없다. 2) 여과되지 않은 불순물이 혼합된 상태로도 주입이 가능하며, HPLC의 전처리 분리 농축용으로 매우 유용하다. 3) 용매 소비가 적다.
5. 분리 형태 예측	1) 분배 계수로부터 머무름 예측이 가능하다.
6. 재현성	1) 재현성이 우수하다.
7. 시료의 회수	1) 컬럼 내의 고체 충전물에 의한 촉매적 변화나 흡착이 방지된다. 2) 분리물질의 활성 유지를 위한 용매의 pH 조절이 용이하다. 3) 용매로부터 시료의 회수가 용이하다.
8. 넓은 응용성	1) 항생제, 농약, 염료, 글리코사이드, 탄닌, 플라비노이드, 알칼로이드, 폴리펩티드 등에 활용된다. 2) 가공하지 않은 시료(crude samples ; 천연물, 합성 물질)에도 널리 사용된다.

7.7 전기이동(Electrophoresis)

1. 개요

전하를 갖는 물질을 직류 전장에 놓으면 그 물질의 전하, 분자의 크기 및 모양 등에 따라 각각 특유의 이동을 한다. 이와 같은 거동을 전기이동(electrophoresis) 라고 하고 이동도의 차에 의하여 물질의 분리나 순도를 검정할 수 있다. 전기이동법은 크게 두 가지로 나눌 수 있다. 하나는 1930년대 Tiselius가 고안한 방법으로 지지체를 쓰지 않는 자유 용액 중에서 용질이 이동하는 것을 이용하는 방법으로 이동 계면 전기이동(moving boundary electrophoresis)이라 한다. 이 방법은 단백질 등의 고분자 물질의 순도 검정에는 좋지만 혼합물이 완전히 분리되지 않는 단점이 있다. 둘째는 지지체를 이용하는 띠 전기이동(zone electrophoresis)이다. 이것은 지지체 중에서 혼합물을 좁은 띠(band 또는 zone)에 놓고 이동시키기 때문에 각각의 성분이 띠 상태 그대로 이동하여 상호 분리가 된다. 지지체로는 여러 가지 물질이 사용된다. 전기장 내에서 하전된 분자(입자)의 속도는 억제력(retarding force) 들의 결합과 가속력(전기장)에 의해 조절된다. 따라서 하전된 분자는 중력의 영향에 의해 어떤 입자가 낙하하는 것과 유사한 방법으로 최종 속도에 도달하여 유지될 것이다. 분자에 미치는 힘(F)은 분자의 전하량(q)과 전기장(E)에 의존한다. 주 억제력(F_s)은 마찰에 의한 것이고 Stoke's 식에 의해 정량화될 수 있다. 그 외의 다른 억제력은 용액 내의 다른 이온(반대 이온과 완충 이

$F = qE$

$F_s = 6\pi\gamma\eta\upsilon$

- F ; 분자에 미치는 힘
- F_s ; 억제력
- q ; 분자의 전하량
- E ; 전기장(전극 양단의 전위차를 거리로 나눈 값, Vcm^{-1})
- γ ; 분자(입자)의 반경
- η ; 액체의 점성
- υ ; 분자의 속도

υ(전기장에서의 이동 속도, cm/sec)= μ_e(전기이동 이동도, $cm^2V^{-1}s^{-1}$) E

μ_e ; 분석물질의 이온 전하량에 비례하고, 마찰 억제 인자에 반비례

온)들에 의해 나타난다. 이런 주위의 하전 된 분자들에 의해 분석물질의 분포가 일그러져 나타난다. 이러한 일그러짐 현상을 무시하면, 가속력과 억제력이 같아질 때 하전된 분자는 최종 속도에 도달하게 된다. 전하나 크기가 다른 분자들은 서로 다른 속도

$F = F_s$ 또는 $qE = 6\pi\gamma\eta\upsilon$

$\upsilon = qE/6\pi\gamma\eta$

로 이동하며 이것이 전기이동 분리의 기본이 된다. 하전 된 분자들과 지지 물질 사이에 상호작용이 있다면 상황은 더욱 복잡하게 된다. 지지 물질은 대류 현상과 같은 다른 효과들을 감소시키기 위하여 사용되는데, 이들이 불연속적인 띠를 형성하여 구성 성분들의 이동을 방해할 수도 있다.

2. 전기이동 방법

전기이동은 매우 광범위한 분석과 조제(preparative) 방법의 기초를 제공한다. 이들 중 대부분의 경우는 전기이동적 이동도의 차이 특성과 다른 분리 메카니즘을 결합하여 혼성 기법(hybrid techniques)으로 이용된다.

1) 이동 계면 전기이동(Moving boundary electrophoresis)

이동 계면 전기이동은 필요한 전위 경사를 제공하기 위하여 관의 양끝에 위치하는 두개의 전극과 완충 용액으로 채워진 U자 관을 사용한다. 시료를 U자 관의 바닥에 넣고 따듯한 공기에 의한 영향을 줄이기 위하여 낮은 온도(4 ℃)에서 전기이동을 실시한다. 분리된 구성 성분들은 완충 용액의 간섭 효과와 같은 광학적 성질들, 예를 들면 간섭 효과와 같은 미세한 변화를 검출하기 위하여 사용된다. 이동 계면 전기이동은 분리력이 한정되어 있기 때문에 현재는 소량으로 존재하는 단백질의 전단계 분리와 같은 극히 제한된 부분에 이용된다.

2) 띠 전기이동

띠 전기이동은 적용된 전기장의 영향 하에서 유체의 흐름을 통한 그들의 이동에 기초한 지지 물질(supporting medium/bed)에서 하전 된 분자의 분리를 하는 과정이다. 각 하전된 화학종은 그것의 전하, 크기 및 모양의 함수인 속도로 장 그레디언트를 따라 이동한다. 지지 물질(종종 반고체 판-겔, semisolid slab-gel)은 필요한 pH를 유지하고 분리를 위하여 필요한 전류(이온)의 통과를 허용하는 충분한 전도도를 제공하는 운반 전해질 용액으로 적셔진다. 특별한 물질들이 분리의 선택성을 조정하기 위하여 첨가될 수 있다. 시료는 충전물(bed)의 중앙 부근에 점적 된다. 지지 물질의 끝에 조절된 직류 전원의 응용에 의해서 시료의 각 성분이 그 자신의 이동성에 따라 이동하기 시작한다. 이상적으로 각 시료 성분은 분별된 띠를 형성하면서 결국은 이웃 것들로부터 분리될 것이다. 띠 전기이동의 크로마토그래픽 상사형이 용리 크로마토그래피이다. 전기이동은 단백질과 polynucleotides의 분리 분석에 우수한 방법이다. 단백질 성분의 일차적인 분류는 전개된 전기이동의 형태에서 상대적인 위치에 기초한다.

겔 전기이동의 기본적 과정은 겔을 준비하고 부은 다음 시료를 사용하여 분리를 한 후 검출 시약에 겔을 담그고 겔을 사진으로 하거나 겔 주사기(scanner)를 사용하여 분석한다. 전극들은 겔 베드(충전물)의 반대 끝에 붙이고 확산 벽에 의해서 베드로부터 분리된다. 운반 전해질 분해로부터 확산과 대류 과정을 방지하는 기능은 충전물에서 생성한다. 베드와 전극은 용매의 과도한 증발을 막기 위하여 공기가 새지 않는 챔버에서 밀봉된다. 보통 5~10 V · cm^{-1}사이의 응용된 emf 하에서 하전된 화학종은 장의 강도에 의존한 속도(이온의 이동도)로 이동한다. 전원은 50~150 V 사이로 전개한다. 지지 물질로는 예전에는 여과지가 주로 사용되었으나 현재는 우수한 분리능을 제공하는 cellulose acetate strips 및 polyacrylamide gel로 대체되어 사용되고 있다. 종이나 셀룰로오스와 함께 전류 낭비(current drain)는 작은 조각(strip) 당 1 mA 이하이다.

(1) 종이 전기이동

종이는 전기이동에서 가장 최초로 사용된 지지 물질 중 하나이며 여러 가지 형태로 이용되어 왔다. 여기에는 사용되는 방법에 따라 샌드위치형, 다리극형(bridgepole type), 수평 기법, 담금법의 네 가지가 있다. 종이 전기 이동 시 가하는 전기장은 5~10 Vcm^{-1} 정도이므로 100~200 V의 전압을 20 cm 정도의 종이 띠에 인가하여야 한다.

(2) 셀룰로오스-아세테이트 전기이동

얇은 막 전기이동 기법에서 종이 대신 셀룰로오스-아세테이트 막을 사용하여 동질성을 향상시켜 분리력과 감도를 향상시킬 수 있다. 막은 염색을 하기 전에 아세트산에 담그어 전기이동을 함으로써 투명하게 만들 수 있다. 이러한 과정은 농도계(densitometer)에 의해 정량화가 가능하다.

(3) 막대 겔 전기이동

앞서 설명한 얇은 막 전기이동 기법들은 현재 겔을 사용하는 방법들로 대체되고 있는데, 여기에서 지지 물질은 막대(rod) 모양으로 형성된 겔을 수직으로 한 유리나 플라스틱 관에 넣는다. 시료는 겔의 위쪽 부분에 놓고 전기장은 상하의 두 개의 용기를 통해 인가한다. 겔에는 전분 겔, 아가로즈 겔, 폴리아크릴아미드 겔, SDS(sodium dodecyl sulphate) 폴리아크릴아미드 겔 등이 사용된다. 또한 원판 전기이동이나 등전 접속(isoelectric focusing)과 같은 응용을 위해 변형된 방법도 사용된다.

(4) 평판 겔 전기이동

막대형 전기이동 기법을 개선하여 단일 지지 물질 내에서 동시에 여러 가지 시료와 표준물질을 분석할 수 있는 방법으로 발전한 것이 평판-겔(slab-gel) 방법이다.

(5) 면역 전기이동

어떤 분리 기법의 분리력은 만약 검출 또는 가시화의 어떤 특이한 형태로 병합되면 크게 개선될 수 있다. 이런 방법의 예가 면역 전기이동이다. 한천 겔(agar gel)의 얇은 층을 유리판에 부착시키고 시료를 전기이동시킨다. 겔을 염색하지 않고 시료 이동의 방향에 평행하게 잘라 좁은 고랑을 낸다. 고랑에 분석하고자 하는 화합물에 관계하는 항혈청(antiserum)을 채운다. 그 후 겔을 습기가 있는 대기 중에 세워두어서 항원과 항체 단백질이 확산되어 면역 침전물을 형성하게 한다. 이 경우 염색을 하지 않아도 쉽게 눈으로 확인이 가능하다.

3) 아이소타코포레시스(Isotachophoresis)

이 방법은 전해질 내에 대류성 전류를 제거하기 위한 지지 물질이 없다는 것이 다른 전기이동법과 약간 다르다. 이 방법은 작은 유기 및 무기 이온들(폐수 중 무기물, 생리학적 시료내의 유기산)에 응용된다.

3. 모세관 전기이동(Capillary electrophoresis, CE)

위에서 설명한 평판-겔(slab-gel) 전기이동법은 단백질 등의 분리에 생화학자와 분자 생물학자들이 많이 이용하였다. 그러나 이것은 폭 넓게 이용되지만 손이 많이 가고 느리다는 단점이 있다. CE는 1960년 중반에 Everaerts에 의해 제시되었으며, 1981년도 North Carolina 대학의 James Jorgerser가 열린관 유리 모세관으로 띠(zone) 전기이동법을 사용하여 아미노산, 디펩티드와 아민류를 분리함으로서 현실화 되었고 1988년에 상품화되기 시작하였다. CE는 HPLC와 같은 빠른 분석 속도와 넓은 분야(펩티드, 단백질 유기물, 무기 이온, 산업체의 고분자 등)에 응용된다. CE는 넓은 범위의 분자를 분리하는 새로운 방법으로, 빠른 분리 속도, 양호한 효과 및 작은 양의 시료를 처리할 수 있다. 0.1~10 nL(평판은 보통 ㎕ 단위를 사용)의 적은 양으로도 시료 주입이 가능하다. CE는 열린 모세관 내에서 전기이동과 전기삼투 흐름에 의해서 시료를 분리하며 이때 시료는 컬럼 위에 설치된 검출기에서 용리 된다. 분리 결과 얻어지는 전기이동그램(electropherogram)의 분리능은 아주 좋다. 모세관 내에서는 확산이 적기 때문에 이론단 수도 100,000~200,000 정도이다(HPLC의 경우 보통 5,000~20,000). 사용되는 모세관의 내경은 10~100 ㎛, 길이는 40~100 cm로 열의 손실이 크고 열적 확산에 의한 띠 넓어짐도 감소한다. 분리를 통한 두 전극 사이의 전압은 dc 20~30 kV가 사용된다. 전기삼투 흐름은 마개 형태(plug-type) 흐름이며 따라서 유선형 흐름 형태에서 일어나는 세로 흐름을 방지해 준다. 이 두 가지 요소가 결합되기 때문에 용리가 빠르게 나타나며 날카로운 봉우리를 얻을 수 있다.

모세관 전기이동에서 이온의 이동 속도는 전기이동 이동도와 응용된 전압에 비례하고 응용된 길이에 반비례한다. 한편, 띠 넓어짐은 액체 크로마토그래피와 달리 모세관 전기이동에서는 오직 한 개의 상(single phase)이 사용되므로 질량 이동은 관계 없고 세로 확산만이 관계된다. 이때의 단 수는 전기이동 이동도와 응용된 전압에 비례하고 용질의 확산계수에 반비례한다. 모세관 전기이동에서 완충 용액을 함유하는 모세관을 가로질러 높은 전압이 응용되면 보통 전기삼투 흐름(electroosmotic flow)이 일어난다. 전기삼투의 존재하에서 이온의 속도는 이온 이동 속도와 전기삼투 흐름 속도의 합으로 표시된다.

$v = \mu_e V/L$

v ; 이온 이동 속도(The migration velocity of ion in an electric field), cm/sec

μ_e ; electrophoretic mobility, $cm^2V^{-1}s^{-1}$

V ; 응용된 전압, 20~30 kV(평판 전기이동은 보통 500 V를 사용)

L ; 응용된 길이(보통 40~100 cm를 사용)

$n = \mu_e V/2D$

n ; 단 수, HPLC(보통 5,000~20,000)에 비해 보통 100,000~200,000 정도이다.

D ; 용질의 확산계수, cm^2s^{-1}

$v = (\mu_e + \mu_{eo})E$

μ_e ; 이온의 전기이동 속도(electrophoretic migration velocity)

μ_{eo} ; 전기삼투 흐름 속도(electroosmotic flow velocity)

E ; 전장의 세기, Vcm^{-1}

표 7.7.1 띠 전기이동 지지체의 종류와 특징

지지체	장점	단점	이동에 적합한 물질
여지(저압)	시료가 미량, 고분자 물질에 사용된다.	정량적 재현성이 나쁘며, 꼬리 끌기 현상이 있다.	아미노산, peptide protein, 당
여지(고압)	저분자 화합물의 신속한 분리에 적합하다.	발열이 크고 고분자 화합물에 부적합하다.	아미노산, peptide
Cellullose acetate 막	흡착이 적고 꼬리 끌기가 없다.		Protein, muco 多糖, nucleotide
한천 겔(agar gel)	흡착이 적다(면역 전기이동에 이용).	전기침투현상이 강하고 분자사(篩)의 효과가 없다.	Protein, DNA
전분 블록	조제용에 적합하다.	흡착 현상이 크다.	Protein
전분 겔	분자사의 효과가 있다.	겔 제조에 숙련을 요한다. 분리된 성분의 추출이 곤란하다.	Protein
Polyacryl amide gel(disk method)	분자사 효과가 있고 분리능이 좋다. 미량 성분의 분리, 순도 검정에 좋다.	분리된 성분의 추출이 약간 곤란하다.	Protein, 核酸
SDS-polyacryl amide gel	분자량의 결정에 적합하다(M.W 5000~200000)		Protein
Ampholine(등전점 전기이동법)	등전점의 약간의 차이에 의하여 분리가 가능하며, 등전점의 결정에 이용한다.	등전점에서 침전하는 것, 활성을 잃는 것은 사용할 수 없다.	Protein

SDS(sodium dodecyl sulphate)

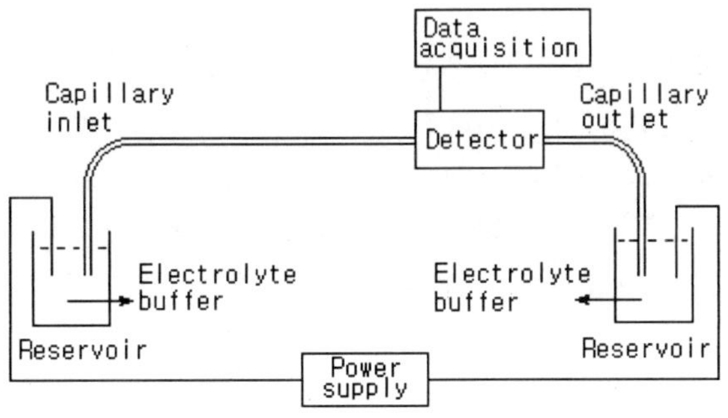

그림 7.7.1 모세관 전기이동 장치의 기본 구조

7.8 장 흐름 분획법(Field flow fractionation)

1. 개요

장 흐름 분획법(field-flow fractionation, FFF)은 콜로이드, 입자형 물질, 고분자들의 분리 및 크기 분포를 측정할 수 있는 분리 방법들의 포괄적인 명칭으로 1966년 J. Calvin Gidding에 의하여 처음 이론화된 후 응용 단계에 이르기까지 많은 연구가 진행되어왔다. FFF의 개발은 고분자 및 미세한 콜로이드 입자의 분리를 위한 빠르고 선택적인 분리 방법의 필요성과 LC의 경우 정지상에서 유발되는 시료 물질들의 흡착 또는 엇갈림 분해(shear degradation)를 극소화하기 위한 필요에서부터 출발하였다. FFF를 이용한 분리는 원리면에서 용리 기술을 사용하므로 크로마토그래피와 유사하나 정지상이 없는 것이 특징이고 시료 물질이 채널(크로마토그래피의 컬럼) 내에서 이동상의 서로 다른 속도 영역으로 분배되기 때문에 단일 상(one-phase) 크로마토그래피라고도 부른다. FFF를 이용하여 분리가 가능한 시료 영역은 분자량 10^3~10^{14}, 입자 크기는 약 100 ㎛까지, 대상 시료는 산업 전반에 걸쳐 다양하다. 예로는 리포솜 에멀젼 같은 약물 입자, 단백질, DNA, 세포와 같은 생체 물질들, 각종 고분자(유기 및 수용성) 및 라텍스 입자들, 금속 입자, 도료 입자, 환경 오염과 관련된 입자 등에 응용된다.

FFF에서 사용하는 채널은 두 개의 편평한 판 사이에 리본 형태로 잘라낸 간격 띄우게(spacer)를 끼워 넣고 맞물렸을 때 형성되는 직사각형 단면의 얇은 관 형태로 두 면 사이에 형성되는 포물선형 유체의 흐름과 흐름 방향에 직각으로 가해지는 외부 장과의 상호작용에 의하여 분리가 이루어진다. 즉 FFF에서는 외부에서 걸어주는 힘이 분리의 추진력이며, 이 외부 장이 가해질 때 채널 내의 시료 물질들은 누적 벽(accumulation wall) 쪽으로 이동하게 되고 누적 벽 쪽으로부터는 유체의 흐름 속으로 시료 물질들을 밀어내는 브라운 확산에 의하여 상호 균형을 이루게 되어 누적 벽으로부터 매우 근접한 위치에서 정류 상태에 놓이게 된다. 이때 크기가 작은 입자들은 큰 입자들보다 상대적으로 확산이 커서 채널의 누적 벽에서부터 높은 위치에 평형을 이루게 되는데, 포물선형 흐름(parabolic flow) 성질에 따라 상대적으로 빠른 흐름선상에 위치한 작은 입자들이 빠른 속도로 이동하게 되어 작은 입자들이 먼저 용리되고 큰 입자들은 나중에 분리된다. 이런 FFF의 작동 방식을 기준 방식(normal mode)이라 한다. 그러나 입자의 크기가 1 ㎛보다 클 경우 브라운 확산의 영향을 거의 받지 않아 큰 입자들의 중심 위치가 작은 입자들의 중심보다 높게 되어 빠른 속도의 흐름에 밀리게 되므로 분리 순서가 기준 방식의 반대가 되는 작동 현상을 입체 방식(steric mode)이라 한다.

FFF는 외부 장 또는 추진력의 형태에 따라 여러 가지 부분군의 기술(subtechnique)들로 분류할 수 있다. 부분군 기술로는 원심력을 이용한 침강 장 흐름 분획법(sedimentation FFF), 이차적인 유체 흐름을 이용한 장 흐름 분획법(flow FFF), 온도 차이를 주어 열 확산을 이용한 열 장 흐름 분획법(thermal FFF), 전기장을 이용한 전기장 흐름 분획법(electrical FFF) 등이 있으며 시료 물질의 물리적 특성, 즉 분자량, Stokes 반경, 밀도, 전기적 성질, 열 확산계수들이 선택적으로 사용된다. 이러한 작동 면에서의 다양성 외에도 FFF의 장점은 외부 장의 세기를 필요에 따라 조절하여 시료의 머무름을 쉽고 빠르고 정확하게 변화시킬 수 있으며, 유체의 흐름 속도와 시료에 가해진 장의 세기를 계산하면 머무름에 대한 예측이 이론적으로 가능하다는 점이다. 또한 이러한 외부 장의 세기를 점차적으로 줄여갈 수 있는 장 프로그래밍을 이용함으로서 크기 분포가 넓은 시료들을 효율적으로 분리해 낼 수 있다. 그리고 용리된 시료 물질들이 파괴되지 않기 때문에 검출기를 통과한 시료를 좁은 부분(narrow fraction)을 분취하여 현미경이나 원소 분석 등 다른 분석 방법들을 이용한 이차 분석에 사용할 수 있다. 부분군에 대한 더 자세한 내용은 다른 전문서적을 참고하기 바라며, 여기에서는 개요적인 설명만을 하겠다.

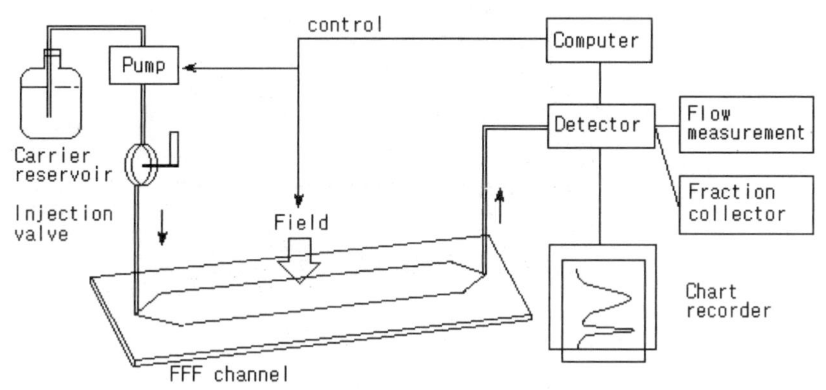

그림 7.8.1 장 흐름 분획법 계의 구성

2. 원리

FFF에서 시료의 머무름은 크로마토그래피와 마찬가지로 머무름 비 R로 표현된다. 시료 입자들의 평균 이동 속도는 입자들이 정류 상태에 도달하게 되는 위치로부터 예

$R = V(x)/\langle v\rangle = t_o/t_r$

$V(x)$; 시료의 평균 이동 속도

$\langle v\rangle$; 이동상의 평균 속도

t_o ; 비머무름 물질이 채널의 틈새 부피를 통과하는데 소요되는 시간(void time)

t_r ; 시료의 머무름 시간

측할 수 있으며 이 위치는 시료 입자들에게 미치는 외부 장과 누적벽으로부터 밀어내는 반발력과의 상호 균형이 이루어지는 곳이기도 하다. 이러한 반발력은 브라운 확산과 유체역학적 양력(hydrodynamic lift force)의 두 가지로 분류한다. 이 두 가지 반발력은 입자의 크기 영역에 따라 선택적으로 우세하게 작용한다. 이들은 분리 메커니즘에 의해 브라운 확산에 의한 머무름을 기준 방식이라 하고 유체역학적 상승력에 의한 경우를 입체 방식이라고 한다. 각각에 대한 기본 원리는 다음과 같다.

1) 기준 방식(Normal mode)

정류 상태에 도달한 시료 입자들은 채널 양 벽면을 가로지르는 축에 대해 지수 분포를 이루게 되는데 이러한 시료 띠의 평균 위치 또는 무게 중심점은 채널의 누

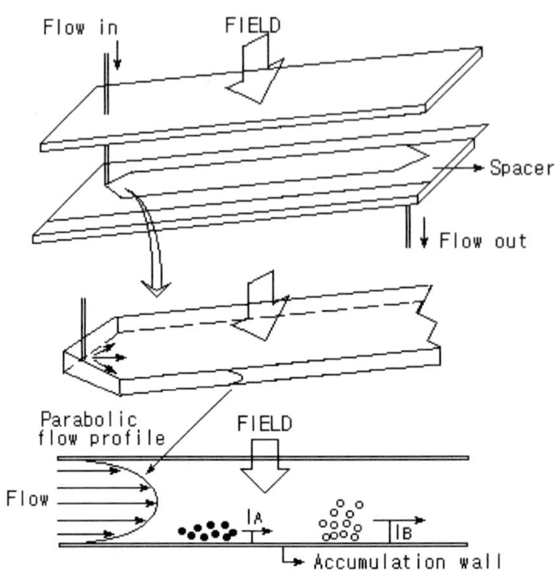

그림 7.8.2 장 흐름 분획법 채널의 구조

적 벽으로부터 I(평균 층 두께)라는 거리에 놓이게 된다(그림 7.8.2). 즉 누적 벽으로부터의 평균 층 두께(I)는 시료의 확산계수(D)와 외부 장에 의해서 누적 벽으로 이동하는 시료 입자들의 가라앉는 속도(setting velocity, U)의 비로 표시된다. 이 식에 Stokes-Einstein 식(D=kT/f, k ; Boltzmann 상수, f ; 마찰계수=F/U)을 대입하여 정리하면 다음과 같다. 이 식의 의미는 외부 장의 세기에 따라 시료 띠의

$I = D/U$

$I = kT/Uf = (kT/U)(U/F) = kT/F$

kT ; 열 에너지

F ; 외부 장의 추진력

평균 높이가 상대적으로 변하게 되는데 장의 세기가 세면 시료 층이 누적 벽에 근접한 위치에서 매우 얇게 압축이 되며, 이 위치에서는 이동상의 속도가 상대적으로 느리므로 머무름이 커진다. 반대로 외부 장이 약해지면 시료 입자들의 확산이 커지게 되어 평균 층 두께가 커지며 속도가 빠른 흐름선상에 위치하게 되어 빠르게 용리된다. 일정한 세기의 외부 장이 존재할 때에 시료 입자가 균일한 밀도를 갖는다면 크기가 큰 입자들은 작은 입자에 비해 상대적으로 큰 힘을 받게 되므로 나중에 용리된다. 이와 같은 원리로부터 시료 입자들의 평균 위치를 외부의 힘과 연계하여 찾아내고 그 위치에서의 이동 속도를 포물선형의 흐름 유형에서 계산 해내면 시료의 머무름 비(R)는 다음과 같다. 외부 장과 시료 입자간의 상호작용이

$R = 6(1/w)\{\coth(w/21) - 2(1/w)\}$

w ; 채널의 두께

커질 때 머무름 비에 대한 식은 다음과 같이 간단하게 정리될 수 있다. 여기서 채널의 두께에 대한 시료 평균 높이 I의 비를 무단위 인자(λ)로 정의하며 이 λ는 FFF의 중요한 인자로서 부분군 기술에 따라 달리 표현된다.

$R \equiv 6(1/w) = (6kT/Fw)$ or 6λ

2) 입체 방식(Steric mode)

입자들의 크기가 1 ㎛보다 큰 경우 브라운 확산은 무시할 수 있을 정도로 작아지며 입자들은 외부 장의 영향으로 인하여 채널의 누적 벽 쪽으로 가깝게 접근하게 된다. 입자들의 크기가 평균 시료 층의 두께(I)보다 커지게 될 때 흐름 유선(flow streamline)으로 입자들이 돌출 되는 현상은 브라운 운동에 의한 것이 아니라 입자들의 크기에 직접 영향을 받게 되는데 입자들의 중심점이 작은 입자들의 중심보다 높아 빠른 흐름 유선에 놓이게 되므로(그림 7.8.3) 기준 방식의 분리 순서와는 반대로 큰 입자들이 먼저 용리되고 작은 입자들은 나중에 용리된다. 이것은 입자들이 채널 벽면에서 이동한다는 의미를 갖고 있는데 실험에 의하면 입체적 입자들이 채널 누적 면과 물리적인 접촉은 하지 않고 일정한 간격만큼 부상하여 이동함을 알 수 있다. 이러한 수직적인 이동은 외부 장의 방향과는 반대 방향으로 작용하는 유체역학적 양력에 의한 것임을 알게되었다. 그러나 이 양력의 역할은 매우 복잡하며 아직까지 이론적 정립이 완결되지 않아 입체 방식에서의 머무름 비는 입체적 보정 인자(ɣ)를 추가하여 표현한다. ɣ값은 실험적으로 채널의 흐름 속도에 비례하며 외부 장의 세기와 입자의 크기의 증가에 따라 감소하는 것으로 알려져 있다. 입체 방식을 이용한 입자들의 분리는 이론적으로 미완성인 반면에 분리의 속도가 기준 방식에 비하여 매우 빠르고 높은 분리능을 갖고 있으며 검정법을 이용할 때 직경이 100 ㎛ 이하인 입자들의 분리 및 크기 분포 측정에 높은 능력을 가지고 있다.

$R = 3\gamma d/w$

d ; 입자의 직경

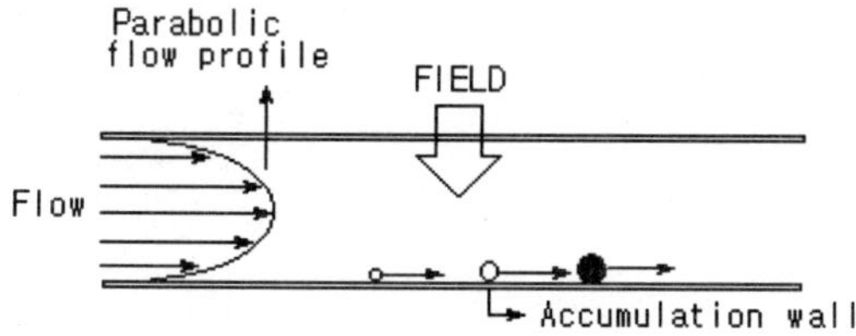

그림 7.8.3 장 흐름 분획법 입체 방식의 용리 모형

7.9 유체 역학적 크로마토그래피(Hydrodynamic chromatography)

앞에서 언급한 SEC와 달리 소위 한 개의 상을 이용한 크로마토그래피의 여러 가지 변화된 방법들이 있다. 여기에서 시료는 성분의 크기에 기초하여 분리될 수 있다. 이런 방법은 전통적인 크로마토그래피에서 사용되는 정지상의 개념이 사용되지 않으며, 머무름과 분리는 용질의 유체 역학이나 흐름 성질 또는 응용된 외부의 장에 의해서 제어된다.

유체 역학적 크로마토그래피(hydrodynamic chromatography, HDC)는 불용성이나 콜로이드와 같은 현탁된 입자들의 분리에 사용될 수 있다. 입자들은 동공(pore)에 들어가지 못하지만, 충전 구조의 틈새 공간(interstitial space)을 통해 흐르는 동안 분리된다. HDC의 충전물은 보통 15~20 ㎛ 크기의 이온 교환 수지가 사용되며, 비작용기의 고분자 구슬(nonfunctional polymer beads)이나 유리 구슬도 사용될 수 있다. 컬럼의 내경은 10 mm, 길이는 0.5~30 m로 이론단 수가 약 70,000/m인 컬럼이 일반적으로 사용된다. 흐름의 윤곽(profile)이 시료 입자의 이동성에 영향을 주는 유일한 인자는 아니다. 충전물과 콜로이드가 이중 층과 연관되며, 강한 정전기적 상호작용이 이동상의 이온 강도에 영향을 준다. 이동상은 보통 계면 활성제를 함유하는 완충 용액이다. Sodium dichromate와 같은 저 분자량 화합물이 표지물(marker)로 사용된다. 분자/입자 크기, 유효한 유체 역학적 구경에 기초한 다른 분리 방법에서와 같이 환경에 의존한다.

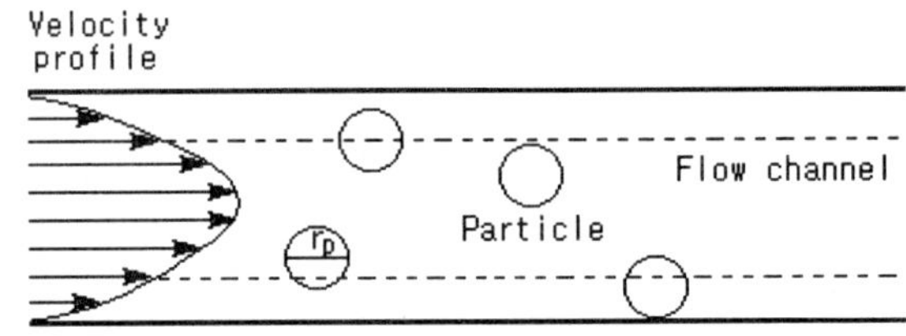

그림 7.9.1 유체 역학적 크로마토그래피의 원리

제 8장 크로마토그래피 분석을 위한 시료의 조제 방법

8.1 크로마토그래피에서의 시료 전처리

1. 개요

생의학 및 환경적 원천(biomedicals, environmental sources) 등으로부터 얻어진 혼합물은 너무 복잡하고, 농도가 너무 희석되었거나 크로마토그래피 계에 직접 주입하기에 적합하지 않다. 따라서 크로마토그래피를 사용하여 직접 분리 분석하기 어려운 물질들에 대해서는 분석 전에 대상 시료 성분을 예비 분별, 분리 및 농축(preliminary fractionation, isolation and concentration)하여 분석하기 쉬운 형태(휘발성, 열적 안정성, 검출력의 증대)로 전환시킨 후 분석하는 것이 바람직하다. 전형적인 시료 전처리 방법은 그림 8.1.1에 보여진다.

시료 채취 시에 가장 문제되는 것은 시료의 크기, 동질성의 부족 등에 의한 시료의 대표성이다. 분리된 두 상의 시료는 흡착이나 여과 방법을 사용하고, 크기가 크고 불균일한 시료에 대해서는 건조, 절단, 분쇄, 잘게 썰기, 압축 및 체질(drying, cutting, grinding, mincing, pressing, or sieving) 등의 전처리를 거쳐 시료의 크기와 불균일성을 감소시킬 수 있다. 부가적인 문제는 시료의 부주의한 채취나 취급, 저장하는 동안의 변화 등으로 인해 오염이 될 수 있다. 또한, 시료 채취와 분석하는 시간 사이에 일어나는 광분해, 흡착, 증발에 의한 손실, 열분해, 미생물의 작용 및 화학적 반응(photodecomposition, adsorption, vaporization loss, thermal decomposition, microbial action, and chemical reaction)과 같은 화학적 과정도 분석 결과를 나쁘게 할 수 있다. 조직이나 음식물 시료는 질소 하에서 냉동하는 것이 좋다.

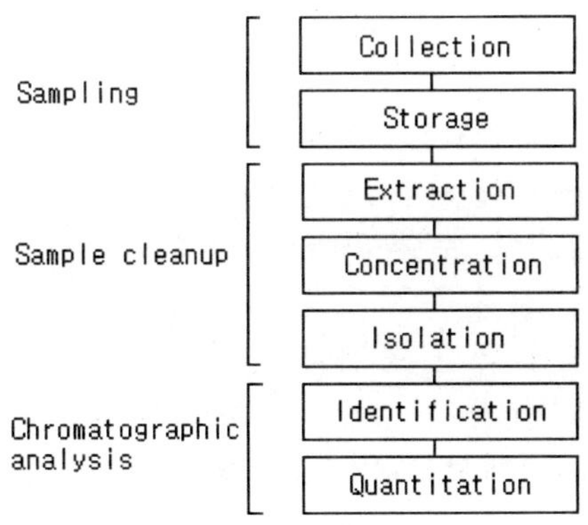

그림 8.1.1 크로마토그래피 분석을 위한 시료의
전형적인 처리 흐름도

2. 물리적 방법에 의한 시료의 분리 및 농축

유기 화합물에 대해 물리적인 방법을 사용하여 시료를 분리 및 농축하는 기술로는 증류, 추출 및 흡착(distillation, extraction, and adsorption) 기술이 주로 사용된다. 증류는 액체 시료나 고체 시료의 용해 부분으로부터 휘발성 유기 화합물의 분리에 적합한 방법이다. 더 휘발성인 성분들은 응축 후에 포집되는 증기상에서 농축된다. 휘발성인 극성 유기 물질(alcohols, nitriles, aldehydes, and ketones)은 특별히 증류에 의한 분리가 적합하며, 청결하게 추출되면 더 이상의 정제 없이 분석되는 것이 얻어진다. 증류 용기에서 휘발성 유기 물질의 절대 회수율은 약 80 %정도이며, 나머지 20 %는 환류 냉각기에서 처리한다. 계속적인 증류에 의해 실제로 유기 물질이 100 % 회수될 수 있다. 스팀 증류는 덜 휘발성인 유기 화합물에 대해 특별히 사용되는 방법이다.

승화는 액상을 통하지 않고 고체의 증발이 일어나는 것으로 대부분의 좋은 환경 하에서 빠르고, 용매 없이 추출되므로 최소한의 시료 처리에 의해 높은 수율을 얻을 수 있다. 얼음의 진공 승화에 의해 물을 제거하는 방법인 냉동 건조(lyophilization ; freeze-drying)는 수용액에서 비휘발성인 유기 화합물을 농축하는 편리한 방법이다.

3. 용매 추출을 사용한 분리 및 농축

시료 매트릭스의 전체나 일부분을 용해하기 위하여 액체를 사용하는 추출이 폭 넓게 사용된다. 이 방법은 증기, 액체 및 고체에 모두 응용될 수 있다. 이 방법은 다음과 같은 장점을 있다.

- 용해도와 선택성의 넓은 범위를 제공하는 순수 용매를 선택하여 이용할 수 있다.
- 요구되는 장치 및 기구가 간단하다.
- 용액상 시료로 편리하며 크로마토그래피 기기에서 시료 채취에 요구하는 것과 잘 일치한다.

액체 추출은 보통 섞이지 않는 두 상사이의 평형과 함께 불연속적으로 수행되거나 반드시 평형에 도달하지 않아도 되는 조건하의 연속적 방법이 있다. 불연속적인 액체 추출의 예로는 시료 분리 또는 청결을 위해 사용되는 액체-액체 분배와 역류 분포가 있다. 연속 추출의 예로는 보다 무겁거나 가벼운 액체-액체 추출기, Soxhlet 추출기, 역류 분리기(예 ; droplet, 원심분리기, 회전판 장치)가 있다. 연속 액체 추출 기술은 시료 부피가 크고, 분포 상수가 작거나 추출 속도가 느릴 때 사용된다. 두 개의 섞이지 않는 액상 사이에서 시료의 분배 결과를 기대할 수 있는 지침은 표 8.1.1과 같다. 추출 용매의 효능은 일차로 추출 용매에 대한 용질의 친화성(K_D), 상비(V) 및 추출수(n)에 의존한다. 간단한 배치 추출에서 K_D가 커서 추출 용매의 상부피와 추출수에 실질적인 제한이 있다. K_D가 작은 추출에 대해서는 역류 분배 기술이 사용되며 n이 매우 크며, 보통 자동화된 기구(예 ; Craig distribution train)를 요구한다.

용매 추출이 간단하고 복잡한 기구를 필요로 하지 않아도 전적으로 문제가 없는 것은 아니다. 만약 그들이 유리 솜 마개를 통한 여과, 원심 분리, 냉장, 미량의 메탄올 부가, 또는 염석(鹽析, salting-out)과 같은 전통적인 기술에 의해 쉽게 깨어지지 않는다면, 현탁액의 형성이 문제될 수 있다. 추출되는 정도나 속도는 실제적인 시료에서보다 시험 계에서 용질에 대해 다를 수 있다.

표 8.1.1 액체-액체 분배에서 기대되는 용질 분포에 대한 기본적인 관계

Nernst 분포 법칙 :

어떤 중성의 화학종은 농도의 비가 상수인 두 개의 섞이지 않는 용매들 사이에서 분포할 것이다.

$K_D = [A]_o/[A]_{aq}$

K_D ; 분포상수

$[A]_o$; 유기상에서의 A의 농도

$[A]_{aq}$; 수용상에서의 A의 농도

추출된 A의 분율 Θ로 나타낸다. $[A]_{aq}V_{aq}$로 나누면

$\Theta = [A]_oV_o / \{[A]_oV_o + [A]_{aq}V_{aq}\} = K_DV / (I + K_DV)$

V ; 상비, V_o/V_{aq}

V_o ; 유기상의 부피

V_{aq} ; 수용상의 부피

n번의 연속적인 추출에서 추출된 분율은 아래와 같다.

$\Theta = 1- \{1/(1+K_DV)\}^n$

K_D = 10, n=2에서 추출된 용질의 99 %

K_D = 1, n=7에서 추출된 용질의 99 %

K_D = 0.1, n=7에서 추출된 용질의 50 %

역류 분포(Countercurrent distribution, CCD) :

여러 가지 분리 깔때기나 단계에서의 농도에 대한 CCD 과정에서의 용질의 분포상수(K_D)의 관계는 다음과 같다.

$[\Theta+(1-\Theta)]^n = 1$

n번 이동에 대한 r^{th} 단계에 존재하는 용질의 분율, $T_{n,r}$은 다음과 같다.

$T_{n,r} = \{n! / r!(n-r)!\} \{K_DV / (1+K_DV)^n\}$

---

4. LSC를 이용한 시료의 청결(cleanup)

용매 추출 후에 LSC가 극성에 기초하여 추출물을 더 분획하기 위하여 자주 사용된다. 컬럼이나 얇은 층 기술도 사용될 수 있으며, 일반적으로 컬럼 방법이 시료 회수가 좋다. 많은 다른 흡착제가 LSC에 사용된다. 시료의 청결과 농축을 위하여 실리카 겔($SiO_2 \cdot xH_2O$), 알루미나($Al_2O_3 \cdot xH_2O$), florisil(magnesium silicate), 탄소 거대망상수지(carbon macroreticular resins ; carbon polystyrene polyacrylamide), polyamides (polycaprolactam, nylon), hydroxylapatite($Ca_5(PO_4)_3OH$), celite(diatomaceous earth),

셀룰로오스 및 조절 다공성 겔(controlled porosity gel ; crosslinked dextran, polystyrene, polyacrylamide, agrose)이 자주 사용된다. 시료의 청결은 개개 성분의 분리보다는 분획에 더 중점을 둔다. 컬럼 시료 청결은 대상 성분을 가리움에 의해 크로마토그램에 직접 방해를 하거나 분석 컬럼의 성능을 변화시켜 기기의 지속적인 작동을 방해하는 다른 극성이나 크기의 시료를 제거하여 대상 성분을 분리하기 위하여 사용된다. 흡착 크로마토그래피도 농축 기술로 사용될 수 있다. 흡착제의 활성은 대상 성분이 발견되는 분율에 영향을 주기 때문에 중요하게 고려할 사항이다. 흡착제의 활성은 건조한 흡착제에 기지 량의 물을 임의로 가하는 것에 의해서 제어된다.

실리카나 알루미나는 청결 단계의 선택성을 증진하기 위하여 화학 시약(예 ; sulfuric acid, silver nitrate, alkaline potassium permanganate, sodium hydroxide 등)으로 코팅된다. 변형된 흡착제는 처리 안된 컬럼에서 용리되는 화학적으로 활성인 공추출물(coextractants)을 머무르게 하는데 유용하다 조절 다공성 겔은 수용이나 유기 이동상과 더불어 분자의 크기에 기초하여 추출물을 분획하기 위하여 사용된다.

5. 희석된 용액의 흔적량 농축(trace enrichment)을 위한 흡착 기술

미량으로 존재하는 시료는 일반적으로 대부분의 적당한 기기 분석법에 의해 직접 정량하기 어렵다. 그러므로 대상 물질이 검출되기 위한 충분한 농도가 되도록 벌크 시료 기질로부터 선택적인 제거에 의해 사전 농축이 필요하다. 이런 목적을 위하여 사용되는 농축 시약으로 고체상 흡착제가 사용된다. 이런 흡착제로는 숯, 거대 망상 다공성 중합체, 폴리우레탄 거품, 결합형 충전제 및 이온 교환 수지가 있다. 흡착제의 유용성을 지배하는 특징은 흡착제의 시료 용량과 돌파점 부피이다. 돌파점 부피는 조사된 화합물의 용리가 시작되기 전에 흡착제 충전(sorbent bed)을 통과할 수 있는 시료의 부피로 정의된다. 돌파점 부피 값은 모형 시스템에 의해서 실험적으로 계산되거나 결정될 수 있다. 모형 시스템에서 얻어진 값은 시료 매트릭스의 다른 성분들에 의한 흡착과 탈착이 극적으로 이 값에 영향을 줄 수 있으므로 실제 시료에 대해 적합하지 않을 수도 있다.

1) 탄소 흡착제(Carbon adsorbents)

크로마토그래피에 사용되는 탄소에는 흑연화 숯, 활성화 탄소 및 탄소 분자 체(graphitized charcoal, activated carbon 및 carbon molecular sieves)세 가지 형태가 있다. 탄소 분자 체는 작은 동공과 매우 큰 표면적을 가지며, 물 취급에서의 흡착제보다는 GC에 의한 기체의 분리에 더 적합하다. 흑연화 숯은 1000 ℃ 이상에서 제조된 탄소의 상대적으로 순수한 형태이다. 낮은 표면적(6~30 m^2/g) 때문에 GC의 지지체나 흡착제로 주로 사용된다. 부분적으로 흑연화 탄소 검정(carbopack B)는 약 100 m^2/g의 표면적과 수용성 서스펜션에서 pH=10.25를 보여 물로부터 넓은 범위의 유기 화학종을 흡수한다. 활성화 탄소는 식물성 숯의 낮은 온도의 산화에 의해 제조된다. 이 물질은 큰 표면적(300~1000 m^2/g), 넓은 동공 구경 분포, 활성 작용기를 포함하는 불균일한 표면을 갖는다.

2) 거대 망상 다공성 중합체 흡착제

거대 망상 수지(macroreticular resin)는 현탁 중합 반응에 의해서 제조된다. 단

위체에 대해 좋은 용매이면서 중합체에 대해서는 좋지 않은 불음 시약(swelling agent)인 물질의 존재 하에서의 styrene-divinylbenzene(STY-DVB) 혼성 중합체가 그 예이다. 거대 망상 수지는 구멍과 통로(holes and channels)에 의해 스며드는 무작위로 충전된 거대 구의 덩이로 되어있어 STY-DVB 겔보다 더 높은 기계적 안정성과 더 큰 표면적을 가진다. Rohm과 Haas가 제조한 거대 망상 수지의 Amberlite XAD 계열의 특성은 표 8.1.2와 같다.

표 8.1.2 Amberlite XAD 수지의 물리적 성질

형 태	성 분	특 성	평균 동공 구경, Å	고유 표면적, m^2/g	고유 동공, ml/g	건조 수지의 용매 흡입, g/g
XAD-1	STY-DVB	소수성, 방향족성, 이온 교환 용량 없음	200	100	0.69	-
XAD-2	STY-DVB	〃	85~90	290~300	0.69	0.65~0.70
XAD-4	STY-DVB	〃	50	750	0.99	0.99~1.10
XAD-7	Methacry-late polymer	중간 정도의 소수성, 비방향족성, 매우 낮은 이온 교환 용량	80	450	1.08	1.89~2.13
XAD-8	Methyl methacry-late polymer	〃	250	140	0.82	1.31~1.36

* STY-DVB ; styrene-divinylbenzene copolymer
* Hydrophobic(소수성), non-aromatic(비방향족성), ion-exchange capacity(이온 교환 용량)

Acrylic ester 수지는 STY-DVB 혼성 중합체보다 더 쉽게 물을 흡수한다. 물로부터의 유기 화합물의 흡수 메커니즘은 탄소와 유사하며, 물로부터 중성 유기 화합물의 회수는 시료의 넓은 범위에서 보통 높다. 또한 부분적으로 해리된 유기 화합물(phenol, carboxylic acids 등)은 일반적으로 수지에서 약하게 흡수된다. 거대 망상 다공성 중합체는 물, 폐수, 염수, 수용성 생물학적 시료로부터 미량의 유기 물질을 제거하는데 널리 사용된다. 이러한 중합체의 중성 유기 화합물의 친화성, 높은 시료 용량, 낮은 물의 머무름, 화학적 비활성 및 시료 회수의 용이성이 이들의 특징이다. Amberlite 형태의 중합체는 250~275 ℃로 가열 시 높은 크로마토그래픽 바탕을 보이며, naphthalene, ethyl benzene 및 benzoic acid가 주요한 오염물로 확인된다. Tenax는 amberlite 중합체보다 열적으로 더 안정하고 탈착 온도에서 상대적으로 낮은 크로마토그래픽 바탕을 보이나, 낮은 표면적(19~30 m^2/g), 흡착 용량의 제한, 더 낮은 회수율 및 시료 크기 제한 등의 단점이 있다. 거대 망상 다공성 중합체는 일반적으로 미량 물질의 분석에 사용하기 전 메탄올에서의 곤죽화(slurrying)에 의해 미세한 물질이 제거된다. 단위체, 오염물 및 항세균성 시약이 methanol, acetonitrile 및 ether와 함께 각 8시간 동안 연속 추출에 의해 제거된다. 용매로 정제된 수지는 사용 전까지 메탄올 하에서 유리 마개가 있는 병에 저장한

다. 건조한 상태에서 구슬의 기계적 및 자발적 깨짐에 의해 재오염 될 수 있다.

3) 폴리우레탄 흡착제(Polyurethane adsorbents)

열린 공동(open-pore)의 폴리우레탄은 흡착 컬럼 내에서 polyol과 isocyanate의 용액을 반응시켜 제조한다. 열린 공동의 폴리우레탄은 뭉쳐진 구형 입자(구경 1~10 ㎛)로 구성되어 있고, 딱딱하고 높은 투과성 구조의 다른 하나에 결합되어 있으며, 물에서 중성 유기물을 흡착하는데 사용된다. 거품형(cellular or foamed) 폴리우레탄도 있다. 두 형태는 다핵 방향족 탄화수소와 살충제에 대해 높은 흡착 효율을 갖고, 약간의 약한 염기성 이온 교환 용량을 갖는다.

4) 결합형 흡착제(Bonded-phased adsorbents)

결합형 흡착제는 실리카 겔, 비극성과 극성의 결합형과 이온 교환 흡착제가 있으며, 낮은 가격, 높은 흡착 용량, 흡착 선택성의 넓은 범위, 사용의 간편성으로 인해 계속 사용되고 있다. 결합형 흡착제의 특성은 표 8.1.3에 보여진다.

5) 이온 교환 수지(Ion-exchange resins)

이온 교환 수지는 염기성 및 산성 물질의 효율적인 수집에 사용된다. 전형적인 예로는 물로부터 phenols, acids, amides의 수집, 생물학적 유도체로부터 스테로이드, 유기산, 아미노산의 수집이 있다. 비극성 흡착제를 사용한 이런 물질들의 회수는 변화가 있고 불완전하다. 그러나 이온 교환 수지는 마지막 크로마토그래피 분석에 방해를 줄 수 있는 중성의 분자들이 이온화된 성분의 회수에 영향 없이 이온 교환으로부터 쉽게 세척되므로 특별히 위의 물질들에 대해 매력적이다.

6. HPLC에 의한 온라인 흔적량 농축(On-line trace enrichment by HPLC)

온라인 흔적량 농축은 표준 HPLC 기구, 다기능 밸브, 미량 농축 컬럼의 적합한 배열에 의해 이루어지고 자동화될 수 있다. Off-line 시료 포집에 비해 용매의 불순물로부터 방해를 최소화하는 것과 같이, 용기 벽에 의한 흡착, 가열에 의한 분해 및 시료를 다루는 데 있어서의 시료 손실의 최소화에 의해서 더 큰 정확성을 기대할 수 있다. 이 방법의 단점은 컬럼에 남은 시료의 일부가 진행 중에 분해될 수 있다. 미량 농축을 위하여 2~5 mm의 짧은 컬럼이 사용되고 분석용과 같은 길이의 컬럼은 시료 청결을 위하여 사용된다. 분석과 전치 컬럼은 같은 흡착제나 다른 선택성의 흡착제를 사용할 수 있다.

미량 농축을 위한 전치 컬럼의 요구 사항은 구경이 분석용 컬럼과 비교하여 작아야 하고, 길이는 가능한 짧고, 사용되는 흡착제는 분석용으로 선택된 것과 비슷한 크기와 품질이어야 한다. 돌파점 부피(breakthrough volumes)를 계산하기 위해 요구되는 인자는 전치 컬럼 불감 부피(V_o), 이론단 수(n), 시료 용액(보통은 물)에서 용질의 용량인자이다. 전치 컬럼이 짧으면 압력의 저하가 매우 낮고 같은 용액이 높은 흐름 속도(5~25 ml/min)에서 전치 컬럼을 통해 펌핑된다.

표 8.1.3 실리카에 바탕을 둔 결합형 흡착제의 특성

흡착제 형태	시료 형태	전형적 응용
Octadecyl	비극성 화합물의 역상 추출	Drugs, essential oils, food preservatives, vitamins, plasticizer, pesticides, steroids, hudrocarbons
Octyl	중간 극성 화합물의 역상 추출. octadecyl 실리카에 단단하게 결합된 화합물	Priority pollutants, pesticides
Phenyl	비극성 화합물의 역상 추출. 소수성 화합물에 덜 머무름을 제공한다.	널리 사용되지 않음
Cyanopropyl	극성 화합물의 정상 추출	Amines, alcohols, dyes, vitamins, phenols
Silica gel	극성 화합물의 흡착	Drug, alkaloids, mycotoxins, amino acids, flavinoids, heterocyclic compounds, lipids, steroids, organic acids, terpenes, vitamins
Diol functionality	극성 화합물의 정상 추출(실리카 겔과 유사)	Proteins, peptides, surfactants
Aminopropyl	약한 음이온 교환 추출	Carbohydrates, peptides, nucleotides, steroids, vitamins
Dimethyl-aminopropyl	약한 음이온 교환 추출	Amino acids
Aromatic sulfonic acid functionality	강한 양이온 교환 추출 및 역상 추출(octadecyl 실리카에서 사용할 때 이온 쌍을 감소한다.)	Amino acids, catecholamines, nucleosides, nucleic acid and bases
Quarternary amines	강한 음이온 교환 추출	Antibiotics, nucleotides, nucleic acids

8.2 크로마토그래피에서의 유도체 합성

8.2.1 GC를 위한 유도체 합성

1. 개요

GC는 열적으로 안정한 휘발성 유기 및 유기 금속 화합물의 분리를 위한 기술이다. 불행하게도 생의학과 환경중의 많은 화합물, 특별히 고분자량이나 극성 작용기를 갖는 화합물들은 분리를 요하는 온도에서 열적으로 불안정하다. 효과적인 미세화학적 유기 합성에서 유도체화는 이런 물질들의 열적 안정성을 증진하기 위하여 사용된다. 대부분의 경우에 유도체화 반응은 양성자성 작용기를 열적으로 안정한 비극성 그룹으로 전환하기 위하여 수행된다. 유도체화 된 화합물들은 열적 안정성과 마찬가지로, 비가역적 흡착과 찌그러진 봉우리 형성을 가져올 수 있는 바람직하지 않은 컬럼 상호작용의 최소화와 함께 증진된 봉우리의 모양을 종종 나타낸다. 또한 유도체화는 화합물의 검출력을 높이기 위하여 사용될 수 있다. 전형적 유도체 시약의 분해도는 그림 8.2.1과 같다.

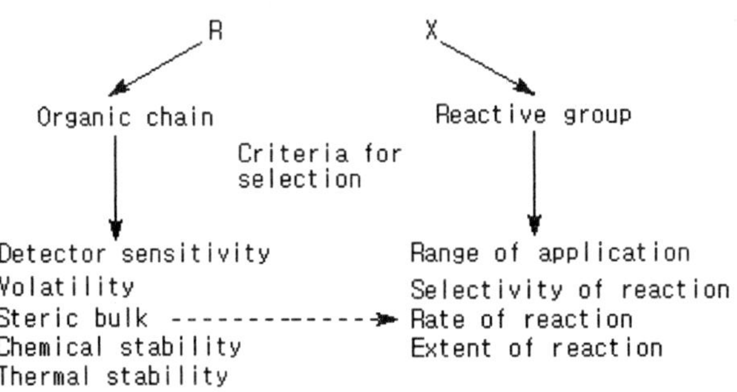

그림 8.2.1 유도체 시약의 분해도

1) 유도체화 반응을 위한 시약 및 기구
  (1) 테플론이 있는 플라스틱 스큐르-마개와 함께 끝이 뾰족한 유리 반응 바이알 또는 배양 튜브(0.1~10 ml 용량)
  (2) 수 μℓ~수백 μℓ의 시료 및 시약
  (3) 시료나 시약을 취급하기 위한 주사기
  (4) 반응 용액 혼합기 : 손(by hand), 소용돌이 혼합기(vortex mixer), 자석 젓게가 있는 소형 테플론 코팅 젓게 패들(miniature Teflon-coated stirring paddles with magnetic stirrer)
  (5) 반응 촉진을 위한 가열 기구 : 대류 오븐(convection oven), 가열판(hot plate), 기름 중탕(oil bath), 드릴 블록 가열기(drilled block heater)

2) 유도체 합성 시약 및 조건

유도체 합성 시약과 조건은 너무 다양하여 이해하기 쉽게 말할 수 없다. 단지 일반적인 반응, 통상적 시약과 몇 가지 전형적인 응용만이 거론될 수 있다. 그러한 예는 아래와 같다.

(1) Trialkylsilyl 시약
(2) 이 작용기성 화합물을 위한 고리화 반응(cyclizing) 시약
(3) 알킬화 반응(alkylation) 시약
(4) 의약품, 아미노산, 살충제와 제초제 찌꺼기(insecticide and herbicide residues), 식품 첨가물(food additives)과 같은 특별한 화학 물질들에 대한 합성 시약

2. 유도체 반응

1) Alkylsilyl 유도체

(1) Alkylsilyl 시약은 양성자성 작용기들을 갖는 극성 분자에 대해서 alkylsilyl ethers 나 esters로 전환된다.

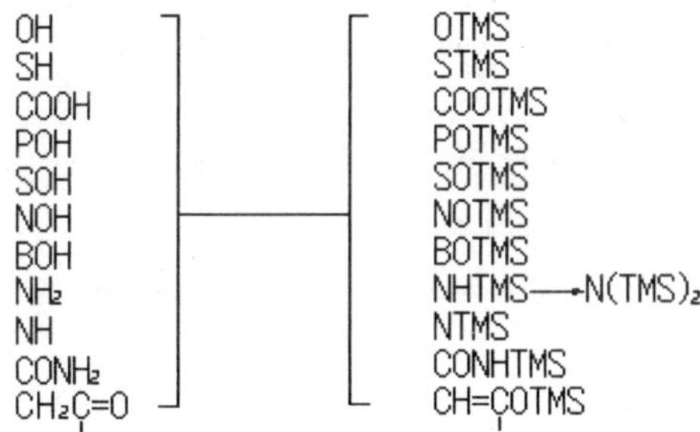

그림 8.2.2 Trimethylsilyl 유도체를 형성하는 작용기.

(2) Trimethylsilylating(TMS) 시약의 종류

$(CH_3)_3$ Si Cl
trimethylchlorosilane
(TMCS)

$(CH_3)_3$ Si $NHSi(CH_3)_3$
hexamethyldisilazane
(HMDS)

$$CX_3-\underset{\underset{O}{\|}}{C}-\overset{\overset{CH_3}{|}}{N}-Si(CH_3)_3$$

X = H, N-methyl-N-(trimethylsilyl)acetamide (MSTA)
X = F, N-methyl-N-(trimethylsilyl)trifluoroacetamide (MSTFA)

$$CX_3-\overset{\overset{O-Si(CH_3)_3}{|}}{\underset{\underset{N-Si(CH_3)_3}{\|}}{C}}$$

X = H, N, O-bis-(trimethylsilyl)acetamide (BSA)
X = F, N, O-bis(trimethylsilyl)trifluoroacetamide (BSTFA)

$(CH_3)_3$ $Si-N(C_2H_5)_2$ N-trimethylsilyldiethylamine (TMSDEA)

$(CH_3)_3Si-N$(imidazole ring) N-trimethylsilylimidazole(TMSIM)

(3) 반응성

TMS와 시료와의 반응성은 실란화 시약의 silyl 주개 능력과 작용기의 silyl 받개 능력에 의해 좌우된다.

가. TMS의 silyl 주개 순위

Trimethylsilylimidazole(TMSIM) > N, O-bis-(trimethylsilyl)trifluoro acetamide(BSTFA) > N, O-bis-(trimethylsilyl)acetamide (BSA) > N-methyl-N-(trimethylsilyl)trifluoroacetamide(MSTFA) > N-trimethyl silyldiethylamine(TMSDEA) > N-methyl-N-(trimethylsilyl)acetamide (MSTA) >trimethylchlorosilane(TMCS) with base > hexamethyl disilazane (HMDS).

나. 유기 작용기의 silyl 받개 순위

Alcohols > phenols > carboxylic acids > amines > amides

다. 반응 속도에 영향을 주는 인자

가) 작용기의 입체 구조 : primary > secondary > tertiary

나) 용매의 선정 : 극성 용매에서 우월

Pyridine, dimethylformamide(DMF), acetonitrile(ACN), dioxane, 또는 tetrahydrofuran(THF)등

다) 온도 : 보통 사용 온도 60 ℃, 100 ℃, 150 ℃, 200 ℃

라) 촉매의 사용

라. TMSIM/BSTFA/TMCS (1:1:1)의 혼합물이 가장 강력한 실란화 시약이다.

2) Haloalkylacyl 유도체

양성자성 작용기들(carboxylic acids 제외)과 함께 화합물에 전자 포획 작용기를 가진 물질과의 반응에서 haloalkyl acid chlorides와 anhydride는 가장 널리 연구된 시약이다.

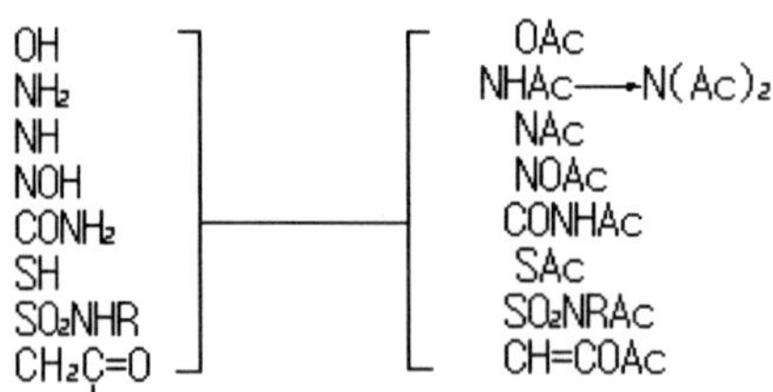

그림 8.2.3 아실화 유도체를 형성하는 작용기

3) 에스테르화(Esterification)

(1) Carboxylic acids나 다른 산성 작용기를 가진 물질에 적용한다.

(2) Carboxylic acid는 주로 수 %의 산촉매(HCl, H_2SO_4, thionyl chloride, boron trifluoride etherate, BCl_3, ion-exchange resin)를 포함하는 과량의 알코올에 용해된다.

표 8.2.1 Haloalkylacyl 유도체에 대한 전자 포획 검출기의 상대적인 응답

Deriveative	Amphetamine	Testosterone	Thymol	Diethylstilbesterol	Benzylamine
Acetyl		1.0			1.0
Monofluoroacetyl			0.007		
Monochloroacetyl	1.0	40	0.3	2.7	750
Chlorodifuoro-acetyl		340			
Dichloroacetyl				2.6	
Trichloroacetyl	540			2.1	
Trifluoroacetyl	〈 0.1	4		1.7	200
Pentafluoro-propionyl	40	50	1.3	15	5725
Heptafluorobutyryl	90	190	1.0	23	17875
Perfluorooctonyl	230	600		21	
Pentafluoro-benzoyl	770		6.9		

(3) 에스테르화 반응은 느려서 자주 상승된 온도를 사용하며, 이 반응은 평형 반응으로 반응 중 생성된 물을 제거할 필요가 있다.

4) 알킬화(Alkylation)

(1) 활성 수소 원자가 알킬이나 아릴 작용기로 치환되는 반응을 총칭한다.

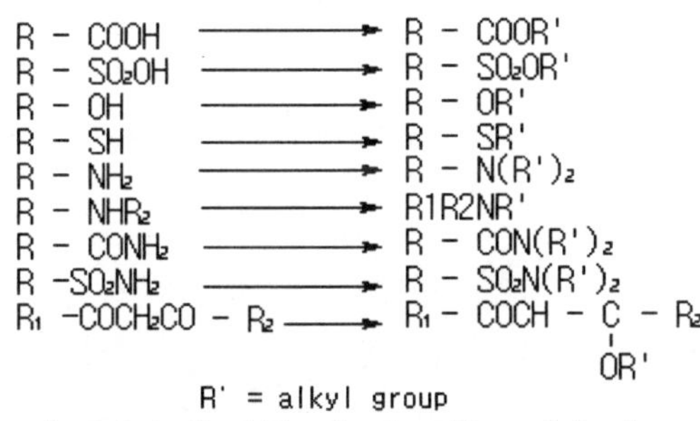

그림 8.2.4 알킬화 될 수 있는 작용기

(2) 알킬화 반응은 사용되는 시약과 방법의 다양성이 크다. 이중 중요한 반응은 다음과 같다.

가. Alkiyl halide 와 촉매

나. Diazoalkanes

다. N,N-dimethylformamide dialkyl acetals α

라. Extractive alkylation

마. Pyrolytic alkylation

바. Arylation

5) Pentafluorophenyl-containing derivatives

3차 아민(tertiary amines)을 포함한 유기 화학 물질들의 넓은 범위에 대해 유도체를 형성한다.

6) 이작용기성 화합물(bifunctional compounds)의 선택적 유도체화 반응을 위한 시약

(1) 이작용기성 화합물

가. 1, 2-, 1, 3-, 1, 4- 탄소 원자들에 작용기를 가진 알킬 사슬을 포함하는 화합물

나. 오르토 치환 작용기를 가진 방향족 고리 화합물

(2) 특별한 시약은 이런 작용기와 반응하며 안정한 고리 유도체를 형성한다.

표 8.2.2 유기 화합물에 pentafluorophenyl 작용기를 결합시키기 위한 시약

Reagent	Functional group type
Pentafluorobenzoic anhydride	Alcohols
Pentafluorobenzoyl chloride	Amines, phenols, alcohols
Pentafluorobenzyl bromide	Carboxylic acids, phenols,
Pentafluorobenzyl alcohol	Carboxylic acids
Pentafluorobenzaldehyde	Primary amines
Pentafluorobenzyl chloroformate	Tertiary amines
Pentafluorophenacetyl chloride	Alcohols, phenols, amines
Pentafluorophenoxyacetyl chloride	Alcohols, phenols, amines
Pentafluorophenylhydrazine	Ketones
Pentafluorobenzylhydroxylamine	Ketones

Note ; Pentaflurobenzyl bromide is also a potent lachrymatory agent and is unstable under some conditions used for extractive alkylation. Pentafluorophenylhydrazine and pentafluorobenzyl hydroxylamine derivatives of ketone-containing compounds can give two peaks due to the formation of syn-and anti-geometrical isomers..

8.2.2 LC를 위한 유도체 합성

1. LC에서의 응용

LC에서의 유도체 형성은 특별한 검출기에 대한 응답의 증진이나 물질간의 분리에 도움을 준다. 형광이나 전기 화학적 유도체 및 용리후 유도체화(post-column derivatization) 반응은 전치 컬럼(precolumn) UV에 예민한 유도체보다 더 인기가 있다.

2. 유도체 반응

1) 자외선/가시선 검출을 위한 유도체

HPLC의 UV 고정 파장(254 ㎚)이나 변환 파장(180~800 ㎚)에서의 흡광도를 증진시킬 수 있는 발색단과 시료를 반응시킨다(표 8.2.3 및 8.2.4).

표 8.2.3 UV 검출력의 증진을 위한 발색단

Structure	Chromophore	λ_{max}	ε_{254}
$(O_2N)_2C_6H_4-$	2, 4-Dinitrophenyl	-	$>10^4$
$C_6H_5CH_2-$	Benzyl	254	200
$O_2NC_6H_4CH_2-$	p-Nitrobenzyl	265	6200
$(O_2N)_2C_6H_3CH_2-$	3, 5-Dinitrobenzyl	-	$>10^4$
C_6H_5COO-	Benzoate	230	low
$O_2NC_6H_4COO-$	p-Nitrobenzoate	254	$>10^4$
$CH_3C_6H_4COO-$	Toluoyl	236	5400
ClC_6H_4COO-	p-Chlorobenzoate	236	6300
$CH_3OC_6H_4COO-$	Anisyl	262	16000
$C_6H_5COCH_2-$	Phenacyl	250	$\sim10^4$
$BrC_6H_4COCH_2-$	p-Bromophenacyl	260	18000
$C_{10}H_7COCH_2-$	2-Naphtacyl	248	12000

표 8.2.4 작용기 분자가 발색단이 되기 위해 사용되는 시약

Functional group reacted	Derivatizing reagent
Alcohols	3, 5-Dinitrobenzyl chloride
	Pyruvoyl chloride
	p-Iodobenzenesulfonyl chloride
	Benzolyl chloride
	p-Nitrobenzoyl chloride
	p-Nitrophenyl chloroformate
	Phenyl isocyanate
	p-Dimenthylaminophenyl isocyanate
Amines	3, 5-Dinitrobenzoyl chloride
	Pyruvoyl chloride
	p-Methoxybenzoyl chloride
	n-Succinimidyl-p-nitrophenylacetate
	Benzoyl chloride
	p-Nitrobenzoyl chloride
	p-Toluenesulfonyl chloride
	2-Naphthacyl bromide
	2, 4-Dinitrofluorobenzene
Ketones and aldehydes	2, 4-Dinitrophenylhydrazine
	p-Nitrobenzylhydroxylamine hydrochloride
	2-Diphenylacetyl-1, 3-indandione-1-hydrazone
Carboxylic acids	p-Bromophenacyl bromide
	p-Nitrobenzyl-N, N′-diisopropylisourea
	1-(p-Nitro)benzyl-3-p-tolyltriazine
	Phenacyl bromide
	N-Chloromethyl-4-nitrophthalimide
	Naphthyldiazomethane
Epoxides	Diethyldithiocarbamate
Isocyanates	N-p-Nitrobenzyl-N-n-propylamine
Mercaptans	Pyruvoyl chloride
Phenols	Pyruvoyl chloride
	3, 5-Dinitrobenzoyl chloride
	p-Iodobenzoylsulfonyl chloride
	p-Nitrobenzenediazonium tetrafluoroborate
	Diazo-4-aminobenzonitrile

2) 형광 검출을 위한 유도체

LC 에서 형광 측정의 중요성은 높은 감도(high sensitivity), 넓은 직선적 응답(wide linear response) 및 상대적으로 높은 특이성(relatively high substance specificity)을 주는 것이다. 이를 위한 많은 형광 유도체 시약이 있다(표 8.2.5).

표 8.2.5 HPLC에서 형광 유도체의 전치 컬럼 제조를 위한 시약

Reagent	Abbreviation	Application
1-Ethoxy-4-(dichloro-s-triazinyl)naphthalene	EDTN	Primary and secondary alcohols and phenols
4-Dimethylamino-1-naphthoyl nitrile		Primary and secondary but not tertiary alcohols
4-Bromomethyl-7-methoxycoumarin	Br-Mmc	Carboxylic acids
4-Bromomethyl-6,7-dimethoxycoumarin		Carboxylic acids
9-(Chloromethyl)anthracene	9-CIMA	Carboxylic acids
9-Anthradiazomethane		Carboxylic acids
9,10-Diaminophenanthene		Carboxylic acids
Dansyl hydrazine	DnS-H	Aldehydes and ketones
2-Diphenylacetyl-1,3-indandione-1-hydrazone		Aldehydes and ketones
5-Dimethylaminonaphthalene-1-sulfonylaziridine		Thiols
N-(9-Acridinyl)maleimide		Thiols
Dansyl chloride	DnS-C1	Primary and secondary amines, phenols, amino acids, and imidazoles
2,5-Di-n-butylamino-naphthalene-1-sulfonyl chloride	Bns-C1	as for Dns-C1
Fluorescamine	Fluram	Primary amines and amino acids
o-Phthaldialdehyde	OPT	Amines and amino acids
7-Chloro-4-nitrobenzo-2-oxa-1,3-diazole	Nbd-C1	Primary and secondary amines, phenols, and thiols
9-Fluorenylmethl chloroformate		Primary and secondary amines
9-Isothiocyanatoacridine		Primary and secondary amines
Pyridoxal		Amino acids
Phenanthreneboronic acid		Bifunctional compounds
5,5-Dimethyl-1,3-cyclohexanedione		Aldehydes

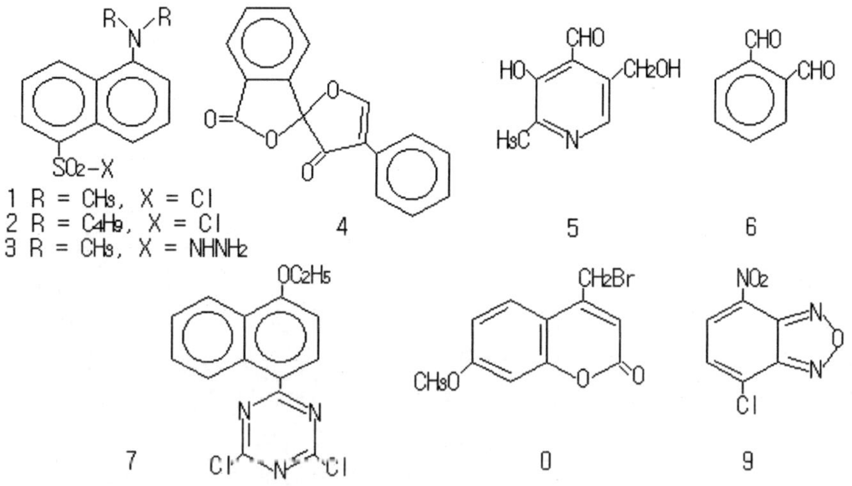

1 R = CH_3, X = Cl
2 R = C_4H_9, X = Cl
3 R = CH_3, X = $NHNH_2$

1. dansyl chloride, 2. dabsyl chloride, 3. dansyl hydrazine, 4. flurescamine,
5. pyridoxal, 6. o-phthaldialdehyde,
7. 1-ethoxy-4-(dichloro-s-triazinyl)naphthalene,
8. 4-bromomethyl-7-methoxycoumarin,
9. 7-chloro-4-nitrobenzo-2-oxa-1,3-diazole

그림 8.2.5 형광 유도체 형성을 위한 시약.

3) 전기 화학적 검출을 위한 유도체

(1) Nitroaromatic chromophore를 함유하는 유도체나 isocyanate 유도체 등이 전기 화학적 검출을 위해 사용된다.

(2) 전치 컬럼 유도체 기법은 약간의 문제점이 있다.

가. 검출기 응답이 유도체 시약의 추적이나 주입되기 전 제거되어야 하는 부산물에 의해 반대로 영향을 받는다.

나. 이동상의 선택이 검출기 요구 조건에 의해 제한된다.

8.3 특수 시료채취 방법

8.3.1 개요

분석 과정은 시료채취(sampling), 시료 조제, 분리, 정량, 통계적 평가 및 판정의 여러 단계로 구성된다. 시료채취는 특정 지워진 목적과 문제를 적당하게 정의하는 시료를 어디에서 취하느냐 하는 결정과 올바른 량의 시료를 얻는 방법을 선택하는 것을 포함한다. 시료 조제 단계는 대부분의 분석 기기가 직접 기질을 취급할 수 없기 때문에 시료 기질로부터 대상 성분을 분리하는 것이 필요하다. 시료 조제는 매우 복잡하고 더러운 시료에 대해 청결(clean-up) 과정을 포함하며, 분석물질을 적당한 농도로 만들어야만 한다. 분리 단계를 실시하는 동안에는 목표 분석물질을 포함하는 분리되는 복잡한 혼합물이 전형적으로 크로마토그래피나 전기이동 기술에 의해서 그의 성분으로 분리된다. 정량은 확인된 화합물의 량을 결정하는 것이며, 확인은 선택적인 검출과 조합된 머무름 시간에 기초될 수 있다. 또한, 질량 분석계와 같은 특이한 기기는 방해로 인한 정량에 있어서의 가능한 오차를 제거하기 위하여 사용된다. 결과의 통계적 평가는 분석시료에서 목표 화합물의 농도 평가를 제공한다. 이 자료는 어떤 판정을 할 것이며, 목적과 문제의 조사를 더 해야 할 것인지에 대해 다른 시료채취 여부를 포함한다.

분석 단계는 차례로 이어지며, 다음 단계는 전 단계가 완료되기까지 시작할 수 없다. 이 과정 중의 가장 느린 단계가 분석 과정의 전체 속도를 결정하며, 한 간단한 단계의 속도 개선이 처리량(throughput)의 증가를 가져올 수 없다. 분석의 처리량을 증가하기 위하여 모든 과정의 고려가 필요하다. 또한, 시료채취를 포함하는 어떤 진행 단계에서의 오차는 전체에 나쁜 수행 결과를 줄 것이다. 전통적인 시료 조제 방법은 전형적으로 강한 노동력과 시간이 요구되며, 분석물질을 잃기 쉬운 여러 단계를 가지며, 독성 유기 용매를 사용한다. 이런 특징이 연결과 자동화의 목적을 위한 시료채취와 분리를 합치는 것을 매우 어렵게 한다. 이것은 분석 시간의 80 % 이상이 시료채취와 시료 조제 단계에서 소비되는 결과를 준다. 기기화 영역에서의 실질적인 개선은 중요한 시간 절약과 편리성 증진으로 즉시 전환할 것이다. 또한, 암의 위험과 오존의 고갈 같은 용매 유해성의 새로운 자각은 많은 유기 용매 생산을 멈추게 하는 Montreal Protocol과 같은 국제적인 발의의 결과가 되었다. 또한 분석 방법에도 주요한 변화를 가져왔으며, 이런 변화가 통용되는 시료 조제 방법들의 문제점을 수정하고 새롭고 실제적인 용매 없는(solvent-free) 다른 방법을 공식화하는 과학적 공통성에 대한 기회가 되었다. 물론, 어떤 시료 조제 방법은 다양한 화합물과 기질에 대해 효율, 선택성, 응용성을 포함하여 좋은 분석 수행의 특징을 갖는다. 새로운 방법은 간단한 자동화와 현장 분석(field analysis)을 허용하여야 한다. 이상적인 시료 조제 기술은 훈련비용과 새로운 하드웨어가 분석 참여자들이 새로운 방법에 적응하는 것을 자주 방해하기 때문에 사용하기 쉽고, 값싸며, 분석 기기의 범위와 합치되어야 한다. 이 모노그래프가 바로 새로운 용매 없는 시료 조제 방법인 고체상 미세 추출이다.

어떤 시료 조제 방법의 작동 원리는 시료 기질과 추출상 사이에서 분석물질을 분배하는 것이다. 유기 용매를 거의 사용하지 않거나 사용하지 않는 시료 조제 기술이 때

때로 이용되었다. 여기에는 기체상 , 흡착제 및 막이 사용되고 있으며, 각 추출상에 따른 분류는 그림 8.3.1과 같다.

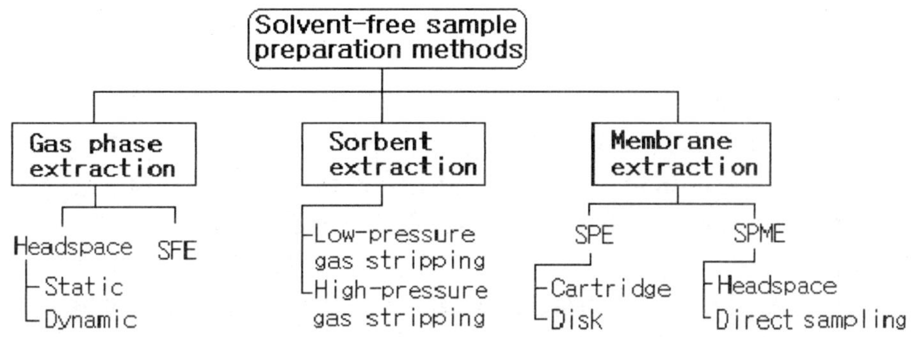

그림 8.3.1 용매 없는 시료 조제 방법의 분류

1. 기체상 시료 조제 방법

정적 머리공간(headspace) 시료채취나 추방 및 포착(purge and trap) 추출과 같은 기체상 시료 조제 방법은 기체상에 분석물질을 분배하는 일반적인 특징을 가졌다. 분배 동안 비휘발성 고 분자량 화합물은 제거되며, 이는 분리 컬럼의 오염을 방지하므로 이 방법을 매우 까다롭게 만든다. 머리공간 시료채취는 추출상(공기, 헬륨 또는 질소)이 GC와 같은 대부분의 기기와 잘 어울리기 때문에 휘발성 화합물을 분리하기 위하여 널리 사용된다. 정적 머리공간 과정에서 시료는 단순히 그의 머리공간과 평형이 되도록 허용되고 작고 잘 정의된 머리공간의 부피가 분석을 위한 GC로 직접 주입된다. 정적 머리공간 시료채취는 현재 특히 현장 분석에서 가장 간단하고 자주 응용되는 용매 없는 시료 조제 기술이다. 기기로 이동되는 분석물질의 량은 시료가 머리공간과 평형에 있다고 가정할 때 기체상의 부피, Henry 상수 및 분석물질의 농도에 비례한다.

정적 머리공간 방법은 음식, 음료, 임상 및 다른 시료에 있는 휘발성 유기 화합물(volatile organic compounds, VOCs)을 분석하기 위하여 사용된다. 정적 머리공간 방법은 용기에 그들을 놓지 않고 현장에서 시료의 냄새를 맡는데 응용될 수 있다. 조사되는 영역에서 직접적으로 공기를 빨아드리는 간단한 기기는 정적 머리공간에 기초한다. 그러나, 이 기술은 농축 효과가 결핍되기 때문에 감도가 낮다. 정적 머리공간은 매우 휘발성인 기체를 제외하고 완전히 뽑아내는 추출을 달성할 수 없다. 그러므로 세심한 검정(calibration)을 요구한다. 동적 머리공간은 여러 단계를 사용하고 VOCs의 정량적인 제거를 허용한다. 물 중의 VOCs의 분석을 위한 동적 머리공간 방법인 추방과 포착 방법은 두 단계가 있다. 첫 번째 단계는 기질로부터 VOCs를 제거하기 위하여 수용성 시료를 통해서 운반 기체로 하여금 추방하는 것이다. 두 번째 단계는 냉각이나 흡착제 포착기에 의해 이 화합물들을 정량적으로 채취하는 것이다. 이 방법은 거품이 일고, 먼저 분석한 것으로부터 분석물질이 넘어오거나, 벗기(stripping)는 흐름 속도가 분리 기기와 어울리지 않는 단점이 있다.

열 탈착과의 조합에 있어, 머리공간 접근은 덜 휘발성인 화합물의 분석에 이용될 수 있다. 시료가 상승된 온도로 가열될 때, 분석물질은 기질로부터 열에 의해 탈착되고 기체상에 더 효율적으로 분배된다, 가열은 특히 강하게 유기 분석물질을 붙잡는 경향이 있는 찰흙(clay soil)과 같은 고체를 포함하는 시료 분석에 중요하다. 그러나, 열적으로 불안정한 분석물질과 탈착되는 기체 혼합물의 높은 수분 량은 자주 열적 탈착 접근을 방해한다.

다른 기체에 기초한 시료 조제 방법은 주위 온도에서 덜 휘발성인 화합물을 제거할 수 있는 추출상으로 압축된 이산화탄소와 같은 액체를 사용한다. 이런 방법을 초임계 유체 추출(supercritical fluid extraction, SFE)이라고 하며, 이 기술은 초임계 유체가 기체의 질량 이동과 액체의 용해성 같은 두 가지 특성을 가졌기 때문에 빠르게 발달되었으며, 어떤 면에서는 매력적인 특징을 가졌다. 그러나, SFE는 비싼 고압 유체 전달 시스템과 고 순도 기체를 요구한다. 현재. 이 두 가지가 기기를 무겁게 하여 현장 분석을 어렵게 한다. 이 기술은 주위 온도에서 비휘발성 화합물을 추출할 수 있기 때문에, 열에 불안정한 분석물질, 기질 및 특히 식료품의 분석을 하는데 유용하다.

2. 막 추출(Membrane extraction)

막 추출은 두 개의 동시 과정을 구성한다. 즉, 시료 기질로부터 막 물질에 의한 분석물질의 추출과 막으로부터 벗김 상(stripping phase)에 의한 분석물질의 추출이다. 이 방법은 지난 30년에 걸쳐 질량 분석계에 대해 개발되었다. 그러나 크로마토그래피를 위한 시료 조제에 대해서는 막 추출의 사용에 대한 정보가 거의 사용되지 않았다. 과거에 질소 벗김 기체가 평평한 고분자 막의 표면으로부터 활성화된 숯으로 침투된 분석물질을 이동하기 위하여 사용되었다. 화합물은 밸브의 전환 후 분석을 위해 GC로 탈착된다. 많은 초기 방법들이 지지된 막의 얇은 판(supported membrane sheets)을 사용하였지만, 막 추출 기술 대부분의 최근 개발은 속빈 섬유의 사용에 맞추어져 있다. 속빈 섬유 막 구성 단위(modules)는 속빈 섬유가 자체 지지성(self-supporting)이기 때문에 만들기가 더 간편하다. 막의 얇은 판과 머리공간에 비해, 속빈 섬유는 벗김 기체에 대한 표면적 대 부피의 더 높은 비를 제공하며, 이는 더 효율적인 추출을 허용한다. 막 추출은 계속적인 측정을 하기 위하여 MS나 GC와 직접적으로 연결될 수 있다.

흡착제 연결장치와의 막 추출(membrane extraction with a sorbent interface, MESI)을 이용한 직접 연결장치 방법은 속빈 섬유 막 모듈, 낮은 열 용량 흡착제 연결장치, 모세관 GC같은 분리 기기 및 컴퓨터로 구성된다. 막은 시료나 머리공간과 직접 접촉한다. 소수성 막의 사용은 운반 기체로부터 수분을 방지한다. 분석물질은 막 표면 위에 농축되고, 확산에 의해 막을 통해 운송되고 벗겨지며, 기체에 의해 포착기로 이동된다. 열 펄스는 포착기에 포집된 분석물질을 탈착하고 분리 컬럼의 앞에서 좁은 분석물질의 밴드를 준다. MESI 시스템의 직접적인 시료 대 기기의 방법은 분석물질의 손실을 방지한다.

막 모듈의 여러 가지 설계는 공기, 물, 또는 흙의 머리공간을 분석하기 위하여 사용될 수 있다. MESI 접근법은 계속적인 측정과 공정 제어에 특별히 적합하다. 막은 유동성 흐름에 맞도록 편리하게 만들어 질 수 있다. 막을 통한 분석물질의 운송은 시료 조제 과정에 대한 선택성을 준다. 막 추출은 휘발성 화합물 분석에 국한되지 않는다.

사실, 더 높은 분자량 화합물의 추출은 더 높은 온도의 사용이나 다양한 구멍의 구경을 갖는 미세 다공성 막을 사용하는 것에 의해 수행될 수 있다. 막 방법은 고압 벗김 기체에 의해 반휘발성(semivolatile) 화합물의 분석에도 응용될 수 있다.

3. 흡착제 추출(Sorbent extraction)

수용성 시료로부터 흔적 량 유기 화합물을 추출하기 위하여 흡착 물질을 사용하는 개념은 1980년대 개발되었고, 그것의 응용은 포괄적으로 검토되었다. 흡착제는 이제 물, 공기 및 흙을 포함하는 다양한 기질로부터 유기 화합물을 추출하기 위하여 사용된다. 유기 화합물에 대해 강한 친화력을 갖는 흡착제는 매우 희석된 수용성이나 기체 시료로부터 이 화합물들을 잡거나 농축할 것이다. 많은 흡착제가 다양한 선택성과 함께 다른 그룹의 유기 화합물을 적합하게 추출하기 위해 특별히 사용된다.

널리 사용되는 흡착제 기술의 하나는 고체상 추출(solid phase extraction, SPE)이다. SPE의 첫 번째 단계는 방해하는 화합물과 함께 분석물질을 추출하기 위한 입자성 지지체 위에 분산된 흡착제를 포함하는 플라스틱 카트리지(통 ; 관)나 평평한 막(디스크)을 통하여 액체 기질을 통과하는 것이다. 보통 먼저 선택성 용매가 방해물을 제거하기 위하여 사용되고, 다른 용매가 목표로 하는 분석물질을 씻어내기 위하여 선택된다. SPE는 전통적인 용매 추출에 비해 많은 매력적인 특징을 가졌다. SPE는 간단하고, 저렴하며, 상대적으로 적은 용매를 사용한다. 그러나, 시료 기질과 분석물질 사이의 상호작용은 가끔 낮은 회수율을 주며, 시료 기질에 있는 고체와 기름 성분은 SPE 통을 막히게 하거나 과부하의 원인이 되는 흡착제의 동공을 막히게 할 수 있다. 흡착제는 시료로부터 넘어오는 많은 물질로부터 추출 효율의 저하를 가져오며, 생산된 흡착제의 배치간의 변화는 나쁜 재현성을 준다. SPE 기술은 실제로 탈착 용매 온도 이상의 끓는점을 갖는 반휘발성 화합물에 제한된다.

SPE의 제한점은 용융 실리카로 만들어진 미세한 막대나 다른 적합한 물질 위에 추출상의 작은 량을 분산하는 것에 의해서 극복될 수 있다. 미세 추출 기술에 액상의 작은 량의 초기 사용은 큰 부피 접근에 대한 실행의 개선을 시도하였다. 시료 기질로부터 목표 분석물질을 완전하게 제거하지 못하였더라도, 높은 농축 능력과 기술의 선택성은 추출된 혼합물에 대해 직접적이고 높은 감도 분석을 허용하였다. 용매의 작은 량을 취급하는데 따른 어려움은 이 접근법의 주요한 제한을 의미한다. 섬유에 영구히 붙는 흡착 물질의 응용은 이런 제한점 개선에 역점을 두어 다루고, 같은 추출상의 재사용을 허용한다. 이 기술을 고체상 미세 추출(solid phase microextraction, SPME)이라고 부른다. 이 장치의 작은 원주 모양의 기하학이 추출, 탈착 동안 바른 질량 이동을 허용하고, 막힘을 방지한다. SPME 과정은 두 단계를 가진다. 첫째는 코팅과 시료 기질 사이의 분석물질의 분배이고, 둘 째는 분석 기기로 농축된 추출물의 탈착이 이어진다. 첫 째 단계에서 코팅된 섬유가 시료나 시료 기질로부터 코팅으로 분배에 의해 목표 분석물질을 주는 그의 머리공간에 노출된다. 농축된 분석물질을 가진 섬유는 탈착을 위하여 기기로 운송되고, 거기에서 추출물의 분리와 정량이 일어난다. 선택적인 용매를 사용한 청결 단계가 SPE와 비슷하게 연결될 수 있으나, 최근 최초 코팅제의 선택적인 성질 때문에 부가적인 단계는 필요하지 않다.

8.3.2 머리공간 분석(Headspace analysis)

1. 개요

머리공간 방법은 유기 휘발성 물질의 측정을 위한 적합한 시료 분석의 간접적인 방법을 제공한다. 분석을 위해서 시료 매질 자체가 아닌 시료가 접촉된 기체상이 포집된다. 머리공간에는 정적 및 동적 상태가 있다. 정적 머리공간은 시료가 밀폐된 항온 용기에서 기체상과 열역학적 평형에 있을 때를 말하고, 동적 머리공간은 저온 또는 흡착제 포착기(trap)에 누적된 시료와 시료 휘발물질 위로 운반 기체가 지나갈 때의 상태를 말한다. 또한 운반 기체가 시료 표면의 밑으로 흘러 흡착 포착기에 누적된 벗겨진 유기 휘발물질(stripped organic volatiles) 자체와 함께 작은 방울의 흐름 형태로 시료를 통해 지날 때의 상태도 동적 머리공간으로 추방과 포착(purge-and-trap), 기체상 벗김(gas phase stripping), 또는 기체상 뿌리기(gas phase sparging)라 한다. 머리공간 시료채취 방법은 전통적인 크로마토그래피 수단으로 취급하기 어려운 시료 중의 휘발성 물질들의 흔적 량 농도 결정에 우월하게 사용된다. 예를 들면, 매질이 대상 성분을 모호하게 하는 희석된 용액, 컬럼을 손상하는 용액, 또는 용출 봉우리로 인해 과도하게 긴 분리 시간을 요하는 물질, 정상적 조건하에서 휘발 또는 용해될 수 없는 무기 또는 고분자 물질, 분석 전에 포괄적인 시료 청결(clean-up)을 요하는 혈액, 오수(汚水 ; sewage) 및 콜로이드와 같은 불균일한 혼합물 등이다. 머리공간 방법의 이점은 노력의 경제성, 매질과 매질의 크로마토그래피 성질과 연관된 문제가 상대적으로 없는 시료를 만드는 것이다. 한편, 주요한 단점은 세심한 검정선 작성의 필요성이다.

2. 정적 머리공간

고정된 기체와 액체상 사이의 열역학적 평형에 있는 분석물질의 농도에 관련한 정량적인 표현은 두 가지로 전개될 수 있다. 분압 측면에서 액체 위의 증기상에 있는 성분 B의 크로마토그래픽 봉우리 면적(A_B)은 그 부분 증기 압력(P'_B)에 비례한다. Henry's

$$A_B = C_B P_B' \qquad 8.1$$

A_B ; 기체상에서 B의 크로마토그래픽 봉우리 면적

C_B ; 성분 의존 비례 상수 P_B' ; B의 부분 증기 압력

법칙에 따라 용액 위의 분석물질의 부분 증기 압력은 주어진 온도에서 분석물질(B)의 몰분율(X_B)과 순수한 성분 B의 포화 증기 압력(P_B^o)에 의존한다. 이상성으로부터 활동도 계수(γ_B)를 보정하고, 두 식을 조합하여 P_B'를 제거하면, 시료의 증기상 성분에 관련된 X_B는 다음과 같다.

$$P_B' = X_B \gamma_B P_B^o \qquad 8.2$$

$$X_B = (A_B)/(C_B \gamma_B P_B^o) \qquad 8.3$$

한편, 액체 위의 기체상 중 분석물질(B)의 평형 농도는 분배계수(K_B)에 비례한다.

$$K_B = C_L/C_G \qquad 8.4$$

K_B ; 고정 온도에서 액체와 기체상 사이의 B의 분배계수

C_L ; 액체상에서의 B의 농도 C_G ; 기체상에서의 B의 농도

평형 조건은 역시 다음식도 만족한다.

$$C_L^o V_L = C_L V_L + C_G V_G \qquad 8.5$$

C_L^o ; 액체상에 있는 B의 최초 농도

V_L ; 액체상의 부피

V_G ; 기체상의 부피

식 8.4와 8.5로부터 C_L을 소거하면 식 8.6을 얻을 수 있다. 식 8.6으로부터 증기상과의

$$C_L^o = [C_G(K_B V_L + V_G)] / V_L \qquad 8.6$$

평형에 있는 액체 위의 머리공간에서의 분석물질의 농도는 기체와 액체상의 부피 비에 의존한다. 화합물에 특이적인(compound-specific) 분배계수는 매질에 의존하며, 대부분의 분석에서 알려져 있지 않기 때문에 시료채취 시스템을 검정하는 것에 의해서 계산된다. 적합한 검정 방법은 표 8.3.1과 같다. 비휘발성 고체 시료에 대해서도 다중 머리공간 추출법이 사용된다. 이 과정은 자동화될 수 있으며, 머리공간에 있는 분석물질의 농도는 각 추출 후에 더 작아진다. 그러나 분배계수는 일정하게 남는다. 과정의 반복은 결국 기질로부터 분석물질을 완전하게 벗기게 되고, 분석물질의 최초의 량이 부분적 크로마토그램을 모두 합하는 것에 의해 얻어진다. 그러나 대부분의 경우 두 번의 측정이 전체 면적을 평가하기 위하여 충분하며, 다음 식에 따른다.

$$A_T = A_1^2 / (A_1 - A_2) \qquad 8.7$$

A_T ; 모든 부분 크로마토그램 면적의 합

A_1 ; 첫 번째 머리공간 분석에서 얻어진 크로마토그램 면적

A_2 ; 두 번째 머리공간 분석에서 얻어진 크로마토그램 면적

머리공간 시료채취 방법의 감도는 pH의 조정, 염석(salting-out) 또는 시료의 온도를 올리는 것에 의해서 증가될 수 있다. 기체상의 분석물질 농도는 용액 중 분석물질의 해리 되지 않은 부분에 비례하므로, pH의 조정 결과 주로 해리 되지 않은 형태로 존재하는 분석물질은 감도를 증가시킨다. 수용액에 무기염을 부가하거나 혼합성 유기 용매에 물과 같은 비전해질을 첨가하는 것에 의한 염석은 양호한 경우 100배 이상의 감도를 증가시킬 수 있다. 시료 온도의 증가도 분석물질의 포화 증기압을 증가시키므로 기체상의 농도를 증가한다. 특별한 작용기를 포함하는 화합물과의 비휘발성 유도체를 형성하는 유도체 시약의 부가 전후 크로마토그램을 비교하는 것에 의해서 이 그룹을 함유하는 분석물질을 선택적으로 확인하는 데 사용될 수 있다. 머리공간 분석에 있어 주요한 오차의 근원은 고무 격막(rubber septum)에의 분석물질의 흡착과 천천히 평형에 도달하는 계에서의 조기 분석이 원인이다.

전형적인 머리공간 시료 부피는 0.5~3.0 ml로 빠르게 운반될 수 있고, 충전 컬럼에서 쉽게 취급된다. 그러나 흐름 속도가 1~2 ml/min인 열린관 컬럼에서는 완전한 시료의 운반이 너무 느려서 날렵한 컬럼 주입 띠를 형성하기 어렵다. 이런 문제를 해결하기 위한 가장 간단한 방법은 컬럼에 시료의 분율을 빠르게 이동하기 위한 흐름 분할을 사용하는 것이다. 정적 머리공간 분석을 위한 장치는 그림 8.3.2~4에 보여진다. 그림 8.3.2에서와 같이 정적 머리공간 기술은 실험적 측면에서 이 방법은 매우 간단하다. 시료(고체/액체)를 적합한 크기의 유리병에 넣고 테플론 선 실리콘 격막(Teflon-lined silicone septum)으로 밀봉한다. 이 병이 평형이 될 때까지 조심스럽게 가열된다. 기체상이 수동 분석을 위해 주사기나 자동화된 머리공간 분석기에서의 전기기압식 투여 시

표 8.3.1 정량적 머리공간(headspace) 분석을 위한 검정 방법

시료 형태	검정 방법	원리	비고
균일 용액	모델 시스템	순수 형태로 이용할수 있는 기질. 기질에 기지량의 물질을 가하고 시료와 같은 실험에 의해 분석	Drinking water, 음료, 식물성 기름, 광물성 기름 등에 있는 휘발성 유기물질
불균일 용액 (고체+액체)	모델 시스템, 표준물 첨가	순수한 시료 기질에는 모델 시스템이 사용된다(예 ; 혈액, 우유). 표준물 첨가법에서 시료는 두 번 분석하며, 분석될 물질의 기지량을 첨가한 후 두번째 분석을 한다. 시료는 표준물 첨가 후 재평형 되어야 한다.	고분자 분산에 있는 잔류 단량체, 혈액에 있는 알코올 및 독성 물질, 우유에 있는 후각 물질
가용성 고체	모델 시스템, 표준물 첨가	균일한 용액을 형성하는 고체 시료에 대해 순수한 시료 기질 물질이 이용되 이용되, 모델 시스템이 사용된다. 그렇지 않은 경우에는 표준물 첨가법이 사용된다.	무기, 유기 및 고분자 고체염. 고분자에 있는 단위체
불용성 고체	Multiple headspace extraction (MHE)	MHE는 작은 분배계수의 높은 휘발성 물질에 사용될 수 있다. 방법은 동시간 간격의 단계적 기체 추출에 기초한다. 정상적 머리공간 크로마토그램이 작동되고, 기체상의 분율이 소진되고, 두번째 머리공간 크로마토그램이 작동된다. 봉우리 면적의 차이가 분석물질의 전체 봉우리 면적의 측정을 제공한다.	휘발성 물질 및 불용성 고분자에 있는 단위체. 식료품, 과일, 양념 등으로부터의 방향성 휘발물. 의약품과 인쇄한 필름에 있는 잔류 용매

스템(electropneumatic dosing system)으로 포집된다. 그림 8.3.3은 밸브 형태의 연결장치의 예이다. He 운반 기체가 머리공간 시료채취기에 공급되고 두 개의 흐름으로 갈라진다. 한 길은 흐름이 제어되고 가열된 운반 선을 통해서 머리공간 부품으로부터 GC로 지나가는 운반 기체의 일정한 흐름을 제공한다. 두 번째 흐름 길은 압력이 조절되고 예비 상태에서 시료 고리와 시료채취 바늘이 He 흐름에 의해 계속적으로 씻겨진다. 작동자에 의해 결정된 시간에 시료채취 바늘이 격막을 찌르고 He이 원하는 압력으로 머리공간 용기를 가압한다. 이때 머리공간 기체는 시료 고리를 통해 배기가 허용된다. 한번 채워진 시료 고리는 정상적 운반 기체 흐름 선상에 놓여지고 내용물이 가열된 운반 선을 통해 GC 주입구로 들어간다. 그림 8.3.4는 운반 기체 공급 선에 두 개의 출구(vent)와 솔레노이드 밸브(V_1)가 있는 이동형 바늘로 구성된 형태이다. 바늘은 가열된 실린더에서 아래위로 움직이고 세 개의 O-ring에 의해 밀봉된다. 대기 위치에서 더 낮은 바늘 출구는 두 개의 더 낮은 O-ring사이에 놓여져 공기로부터 밀봉되며, 운반 기체는 밸브(V_1)을 통해서 컬럼으로 흐른다. 작은 교차 흐름은 솔레노이드 밸브(V_2)를 통해서 어떤 잔류된 시료 증기를 배기하기 위하여 바늘 실린더를 추방한다. 이 시료채취 앞이 가열된 운반 선에 의해 GC의 오븐에 연결되고 모세관 컬럼이 이동 바늘에 가까워 질 때까지 이 선을 통해서 장착된다. 선택된 온도 조절 시간 동안 시료채취 바늘이

내려가고 격막 뚜껑을 찌르고 용기의 머리공간으로 들어간다. 운반 기체가 시료 용기로 흐르고 컬럼 입구 압력으로 그것을 가압한다. 선정된 압력 시간 끝에서 밸브 V_1 및 V_2 양쪽이 닫히고 머리공간 용기에서 압축된 기체가 시료채취 바늘을 통해서 확장하면서 모든 휘발성 화합물은 컬럼으로 이동한다. 미리 선정된 시료채취 시간 끝에서 두 밸브가 다시 열리고 컬럼으로 운반 기체 흐름이 다시 채워진다. 바늘 밸브(N)의 열음은 만약 원한다면 분할 흐름에 의한 시료채취를 허용한다. 컬럼 운반 기체보다 더 높은 압력에서 작동되는 보조 운반 기체 공급 선과 V_1 앞에 놓이는 두 개의 부가적 솔레노이드 밸브는 컬럼 입구 압력보다 더 높은 머리공간 압력으로 머리공간 시료채취기를 작동할 수 있다.

3. 동적 머리공간 및 기체상 벗김 분석

동적 머리공간 방법은 정적 머리공간 방법의 간단한 확장으로 동적 머리공간에 의한 시료채취는 고체상 추출이나 저온 포착에 의한 시료 성분의 계속적인 포착과 함께 기체 흐름에 의해서 액체나 고체 시료 위의 머리공간 증기의 계속적인 제거를 포함한다. 농도가 낮거나 바람직하지 않은 분배계수를 갖는 물질은 정적 머리공간 방법으로 쉽게 분석될 수 없다. 흡착제나 저온 포착과 조합된 동적 머리공간이나 기체와 증기상 벗김 기술은 분석에 이용할 시료의 량을 증가하기 위하여 요구된다. 용액에 대한 동적 머리공간 방법의 효율은 다음과 같은 방법에 의해 증진될 수 있다. 즉, 기체가 작은 방울의 형태로 용액을 통해서 지나도록 하는 것(추방과 포착)과 밀폐된 고리에서 용액과 포착기를 통해서 기체의 일정한 부피를 계속적으로 재 순환하는 것에 의한 추방과 포착 단계를 작동하는 것(밀폐형 고리 벗김 분석, closed loop stripping analysis)에 의한 방법이다. 기체가 액체로부터 휘발성 유기물을 벗기기 위하여 사용될 때, 물질이 용액으로부터 제거되는 속도는 식 8.8과 같다. 이 식은 다음과 같은 조건(가~라)이 만족될 때의 이상적인 식이라고 할 수 있다.

$$R = 1 - \exp[-Ft / (KV_L + V_G)] \qquad 8.8$$

R ; 분석물질의 회수율(시료에 최초 존재하는 량과 트랩에 흡착된 분석물질의 비와 동일)
F ; 벗김 기체 흐름 속도
t ; 벗김 시간
K ; 기체-액체 분배계수
V_L ; 시료 부피
V_G ; t동안 액체를 통해 지나간 기체의 부피

가. 열역학적 평형이 존재하고
나. 트랩에서 돌파점이 일어나지 않고(밀폐형 루프 벗김 분석)
다. 액체 기질이 비휘발성이고
라. 분배계수가 농도에 의존하지 않아야 한다.

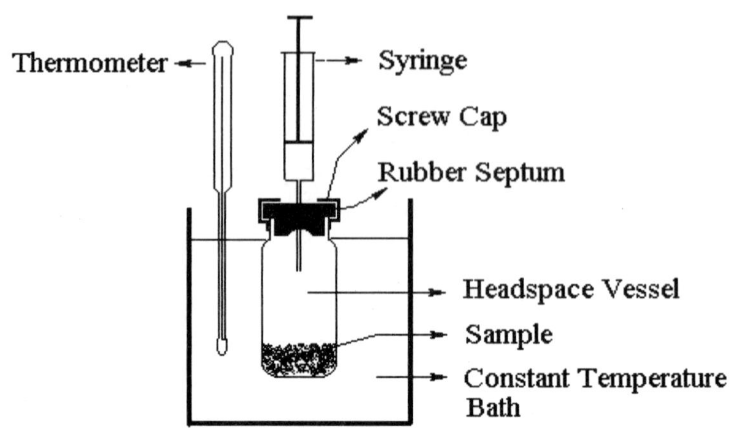

그림 8.3.2 정적 머리공간 시료채취 기구(Static headspace samlping apparatus)

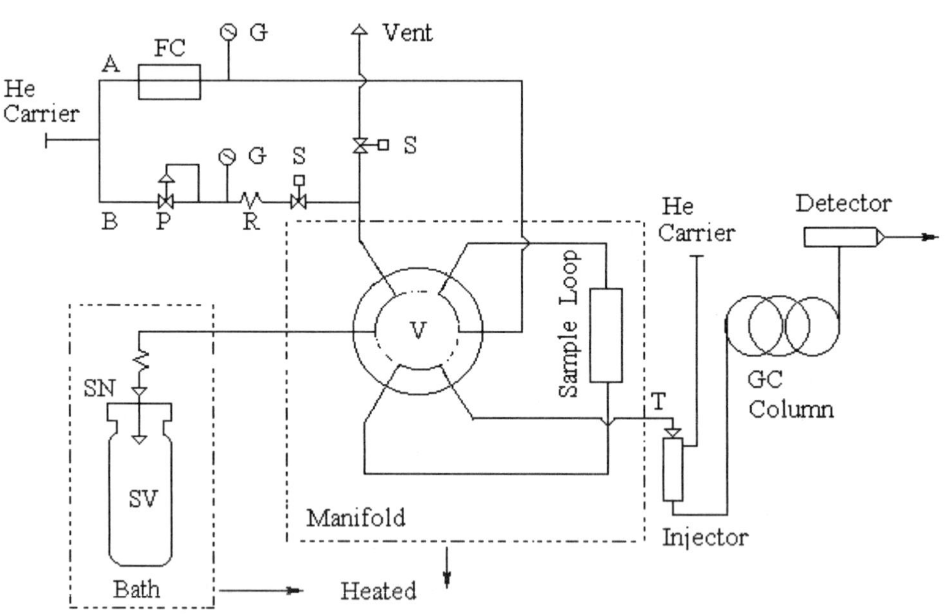

그림 8.3.3 Hewlett-Packard 19359A 머리공간 시료채취기의 밸브 도표

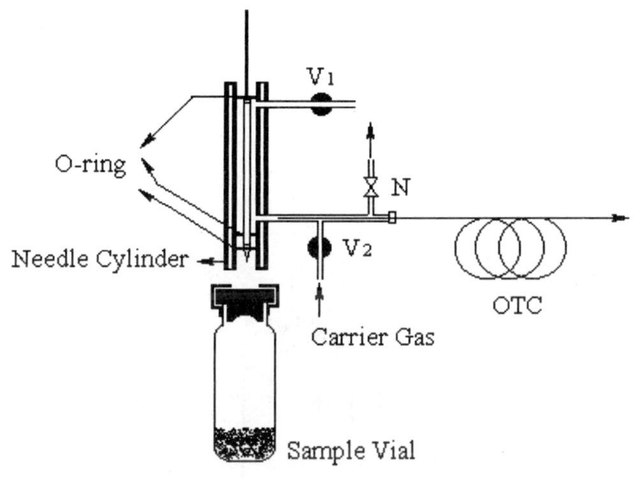

V_1, V_2 ; Valve　　N ; Needle Valve

그림 8.3.4 Perkin-Elmer HS-100 자동 머리공간 시료채취기
(일정한 머리공간 압력을 이용한 머리공간 시료채취)

그러나, 식 8.8로부터 용액으로부터 벗겨진 분석물질의 량은 일차적으로 물질에 특이적인 분배계수와 실험 변수(흐름 속도, 시간 및 용액을 통해 지나간 벗김 기체의 전체 부피)에 의존한다. 다행히 대부분의 경우에 휘발성인 비극성 분석물질의 KV_L은 작으며, 회수율은 분석물질의 증기압에 의존하지 않고, 오직 벗김 기체의 부피에 의해 결정된다. 극성인 비휘발성 분석물질에 대한 KV_L은 충분하다고 가정될 수 있고, 큰 벗김 기체의 부피는 적당한 회수율을 얻기 위해 필요하다.

용액으로부터 기체상으로 유기 휘발성 물질의 이동은 일반적으로 염석, 온도의 상승 및 격렬한 젓기에 의해서 증진될 수 있다. 기체와 액체상 사이의 휘발성 물질의 평형은 느리기 때문에 시료채취 시간이 비교적 길어서 같은 실험동안 연속적으로 여러 개의 시료를 포착하는 것이 가능하다. 휘발성 물질들이 점차적이고 불완전하게 제거되는 사실을 반영 시 이 시료들은 정량적으로 달라 질 수 있다. 생물학적 유체에 대한 머리공간 윤곽(profiles)에서의 정량적인 차이는 대사 혼란(metabolic disorder)의 확인에 유용하다. 큰 부피에서 이용될 수 있는 동적 머리공간 분석 장치는 그림 8.3.5에 보여진다. 이 장치는 요(尿)와 유사한 생물학적 유체, 폐수와 지표수, 조직 균질체(tissue homogenates), 음료수, 식물과 풀잎 등에서의 휘발성 유기 화합물을 분석하기 위하여 사용될 수 있다.

기체상 벗김 기술은 액체로부터 기체상으로 휘발물의 이동을 용이하게 하는 것에 의해서 물이나 생물학적 유체로부터 유기 휘발물의 수율을 증진할 수 있다. 이것은 시료 부피가 제한될 때 동적 머리공간 시료채취보다 더 적합하다. 이 기술은 실험실에서 유기 염소, 방향족 용매와 같은 낮은 끓는점의 환경 오염물질을 포함하는 물 분석에 보통 사용되며, 자동화된 장치가 이용된다. 적당한 장치는 그림 8.3.6과 같다. 기체상 벗김 방법은 시료채취 기체가 소결된 오리피스를 통해서 액체의 밑으로부터 들어오는

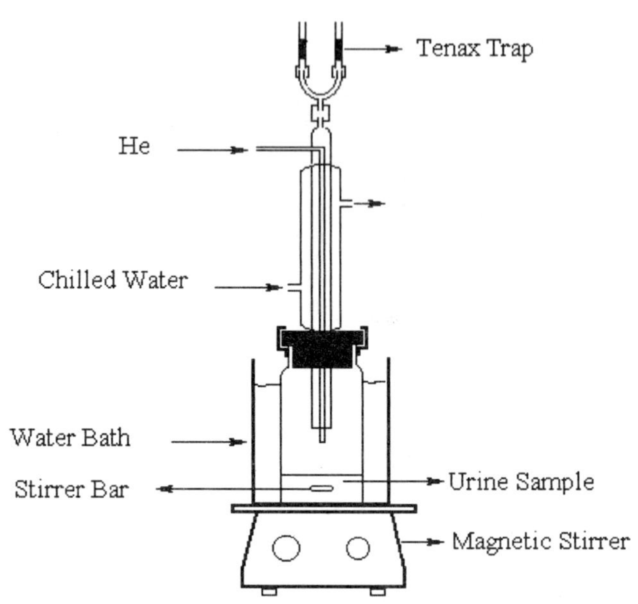

그림 8.3.5 흡착제 트랩이 부착된 동적 머리공간 분석 장치

것이 동적 머리공간 방법과 다르다. 이런 기체의 흐름은 미세하게 분산된 방울이 기체와 액체상 사이의 최대 표면 접촉을 제공한다. 유기 휘발물이 기체상으로 이동할 때 빠르고 지속적으로 이동되어 벗김 과정이 좋아진다. 그림 8.3.6에서 거품으로 인한 시료의 넘어감을 감소하기 위한 방지 벽이 있고, 표준 용액은 주입구에서 주사기에 의해 시료의 밑 부분으로 부가될 수 있으며, 기구를 비우고 청소를 용이하게 하기 위해 중앙에 관도 부착되어 있다. 폐수에 있는 휘발성 할로카본에 대해 벗김 과정은 근본적으로 완전하며, 검출 한계는 μg/l이하가 얻어질 수 있다. 휘발성 물질의 포착은 Tenax 포착기를 보통 사용한다. 30 ℃이하의 끓는점을 갖는 물질들의 누적에는 실리카 겔, 탄소 및 코팅된 정지상으로 받쳐진 Tenax를 포함하는 분리된 포착기가 포착 효율을 증진하기 위하여 사용된다. 냉각 포착은 분석을 위해 열린관 컬럼이 사용될 때 특별히 유기 휘발물의 회수를 위해 추방과 포착 기술과 함께 사용된다. 냉각 포착은 열적으로 불안정하고 극성인 화합물이 포착동안 및 열탈착 단계에서 덜 영향을 받고 더 적은 인공적 봉우리가 생성되는 이점이 있다. 모세관 포착기는 측정되는 분석물질에 의존해 비워지거나 충전되거나 정지상으로 코팅된다. 포착된 분석물질은 실질적으로 열탈착되어 분리나 비분리 주입을 사용한 분석 컬럼으로 들어간다.

밀폐된 고리 계에서 작은 숯 포집기 위에 휘발물질의 흡착과 더불은 기체상 벗김은 마시는 물 등에서 유기 휘발물의 낮은 수준(ng/l)의 분석을 위해 Grob에 의해서 보급었다. 숯 포착기에 흡착된 유기 휘발물을 탈착하기 위하여 CS_2나 CH_2Cl_2 등이 사용된다(그림 8.3.7). 품질이 낮은 숯과 오염된 벗김 기체, 기구에 붙고 오직 서서히 방출되는 매우 극성인 분석물질의 돌파점, 펌프와 선에 점착하고 시료와 작용해 유령 봉우리를 주는 손상된 필터로부터의 분진 입자가 기준선 오염의 주요한 원인이다. 일반적으

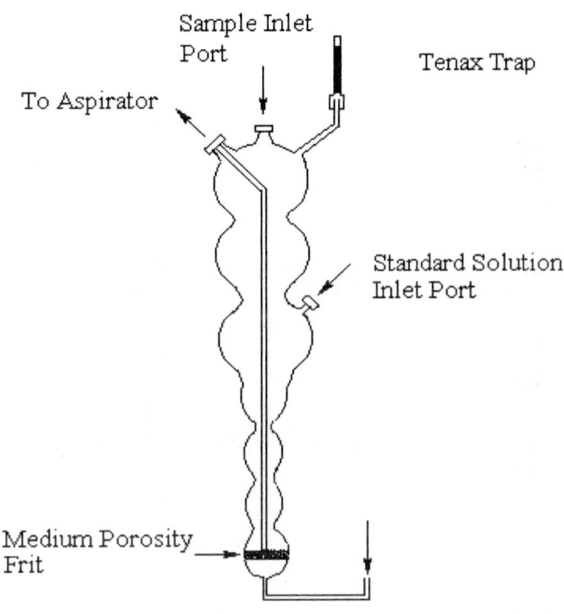

그림 8.3.6 기체상 벗김 기구

로 추방과 포착 기술은 작동의 용이성 때문에 물 중의 유기 휘발물 분석을 위해 선택하는 방법이다. 더 큰 감도가 요구된다면, 밀폐된 고리 벗김 장치가 사용될 수 있다.

Zlatkis와 공동 연구자들은 흡착 컬럼에서 추출 용매로부터 유기 휘발물의 포집 및 분리와 함께 생물학적 유체의 작은 시료(5~500 $\mu\ell$)로부터 유기 휘발물의 용매 벗김을 위한 이동증발(transevaporator) 시료채취 기구를 서술하였다(그림 8.3.8). 이 장치는 뇨, 타액(saliva), 혈천(serum), 뇌척수 액(cerebrospinal fluid), 우유, 양수(amniotic fluid), 땀, 조직 균질체 중의 유기 휘발물의 반 정량적 분석에 적합하다.

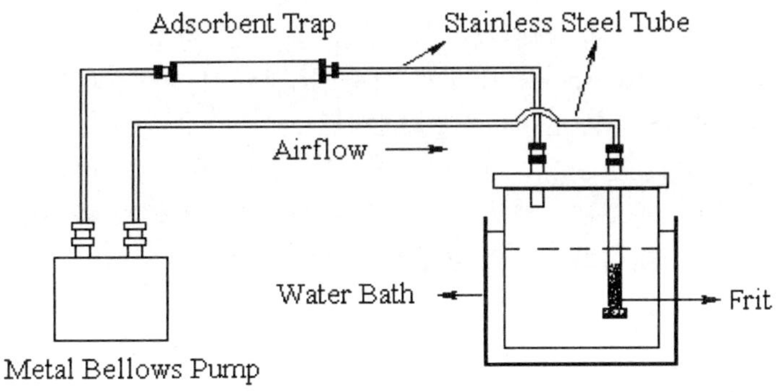

그림 8.3.7 밀폐된 고리 기체상 벗김 기구

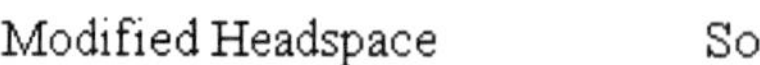

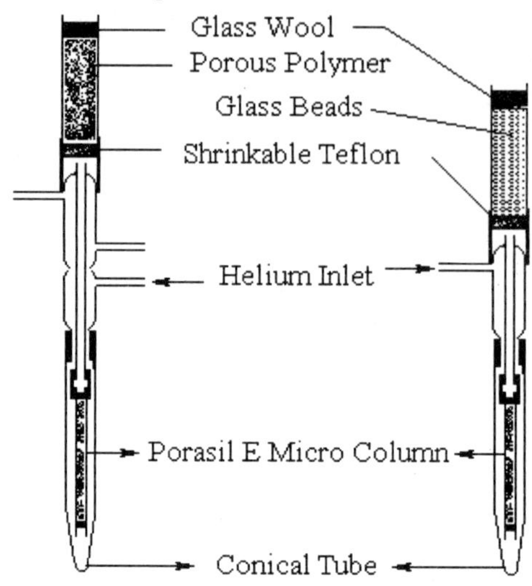

그림 8.3.8 이동 증발 시료채취 기구

8.3.3 고체상 미세 추출(Solid phase microextraction)

1. 초기 작업에 대한 역사적 시각

고체상 미세 추출은 빠른 시료 조제를 용이하게 하기 위한 필요성에 역점을 두어 개발되었다. 레이저 탈착/GC에 의한 초기의 작업은 매우 고 분자량 화학종에 까지도 빠른 분리 시간을 주었다. 그러나, 이 실험에 대한 시료의 조제는 분리 시간보다 한 차수가 더 긴 시간을 요한다. 이 실험에서 광섬유가 GC 기기에 레이저 빛 에너지를 전송하기 위하여 사용되었다. 시료 조제 과정은 표준 용매 추출 과정과 유사하다. 섬유 끝이 용매 추출물에 광섬유의 한 끝을 담그는 것에 의해 시료와 함께 코팅되고, 섬유를 코팅 후 증발을 통해 휘발성 용매를 제거한다. 이런 방법으로 준비된 섬유 끝이 GC 주입기에 삽입되고, 분석물질이 레이저 펄스에 의해 GC 컬럼의 앞으로 휘발된다. 작업 동안, 레이저 펄스와 고속 분리 기기의 사용에 의해서 가능해지는 시간 효율성 이점을 유지하기 위한 빠른 시료 조제 기술에 대해 인지할 필요가 있다. 광섬유는 고분자 필름의 여러 가지 형태로 코팅되어 구입될 수 있기 때문에, 이러한 도전이 섬유의 사용에 역점을 두어 다루게 되었다. 이 코팅의 근본적인 목적은 단순히 부서지는 것으로부터 섬유를 보호하는 것이다. 얇은 필름(10~100 ㎛)이 사용되기 때문에 이 분석 시스템에 대해 기대되는 추출 시간이 짧다. 부가해서, 분석자가 모세관 컬럼 제조 경험으로부터 얻은 용융 실리카 코팅 방법에 대한 좋은 지식 기반을 가졌기 때문에 필름의 새로운 형태가 제조되었다.

이 개념의 최초 작업은 1990년 봄에 발표되었다. 액체와 고체의 고분자 상으로 코팅된 것과 안된 용융 실리카 광섬유 부분이 시험 물질을 포함하는 수용성 시료에 담겨지고 GC 주입기에 놓여졌다. 섬유의 소개와 제거의 과정은 컬럼 앞부분에 압력의 손실을 주는 주입기의 열림을 요구한다. 이런 기본적 성질에도 불구하고, 극성과 비극성 화학 종들이 빠르고 재현성 있게 추출되기 때문에 수용성 시료로부터 이 최초의 실험들은 이 간단한 접근법의 유용성을 확인하는 매우 중요한 일차적 자료를 제공한다.

이 기술의 발달은 마이크로 주사기에 합쳐진 코팅된 섬유의 완성과 함께 빠르게 가속되었다. 이런 사례가 그림 8.3.9에 보여진다. 마이크로 주사기에서 피스톤 역할을 하는 금속 봉은 용융 실리카 봉의 바깥 지름보다 약간 큰 안지름을 갖는 스테인레스 강 미세 관으로 대치된다. 전형적으로 코팅의 처음 5 mm가 미세 관에 삽입되는 1.5 cm 길이의 섬유로부터 제거된다. 고온 에폭시 접착제가 섬유를 영구히 붙이기 위하여 사용된다. 시료 주입은 표준 주사기 주입과 거의 같다. 플런저의 이동은 추출과 탈착 동안 섬유의 노출을 허용하고 저장과 격막의 삽입 동안 바늘에서 보호된다. SPME 장치는 Hamilton™ 주사기처럼 비싼 주사기를 필요로 하지 않는다. 그림 8.3.10A에서와 같이 섬유를 잡기 위한 짧은 스테인레스 강 미세 관, 바늘 역할을 하는 다른 더 큰 관, 미세 관과 바늘을 연결하는 것을 밀봉하기 위한 격막으로 유용한 장치가 만들어질 수 있다. 다른 간단한 SPME 구조는 내부적으로 코팅된 관의 조각에 기초한다. 이 관은 바늘의 안 쪽에 붙일 수 있거나 주사기의 바늘 자체에 구성할 수 있다. 주사기 플런저의 기계적 이동의 제거는 한 끝에 관을 밀봉하고 그림 8.3.10B에서처럼 미세 가열기를 설치하는 것이다. 온도 증가에 의한 공기의 확장이 관의 내부에 위치한 추출상으로부터 흡착된 분석물질의 제거를 허용한다.

지금까지 SPME 장치가 원리적으로 실험실 응용에 사용되었지만, 특히 임상, 현장 환경 및 산업 위생 응용에 있어 더 현실적인 연구가 원격 측정을 위하여 지향 되어야 한다. 현장 장치의 중요한 특징은 코팅에 추출되는 분석물질을 보전하는 능력이다. 이런 목적을 달성하기 위한 가장 간단한 실질적 방법은 격막 조각으로 바늘의 끝을 밀봉하는 것이다. 부가적으로 냉각은 저장 시간을 연장한다. 고분자형 격막 물질은 섬유로부터 분석물질의 손실을 초래할 수 있다. 따라서 더 적합한 것은 금속 밀봉을 하는 것이다. 현장용 미래형 장치는 주사기보다 막대기나 펜 모양이 더 기대된다.

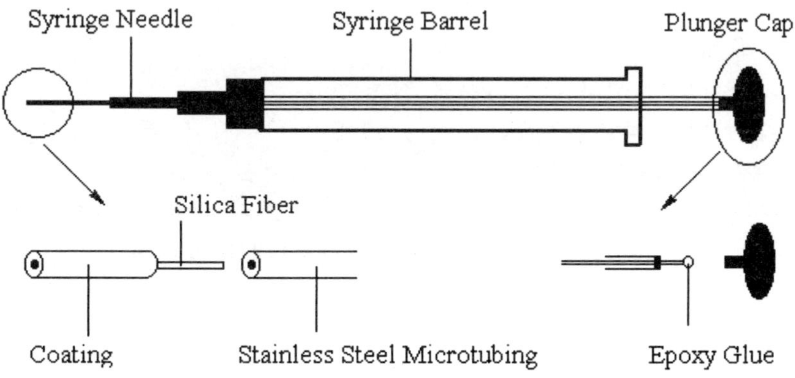

그림 8.3.9 Hamilton 7000 시리즈 주사기에 기초한 주문형 SPME 장치

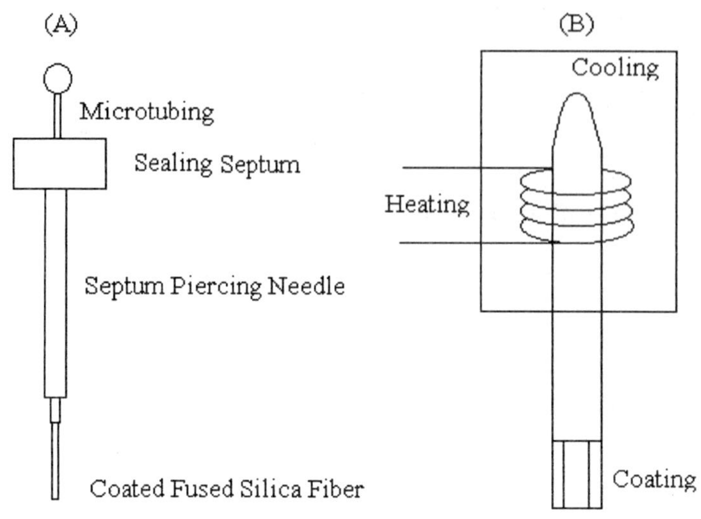

그림 8.3.10 SPME 장치의 변형. A ; Coated fibre, B ; Internally coated tubing.

2. SPME의 기본적 원리

기질로부터 코팅으로 분석물질의 운반은 코팅된 섬유가 시료와 접촉되게 위치하자마자 시작한다(그림 8.3.11). 전형적으로 SPME 추출은 분석물질 농도가 시료 기질과 섬유 코팅 사이의 분배 평형에 도달했을 때 완전하다고 사료된다. 실제로 이는 한번 평형이 도달되면 추출되는 량이 실험 오차의 한도 내에서 일정하며 추출 시간의 더 이상의 증가와 무관함을 의미한다. 이때의 평형 조건은 다음과 같다.

$$n = K_{fs}V_fV_sC_o/(K_{fs}V_f + V_s) \qquad 8.1$$

n ; 코팅에 의해 추출된 량

K_{fs} ; 섬유 코팅/시료 기질 분포상수

V_f ; 섬유 코팅 부피

V_s ; 시료 부피

C_o ; 시료에 있는 주어진 분석물질의 최초 농도

식 8.1은 시료 기질이 단순한 균질 상이며 계에 머리공간이 존재하지 않는다는 것을 가정한 식으로 기질에 다른 성분들의 존재에 대한 설명을 위해 각 상의 부피와 적당한 분배상수를 고려하는 것에 의해 변형될 수 있다. 추출은 섬유가 평형 전에 분석되면 방해된다. 재현성 있는 데이터를 얻기 위하여 일정한 대류 조건과 조심스런 추출 시간이 필요하다. 작동의 간편성과 편리성은 많은 응용의 설정된 기술보다 SPME를 더 우월하게 만든다. 어떤 경우 이 기술은 독특한 조사를 용이하게 한다. 식 8.1은 시료 농도와 추출된 시료 농도사이에 직접적인 비례 관계가 있음을 지시한다. 이것은 분석물질 정량에 기본이다. SPME의 가장 극적인 장점은 시료 부피의 극단에 존재한다. 장치가 작고 편리하기 때문에 코팅된 섬유가 매우 작은 시료로부터 분석물질을 추출하기 위하여 사용된다. 완전한 추출은 분배상수가 적절히 높을 때 작은 시료 부피에 대해

달성될 수 있다. 전통적인 시료 조제 기술의 사용에 의해 작은 시료 부피 작업을 하는 것은 매우 어렵다. SPME는 분석 기기로의 빠른 추출과 운반을 허용한다. 이런 특징은 계의 중간체 물질을 조사할 때 부가적인 이점을 준다. 예를 들면, 산업 오염물의 미생물 분해 과정을 연구하는데 SPME가 사용된다.

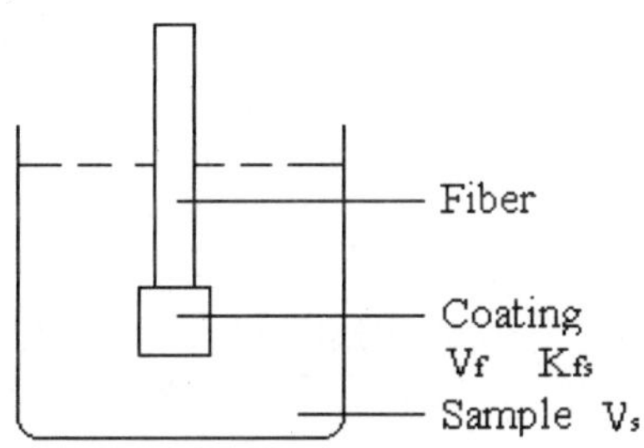

그림 8.3.11 SPME를 사용한 미세추출(Microextraction with SPME)

시료 부피가 매우 큰 경우 식 8.1은 8.2와 같이 단순화될 수 있다. 이식은 현장 응용

$$n = K_{fs}V_fC_o \qquad 8.2$$

에 대한 기술에 유용하다. 위 식에서 추출되는 분석물질의 량은 시료의 부피에 관계가 없다. 실제로 섬유가 주변 공기, 물 생산 흐름 등에 직접적으로 노출될 수 있을 때 분석 전에 정의된 시료를 채취할 필요가 없다. 추출된 분석물질의 량은 시료 부피에 의존하지 않고 기질에 있는 분석물질의 농도에 직접적으로 일치할 것이다. 시료포집 단계가 제거될 때 전체 분석 과정은 가속될 수 있고, 시료포집 용기 벽에서의 분해나 흡착을 통한 분석물질의 손실에 연관된 오차가 방지될 것이다. SPME의 이런 이점은 상업적 규모에서 휴대용 현장 장치를 개발하는 것에 의해 실제로 아직 필요가 있다.

3. 추출 형식

SPME를 사용하는데 있어 추출의 기본적 세 가지 형태가 수행될 수 있다. 이는 직접 추출(direct extraction), 머리공간 구조(headspace configuration) 및 막 보호 접근(membrane protection approach)으로 그림 8.3.12에 보여진다. 직접 추출 형식에서 코팅된 섬유가 시료에 직접 삽입되고 분석물질이 시료 기질로부터 추출상으로 직접 운반된다. 빠른 추출을 용이하게 하기 위하여 어느 정도의 휘젓기 수준이 용액의 벌크로부터 섬유의 빈곳으로 분석물질을 운반하기 위하여 요구된다. 기체 시료에 대해 공기의 자연 대류는 빠른 평형을 용이하게 하기 위하여 충분하다. 액체 기질에 대해 빠른 시료 흐름, 빠른 섬유나 용기 이동, 젓기나 음파 파쇄와 같은 더 효과적인 휘젓기 기술이 요구된다. 이 조건들은 액체 기질에서 분석물질의 흐름 가려막기와 느린 확산계수의 결과로서 섬유에 근접해 생기는 결핍 지대(depletion zone)에 의해 야기되는 효과를 감소하기 위하여 필요하다.

머리공간 형식에서 분석물질은 그들이 코팅에 도달할 수 있기 전 공기 층을 통해서 운반될 필요가 있다. 이 변형은 일차로 높은 분자량과 부식 물질과 단백질과 같은 시료 기질에 존재하는 비휘발성 간섭물질에 의한 손상으로부터 섬유 코팅을 보호하는 것

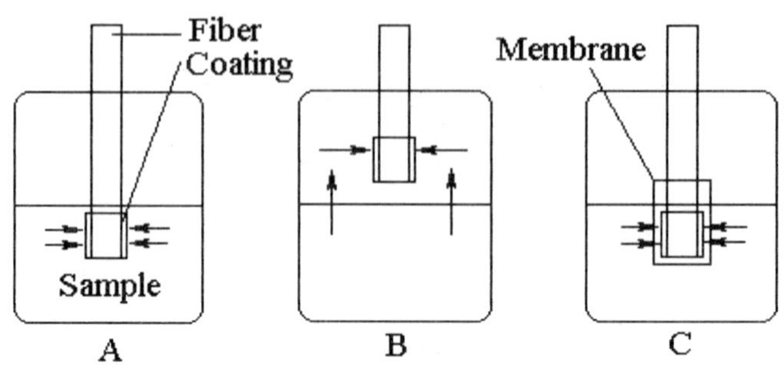

그림 8.3.12 SPME 작동 형식. A ; 직접 추출, B ; 머리공간 SPME, C ; 막 보호 SPME

이다. 머리공간 형식은 섬유의 손상 없이 pH의 변화와 같은 기질의 변형도 역시 허용한다. 직접 및 머리공간 시료채취를 이용한 평형에서 같은 용기에서 코팅으로 추출되는 분석물질의 량은 시료와 기체의 머리공간 부피가 같은 한 동일하다. 이것은 평형 농도가 시료/머리공간 계에 있는 섬유 위치에 관계가 없기 때문이다. 만약 위의 조건이 만족되지 않으면, 직접과 머리공간 접근 방법 사이의 중요한 감도 차이가 매우 휘발성 분석물질에 대해서만 존재한다.

그러나, 시료채취 형식의 선택은 추출 반응 속도론에서 매우 중요한 충격을 갖는다. 섬유 코팅이 머리공간에 있을 때 그림 8.3.12에서와 같이 분석물질은 먼저 머리공간으로부터 제거되고, 다음 기질로부터 간접적인 추출에 의한다. 그러므로, 휘발성 분석물질은 그들이 머리공간을 통한 더 빠른 질량 운반 속도에 공헌하는 머리공간에서 더 높은 농도로 있기 때문에 반휘발성보다 더 빨리 추출된다. 온도는 분석물질의 증기압 결정에 의해서 공정의 반응 속도론에서 중요한 효과를 가진다. 실제 휘발물질에 대한 평형 시간은 유사한 휘젓기 조건하에서 직접 추출에 대해서 보다 머리공간 SPME 형식에서 더 빠르다. 이런 결과는 두개의 인자에 의해 생긴다. 즉, 분석물질의 실질적 부분이 추출 전 머리공간에 있고, 전형적으로 기체상에서의 확산계수가 액체에서보다 4차수 크다. 실온에서 기체상에 있는 반휘발성 물질의 농도는 낮고 질량 이동 속도도 실질적으로 더 낮으며 더 긴 추출 시간을 준다. 그들은 매우 효과적인 휘젓기를 사용하거나 추출 온도를 증가하는 것에 의해서 증진될 수 있다.

매우 휘발성인 물질과 덜 휘발성인 분석물질을 동시에 분석하기 위하여 머리공간 SPME 기술이 그림 8.3.13에서와 같이 기밀(氣密)/SPME 장치(gastight/SPME device)에 의해서 정적 머리공간 시료채취와 함께 조합될 수 있다. PDMS로 코팅된 용융 실리카 섬유가 30게이지 스테인레스 강 관에 연결된다. SS관/섬유 부분의 빈 끝이 Hamilton 500 ㎕의 기밀 주사기의 플런저에 장착된다. 섬유가 주사기 바늘로 당겨질 때 기체의 어떤 부피가 바늘의 열린 곳을 통해서 기밀 주사기로 회수된다. 시료채취를 위하여 섬유가 먼저 주사기 바늘로 당겨지고 시료 용기 격막을 통해서 구멍을 뚫는다. 섬유는 코팅, 머리공간 및 시료 기질 상에서 분석물질 평형을 설정하기 위하여 미리 결정된 시간 동안 플런저를 낮추는 것에 의해서 머리 공간에 노출된다. 플런저의 상하 이동은 머리공간으로부터 코팅으로 질량 운반을 증가하고 평형 시간을 단축하기 위하

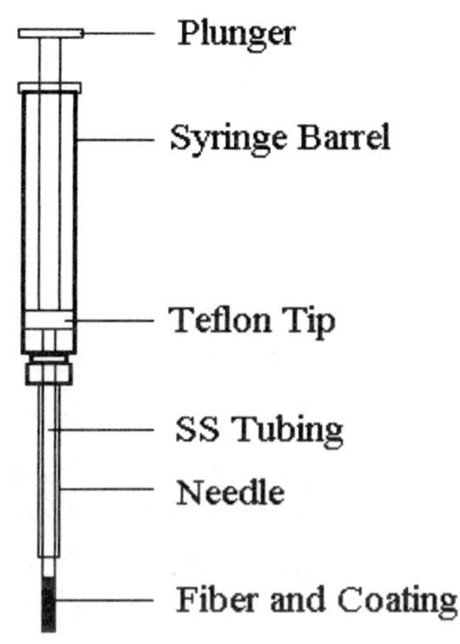

그림 8.3.13 기밀(氣密)/SPME 장치

여 사용될 수 있다. 그때 플런저는 기밀/SPME 장치로 회수되는 머리 공간 기체의 미리 정해진 부피를 얻기 위한 미리 표시된 위치로 올려진다. 올려지는 플런저는 역시 보호를 위하여 바늘로 섬유를 당긴다. 주입을 위해 분석물질이 탈착됨과 동시에 머리 공간 부피가 주입된다.

4. 코팅

식 8.1과 8.2는 추출 과정의 효율이 분배상수(K_{fs})에 의존함을 나타낸다. 이것은 코팅의 성질과 분석물질 대 다른 기질 성분에 대한 그의 선택성을 설명하는 특징적인 인자이다. 특수한 코팅이 응용 범위에 대해 개발 될 수 있다. 코팅 부피는 식 8.3.1에서와 같이 방법의 감도를 결정하나 코팅이 두꺼울수록 추출 시간이 더 길다. 그러므로 주어진 응용에 적당한 코팅을 사용하는 것이 중요하다.

섬유에 코팅을 퇴적시키는 여러 가지 다른 방법들이 있다. 전형적으로 액침 기술(dipping technique)은 퇴적되는 물질의 농축된 유기 용매 용액에 짧은 시간동안 섬유를 놓는 것을 포함한다. 용액으로부터 섬유를 제거한 후 용매가 건조에 의해 증발하면 퇴적 물질이 교차결합 될 수 있다. 이 방법의 확장이 전착(電着, electrodeposition)으로 금속 봉의 표면에 선택적인 코팅을 퇴적하기 위하여 사용될 수 있다. 이 방법의 제한점은 섬유간의 코팅 두께이다. 그러므로 상업적 장치에 대한 필름의 조제가 용융 실리카 봉을 만드는 동안 동시에 수행되어야 한다. 이 공정은 특정한 목적과 매우 비싼 기구를 요구하여 코팅 두께의 재현성이 우수하다. 이 공정은 광섬유의 제조와 동일하고 요구되는 기구도 상업적으로 유용하다. 유사한 결과가 원하는 물질로 만들어진 한 조각의 속빈 섬유 막(미세 관, microtubing)을 사용하는 것에 의해서 얻어 질 수 있다. 제조는 적당한 휘발성 용매에 의한 막의 부풀림, 섬유의 끝에 확장된 막을 놓는 것 및 용매 증발을 포함한다. 코팅의 두께는 막 두께에 의해 결정된다. 다공성 속빈 섬유 막이 목표 분석물질의 흡착을 위하여 사용될 수 있으나, 그의 구멍은 용매 미세 추출을 허용하기 위한 유기 용매로 채워질 수 있다.

5. 추출 효율에 영향을 주는 실험 인자

염 농도와 시료 pH 제어가 추출을 증진하기 위하여 사용될 수 있으며, 원리는 용매 추출 과정에 대한 것과 유사하다. 적당한 염이나 완충용액이 특수한 기기의 필요 없이 시료에 직접 부가된다. 최적화하기 위한 중요한 다른 인자는 추출 온도이다. 상승된 온도에서 분석물질은 기질로부터 효과적으로 본래의 분석물질로 해리 할 수 있고 섬유 코팅에 의해서 빠른 추출을 위해 머리공간으로 그들을 이동한다. 그러나 코팅/시료 분배계수는 온도의 증가와 함께 감소하고 추출되는 분석물질의 평형 량에서의 감소 결과를 가져온다. 감도의 손실을 막기 위하여 코팅은 시료 가열과 동시에 냉각될 수 있다. 이런 생각은 그림 8.3.14에서와 같이 기구화 되었다. 이 장치에서 용융 실리카 관은 바깥 모세관 한 끝에서 밀봉되고 코팅된다. 액체 이산화탄소가 안쪽 모세관을 경유하여 시료의 온도보다 더 낮은 코팅 온도를 주는 바깥 모세관의 코팅된 끝으로 운송된다. 이 냉각 손(cold finger) 효과는 섬유의 끝에 분석물질의 누적 결과를 준다. 휘발성 물질을 포함한 많은 분석물질들의 정량적인 추출은 이런 방법과 함께 가능하다. 표 8.3.2는 내부 냉각과 함께 여러 가지 기질에서 치환된 벤젠과 같은 휘발성 유기 화합물에 대해서 까지도 완전한 회수가 가능함을 보여준다. 이 방법은 섬유의 화학적 성질의 변화 없이 SPME 방법의 감도를 증가하기 위하여 효과적으로 사용될 수 있다. 증가된 섬유 용량의 하나의 중요한 단점은 이제 분석물질뿐만 아니라 방해물질의 대부분도 코팅으로 거의 모두 추출되는 것으로 인한 선택성의 손실이다.

표 8.3.2 다른 기질로부터 BETX의 정량적 추출

Analytes	H_2O, 80℃	Soil, 15 % H_2O, 120℃	Sand, 110℃	Clay, 5% H_2O, 170℃
Benzene	50	48	84	64
Toluene	65	101	105	84
Ethylbenzene	85	96	106	91
m,p-xylene	90	99	102	95
o-xylene	100	104	100	100

물은 기질로부터 분석물질의 방출을 용이하게 하기 위한 매우 효과적인 첨가제로 증명되었으며, 종종 추출을 가속화하기 위하여 사용된다. 그것은 PAHs와 같은 매우 비극성 분석물질 까지도 제거하거나 용해하기 위하여 높은 온도에서 사용될 수 있다. 이것은 물의 유전상수가 온도의 증가와 더불어 급하게 감소하기 때문에 가능하다. 이 성질은 고체의 SPME에서 역시 사용될 수 있다. 그림 8.3.15는 동적인 뜨거운 물 추출계를 보여준다. 고체 시료가 한 조각의 두꺼운 벽 관의 형태로 있는 추출 용기에 놓여진다. 이것은 추출 용기로부터 추출되는 성분의 효과적인 제거를 용이하게 하기 위하여 중요하다. 용기가 물을 뿜어내는 펌프, 추출 온도를 제어하기 위한 가열기, 추출 압력을 유지하기 위한 제지기를 구성하는 고압계로 연결된다. 추출된 분석물질과 함께 물은 휘젓기와 SPME 장치와 함께 공급되는 냉각된 용기에 수집된다. 분석물질은 용기

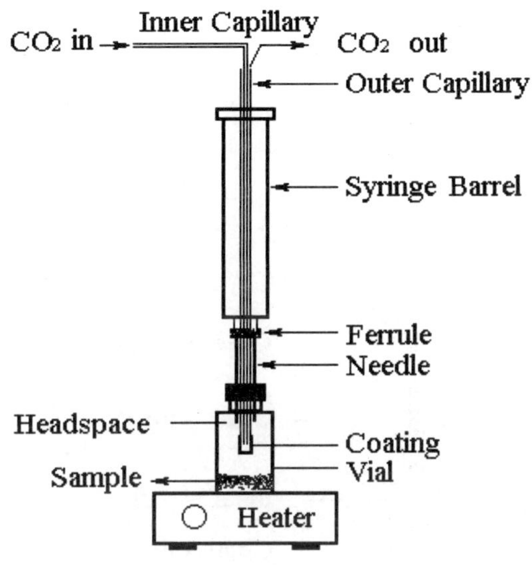

그림 8.3.14 내부 냉각 SPME 장치

에서 물로부터 인도와 동시에 즉시 섬유 코팅으로 추출된다. 수집 용기가 냉각되고 SPME 섬유가 추출동안 계속 물에 담겨져 있을 때 오염된 흙으로부터 PAHs의 추출에 대한 양호한 정량이 얻어진다.

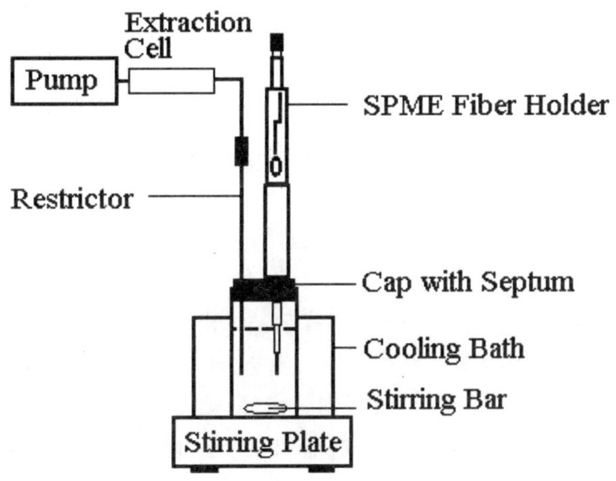

그림 8.3.15 고체 시료 분석을 위해 SPME 장치와 조합된 동적인 뜨거운 물 추출 시스템

그림 8.3.16 은 추출계가 어떻게 더 간단하고 값싸게 만들어질 수 있는지를 보여준다. 정적 추출 기술이 고압 용기에서 수행될 때, 고압 펌프에 대한 필요성이 제거된다. 그 과정은 용기에 시료와 물을 부가하는 것, 섬유를 삽입하는 것 및 그것을 밀봉하는 것

으로 구성되어있다. 추출은 직접, 머리공간 및 막 보호 방식에 의해 수행될 수 있다. 용기는 물로 분석물질을 방출하는 것을 용이하게 하기 위하여 가열된다. 섬유로의 양호한 분배를 보증하는 냉각 시간 후에 추출된 분석물질은 분석기기로 탈착되고, 추출 전에 시료에 넣어진 동위원소로 표식된 표준품 소량 첨가(standard spike)에 기초해서 전형적으로 정량된다

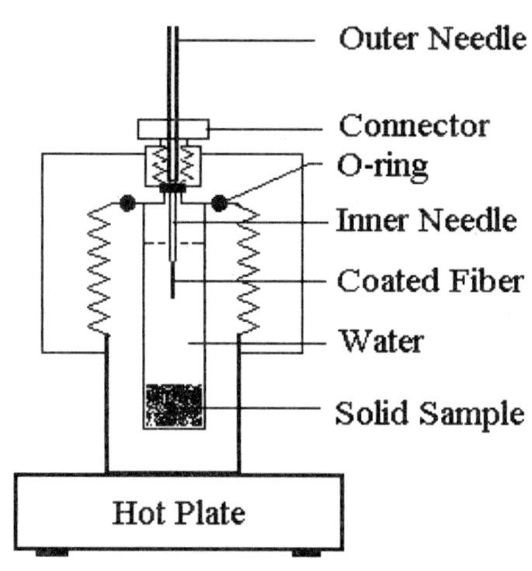

그림 8.3.16 정적 뜨거운 물/SPME 계

6. 유도체화 반응

유기 분석에서 중요한 도전은 극성 화합물이다. 이것은 환경과 생물학적 기질로부터 추출하기 어렵고, 크로마토그래픽 컬럼에서 분리하기 어렵다. 유도체화 접근은 이런 도전을 강조하기 위하여 자주 사용된다. 그림 8.3.17은 SPME와 조합하여 도구화 할 수 있는 여러 가지 유도체화 기술의 요약을 보여준다. 시료 기질에서 직접적인 유도체화와 같이 기술의 어떤 것은 용매 추출에서 사용되는 잘 설정된 방법에 유사하다. 직접 기술에서 유도체화 시약은 시료를 포함하는 용기에 먼저 가해진다. 그때 유도체는 SPME에 의해 추출되고 분석기기로 소개된다. 예를 들면, 이런 접근 방법은 목표 분석물질을 그들의 아세테이트 유도체로 먼저 전환하는 것에 의해서 수용성 시료에서 페놀을 추출 및 분리하기 위하여 응용된다.

극성 코팅의 유용성 때문에 유도체화 되지 않은 극성 화합물에 대한 추출 효율은 요구되는 감도에 도달하기 위하여 자주 충분하다. 그러나 종종 이런 분석물질들의 분리에 연관된 문제들이 있다. 양호한 크로마토그래픽 수행과 검출이 추출 후에 코팅 내에서의 유도체화에 의해 쉽게 될 수 있다. 이런 예는 고 분자량 carboxylic acid에서 볼 수 있다. 추출된 분석물질을 포함하는 SPME 코팅을 diazomethane에 노출한 후 결과적으로 얻은 에스테르 유도체가 GC 컬럼에서 분리될 수 있다. 부가하여, 높은 검출기

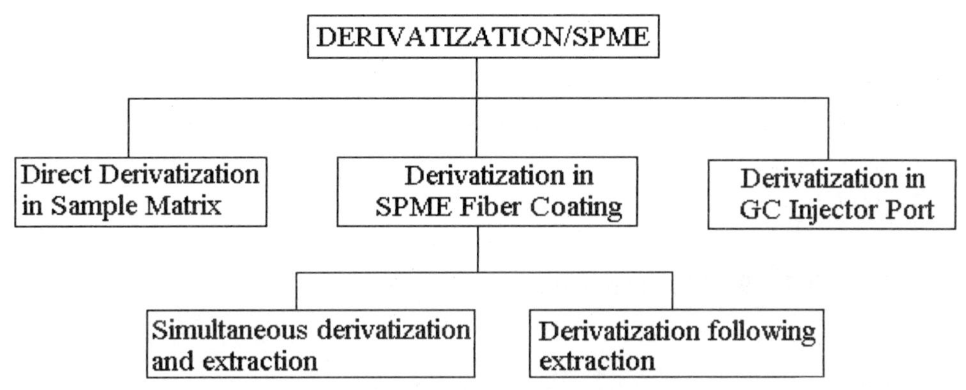

그림 8.3.17 SPME 유도체화 반응 기술

응답 그룹을 포함하는 유사체에 대한 선택적인 유도체화 반응은 검출의 감도와 선택성의 증진 결과를 줄 것이다. GC 주입기에서의 유도체화가 유사한 접근이나 이것은 높은 주입구 온도에서 수행되어야한다. 예로, 긴 고리 carboxylic acid가 tetramethylam-monium hydrogen sulfite가 시료에 부가될 때 이온 쌍과 같이 코팅으로 추출될 수 있다. 휘발동안 분석물질은 methyl ester로 전환된다.

가장 흥미롭고 잠정적으로 매우 유용한 기술은 코팅에서 직접적으로 수행되는 동시적 유도체화와 추출이다. 이 방법은 높은 효율을 주며, 원격 현장 응용에 사용될 수 있다. 이 과정을 수행하기 위한 가장 간단한 방법은 유도체 시약과 함께 섬유를 처리하고 시료에 그것을 노출하는 것이다. 그때 분석물질이 추출되고 코팅에 대해 높은 친화성을 갖는 유사체로 전환한다. 이것은 추출이 계속되는 한 유도체화된 분석물질이 코팅에서 수집되므로 더 이상 평형 과정이 아니다. 이런 방법은 저 분자량 carboxylic acid에 사용된다. 화학시약에 부가하여 전자가 코팅에서 산화-환원 과정을 주기 위하여 공급될 수 있고 분석물질을 더 양호한 유도체로 전환할 수 있다. 이런 응용에서 고분자 필름과 마찬가지로 봉은 양호한 전기 전도성을 가져야한다.

7. 분석기기의 연결장치

용매를 사용하지 않는(solvent-free) 성질 때문에 SPME는 다양한 형태의 분석기기에 연결될 수 있다. 추출상이 비휘발성이기 때문에 오직 추출된 분석물질만 기기에 도입된다. 이리하여 다량의 용매 증기를 처리하기 위해 설계된 복잡한 주입기의 필요성이 없고, 이 부분들은 SPME와 함께 사용을 위하여 단순화 될 수 있다. SPME 기술을 사용하여 결정된 감도는 매우 높고 흔적 량 분석을 용이하게 한다. 대부분의 경우에 분석물질의 전체 량이 시료로부터 추출되지 않지만, 추출되는 모든 물질이 분석기기로 운반되고 양호한 수행 결과를 준다. 역시, 용매를 사용하지 않는 과정은 기기에 도달해 좁은 띠를 주며, 더 크고 좁은 봉우리와 더 양호한 정량 결과를 준다. SPME와 함께 가장 자주 사용되는 기기는 GC이다. 바늘의 외경에 근접한 내경을 갖는 좁은 삽입이 사용되는 한 분할/비분할 같은 표준 GC 주입기가 SPME에 응용될 수 있다. 좁은 삽입은 섬유 주위에 직선적 흐름을 증가하기 위하여 요구되며, 탈착된 분석물질의 효과적인 제거 결과를 준다. 분할은 SPME 주입동안 꺼야만 한다. 이런 조건하에서 섬유로부터 분석물질의 탈착은 매우 빠르다. 이는 코팅이 얇을 뿐만 아니라 높은 주입기 온도가 코팅/기체 분배계수의 극적인 감소와 확산계수의 증기를 주기 때문이다. 많은 경우의 탈착 속도는 가열 지역에 섬유의 소개 시간에 의해 제한된다. 실험실 SPME 장치는 최초로 1993년 Supelco사에 의해서 상업화되었다.

8.3.4 공기 시료채취 방법(Air sampling)

1. 개요

일반적으로 공기나 환경 오염물의 정상적인 성분으로 유기화합물은 기체, 증기 및 고체 입자의 3가지로 구분되며, 그들의 분석을 위해서는 다른 시료채취 과정이 요구된다. 기체는 대기압과 상온에서 자연 상태의 물질이고, 증기는 대기로 승화 또는 휘발하기 위한 충분한 증기압을 갖는 물질이며, 중간체나 억제된 휘발성 화합물은 고체 입자에 속한다. 액체와 고체는 대기에서 증기와 입자의 두 형태로 존재할 수 있어, 시료채취 방법은 편차 없이 두 상을 포집하는 것이 요구된다. 기체와 매우 휘발성인 유기 화합물(예 ; C_1~C_5 화합물)은 보통 그랩 샘플링(잡아채기 시료채취, grab sampling), 응축 또는 액체나 고체상 추출에 의해 포집된다. 고체상이나 액체 추출은 덜 휘발성인 유기 증기(C_5~C_{20} 화합물)에 보통 사용되고, 입자를 포집하기 위해서는 여과나 충돌 포집이 사용된다. 그러나 모든 문제를 해결할 수 있는 간단한 시료채취 방법은 없다. 공기 중 부유하는 유기 시료를 채취하는 장치로는 흡착제 포착기를 사용하여 공기 중 유기 휘발물질을 포착하는 장치와 공기 입자 포착을 위한 고 부피의 시료채취기가 사용된다.

작업장 공기의 시료채취(개인 모니터링)와 굴뚝 기체, 소각과 자동차로부터의 발산물과 같은 환경 오염 발생원의 모니터링을 위하여 위와 비슷한 기술이 채택될 수 있다. 버블러, 증기 흡착관, 수동식 시료채취기(passive sampler)가 입 주위(호흡 지역)에서 공기 중 부유하는 유기 휘발물질의 농도를 측정하기 위한 개인 모니터링에 널리 사용된다. 만약 모니터링 장치가 작업 시간 동안 작업자에게 채워진다면, 장치는 가볍고, 거슬리지 않고, 조용한 것이 중요하며 정상적인 이동을 허용하여야 한다. 노출 허용 기준에 대한 표준은 동물 독성 연구와 인간의 역학적 조사 결과와 함께 분석 데이터를 조합하는 것에 의해서 설정될 수 있다. 개별 물질에 대한 표준은 한 순간이라도 결코 초과될 수 없는 문턱 농도 값(threshold concentration value)인 천장 값(ceiling values)과 정상적인 작업 시간(예를 들면, 8시간)에 대한 노출을 반영하는 시간 가중평균 값(time-weighted average values, TWA)을 반영하기 위하여 설정된다. 문턱 한도값(threshold limit values, TLVs)은 나이, 무게, 건강, 호흡율, 흡수율 및 흡연과 음주 같은 개인 습관으로부터의 개별적 감수성을 허용하기 위해 조심스레 설정되었다. 그들은 만성 독성과 환경적 불쾌와 같은 단기간 효과와 암과 같은 장기간 효과로부터 작업자가 보호될 수 있도록 가정되는 안전한 이하의 농도라고 믿어진다.

2. 공기 중 휘발성 유기화합물

휘발성 탄화수소와 할로카본 등은 보통 그랩 샘플링, 반응성 물질의 경우는 버블러에서의 화학적 포착에 의해서 채취된다. 고체상 추출 기술은 많은 낮은 끓는점 유기 화합물의 낮은 돌파점 부피(breakthrough volume)에 기인해 자주 사용되지 않는다. 그랩 샘플링은 진공 유리 구, 주사기, 용기나 플라스틱 백에 공기를 당기는 것에 의해서 취해진다. 편리성은 보통 수 리터로 포집 용기의 크기를 제한하여, 대기압 이상으로 펌핑하거나 포집 용기를 저온으로 냉각하는 것이 분석을 위한 시료의 크기를 증가한다. 그랩 시료는 보통 사전 농축이나 분석을 위하여 실험실로 보내진다. 공기는 전형적인 분석물질 농도에 비해 상대적으로 물과 이산화탄소의 큰 부피를 차지하므로, 이런 성분들은 낮은 온도에서 분할 포착을 하기 위한 포착기를 사용하는 것에 의해서 분석물질로부터 분리되어야만 한다.

3. 공기 중의 반휘발성 유기 화합물

중간 휘발성의 유기 화합물은 적당한 흡착제 층을 통해서 여과된 공기를 끌어들이는 것에 의해 포집된다. 다공성 고분자, 여러 형태의 탄소(숯, 흑연화 탄소 검정 및 카보시브 ; 표면적 5~900 m^2/g), 또는 실리카 겔과 알루미나 같은 무기 흡착제가 가장 자주 사용된다. 모든 시료 형태에 유용한 간단한 흡착제는 없다. Tenax는 여러 가지 장점(소수성, 열적 안정성, 고 순도)이 있어 C_7이상 분자량을 갖는 화합물에 대해 실온에서 휘발성 물질을 포착하기 위하여 가장 널리 사용된다. 그러나 Tenax와 다공성 고분자는 굴뚝 기체를 포집할 때나 높은 오존 농도와 광화학적 스모그를 보이는 동안 인위적 형성의 원천을 나타내는 오존, 염소 니트로화 시약과 화학적으로 반응한다. 흡착제로부터 물질들을 탈착하기 위하여 용매나 열이 사용된다. 경우에 따라서는 두개의 용매를 혼합하여 사용할 수도 있다.

탄소 흡착제 중 표면적이 큰 것은 기체와 매우 휘발성인 유기 화합물 시료채취에 사용되고, 표면적이 작은 것은 반휘발성 유기 화합물에 사용된다. 숯(charcoal)의 가장 보편적인 사용은 작업 환경 측정이나 작업자 개인 건강에 대한 노출 평가를 위한 개인 모니터링에 이용하는 것이다. 개인 모니터링에 사용되는 전형적인 흡착 포착기는 유리관(길이 5~6 cm, 내경 4 mm)으로 폴리에틸렌 마개에 의해 두 부분으로 나누어져 있다. 앞부분에는 100 mg, 뒷부분에는 50 mg의 숯이 채워진다. 고농도나 높은 휘발성 화합물의 장시간 시료채취를 위해 600 mg 또는 1 g의 흡착제를 포함하는 흡착관을 사용하며, 숯 열린 관 포착기는 미량 분석과 열탈착에 의한 분석물질의 회수를 위하여 유용하다. 숯에 흡착된 유기 화합물은 주로 CS_2로 탈착한다. 탄소 흡착제에 대하여 열탈착 시 탄소로부터 분석물질의 느린 속도론적 방출과 고분자 흡착제에 비해 흡착의 더 높은 촉매적 활성 때문에 열 탈착 방법은 거의 사용되지 않는다. 그러나 최근 마이크로파 가열 방법은 탄소의 온도를 700 ℃까지 빠르게 올릴 수 있어 효율적이고 속도론적으로 빠르고 안정한 분석물질의 탈착을 할 수 있다. 실리카 겔과 알루미나는 휘발성이고 극성인 화합물에 높은 머무름을 보인다. 이 물질들은 반응성 포착을 위하여 화학적 시약으로 코팅될 수 있다. 폴리우레탄 거품은 휘발성 화합물 포착에 대해 일반적 흡착제보다 덜 효율적이며, 공기 중의 살충제와 polychlorinated biphenyls(PCBs)와 같은 높은 끓는점 화합물들의 시료채취 응용에 국한된다. 분석물질들은 보통 용매 용리나 Soxhlet 추출에 의해서 회수된다.

열탈착 과정은 속도론적으로 느리나 낮은 온도에서 충전 컬럼이 사용될 때 거의 문제가 없다. 그러나 열린관 컬럼에서는 증기의 큰 부피를 조정해야하는 더 낮은 용량과 극저온에서 응축된 물에 의해 막히기 쉬운 문제가 있다. 이런 문제는 저온에서 짧은 시간 동안 흡착제를 통해 건조한 기체를 흐르게 하거나 건조제나 진공 벗김과 함께 밀봉된 용기에 흡착제 카트리지를 저장하는 것에 의해 해결된다. 넓은 구경 컬럼은 덜 효율적이나 흐름이 맞지 않는 문제는 덜하다. 열린관 컬럼의 모든 형태는 다음 방법 중의 하나를 사용한 탈착 용기에 연결될 수 있다. 특별한 분석물질에 대한 특수한 흡

1) 연속적으로 더 빠르게 열린관 컬럼으로 탈착될 수 있는 더 작은 중간 Tenax 포착기로 열 탈착한다.
2) 액체 질소 온도로 냉각된 모세관의 부분이나 고리로 탈착한다.
3) 극저온에서 분석 컬럼이나 머무름 간격의 짧은 길이로 탈착한다.
4) 극저온으로 냉각된 충전된 전치 컬럼(대부분 휘발성 분석물질의 정량적인 회수를 위해 사용되는)으로 탈착한다.
5) 전체 컬럼 냉각 포착과 함께 분석 컬럼으로 탈착한다.

착제의 포집 효율을 특징 지우는 인자는 돌파점 부피(breakthrough volume)이다. 이 인자에 대한 정의에 대해 명확한 것은 없다. 그러나 첫 번째의 값에 비해 두 번째 카트리지의 분석물질의 농도가 10 %를 초과하는 값이 첫 번째 카트리지로부터 유효한 돌파점 지시로 자주 사용된다. 돌파점 부피는 주로 흡착제, 분석물질 농도, 습도, 온도, 흡착제 포착기의 효율(이론단 수로 측정된), 기질의 공흡착에 대한 분석물질의 친화력에 의존한다. 적당한 실험 한도 내에서 고분자 흡착제에 대한 돌파점 부피는 습도의 정상적 변화와 공기 중의 분석물질의 농도(< 100 ppm)에 의존하지 않는다. 시료채취 조건의 넓은 다양성이 흡착제 포착기(sorbent trap)에 유기 휘발물을 포집하는 데 포함되기 때문에 안전한 시료채취 부피가 제안되었다. 이것은 유효한 돌파점이 일어나지 않는 환경의 변화 하에서 포집될 수 있는 특별한 증기 오염물질을 포함하는 공기의 부피로서 정의되고, 다음 식으로 표시된다. 이식은 n이 증가할 때 흡착제의 포집 효율이

$$SSV = V_g(1 - 2/n^{1/2}) \qquad 8.11$$

SSV ; 안전한 시료채취 부피

V_g ; 고유 머무름 부피

n ; 흡착제 포착기에 대한 이론단 수

증가함을 명확하게 보이고 작은 n 값에 대해 정량적이 아니다. 예를 들면, n=2라면 시료채취 시작에서까지도 분석물질의 15 %가 포집되지 않고 충전된 흡착제를 통해 나가기 때문에 85 %보다 큰 효율로 시료를 채취하는 것은 불가능하다. 이것은 고유 머무름 부피 값에 독립적이다. 99.9 %의 포집 효율을 얻기 위하여 시료채취 부피나 포집되는 분석물질에 관계없이 최소 10.7의 이론 단을 갖는 흡착제 포착기가 요구된다.

4. 에어로솔의 시료채취 기술

입자성 유기 물질은 일반적으로 여과, 충돌이나 정전기적 침전에 의해서 포집된다. 이를 위한 고부피 시료채취기는 그림 8.3.18에 보여진다. 고부피 시료채취기는 유리 섬

유, 다공성 테플론 또는 유사한 불활성 물질로 만들어진 큰 표면적의 필터, 덮혀진 하우징을 통해서 공기가 약 1.1~1.7 m^3/min의 높은 흐름속도 송풍기에 의해 이끌려지는 장치로 되 있다. 공기는 지붕과 차폐체(shelter body)사이의 자유 공간을 통해서 이끌려진다. 필터 물질은 높은 여과 효율을 제공하고, 비흡수성이고, 낮은 머리 손실 성질(head loss properties)을 가져야한다. 전형적으로 시료채취 시간은 24 시간, 포집 공기부피는 약 2000 m^3, 입자는 약 0.1 g을 준다. 입자는 유기 부분이 추출에 의해 분리되므로 주로 무기 물질로 구성된다. 시료채취 동안 승화나 휘발에 의해 분석물질을 잃을 수도 있고, 반응성 기체의 흐름에 의한 인위적인 화합물이 생성될 수 도 있으며, 필터의 표면에 기체상의 흡착은 또 다른 잠정적 오차 발생원이 된다. 연속 단계 충돌기(cascade impactor)는 입자 크기의 분포를 얻기 위하여 사용될 수 있다. 굴뚝 기체와 엔진 배기 가스와 같은 이동하는 발생원의 시료채취는 만나는 입자 크기 분포의 넓은 범위, 기체의 불안정한 흐름, 높은 온도, 습도 및 포집 기체의 반응성 때문에 더 어렵다. 연료 기체의 전형적인 포집 속도는 110~140 l/min로 시료 크기는 약 30 m^3을 포집한다. 입자는 등속도로 포집되고 필터에 머무른다.

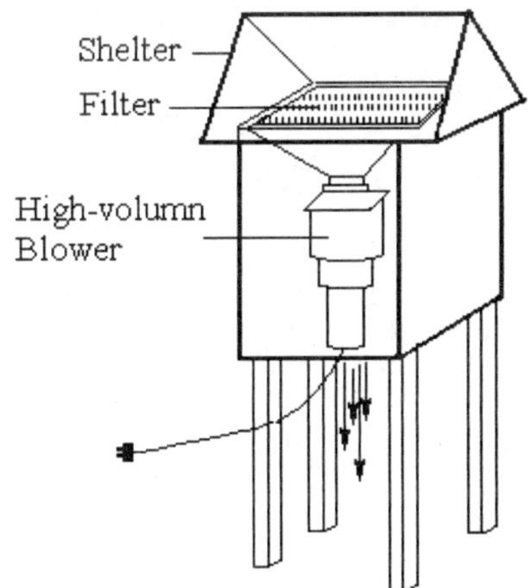

그림 8.3.18 공기 입자 시료채취를 위한 고부피 시료채취기

5. 수동 시료채취기(Passive sampler ; badge method)

개인 측정을 위한 수동 시료채취 장치는 대규모 선별 검사 연구(screening study)의 원가를 낮추고 착용자로 하여금 더 편리하도록 측정하기 위하여 흐름을 통한 시료채취기를 사용하는 흡착제 시료채취에 대한 대치로 개발되었다. 시료채취는 정체된 공기층을 통한 기체 확산이나 막을 통한 투과에 의해서 일어난다. 그러므로 비싼 펌프나 연관된 전원이 필요하지 않다. 확산 측정을 위해서 증기의 안정된 상태의 질량 운반은 확산의 Fick's의 법칙에 따른다. 이 법칙은 흡착제가 분석물질을 효과적으로 흡수하여

$$m = DACt / L \quad (8.12)$$

m ; 포집된 분석물질의 총 질량	D ; 분자 확산 계수
A ; 확산 채널의 면적	L ; 확산 통과 길이
C ; 공기 중 분석물질 농도	t ; 시료채취 시간

흡착제 표면에서의 분석물질의 농도가 영이라는 것을 가정하여 유도된다. 흡착제의 성질과 도시미터(dosimeter)의 설계(A와 L)를 변화하는 것에 의해서 배지는 어떤 적당한 농도와 원하는 시간에 걸쳐 시료를 채취하도록 만들어질 수 있다.

침투 도시미터(permeation dosimeter)는 기체가 주어진 막을 침투하는 속도가 고정된 값이고 막을 통해 운반되는 기체의 총 량이 주위 공기와 노출 시간에서 기체의 농도 함수라는 원리로 작동한다. 채취되는 분석물질의 량은 다음과 같다.

$$m = kCt \tag{8.13}$$

k ; 각 도시미터에서 실험적으로 결정되는 검정 상수

6. 공기 중 유기 증기 표준 혼합물의 제조 방법

기체에 기체나 휘발성 유기 액체의 합성 혼합물의 제조는 액체 혼합물을 제조하는 것 보다 더 어렵고 잠정적으로 덜 정확하다. 이것은 기체는 쉽게 칭량할 수 없고, 부피가 다루는 동안 변화하고, 온도와 압력 효과가 고려 되어야 하기 때문이다. 적합한 정확성을 갖는 많은 혼합물 제조 방법은 표 8.3.3에 보여진다. 이 방법들은 크게 두 가지로 정적 및 동적으로 분류된다. 정적인 방법은 밀폐된 용기(실린더, 플라스크 및 플라스틱 백)에 혼합물을 준비하고 저장하는 것을 포함한다. 그러므로 시료 부피는 용기에 제한된다. 실린더는 고압 하에서 혼합물을 저장하기 위하여 사용된다. 정적 시스템은 비교적 작은 부피의 혼합물이 적당히 높은 농도 수준으로 요구될 때 좋다. 동적 시스템은 시료 혼합물의 계속적인 흐름을 발생하고 벽과 흐르는 기체 흐름 사이의 평형에 기인한 더 낮은 표면 손실과 함께 큰 부피를 줄 수 있다. 정적이나 동적 시스템 어느 것이 사용되건, 기체와 증기의 균질한 혼합을 만드는 방법이 중요한 고려 사항이며 강제적인 대류를 만들기 위한 어떤 준비도 대부분의 장비에 통합 되어야 한다.

단순 견고한 용기가 가장 간단한 혼합 장치이다. 생성되는 표준 혼합물의 농도는 다음과 같다. 정적/ 동적 혼성 시스템인 지수 희석 플라스크가 그림 8.3.19 에 보여진다.

$$C = C_o \exp(-V_w/V) \tag{8.14}$$

C ; 순간 농도

C_o ; 최초 농도

V ; 용기 부피

V_w ; 회수한 시료 부피

이 간단하고 신뢰성 있는 장비는 상업적으로 유용하고 널리 사용된다. 이 장비는 다음식과 같은 농도를 준다. 이것의 주요한 문제는 표면 흡착 손실, 혼합 장치의 기계적인

$$C = C_o \exp(-Qt/V) \tag{8.15}$$

Q ; 부피 기체 흐름 속도

t ; 시료 소 개 후 시간

낡음, 최초 시료 농도를 정확하게 측정하는 어려움이다. 이것은 쉽게 휘발되는 물질을 포함하는 대부분의 분석 응용에 대해 적당한 정확성과 정밀도를 제공할 수 있다. 매우 낮은 기체상 농도는 희석 기체와 함께 플라스크로부터 나오는 것을 혼합하는 것에 의해서 제조될 수 있다.

표 8.3.3 기체 중 휘발성 유기 화합물의 표준 혼합물을 제조하는 방법

제조 방법	원리
Single rigid chamber	화합물의 기지량이 크기가 알려진 간단한 단단한 용기에 넣어진다. 균질한 혼합을 위하여 자석 젓게나 유사한 장치 가 사용 된다.
Exponential dilution flask	순수한 성분이나 표준 혼합물의 기지량이 용기에 넣어지고 효율적인 혼합을 위해 저어진다. 용기는 시간과 함께 감소 하는 증기의 농도를 주는 기체의 안정한 흐름과 함께 계속적으로 분출된다.
Gas stream mixing	알려진 속도로 흐르는 둘 이상의 기체 흐름이 원하는 농도를 주기 위하여 혼합된다. 다중 희석 단계가 더 낮은 농도를 주기 위하여 사용될 수 있다.
Permeation tube	비활성 플라스틱 관에 밀봉되었을 때 휘발성 액체는 일정하고 재현성 있는 속도로 관의 벽을 통해서 용해되어 들어가거나 침투하는 것에 의해서 도망갈 수 있다. 침투 속도는 관 물질의 성질, 크기 및 온도에 의존한다.
Diffusion system	기체상의 오염물질로 존재하는 증기의 액체는 일정한 온도로 유지되는 용기에 포함된다. 액체는 증발되도록 허용되고 증기는 흐르는 기체 흐름으로 모세관을 통해서 서서히 확산한다. 만약 증기의 확산 속도와 희석 기체의 흐름 속도가 알려지면 결과로 생기는 기체 혼합물에서의 증기의 농도가 계산될 수 있다.

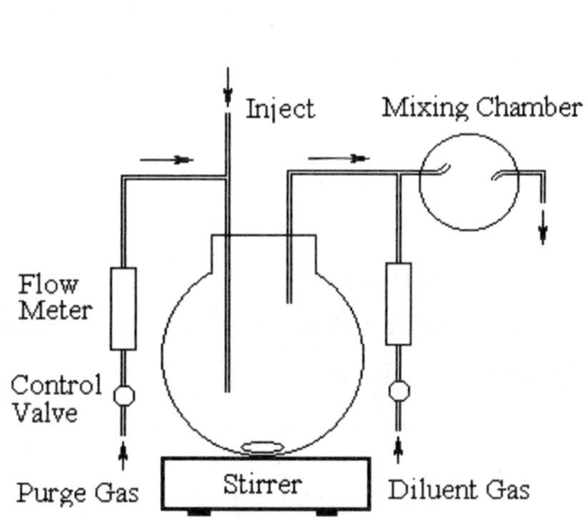

A ; Exponential dilution flask

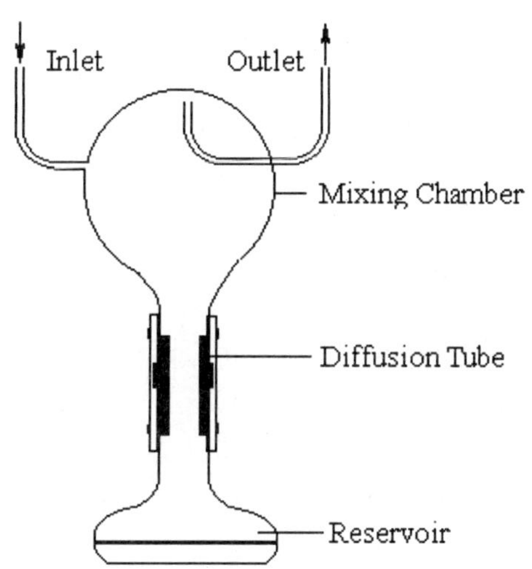

B ; Diffusion Tube system

그림 8.3.19 유기 증기의 표준 혼합물을 제조하기 위한 기구

침투 관은 표준 증기 농도를 발생하는 매우 인기 있는 장치이다. 침투 관은 비활성 침투 막에 밀봉된 휘발성 증기를 포함한다. 침투 막은 보통 테플론이나 에틸렌과 프로필렌의 플르오르화된 혼성중합체가 사용되며, 이 막을 통해서 고정되고 통제된 속도로 확산한다. 이 과정에 대한 추진력은 관의 내 외부 벽 사이의 분석물질의 부분 압력 차이다. 이것은 막에서의 증기의 용해, 막 벽을 통한 확산 속도, 증기가 막의 외부 표면으로부터 제거되는 속도에 의존한다. 단위 관 길이 당 질량 침투 속도는 다음 식과 같다. 실온에서 낮은 증기압을 갖는 시료에 대해 오븐 온도의 상승은 원하는 값을 주기

$$G = 730\ KMP/\log\ (d_2/d_1) \qquad 8.16$$

G ; 관 길이 cm 당 질량 침투 속도, $\mu g/min$

K ; 막을 통한 증기에 대한 침투 상수

M ; 증기의 분자량

P ; 관 내부의 기체 압력

d_1 ; 관의 내경

d_2 ; 관의 외경

위하여 침투 속도를 증가하기 위하여 사용된다. 높은 막 침투성은 표준 단순 벽으로 된(single-walled)관보다 적합한 수명을 주는 다중 벽 관, 미세 병 또는 침투 웨이퍼 장치와 같은 다른 장치를 요구한다. 상업적으로 유용한 침투 관은 수개월의 수명을 가지며 오직 몇 가지 물질을 결정하기 위한 실험실이나 가끔 측정을 수행하는 사람들을 위한 간단하고 값싼 검량 방법을 제공한다.

그림 8.3.19에 보여지는 확산 시스템은 휘발성 혼합물과 기체 흐름 속에서 적당하게 휘발성인 증기를 조제하기 위한 유용하고 간단한 기구이다. 이 방법은 정확하게 알려진 크기의 관으로부터 증기의 일정한 확산에 기초한다. 이때의 생성되는 기체상 농도는 다음 식과 같다. 한도 내에서 넓은 농도 범위는 관 크기나 희석 기체의 흐름 속도

$$S = (DMPA/RTL)\ \ln\ (P/P-p) \qquad 8.17$$

S ; 관 밖 증기의 확산 속도 D ; 확산계수

M ; 분자량 P ; 확산 셀의 압력

A ; 확산 관의 단면적 R ; 기체상수

L ; 확산 관의 길이 p ; 확산 증기 부분 압력

를 변화하는 것에 의해서 조제될 수 있다. 표준 기체 혼합물을 제조하는 다른 방법은 증발(evaporative), 전해(electrolytic), 열분해(pyrolytic) 및 화학 반응이 있다.

7. 작업환경중의 유해 요인 시료채취 및 측정 방법

작업환경중의 유해 요인 및 인자는 크게 물리적 요인, 화학적 요인, 생물학적 요인 및 인간공학적 인자로 분류할 수 있다. 이들 유해 요인 및 인자에 대한 세부적인 내용, 측정 방법 및 기구는 표 8.3.4와 같다. 한편, 이들 유해 인자는 가스/증기 상태나 입자상 물질(aerosol, dust, fog, fume, mist, smog 및 smoke)로 존재하며, 우리 나라에서는 이들을 포집하는 방법으로 액체 포집방법, 고체 포집방법, 직접 포집방법, 여과 포집방법 및 냉각응축 포집방법 등이 사용되고 있다. 액체 포집방법은 시료 공기를 액체 중에 통과시키거나 액체의 표면과 접촉시켜 용해, 반응, 흡수, 충돌 등을 일으키게 하여

당해 액체에 측정하고자 하는 물질을 포집하는 방법을 말하며, 고체 포집방법은 시료 공기를 입자 층을 통해 흡입, 흡착하여 당해 고체 입자에 측정하고자 하는 물질을 포집하는 방법을 말한다. 직접 포집방법은 시료 공기를 흡수, 흡착 등의 과정을 거치지 아니하고 직접 포집대 또는 진공 포집병 등의 용기에 물질을 포집하는 방법을 말하며, 여과 포집방법은 시료 공기를 여과재를 통하여 흡인함으로써 당해 여과재에 측정하고자 하는 물질을 포집하는 방법을 말한다. 또한, 냉각응축 포집방법은 시료 공기를 냉각된 관 등에 접촉 응축시켜 측정하고자 하는 물질을 포집하는 방법을 말한다.

NIOSH와 OSHA에서는 1,800개 이상의 공기 중 부유하는 화학물질(airborne chemicals)을 포집하기 위한 기본적 기자재로는 흡착관, 필터, 임핀저, 샘플링 백, 검지관 및 badge를 사용하고 있다(그림 8.3.20~22).

1) 흡착관 방법(Sorbent tube method)

많은 가스와 증기들이 흡착관을 사용하여 포집된다. 흡착관은 호흡 지역(주로 옷깃)에 달고 허리에 찬 소형 펌프에 호스로 연결된다. 유리관은 정상적으로 고체 흡착제의 두 층을 포함한다. 공기가 관을 통해 이끌려 들어올 때 공기중 화학물질들이 첫 번째 흡착제 층에 흡착되며, 두 번째 층은 첫 번째 층의 지지체 및 돌파점(breakthrough)을 지시하는 역할을 한다. 포집 후에 흡착관은 실험실로 보내지고, 흡착제가 제거되어 포집된 화학물질들이 추출, 확인 및 정량된다.

2) 시료 포집백 방법(Sample bag method)

공기 포집백은 화학 물질(가스 및 증기)들의 농도가 분석 기기의 검출 한계보다 높을 때 포집을 하는 정확한 수단이다. 현장의 공기가 펌프에 의해 포집백에 포집되며, 검지관, 기체 크로마토그래피, 또는 다른 분석 기기에 의해 분석된다.

3) 필터 방법(Filter method)

필터는 분진, 흄, 미스트 및 에어로솔과 같은 미립자 형태의 공기 중 유해물질을 포집하기 위하여 사용된다. 공기는 특이한 형태와 공극 크기의 필터로 펌프에 의해 이끌려 들어간다. 화학물질들의 수준은 현미경에 의한 계수, 무게 분석, 또는 원자 흡수 분광 광도법 등에 의해 결정된다.

4) 임핀저 방법(Impinger method)

임핀저는 산과 무수물같은 화학물질들을 포집하기 위해 사용되는 유리 거품관으로, 기지의 공기량이 액체 물질이 들어있는 임핀저를 통해 거품을 내며 통과한다. 액체는 대상 물질과 화학적으로 반응하거나 물리적으로 용해한다. 이 액체는 화학물질들의 공기 중 농도를 결정하기 위하여 분석된다.

5) 검지관 방법(Color detector tube method)

검지관은 공기중 화학물질의 수준을 직접적으로 지시해준다. 기지의 공기량이 화학 시약이 들어있는 관을 통해 들어간다. 시약은 유해 물질의 존재에 의해 색이 변화되며, 착색의 길이와 색의 강도가 공기중 화학물질의 수준을 나타낸다. 이용되는 검지관은 세 가지 형태가 있다.

(1) 수동식 펌프를 사용한 단기간 관(short-term tubes using hand operated pump)

(2) 낮은 흐름 펌프를 사용한 장기간 관(long-term tubes using a low flow

pump)

(3) 수동 칼라 배지(passive color badges)

6) 배지 방법(Badge method)

어떤 가스나 증기는 가스 모니터링 배지를 사용하면 펌프 없이 수동적으로 포집될 수 있다. 배지는 다양한 포집 물질(고체 흡착제, 액체 물질, 화학적으로 포화된 테이프, 시약이 채워진 관)과 함께 사용된다. 모든 경우에서, 공기 시료는 확산에 의해 배지와 접촉하여 들어온다. 분석 방법은 배지 형태와 포집된 화학물질에 의해 달라진다.

여러 가지 방법에 의해 포집된 시료는 실험실로 보내지고 가능한 한 빠른 기간 내에 분석되어야 하며, 부득이한 경우 분석 시까지 시료 및 분석물질이 변질되지 않도록 보관되어야 한다. 시료는 화학 및 물리적 방법에 의해 분석된다. 화학적 방법은 시료가 화학 반응에 관여되고, 이 반응 결과를 해석 또는 측정함으로써 분석하는 것으로, 무게 분석, 부피 분석 및 몇 가지 열 분석법이 여기에 속한다. 물리적 방법인 기기 분석 방법은 분석물질과 각종 에너지와의 상호작용에서 일어나는 현상을 정밀한 측정 기기로 측정하여 알고 있는 표준 물질의 결과와 비교함으로써 분석하는 방법으로 전기화학 분석법, 분광 분석법이 중심이 되며, 물질의 질량과 관련된 몇 가지 분석 방법 등이 포함된다. 최근 많이 사용하는 크로마토그래피 분석법은 시료의 각 성분이 서로 분리되며, 분리된 성분은 주로 위의 기기 분석 방법으로 검출되고 정량 되는 일련의 분석이다.

표 8.3.4 작업환경중의 유해 요인 및 인자에 따른 측정 방법 및 기구

유해 인자 및 요인	측정 방법			측정 기구 / 분석 기기
	샘플링	분석	현장측정	
1. 물리적(강도 측정) 요인				
1) 소음	-	-	○	·소음계(sound level meter) ·누적 소음 폭로량 측정기(noise dosimeter)
2) 조명	-	-	○	·조도계(lux meter)
3) 진동	-	-	○	·진동계
4) 고열	-	-	○	·습구 흑구 온도계(WBGT) ·아스만 통풍 온습도계
5) 기타(복사열, 방사선, 이상기압 및 한랭 등)	-	-	○	·용도에 맞는 기구 선정 사용
2. 화학적(농도측정) 요인				
1) 분진(유리규산, 석면, 면분진, 석탄 등)	○	○	-	·포집 기구 : - 각종 필터 - Personal air sampler(PAS) ·분석 기기 : 저울, FTIR, X-ray 회절기, 위상차 현미경 등
2) 유기 용제	○	○	○	·포집 기구 : - 검지관, 흡착관, 임핀저, 필터, 샘플링 백, badge - PAS, handy sampler ·분석 기기 : - GC, HPLC, 휴대용 GC, UV-VIS 분광 광도계
3) 금속/중금속	○	○	-	·포집 기구 : - 필터, 임핀저 - PAS ·분석 기기 : - 원자 흡광 분광 광도계, UV-VIS 분광 광도계, 이온 크로마토그래프 등
4) 유해 가스	○	○	○	·포집 기구 및 분석 기기 : 유기 용제와 동일
3. 생물학적 요인(병균)				·용도에 맞는 기구 선정 사용
4. 인간공학적 인자(작업 강도, 작업 시간, 휴식 등)				·용도에 맞는 기구 선정 사용

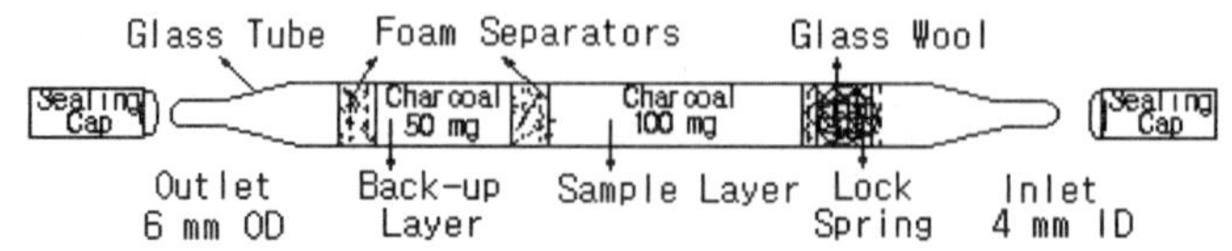

Glass Tube(유리 관), Foam(거품), Separators(분리층), Glass Wool(유리 섬유), Outlet(출구), Back-up Layer(지지층 ; 후단), Sample(시료 흡착층 ; 전단), Inlet(도입), Sealing Cap(마개), OD(Outside Diameter, 외경), ID(Inside Diameter, 내경)

(a) 활성탄 관(Activated Charcoal Sampling tube)

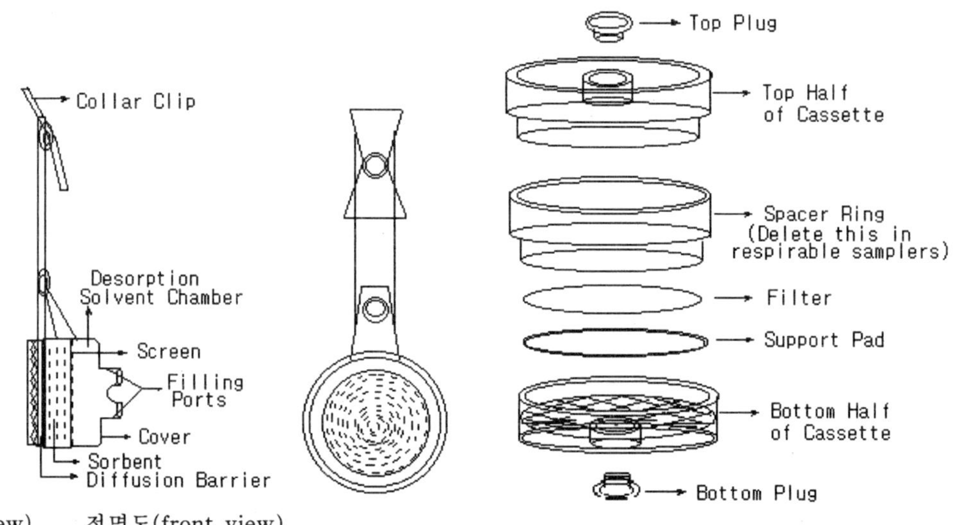

측면도(side view) 전면도(front view)

Desorption Solvent Chamber(탈착 용매실), Sorbent(흡착제), Diffusion Barrier(확산벽)

(b) 확산형 포집기(Passive Sampler ; Badge)

Plug(마개), Cassette(카세트), Spacer Ring(중간 링), Filter(필터), Support Pad(지지 패드)

(c) 삼단 카세트 홀더(Three-stage cassette holder)

그림 8.3.20 여러 가지 시료포집 기구 : (a) 활성탄 관, (b) 확산형 포집기 (배지), (c) 삼단 카세트 홀더

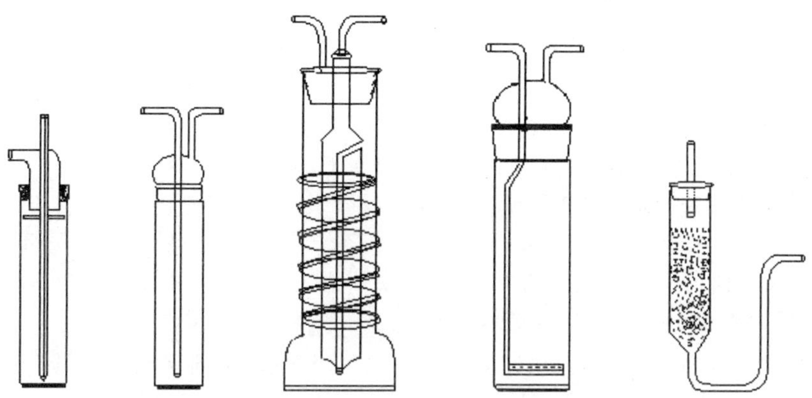

Impinger(임핀저), Wash Bottle(세척병), Helical Adsorber(나선형 흡착관), Fritted Bubbler(소결형 버블러), Glass-bead Column(유리구 컬럼)

Impinger	Wash Bottle	Helical Adsorber	Fritted Bubbler	Glass-bead Column
(a)	(b)	(c)	(d)	(e)

그림 8.3.21 임핀저 및 버블러의 종류

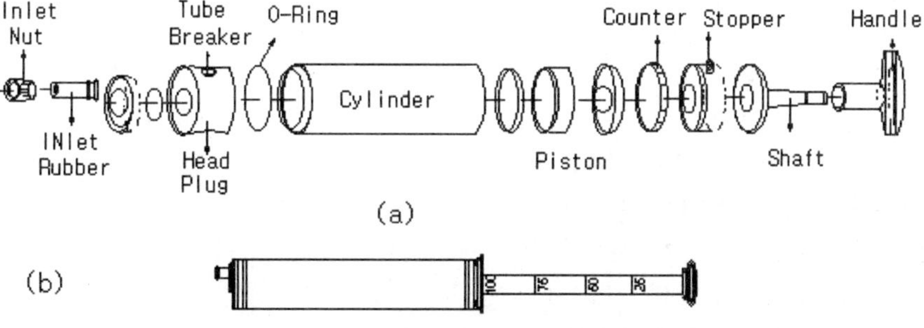

Tube Breaker(검지관 절단기), Cylinder(충진 실린더), Piston(피스톤), Counter(계수기), Stopper(정지 장치), Shaft(피스톤 축), Handle(손잡이)

그림 8.3.22 수동식 펌프(handy sampler)의 구조. (a) 분해도, (b) 조립도

8.3.5 실내공기질관리(Management for Indoor Air Quality)

1. 실내공기질관리 추진배경 및 법개정 요지

생물체가 살아가는 동안 한순간도 환경의 지배를 벗어나는 순간은 없다. 특히 현대사회와 같이 산업의 발전이 극점에 와 있는 21 세기는 "환경적 지속성(Environmental sustainability)"에서 만이 인간의 쾌적한 삶과 지속적인 경제발전을 할 수 있다는 새로운 의제가 등장하였다. 실제로 주변의 다양한 환경이 인간의 삶의 질을 결정짓고 경제발전의 원천으로 대두됨으로서 다양한 환경 문제를 적극적이고 근원적으로 필히 해결하여야만 될 시점에 와 있다. 그러나 지금까지는 환경에 대한 의제는 외부적 환경 문제인 수질, 대기, 토양, 및 폐기물에 치중하였고 실내공기질(indoor air quality, IAQ)에는 별로 관심을 기울이지 않았다.

국내외를 막론하고 최근 들어 하루의 90 %이상을 실내에서 생활하며, 하루 모든 섭취량의 약 90 %가 공기임을 감안한다면 공기를 마시는 사람들에게는 당연히 실내공기질이 문제가 될 수밖에 없다. 그러나 지금까지 위에서 언급한 바와 같이 외부적 환경 문제에만 치중하였고, 내부적 환경 문제인 실내공기질에는 크게 관심을 두지 않았기 때문에 현 시점에서 환경 문제의 한 축으로 등장을 한 것이라 볼 수 있다. 실내공기질은 1970년대 에너지 파동으로 건물 내의 에너지 절감 및 효율 증대를 위해 건물을 밀폐화 시킴으로서 실내공기질이 악화되기 시작하였으며, 최근 들어 인간 자체의 실내활동 증가, 생활공간 내에서 발생되는 유해인자의 다양화 및 폭로 증가, 주변으로부터 유입되는 오염된 공기 등으로 인해 심화되어 건물병증후군(sick building syndrome ; SBS), 화학물질과민증(multi-chemical sensitivity ; MCS) 등의 신종 질병을 유발하기 때문에 실내공기질의 적정한 관리가 요구되고 있다.

그러나 실내공기질 관리를 위한 국내의 법규정이 정부의 여러 부서에 분산되어 있어 관리에 문제가 있고, 환경부에서 1996년 제정된 "지하생활공간공기질 관리법"은 적용대상이 지하역사 및 지하상가에 국한되어 있기 때문에 최근의 확대 및 신축된 시설들의 실내공기질 관리의 실효성 및 규제 체제를 수립하기 위하여 2003.5.29일 "지하생활공간공기질 관리법"을 "다중이용시설등의 실내공기질관리법"으로 개정하였다. 개정된 법의 목적은 크게 4가지로 1) 적용대상 다중이용시설의 확대, 2) 다중이용시설의 실내공기질 관리강화, 3) 오염물질 다량 방출 건축자재 사용제한, 4) 신축 공동주택의 실내공기질 관리강화에 두었다. 이 개정된 법에 의하면 실내공기질 대상이 다중이용시설 및 신축공동주택으로 크게 2가지로 대별된다.

개정된 법을 토대로 한 향후 발전방향은 첫째, 실내공기질 관리 주체를 통합하여 국가적 차원의 종합적인 접근이 필요하며, 둘째, 실내공기 오염에 대한 체계적 연구를 확대하여 지금까지 실시된 바 없는 국내의 전국적 실태조사, 새로운 오염물질에 대한 체계적 조사 및 국민들의 노출실태 등으로 분야를 확대하고, 셋째, 실내공기질 관리를 위한 인프라를 확충하여 발생원 제거, 환기 및 공기청정장치 이용, 교육 체계 확보, 실내공기질 전문가 양성, 대국민 홍보, 정부차원의 지원책 등에 대한 하부 조직을 정립하여야 하고, 넷째, 실내공기질 내실화를 위한 다양한 제도를 개발하여 법적 제도적 장치를 도입해야할 것이다.

위에서 언급된 향후 발전 방향에 대해 정부는 2004.12.7일부로 관계부처(국무조정실, 교육인적자원부, 행정자치부, 산업자원부, 보건복지부, 환경부, 노동부, 건설교통부)간의 협의 하에 "실내공기질 관리 기본계획"을 수립·확정하여 "범정부적 실내공기질 관리 중장기('04~'08) 로드맵 작성"을 하였다. 로드맵의 주요 내용은 세 가지이며, 또한 이 기본계획의 추진 목표 및 방향은 4가지 원칙 하에 이루어 질 것이다.

첫째, "새집증후군" 등 실내공기 오염문제 해결을 위한 종합대책 수립,

둘째, 실내공기질을 과학적·체계적으로 관리하기 위한 기반 구축,

셋째, 범부처적 실내공기질 관리를 위한 "실내환경개선협의회" 구성·운영

1) 실내공기 오염원 저감을 위하여 사후관리보다 사전예방적인 정책수단 활용(예방의 원칙)

2) 거주공간의 친환경적 관리로 현세대와 후세대의 삶의 질 고려 및 지속가능성 확보(지속가능성 원칙)

3) 국민·기업 등 관련주체들의 적극적인 참여와 협조를 통한 실내공기질 관리정책 추진(참여의 원칙)

4) 실내공기질 관련 전부처가 참여하는 범정부적 통합관리 추진(통합 및 효율성의 원칙)

2. 국내 실내공기질 악화 배경 및 법적 변천사

1) 실내공기질 악화배경

(1) 70년대 에너지 절감 및 효율 증대 목적으로 건물 밀폐화가 강조됨

(2) 80년대 이후 아파트 대량 건축으로 인한 건물의 밀폐 가속화, 단열재 등의 사용으로 인한 내기후화(耐氣候化, weatherization) 및 안전이 검증되지 않은 건축자재의 무분별한 사용으로 인한 유해물질 발산의 증가

(3) 지하생활공간(지하철, 지하상가, 지하주차장 등) 시대가 열리면서 이용 및 활동공간 확대

(4) 문화 및 복지 생활공간(미술관, 박물관, 도서관, 의료기관 등)의 확대 및 이용률 증가

(5) 전국의 일일 생활권화로 이동 인구의 증가 및 시설물(대합실, 터미널, 항만시설 등) 증가

(6) 외부오염(차량의 매연, 산업화로 인한 공해)의 심화 및 내부로의 역 유입

(7) 실내공간에서의 인간 활동 증대 및 환기 미비

2) 한국의 실내공기질 법적 변천사

- 1989 ; 실내오염물질 권고기준 설정("지하공간 환경기준 권고치")
- 1996 ; "지하생활공간 공기질 관리법" 제정(대상 ; 지하역사 및 지하상가)
- 03.5.29 ; "지하생활공간 공기질 관리법"을 "다중이용시설등의 실내공기질관리법"으로 개정 공포
- 04.2~4월 전국 실내오염 실태조사(공동주택 및 주요 다중이용시설)
- 04.5.30 ; "다중이용시설등의 실내공기질관리법" 발효
- 04.5.25 ; "다중이용시설등의 실내공기질관리법 시행령" 공포(대통령령 제18402호)

- 04.5.28 ; "다중이용시설등의 실내공기질관리법 시행규칙" 공포(환경부 제156호)
- 04.6.5 ; 실내공기질공정시험법 공포(환경부고시 제2004-80호)
- 04.6.18 ; 실내공기질측정대행업의 등록등에 관한 규정(환경부예규 제240호)
- 04.6.24 ; 실내공기질측정대행등록시 구비대상 장비목록(환경부공고 제2004-80호, 다중이용시설등의실내공기질관리법시행규칙 제11조1하의 규정에 의함)
- 04.12.7 ; 실내공기질 관리 기본계획 수립확정 ; 범정부적 실내공기질 관리 중장기('04~'08) 로드맵 작성

♣ 실내공기질관리 기본계획의 추진계획

(1) 정확한 실내공기질 실태파악 및 자료관리
(2) 실내공기질 관리기준 합리화
(3) 건축자재 등 오염원 사전관리
(4) 환기설비 및 공기정화설비 관리
(5) 관리대상시설 확대 및 기타시설 관리
(6) 실내공기질 관리기반 구축

3. 실내공기질 측정항목, 허용기준 및 측정방법

다중이용시설등의 측정항목, 허용기준, 시료채취 및 분석방법은 표 8.3.5 및 8.3.6에 보여진다.

표 8.3.5 다중이용시설의 측정항목, 허용기준, 시료채취 및 분석방법

기준	항목	허용기준			시료채취	주 분석방법
		지하역사등[1]	의료기관등[2]	실내주차장[3]		
유지기준	PM10(μg/m³)	150이하	100이하	200이하	2~7 ℓ/min, 8시간	미니볼륨에어샘플러법
	CO_2(ppm)	1,000 이하			0.8~0.9 ℓ/min, 1시간	비분산적외선법
	HCHO (μg/m³)	120 이하			200~1,000 mℓ/min, 30분 2회	DNPH 카트리지-HPLC
	총부유세균 (CFU/m³)	-	800 아하	-	200~1,000 ℓ/min, 10분	충돌법
	CO(ppm)	10 이하	10 이하	25 이하	0.8~0.9 ℓ/min, 1시간	비분산적외선법
관리기준	NO_2(ppm)	0.05 이하		0.30 이하	0.8~0.9 ℓ/min, 1시간	자외성광도법
	Rn(pCi/ℓ)	4.0 이하			1 ℓ/min, 8시간	연속모니터측정기
	TVOC (μg/m³)	500 이하	400 이하	1,000 이하	50~200 mℓ/min, 30분 2회	Tenax tube-TD/GC/MS
	석면(개/cc)	0.01 이하			10 ℓ/min, 1시간	위상차현미경
	오존(ppm)	0.06 이하		0.08 이하	0.8~0.9 ℓ/min, 1시간	자외선광도법

1) 지하역사, 지하도상가, 여객자동차터미널의 대합실, 공항시설 중 여객터미널, 항만시설 중 대합실, 철도역사의 대합실, 도서관, 박물관, 미술관, 공연장[1], 대규모 점포, 지하상점가, 혼인예식장[2], 실내체육시설[3], 장례식장[4]{ 1)~4) ; 환경부고시 제2004-80호, 2004.6.5, 에서 대상시설에서 제외됨 }

2) 의료기관, 보육시설, 노인복지시설, 학원[5]{ 5) ; 환경부고시 제2004-80호에서 대상시설에서 제외됨}

3) 실내주차장

표 8.3.6 오염물질방출 건축자재 허용기준(단위 ; mg/㎥ · h) 및 분석방법

오염물질	건축자재		분석방법
	접착제	일반자재	
포름알데히드	4이상	1.25이상	DNPH카트리지/HPLC
총휘발성유기화합물	10이상	4이상	Tenax 튜브/TD-GC-MS

비고 1. 일반자재 ; 벽지, 도장재, 바닥재, 목재 및 기타 건축물 내부에 사용되는 건축자재를 말한다.
2. 오염물질 방출기준이 있는 환경마크, 한국산업규격(KS) 등을 획득한 건축자재는 해당 오염물질 측정을 제외할 수 있다.

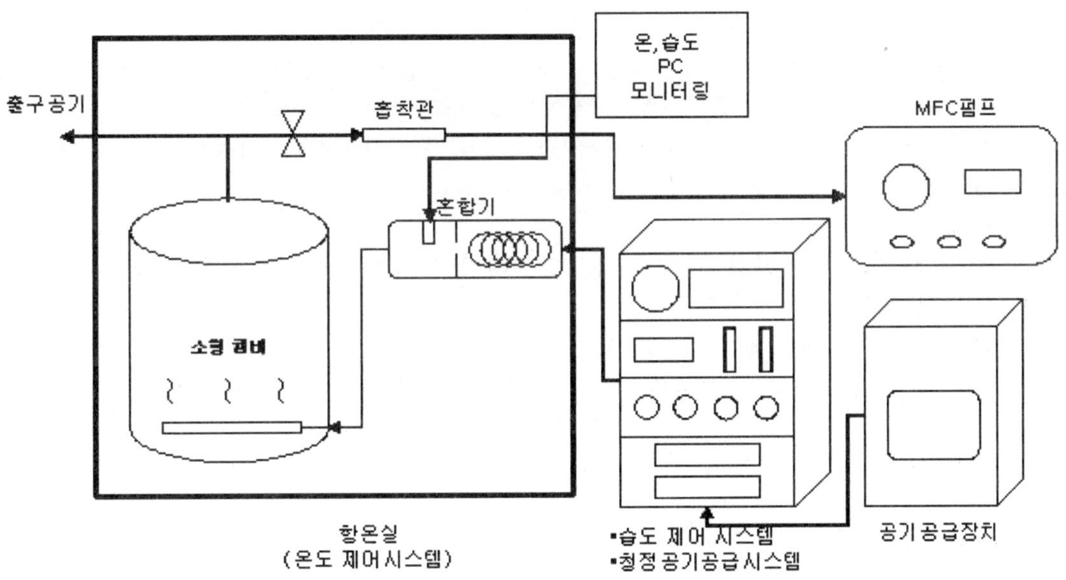

그림 8.3.23 소형챔버법에 의한 건축자재 방출물질 측정방법

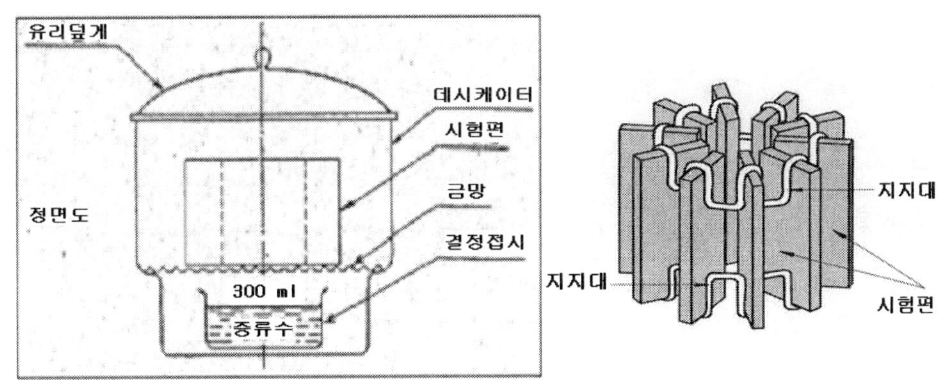

그림 8.3.24 데시케이터를 이용한 HCHO 측정장치 및 시험편의 설치

♣ 신축공동주택의 실내공기질 측정방법

1) 측정대상 및 물질

(1) 대상 ; 일정규모(100 세대) 이상의 신축공동주택(아파트)

(2) 물질 ; 포름알데히드, 휘발성유기화합물(벤젠, 톨루엔, 에틸벤젠, 자일렌, 1,4-디클로로벤젠, 스티렌)

2) 시료채취장소

(1) 채취 세대 선정 ;

- 100세대를 기준으로 저층부, 중층부, 고층부 3개 지점을 기본으로 하며, 100세대 증가 시 마다 1개 지점씩 증가(중층부, 저층부, 고층부 순으로 증가)

- 단지가 여러 동일 때 측정지점 수내에서 각 동에서 측정한다. 단, 시공사가 여러 개인 경우 시공 세대로 구분하여 측정지점을 선정한다.

(2) 측정위치 ; 시료채취는 단위세대에서의 거실 중앙부에서 실시하며, 바닥면에서 1.2~1.5 m 높이에서 측정한다.

3) 시료채취방법

(1) 30분 환기 ; 측정단위 세대의 창, 문, 내장기구의 문 등을 모두 개방하고 30분 이상 사전 환기시킨다.

(2) 5시간 밀폐 ; 사전 환기한 후 외부공기에 접한 창, 문, 개구부 등은 모두 닫고 5시간 이상 밀폐 상태를 유지시킨다. 이때 내장기구의 문은 열어둔다.

(3) 30분간 2회 시료채취 ; 밀폐 후 정해진 유량으로 30분간 2회 시료를 채취한다.

- 이때 상시 환기시스템이 설치되어 있는 경우에는 시스템을 가동한 상태에서 시료를 채취한다.

- VOC 채취 ; Tenax-TA, Carbotrap 300, 이와 동등 이상의 성능의 고체 흡착관 또는 캐니스터를 사용하여 시료를 채취한다.

- HCHO 채취 ; 오존스크러버를 장착한 DNPH 카트리지를 사용하여 시료를 채취한다.

- 시료채취 시 실내온도 유지 ; 20 ℃

- 채취시간 ; 하루 중 최대 농도가 예상되는 오후 1~5시 사이에 시료를 채취한다.

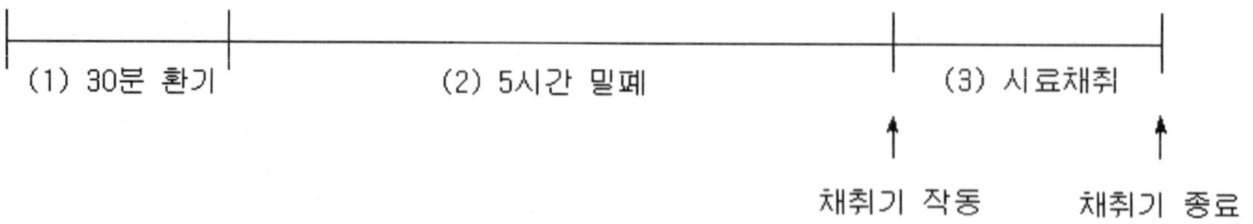

그림 8.3.25 공동주택에서의 시료채취

4) 분석방법

(1) 휘발성유기화합물(VOC) 분석방법

고체흡착관으로 채취된 시료는 열탈착장치에 연결하여 열탈착이나 용매추출한 후 시료를 GC에 주입한다. 캐니스터로 채취된 시료는 직접 GC에 주입한다. 주입된 시료는 비극성 열린관 컬럼(open tubular column ; HP-1, OV-1 등)을 이용하여 분리한 후 MS로 동정 분석한다. 이때 MS TIC(total ion current chromatogram) scan을 이용하여 정량한다. 분석 조건은 아래와 같다.

Thermal desorber

Desorption temperature ; 300 ℃(relative with sorbent)

Desorption flow ; 30 ㎖/min, 15min

Focusing trap ; Liquid N_2 or sorbent

Desorption of focusing trap ; 325 ℃

Gas chromatograph

Injector temperature ; 300 ℃

Carrier gas ; He 1.8 ㎖/min

Column ; OV-1 open tubular column(0.32 mm x 60 m x 1 ㎛)

Temperature program ; After 5min at 50 ℃, until 200 ℃ to 8 ℃/min(until all target compounds elute)

Mass spectrophotometer

Interface temperature ; 250 ℃

Ion source temperature ; 200 ℃

Ionization ; Electron ionization, 70 eV

Mass range ; Scan, m/z 35 to 350

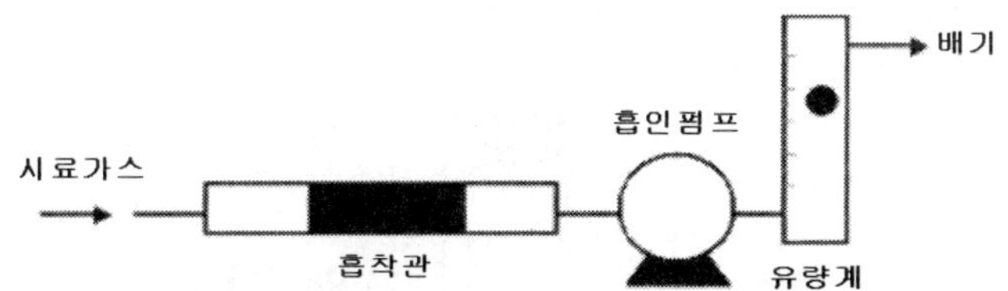

그림 8.3.26 고체흡착관(Tenax 튜브)을 이용한 VOCs의 채취

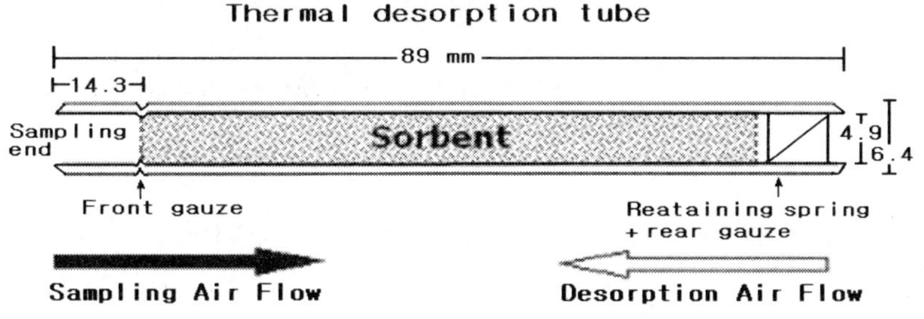

그림 8.3.27 고체흡착관의 시료채취 및 탈착 방향

(2) 포름알데히드

시료가 채취된 DNPH 카트리지를 아세토니트릴 용매 5 ㎖를 이용하여 DNPH 유도체를 추출한다. 추출한 용매 일부를 HPLC에 주입하여 360 nm UV 검출기를 이용하여 검출 정량한다. 일반적인 HPLC 분석 조건은 다음과 같다.

컬럼 ; C_{18} 컬럼(ODS, 길이 250 ㎜ x 내경 4.6 ㎜), 또는 이와 동등 이상의 성능을 갖는 것

이동상 ; 아세토니트릴/물 = 60/40(V/V) 또는 분리분석에 적당한 용매

검출기 ; 360 nm(자외선)

유량 ; 1.0 ㎖/min

시료 주입량 ; 20 ㎕

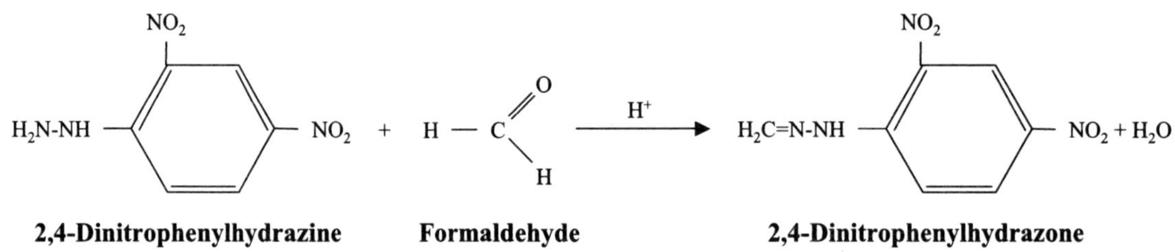

그림 8.3.28 HCHO의 DNPH 유도체

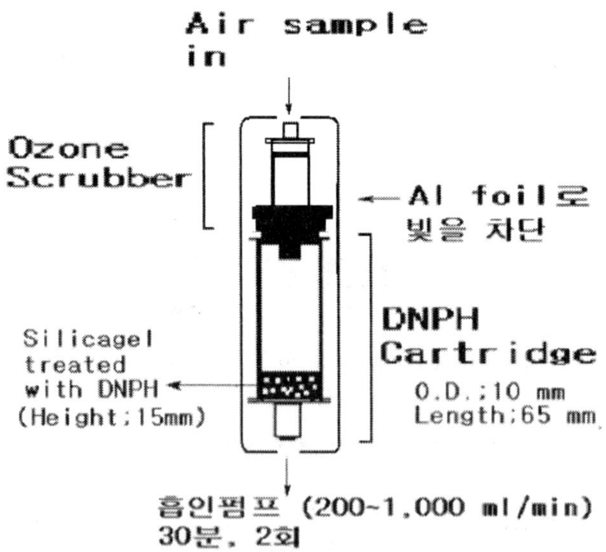

그림 8.3.29 HCHO 채취관(DNPH Cartridge ; DNPH이 코팅된 실리카겔)

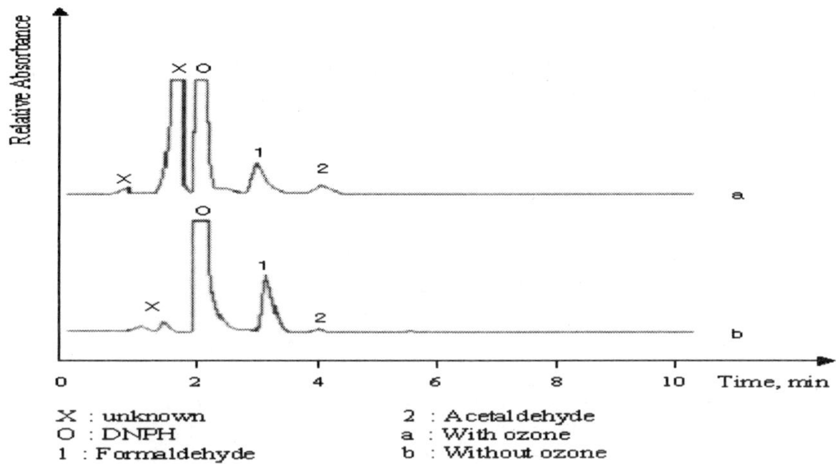

그림 8.3.30 오존 유무에 따른 HPLC로 분석한 크로마토그램

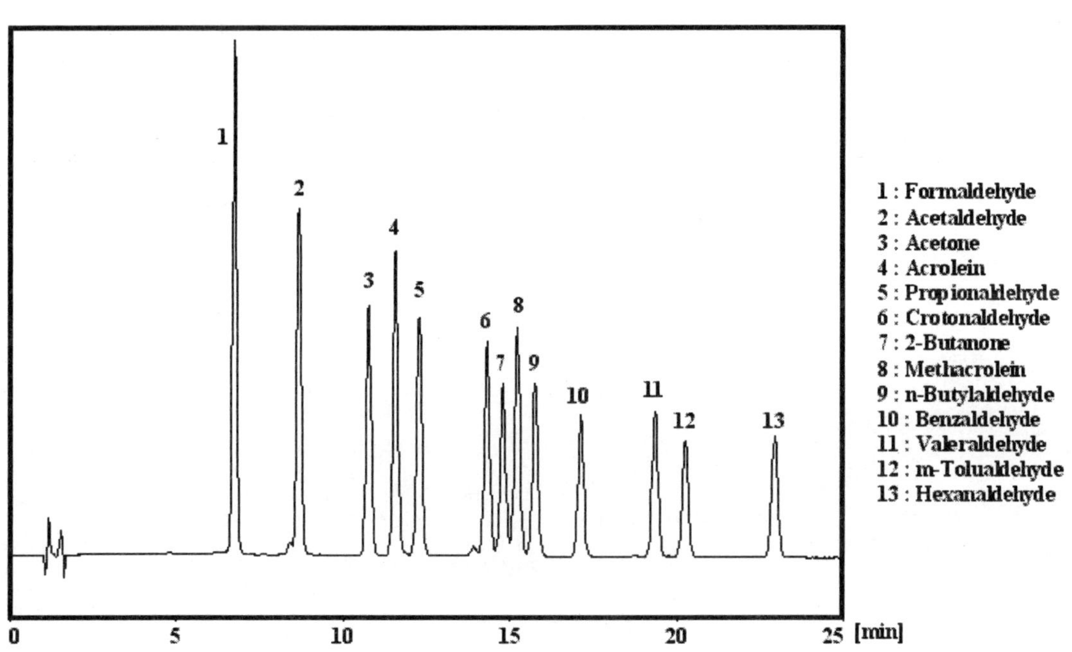

그림 8.3.31 DNPH-aldehyde 유도체 표준용액의 크로마토그램

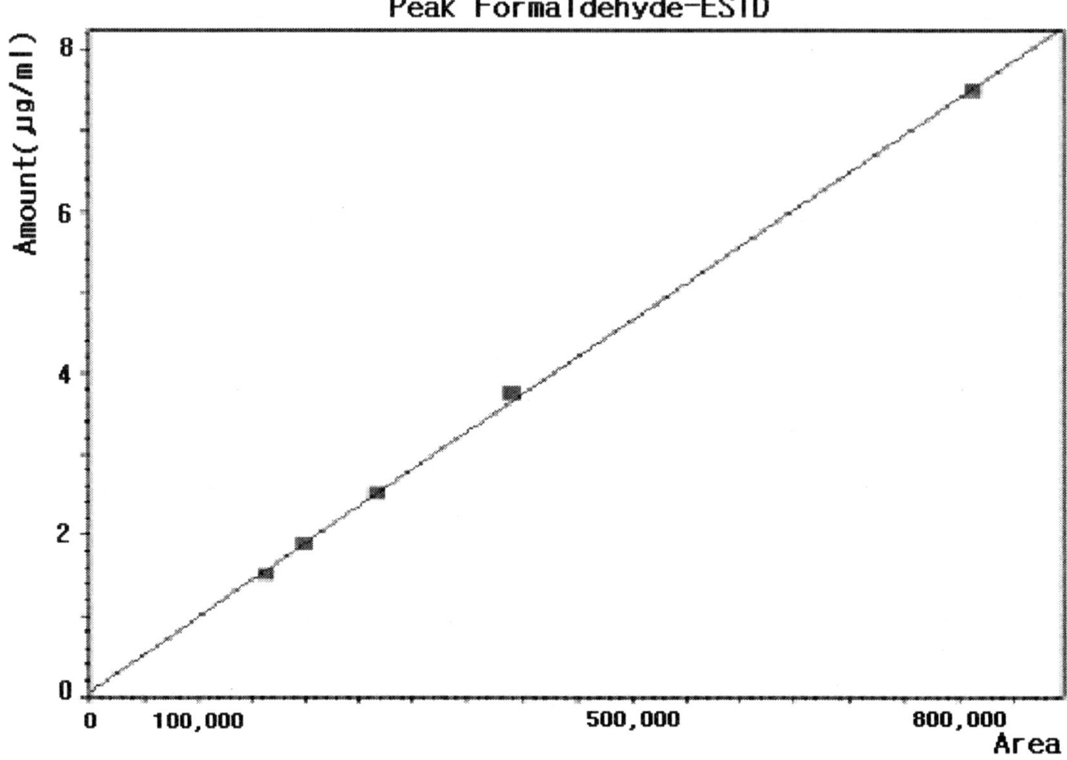

그림 8.3.32 DNPH-HCHO 유도체 표준용액의 검량선

Appendix

A.1 크로마토그래프를 사용하는 실험실에서 고려할 사항
 A.1.1 일반적 관리 및 유지를 위한 사항
 A.1.2 작동 및 분석을 위한 고려 사항
A.2 HPLC의 주요한 고장 처리(Trouble shooting) 방법
A.3 분석 시스템의 타당성 인증(Validation)
 A.3.1 역사적 배경
 A.3.2 타당성 인증(Validation)
A.4 GC/MS 및 LC/MS
 A.4.1 GC/MS
 A.4.2 LC/MS

A.1 크로마토그래프를 사용하는 실험실에서 고려할 사항

A.1.1 일반적 관리 및 유지를 위한 사항

크로마토그래프를 사용하는 모든 실험실에는 압축된 액체(특별히 유기 용매)가 사람과 장비에 잠정적으로 유해할 수 있다. 작동자에게 잠정적인 작동의 유해성을 알려주기 위하여 다음 사항을 소개한다. 이 항목들은 일반적인 실험실 안전 주의 사항을 보충하기 위한 하나의 지침이다.

1. 적어도 하루에 한번 크로마토그래프의 유출 점검(leak check)을 하여야 한다.
2. 특별히 LC를 작동할 때, 보안경, 흄 방지, 발화원의 제거와 같은 적합한 주의를 하여야 한다. 흄과 엎지른 것은 빨리 제거하고 발화원을 멀리하도록 하라.
3. 고장 처리에 필요하지 않다면, 압축되고 에너지화된 펌프에서 작업하지 마라.
4. 기체 주머니(gas pockets)가 유체 계(fluid system)에서 포집되지 않았는지를 확인하라.
5. 전자 모듈에 용매를 저장하지 마라.
6. 부식성 용매와 작업할 때 적당한 주의를 하라. 부식성 용매는 장비, 의복 및 사람에게 유해하다.
7. 인화성 용매와 작업할 때 펌프 주위에서 불꽃을 노출하거나 담배를 피우지 마라.
8. 주기적으로 펌프의 주유를 점검하라. 제조사에서 권고하지 않은 윤활유를 대치하여 사용하지 마라.
9. 주기적으로 검정, 잡음 및 검출기의 표류(drift) 성능을 점검하라.
10. 별난 징후가 발견되면, 모든 모듈과 계의 접지 상태를 점검하라.
11. 주위 온도의 변화를 최소화하라. 어떤 검출기는 온도의 변화에 예민하다.
12. 흐름 속도, 압력, 기준선 표류 등의 변화를 고려 시 용매의 점도 변화를 고려하라.
13. 용매를 사용할 때 경험과 시험에 의해 다른 등급의 용매가 적당하다고 보이지 않는 한 분광학 등급의 용매를 사용하라.
14. 흐름 계의 기체 기포에 대한 점검을 주기적으로 실시하라. 기체의 기포는 적당하게 제거가 되지 않거나 컬럼으로부터 나온 후에 누출된 용매로부터 생길 수 있다.
15. 용매 교체, 흐름 셀 청소, 시료를 혼합할 때 청소를 실시하라.
16. 과도하게 조립되지 않도록 유의하라(특히 PTFE 페룰(ferrule) 조립).
17. 특수한 컬럼에 대한 컬럼 앞부분(column head) 압력과 흐름 속도를 기록하거나 모니터 하라. 만약 컬럼 투과성(permeability)이 전의 값과 다르다면, 흐름 계의 누출이나 온도 변화를 점검하라.
18. 용매를 교체하여 사용할 때 먼저 사용한 용매가 남아있지 않도록 철저하게 제거한다. 용매의 제거는 용매의 혼합성을 반드시 고려하여 사용하여야 한다. 예를 들면, 수용성 염 용액을 헵탄 용액으로 교체한다면, 물-아세톤/이소프로판올-헵탄 순으로 세척한다. 반대의 흐름 계에서 반대의 세척 순서도 이용될 수 있다.
19. 대부분의 용매 방출 계의 성분은 316 스테인레스 강으로 되어있다. 그러므로

halide salts, 강한 환원 시약 및 기타 부식성 시약에 의해 공격받을 수 있으므로 사용에 유의하여야 한다.

20. 취급자나 관리자를 지정할 필요가 있다.
21. 신규 사용자에 대한 교육을 철저히 한다.
22. 성능 증명을 위해 보정(사용 시) 및 정기 점검(4회/년)을 실시한다.
23. 필요한 기록은 문서 규정에 따라 보존 년한을 정해 보존한다(예, 10년).
24. 장비 이력 카드를 작성하여 주요사항을 기록한다.

A.1.2 작동 및 분석을 위한 고려 사항

1. 기체 크로마토그래피(GC)
   1) 고압 가스(He, N_2, H_2, Air 등)의 설치 및 사용의 적합성(통풍, 차광, 폭발, 종류의 구별, 누출 여부, 안전성, 불순물 확인, 잔여 압력, 공기 압축기 내의 수분)을 정기적으로 점검한다.
   2) 주입기내의 격막의 파손, 삽입 유리관의 오염 여부를 점검한다.
   3) 마이크로 주사기의 오염을 방지하기 위하여 정기적(월, 오염 시)으로 세척(1 % 질산/MeOH, 초음파 세척기, 30분)하고, 매일 사용 후에는 아세톤 또는 MeOH로 세척 후 MeOH에 넣어두는 것이 바람직하다.
   4) 컬럼 입, 출구의 구별 및 제원을 표시하고, 보관 시는 양쪽에 마개를 한다.
   5) OTC(열린관 컬럼)는 설치 후 가능하면 교체하지 말고, 특히 파손에 유의하며, 사용 시는 보충(make-up) 가스의 세밀한 조절이 필요하다.
   6) FID 전극의 퇴적물에 의한 오염은 아세톤이나 1 % 질산/MeOH 용액 속에서 초음파 세척기로 약 30분간 세척한다. 날카로운 기구 사용은 피한다.
   7) TCD 사용 시는 검출기의 휘스톤-브리지 회로의 끊어짐을 방지하기 위하여 운반기체를 검출기에 통과시키면서 스위치를 ON/OFF한다.
   8) ECD 사용 시는 ^{3}H나 ^{63}Ni의 방사선 장해에 유의하여야 한다.
   9) 유독한 물질을 분석 시는 실내 오염 및 분석자의 잠재적 위험성에 유의하여 적합한 용기나 환기 시설을 활용한다.
   10) 사용 중 표준 용액의 오염, 변질 및 농축에 유의하고, 장기간 저장 후 사용 시는 저장 조건 및 기간에 따른 안정성의 검증이 필요하다.
   11) 사용하는 공기구의 관리도 매우 중요하다.
   12) 최종 유출되는 폐기할 용매는 일정한 용기에 모아 전문 처리업자에게 의뢰하여 처리한다.

2. 액체 크로마토그래피(LC)
   1) 이동상은 막 필터(membrane filter, 0.45 ㎛)에 의해 미립자를 제거하여 펌프의 막힘이나 컬럼의 오염을 방지하고, 원활한 흐름을 위해 불활성 기체(He, Ar)에 의한 버블링이나 초음파 파쇄기(ultrasonicator)를 사용하여 탈기 시킨다.
   2) 미량 시료의 여과가 필요 시는 1회용 격막 필터(septum filter ; 수용성 및 비수용

성)를 사용하는 것이 편리하다. 비수용성 사용 시 시료의 휘발에 유의한다.

3) 분석 후 컬럼을 충분히 세척한다. 특히 완충액을 사용하였을 경우는 더욱 세심한 주의를 하여야 한다. 또한 컬럼을 장기간 보관 시는 저장 용매가 든 주름통(bellow)을 부착하거나 마개를 씌워 보관한다.

A.2 HPLC의 주요한 고장 처리(Trouble shooting) 방법

표 A.2.1 HPLC에서 발생되는 문제의 원인 및 조치 방법

증상	가능한 원인	조치 방법
1. 분리능의 저하	1) 화합물이 IEC 컬럼에서 강하게 머물러 교환 위치의 비활성화 한다. 2) 컬럼이 물리적으로 파괴되었거나 오염되었을 경우 3) 흐름 속도가 증가할 경우 4) 컬럼이 과부하(overload)되었을 경우 5) LLC에서 컬럼으로부터의 액상의 손실이 있을 경우 6) 컬럼 효율의 저하	1) 컬럼을 재생한다. 2) 컬럼을 교체한다. 3) 흐름 속도를 감소하고, 검정을 (calibration)점검한다. 4) 시료 농도를 감소한다. 5) 용매나 컬럼 또는 둘 다 교체. 액상을 제거하지 않는 이동상을 사용하거나 결합형 액상을 사용한다. 6) 컬럼을 교체 또는 재생한다.
2. 머무름 시간 감소	1) 컬럼으로부터 활성화 상(active phase)의 손실 2) 컬럼이 그레디언트 용리 후 충분하게 재생되지 않았을 경우 3) 흡착 컬럼에 극성의 오염	1) 컬럼을 교체한다. 2) 컬럼을 재생한다 3) 건조한 용매를 사용한다. 입구관 위의 응축에 주의하라.
3. 머무름 시간 증가	1) 컬럼 온도가 너무 낮을 경우 2) 용매의 흐름 속도가 너무 낮을 경우 3) 그레디언트가 변화하였을 경우 4) 나쁜 용매를 사용하였을 경우 5) LSC에서 용매가 컬럼으로부터 물을 제거하기 때문에 활성이 증가한다. 6) 이온 교환에서 이동상의 이온 강도가 너무 낮을 경우 7) 이온 교환에서 pH가 너무 높거나 낮을 경우	1) 온도를 증가한다. 2) 흐름 속도를 증가하고, 검정을 점검한다. 3) 그레디언트 계를 점검하고, 농도에 대한 변화 속도를 증가하라. 4) 펌프의 용매를 점검하라. 5) 용매에 물이나 알코올을 가하거나 비활성화된 컬럼으로 교체하라. 6) 용매의 이온 강도를 증가하라. 7) 적당한 수준으로 pH를 조정하라.
4. 봉우리 모양의 불량	1) 컬럼이 과부하 되었을 경우 2) 이온 교환에서, 수지에 시료가 흡착 되었을 경우 3) 컬럼에 결함이 있을 경우 4) 컬럼 충전물이 침전 되었을 경우	1) 시료의 농도를 감소한다. 2) 용매 온도나 농도를 증가, 이온 강도 증가, pH를 변화한다. 3) 컬럼을 교체한다. 4) 새로운 충전으로 컬럼 위 부분을 채운다.

표 A.2.1 계속

5. 분리능의 손실	1) 용매 성분이 옳지 않은 경우 2) 컬럼 충전물이 침전되었을 경우 (column bed settled) 3) 흐름 속도가 너무 높을 경우 4) 컬럼이 못쓰게 되었을(column poisoned) 경우 5) 이동상의 산도(acidity)가 너무 높거나 낮을 경우	1) 용매 성분이 옳지 않은 경우 2) 새로운 충전으로 컬럼 위 부분을 채운다. 3) 흐름 속도를 조정하라. 4) 컬럼 재생하거나 용매나 시료로부터 독을 제거하라. 5) 컬럼을 교체하거나 pH의 한계를 관측하라.
6. 머무름 시간 변화	1) 용매 성분이 변화할 경우 2) 입구 필터에 물이 응축된 경우 3) 컬럼 온도가 변할 경우	1) 용매 성분을 조정한다. 2) 새로운 용매로 필터를 세척하고 세척 용매는 버린다. 3) 컬럼 온도를 조절한다.
7. 컬럼 저항이 너무 증가	1) 화학 물질이 공격했을 경우 2) 시료나 용매의 성분이 전체적으로 머무를 경우	1) pH 와 반응성을 관찰하라. 2) 시료를 주입 전에 여과하거나 더 좋은 등급의 용매를 사용하라.

A.3. 분석 시스템의 타당성 인증(Validation)

A.3.1 역사적 배경

1938년 이전에 FDA(Food and Drug Administration, 미국연방정부식품의약국)는 1906년의 Food and Drug Act에 의해 품질을 나쁘게 하거나 독성이 알려진 물질에 대해 규제를 하였다. 그러므로 물질이 유해하다는 것이 알려지기 전에는 어떠한 조치를 취하지 못하였다. 그러나, 1938년 연방 FDA Act에 의해 식품, 의약품 및 화장품에 불안전한 물질의 사용을 제한 또는 금지시키기 위한 강력한 권한이 부여되었다. 이어 1958년에는 식품첨가물, 1960년에는 색소 첨가물에 대한 것이 개정 강화되었다. 그럼에도 불구하고 1950년대에 와서 소비자 보호 운동의 물결과 빈번한 피해 보상 문제가 일어나 사회적 문제가 되었다. 대표적인 예로 독일에서 1960년 Talidomide($C_{13}H_{10}N_2O_4$)를 복용한 임신부가 기형아를 출산하고, 미국에서는 60년대 초 비타민을 복용한 젊은 남자가 여성의 2차 성증(제조 공정 중 diethylstilbestrol, $OHC_6H_4C(C_2H_5)C(C_2H_5)C_6H_4OH$의 오염)을 보이는 등 의약품의 안전성에 문제가 제기되었다. 따라서 의약품에 대해 유효성(efficacy), 안전성(safety) 및 안정성(stability)을 확보하기 위하여 1963년에 FDA가 GMP(Good Manufacturing Practice, 우수의약품제조기준)를 제정, 실시하였고, WHO(World Health Organization, 세계보건기구)는 1969년에 GMP를 제정하고 세계적으로 이 GMP의 실시를 권고하였다. 이에 따라 각국은 이를 받아들여 시행하고 있으며, 세부적 내용은 표 A.3.1에 보여진다.

GMP는 주로 완제의약품의 제조 공정을 대상으로 하는 것으로 이것만으로는 신약 개발 단계의 안전성 확보나 유통·판매 단계의 관리를 용이하게 하기 어렵기 때문에, 이에 관련된 여러 가지 기준이 제정되어 있다. 이중 하나가 우수 시험 관리 기준인 GLP(Good Laboratory Practice)이다. GLP는 화학 물질을 주성분으로 하는 의약품의 안정성에 문제가 제기되면서 1979년 FDA는 국가가 직접 GLP를 제정하여, 인간의 생명 및 환경 생태에 주요한 영향을 미치는 화학 물질과 관련하여 불량한 시험이 의도 또는 비의도적으로 행해져 결과적으로 인간 및 환경의 안전을 위협하게 되는 것을 방지하였다. 그후 유럽의 영국, 스위스, 경제 협력 기구(Organization for Economic Cooperation and Development, OECD) 등에서 GLP 기준을 제정하였으며, 1982년에 일본, 우리 나라는 1986년에 마련되어 지금에 이르고 있다. 특히 FDA는 약물(의약품)의 개발 및 제조 시 사용되는 기기와 기구를 위한 지침을 가지고 있다.

GLP를 실행하는 것은 실험한 자료의 질과 타당성을 향상시키기 위함이며 이러한 것들은 분석 실험실에서 매일 수행되는 작업에 상당한 영향력을 갖는다. 즉 분석 방법의 보존과 정확성을 확인하기 위해 사용하고 있는 방법 및 기기에 대한 신뢰성, 재현성 및 적합성 등을 평가하는 과정으로써 시료채취 절차와 시료 전처리, 사용되는 모든 기구, 기기의 검증 및 데이터 평가 등이 고려되어야 한다. GLP규정은 처음에는 유독성 실험만을 위해서 만들어졌으나, 현재는 모든 분석 기기와 방법에도 적용될 수 있는 GLP규정의 보편성 때문에 모든 과학적 분야에 적용하게 되었다. 그리고 최근에는 자동화 시스템과 데이터 보존을 위한 GLP개념이 확장된 우수 자동화 시험 관리 규정

표 A.3.1 주요 국가의 GMP 도입 상황

국가(단 체)	제정 년도	제정처	참 고 사 항
미 국	1963	정 부	FDA법령, 1964년 실시
WHO	1969	총 회	1975년 개정
EFTA	1970	총 회	
영 국	1971	정 부	Guide임 1977년과 1983년 개정
스위스	1972	정 부	Guide임
일 본	1974	정 부	후생성법령, 1976년 실시, 1980년 개정(soft와 hard 분리)
한 국	1977	정 부	보건사회부 예규 제373호로 공포
캐나다	1981	정 부	Guide임
대 만	1982	정 부	법제화
PIC	1983	협의회	
독 일	1985	정 부	WHO-GMP채택, 법제화
프랑스	1985	정 부	
ASFAN	1988	총 회	
중 국	1988	정 부	
EC	1989	총 회	Draft임

WHO : 세계보건기구 EFTA : 유럽자유무역연합 PIC : 의약품감사협의회
ASFAN : 동남아시아 국가연합 EC : 유럽공동체

(Good Automated Laboratory Practice, GALP)에 의해 실험실 완전 자동화 개념이 확산 및 보급되는 추세로 현재는 식품, 의약품뿐만 아니라 환경과 관련된 EPA(Environmental Protection Agency, 미국환경보호청)에서도 GALP를 매우 강조하고 있다.

GLP에 부합되기 위해서는 이에 필요한 독립된 조직과 인원, 각 단계별로 세부적으로 정의된 SOP(Standard Operating Procedure, 표준작업절차) 및 장비 등이 갖추어져야 하며, 또한 모든 것이 문서화되어 유지 관리되어야 한다. 이러한 합리적인 절차를 정확하게 따르고 적합한 설비를 이용하여 표준 작업 절차에 따른 운영을 하는 것은 의도하는 작업을 보다 정확하고 신뢰성 있게 수행할 수 있도록 하기 위함이며, 이를 평가하기 위해서는 장치와 방법에 대한 작동법, 신뢰성, 정밀도 등을 통계적으로 확인 및 기록하는 타당성 인증 작업을 반드시 실시하는 것이 바람직하고 합리적이다.

A.3.2. 타당성 인증

타당성 인증은 앞 절에서 설명된 GMP(Good Manufacturing Practice, 우수의약품제조기준), GLP(Good Laboratory Practice, 우수시험관리기준)와 1987년 스위스 제네바에서 제정된 ISO(International Organization for Standardization, 국제표준화기구) 9000 품질 보증 기준과도 상호 밀접한 관계를 가지고 있다. 분석 시스템의 타당성 인증(Validation)은 GMP, GLP, ISO 9000의 일환(그림 A.3.1)으로, 우선 정의를 살펴보면 공정 확인을 위한 미국식품의약품국 안내서(FDA guideline on process Validation)와

그림 A.3.1 GLP, GMP 및 ISO 9000과의 상관관계

PIC(Pharmaceutical Inspection Convention , 의약품감사위원회) 및 GLP에서는 다음과 같이 정의하고 있다.

FDA에서는 "특수한 공정 또는 장비가 예측된 기준과 품질을 만족하는 제품을 일관되게 생산할 수 있는 과학적 확신을 제공하는 문서화된 프로그램"으로,

"documented program providing high degree of assurance that specific process, or equipment, will consistently produce product meeting predetermined specification and quality attributes"

- FDA guideline on process Validation -

(keyword : documented 문서화, high degree 과학적, consistently 일관된 제조, predetermined 예측적)

PIC는 "공정과 절차가 그들이 의도된 결과를 달성할 수 있는 대로 남아 있는지를 확인하기 위하여 주기적으로 정밀한 타당성 재인증을 받아야 한다."라고 하였으며,

PIC5.24

"Process and procedure should undergo periodic critical revalidation to ensure that they remain capable of achieving the intended result."

- Pharmaceutical Inspection Convention GMPs' 1991 -

GLP에서는 "모든 기기 분석은 그러한 분석을 수행하기 위하여 적합하다고 보여지는 기기에 대한 유효한 방법을 사용하여 수행하여야만 한다."라고 정의하고 있다.

"All instrumental analyses must be performed using validated methods on instruments that have been shown to be suitable for performing such analyses."

즉, 정기적으로 공정에 변화가 없는지를 확인하는 것이 필요함을 나타낸다. 위와 같이 정의된 타당성 인증은 예측적(prospective), 동시적(concurrent) 및 회고적(retrospective)인 측면에서 계획을 할 수 있으며, 그 대상은 공정(process), 유용물(utilities), 청결(cleaning), 분석 방법(analytical method) 및 컴퓨터 시스템(computer system)이 된다. 이런 것들을 고려하여 분석 시스템에 대한 타당성 인증은 장치의 기능(hardware), 소프트웨어(software), 분석 방법 및 분석 시스템의 적합성(system suitability)으로 크게 나눌 수 있다. 이들간의 관계는 그림 A.3.2와 같이 서로 유기적으로 밀접한 관계가 있으며, 각각의 세부 사항은 표 A.3.2와 같다. 분석 시스템의 타당성 인증의 전체적 진행은 하드웨어, 소프트웨어, 분석 방법 및 분석 시스템의 적합성 순으로 진행된다.

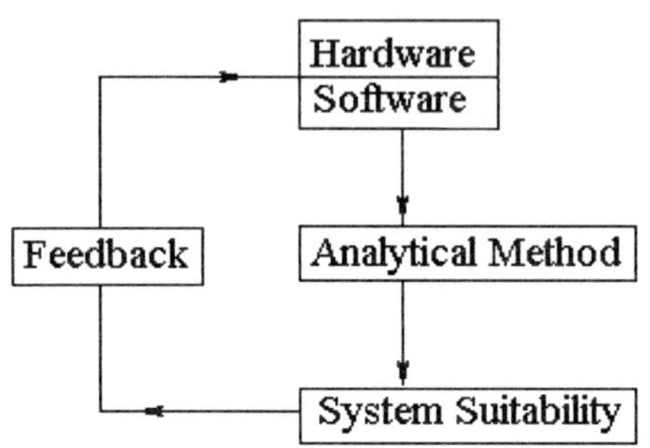

그림 A.3.2 분석 시스템 타당성 인증 과정 관계

이러한 타당성 인증은 분야별로 판매자는 시스템이 사용되기 전의 디자인에 관계된 모든 것에 대해 최적의 상태로 공급되도록 해야 하며, 여기에는 설치 증명(Installation Qualification, IQ ; 설치, 실행, 유지 보수 관련), 작동 증명(Operation Qualification, OQ ; 기기 각각의 구성 요소 관련) 및 성능 증명(Performance Qualification, PQ ; 정상적 작동 조건하에서의 전체 시스템 증명 작업)이 포함된다. 또한 사용자 측면에서는 작동 증명, 성능 증명 및 유지 보수 증명(Maintenance Qualification, MQ)에 대한 책임이 주어지며(그림 A.3.3), 이러한 일련의 과정은 판매자와 사용자간의 긴밀한 협조 하에서 이루어질 때 타당성 인증의 최대화를 이룰 수 있다. 타당성 인증을 위한 전체적 순환 과정은 그림 A.3.4와 같다.

분석 시스템에 관련하여 하드웨어/소프트웨어, 분석 방법 및 시스템 적합성의 타당성 인증에 대해 상세하게 다루어야 한다. 하드웨어/소프트웨어의 타당성 인증은 그의 적합성과 효율성을 확인하기 위해 정기적으로 수행되어야 하며, 실시 시기는 관리를 시작할 때, 정기 점검 시, 시스템 적합성 시험 시 이상이 발견될 때, 성능에 영향을 주는 부분 및 부품을 교환 시에 실시한다. 점검을 요하는 모든 분석 기기에 대하여 설치 증명(IQ), 작동 증명(OQ), 성능 증명(PQ) 및 유지 보수 증명(MQ)을 실시하여야 하나, 실험실에서 실행하는 일상적인 하드웨어의 타당성 인증은 주로 작동 증명, 성능 증명 및 유지 보수 증명에 대해 부분별 또는 시스템별로 실시할 수 있다. 타당성 인증 단계에서 고려해야할 기본적 공통 사항은 표 A.3.3과 같다. 이런 사항들을 세부적으로 점검하고 적절한 조치를 취하고 기록을 유지, 관리함으로써 작동 시 일정 수준으로 성능을 유지할 수 있어 분석 결과에 대한 신뢰도를 증진시킬 수 있다. 분석 방법의 타당성 인증은 분석 방법에서 수행하는 모든 작업들이 요구하는 수준에 적합한지를 평가하는 것으로, 일상 실험 전, 분석 방법이나 인자가 변형되었을 때 표준품을 사용하여 표 A.3.4의 인자들에 대한 평가를 실시하여 일정 수준 내에서 관리하는 것이 필수적이다.

표 A.3.2 분석 시스템 타당성 인증을 위한 세부 사항

타당성 인증 내용	세부 사항
장치의 기능(Hardware)	1. 설계 단계 ; 설계 증명(Design Qualification, DQ) 2. 설치 및 검수 단계 ; 1) 설치 증명(Installation Qualification, IQ) 2) 작동 증명(Operation Qualification, OQ) 3) 성능 증명(Performance Qualification. PQ) 3. 정기 점검
Software	1. Software의 lifecycle에서 각 phase를 검증한다.
분석 방법	1. 분석 수법의 타당성을 검증한 증거를 남긴다. 2. 정확성, 정밀도, 선택성, 범위 직선성 및 견뢰성 등이 포함된다.
분석 시스템 적합성 (System suitability)	1. 위의 상태 유지를 평상시에 감시하고 기록한다. 2. 분석 일마다 수회 표준 시료를 분석한다.

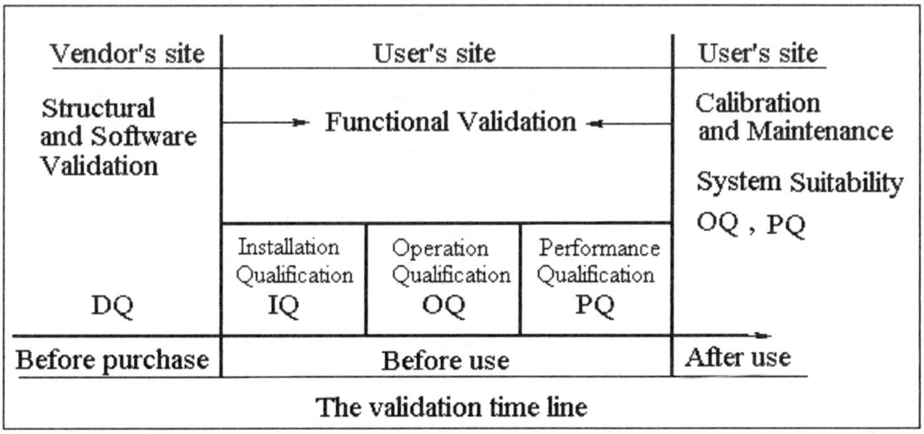

Vendor's site	User's site			User's site
Structural and Software Validation	→ Functional Validation ←			Calibration and Maintenance System Suitability OQ , PQ
DQ	Installation Qualification IQ	Operation Qualification OQ	Performance Qualification PQ	
Before purchase	Before use			After use
The validation time line				

그림 A.3.3 분석 기기의 타당성 인증 단계

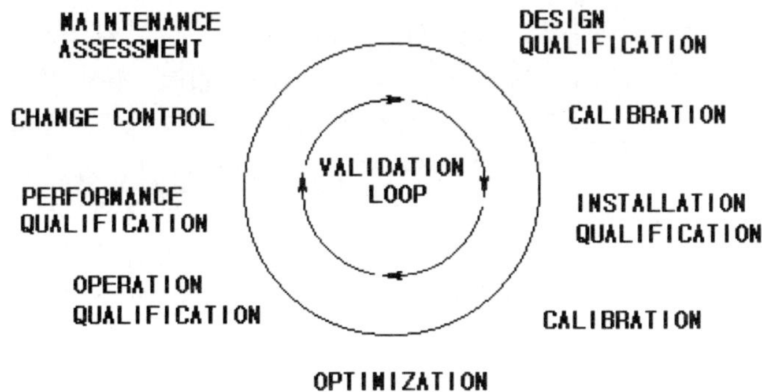

그림 A.3.4 분석 기기의 타당성 인증 순환 과정

표 A.3.3 분석 기기의 타당성 인증을 위한 기본적 공통 사항

구 분	세 부 사 항
1. 주변 환경 조건	1) 설치 공간은 적절한가 2) 설치대는 견고한가 3) 진동 · 자장 · 전장의 방지는 가능한가 4) 부식성 가스는 발생되지 않는가 5) 인화성 · 발화성 물질은 없는가 6) 통풍성은 양호한가 7) 직사광선에 노출되지 않는가 8) 기류의 변화는 크지 않는가 9) 온도(ca 20±5℃)는 적당한가 10) 습도(ca 60±15%)는 적당한가 11) 분진 발생은 심하지 않는가
2. 유틸리티(전기, 수도, 가스 등) 점검	1) 전압(110±5V, 220±10V)은 적절한가 (필요시, AVR, MVR, Transformer 설치) 2) 누전은 없는가 3) 접지(ground)는 적절한가 4) 플러그 및 콘센트 상태는 양호한가 5) 적절한 휴즈를 사용하는가 6) 수압은 양호한가 7) 수질은 용도에 적합한가 8) 누수는 없는가 9) 기기와의 연결 배관(호스)은 적절한가 10) 가스통 보관 장소는 적절한가(환경 조건 참조) 11) 가스 연결선의 가스별 표식은 되어 있는가 12) 누출은 없는가
3. 부품 및 기록유지 · 관리	1) 부속품 관리(목록 작성, 보관 상태)는 양호한가 2) 성능 점검용 부품이나 시약의 관리는 양호한가 3) 필요한 공구는 구비하고 있는가 4) 각종 서류(manual, 기기 이력 카드, 작동일지, 성능 점검일지 등)에 대한 기록 유지 및 보관은 적절한가 5) 성능 점검을 위한 기록 중 지속적 관리를 요하는 것은 관리도를 활용하고 있는가
4. 기 타	1) 고장에 대한 응급조치 방법은 준비되어 있는가 2) 비상시 대치 요령은 준비되어 있는가 3) 안전관리에 대한 방안은 준비되어 있는가

표 A.3.4 분석 방법의 타당성 인증을 위한 세부 사항

타당성 인증 항목	세부 내용
1. 분석 과정(Analytical procedures)	1. 필요한 단계를 상세하게 기술한다.
2. 특이성(Specificity)	1. 특정 시료를 정확하게 측정하는 능력을 말한다.
3. 정확성(Accuracy)	1. 표준품을 사용하여 분석 방법이 신뢰성 있는 결과를 줄 수 있는가를 결정한다.
4. 정밀도(Precision)	1. 동일한 시료를 반복 분석하여 재현성을 평가한다(상대 표준편차로 표시). 1) 반복성(Repeatability) ; 단기적 반복성(병행정도) 2) 중간 정밀도(Intermediate precision) ; 날짜, 사람, 기기에 의한 편차(실내 재현성) 3) 재현성(Reproducibility) ; 타 기관에서의 재현성, 분석의 최대 편차(실외 재현성)
5. 견뢰성(Robustness)	1. 한 실험 과정 내에서의 인자별 측정 오차의 범위를 정해 실험의 확실성과 신뢰성을 확보하는 것, 예를 들면, 온도, pH 등.
6. 검출 한계(Limit of detection)	1. D.L = 2 N N ; noise
7. 정량 한계(Limit of quantitation)	1. 정확성 정밀도에 기초한다.
8. 직선성(Linearity)	1. 시료와 검출기간의 상관 관계를 나타내며, 정도(精度)는 상관 계수(c.v)나 표준 오차(S.E, standard error)로 나타낸다.
9. 범위(Range)	1. 분석 방법의 정밀도, 정확성 및 직선성을 보장하는 시료 농도의 범위를 말한다.

A.4 GC/MS 및 LC/MS

A.4.1 GC/MS

GC/MS의 질량 분석계(Mass spectrometer)는 4 개의 기본적 구성 요소로 되어있다. ; 이온 원(ion sources), 시료 도입계(sample inlet systems), 질량 분석관mass analyzers), 및 변환기(transducer).

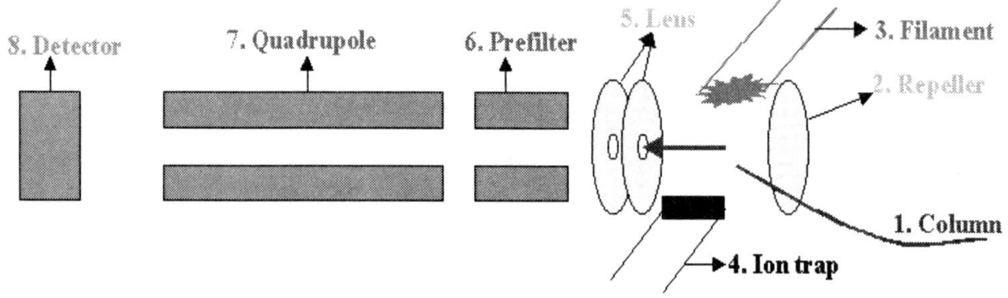

그림 A.4.1.1 질량 분석계의 구조

1. 이온 원(Ion sources)

질량 분석계 분석의 시작점은 기체상의 분석물질 이온의 형성이다. 이온화 방법은 두 가지로 분류 된다 ; 기체상 원(gas phase sources)과 탈착 원(desorption sources). 기체상 이온화는 분석물질을 먼저 증발하고 그리고 그것을 이온화하는데 의존한다. 탈착 원은 고체나 액체 상태에서 분석물질을 이온화한다. 전형적으로 환경 분석에 사용되는 장(field) GC/MS 기기는 전자 충격(electron impact)같은 기체상 이온화 원을 사용한다.

표 A.4.1.1 이온화 원의 구분

기본 형	명명	이온화 방법
기체상 원	전자 충격(Electron Impact, EI)	Energetic electrons
	화학적 이온화(Chemical Ionization, CI)	Reagent gaseous ions
	장 이온화(Field Ionization, FI)	High-potential electrode
탈착 원	장탈착(Field Desorption, FD)	High-potential electrode
	전기분무 이온화(Electrospray ionization, ESI)	High electrical field
	Matrix-assisted Laser beam desorption/ionization (MALDI)	
	플라스마 탈착(Plasma Desorption, PD)	Fission fragments from radioisotope
	Fast Atom Bombardment	Energetic atomic beam
	Secondary Ion Mass Energetic beams of ions	Spectrometry(SIMS)
	Thermospray Ionization	High temperature

1) 이온원에서 분자 및 토막 이온 생성

gaseous molecules ← 70 eV electrons bombarding

↓

positive, negative ions and neutral species mixture 생성

표 A.4.2 화학종의 처리 과정

positive ions	positive voltage를 가진 repeller에 의해 analyzer로 뿜어져 lens system에 모아져 analyzer로 보낸다
negative ions	Ion trap에 모아 진다
neutral fragment	pumped away

2) 이온화

(1) 전자 이온화(Electron Ionization)

- 높은 에너지의 전자를 방사하여 GC로부터 분리되어진 시료를 이온화
- Hard process (70 eV)
- 과격한 fragmentation 때문에 molecular ion이 너무 소량이거나 없을 수 있다. (분자량이나 구조해석의 어려움)

  $M + e^- \rightarrow M^+ + 2e^-$

  M^+ (molecular ion) → fragment ion

(2) 화학적 이온화(Chemical Ionization)

- 반응기체 (암모니아, 메탄, 이소부탄)을 흘려보내고, 시료가 아닌 반응기체를 이온화
- lower energy (soft) ionization technique

  $NH_3^+ + NH_3 \rightarrow NH_4^+ + NH_2$

  $M + NH_4^+ \rightarrow [M + H]^+ + NH_3$

  $\rightarrow [M + NH_4]^+$

* EI 보다 분자 이온 검출이 유리 (미지 시료일 경우 분자 이온 검출이 필요)

* 대개 분자량보다 1이 터 큰 질량의 양전하 생성

2. 시료 도입계(Sample inlet systems)

도입계의 목적은 이온 원에 대표 시료의 소개(introduction)를 허용하는 것이다. 도입의 형태는 batch inlets, direct probe inlets 및 chromatographic inlets을 포함한다. 환경 분석을 위해 사용되는 질량 분석계가 GC를 위한 기본적 검출기이다. 모세관 크로마토그래픽 컬럼의 흐름 속도는 컬럼 유출(output)은 보통 질량 분석계의 이온화 용기로 직접 공급될 수 있을 만큼 충분히 낮다. 충전 또는 magabore 모세관 컬럼에 대해 분석물질로부터 운반 기체의 대부분을 제거하기 위하여 jet separator가 사용된다. 운반 기체의 제거는 MS가 고진공하에서 작동되기 때문에 결정적이다. 그러므로 운반 기체의 소개는 고진공을 방해한다.

3. 질량 분석관(Mass analyzers)

질량 분석관의 기능은 광학적 분광계의 grating의 것과 유사하다. 질량 분석계(mass spectrometer)에서 분산은 광자의 파장 보다는 오히려 분석물질의 m/z 비에 기초한다. 그러므로 질량 분석계는 기기의 질량 분석관의 형태에 기초하여 분류된다.

질량 분석관의 두 가지 형태가 GC/MS 분석을 위해 전형적으로 사용된다.: (1) 사중극자 질량 분석관(quadrupole mass analyzer) 및 (2) 자기 부채꼴 분석관(magnetic sector analyzer). 모세관 컬럼 GC에 연결된 사중극자 MS는 환경 실험실과 현장 분석에 가장 일반적으로 사용된다. 시료 추출물이 GC의 모세관 컬럼에 주입되고, 복합물질의 개개 화합물이 분리된다. 개별적 화합물이 다른 속도로 컬럼을 통해 유출되고 검출을 위해 MS로 들어간다. 질량 분석계에서 전형적으로 사용되는 질량 분석관의 두 번째 형태는 자기 부채꼴(magnetic sector)이다. 고 분리능 질량 분석계로 알려진 자기 부채꼴 질량 분석계는 사중극자보다 더 예민하다.

1) 사중극자 질량 분석관(Quadrapole mass analyzer)

환경 GC/MS 현장 분석에 사용되는 질량 분석계의 가장 일반적 형태는 사중극자 질량 분석관이다. 사중극자 질량 분석계는 자기 부채꼴에 비해 값이 싸고 견고하다. 그들은 일반적으로 더 탄탄하며 상업적 벤치 탑(bench top) 분광계에서 발견된다. 그들은 또한 100 millisecond보다 적은 순으로 낮은 주사 시간(scan time)의 이점을 제공한다. 이것은 크로마토그래픽 봉우리의 실시간 주사(real-time scanning)에 유용하다.

사중극자 질량 분석관의 심장은 전극처럼 작용하는 네 개의 평형한 원통형 봉(four parallel cylindrical rods)이다. 반대 봉들은 변환 직류(dc)의 + 쪽에 연결된 한 쌍과 전기적으로 연견되고 다른 쌍은 - 쪽에 연결된다. 상(phase)으로부터 180도인 변환 라디오 진동수 교류(ac) 전위가 봉들의 각 쌍에 응용된다. 이온들은 5~10 볼트의 전위에 의해 봉들 사이에서 공간으로 가속된다. 봉들 위에 ac 및 dc 전위는 일정한 비를 유지하면서 동시에 증가된다. 확실한 m/z 비를 가진 것들을 제외한 모든 이온들이 봉을 때리고 중성 분자로 바뀐다. 오직 제한된 질량 값만을 가진 이온들이 변환기에 도달한다. 사중극자 기기는 전형적으로 하나의 질량 단위에 의해 다른 이온을 분석한다.

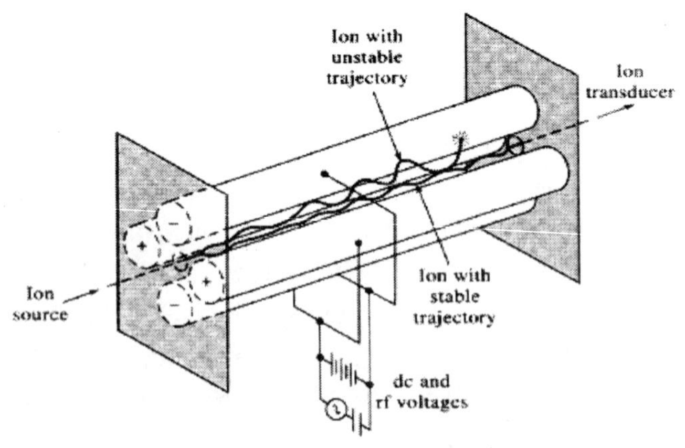

그림 A.4.1.2 사중극자의 모형

2) 자기 부채꼴 분석관(Magnetic sector analyzer)

질량 분석기에 전형적으로 사용되는 질량 분석관의 두 번째 형태는 자기 부채꼴이다. 고 분리능 질량 분석계로 알려진 자기 부채꼴 질량 분석계는 사중극자보다 더 예민하다. 예를 들면, 자기 부채꼴 분광계는 dioxins을 흙에서 ppt(1/10^{12}). 물에서는 ppq(1/10^{15}) 수준으로 검출한다. 전형적으로 고 분리능 MS는 기기의 크기와 안정성 요구 때문에 현장에 기초한 환경 분석에는 사용되지 않는다. 자기 부채꼴 분석관은 이온원으로부터의 빔이 보통 60도인 원형 통로로 여행하기 위하여 영구 자석이나 전자석을 사용한다. 아래 그림은 전자 충격에 의해 형성된 이온들이 0.1 microtorr 의 내부 압력으로 유지되는 금속분석관(metal analyzer tube) 으로 슬릿(slit)을 통해 가속되는 자기 부채꼴 기기를 보여준다. 다른 질량의 이온들이 자석이나 가속 전위의 장강도(field strength)를 변화하는 것에 의해 출구 슬릿을 가로질러 주사될 수 있다. 출구 슬릿을 통해 지나는 이온들은 증폭되고 기록되는 이온 전류로 되는 수집 전극을 때린다.

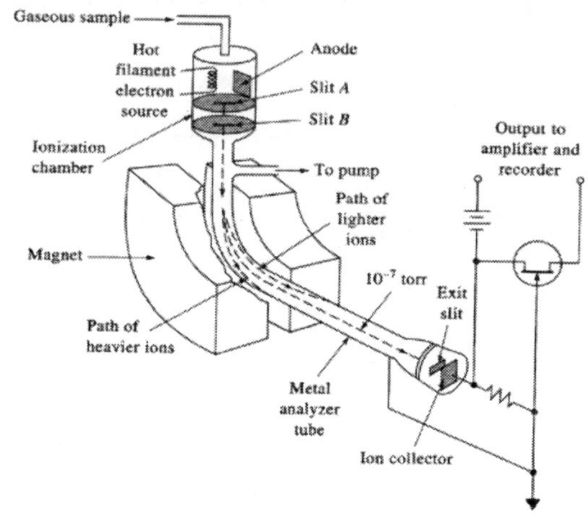

그림 A.4.1.3 사중극자의 모형

4. 변환기(Transducers)

광학적 분광계처럼 질량 분석계는 이온 빔(ion beam)을 진행될 수 있고, 컴퓨터 기억장치에 저장되고, 그래픽 형태로 표현되는 전기적 신호로 바꾸는 변환기를 포함한다. 질량 분석계에서 상업적으로 이용되는 변환기는 전자 증배관(electron multipliers)과 Faraday Cup을 포함한다. 전자 증배관은 대부분의 분광계에서 선택하는 변환기이다. 덜 일반적인 검출 시스템은 사진 판(photographic plates)과 섬광 계측기(scintillation counters)가 있다.

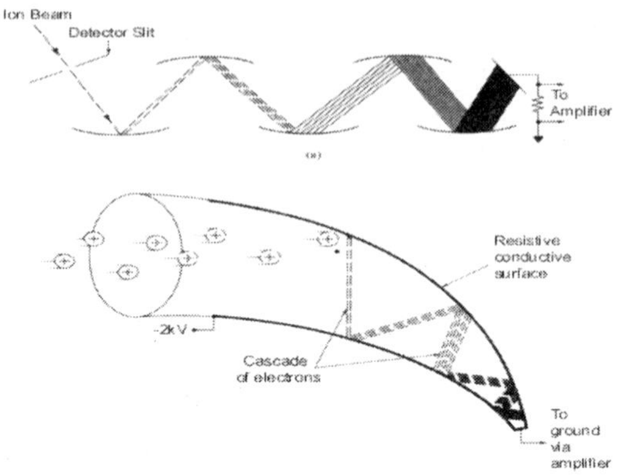

그림 A.4.1.4 변환기의 원리

♣ 참고사항 ; Ion optics path(PerkinElmer CLARUS 500 MS)의 구성,

1) Ion source ; EI
2) Mass analyzer ; Quadrupole
3) Detector ; Conversion dynode, phosphor plate, and photomultiplier tube

검출기는 +, - 시료 이온을 전자들을 발산하는 dynode 표면으로 가속하는 것에 의해 작동한다. 그 다음에 전자들은 phosphor를 가격하기 위해 가속되고, 광증배관에 의해 증폭되고 신호로서 모아지는 빛 광양자를 산출한다.

Quadrupole로부터 나온 이온들은 내부 표면을 때리는 컵 모양의 dynode로 가속된다. 전자들은 전장(electric field)으로 방출되며, 거기에서 conversion dynode로부터 추출되고 phosphor로 간다. Phosphor는 dynode보다 더 높은 + 전위이다. 빛은 전자들이 phosphor을 때릴 때 발산되며, 결과적으로 광 신호가 광증배관에 의해 검출된다.

광증배관은 유리관 안에 봉인된 광 감지 표면(photosensitive surface)과 전자 증배기로(electrons multiplier)로 구성된다. 빛은 첫 번째 창을 가격하고 전자가 발산되며 전자 증배기의 첫 번째 dynode로 가속되고 dynodes의 chain을 따라 사태(avalanche)가 일어난다.

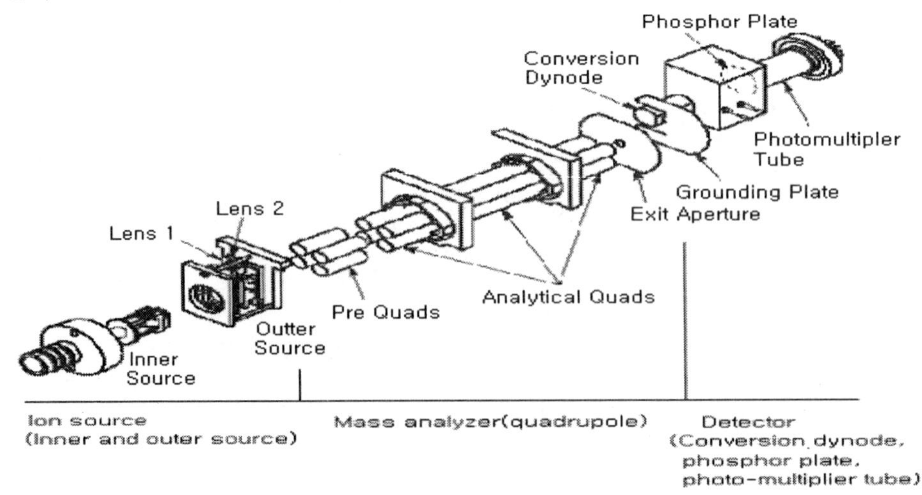

A.4.2 LC/MS

질량 분석계(mass spectrophotometer)는 분자 이온화(ionizing)와 m/z 비에 따른 분류(sorting)와 동정(identifying)에 의해 작동한다. 이과정의 두 가지 주요 성분은 이온을 생성하는 이온 원(ion source)과 이온을 분류하는 질량 분석관(mass analyzer)이다. 이온 원과 질량 분석관에는 여러 가지 다른 형태들이 있으며, 형태에 따라 특이성과 장단점이 있다.

1. 이온 원(Ion Sources)

지난 10년에 걸쳐 LC/MS의 많은 발전은 분석 분자(analyte molecules)를 이온화하고 이동상으로부터 목적 이온을 분리하는 기술과 이온원의 개발에 있다. 이전의 LC/MS계는 분석 분자로부터 이동상 분자를 분리하지 못하거나(direct liquid inlet, thermospray) 이온화전(particle beam)에 분리하는 연결장치를 사용하였다. 분석 분자들은 진공하의 질량 분석계에서나 전통적 전자 이온화에 의해 이온화 되었다. 이런 방법은 오직 매우 제한된 화합물에만 성공적이었다.

대기압 이온화(atmospheric pressure ionization, API) 기술은 LC/MS에 의해 성공적으로 분석될 수 있는 많은 화합물에 크게 확장된다. API에서 분석 분자들은 대기압에서 먼저 이온화된다. 그리고 분석 이온들은 기계적 및 정전기적으로 중성 분자들로부터 분리된다. 일반적 대기압 이온화 기술에는 전기분무 이온화(electrospray ionization, ESI), 대기압 화학적 이온화(atmospheric pressure chemical ionization, APCI), 대기압 광이온화(atmospheric pressure photoionization, APPI) 방법이 있다.

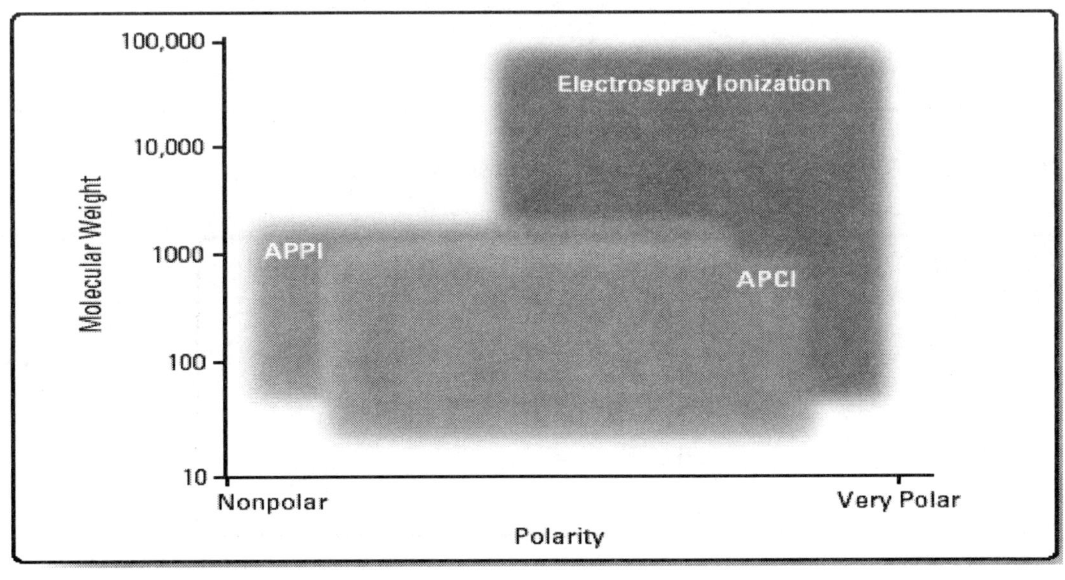

그림 4.2.1 여러 가지 LC/MS 이온화 기술의 응용

1) 전기분무 이온화(Electrospray ionization, ESI).

전기분무는 분석물(analyte)이 질량 분석계에 도달하기 전에 용액에서 분석물 이온을 발생하는 화학에 의존한다. LC 용리액(eluent)이 강한 정전기장과 가열된 건조 기체(strong electrostatic field and heated drying gas) 존재하의 대기압 용기(chamber)로 분무된다. 정전기장은 분석 분자들의 해리를 더 일으키며, 가열된 건조 기체는 용매가 증발을 위한 방울로 되게 한다. 방울들이 수축할 때 방울에 전하 농도가 증가한다. 결과적으로 같은 전하를 가진 이온들 간의 반발력이 응집력을 초과하여 기체상으로 내쫓는다(desorbed). 이 이온들은 끌어당겨지고 모세관 시료채취 오리피스를 통해서 질량 분석기로 지나간다. 어떤 기체상 반응은 대부분의 양자 전이와 전하 교환이 이온들이 방울로부터 내쫓기는 시간과 이온들이 질량 분석기에 도달하는 시간 사이에서 역시 일어날 수 있다. 전기분무는 특히 proteins, peptides, oligonucleotides같은 큰 생체분자 분석에 유용하며, benzodiazepines, sulfated conjugates와 같은 더 작은 분자도 분석할 수 있다. 다중 전하를 주므로 150,000 u까지 분석이 가능하다.

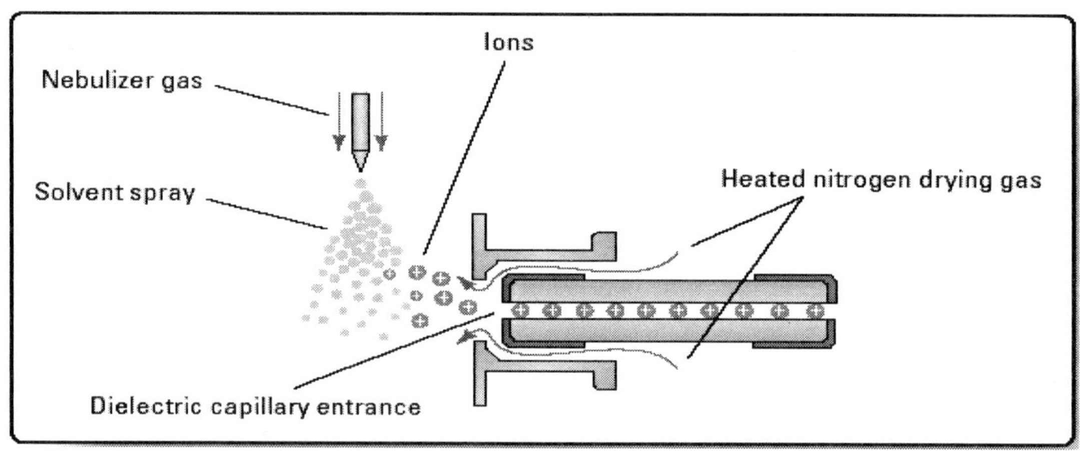

그림 4.2.2 전자분무 이온 원(Electrospray ion source)

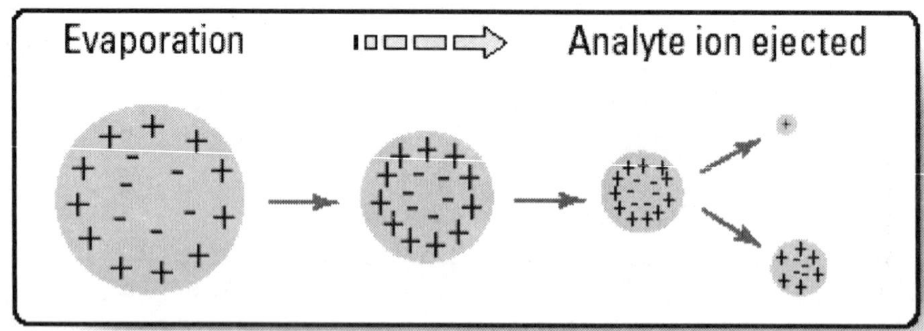

그림 4.2.3 용액으로부터 이온의 탈착(Desorption of ions from solution)

2) 대기압 화학적 이온화(Atmospheric pressure chemical ionization, APCI)

APCI에서 LC 용리액은 전형적으로 250~400 ℃로 가열된 증발기로 분무된다. 이열은 액체를 증발한다. 이결과 기체상 용매 분자는 코로나(corona) 바늘로부터 방전된 전자에 의해서 이온화된다. 그리고 이 용매 이온은 화학 반응(화학적 이온화)을 통해 분석 분자들에 전하를 전이한다. 분석 이온은 모세관 시료채취 오리피스를 통해 질량 분석기로 통과한다. APCI는 극성 및 비극성 분자의 넓은 영역에 응용된다. 이것은 드물게 다중 전하를 주므로 전형적으로 1500 u 이하에 사용된다. 이에 기인하고 고온에 있으므로 APCI는 열적으로 불안정한 큰 생체 분자들에 덜 적합하다. APCI는 종종 전기분무보다 정상 크로마토그래피(NPC)에 사용되는 것은 분석 물질이 보통 비극성이기 때문이다.

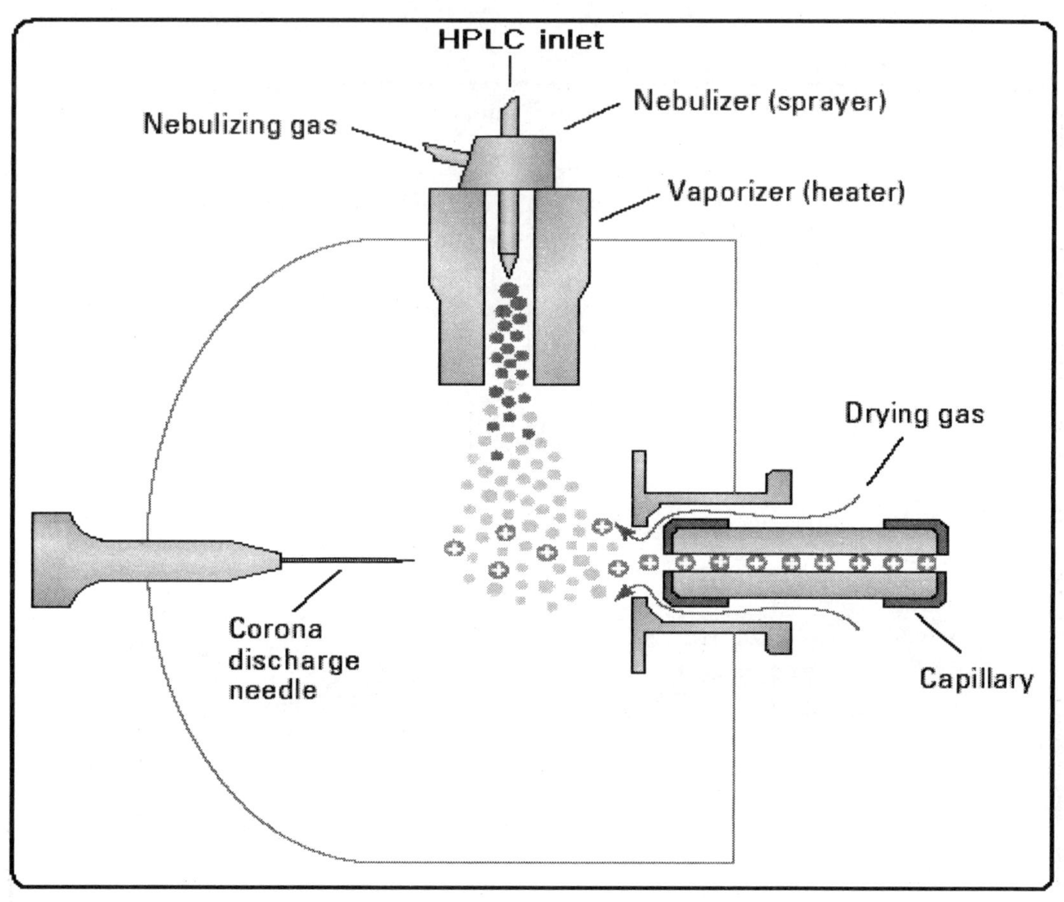

그림 4.2.4 APCI 이온 원

3) 대기압 광이온화(Atmospheric pressure photoionization, APPI)

LC/MS에서 APPI는 상대적으로 새로운 기술이다. APCI에서처럼 증발기는 LC 용리액을 기체상으로 전환한다. 방전 램프는 이온화 에너지의 좁은 범위에서 광자를 산출한다. 에너지 범위는 용매 분자의 이온화를 최소화하면서 가능한 한 많은 분석 분자를 이온화 하기위하여 주의 깊게 선정된다. 이결과 분석 이온은 모세관 시료채취 오리피스를 통해 질량 분석기로 통과한다. APPI는 APCI에서 전형적으로 분석되는 많은 같은 화합물에 응용된다. 그것은 높은 비극성 화합물과 낮은 흐름속도(<100 ㎕/min)의 두 가지 응용에서 특별한 약속을 보인다. 한편, APCI는 감도가 가끔 감소된다. 모든 경우에서 분석물질의 성질과 분리 조건은 이온화 기술에 강한 영향을 갖는다. 즉 ESI, APCI, APPI가 가장 좋은 결과를 산출할 것이다. 가장 효과적인 기술은 항상 예언한 만큼 쉽지 않다.

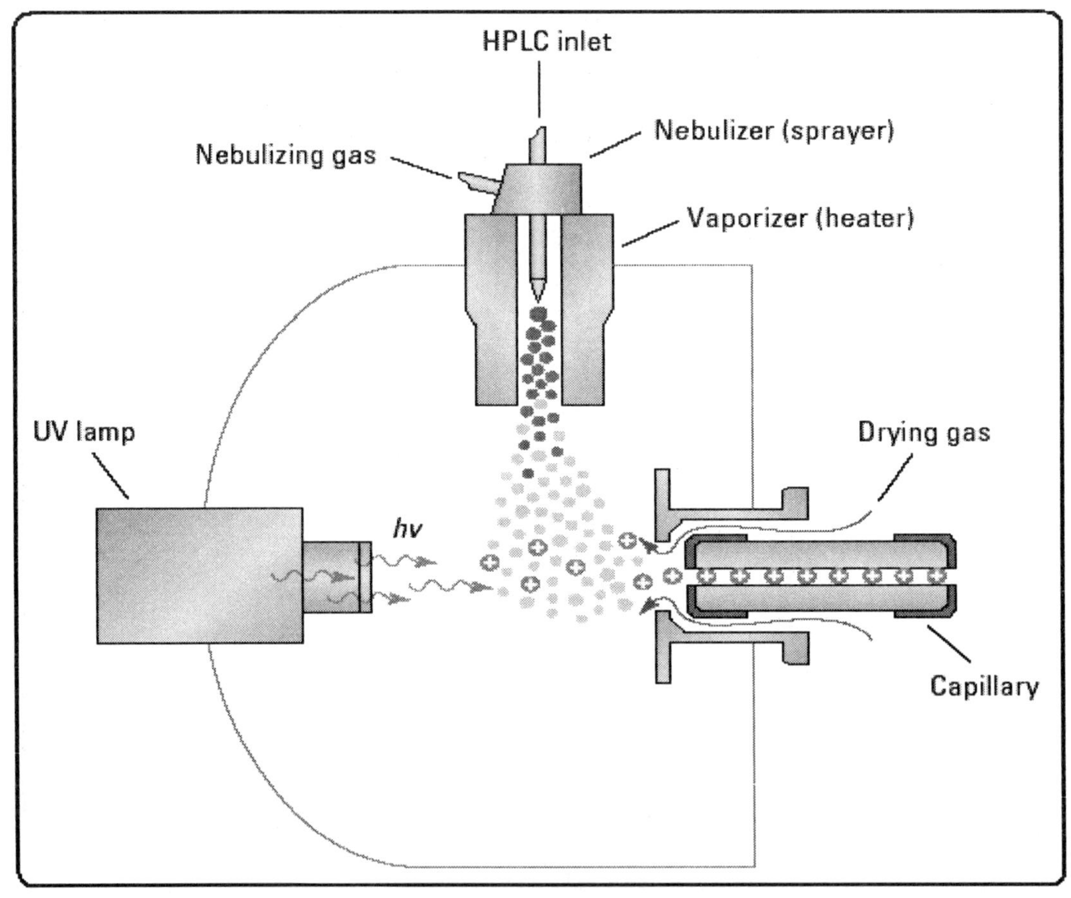

그림 4.2.5 APPI 이온 원

2. 질량 분석관(Mass analyzer)

LC/MS에 사용되는 질량분석관에는 4 가지 형태[Quadrupole, Time-of-flight, Ion trap, Fourier transform-ion cyclotron resonance(FT-ICR or FT-MS)] 가 보통 사용되며, 각각은 특별한 분석 요구에 의존한 장단점을 가지고 있다.

1) 사중극자(Quadrupole)

사중극자 질량 분석관은 정방형(square)으로 정돈된 4 개의 평형 봉으로 구성된다. 분석 이온은 정방형의 중심으로 지향한다. 봉에 응용된 전압이 전자기장을 만들고 이 장이 이온들의 m/z가 주어진 시간에 필터를 통해 통과하는 지를 결정한다. 사중극자는 가장 간단하고 값싼 질량 분석관이다. 사중극자 질량 분석관은 두 가지 형태(modes)로 작동할 수 있다. Scan 모드에서 질량 분석기 m/z의 범위를 측정하고, SIM 모드에서는

- Scanning(scan) mode
- Selected ion monitoring(SIM) mode

질량 분석관은 오직 적은 m/z 비(ratio)만을 측정한다. SIM 모드는 scan 모드보다 더 예민하나 적은 이온에 대해서만 정보를 제공한다. Scan 모드는 전형적으로 모든 분석물질 질량이 앞서 안 알려졌을 때 정성과 정량에 사용된다. SIM 모드는 목표 화합물의 정량과 측정을 위해 사용된다.

2) 비행시간형(Time-of-flight, TOF)

TOF 질량 분석관에서 일정한 자기장이 같은 시간에 모든 이온에 응용된다. 거기에서 이온들이 비행관(flight tube)을 따라 가속화된다. 더 가벼운 이온들은 더 빨리 여행하고, 먼저 검지기에 도착하므로 이온들의 m/z 비가 그들의 도착 시간에 의해 결정된다. 비행시간 질량 분석관은 넓은 질량 범위를 가지며, 질량 측정에 매우 정확하다.

3) 이온 포집(Ion trap)

이온 포집 질량 분석관은 용기를 함께 형성하는 circular ring electrode plus end caps로 구성된다. 용기에 들어온 이온들은 전자기장에 의해 거기에 포집된다. 다른 장(field)은 포집기로부터 선택적으로 이온을 내 쫒기 위하여 응용될 수 있다. 이온 포집은 부가적 질량 분석관 없이 질량 분석계의 다단계(multiple stages)를 수행할 수 있는 이점이 있다.

4) Fourier transform-ion cyclotron resonance(FT-ICR)

FT-ICR 질량 분석관은(FT-MS라고도 부름)는 포집 분석관의 또 다른 형태이다. 용기에 들어온 이온들은 자장에 의해 원형 괴도(circular orbits)에서 포집된다. 라디오 진동수(RF) 전장에 의해 여기 될 때, 이온들은 시간 의존 전류를 발생한다. 이 전류는 Fourier transform에 의해 그들의 m/z 비에 일치하는 이온의 괴도 진동수로 전환된다. 이온 포집처럼 FT-ICR 질량 분석관은 부가적 질량 분석관 없이 질량 분광계의 다단계를 수행할 수 있다. 그들은 넓은 질량 범위와 우수한 질량 분리능을 가진다. 그러나 질량 분석관중 가장 비싸다.

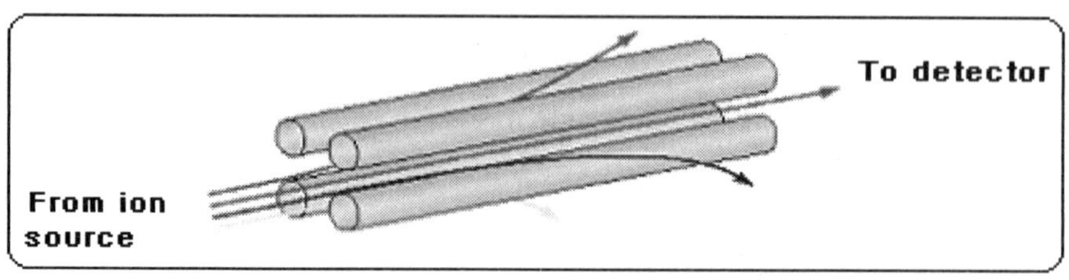

그림 4.2.6 사중극자 질량 분석관

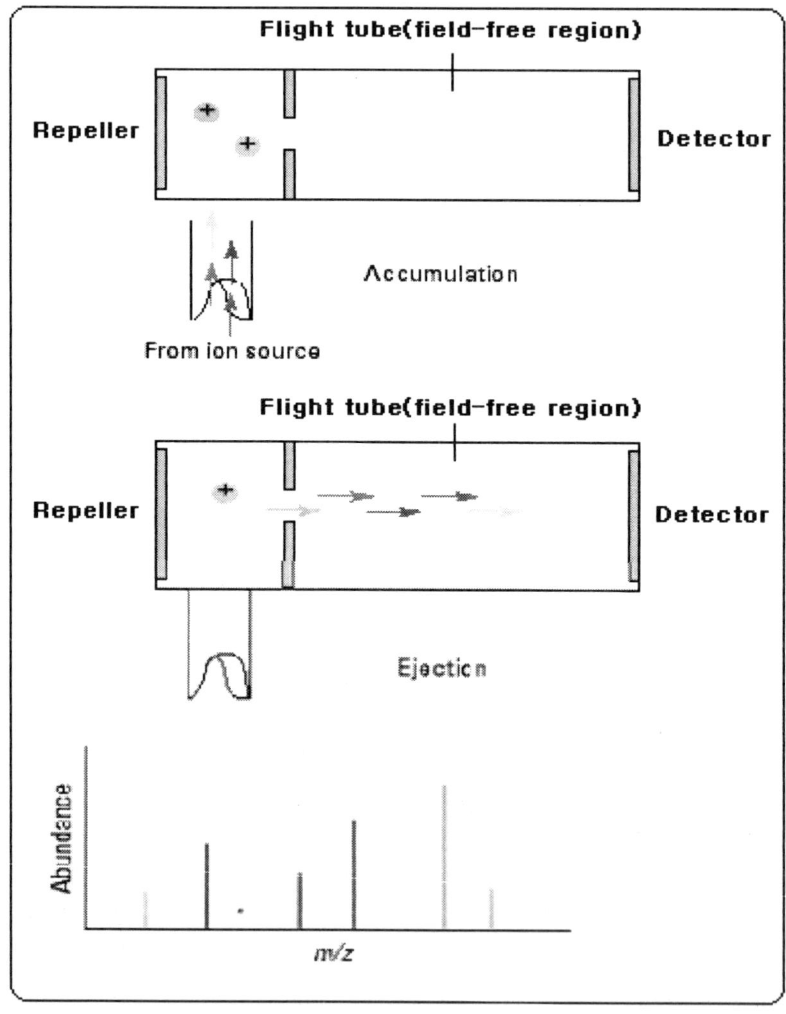

그림 4.2.7 비행시간형 질량 분석관

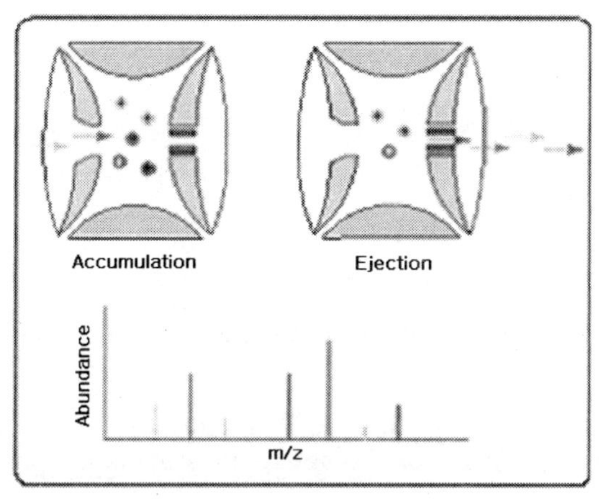

그림 4.2.8 이온 포집 질량 분석관

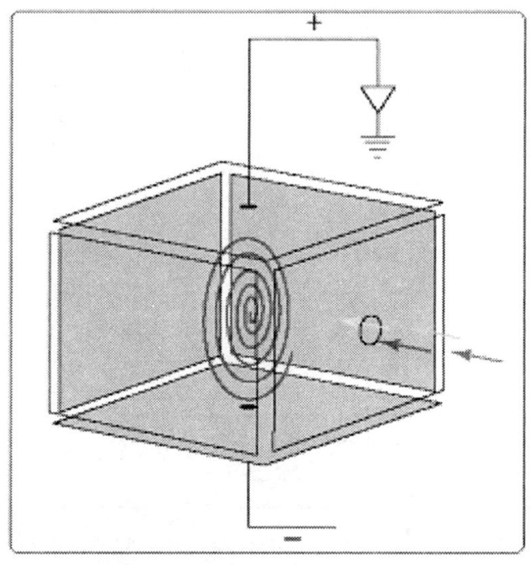

그림 4.2.9 FT-ICR 질량 분석관

♣ 참고사항 1

1. Collision-induced dissociation and multiple-stage MS

거론된 대기압 이온화 기술은 상대적으로 모두 “soft” 기술이다. 그들은 먼저 다음을 일으킨다.

- Molecular ions M^+ or M^-
- Protonated molecular$[M + H]^+$
- Simple adduct ions$[M + Na]^+$
- Ions representing simple losses such as the loss of water$[M + H - H_2O]^+$

이로 인한 분자량 정보는 매우 값지나 보충적 구조 정보가 가끔 필요하다. 구조 정보를 얻기 위하여 분석물질 이온들은 충돌 유도 해리(collision induced dissociation, CID) 또는 충돌로 활성화된 해리(collisionally activated dissociation. CAD)로 알려진 과정에서 중성 분자와 함께 그들을 충돌하는 것에 의해 깨진다. 전압은 충돌에 에너지를 더하거나 더 토막내기(more fragmentation)를 위해 분석물질 이온에 응용된다.

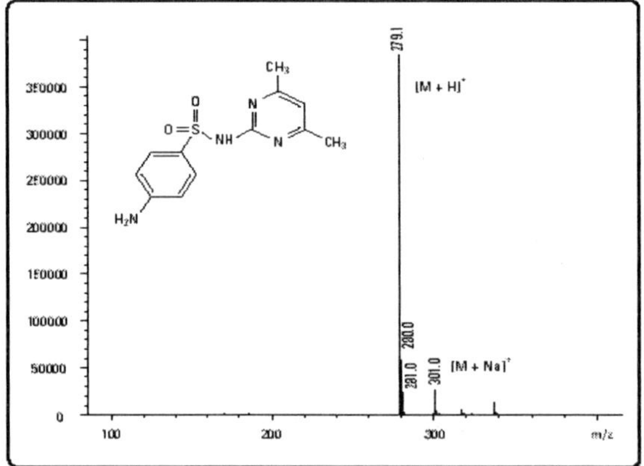

Figure 1 . Mass spectrum of sulfamethazine acquired without collision-induced dissociation exhibits

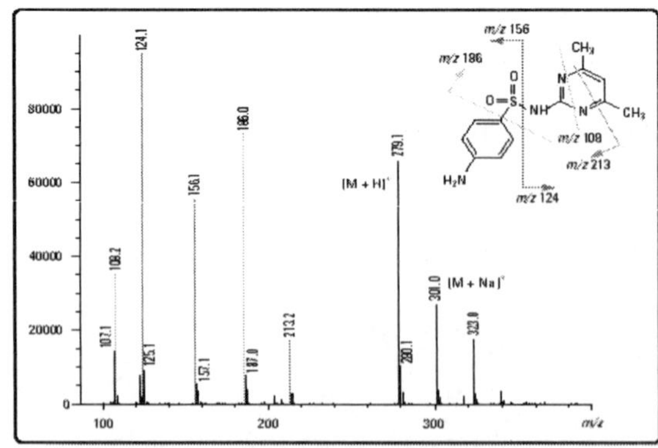

Figure 2. Mass spectrum of sulfamethazine acquired with collision-induced dissociation exhibits more fragmentation and thus more structural information

2. CID in single-stage MS

CID는 종종 MS 여과의 각 단계 사이에서 일어나는 다단계(multistage) 질량 분석계와 대부분 연관되나, CID는 단 단계(single-stage) 사중극자 또는 비행시간형 질량 분석계에서도 달성될 수 있다. 단 단계 질량 분석계에서 CID는 이온 원에서 일어나므로 가끔 source CID 또는 in-source CID라 불려진다. 분석물질(선구 물질) 이온은 가속되고 생성 이온(product ion)이라 불리는 토막을 생성하기 위하여 잔유 중성 분자들과 충돌한다. 단 단계 기기에서 CID 수행 이점은 그들의 간편성(simplicity)과 상대적으로 낮은 가격이다. 단점은 존재하는 모든 이온들의 토막내기(fragmentation)이다. 특이한 선구 이온(precursor ion)을 선택하는 방법은 없으므로 생성 이온이 어는 선구 이온으로부터 오는지를 결정하는 확실한 방법이 아니다. 최종 스페트라는 대상 분석물질로부터 뿐만 아니라 바탕 이온 또는 공용리(coeluting) 화합물로부터의 질량 피크를 포함할 수 있다. 이런 교환(trade-off)은 만약 크로마토그래픽 피크들이 잘 분리되지 않거나 바탕 수준이 매우 높다 면 상대적으로 순수한 시료를 분석할 시 좋은 결과를 주지 못할 때 수용될 수 있다.

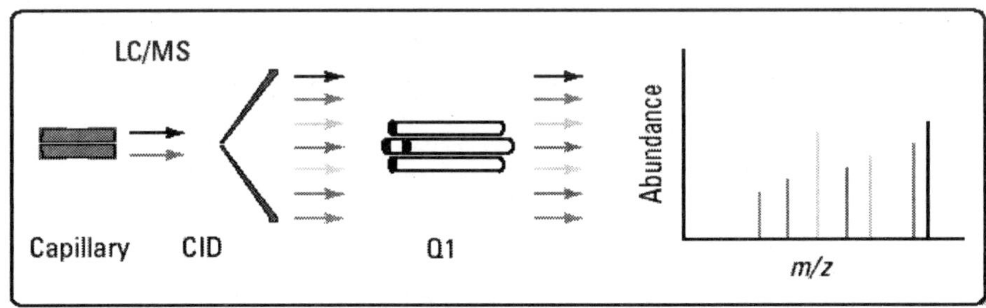

Figure 3. In-source CID with a single-quadrupole mass analyzer

3. CID and multiple-stage MS

다 단계(multiple-stage) MS[직렬식(tandum) MS, MS/MS, MS^n이라 부름]는 구조적 정보를 얻기 위한 강력한 방법이다. 삼중-사중극자(triple-quadrupole) 또는 quadrupole/quadrupole/time-of-flight 기기(그림 4)에서, 첫 번째 사중극자는 선구 이온을 선택하기 위해 사용된다. CID는 두 번째 단계(quadrupole 또는 octopole)에서 일어나며 충돌 셀이라 불린다. 세 번째 단계(quadrupole 또는 TOF)에서는 최종 생성 이온의 스펙트럼을 발생한다. 그것은 역시 목표 화합물을 정량할 때 매우 적은 생성 이온의 선택된 이온 측정을 수행할 수 있다.

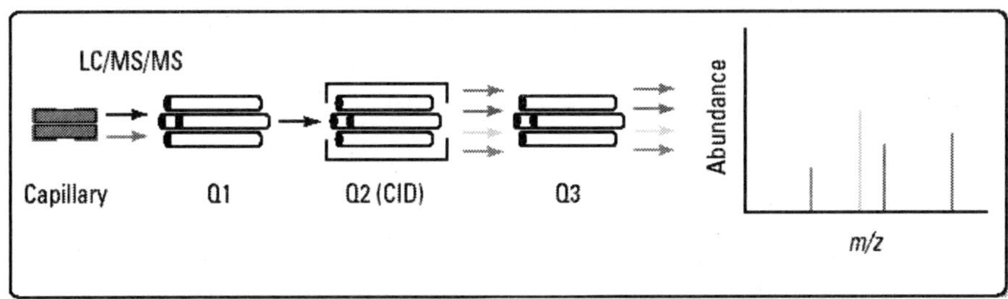

Figure 4. MS/MS in a triple-quadrupole mass spectrometer

이온 포집이나 FT-ICR 질량 분석계에서 원하는 생성 이온을 제외한 모든 이온들이 포집기로부터 방출된다. 그때 선구 이온은 에너지를 받고 생성 이온을 발생하기 위해 충돌된다. 생성 이온은 질량 스펙트럼을 주기 위해 방출될 수 있고, 또는 특별한 생성 이온은 억류될 수 있고 생성 이온의 다른 조합을 얻기 위하여 충돌된다. 이 과정은 연속적으로 자동화될 수 있어 MS의 각 단계로부터 가장 풍부한 이온(들)이 억류되고 충돌된다. 이것은 분자 구조를 결정하는 강력한 기술이다, 그 것은 역시 한 peptide에서 아미노산의 연결에 관련된 peptide 질량 정보를 얻기 위한 강력한 기술이다. 다 단계 MS의 주요한 이점은 비 분석물질(nonanalyte) 이온들을 버리기 위한 MS의 첫 번째 단계를 사용하는 능력이다. 시료 청결(cleanup)과 크로마토그래픽 분리는 더욱 결정적인 것은 아니다. 상대적으로 순수 시료와 함께 모두 같이 크로마토그래픽 분리를 처리하는 것이 일반적이고, 특성이나 확인을 위해 생성물 질량 스펙트라를 얻기 위한 질량 분석계에 직접 시료를 부어넣는다.

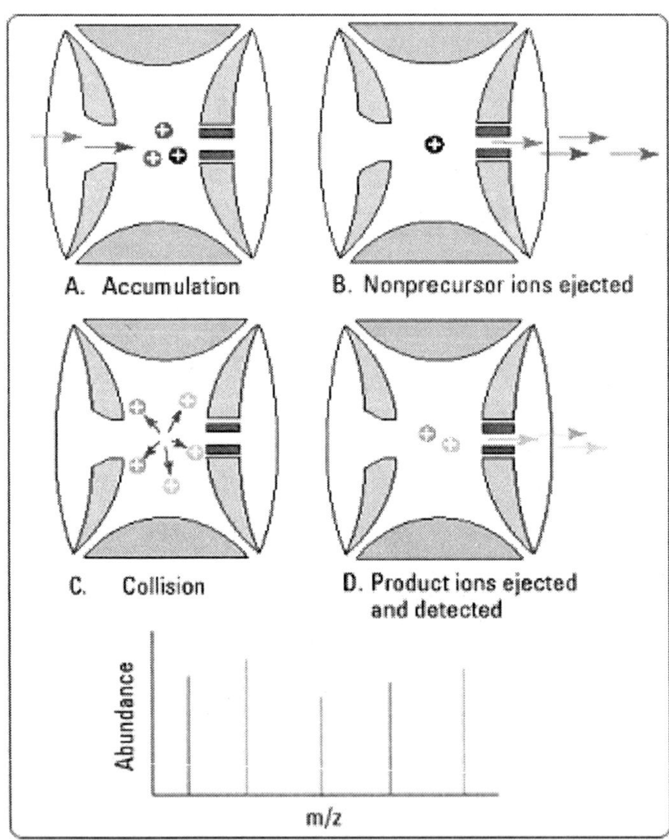

Figure 5. MS/MS in an ion trap mass spectrometer

♣ 참고사항 2

1. LC/MS에 대한 LC 방법의 적응

초기 LC/MS 시스템은 질량 분석계가 수용할 수 있는 LC 용리액의 량과 같은 기본적 문제에 국한되었다. LC 방법의 중요한 변화는 MS 검출기에 적용을 종종 요구하였다. 현대 LC/MS 시스템은 더 다양하다. 많은 질량 분석계는 2 ml/min이상의 흐름속도를 수용할 수 있다. 작은 수정과 함께 같은 기기가 ㎕나 nanoliter 흐름 속도에서 좋은 결과를 산출할 수 있다. 직교하는(off-axis) 분무기를 가진 이온 원은 비휘발성 buffer에 더 좋으며 용매 성분과 흐름 속도의 적은 조정이나 조정을 요구하지 않는다.

일반적으로 현대 LC/MS 시스템에 요구되는 LC 방법에 대한 변화는 시료 조제와 용액 화학(sample preparation and solution chemistry)에 있어서의 변화를 포함한다,

- 적당한 분석물질의 농도 확인
- 용매와 buffer의 세심한 선택을 통한 이온화의 최소화
- 이온화에 경쟁하는 화합물이나 기체상 반응을 통한 신호를 억제하는 화합물의 존재를 최소화

2. Capillary LC/MS and CE/MS

모세관 LC와 모세관 전기이동(capillary electrophoresis, CE)는 보통 HPLC와 나란히 사용된다. ㎕나 nanoliter 흐름 속도에서 모세관 LC는 종종 극단적으로 작은 시료량에 대해 재래의 흐름 속도보다 더 좋은 감도를 제공한다. 그것은 보통 protein이나 peptide 분석에 사용되며, 약품의 적은 량 분석에도 매우 유용하다. 모세관 전기이동은 높은 분리 효율의 기술이며, 매우 복잡한 매질을 취급할 수 있는 부가된 이익이 있다. 이것은 peptides, 오용 약품(drug of abuse), 자연 생성물에서의 약품, flavanoids, aromatic amines같은 다양한 시료에 유용하다. 특수화된 분무기와 방법 조정과 함께 전기분무 이온화는 모세관 LC/MS와 CE/MS에 사용될 수 있다. 선택성과 감도(selectivity and sensitivity)의 질량 분석계 이점은 이런 분리 기술의 양쪽에 이용되는 것이다.

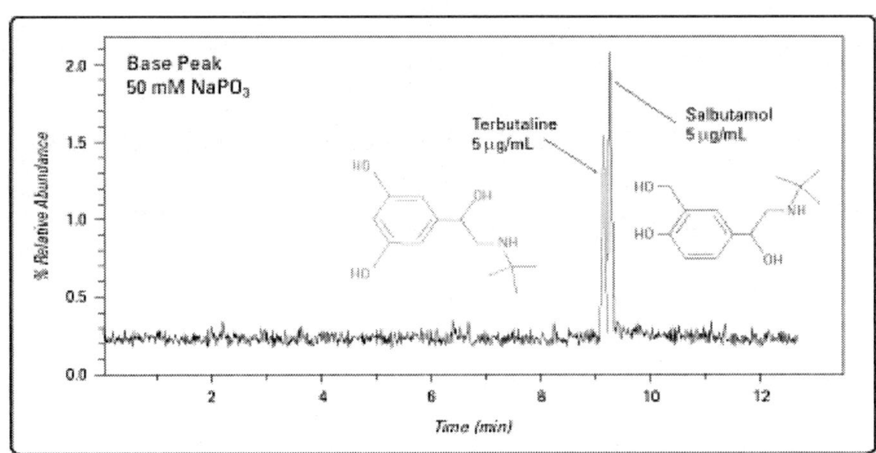

Figure . CE/MS/MS analysis of terbutaline and salbutamol shows good chromatographic separation and good signal even in the presence of a high concentration of sodium phosphate salt

참고 문헌

Ⅰ. Chromatography

1. Colin F. Poole and Sheila A. Schuette, Contemporary practice of chromatography, ELSEVIER SCIENCE PUBLISHING COMPANY INC., New York, 1984
2. Colin F. Poole and Salwa K. Poole, Chromatography today, ELSEVIER SCIENCE B.V., Printed in The Netherlands, 1991
3. Wataru Funasaka, Nobuo Ikekawa, Modern Gas Chromatography Theory and Applications, vol Ⅰ,Ⅱ,Ⅲ, HIROKAWA PUBLISHING COMPANY, TOKYO, 1965 (Ⅰ, Ⅱ), 1971(Ⅲ)
4. Synder, Kirkland, Introduction to modern Liquid Chromatography, 2nd Ed, John Wiley & Sons Inc, 1979
5. Edward L. Johnson and Robert Stevenson, BASIC LIQUID CHROMATOGRAPHY, Varian Associates, Inc., 1978
6. Karl Blau and John M. Halket, Handbook of Derivatives for Chromatography, 2nd Edition, John Wiley & Sons, Ltd., 1993
7. Robert L. Grod, MODERN PRACTICE of GAS CHROMATOGRAPHY, 3rd Ed., A WIELY-INTERSCIENCE PUBLICATION, 1995
8. ELENA D. KATZ, High Performance Liquid Chromatography ; Principles and Methods in Biotechnology, John Wiley & Sons, Ltd., 1996
9. 松下 至 著, 液體 クロマトグラフィ－ 100のテクニック, 技報堂出版, 1997
10. 吳道錫 著, The Essential and Condensed CHROMATOGRAPHY, 도서출판 초당, 2000
11. Colin F.Poole, The Essence of Chromatography, 1st Ed., ELSEVIER, 2003
12. 김택제외 2인 공저, 기체·액체 크레마토그래피 및 질량분석학, 자유아카데미, 2007

Ⅱ. Analytical Chemistry and Instrumental Analysis etc.

1. G. W. Ewing, Instrumental Methods of Chemical analysis, 5th Ed., McGRAW-HILL, 1975
2. GARY D. CHRISTIAN, ANALYTICAL CHEMISTRY, 5th Ed., JOHN WILEY & SONS, INC., 1994
3. SKOOG, WEST, HOLLER, ANALYTICAL CHEMISTRY, Sixth Edition, Saunders College Publishing, 1994
4. Gary D. Christian, James E. O'Reilly, Instrumental Analysis 2nd Ed. Allyn and Bacon, Inc., 1986
5. Hobart H. Willard, Lynne L. Merritt, Jr, John A. Dean, Frank A. Settle. Jr., INSTRUMENTAL METHODS OF ANALYSIS, 7th Ed., Wadworth, Inc., 1988

6. DANIEL C. HARRIS, QUANTITATIVE CHEMICAL ANALYSIS, 4th ed., W. H. Freeman and Company, 1995
7. SHIGEYUKI TANAKA DR. ENG., YOSHIO IIDA DR. ENG., INSTRUMENTAL ANALYSIS, 3th Ed., SHOKABO, TOKYO, 1996
8. LARRY G. HARRIS, Analytical Chemistry(Principle and Techniques), Prentice -Hall. Inc., A Simon & Schuster Company Englewood Cliffs, New Jersey 07632, 1988
9. Hobart H. Willard, Lynne L. Merritt. Jr., John A. Deam, Frank A. Settle. Jr., Instrumental Methods of Analysis, 7th Ed., Wadsworth Inc., 1988
10. DANIEL C. HARRIS, Exploring Chemical Analysis, W.H. Freeman and Company, New York, 1997
11. JISハンドブック 10, 環境測定, 日本規格協會, 1998
12. JOHN A. DEAN, Analytical Chemistry Handbook, McGRAW-HILL Inc., 1995
13. 李大云, 李垣, 金榮相, 金宅濟, 呂寅亨 著, 機器分析, 大韓敎科書株式會社, 1993
14. 兪炳卨, 朴萬基, 廉貞祿 共譯, 機器分析, 第 3改訂版, 東明社, 1994
15. 李龍根, 朴晃用, 李興洛, 車基元 共譯, 機器分析 入門, 第 2版, 探求堂, 1994
16. 吳道錫 譯, 檢査機器總論, 作業環境測定技術協議會, 1995

Ⅲ. The others

1. R.J.Smith, C.S.Nieass and M.S. Wainwright, A Review of Method for The Determination of Hold-up Volume in Modern Chromatography, J. Liquid Chromatography, 9(7), 1387～1430, 1986
2. PAT Program Background and Current Status, APPL. OCCUP. ENVIRON. HYG., 10(12)DEC., 967~967, 1995
3. 분석 숙련도 검사 제도(PAT, Proficiency Analytical Testing), 산업보건, 1993(10), 대한 산업보건협회
4. 산업위생실험실의 자체정도관리 지침서, 기술자료 위생연 95-1-4, 한국산업안전공단 산업보건연구원, 146~149
5. Pulsed Discharge Helium Ionization Detector, Chromatographia Vol.34, No.5~8, September/October, 1992
6. Environmental Application of the Pulsed-Discharge Electron Capture Detector, Journal of Chromatographic Science, Vol.30, December 1992
7. Pulsed-discharge helium ionization/electron capture/emission detector of chlorinated compounds, Process Control and Quality, 5(1993) 193~204, Elsevier Science B.V., Amsterdam
8. Anal. Chem., 57(11), 1099A, 1985
9. Brian A. Bidlingermeyer, J. Chromatogr. Sci., Vol.18, 1980
10. Gray L.Long, J.D.Winefordner, Anal. Chem., 55, 7, June, 713A-724A, 1983

11. William R.Poter, Anal. Chem., 55, 13, November, 1290A, 1983
12. Principle of Environmental Analysis[1], Anal. Chem., 55, 2210-2218, 1983
13. J.E.Knoll, J. Chromatogr. Sci., 23, Sep., 422-425, 1985
14. J.Sevcik, J.E.Lips, Chromatographia, 12, 10, Oct., 693, 1979
15. T.Wolf, G.T.Fritz, L.R.Palmer, J. Chromatogr. Sci., 19, August, 387-391, 1983
16. C.Andrew Clayton, J.W.Hines, Phyllis D.Elkins, Anal. Chem., 59, 20, Oct., 2506-2514, 1987
17. Peter M.Eller, NIOSH Manual of Analytical Methods, 3rd Ed., A-5, 1985
18. OSHA Analytical Method Manual, 2nd Ed., Vol.1, 3, 1990
19. 문명희, 전선주, 이대운, 장 흐름 분획법(Field-Flow Fractionation)을 이용한 콜로이드 입자 및 고분자들의 분리, 화학세계, 33권 4호, 1993
20. Janusz Pawliszyn, SOLID PHASE MICROEXTRACTION Theory and Practice, Wiley-VCH, Inc., 1997
21. Janusz Pawliszyn, APPLICATION OF SOLID PHASE MICROEXTRACTION, The Royal Society of Chemistry, 1999
22. 실내공기질 관리 및 측정, 사단법인 한국대기환경학회, chapter 1(다중이용시설의 실내공기질 관리대책, 환경부), 2003.10
23. 실내공기질 공정시험방법 설명회 자료, 국립환경연구원, 실내공기질 관리대책, 장재구, 2004.4.1
24. 신축 공동주택의 실내공기질관리 사례 및 당면과제 세미나, 한국건설경제협의회, 2004.3.24
25. The Inside Story : A Guide to IAQ, EPA Document # 402-K-93-007, April 1995
26. Guidelines for selecting an indoor air quality consultant, AIHA Consumer Brochures, 2003.3.4
27. Is air quality a problem in my home, AIHA Consumer Brochures, 2003.3.4
28. Causes of poor indoor air quality and what you can do about it, CORNELL UNIVERSITY, 2002.2
29. 환경부 보도자료, 실내공기질 관리 기본계획, 2004.12.
30. FDA Consumer / Dec. 1978 - Jan. 1979
31. 연창, 17권, 3호, 영인과학, 1995
32. 이재현, KGMP 해설, 별책, 보건사회부, 1994
33. Quality Assurance Manual for Industrial Hygiene Chemistry, American Industrial Hygiene Association, 1988
34. David Stevenson Huyink, Craig Westover, ISO 9000, RICHARD D. IRWIN, INC., NEW YORK, 1994
35. Weinberg, Spelton and Sax, GALP Regulatory Handbook, Lewis INC., 1994
36. Terry Hughes and Trefer Williams, Quality Assurance, Blackwell Science, 1995
37. William J. Kolarik, CREATING Quality, MoGRAW-HILL INC., 1995

38. "Validation of Compendial Methods,", USP XXII/NF XVII, 1990, The United States Pharmacopoeia Convention, Inc., Rockville, Maryland, USA.
39. クロマト・スパクトロ分析ツステムにおけゐGLP/GMP/ISOへの對應とバリデ-ツョン, 1994, SHIMADZU CORPORATION
40. 吳道錫 譯, 産業衛生 評價方法, 作業環境測定技術協議會, 1997
41. 吳道錫 著, 作業環境測定 機裝備의 評價方法, 作業環境測定技術協議會, 2000
42. HPLC Past and Present, ANALYTICAL CHEMISTRY / JUNE 1, 2000, 412~420 A
43. 기타 : Internet 자료검색(yahoo.com, yahoo japan), 2009~2011

찾아보기

아~자

차~하

著者 略歷

1951年	京畿 華城市 東灘面 梧山里 233番地 出生
1975年	延世大學校 化學科 卒業
1977年	ROTC 13期 豫備役 陸軍 中尉 轉役
1981年	高麗大學校 大學院 化學科(分析化學, 碩士)
1988년	(株)種根堂 品質管理室 課長
1991年	産業安全公團 産業保健研究院 先任研究員
1994年	高麗大學校 大學院 化學科(分析化學, 理學博士)
1993~2006年	大韓産業保健協會 産業衛生部長, 事務局長, 首席研究員, 研究室長
1995年~現在	光云大學校 化學科 및 大學院 兼任教授/講師(分析化學, 器機分析 및 Chromatography)
2008년~現在	東南保健大 兼任教授/講師(分析化學, 器機分析, 藥品分析)
2007.2	**産業衛生學會 백남원 學術賞 最優秀論文賞 受賞**
2009.11~	(주)에낙(EnAC) 代表理事(環境試料分析專門機關)

主要 飜譯書 및 著書

1. 吳道錫 外, 産業安全保健用語辭典 編纂, 韓國産業安全公團, 産業安全保健研究院, 1991.
2. 吳道錫 譯, 北村淸吉外 4人 共著, 檢查機器總論(p. 325), 作業環境測定技術協議會, 1995.
3. 吳道錫 外 3人 共譯, 原田 章外 3人 共著, 연(鉛) 건강진단의 길잡이(p. 164), 特殊健康診斷技術協議會, 1996.
4. 吳道錫 譯, 産業衛生 評價 方法(M.S. Bisesi and J.P. Kohn, Industrial Hygiene Evaluation Methods, p. 280), 作業環境測定技術協議會, 1997.
5. 吳道錫 著, The Essential and Condensed CHROMATOGRAPHY(p. 334), 도서출판 초당, 2000
6. 吳道錫 著, 作業環境測定 機裝備의 評價 方法(p. 270), 作業環境測定技術協議會, 2000.
7. 吳道錫 著, The Concentrated CHROMATOGRAPHY(p. 387), 圖書出版, 芝山, 2002
8. 吳道錫 著, SUPPLEMENT The Concentrated CHROMATOGRAPHY Questions and Problems(p. 188), 圖書出版, 芝山, 2002
9. 吳道錫 著, The Concentrated CHROMATOGRAPHY, 1st revised edition(p. 408), 2012
10. 吳道錫 著, SUPPLEMENT The Concentrated CHROMATOGRAPHY Questions and Problems, 1st revised edition(p. 295), 2012

The Concentrated Chromatography

改訂版 印刷 2012年 2月 10日
改訂版 發行 2012年 2月 15日
著 者 吳 道 錫
發行處 학술편수관
(02)2618-0700
出版登錄 제388-2008-00022호 登錄日字:2008.10.6

ISBN 978-89-93039-15-3 93430 定價 25,000원